Schmeil

Biologisches Unterrichtswerk

Tierkunde

Bearbeitet von Professor Walter Mergenthaler

Quelle & Meyer Heidelberg

Die Neuauflage wurde unter freundlicher Mitwirkung von Herrn Dr. Th. Jahn, Freiburg, gestaltet

Bildnachweis

Gezeichnete Abbildungen: L. Binder, R. Brendel, E. Freiberg, K. Großmann, W. Hanns, K. Herzog, M. Kemnitz, M. M. Kiefer, H. Lang, W. Müller, G. Neuber, J. Nuber, E. Schuster, K. H. Winkler, W.-D. Wyrwas u. a.

Fotos: Bavaria-Verlag, Beringer & Pampalucchi, H. Fuisting, M. Keil, „Quick", roebild, J. Roedle, H. Schrempp, L. Sillner, Tierbilder-Okapia, V-Dia-Verlag, Verlagsarchiv

Unterrichtsfilme und Dia-Serien können in Stadt- und Kreislichtbildstellen entliehen werden.

Bestell-Nr. 5643

Neuauflage 1976

Layout, Satz und Druck: Universitätsdruckerei H. Stürtz AG., Würzburg
Einbandentwurf: Wolfgang Hanns, Freiburg; Rüdiger Hartmann, Würzburg

ISBN 3-494-05643-9 Quelle & Meyer

Inhaltsverzeichnis

Knochengerüst des Menschen

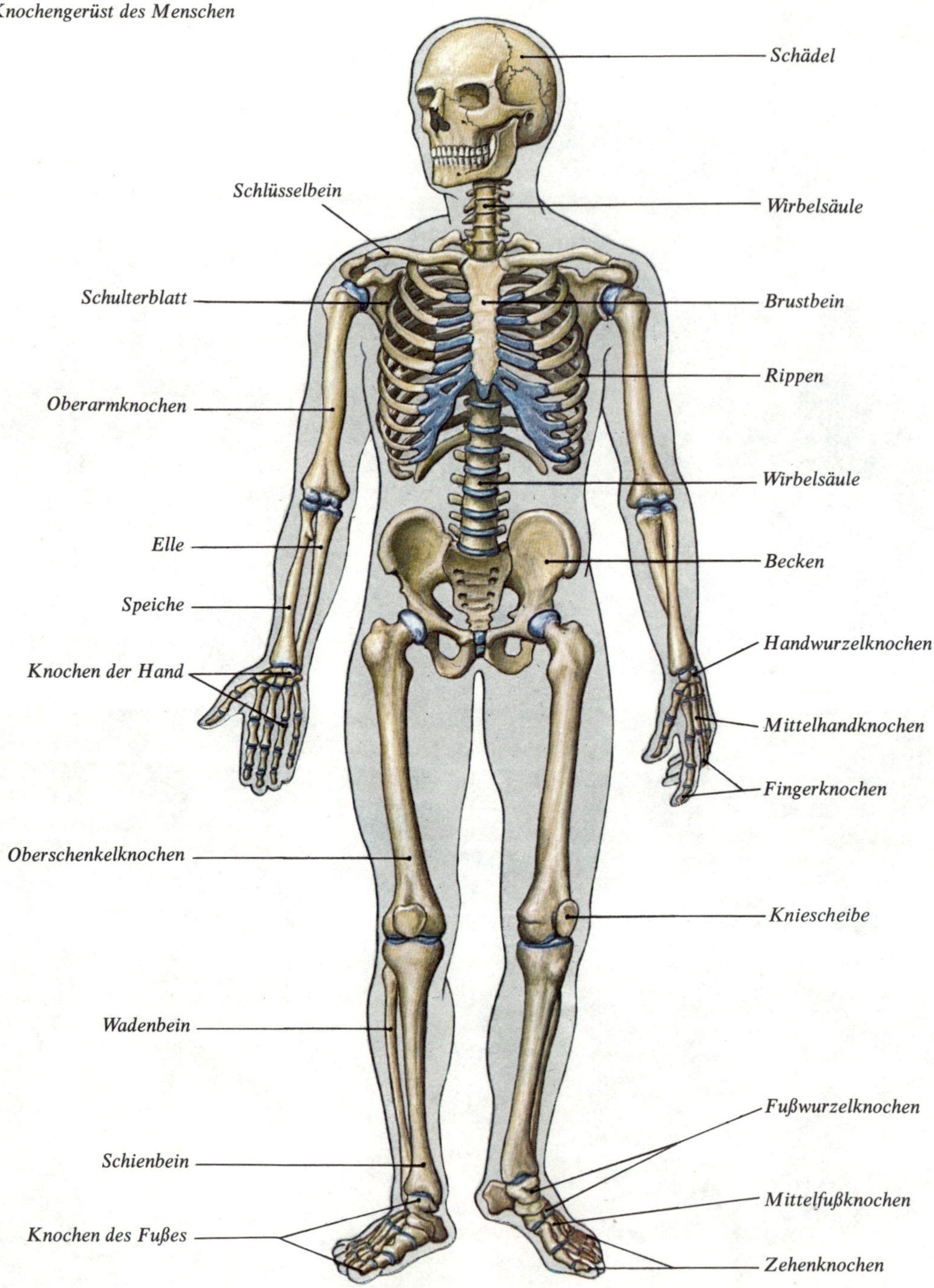

Vom Bau und den Lebensvorgängen unseres Körpers

Wir betrachten zuerst unseren eigenen Körper. Wir wollen kennenlernen, wie er gebaut ist, was seine Teile, die Organe, leisten und wie sie zusammenwirken. Dabei werden wir besonders auch auf das achten, was für die Erhaltung unserer Gesundheit wichtig ist.
Wenn wir unseren eigenen Körper und seine Lebensvorgänge kennen, werden wir auch den Bau und die Lebensweise der Tiere besser verstehen.

I. Wie kommen unsere Bewegungen zustande?

Beobachte und überlege, was sich abspielt, a) wenn du eine Kniebeuge machst oder den Arm hochhebst, b) wenn jemand im Sitzen einschläft!

Daß wir aufrecht stehen und gehen können, verdanken wir unserem Knochengerüst oder *Skelett* und unseren *Muskeln.*
Muskeln und Knochen wirken stets zusammen. Nur miteinander vermögen sie den Körper zu stützen und zu bewegen.

1. Das Skelett

Das Knochengerüst oder Skelett besteht aus einer großen Zahl verschieden geformter Knochen. Diese verdanken ihre Härte und Festigkeit dem Knochenkalk, der in den elastischen Knochenknorpel eingelagert ist.
Der Grundbestandteil des Skeletts ist die Wirbelsäule. Sie trägt oben den Schädel und an ihrem Brustabschnitt den Brustkorb. Durch den Schultergürtel ist das Skelett der Arme mit ihr verbunden, durch den Beckengürtel das der Beine.

Gelenke. Die meisten Knochen können in Gelenken bewegt werden. Jeder Knochen ist von einer sehnigen Knochenhaut umhüllt. Sie zieht sich von dem einen Knochen über das Gelenk hinweg zum andern und verbindet so beide miteinander; dadurch entsteht eine *Gelenkkapsel.* Diese ist durch feste Bänder noch verstärkt. Die Knochen bewegen sich in den Gelenken fast reibungslos gegeneinander, denn ihre zusammenstoßenden Enden sind von glattem Gelenkknorpel überzogen; außerdem sondert die Innenwand der Gelenkkapsel eine Gelenkschmiere ab. Man unterscheidet *Kugelgelenke* und *Scharniergelenke.* Die Kugelgelenke (Hüftgelenk, Schultergelenk) ermöglichen vielseitige Bewegungen, die Scharniergelenke (z. B. Ellbogen- und Kniegelenk) dagegen gestatten nur Bewegungen in einer Richtung.

Was für Gelenke kannst du an deinen Fingern feststellen?

Der Schädel ist das Skelett des Kopfes. Man unterscheidet den Hirn- und den Gesichtsschädel.
Die Knochen des *Hirnschädels* sind zu einer festen Kapsel zusammengefügt, in der das Gehirn liegt. Das

Gelenk (Schema)

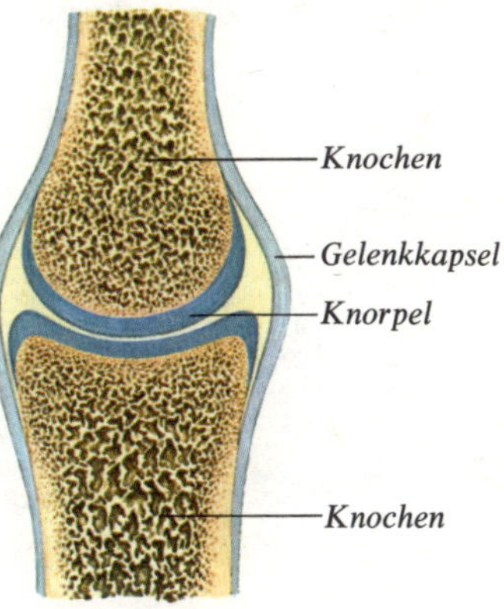

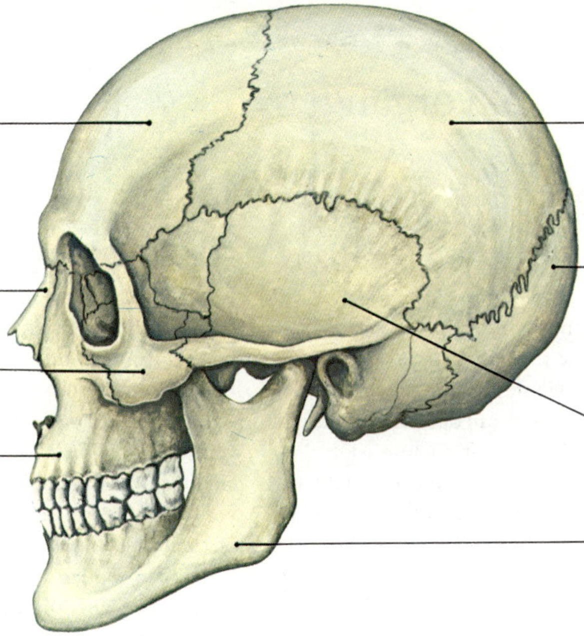

Dach und die Seitenteile der Kapsel werden vom Stirnbein, den beiden Schläfenbeinen, den zwei Scheitelbeinen und dem Hinterhauptsbein gebildet. Andere Knochen schließen die Kapsel nach unten ab.

Die bekanntesten *Gesichtsknochen* sind: der Oberkiefer mit der oberen Zahnreihe, die Wangen- oder Jochbeine, die Nasenbeine und der bewegliche Unterkiefer mit der unteren Zahnreihe.

Zähne. Im Ober- wie im Unterkiefer sitzen vorn vier meißelförmige *Schneidezähne*, mit denen wir von fester Nahrung kleine Stücke abbeißen. Rechts und links von ihnen findet sich je ein *Eckzahn*. Hinter den Eckzähnen, die den Schneidezähnen ähnlich sind, stehen die *Backenzähne*. Sie haben breite, höckerige Kauflächen, zwischen denen die Nahrung zermahlen wird. Der Erwachsene besitzt auf jeder Seite oben und unten fünf Backenzähne, vorne zwei kleinere, dahinter drei große.

Das Kind bekommt zunächst ein *Milchgebiß*. Diesem fehlen noch die hinteren Backenzähne. Vom siebenten Lebensjahr ab fallen die Milchzähne aus und werden durch die bleibenden Zähne ersetzt.

Jeder Zahn sitzt mit seinem unteren Teil, der *Zahnwurzel*, fest in einer Grube des Kiefers. Der Teil, der aus dem Kiefer hervorragt, heißt *Zahnkrone*. Die Zähne bestehen aus einem knochenartigen Stoff, dem *Zahnbein*. Die Krone ist außerdem mit einer sehr harten Masse, dem *Zahnschmelz*, überzogen, die Wurzel von

Oberkiefer, von unten gesehen

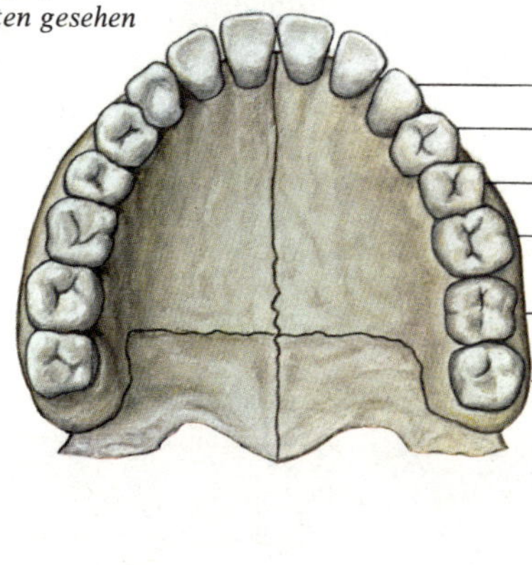

Schneidezahn

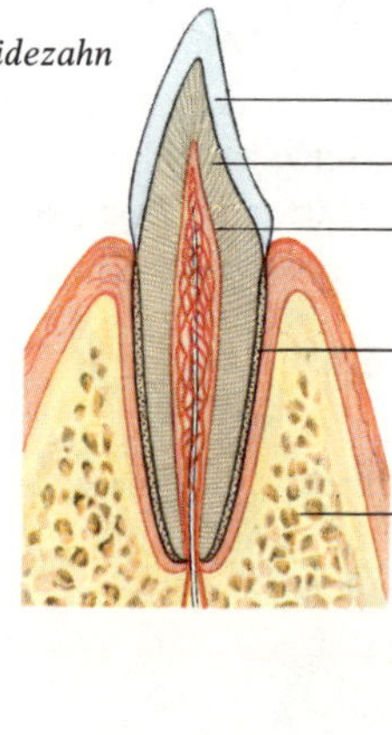

dem etwas weicheren *Zahnzement* umkleidet. Im Innern jedes Zahnes findet sich ein Hohlraum, die *Zahnhöhle*, die Nerven und Blutgefäße enthält.

Bekommt der Schmelz Risse, so dringen Speisereste ein, die in Fäulnis übergehen und dadurch den Zahn zerstören. Reinige daher deine Zähne morgens und abends gründlich! Laß dein Gebiß jedes Jahr mindestens einmal untersuchen und geh bei Zahnschmerzen sogleich zum Zahnarzt!

Wirbelsäule. Der Rumpf wird von der knöchernen Wirbelsäule gestützt. Sie besteht aus zahlreichen einzelnen Knochen, den *Wirbeln.* Da zwischen je zwei Wirbeln eine elastische Knorpelscheibe (Bandscheibe) liegt, ist die Wirbelsäule biegsam. Nach ihrer Lage bezeichnet man die Wirbel als Hals-, Brust-, Lenden-, Kreuzbein- und Steißbeinwirbel.
Die Wirbel weisen nach dem Rücken zu je einen Knochenring auf. Dieser trägt rückwärts einen Dornfortsatz und zu beiden Seiten je einen Querfortsatz. Sämtliche Ringe liegen so übereinander, daß ein Kanal entsteht. In ihm ist das sehr empfindliche Rückenmark geborgen.
An jeden Brustwirbel setzt sich rechts und links eine bogenförmige *Rippe* an. Die Rippen sind vorn durch die Rippenknorpel mit dem flachen *Brustbein* verbunden; nur die unteren sind frei. Brustwirbel, Rippen und Brustbein bilden zusammen den *Brustkorb.* Er umschließt die Brusthöhle, in der das Herz und die Lungen liegen. Dadurch sind diese empfindlichen Organe wohl geschützt.
Schultergürtel und Arme. Jeder Arm ist durch Bänder, Sehnen und Muskeln mit einem *Schulterblatt*, einem *Schlüsselbein* und dem Brustkorb verbunden. Die

Brustwirbel (verkleinert)

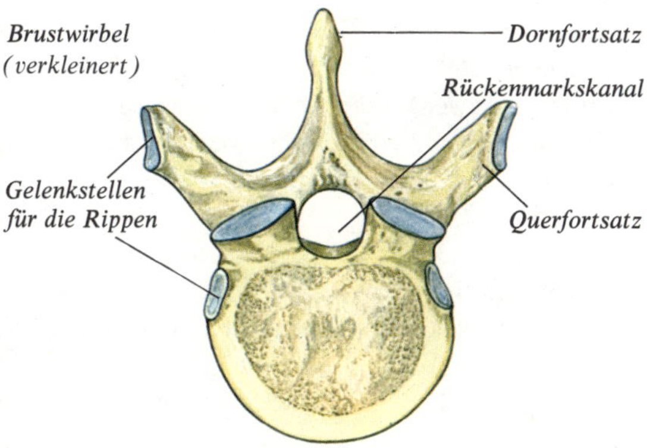

Knochengerüst des Unterarmes und der Hand

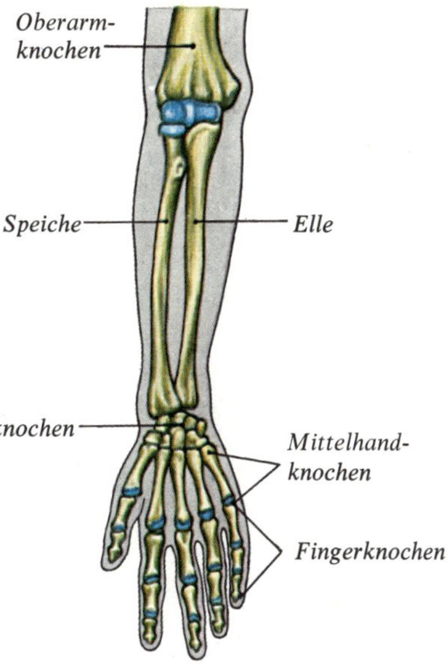

beiden Schulterblätter bilden mit den zwei Schlüsselbeinen den Schultergürtel, der die Arme trägt.
Die Arme bestehen aus Oberarm, Unterarm und Hand. Der Oberarm wird von dem langen *Oberarmknochen* durchzogen; im Unterarm liegt an der Kleinfingerseite die *Elle*, an der Daumenseite die kräftigere *Speiche.* Das Skelett der Hand besteht aus mehreren kurzen *Handwurzelknochen*, fünf *Mittelhandknochen* und den *Fingerknochen.*

Becken und Beine. Die Beine sind im Hüftgelenk mit dem *Becken* verbunden. Dieses hat die Form eines starken Knochenringes und ist im Kreuz mit der Wirbelsäule fest verwachsen.

Knochengerüst des Fußes

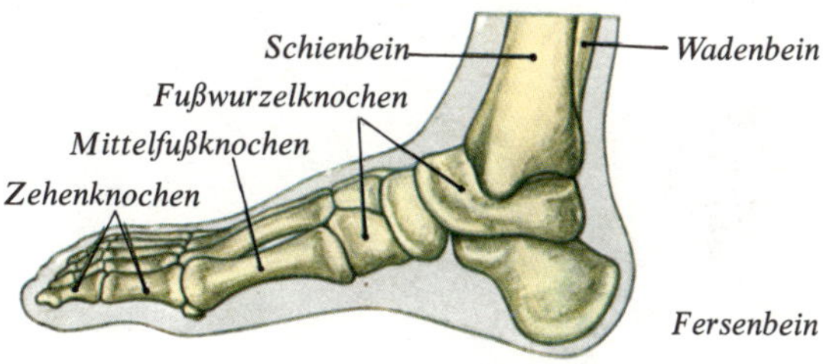

Der Oberschenkel wird durch den Oberschenkelknochen gestützt, der Unterschenkel durch Schienbein und Wadenbein. Zwischen Ober- und Unterschenkel liegt das Kniegelenk, vor ihm die runde, platte Kniescheibe. Der Fuß enthält die Fußwurzel-, Mittelfuß- und Zehenknochen. Der größte der Fußwurzelknochen ist das Fersenbein. Die große Zehe ist wie der Daumen zweigliedrig, die anderen Zehen haben drei Glieder.

Stelle anhand der Abbildungen auf den Seiten 2 und 5 die einzelnen Knochen fest, die das Skelett der Beine bilden, und zeige, daß dieses dem Skelett der Arme genau entspricht!

In der Jugend sind die Knochen sehr biegsam, weil sie noch wenig von dem härtenden Knochenkalk enthalten; sie können sich daher leicht verkrümmen. Gewöhne dir eine aufrechte und gerade Haltung beim Sitzen, Stehen und Gehen an!

Skelett des Armes
mit Beugemuskel und Streckmuskel

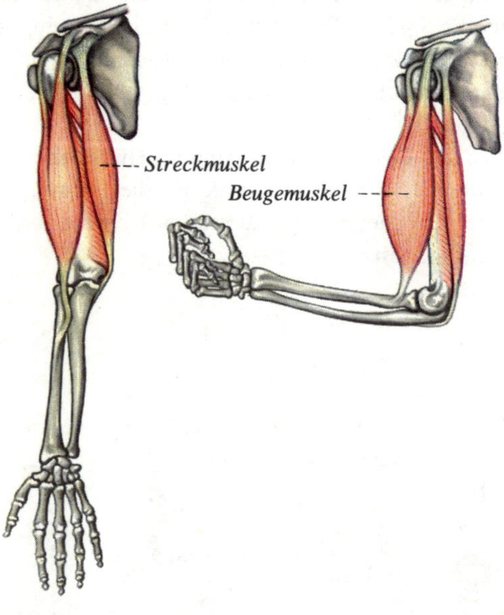

2. Die Muskeln und die Körperbewegungen

Befühle deine Oberarmmuskeln beim Beugen und Strecken des Unterarms, die Unterarmmuskeln beim Bewegen der Finger, die Beinmuskeln beim Zehenstand und bei der Kniebeuge! Wo liegen die Muskeln, die den Oberarm und damit den ganzen Arm bewegen, wo die für den Unterarm, die für die Hand? Stelle ebenso die Leistungen der Beinmuskeln fest! – Wo liegen also jeweils die Muskeln, die einen bestimmten Gliedmaßenabschnitt bewegen? – Beobachte das Spiel der Sehnen am Handrücken beim Bewegen der Finger! – Ertaste die Sehnen an der Innenseite des Schulter-, Ellbogen-, Hand- und Kniegelenks und die Achillessehne über der Ferse!

Das Fleisch unseres Körpers besteht wie das der Tiere aus zahlreichen *Muskeln.* Gekochtes Tierfleisch läßt erkennen, daß jeder Muskel aus vielen Fasern zusammengesetzt ist. An ihren Enden gehen die Muskeln meist in einen festen, weißen Strang, eine *Sehne*, über, die an einem Knochen angewachsen ist.

Wie die Muskeln arbeiten, erkennen wir z. B. an dem großen Muskel, der an der Innenseite unseres Oberarmes liegt (vgl. Abb.). Er ist oben durch zwei Sehnen mit dem Schulterblatt und unten durch eine Sehne mit der Speiche verbunden. Verkürzt sich dieser Muskel, wobei er stark anschwillt, dann zieht er durch seine untere Sehne den Unterarm empor: er ist der *Beugemuskel* des Unterarms. Erschlafft er und verkürzt sich der Muskel, der an der Außenseite des Oberarmes liegt, so wird der Unterarm wieder gestreckt. Dieser zweite Muskel ist also der *Streckmuskel* des Unterarmes.

Alle Muskeln können nur dadurch eine Körperbewegung bewirken, daß sie sich zusammenziehen. Sie sind nicht imstande, sich aus eigener Kraft wieder zu strecken. Bei allen unseren Bewegungen wirken deshalb stets zwei Muskeln oder Muskelgruppen einander entgegen. Die einen sind Beuger, die andern Strecker, und die Sehnen sind die Stränge, an denen die Muskeln ziehen.

Wie die muskulösen Körper von Schwerarbeitern, Turnern und Sportlern zeigen, werden die Muskeln durch Übung gekräftigt. Überanstrengung aber kann ihnen schaden. Werden die Muskeln längere Zeit, z. B. bei langer Krankheit, nicht betätigt, so werden sie schwächer.

II. Warum müssen wir essen und atmen?

Zu Kindern sagt man mitunter: du mußt tüchtig essen, damit du wächst. – Tatsächlich baut sich unser Körper mit Hilfe von Stoffen auf, die er der *Nahrung* entnimmt. Wir essen aber viel mehr, als wir zum Wachsen benötigen. Ein Mensch verbraucht mehrere Zentner Nahrung im Jahr; Kinder nehmen in dieser Zeit nur um einige Pfund, Erwachsene meist überhaupt nicht zu. Was geschieht mit dem Großteil der Nahrung?

Wenn wir ausgiebig Sport treiben oder wandern, haben wir mehr Hunger als sonst. Athleten und Schwerarbeiter brauchen viel mehr Nahrung als Schreibtischarbeiter. Je mehr wir uns körperlich anstrengen, um so mehr müssen wir essen. Warum?

So wie im Motor des Autos der Treibstoff verbrennt und dadurch die nötige Energie liefert, so wird in unserem Körper die Nahrung zur Gewinnung von Energie verbraucht. Und so wie im Motor der Treibstoff nur mit Hilfe des Luftsauerstoffs verbrennen kann, so benötigt auch unser Körper zur *Energiegewinnung aus der Nahrung* den Sauerstoff der Luft. Darum müssen wir ständig atmen und müssen um so stärker atmen, je mehr wir uns anstrengen. Außer der für die Lebensvorgänge notwendigen Energie entsteht bei der „Verbrennung" der Nahrung auch die gleichfalls lebensnotwendige Körperwärme.

Sowohl die verdauten Nährstoffe als der eingeatmete Sauerstoff werden im Blut transportiert, das vom Herzen in die Muskeln und alle übrigen Teile des Körpers gepumpt wird. Darum arbeitet auch unser Herz um so schneller und stärker, je mehr wir uns körperlich anstrengen.

Bei der Verarbeitung der Nahrung entstehen in unserem Körper Abfall- oder Schlackenstoffe. Sie werden durch die Ausscheidungsorgane, besonders die Nieren, ausgeschieden.

Beim Wachstum und bei der Energiegewinnung wirken also Ernährung, Atmung, Blutkreislauf und Ausscheidung zu einer gemeinsamen Aufgabe auf das engste zusammen. – Wir wollen die einzelnen Vorgänge nun der Reihe nach betrachten.

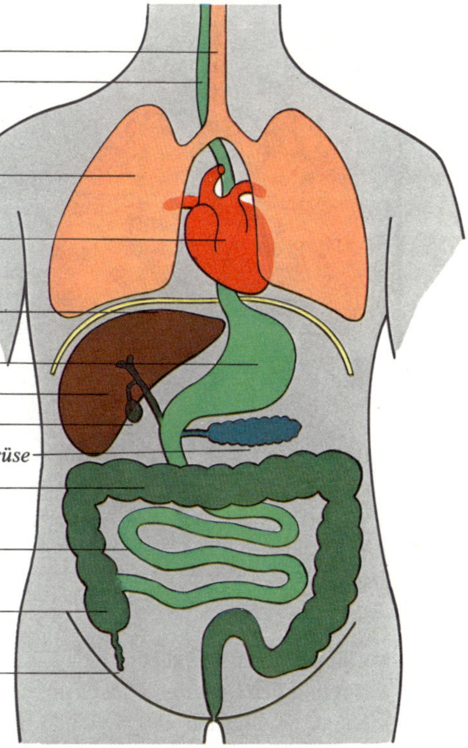

Die Lage innerer Organe des Menschen

1. Die Ernährung

In der *Mundhöhle* wird die feste Nahrung mit den *Zähnen* zerkaut. Dabei schiebt die sehr bewegliche *Zunge* sie immer wieder zwischen die Backenzähne, bis sie gehörig zerkleinert ist. Gleichzeitig wird sie mit dem von den Speicheldrüsen abgeschiedenen *Speichel* vermischt und dadurch schlüpfrig gemacht. Dann wird die Nahrung geschluckt, das heißt durch die *Speiseröhre* in den *Magen* befördert. Dieser liegt im oberen Teil der Bauchhöhle. Brust- und Bauchhöhle sind durch das kuppelförmige *Zwerchfell* voneinander getrennt. Die Speiseröhre durchdringt das Zwerchfell. In der Wand des Magens finden sich Tausende kleiner Drüsen. Sie erzeugen den scharfen, sauer schmeckenden Magensaft. Durch ihn wird die Nahrung in einen dünnen Brei verwandelt.

Nach einiger Zeit tritt der Speisebrei aus dem Magen in den *Darm* über. Dieser liegt vielfach gewunden in

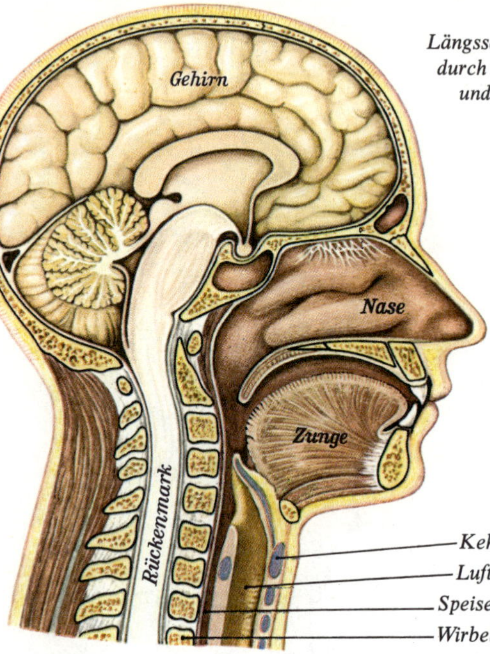

Längsschnitt durch Kopf und Hals

der Bauchhöhle und gliedert sich in den langen Dünndarm und den kürzeren Dickdarm.

In den Anfangsteil des Dünndarmes treten zwei Flüssigkeiten ein, die sich mit dem Speisebrei vermischen. Die eine ist die bittere, grünliche Galle, die von der *Leber* erzeugt wird. Wird die Galle nicht sofort verwendet, so sammelt sie sich in der *Gallenblase* an. Die andere Flüssigkeit ist der wasserklare Bauchspeichel. Er wird von der *Bauchspeicheldrüse* abgeschieden, die hinter dem Magen liegt. Galle und Bauchspeichel lösen die brauchbaren Bestandteile des Speisebreis, so daß sie von der Darmwand aufgesogen werden können.

Die Darmwand ist von vielen feinen Blutgefäßen durchzogen, in die die aufgelösten Nahrungsstoffe übertreten. Mit dem Blut gelangen sie in alle Teile des Körpers. Dort verleihen sie den Muskeln die nötige Kraft, liefern die Wärme unseres Körpers und ermöglichen sein Wachstum. Die unverdaulichen Reste werden als Kot ausgeschieden.

Der Anfangsteil des Dickdarmes ist der Blinddarm, dessen fingerlanger Wurmfortsatz oft der Sitz der gefährlichen Blinddarmentzündung wird. Bei anhaltenden Schmerzen in der Blinddarmgegend ist sofort der Arzt zu rufen.

Je feiner die Nahrung durch die Zähne zerkleinert wird, desto besser können Speichel und Magensaft auf sie einwirken. Daher sind gesunde Zähne und gründliches Kauen sehr wichtig. „Gut gekaut, ist halb verdaut." Von großer Bedeutung ist auch die richtige Zusammensetzung der Nahrung. Sie soll nicht zu viel Fleisch und Fett, wohl aber reichlich Gemüse, Salate und Obst enthalten.

2. Die Atmung

Zur Erzeugung von Wärme und Energie aus den Nährstoffen braucht unser Körper *Sauerstoff.* Diesen atmen wir mit der Luft ein. Er ermöglicht die „Verbrennung" der Nährstoffe. Bei diesem Vorgang entsteht *Kohlendioxidgas*, das ausgeatmet werden muß. Die Aufnahme des Sauerstoffs und die Ausscheidung des Kohlendioxids erfolgen in den Lungen. Diesen Gasaustausch nennt man Atmung.

Einige Versuche verdeutlichen die Vorgänge:
1. Ein glimmender Span, der in ein mit Sauerstoff gefülltes Gefäß gesenkt wird, flammt hell auf. Der Sauerstoff unterhält also die Verbrennung.
2. In einem Gefäß mit ausgeatmeter Luft erlischt eine Kerze rascher als in einem mit gewöhnlicher Luft. Die ausgeatmete Luft enthält also weniger Sauerstoff; der fehlende Sauerstoff ist in unserem Körper zurückbehalten worden.
3. Kohlendioxid, das wir vom Sprudel her kennen, läßt sich mit Kalkwasser nachweisen. Dieses wird milchig trüb, wenn man Kohlendioxid einleitet. Bläst man beim Ausatmen die Atemluft durch Kalkwasser, so trübt es sich kräftig. Die ausgeatmete Luft ist also reich an Kohlendioxid.

Beim Atmen wird die Luft durch die Nasenlöcher eingezogen und durchströmt zuerst die beiden *Nasenhöhlen.* In ihnen wird sie vorgewärmt, angefeuchtet und von Staub gereinigt (Nasenschleim!). Durch die beiden hinteren Öffnungen der Nasenhöhlen gelangt sie sodann in die Rachenhöhle und von hier durch den Kehlkopf in die Luftröhre.

Die *Luftröhre* gabelt sich an ihrem unteren Ende in zwei weniger starke Röhren, die Bronchien (Abb. S. 7); jede von diesen führt in eine *Lunge* und verzweigt sich dort in immer feinere Äste, die in Bläschen mit hauchdünner Wandung enden. Aus vielen Millionen solcher *Lungenbläschen* setzen sich die beiden Lungen zusammen.

Flacht sich das muskulöse *Zwerchfell* (Abb. S. 7) ab, so wird der Brustraum vergrößert und Luft in die Lungen eingesaugt. Wölbt sich das Zwerchfell wieder nach oben, wird Luft ausgetrieben. Die Emporwölbung erfolgt durch den Druck der Bauchdecke auf die Eingeweide („Bauchatmung"). Beim tiefen Atmen wirkt der Brustkorb mit.

Die Lungenbläschen werden von feinsten Blutgefäßen umsponnen. Durch die sehr dünnen Wände dieser Äderchen und die ebenso zarten der Lungenbläschen dringt aus der Atemluft Sauerstoff in das Blut ein, während umgekehrt aus dem Blut Kohlendioxid in den Hohlraum der Lungen übergeht. Der Sauerstoff wird durch das Blut in alle Teile des Körpers geführt; das Kohlendioxid aber atmen wir aus.

Der *Kehlkopf* bildet den Eingang in die Luftröhre und ist zugleich unser Stimmorgan. Durch seinen Hohlraum erstrecken sich die beiden *Stimmbänder*. Werden sie durch winzige Muskeln straff gespannt und durch die aus den Lungen ausströmende Luft in Schwingung versetzt, so entsteht ein Ton.

Unser Körper braucht viel frische Luft. Schlaf-, Wohn- und Arbeitszimmer sind daher regelmäßig und ausgiebig zu lüften. Benütze den Aufenthalt im Freien zum Tiefatmen! Atme möglichst durch die Nase!

Unser Körper ist nur lebensfähig, wenn er warm ist, und zwar muß er eine *Temperatur* von etwa 37° aufweisen. Sinkt die *Körpertemperatur* zu tief ab oder steigt sie zu hoch an, so tritt der Tod ein. Der Mensch ist also ein gleichwarmes Wesen.

3. Die Ausscheidung

Außer dem Kohlendioxid entstehen im Körper bei der Verarbeitung der Nährstoffe noch andere *Abfallstoffe*, die ebenfalls unbrauchbar oder giftig sind. Sie werden vom Blut aufgenommen und vor allem durch die Nieren ausgeschieden.

Die **Nieren** sind braunrote, bohnenförmige Organe und liegen an der Rückwand der Bauchhöhle. Sie entziehen dem Blut, das sie ständig durchströmt, die schädlichen Abfallstoffe und scheiden sie im Harn (Urin) aus. Dieser wandert durch die Harnleiter in die *Harnblase*, aus der er von Zeit zu Zeit entleert wird. Auch durch die *Schweißdrüsen* der Haut (S. 13) werden Abfallstoffe entfernt.

Die Ausscheidungsorgane

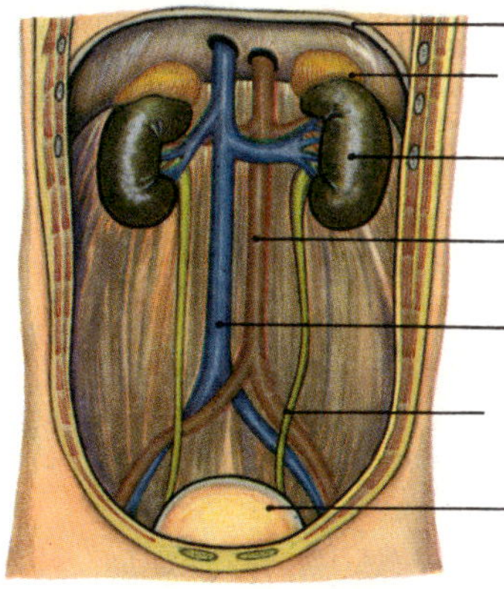

4. Der Blutkreislauf

Stelle die Schlagadern am Handgelenk, an den Schläfen, am Unterkiefer und am Hals durch Befühlen mit den Fingerspitzen fest! Zähle deine Pulsschläge am Handgelenk beim Sitzen und nach zehn Kniebeugen!

Das **Blut** dient, wie wir sahen, als wichtiges Transportmittel den verschiedensten Aufgaben: es nimmt in der Darmwand die Nährstoffe, in den Lungen den Sauerstoff auf und verteilt sie im ganzen Körper. Gleichzeitig führt es das schädliche Kohlendioxid den Lungen, die übrigen Abfallstoffe hauptsächlich den Nieren zu.

Das Blut kann den Stofftransport besorgen, weil es in einer reichverzweigten Röhrenleitung, den *Blutgefäßen* oder *Adern*, einen ununterbrochenen *Kreislauf* durch den Körper vollführt. Das Strömen des Blutes in den Adern wird durch das Herz bewirkt.

Das **Herz** ist ein etwa faustgroßer, dickwandiger, hohler Muskel. Es liegt schräg in der Brusthöhle und wird von einer Längsscheidewand in eine linke und

Blutkreislauf des Menschen

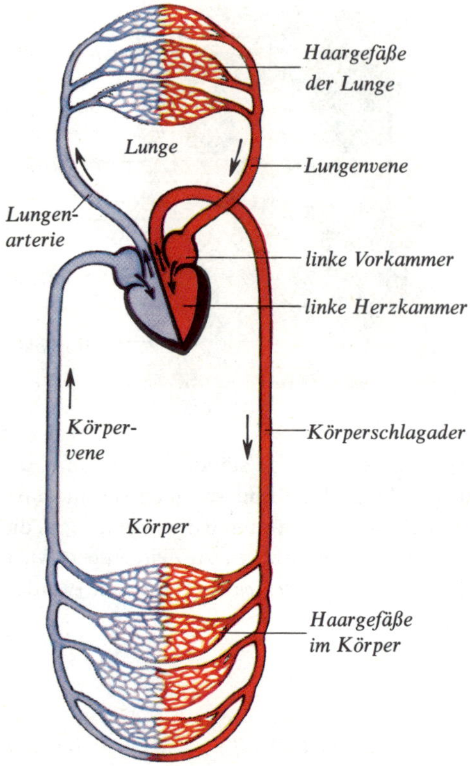

eine rechte Hälfte geteilt. Jede Hälfte ist wieder durch eine Querwand in eine kleinere *Vorkammer* und eine größere *Herzkammer* unterteilt. Die beiden Querwände besitzen je einen verschließbaren Durchlaß (Ventil, Herzklappen). Das Herz arbeitet wie eine Pumpe, indem es sich abwechselnd zusammenzieht und wieder ausdehnt (Herzschlag). Dadurch tritt das Blut stoßweise in die vom Herzen wegführenden Adern ein und erzeugt so den Pulsschlag. Hiernach werden diese Adern Schlagadern (*Arterien*) genannt. Sie verzweigen sich in immer dünnere Röhren, die schließlich in die äußerst feinen *Haargefäße* übergehen. Aus ihnen kehrt das Blut durch andere Adern, die Blutadern oder *Venen*, zum Herzen zurück.

Bei jedem Herzschlag wird das Blut der rechten Herzkammer in die Lungen, das der linken in den übrigen Körper gepumpt. Das Blut, das in die Lungen strömt, gibt dort, wie wir sahen, das mitgebrachte Kohlendioxid ab und nimmt Sauerstoff auf. Dabei ändert sich seine Farbe von dunkelrot nach hellrot. Hierauf kehrt es zum Herzen zurück, und zwar gelangt es jetzt durch die linke Vorkammer in die linke Herzkammer. Von hier aus tritt es seinen Kreislauf durch den übrigen Körper an. Beim langsamen Durchfließen der dünnwandigen Haargefäße gibt das Blut Sauerstoff an die Organe ab und nimmt Kohlendioxid auf. Dadurch färbt es sich dunkelrot. Die Venen führen das mit Kohlendioxid beladene Blut wieder dem Herzen zu. Es gelangt durch die rechte Vorkammer in die rechte Herzkammer und von hier aus erneut in die Lungen. Man spricht vom kleinen oder *Lungenkreislauf* und vom großen oder *Körperkreislauf*.

Das Herz wird wie jeder Muskel durch Übung gekräftigt; Überanstrengung kann ihm aber sehr schaden.

III. Wie werden unsere Lebensvorgänge gesteuert?

Wenn wir gehen, arbeiten, Sport treiben oder uns sonst irgendwie betätigen, muß unser ganzes Tun sinnvoll gelenkt werden. Wenn wir einen Löffel zum Mund führen oder ein Fahrrad besteigen, müssen viele Muskeln auf das genaueste zusammenwirken. Ständig müssen Herz und Lunge die Muskeln ausreichend mit Sauerstoff versorgen, wir müssen uns in unserer Umgebung zurechtfinden, mit unseren Geräten und vielem anderen zurechtkommen. Wie ist es möglich, daß dabei alles richtig ineinandergreift und geordnet abläuft? Unser *Nervensystem* und unsere *Sinnesorgane* sind es, die in ständigem Zusammenspiel all unser Tun überwachen und lenken.

1. Das Nervensystem

Man unterscheidet das zentrale Nervensystem und das Eingeweidenervensystem.

Das **zentrale Nervensystem** besteht aus dem *Gehirn*, dem *Rückenmark* und den *Nerven*. Wie wir schon sahen, ist das Gehirn in der Schädelkapsel, das Rückenmark im Wirbelkanal geborgen (Abb. S. 5).

Das Nervensystem

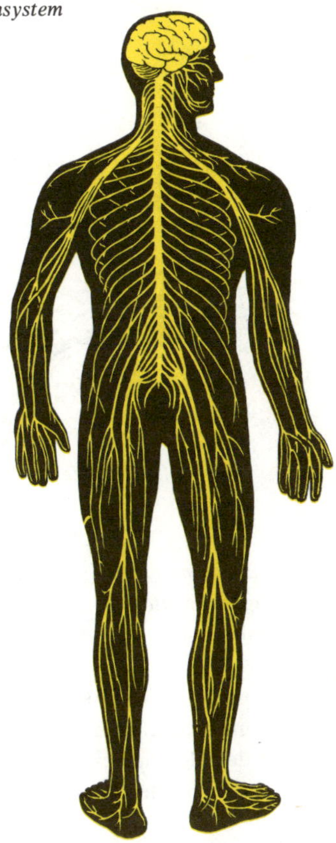

Durch das Hinterhauptsloch hindurch hängen beide miteinander zusammen. Die Nerven gehen als weiße Stränge teils vom Gehirn, teils vom Rückenmark aus. Sie verzweigen sich vielfach und treten in alle Teile des Körpers ein.

Das *Gehirn* ist der wichtigste Teil des Nervensystems, weil in ihm unser Empfinden, Denken und Wollen zustande kommt. Wird es z. B. vor einer Operation durch Narkose betäubt, so wird der Mensch bewußtlos; er empfindet keine Schmerzen, er hört und sieht nicht, kann nicht denken und sich nicht willkürlich bewegen.

Wird andererseits z. B. der große Nerv, der in einen Arm eintritt, durch einen Unglücksfall verletzt, so können wir den Arm nicht mehr bewegen; er ist gelähmt. Seine Muskeln gehorchen unserem Willen nicht mehr, weil ihre Verbindung mit dem Gehirn unterbrochen ist. Die Nerven, die den Muskeln die Befehle vom Gehirn zuleiten, heißen *Bewegungsnerven*. Andere übermitteln die Eindrücke, die unsere Augen, Ohren und übrigen Sinnesorgane aufnehmen, dem Gehirn. Sie heißen *Empfindungsnerven*.

Tagsüber ist das Nervensystem ständig angestrengt. Nur im Schlafe kann es sich erholen. Regelmäßiger und ausreichender Schlaf ist deshalb für seine Gesunderhaltung unerläßlich.

Das **Eingeweidenervensystem** besteht aus mehreren Nervensträngen, von denen zwei an der Wirbelsäule entlangziehen, und den davon ausgehenden Nerven. Es regelt die lebenswichtigen Vorgänge in den inneren Organen, die ohne unser Wissen und Zutun ablaufen und auch im Schlafe weitergehen: die Verdauung, den Herzschlag, die Atmung, die Tätigkeit der Nieren, der Leber usw. – Dabei wird es durch besondere, im Körper gebildete Wirkstoffe, die *Hormone*, unterstützt.

2. Die Sinnesorgane

Die **Augen** liegen wohlgeborgen in den Augenhöhlen des Schädels. Die mit Wimpern besetzten *Augenlider* schützen das Auge vor Staub und vor zu grellem Licht. Ferner halten sie mit Hilfe der Tränenflüssigkeit, die in den Tränendrüsen erzeugt wird, die Augenoberfläche ständig rein. Die Außenwand des Augapfels wird von der *Harten Augenhaut* gebildet. Ihr vorderer Teil ist durchsichtig und heißt *Hornhaut*. Hinter ihr sehen wir die farbige *Regenbogenhaut*, die in der Mitte von dem runden Sehloch oder der *Pupille* durchbrochen ist. Diese verengt oder erweitert sich, je nachdem stärkeres oder schwächeres Licht auf das Auge trifft. Die Regenbogenhaut geht nach hinten in die schwarze *Aderhaut* über, die den ganzen übrigen Augapfel auskleidet und reich an Blutgefäßen ist. Auf ihr liegt als innerste Schicht der Augenwand die zarte *Netzhaut*. Das Innere des Augapfels ist von dem glasklaren, sulzigen *Glaskörper* ausgefüllt. Hinter dem Sehloch befindet sich eine *Linse*, die wie die Linse des photographischen Apparates wirkt: sie erzeugt auf der Netzhaut im Augenhintergrund ein kleines Bild des betrachteten Gegenstandes. Dieses wird durch den *Sehnerv*, der an der

Waagrechter Schnitt durch das rechte Auge

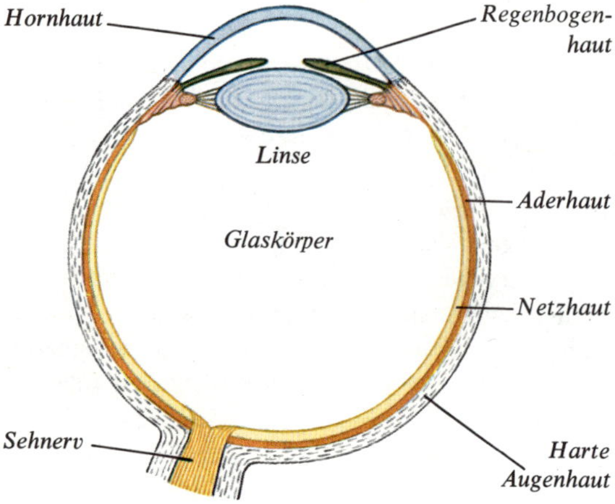

Rechtes Ohr des Menschen

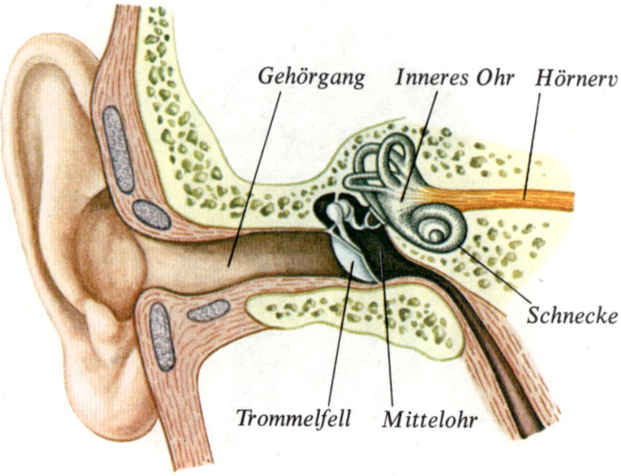

Rückseite aus dem Auge austritt, dem Gehirn übermittelt.

Beobachte deine Pupillen im Spiegel a) im dämmrigen Zimmer, b) am hellen Fenster!

Lies, schreibe oder nähe nie bei direktem Sonnenlicht, in der Dämmerung oder bei ungenügender Beleuchtung, weil die Augen dadurch geschädigt werden!

Das Ohr. Von der Ohrmuschel, die als Schalltrichter wirkt, führt der *Gehörgang* zu den tiefer gelegenen Teilen des Ohres. Diese sind in das Felsenbein eingebettet, das wir hinter der Ohrmuschel fühlen können. Der Gehörgang ist an seinem inneren Ende durch das *Trommelfell* abgeschlossen. Hinter diesem liegt das *Mittelohr.* Seine drei Gehörknöchelchen heißen nach ihrer Form Hammer, Amboß und Steigbügel. Sie übertragen den Schall vom Trommelfell auf den Eingang zum inneren Ohr. Im *inneren Ohr* dient die Schnecke dem Hören, während die übrigen Teile bei der Aufrechterhaltung des Gleichgewichts mitwirken. Der Gehörnerv verbindet das innere Ohr mit dem Gehirn. – Das Mittelohr wird gelegentlich zum Sitz der schmerzhaften Mittelohrentzündung.

Der Geruchssinn. Im obersten Teil der Nasenhöhlen breiten sich die Riechnerven aus (Abb. S. 8). Mit ihrer Hilfe nehmen wir in der Atemluft enthaltene Duftstoffe wahr.

Bringe einen Riechstoff unter die Nase! Vergleiche die Geruchsempfindung, wenn du den Atem anhältst und wenn du „schnüffelst"!

Der Geschmackssinn. Auf der Oberseite der Zunge sitzen zahlreiche feine Wärzchen. In vielen von ihnen enden die Fasern der Geschmacksnerven. Mit dem Geschmackssinn können wir nur süß, sauer, salzig und bitter unterscheiden. Vieles, was wir zu schmecken vermeinen, riechen wir in Wirklichkeit.

Nimm unbesehen nacheinander Proben verschiedener Früchte, Süßigkeiten, Getränke usw. in den Mund und versuche sie zu erkennen a) bei zugehaltener, b) bei offener Nase!

Die Hautsinnesorgane. Auch in der Haut enden zahlreiche Nerven. Vielfach treten sie in winzige *Tastkörperchen* ein, die in der Haut liegen und unserem Tastsinn dienen. Andere Sinneskörperchen ermöglichen uns, warm und kalt zu unterscheiden, und *freie Nervenenden* lassen uns Schmerzen empfinden. Auch der Schmerzsinn ist sehr wichtig; er warnt uns, wenn unsere Haut verletzt wird.

Schnitt durch die Haut des Menschen

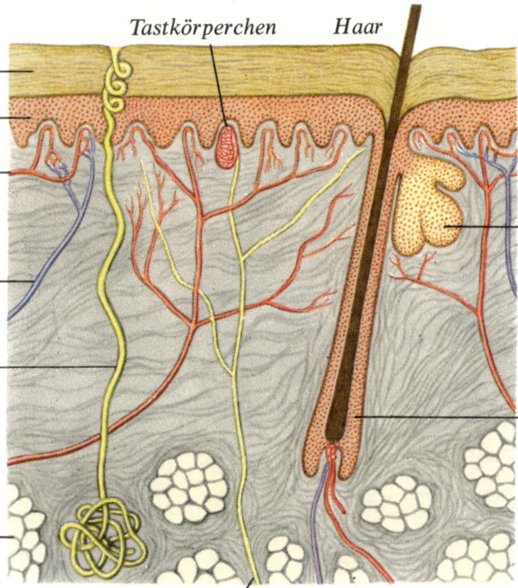

IV. Die Haut

Die **Haut** dient verschiedenen Aufgaben: sie schützt den Körper, sie wirkt als *Sinnesorgan* (S. 12: Hautsinnesorgane), und sie hilft bei der *Ausscheidung* der Abfallstoffe sowie bei der Erhaltung der *Körpertemperatur* mit.

Die Haut bedeckt schützend den ganzen Körper. Sie besteht aus zwei Schichten, der Oberhaut und der Lederhaut. Die *Oberhaut* ist in ihrem äußeren Teil verhornt und abgestorben. Diese Hornschicht wird an Stellen, die häufigem Druck ausgesetzt sind, besonders dick, so an schwieligen Händen und an den Fußsohlen. Sie löst sich dauernd in winzigen Schüppchen ab (z. B. Kopfschuppen) und wird im selben Maße durch die darunterliegende lebendige Keimschicht der Oberhaut ergänzt. Die *Nägel* der Finger und Zehen sind besonders dicke Hornplatten. Aus Horn bestehen auch die *Haare*, die mit ihrer Haarwurzel tief in der Lederhaut sitzen.

Die *Lederhaut* ist sehr fest. Sie enthält winzige *Talg-* und *Schweißdrüsen*, die beide mit feinen Poren nach außen münden. Der fettige Talg erhält die Oberhaut geschmeidig. Der Schweiß enthält Abfallstoffe, die aus dem Körper entfernt werden müssen. Bei starker Erhitzung des Körpers wirkt der verdunstende Schweiß abkühlend und verhütet damit gefährliche Überhitzung.

Hautpflege *ist zur Erhaltung der Gesundheit unerläßlich. Halte dich stets sauber! Durch gründliches Waschen ist die Haut von Schmutz und Schweiß zu reinigen, wodurch zugleich die Hautporen der Talg- und Schweißdrüsen offengehalten werden. Dabei kann, besonders beim häufigen Händewaschen, die Haut zu stark entfettet werden; dann muß sie mit einer geeigneten Hautcreme behandelt werden, damit sie nicht zu sehr austrocknet und schrundig wird. Zu starkes Eincremen der Haut ist schädlich, weil es die Poren verstopft. Wasche die Hände vor jeder Mahlzeit, pflege die Haare durch Kämmen, Bürsten und Waschen, die Finger- und Zehennägel durch Reinigen und Schneiden! Vermeide Zugluft, wenn du erhitzt bist! Das rasche Verdunsten des Schweißes, das dabei erfolgen würde, bewirkt eine starke Abkühlung, die eine Erkältung zur Folge haben könnte. Härte dich durch Duschen und häufigen Aufenthalt im Freien ab! Sei vorsichtig beim Sonnenbaden! Zu lange direkte Sonnenbestrahlung kann der Haut und dem übrigen Körper schädlich sein.*

V. Wie entsteht ein Mensch?

Jeder Mensch hat einen Vater und eine Mutter. Nur beide zusammen können einem Kind das Leben schenken. Im Körper der Frau finden sich zwei walnußgroße Organe, die *Eierstöcke.* Aus ihnen wird alle vier Wochen ein winziges Ei abgeschieden. Es gelangt in einen der beiden *Eileiter*, die in die *Gebärmutter* (*Uterus*) münden. Dieses faustgroße Organ hat eine

Die Geschlechtsorgane der Frau

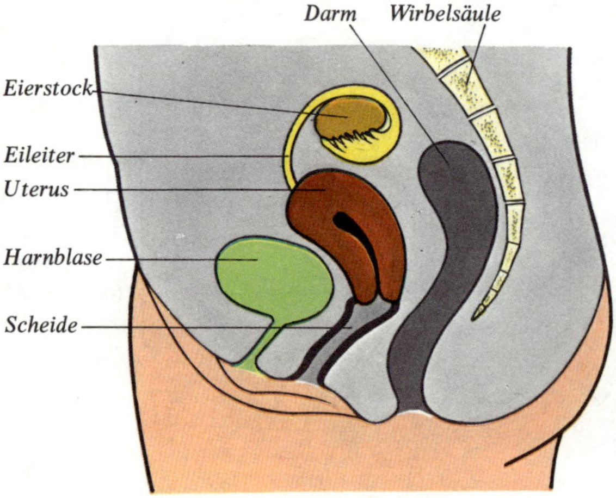

dicke Muskelwand, die einen Hohlraum umschließt. In ihm entwickelt sich das heranwachsende Kind. Von der Gebärmutter führt die Scheide nach außen.

Ein Ei kann sich nur zu einem neuen Menschen entwickeln, wenn es befruchtet wird. Dazu muß eine Samenzelle in das Ei eindringen. Die mikroskopisch kleinen *Samenzellen* entstehen in den beiden Keimdrüsen des Mannes, den *Hoden.* Diese liegen in einer Hautfalte, dem Hodensack. Durch die beiden Samenleiter gelangen die Samenzellen in die Harnröhre, die durch das männliche Glied (Penis) nach außen führt. In den Hoden werden etwa vom 12. Lebensjahr ab ständig Millionen von Samenzellen gebildet. Gelegentlich werden überschüssige Samenzellen im Schlaf ausgestoßen (Pollution).

Die Geschlechtsorgane des Mannes

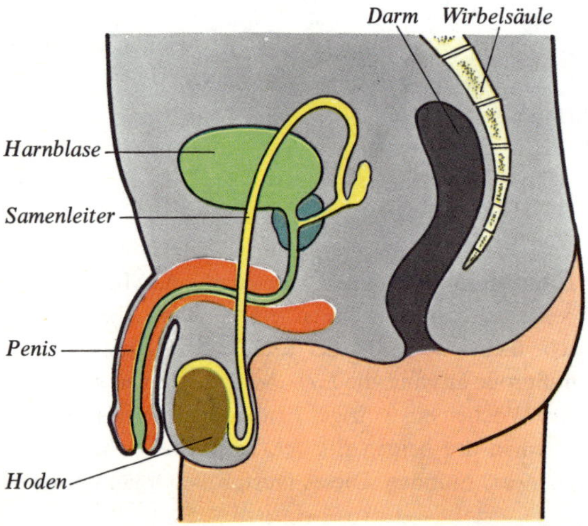

Bei der Zeugung gelangen die Samenzellen in die Scheide. Mit ihrem Geißelfaden bewegen sie sich von der Scheide in den Uterus und von da in die Eileiter. Treffen sie hier auf ein Ei, so dringt eine Samenzelle in dieses ein und verschmilzt mit ihm. Damit ist das Ei *befruchtet.* Das befruchtete Ei beginnt, sich zum Keim zu entwickeln, der in den Uterus wandert. Dessen Muskelwand ist innen mit einer stark durchbluteten *Schleimhaut* ausgekleidet, die den Keim *(Embryo)* aufnimmt.

Kommt ein Ei nicht zur Entwicklung, so löst sich die Schleimhaut des Uterus ab und wird durch eine neue ersetzt. Bei der Ablösung erfolgt eine kleine Blutung. Diese Blutung (Menstruation, Regel) wiederholt sich regelmäßig etwa jeden Monat. Zum ersten Mal tritt sie bei Mädchen im Alter von 11 bis 14 Jahren auf.

Der Embryo entwickelt sich im Lauf von neun Monaten zu einem lebensfähigen Kind. Das werdende Kind ist im Uterus von einer *Fruchtblase* eingeschlossen und schwimmt in einer Flüssigkeit, dem Fruchtwasser. So ist es gegen Druck und Stoß geschützt und kann ungehindert wachsen. Durch die Nabelschnur wird es aus dem Blut der Mutter ernährt und mit Sauerstoff versorgt. Bei der Geburt preßt der muskelstarke Uterus das Kind durch die Scheide nach außen, wobei die Fruchtblase platzt.

In den ersten Wochen seines Lebens vermag der „Säugling“ nur flüssige Nahrung zu sich zu nehmen. Am besten gedeiht er mit *Muttermilch,* die sich zu dieser Zeit in den beiden Brüsten der Mutter bildet.

Pubertät. Die Pubertät oder geschlechtliche Reifung ist die Zeit, in der sich das Kind allmählich zum Erwachsenen entwickelt.

Der *Junge* wird breitschulteriger und muskulöser, im Stimmbruch verwandelt sich die helle Kinderstimme in die tiefere Männerstimme, Bart- und Körperbehaarung stellen sich ein, und die ersten Pollutionen (s.o.) treten auf.

Beim *Mädchen* verbreitert sich das Becken, die Brüste bilden sich aus, und es kommt zur ersten Menstruation. Diese Übergangszeit beeinflußt den jungen Menschen auch seelisch. Er ist oft unausgeglichen und reizbar, mit sich und seiner Umwelt unzufrieden. Gegen Ende der Pubertätszeit stellt sich eine gewisse Ausgeglichenheit wieder ein.

Tierkunde

Haustiere

Ursprünglich verschaffte sich der Mensch seine Nahrung, indem er als Jäger und Sammler das Land durchstreifte. Später wurde er seßhaft. Er baute sich Hütten und begann Ackerbau zu treiben. Um jene Zeit fing er auch an, Wildtiere, die ihm nützlich sein konnten, einzufangen und zu zähmen. Bald ging er dazu über, aus der Nachkommenschaft immer nur die für ihn geeignetsten Tiere auszuwählen und weiterzuzüchten, so z. B. die besten Hof- und Jagdhunde, die milchreichsten Kühe, die fettesten Schweine, die Schafe mit dem dicksten Wollpelz. Auf diese Weise entstanden aus Wildtieren ganz allmählich unsere Haustiere.
Das älteste Haustier des Menschen ist der Hund. Lange Zeit war er das einzige. Später folgten Rind und Schwein. Diese beiden sind heute noch die für unsere Ernährung wichtigsten Haustiere. Bald kamen Schaf und Ziege hinzu. Viel später erst zähmte und züchtete der Mensch das Pferd als Zug- und Reittier. Zuletzt wurden die Katze und das Kaninchen zu Haustieren.

Fauchende Katze

Die Hauskatze

Die Katze als Haustier. Auf dem Land sind Haus und Hof der Lebensraum der Katze. Als Lager sucht sie sich ein ruhiges Plätzchen im Stall, in der Scheune oder einem Schuppen, oft aber auch im Wohnhaus. Von hier aus geht sie auf die Jagd. Vor allem stellt sie den Mäusen nach. Kräftige Tiere, besonders Kater, wagen sich auch an Ratten. Zusätzlich wird die Katze mit Milch und Küchenabfällen gefüttert. Sie darf aber damit nicht zu reichlich versorgt werden, denn satte Katzen werden träge und gehen nicht mehr auf Mäusefang.
Viele Menschen halten gern eine Katze in ihrer Wohnung, weil sie zutraulich und reinlich ist. Immer wieder putzt und glättet sie ihre weiches Fell mit Zunge und Vorderpfoten. Mitunter gibt sie sich als Schmeichelkatze: sie schmiegt sich mit dem Kopf oder den Flanken an uns an und schnurrt dabei behaglich. So anhänglich und folgsam wie der Hund wird die Katze aber nicht. Sie ist von Natur aus ungesellig und hängt mehr an ihrem Wohnbereich als an den Menschen. Ziehen diese um, so bleibt die Katze häufig in der alten Wohnung zurück.
Der *Kater* ist kräftiger als die weibliche Katze und hat einen dicken, runden Kopf. Das nächtliche „Katzenkonzert", das besonders zur Paarungszeit im Frühjahr und Mittsommer zu hören ist, wird in erster Linie von Katern vollführt.
Die Katze, ein Raubtier. Wenn die Katze schlecht gepflegt wird, kommt es bisweilen vor, daß sie verwildert. Dann streunt sie durch Gärten und Felder, plündert die Nester der Singvögel und stellt jungen Hasen, Rebhühnern und Fasanen nach. Aber auch Eidechsen, Frösche und Insekten verschmäht sie nicht. Die Gewohnheit, lebende Tiere zu erbeuten, entspricht ihrer angeborenen Natur. Sie ist ein *Raubtier*.
Im Haus aber stellt sie, wenn sie Gelegenheit dazu hat, den Mäusen nach. Selbst wenn sie zusammengerollt auf ihrem Lager schläft, hört sie das feine

Katze im Tageslicht. Schmale Pupillen

Katze im Dämmerlicht. Weite Pupillen

Rascheln einer Maus, die aus ihrem Versteck hervorkommt. Sogleich richtet sie die Ohrmuscheln auf, um zu erkennen, woher das Geräusch kommt. Ihr *Gehör* ist sehr fein. Auch ihr *Gesichtssinn* ist vorzüglich. Wenn wir bei Nacht längst nichts mehr wahrnehmen, kann sie noch gut sehen. Ihre Pupillen bilden am hellichten Tag einen schmalen senkrechten Spalt, so daß das hochempfindliche „Nachtauge" nicht geblendet wird. Im Dunkeln aber erweitern sich die Pupillen zu einem Kreis, damit viel von dem schwachen Dämmerlicht eintreten kann. Eine spiegelnde Schicht hinter der Netzhaut verstärkt die Lichteinwirkung. Sie verursacht bei Nacht das Aufleuchten der Katzenaugen im Gegenlicht. Bei voller Dunkelheit findet sich die Katze mit Hilfe ihrer langen *Schnurrhaare* zurecht, deren Wurzeln von einem Geflecht von Tastnerven umsponnen sind. Damit ertastet sie Hindernisse und erspürt sogleich, ob ein Durchlaß für sie breit genug ist. Der Geruchssinn der Katze ist dagegen weniger gut ausgebildet.

Die Katze kann vorzüglich schleichen. Sie ist ein *Zehengänger*, d. h. sie tritt nur mit den Zehen auf, so wie wir, wenn wir leise gehen wollen. Die Zehen der Katze haben samtweiche Ballen. Ihre *Krallen* berühren beim Gehen den Boden nicht, weil sie dabei in schmale Hautfalten, die Krallentaschen, zurückgezogen sind. Deshalb kann sich die Katze völlig geräuschlos an die Maus heranschleichen.

Skelett der Hauskatze

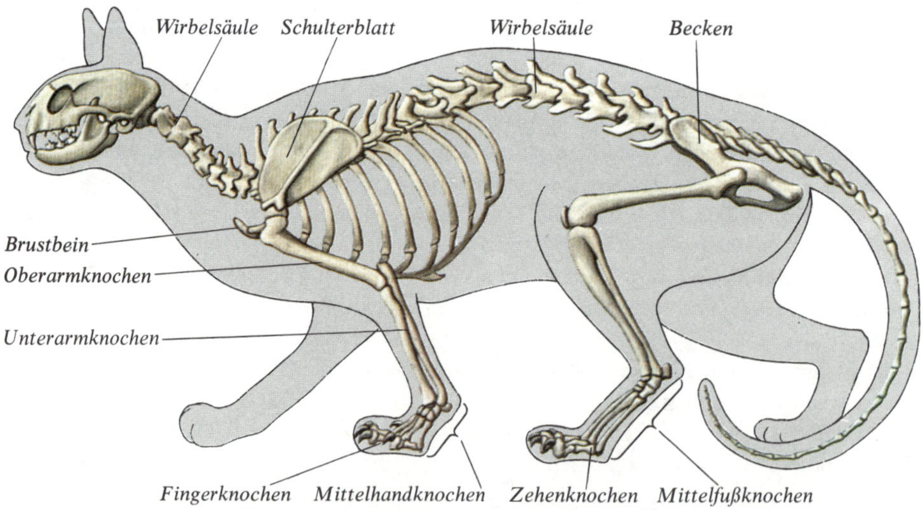

Vorderpfote der Katze mit ausgestreckten und eingezogenen Krallen

Zehe der Katze mit eingezogener und vorgestreckter Kralle

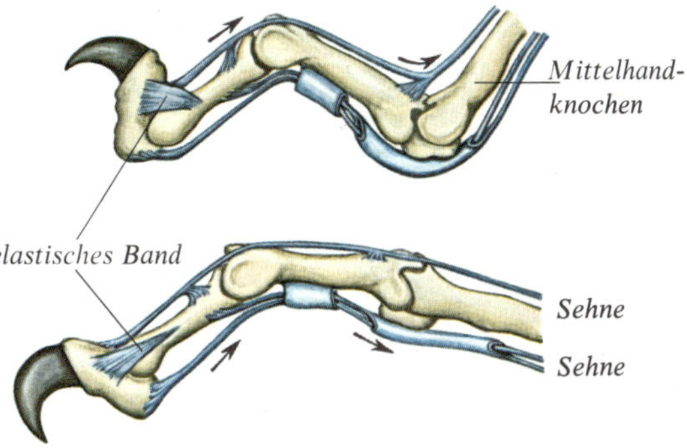

Ist die Katze nahe genug an die Beute herangekommen, duckt sie sich nieder. Sie beugt die Hinterbeine so stark wie möglich, krümmt den Rücken und zieht den Kopf ein. Nur die zuckende Schwanzspitze verrät ihre Erregung. Plötzlich springt sie: sie stößt sich mit den Hinterbeinen kraftvoll ab, streckt den Körper ruckartig und schnellt sich so bis zu 3 m weit vor. Mit den nach vorn gerichteten Augen kann sie Entfernungen sicher abschätzen. Daher verfehlt sie die Beute nur selten. Während des Sprunges verwandeln sich ihre Sammetpfötchen in gefährliche Tatzen: die Zehen strecken sich und spreizen auseinander; zugleich treten die nadelspitzen Krallen der Vorderpfoten hervor und dringen tief in die Maus ein.

Mit einem starken Biß tötet die Katze die Beute. Dabei wirken die großen, spitzen *Eckzähne* wie Dolche. Dann trägt sie das erbeutete Tier an einen Ort, wo sie es ungestört verzehren kann. Zum Zerkleinern schiebt sie die Nahrung weit nach hinten zwischen die Backenzähne. Diese haben scharfe, zackige Schneiden.

Besonders groß sind die dritten Backenzähne, die *Reißzähne*. Mit ihnen vor allem zerreißt und zerbeißt sie das Fleisch. Beim Beißen gleiten die oberen und die unteren Backenzähne wie die Klingen einer Schere aneinander vorbei und zerschneiden so die Nahrung. Die kleinen *Schneidezähne* dienen nur zum Abnagen der Knochen. Sie werden dabei von der rauhen, mit

Innenorgane der Katze

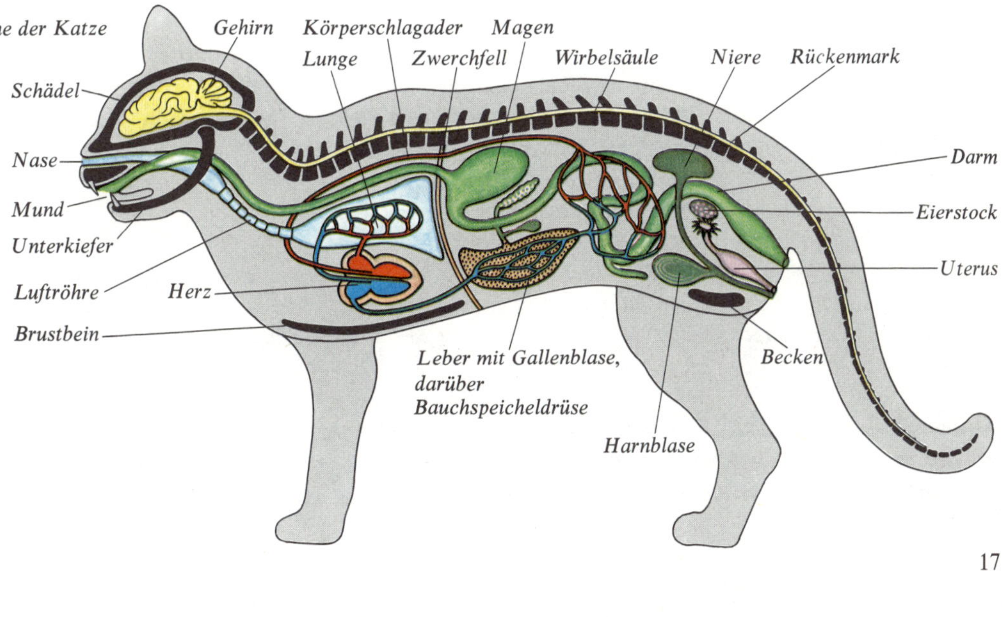

vielen kleinen Hornstacheln besetzten *Zunge* unterstützt.

Die inneren Organe der Katze stimmen, wie die Abb. zeigt, weithin mit denen des Menschen überein.

Hund und Katze. Wird die Katze von einem Hund bedroht, so drückt sie sich zunächst dicht an den Boden, den Rücken gekrümmt, die Vorderbeine vorgestreckt. Wird ihre Lage gefährlich, so legt sie die Ohren zurück, zeigt die Zähne und faucht. Dazu macht sie einen Katzenbuckel und sträubt die Rückenhaare, wodurch sie größer und gefährlicher erscheint. Es sieht so aus, als wolle sie den Gegner einschüchtern. Greift der Hund trotzdem an, rettet sie sich auf einen nahen Baum oder Zaun, die sie dank ihres leichten, geschmeidigen Körpers und ihrer spitzen Krallen mühelos erklettert. Ist eine solche Flucht nicht möglich, stellt sie sich dem Hund, denn bei einer Hetzjagd am Boden wäre sie mit ihren kurzen Beinen alsbald verloren. Mit einer der krallenbewehrten Pfoten schlägt sie blitzschnell nach der Schnauze des Hundes, der daraufhin meist schleunigst von ihr abläßt.
Nicht selten gewöhnen sich aber Hund und Katze, etwa als Hausgenossen, aneinander und leben friedlich zusammen.

Die Katze und ihre Jungen. Zweimal im Jahr bringt die Katze in einem weich ausgepolsterten Versteck 4–6 Junge zur Welt. Sie sind kaum behaart und öffnen ihre Augen erst am neunten Tag. Das Muttertier reinigt sie täglich mehrmals und säugt sie mit der Milch ihrer Milchdrüsen. Droht Gefahr, dann faßt sie die Jungen mit dem Maul sachte im Genick und trägt sie in ein anderes Versteck. Hunde und andere Feinde, die sich den Jungen nähern, greift die Katzenmutter sogleich an. Sobald die Jungen sehen, beginnt die Alte mit ihnen zu spielen. Sie lernen dabei springen, fangen und ihre Krallen zu gebrauchen. Bald bringt ihnen die Kätzin tote, später auch lebende Mäuse, und in kurzer Zeit haben die Kätzchen das Jagen erlernt. Der Kater beteiligt sich nicht an der Aufzucht der Jungen.

Abstammung. Die Hauskatze stammt von der gelblichgrauen *Falbkatze* ab. Diese lebt heute noch als Wildkatze in Nordafrika. Sie wird dort auch jetzt noch eingefangen und an das Haus gewöhnt. Schon die alten Ägypter hielten die Katzen in ihren Kornkammern zum Vertilgen der Ratten und Mäuse. Sie pflegten sie aber auch in ihren Tempeln, denn die Katze war für sie ein heiliges Tier. Bei Ausgrabungen findet man häufig Katzenmumien. Über Griechenland und Italien kam die Hauskatze später zu uns, wurde aber erst im Mittelalter zum allgemein verbreiteten Haustier. Das heiße und trockene Klima ihrer nordafrikanischen Heimat läßt uns verstehen, warum sie so wärmebedürftig und so wasserscheu ist.

Schädel der Katze

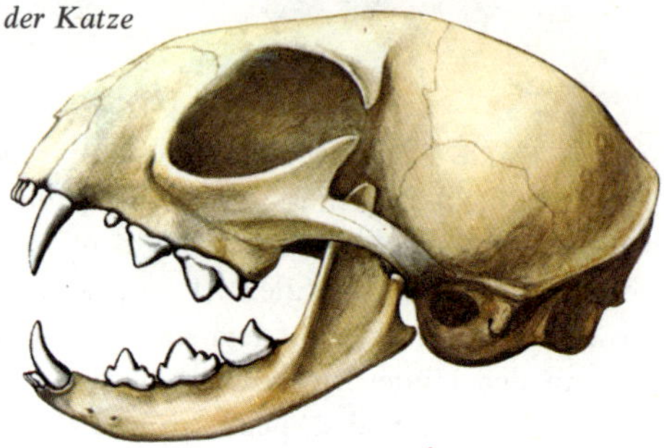

Die *Katze* ist ein *Raubtier.* Ihr Gebiß besteht aus kleinen Schneidezähnen, großen dolchartigen *Eckzähnen* und spitzhöckerigen Backenzähnen. Die größten Backenzähne heißen *Reißzähne.*
Die Katze ist ein *Zehengänger.* Die Zehen haben weiche Ballen und einziehbare, spitze *Krallen.*
Die Katze beschleicht ihre Beute, lauert ihr auf und fängt sie im Sprung.
Die Katze ist ein *Nachttier.* Sie hört vorzüglich und sieht in der Dunkelheit besser als die meisten andern Tiere. Ihre langen Schnurrhaare dienen ihr als Tastwerkzeuge. – Sie hat senkrechte, spaltförmige Pupillen.

Der Hund

Abstammung und Rassen. Unsere Hunde stammen vom Wolf ab, von dem der Mensch vor Jahrtausenden einzelne Tiere zähmte. Unter ihnen wählte er zur Fortzucht immer nur die mit den besten Eigenschaften aus. Diejenigen z. B., die die „feinste Nase“ hatten und die besten Läufer waren, benutzte er für die Jagd. Aus

Einige Hunderassen

ihren Nachkommen suchte er wieder die brauchbarsten aus, und so entstanden nach und nach unsere Jagdhunde. Auch die andern *Hunderassen* wurden durch eine solche ständige Auslese der geeignetsten Tiere erzielt. Sie unterscheiden sich in Größe, Gestalt, Behaarung, Farbe sowie in ihrem Verhalten voneinander. Die meisten zeigen nur noch wenig Ähnlichkeit mit ihrer Stammform. Lediglich der Schäferhund hat die ursprüngliche Wolfsgestalt gut bewahrt.

Im **Verhalten des Hundes** wird uns vieles verständlich, wenn wir es mit dem Verhalten des *Wolfes* (S. 58) vergleichen. Die Wölfe jagen winters in Rudeln, in denen eine strenge *Rangordnung* herrscht. Das stärkste Tier, der Leitwolf, hat die Führung; ihm ordnen sich alle anderen unter. Das Rudel jagt gemeinsam, wobei die Wölfe die Beute hetzen.

Beim Haushund trat an die Stelle des Rudels die Menschenfamilie; ihr schließt er sich eng an. Sein Herr ist für ihn gleichsam das „Leittier", dem er sich unterordnet. Auch das Hetzen liegt dem Hund im Blut: er verfolgt alles, was sich schnell fortbewegt, sei es ein geworfener Ball, Stein oder Stock, ein Fahrzeug oder ein flüchtendes Kind.

Im Sommer leben die Wölfe in Familien zusammen und verteidigen ihr abgegrenztes *Revier*. Für den Hund sind Haus und Hof das Revier, von dem er fremde Hunde und Menschen verjagt. – Auch sonst erinnert noch manches im Verhalten des Hundes an das des Wolfes. Wenn er sich z. B. vor dem Sichniederlegen ein paarmal um sich selbst dreht, so ist das dieselbe Bewegung, die der Wolf ausführt, wenn er sich im Gestrüpp einen Schlafplatz zurecht macht.

Hund und Mensch. Überall wo heute Menschen wohnen, ist auch der Hund anzutreffen. Seine große Anhänglichkeit zeigt sich in seinem Verhalten, besonders seinem Herrn gegenüber. Wird er von ihm getrennt, so trauert er; beim Wiedersehn springt er an ihm hinauf, bellt und wedelt mit dem Schwanz. Bei Angst aber duckt er den Kopf zum Boden, legt die Ohren zurück und zieht den Schwanz ein. Auch durch Knurren, Winseln, Heulen, Bellen und Zähnefletschen kann er seine Stimmung kundtun.

Der Hund ist aber nicht nur das anhänglichste, sondern auch das gelehrigste unserer Haustiere. Er läßt sich für mancherlei Aufgaben abrichten. Die Schäferhunde verstehen die Zurufe, Winke und Pfiffe ihres Herrn, halten die Herde zusammen und lenken sie.

Die Blindenhunde führen ihren Herrn sicher durch den Verkehr. Die starken Schlittenhunde der Eskimos sind besonders zäh und ausdauernd. Der Hofhund vernimmt mit seinem feinen Gehör selbst im Schlaf jedes verdächtige Geräusch. Sogleich ist er hellwach, hebt den Kopf, spitzt die Ohren und läßt ein kurzes Knurren oder Bellen hören: er „schlägt an". Die Jagdhunde (Vorstehhunde, Setter, Bracken u. a.) wittern mit ihrem guten Geruchssinn das Wild, lange ehe der Jäger es wahrnimmt. Sie spüren es auf, verfolgen seine Fährte, wobei sie ständig am Boden schnüffeln, stellen es und „apportieren" die erlegte Beute. Der Polizeihund nimmt die Spur des Verbrechers auf, und der Sanitätshund findet mit seiner feinen Nase den Verwundeten selbst an abgelegenen Stellen. Suchhunde werden eingesetzt, wenn es gilt, von Lawinen Verschüttete zu bergen. In unzähligen Fällen haben Hunde Menschen das Leben gerettet.

Schäferhund

Körperbau. Der Hund ist wie die Katze ein *Zehengänger*. Er tritt wie sie mit vier Zehen auf. Der Daumen ist stark verkümmert, trägt aber noch eine Kralle. Die große Zehe der Hinterpfote fehlt ganz. Die vier Zehen tragen kurze, stumpfe Krallen, die nicht zurückgezogen werden können. Deshalb ist auch der Gang des Hundes nicht so geräuschlos wie der der Katze. Die polsterartigen Zehenballen sind jedoch viel größer als bei der Katze und mit harter Hornhaut überzogen. Der Hund kann deshalb stundenlang auf steinigen Wegen und über Felder laufen, ohne seine Füße zu verletzen. Besonders die Angehörigen der großen Rassen sind schnelle und ausdauernde Läufer. Die meisten Hunde sind auch gute Schwimmer.

Nach schnellem Lauf oder bei großer Hitze hält der Hund das Maul offen, läßt die Zunge weit heraushängen und atmet kurz und heftig. Dabei wirken der rasche Wechsel der Atemluft sowie die Verdunstung des Speichels auf der Zunge abkühlend. Schweißdrüsen fehlen dem Hunde fast ganz.

Wie die Katze ist der Hund von Natur aus ein *Raubtier*. Sein Gebiß ähnelt stark dem der Katze; doch enthält es mehr Backenzähne. Entsprechend ist der Kopf des Hundes länger als der der Katze. Auch sind seine Zähne stärker und stumpfer, so daß er selbst größere Knochen zermalmen kann. Für die Jagd-,

Linker Vorderfuß des Hundes. Unterseite

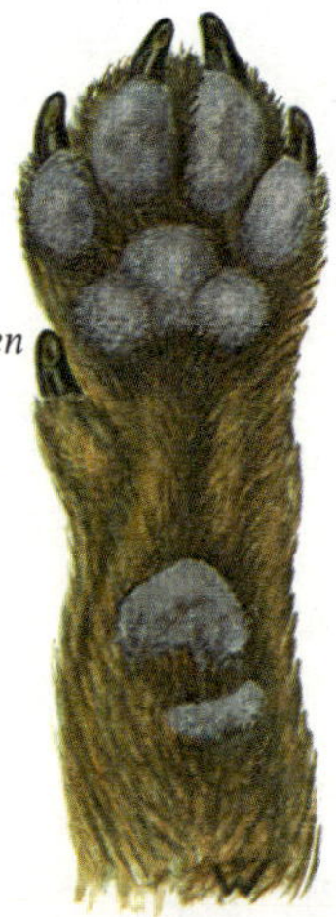

Schädel des Hundes

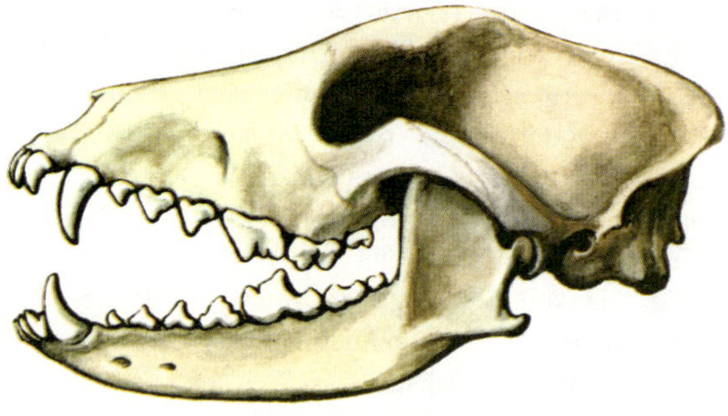

Hof-, Schäfer- und Polizeihunde ist das kräftige Gebiß zugleich eine wirksame Waffe.

Sinne. Für den Hund sind, wie wir sahen, Riechen und Hören die wichtigsten Sinne. Besonders sein *Geruchssinn* ist für uns unbegreiflich fein. Mit ihm vor allem findet er sich in seiner Umgebung zurecht. Deshalb haben umherlaufende Hunde stets die Nase am Boden und beschnuppern alles, um sich den Geruch einzuprägen. Der Gesichtssinn dagegen ist nicht besonders gut ausgebildet. Er hat für den Hund nur untergeordnete Bedeutung.

Vermehrung. Zweimal im Jahre bringt die Hündin mehrere Junge zur Welt. Sie säugt die Jungen, die erst am 10.–12. Tag sehend werden, und wärmt und beschützt sie. Mit zwei Jahren ist der Hund erwachsen; er kann ein Alter von über 15 Jahren erreichen.

Krankheiten. Bisweilen werden Hunde von einer tödlichen Krankheit, der *Tollwut*, befallen. Daran erkrankte Tiere sind unruhig und sehr bissig. Durch Biß wird die Krankheit von Hund zu Hund und auch auf Füchse und andere Wildtiere sowie den Menschen übertragen. Tollwütige Hunde sind deshalb sofort zu töten. Menschen, die von ihnen gebissen werden, müssen sich unverzüglich an den Arzt wenden. Durch eine Impfung kann der Ausbruch der Krankheit verhindert werden. – Im Darm der Hunde leben nicht selten *Bandwürmer*, die auch dem Menschen sehr gefährlich werden können. Ihre Eier haften oft am Fell und an der Schnauze des Tieres. Allzu enge Berührung mit Hunden ist deshalb zu vermeiden.

Der *Hund* ist unser ältestes Haustier. Er *stammt vom Wolf ab*. Durch fortgesetzte Auslese wurden im Laufe der Jahrtausende viele *Rassen* gezüchtet. Durch seine *Anhänglichkeit* und Gelehrigkeit wurde der Hund ein vielseitiger Gehilfe des Menschen.
Der Hund ist wie die Katze ein Raubtier. Im Gegensatz zu ihr ist er aber ein *Hetzjäger*. Sein starkes Gebiß weist mehr Backenzähne auf als das der Katze. Auch der Hund ist ein *Zehengänger;* seine Krallen sind aber stumpf und nicht zurückziehbar. Von seinen Sinnen sind der *Geruch* und das Gehör am besten ausgebildet.

Das Hausrind

Ur oder Auerochse

Abstammung. Einst lebten in unserer Heimat zwei Wildrinder: der *Ur* oder *Auerochse* und der *Wisent*. Schon in der Steinzeit gehörten beide zu den wichtigsten Jagdtieren des Menschen. Der Wisent hat sich bis auf unsere Tage erhalten (S. 41). Der Ur dagegen ist vor etwa 300 Jahren ausgestorben. Der Mensch hatte ihn aber schon vor Jahrtausenden gezähmt; von ihm stammt unser Hausrind ab.
Im **Verhalten** erinnert auch beim Hausrind noch vieles an die Vorfahren. Weidende Rinder halten sich gesellig in Herden zusammen, in denen, wie bei allen Herdentieren, eine feste *Rangordnung* besteht. Eine bestimmte Kuh nimmt als Leittier eine Vorrangstellung ein. Ihr folgen in festgelegter Reihenfolge die anderen Kühe. Die Eringer Rinder, ein noch sehr ursprünglicher Schlag aus dem Eringertal im Wallis, tragen jedes Jahr beim Almauftrieb auf ganz bestimmten, seit undenklichen Zeiten dafür benützten Kampfplätzen ihre mehrtägigen *Rangordnungskämpfe*

Kämpfende Eringer-Rinder

Skelett des Rindes

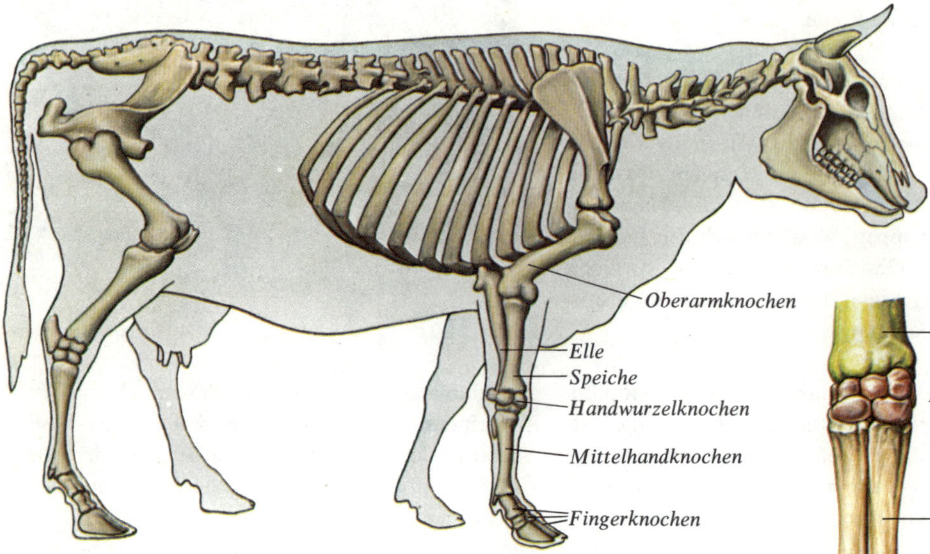

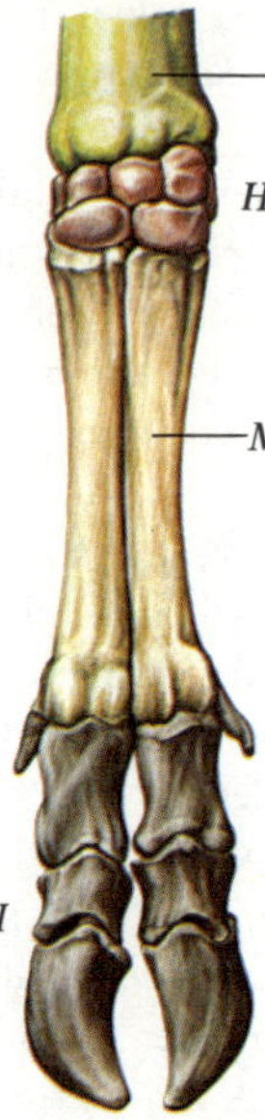

Vorderbein des Rindes

aus, in denen die Ordnung für das neue Jahr festgelegt wird. Danach weicht jede Kuh allen über ihr stehenden aus, während die unter ihr stehenden ihr den Vortritt lassen. Bei den halbwild lebenden Rindern der Camargue im Rhonedelta hat man beobachtet, daß rangtiefere Kühe den ranghöheren mit tiefgesenktem Kopf begegnen. Bei der Rückkehr in den Stall betritt die Leitkuh diesen als erste; sie kann alle anderen von der Tränke oder Futterkrippe wegstoßen und ihnen sogar Futter wegnehmen, während ihr keine andere Kuh zu nahe treten darf.

Durch Brüllen, Muhen und Grunzen verständigen sich die Angehörigen einer Herde. Man kann Warn-, Droh- und Angriffslaute, Sammel- und Notrufe sowie *Verständigungslaute* zwischen den Kühen und ihren Kälbern unterscheiden. Selbst die in den Ställen gehaltenen Rinder zeigen noch Verhaltensweisen, wie sie bei den Rindern großer Herden zu beobachten sind.

Das Rind ist zwar nicht so gelehrig wie der Hund, hat aber ebenfalls ein gutes Gedächtnis. Es versteht die gewohnten Zurufe des Bauern und kennt die Wege zur Weide und zu den Feldern. Wenn eine Herde nach Monaten von der Alm zurückkommt, findet jede Kuh sofort ihren heimischen Stall und darin ihren alten Stand wieder.

Im **Körperbau** ähnelt das Hausrind seiner Stammform noch weitgehend. Es ist ein massiges Tier mit mächtigen Nackenmuskeln. Vom Hals hängt eine große Hautfalte, die Wamme, herab. Der lange Schwanz mit seiner Haarquaste wird zum Verscheuchen der lästigen Fliegen und Bremsen benützt. Die Waffen des Rindes sind die *Hörner*. Jedes Horn besteht aus einer Hornscheide, die einen Knochenzapfen des Stirnbeins umschließt (Abb. S. 23). Das meist gutmütige weibliche Rind, die Kuh, gebraucht die Hörner seltener als das männliche Tier, der Stier (Bulle, Farre). In Wut versetzt, kann dieser dem Menschen gefährlich werden. Früher ließ man einem Teil der Jungstiere durch den Tierarzt die Hoden entfernen. Solche kastrierten Tiere heißen *Ochsen*. Sie sind viel zahmer und ungefährlicher als die normalen Stiere und wurden deshalb gern als Zugtiere verwendet.

Höhenfleckvieh

Das Rind ist ein *Paarzeher*. Es tritt nur mit den zwei großen, starken Zehen auf, die unserer dritten und vierten Zehe entsprechen. Dabei geht es auf den Zehenspitzen, berührt also nur mit dem letzten Zehenglied den Boden. Die Endglieder der Zehen (und Finger) sind von einem festen Hornschuh, dem Huf, umkleidet. Das Rind ist also ein Huftier, ein Paarzeher und – wie alle Huftiere – ein *Zehenspitzengänger*. Neben den beiden Hauptzehen stehen noch zwei verkümmerte, die II. und V., die nicht zum Boden reichen. Sie heißen Neben- oder Afterzehen. Die beiden langen Mittelhand- bzw. Mittelfußknochen sind zu einem einheitlichen Knochen verwachsen. Hand- und Fußgelenk, die sog. Sprunggelenke, stehen nahezu $^1/_2$ m über dem Boden, die Kniegelenke liegen dicht am Rumpf, und die Oberarm- und Oberschenkelknochen stecken im Rumpf.

Schädel des Rindes

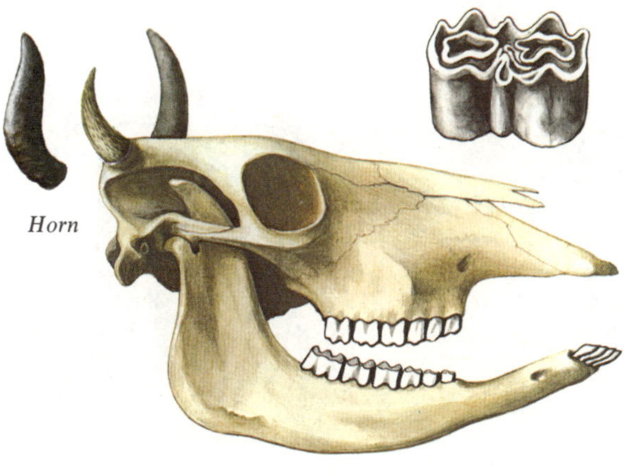

Horn

Backenzahn

Ernährung. Das Rind ist ein reiner *Pflanzenfresser*. Es wird mit Gras und Klee, Heu, Rüben, Stroh und anderer Pflanzennahrung gefüttert. An Grünfutter braucht es im Sommer täglich etwa 60 kg. Als „Kraftfutter" erhalten die Rinder Getreideschrot, Ölkuchen, Zuckerrübenschnitzel aus der Zuckerfabrik, Rückstände aus den Bierbrauereien und anderes. In Gegenden, in denen Weiden fehlen, bleibt das Rind das ganze Jahr über im Stall und wird dort gefüttert. Wo es aber möglich ist, läßt man es im Sommer seine Nahrung auf der Weide selbst suchen.

Mit der langen, rauhen *Zunge* umfaßt das Rind ganze Grasbüschel und zieht sie in das Maul. Im Unterkiefer besitzt es vorne acht große, waagerecht vorstehende *Zähne* (6 Schneidezähne und 2 Eckzähne). Sie drücken das gefaßte Büschel gegen die zahnlose Knorpelkante des Oberkiefers. Ein Ruck mit dem Kopf – und das Büschel ist abgerupft. Niedriges Gras wird ohne Mithilfe der Zunge abgeweidet.

Die breitkronigen Backenzähne haben längsverlaufende Erhebungen auf ihren Kauflächen, die durch harte *Schmelzfalten* verursacht sind. Indem das Tier den Unterkiefer seitlich hin und her bewegt, zerreibt es das Futter zwischen den breiten, gerieften Zähnen. Weil aber die Nahrung jetzt nur kurze Zeit im Maul verbleibt, wird sie vorerst nur unvollkommen zerkleinert.

Rohe Pflanzennahrung kann aber nur verdaut werden, wenn sie sehr fein zerrieben ist. Wenn das Rind nach stundenlangem Weiden genug Nahrung verschlungen hat, kaut es diese nachträglich noch einmal sehr gründlich: *es käut wieder*. Meist legt es sich dazu auf der Weide oder im Stall gemächlich nieder; es kann aber auch stehend wiederkäuen.

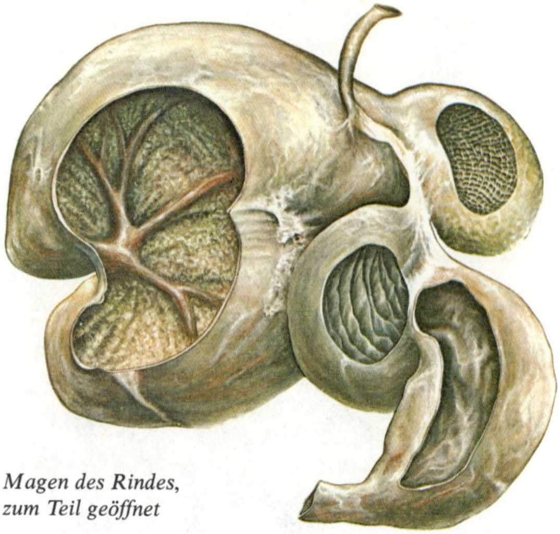

Magen des Rindes, zum Teil geöffnet

Beim Weiden gelangt das fast ungekaute Gras zunächst in einen riesigen, mehr als 100 l fassenden Vormagen, den *Pansen*, und wird hier in einem stundenlangen Gärungsvorgang aufgeweicht. Beim Wiederkäuen treten nach und nach kleinere Futtermengen aus dem Pansen in einen zweiten Magenabschnitt, den *Netzmagen*, über, dessen Innenwand netzförmige Hautfalten aufweist. Von hier aus werden die Futterschübe in das Maul zurückbefördert. Jetzt werden sie gründlich und lange gekaut und dabei mit viel Speichel vermischt. Dann verschluckt das Rind die wiedergekäute Nahrung wieder, wobei sie unmittelbar in einen dritten Magenabschnitt, den *Blättermagen*, gelangt. Er heißt so, weil seine Wand zahlreiche Längsfalten trägt, die wie die Blätter eines Buches nebeneinander stehen. Die Blätter entziehen dem dünnen Nahrungsbrei viel Flüssigkeit. Die eingedickte Nahrung gelangt nun in den letzten Magenabschnitt, den *Labmagen*. Dieser ist der eigentliche Verdauungsmagen; er entspricht unserem Magen. Seine Wand scheidet die Verdauungssäfte ab, die auf die nunmehr aufgeschlossene Nahrung einwirken. – Beim Kalb enthält der Magensaft viel *Lab*, das die genossene Milch zum Gerinnen bringt und so besser verdaulich macht. – Daß die Nahrung aus der Speiseröhre das eine Mal in den Pansen, das andere Mal in den Blättermagen gelangen kann, ist durch die Schlundrinne ermöglicht. Diese wird von zwei Längsfalten an der Einmündung der Speiseröhre in den Magen gebildet. Bei grober Nahrung klaffen sie auseinander und lassen die Nahrung in den Pansen fallen, bei fein gekauter schließen sie sich zu einer Rinne zusammen und leiten die Nahrung in den Blättermagen.

Entstehung der Schmelzfalten

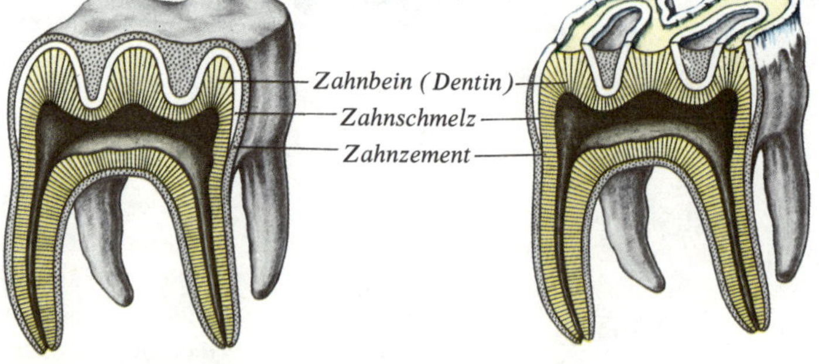

Unabgekauter Zahn *Abgekauter Zahn*

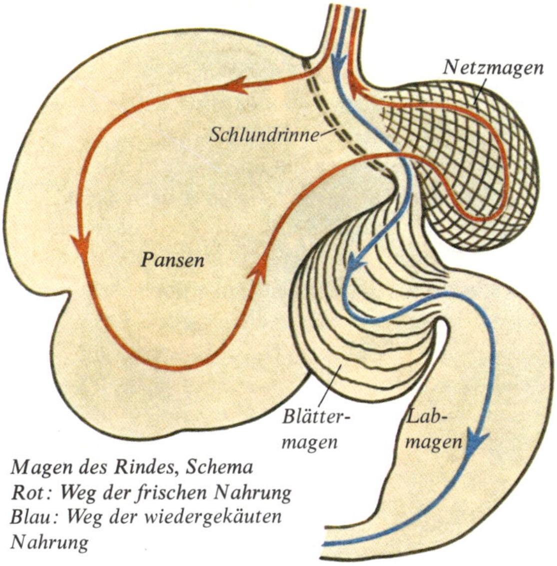

Magen des Rindes, Schema
Rot: Weg der frischen Nahrung
Blau: Weg der wiedergekäuten Nahrung

Aus dem Labmagen gelangt der Speisebrei in den *Darm.* Da dieser sehr weit ist und den Körper etwa 20mal an Länge übertrifft, können die Verdauungssäfte (Bauchspeichel, Galle und Darmsaft) sehr lange auf die Nahrung einwirken.

Vermehrung. Die Kuh bringt in der Regel jedes Jahr ein Kalb zur Welt. Dieses steht sogleich nach der Geburt auf und folgt seiner Mutter. Es wird, wie alle Säugetiere, in der ersten Zeit von der Mutter gesäugt. Das Euter der Kuh enthält große Milchdrüsen, die die Milch abscheiden. Das Kalb saugt an den Zitzen des Euters. Mit fünf Jahren ist das Rind ausgewachsen. Es kann über 20 Jahre alt werden.

Wirtschaftliche Bedeutung. Durch die Züchtung ist die Milchleistung des Hausrindes so gesteigert worden, daß eine Kuh heute durchschnittlich etwa 3500 l Milch im Jahr liefert, während Wildrinder nur so viel Milch erzeugen, wie zur Ernährung ihres Kalbes nötig ist.

Die *Milch* ist ein hochwertiges Nahrungsmittel. 100 Teile Milch enthalten 88 Teile Wasser und 12 Teile wertvollste Nährstoffe, nämlich *Käsestoff* (Eiweiß), *Fett* und *Milchzucker.* Das Fett können wir im Mikroskop als winzige Kügelchen sehen. Der Käsestoff und der Milchzucker sind dagegen in der Milch gelöst. Lassen wir Milch einige Zeit stehen, so sammelt sich oben das Fett als Rahm oder Sahne.

Butter bereitete früher die Bäuerin, indem sie den Rahm im hölzernen Butterfaß so lange mit einem Stößel stampfte oder mit einem einfachen Rührwerk durcheinander wirbelte, bis sich die Fetttröpfchen zur Butter zusammengeballt hatten. Heute wird in der Molkerei der Rahm durch Zentrifugen von der Milch abgetrennt und dann im Butterfertiger, einem großen, langsam rotierenden Stahlzylinder, verbuttert. Die zurückbleibende Milch ist die Magermilch.

Zur *Käsebereitung* wird die Milch in großen Kupferkesseln erwärmt und mit Kälberlab versetzt. Das Lab läßt den Käsestoff gerinnen, so daß die Milch das Aussehen von Sauermilch annimmt. Nun wird stärker erwärmt und umgerührt. Dabei scheidet sich die halbfeste Käsemasse ab. Sie enthält außer dem Käsestoff auch das Milchfett, so weit man es in der verwendeten Milch belassen hat. Die zurückbleibende Flüssigkeit, die Molke, wird zur Viehfütterung an die Bauern abgegeben. Die Käsemasse (den „Bruch“) formt man zu Laiben, preßt und salzt sie und läßt sie nun in einigen Wochen im Gärkeller zum Käse heranreifen. Aus Vollmilch entstehen so die hochwertigen fetten Käsesorten, aus Magermilch wird Magerkäse.

Bei der Sauermilch und beim Joghurt wird der Käsestoff durch Bakterien zum Gerinnen gebracht.

Sonstiger Nutzen. Außer der Milch liefert uns das Rind vor allem *Fleisch.* Aus der Haut bereitet man das feine Kalb- und das derbe *Rindleder*, aus denen unsere Schuhe hergestellt werden. Die Haare werden zu Filz, das Horn wird zu Knöpfen verarbeitet. Aus den Knochen gewinnt man Tischlerleim und Düngemittel. Auch der Dung, den das Tier liefert, ist für den Bauern von großem Wert. Wo, etwa des Geländes wegen, noch keine Traktoren verwendet werden, sind Ochse und Kuh auch heute noch wichtige Zugtiere.

Rassen. Auch vom Rind sind verschiedene Rassen herangezüchtet worden, wenn auch keineswegs so viele wie vom Hund. Auf den weiten Ebenen und

Niederungsvieh

Allgäuer Rind

nach den weißlichen Blasen, die im Maul und an den Zehen (Klauen) der erkrankten Tiere entstehen. Vielfach leiden die Rinder auch an *Tuberkulose*. Die Viehbestände werden daraufhin überwacht. Tuberkulosefreie Rinderställe sind mit einem grünen Schild gekennzeichnet.

Das *Rind* ist seit Jahrtausenden das nützlichste Haustier des Menschen, das vor allem Milch, Fleisch und Leder liefert. Es ist ein *wiederkäuendes Huftier*, ein *Zehenspitzengänger* und *Paarzeher*. Sein Pflanzenfressergebiß weist breitkronige Backenzähne auf, die mit ihren *Schmelzfalten* dem Zerreiben der Pflanzennahrung dienen. Sein *Wiederkäuermagen* besteht aus Pansen, Netz-, Blätter- und Labmagen.

besonders in den fetten Marschen Norddeutschlands finden wir das schwarzweiß gefleckte Niederungsvieh, eine Rasse mit besonders hoher Milchleistung. – In Mittel- und Süddeutschland ist das braun-weiß gescheckte Höhenfleckvieh verbreitet, das gleichermaßen als Milch-, Fleisch- und Arbeitstier geschätzt wird (Abb. S. 23). – Das etwas kleinere, einfarbig graubraune Allgäuer Rind verträgt das rauhere Klima der Berggegenden. Es verbringt den Sommer auf den hochgelegenen Almen.

Krankheiten. Nicht selten werden die Rinder ganzer Gegenden von der *Maul-* und *Klauenseuche* befallen. Die sehr ansteckende Krankheit führt ihren Namen

Ziege und Schaf

Ziege und Schaf sind wie das Rind Paarhufer, Zehenspitzengänger und Wiederkäuer. Auch ihr Gebiß ist dem des Rindes sehr ähnlich.

Unsere **Hausziegen** stammen von mehreren wilden Ziegenarten ab, die alle Gebirgsbewohner sind. Meist haben sowohl Bock als Geiß sichelförmige Hörner; nur einige Hausziegenrassen sind hornlos. Wie ihre Stammeltern klettert die Hausziege vorzüglich; sie kann deshalb im Hochgebirge als Weidetier gehalten werden.

Hausziege mit Zicklein

Schafherde auf der Weide

Man findet „die Kuh des kleinen Mannes“ vorwiegend in Gegenden, in denen für die Rinderzucht die nötigen Wiesen und Weiden fehlen. Sie wird vor allem wegen ihrer Milch gehalten, die man in manchen Gegenden sogar zur Butter- und Käsebereitung verwendet. Aber auch das Fleisch der jungen Zicklein wird geschätzt. Ziegenhaut liefert feines Leder (Glacé-, Saffian- und Chevreauleder) für Handschuhe und Schuhe.

Das **Hausschaf** stammt von Wildschafen ab. Eine der Stammformen ist der Mufflon, der heute noch die Gebirge Korsikas und Sardiniens bewohnt (vgl. S. 39). Auch alle anderen Wildschafe sind Gebirgstiere.
Das Hausschaf hat von seinen Vorfahren den dicken Pelz ererbt. Durch Züchtung ist er im Laufe der Zeit noch beträchtlich dichter geworden. So vermag das Tier selbst in den rauhesten Gegenden noch im Winter draußen zu weiden und hoch im Gebirge emporzusteigen. Es begnügt sich mit kärglichstem Futter. Selbst dürftiges Brachland, abgeerntete Äcker und Wegränder sind noch als Schafweide verwendbar. Daher steht die Schafzucht besonders in Ländern mit großen Steppengebieten in hoher Blüte, so in Australien, Argentinien, Südafrika und Rußland. – Hörner hat beim Hausschaf nur das männliche Tier, der Widder.
Der Hauptzweck der Schafzucht ist die Gewinnung der *Wolle*, des wertvollsten Rohstoffes für unsere Kleidung. Das Schaf wird alljährlich zu Beginn der warmen Jahreszeit geschoren. Die dabei im Zusammenhang bleibende Wollmasse, das Vlies, erreicht bei guten Rassen eine Dicke von mehr als 10 cm. Da in Deutschland in den letzten Jahrzehnten zahlreiche Weideflächen in Ackerland umgewandelt wurden, ist die Schafzucht bei uns stark zurückgegangen. Wir müssen deshalb Wolle aus anderen Ländern einführen. – Das Fleisch des Schafes (Hammelfleisch) wird gern gegessen. Aus Lammfell wird feines *Leder* bereitet.
Auch von der Hausziege und vom Hausschaf gibt es verschiedene Rassen.

Ziege und *Schaf* stammen von Gebirgstieren ab. Als *Paarzeher* und *Wiederkäuer* stimmen sie mit dem Rind überein. Die Ziege nützt vor allem durch ihre *Milch*, das Schaf durch seine *Wolle*. Beide Arten liefern außerdem *Fleisch* und feines *Leder*.

Ernährung und Körpergestalt

Pflanzen- und *Fleischfresser* lassen sich nicht nur am Gebiß unterscheiden, sondern auch an der *Körperform.* Fleisch ist sehr nährstoffreich, wird also in verhältnismäßig kleiner Menge benötigt. Zudem ist es leicht verdaulich, durchwandert den Magen-Darmkanal also rasch. Deshalb kann bei den Fleischfressern der Magen klein und der Darm verhältnismäßig kurz sein. Pflanzennahrung ist dagegen viel ärmer an Nährstoffen, wird also in großen Mengen benötigt. Sie ist ferner schwer verdaulich, muß also lange im Magen und Darm verweilen. Pflanzenfresser haben deshalb einen großen Magen, die Wiederkäuer sogar einen mehrteiligen, und einen langen Darm. Dieser ist bei Pflanzenfressern etwa 20mal so lang wie der Körper, während er bei Fleischfressern nur die 3–5fache Körperlänge erreicht.

Daher ist auch die äußere Körpergestalt verschieden: die *Pflanzenfresser* haben einen *dicken, runden Bauch,* bei den *Fleischfressern* dagegen erscheint er *eingezogen.* Vergleiche daraufhin z. B. Hund und Schaf sowie die im Buch sonst noch abgebildeten Raubtiere und Huftiere miteinander.

Wildpferde in einer Steppe Innerasiens

Das Pferd

Abstammung. Mit Ur und Wisent lebten einst in unserer Heimat auch wilde Pferde. Die schnellen Tiere bewohnten die weiten Grassteppen; sie wurden wie die Wildrinder vom Menschen gejagt. Vor allem beim Opferschmaus wurde ihr Fleisch verzehrt. Erst spät zähmte man das Pferd als Zugtier für den Pflug. Als Reittier erlangte es bei uns erst im Mittelalter Bedeutung. In Europa starben die Wildpferde nach dem 8. Jahrhundert allmählich aus. In den Steppen

Hinterbeinskelette

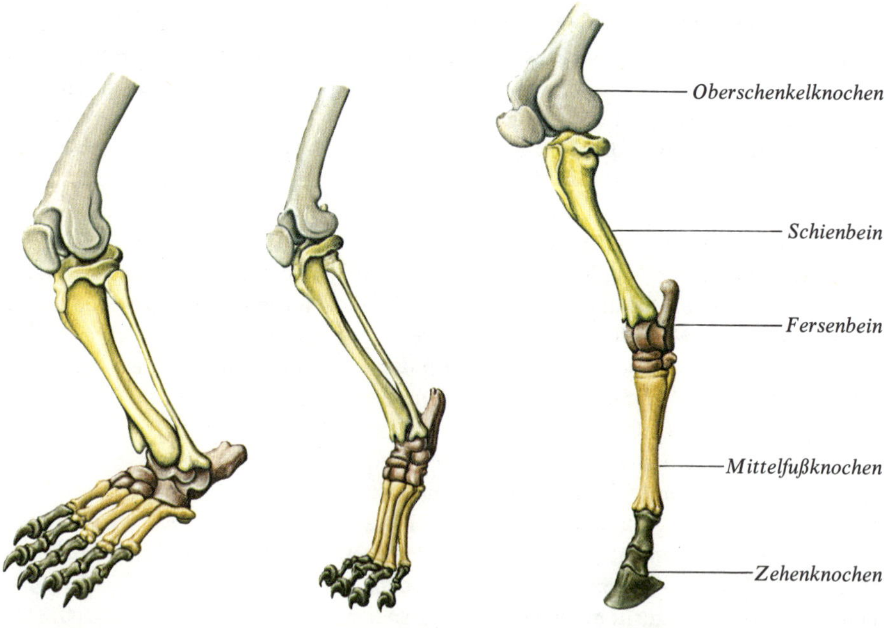

Sohlengänger (Bär) *Zehengänger (Hund)* *Zehenspitzengänger (Pferd)*

Warmblutpferde (Trakehner)

Innerasiens aber hat sich das kleine mongolische Wildpferd bis auf unsere Tage erhalten. Es lebt in Rudeln, die von einem Hengst geführt werden.

Körperbau. Das Pferd besitzt einen schlanken Rumpf und hohe Beine. Der langgestreckte Kopf weist sehr bewegliche Lippen, weite Nasenlöcher (Nüstern), große lebhafte Augen und tütenförmige Ohrmuscheln auf. Diese werden schon beim kleinsten Geräusch aufgerichtet und lauschend hin und her bewegt. Der lange Hals trägt eine Mähne. Durch lange, straffe Haare wird der kurze Schwanz zu einem „Schweif", den das Tier wie das Rind zum Verscheuchen der lästigen Fliegen und Bremsen benützt. Nach der Farbe des Haarkleides unterscheidet man Füchse, Braune, Rappen, Schimmel und Apfelschimmel.
Die schlanken Beine sind ähnlich wie die des Rindes gebaut. Sie berühren den Boden jedoch nur mit der Spitze einer sehr starken Zehe. Diese entspricht unserem Mittelfinger. I. und V. Zehe fehlen völlig, und von der II. und IV. sind nur stäbchenförmige Reste der Mittelhand- und der Mittelfußknochen vorhanden („Griffelbeine"). Das Endglied der ausgebildeten Zehe ist von einem großen Huf umgeben. Das Pferd ist also wie das Rind ein *Zehenspitzengänger* und *Huftier*, aber ein *Unpaarzeher*.

Pferd und Mensch. Vor der Erfindung der Eisenbahn und des Motors war das Pferd jahrtausendelang ein unentbehrlicher Helfer des Menschen. Es vermittelte zu Land nahezu den gesamten Personen- und Güterverkehr und war das Reit- und Zugtier der Heere. Noch zu Anfang unseres Jahrhunderts zog es bei uns überall die Wagen und Pflüge der Großbauern, die Fuhrwerke der Kaufleute, die Postkutschen und viele andere Fahrzeuge.
Außer dem Hund konnte von allen Haustieren nur das Pferd ein enges Verhältnis zum Menschen gewinnen. Es gehorcht dem Zuruf seines Herrn, folgt dem Wink des Kutschers, dem Schenkeldruck des Reiters, und versteht Lob und Tadel. Willig läßt es sich satteln und Zaum und Zügel anlegen. Unter Aufbietung aller Kraft zieht es den schweren Wagen und mit größter Ausdauer trägt es den Reiter. Noch nach

Pferd im Schritt, Trab und Galopp

Jahren erkennt es seinen Herrn wieder und tausendfältig hat es seine Anhänglichkeit bewiesen, die ihm als ursprünglichem Herdentier im Blute liegt.

Verhalten. Das Pferd ist schreckhaft. Vor etwas Ungewohntem oder Unerwartetem scheut es oft und „geht durch", indem es in unaufhaltsamer Flucht davonrast. Auch dieses Verhalten hat es von seinen wildlebenden Vorfahren ererbt. Wildpferde ergreifen wie alle Huftiere die Flucht, sobald ihnen etwas Verdächtiges auffällt, denn sie sind ihren Feinden, den großen Raubtieren, im allgemeinen nicht gewachsen.

Jede Erregung des Pferdes kommt in seinen Ohren- und Schwanzbewegungen zum Ausdruck. Ist es beunruhigt, spielen die Ohren hin und her; ist es stark erregt, legt es die Ohren zurück, peitscht mit dem Schwanz und zeigt die Zähne. Nun ist höchste Vorsicht geboten! Wird es jetzt gereizt oder erschreckt, greift es an. Es kann gefährlich beißen und mit seinen Hufen den Gegner schwer verletzen, besonders wenn es ihn beim Ausschlagen mit den Hufen der Hinterbeine trifft. Pferdekenner rufen deshalb das Pferd stets an, wenn sie sich ihm nähern, und treten nie von hinten heran.

Fortbewegung. Man unterscheidet beim Pferd die drei *Gangarten* Schritt, Trab und Galopp. Im Schritt setzt das Pferd die Beine abwechselnd kreuzweise nieder (s. Abb.). Dasselbe geschieht beim Trab, nur greift dabei das Tier mit den Beinen weiter aus; zugleich stößt es sich leicht vom Boden ab, wodurch die Gangart schneller und federnder wird. Beim Galopp aber bewegt sich das Pferd durch rasch aufeinanderfolgende Sprünge fort, wobei es sich vor allem mit den starken Hinterbeinen kraftvoll vom Boden abstößt. Im Trab legt es ungefähr 13, im Galopp 30, bei Rennen bis zu 90 km in der Stunde zurück.

Muß das Pferd eine schwere Last ziehen oder steil bergauf gehen, so stemmt es sich mit dem Vorderrand der sehr festen *Hufe* in die Unebenheiten des Bodens ein. Um die Hufe auf unsern harten Straßen vor zu rascher Abnützung zu schützen, beschlägt sie der Schmied mit einem Hufeisen. Die Hufnägel werden dabei in die unempfindliche Hornmasse des Hufrandes eingeschlagen.

Das Pferd ruht und schläft im Gegensatz zu anderen Tieren meist stehend. Dabei läßt es seine Beine abwechselnd ausruhen, indem es die Körperlast jeweils auf 3 Beine verlagert. Das vierte Bein wird dann entspannt, leicht abgebeugt und auf den Vorderrand des Hufes gestellt. Bei tagelangem Stehen im Stall leiden die Fußgelenke; deshalb muß sich das Pferd täglich im Freien bewegen können.

Ernährung. Das Pferd ist wie das Rind ein reiner *Pflanzenfresser*. Es wird mit Heu, Hafer und Häcksel gefüttert. Daneben verzehrt es auch fast alles, was wir dem Rind als Futter geben.

Auch das Pferd sucht seine Nahrung gern auf der Weide. Das längere Gras wird wie das Heu, das es aus der Raufe nimmt, mit den beweglichen, weit vorstreckbaren Lippen erfaßt und ohne Hilfe der Zunge (vgl. Rind) ins Maul gezogen. Kurzes Gras weidet es mit den Schneidezähnen ab, die wie beim Rind breit, lang und schräg nach vorn gerichtet sind. Das Pferd besitzt aber im Gegensatz zum Rind nicht nur im Unterkiefer, sondern auch im Oberkiefer Schneidezähne. Eine Zahnlücke trennt sie von den Backenzähnen. In die Zahnlücke legt man dem Pferde das eiserne „Gebiß" des Zaumzeuges, an dem die Zügel befestigt werden. Die Backenzähne ähneln in Größe

Schädel und Backenzahn des Pferdes

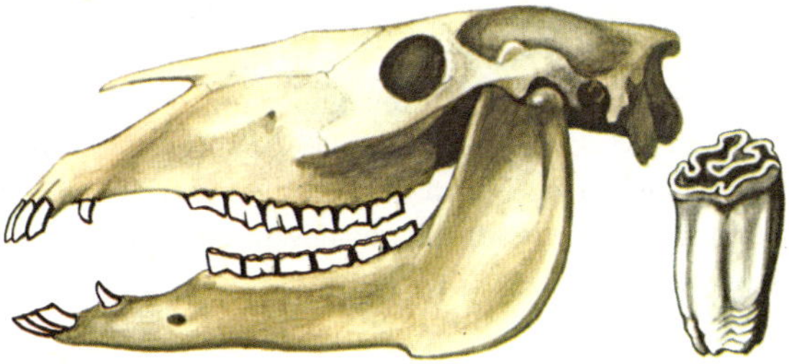

und Gestalt denen des Rindes, haben aber geschlängelte Schmelzfalten auf den Kauflächen.

Das Pferd besitzt einen einfachen, verhältnismäßig kleinen Magen, aber einen Blinddarm, der mehr als doppelt so groß ist wie der Magen. In ihm wird ein wesentlicher Teil der Verdauungsarbeit geleistet. Das Pferd ist kein Wiederkäuer. Es frißt darum, im Gegensatz zum Rind, langsam und zermalmt dabei die Nahrung gründlichst zwischen den Backenzähnen. Daher benötigt es lange Futterzeiten.

Vermehrung und Alter. Das männliche Pferd heißt Hengst, das weibliche Stute. Diese bringt jedes Jahr ein Fohlen zur Welt. Es wird einige Zeit gesäugt, folgt aber der Mutter vom ersten Tag an auf die Weide. Schon mit 2–3 Jahren ist das Pferd erwachsen. Es wird mit etwa 20 Jahren arbeitsunfähig, kann aber 30, ja ausnahmsweise 40 Jahre alt werden.

Rassen. Man unterscheidet Vollblut-, Warmblut- und Kaltblutpferde. Diese Bezeichnungen sollen nur das Temperament der Pferde kennzeichnen; sie beziehen sich nicht auf die Blutmenge oder die Bluttemperatur. Die *Vollblutpferde* sind äußerst lebhafte, sehr schlanke, edle Pferde von großer Schnelligkeit und Ausdauer. Sie dienen nur als Reit- und Rennpferde. Zu ihnen zählt in erster Linie das Araberpferd. Durch die Araber kam es einst nach Spanien. In neuerer Zeit spielte es bei der Züchtung des englischen und des deutschen Vollblutpferdes eine entscheidende Rolle. – *Warmblutpferde* sind etwas schwerer und ruhiger als Vollblutpferde. Es sind die gebräuchlichen Reit- und Wagenpferde, die Arbeitspferde des Bauern und die Kutschpferde. Edle Warmblutpferde sind besonders die Lipizzaner aus dem früheren österreichischen Hofgestüt Lipizza im Karst und die Trakehner aus dem einstigen preußischen Staatsgestüt Trakehnen in Ostpreußen. – Die *Kaltblutpferde* sind die ruhigen, sehr schweren und massigen Arbeitspferde von langsamer Gangart, aber größter Zugkraft. Sie gehören meist der belgisch-niederrheinischen oder der dänisch-schleswigschen Rasse, in Bayern dem braun-weißen Pinzgauer Schlag an. Man sieht sie gelegentlich noch als Brauereipferde. – Die kleinen Pferderassen werden Ponys genannt.

Unsere heutigen *Pferde* stammen von ausgestorbenen Wildpferden ab, die herdenweise in Steppen lebten. Das Pferd ist wie das Rind ein *Huftier* und Zehenspitzengänger, aber ein *Unpaarzeher*. Seine Gangarten sind Schritt, Trab und Galopp. Das Gebiß ähnelt dem des Rindes, hat aber auch im Oberkiefer Schneidezähne. Das Pferd ist kein Wiederkäuer. Man unterscheidet Vollblüter, Warmblüter und Kaltblüter.

Vollblut *Warmblut* *Kaltblut*

Lebensweise und Augenstellung

Bei der Katze und bei uns Menschen blicken beide Augen gleichgerichtet nach vorn. Bei Rind, Pferd und vielen anderen Tieren stehen die Augen dagegen so am Kopf, daß sie halb nach vorn, halb nach der Seite schauen. Welche Bedeutung mag dieser Unterschied haben?

Stelle einen Bleistift vor dich senkrecht auf den Tisch und versuche, bei einem geschlossenen Auge seine Spitze mit einem zweiten, von der Seite herangeführten Bleistift zu treffen! – Versuche auf einige Meter Entfernung einmal einäugig, einmal beidäugig, einen Ball in einen kleinen Korb zu werfen!

Die Versuche zeigen, daß mit Hilfe beider Augen die Entfernung besser abgeschätzt werden kann als mit einem Auge. Die Tiere mit nach vorne gerichteten Augen können also Abstände gut beurteilen, so die Affen, wenn sie von Ast zu Ast springen, und die katzenartigen Raubtiere, die ihre Beute in gezieltem Sprung erjagen.
Wenn aber beide Augen nach vorn gerichtet sind, ist das Gesichtsfeld verhältnismäßig klein:

Fasse mit beiden Augen einen Blickpunkt vor dir fest ins Auge und stelle fest, wie weit du bei still gehaltenen Augen seitwärts sehen kannst!

Sind die Augen mehr nach außen gerichtet, können sie zwar nicht so gut zum Abschätzen der Entfernungen zusammenwirken, aber sie überblicken miteinander einen viel größeren Umkreis. Dies ist für Tiere lebenswichtig, die wie Pferd, Rind und andere Huftiere in der freien Steppe beim Äsen ständig nach allen Seiten hin auf der Hut vor Feinden sein müssen.

Schädel des Hausschweins

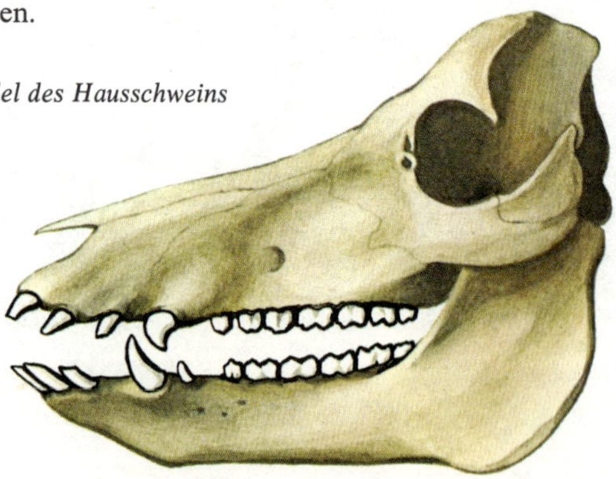

Das Hausschwein

Das Schwein wird schon seit ältester Zeit wegen seines Fleisches und Fettes vom Menschen als Haustier gehalten. Unser Hausschwein ging hauptsächlich aus dem europäischen *Wildschwein* (S. 36) hervor und ist somit das einzige größere Haustier, dessen wilde Stammform heute noch in unserer Heimat vorkommt.

Körperbau und Lebensweise. Durch die Züchtung hat sich das Hausschwein im Laufe der Zeit gegenüber seinen Vorfahren beträchtlich verändert. Vergleiche die Bilder S. 33 und S. 37. Das borstige Haarkleid verlor seine schwarzbraune Färbung und bildete sich stark zurück; die Ohren entwickelten sich zu hängenden Schlappohren; der Kopf wurde kürzer und höher, und von dem hängenden Quastenschwanz blieb nur ein nacktes Ringelschwänzchen. Der Leib aber ist viel massiger geworden, und die Fettschicht unter der Haut hat gewaltig zugenommen.
Das Hausschwein fühlt sich im Freien am wohlsten. Deshalb gibt man ihm vor seinem Stall möglichst einen freien Auslauf, den „Saugarten". Hier suhlt es sich gern in Pfützen und an morastigen Stellen. Früher trieb man die Schweineherden zur Nahrungssuche in den Wald. Dort durchwühlten die Tiere genau wie die Wildschweine den Boden nach Eicheln, Bucheckern, Pilzen und Wurzeln, aber auch nach Käfern, Larven, Schnecken, Würmern, Mäusen und Aas. Das Schwein ist also ein *Allesfresser*. Zum Wühlen benutzt es die zu einem beweglichen Rüssel verlängerte Nase. Mit ihr durchfurcht es die Erde, wobei es sogar starke Wurzeln emporhebt. Die Nahrung findet es dabei mittels seines scharfen Geruchs- und feinen Tastsinnes. Der Tastsinn hat seinen Sitz besonders in dem nackten Ende des Rüssels, der sog. Wühlscheibe. In ihr öffnen sich auch die weiten Nasenlöcher.
Das *Gebiß* des Schweines ist der gemischten Nahrung vorzüglich angepaßt. Es hat oben und unten je sechs fast waagrecht stehende Schneidezähne. Sie bilden eine Greifzange, mit der das Tier selbst kleine Bissen (Würmer, Insekten und dgl.) ergreifen kann. Von den Backenzähnen haben die ersten vier (jederseits oben und unten) scharfe Schneiden; die drei folgenden dagegen sind stumpfhöckerig. Die vorderen ähneln

Hausschweine mit Ferkeln (Jungen) im „Saugarten“

also den Backenzähnen der Raubtiere, die hinteren denen der Pflanzenfresser. Das Gebiß ist somit geeignet, tierische wie pflanzliche Kost zu zerkleinern. Die dolchförmigen Eckzähne sind beim männlichen Schwein, dem Eber, stärker und länger als beim weiblichen, der Sau. Gefüttert wird das Hausschwein mit Küchenabfällen aller Art, ferner mit Kartoffeln, Rüben, Futtergetreide, Mais und Magermilch.

Die kurzen Beine zeigen einen ähnlichen Bau wie die des Rindes. Das Schwein ist also auch ein *Paarzeher* und *Zehenspitzengänger*. Die II. und die V. Zehe (Neben- oder Afterzehen) sind aber im Verhältnis viel größer als beim Rind. Betritt das Schwein lockeren Boden, so spreizen die Hauptzehen weit auseinander. Dann berühren auch die Nebenzehen den Untergrund. Daher kann das Schwein auch morastigen Boden beschreiten, in den der Mensch einsinken würde.

Wirtschaftliche Bedeutung. Das Schwein ist unser wertvollstes Fleisch- und Fett-Tier. Die großen Muskeln der Oberschenkel liefern die Schinken. Die Fettschicht des Rückens gibt geräucherten Speck. Aus den Fettmassen des Bauches und der Eingeweide gewinnt man Schmalz. Die Borsten dienen zur Herstellung von Bürsten und Pinseln. Die dicke Haut, die Speckschwarte, kann zu Schweinsleder gegerbt werden, das früher zum Einbinden von Büchern verwendet wurde. – Da im Fleisch des Schweines zuweilen Trichinen (S. 280) oder Finnen eines Bandwurmes (S. 282) vorkommen, muß es nach dem Schlachten vom Tierarzt mikroskopisch untersucht werden (Trichinenschau).

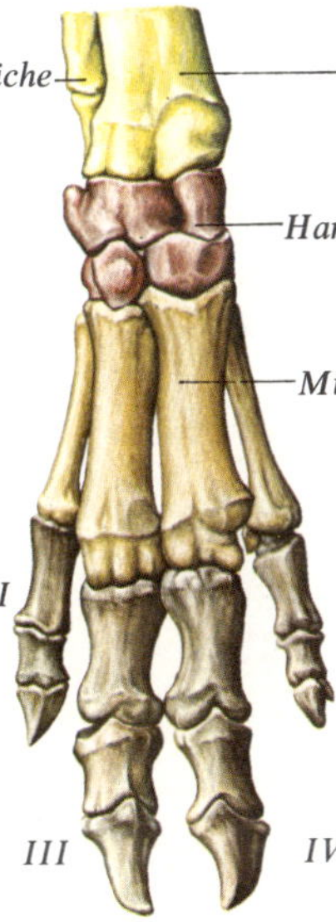

Vorderfuß des Schweines

Bei der *Schweinezucht* war bisher bedeutsam, daß das Tier auch in kleinsten Betrieben gehalten werden kann, daß es schon in einigen Monaten schlachtreif wird und daß es sich sehr stark vermehrt. Die Sau wirft zweimal im Jahr etwa 6–12 Ferkel. Die Schweinezucht im kleinen ist allerdings im Aussterben. Heute werden die Schweine in Großmästereien gezüchtet. Das sind Stallhallen für etwa 1000 Schweine von z. B. 20 × 50 m Grundfläche, mit elektronisch gesteuerter Klimaanlage und automatischen Fütterungs- und Entmistungseinrichtungen. Die aus ähnlichen Spezialbetrieben bezogenen 20 kg schweren Ferkel werden hier in knapp fünf Monaten zu 100 kg schweren Schlachtschweinen gemästet.

Das *Hausschwein* stammt vom Wildschein ab. Wie Rind, Schaf und Ziege ist es ein Zehenspitzengänger und *Paarzeher*. Es ist ein *Allesfresser;* seine Backenzähne sind teils scharf, teils stumpfhöckerig. Das Schwein ist kein Wiederkäuer, sondern hat einen einfachen Magen. Es ist unser wichtigster *Fleisch- und Fettlieferant*.

Das Hauskaninchen

Abstammung und Körperbau. Das Hauskaninchen stammt vom *Wildkaninchen* (S. 71) ab, das in manchen Gegenden Deutschlands häufig vorkommt. Sein dichter *Pelz* besteht wie bei vielen Säugetieren aus langen, straffen Ober- oder Grannenhaaren und aus kurzen, weichen Wollhaaren. Er ist bei den einzelnen Rassen sehr verschieden gefärbt. Die großen Ohrmuscheln sind meist länger als beim Wildkaninchen. Der Schwanz ist kurz und buschig und auf der Unterseite stets weiß (Abb. S. 35).

Die starken Hinterbeine sind viel länger als die Vorderbeine. Das Tier kann deshalb nicht gehen, wie z. B. der Hund, sondern bewegt sich stets in Sprüngen.

Kaninchenschädel

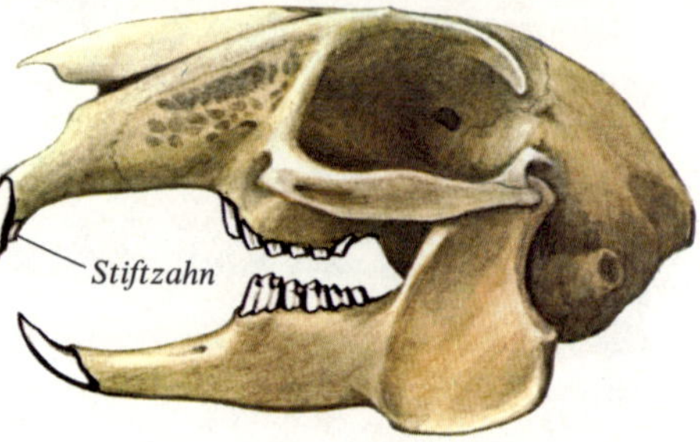

Dabei wird der sehr biegsame Rumpf so eingekrümmt, daß die Hinterbeine an den Vorderbeinen vorbeigeführt und vor diesen niedergesetzt werden. Beim langsamen „Hoppeln" macht das Kaninchen kleine Sprünge und tritt mit den Zehen der Vorderbeine und dem ganzen langgestreckten Fuß der Hinterbeine auf. Das „flüchtige" Tier dagegen macht weite Sätze und berührt den Boden nur mit den Zehen beider Beinpaare. Das ist an den Fährten leicht zu erkennen. Die Zehen sind mit starken Krallen ausgerüstet, mit denen das Tier wie das Wildkaninchen vorzüglich graben kann. Daher muß der Kaninchenstall einen festen Boden haben. Tritt man plötzlich an den Stall heran, so schlagen die erschreckten Tiere mit den Hinterbeinen auf den Boden. Dies ist ein von ihren wildlebenden Vorfahren ererbtes Fluchtsignal.

Das Kaninchen, ein Nagetier. Das Kaninchen ist ein Pflanzenfresser. Wir füttern es mit Gras, Klee, Löwenzahn und ähnlichen Pflanzen. Auch Getreide, Heu, Rüben, Kohlblätter und dergleichen verzehrt es gern. Um von festeren Pflanzenteilen etwas abzunagen, verwendet es die Schneidezähne, die deshalb auch *Nagezähne* genannt werden. Von ihnen hat es im Ober- und Unterkiefer je zwei. Hinter den oberen stehen noch zwei kleine verkümmerte Schneidezähne, die „Stiftzähne". Die Nagezähne sind wie Stemm- oder Hobeleisen nach hinten abgeschrägt. Ihre

Kaninchenfährten

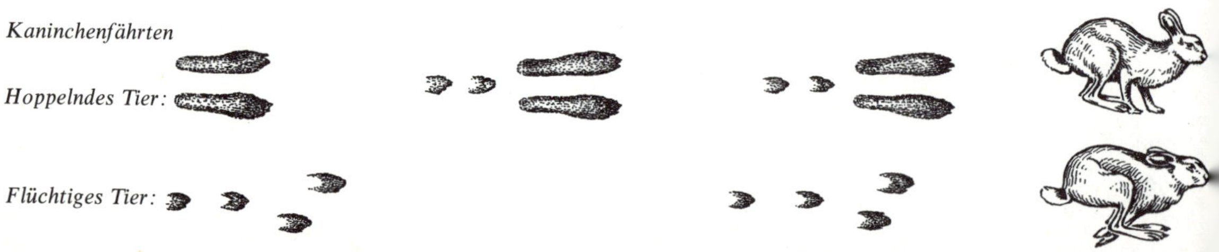

Schneiden sind so scharf, daß das Tier damit selbst Baumrinde und Holz benagen kann. Da die Nagezähne tief und fest in den Kiefern sitzen, können sie zu harter Arbeit gebraucht werden. Sie sind an der Vorderseite mit einer starken und an der Hinterseite mit einer dünnen Schmelzschicht bedeckt. Beim Gebrauch nützen sie sich so ab, daß sie ihre Form stets behalten und beständig scharf bleiben. Die Abnützung wird dadurch ausgeglichen, daß sie von ihren im Kiefer sitzenden Enden her stetig nachwachsen.

Die Schneidezähne sind von den Backenzähnen durch eine breite Zahnlücke getrennt. Eckzähne fehlen also. Beim Nagen werden die oberen Schneidezähne freigelegt. Die Oberlippe, die lange Tasthaare trägt, ist nämlich in der Mitte gespalten, so daß ihre beiden Hälften seitwärts auseinanderweichen können („*Hasenscharte*"). Die Backenzähne weisen auf ihren Kauflächen harte, quer verlaufende Schmelzfalten auf und wirken somit wie Feilen, die die Nahrung zerraspeln.

Vermehrung und Nutzen. Das weibliche Kaninchen bekommt im Laufe eines Jahres bis zu viermal 4–10 Junge. Es bereitet im Stall aus Heu oder Stroh ein Nest und kleidet es mit Haarbüscheln aus, die es sich von der Brust abrupft. Das Kaninchen nützt uns durch sein wohlschmeckendes *Fleisch* und sein dichtes *Fell*, das zu mancherlei Pelzwerk verarbeitet wird.

Die vielen *Rassen* des Kaninchens unterscheiden sich in der Größe, Farbe und Behaarung. Die bekanntesten sind das Belgische Riesenkaninchen, das bis 9 kg schwer wird; das Angorakaninchen, das sich durch langes, seidenartig feines Haar auszeichnet, und die Deutsche Riesenschecke mit schwarzweiß gescheckttem Fell.

Das *Kaninchen* ist ein Nagetier. Sein Gebiß weist oben und unten je zwei gekrümmte, nach hinten abgeschrägte *Nagezähne* auf. Die Backenzähne besitzen breite Kronen mit quergestellten Schmelzfalten. Sie sind von den Nagezähnen durch eine große Zahnlücke getrennt. Die Oberlippe ist gespalten („*Hasenscharte*"). Dadurch ist sie beim Nagen nicht hinderlich. – Die *Hinterbeine* sind sehr viel länger als die Vorderbeine; daher bewegt sich das Kaninchen meist springend.

Hauskaninchen.
Belgische Riesenschecke mit Jungen, dahinter Belgischer Riese, links ein Angorakaninchen

Von der Verwandtschaft der Tiere

Tiere, die in wesentlichen Merkmalen übereinstimmen, bezeichnet man als verwandt. Je mehr sie miteinander gemeinsam haben, um so enger ist die Verwandtschaft.

Die Säugetiere, Vögel, Kriechtiere, Lurche und Fische besitzen die Wirbelsäule als wichtiges gemeinsames Merkmal und heißen darum *Wirbeltiere*.

Die *Säugetiere* stimmen außerdem darin miteinander überein, daß sie ein Haarkleid tragen und ihre Jungen säugen. Dadurch unterscheiden sie sich von allen anderen Wirbeltieren.

Innerhalb der großen Verwandtschaft der Säugetiere finden wir wiederum Gruppen von Tieren, die noch weitere Merkmale gemeinsam haben. So stimmen z. B. Hund und Katze auch im Bau des Gebisses und der Gliedmaßen weitgehend überein. Sie sind daher noch näher miteinander verwandt als etwa die Katze mit dem Rind oder der Hund mit dem Pferd.

Danach können wir die bis jetzt betrachteten Säugetiere in folgende Verwandtschaftsgruppen ordnen:

Raubtiere Katze, Hund.
Huftiere Rind, Ziege, Schaf, Schwein, Pferd.
Nagetiere Kaninchen.

Das Tierreich

Säugetiere

Zu den Säugetieren gehören nicht nur unsere vierfüßigen Haustiere. Weit größer ist die Zahl der wildlebenden Säugetiere, die wir nunmehr betrachten wollen.

Huftiere

Vergleiche die unten abgebildeten Füße verschiedener Huftiere miteinander! In welche zwei Gruppen kann man die Huftiere nach dem Bau der Füße einteilen?

Paarzeher

Das Wildschwein

Das Europäische Wildschwein war früher über ganz Deutschland verbreitet. Jahrhundertelang war es eines der wichtigsten jagdbaren Tiere unserer Wälder. Heute ist es bei uns seltener geworden. Personennamen wie Eberhard, Ebert und Ortsnamen wie Eberbach, Eberstadt, Eberswalde und Schweinfurt weisen auf das frühere häufige Vorkommen des Tieres hin.

Im *Körperbau* stimmt es mit dem Hausschwein, das von ihm abstammt, im wesentlichen überein. Es unterscheidet sich von ihm, wie wir sahen, vor allem durch sein dichtes, schwarzbraunes Borstenkleid („*Schwarzwild*"), durch den schlankeren, keilförmigen Kopf, den hochrückigen Rumpf und die etwas höheren, kräftigeren Beine.

Das Wildschwein bevorzugt dichte Wälder mit sumpfigen Stellen zum Suhlen. Im dichten Unterholz richtet es sein *Lager* ein, das aus einer selbstgescharrten, mit Zweigen, Laub und Moos ausgepolsterten Mulde besteht. Es lebt in kleineren oder größeren Rotten, die aus einem oder mehreren Muttertieren („*Bachen*") mit ihren Frischlingen und vor-

Füße verschiedener Huftiere

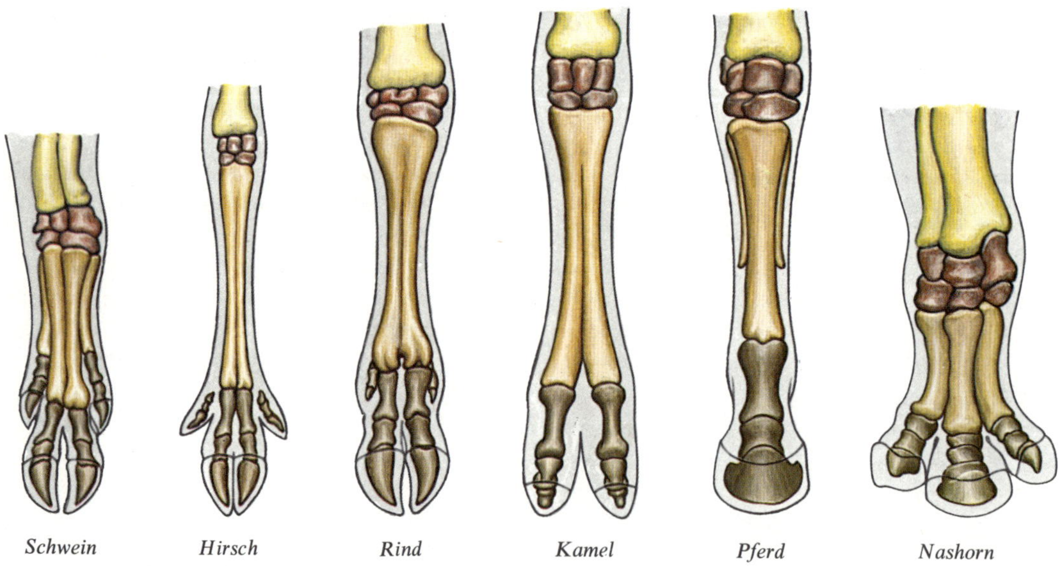

jährigen Jungen bestehen. Die erwachsenen „*Keiler*" (Eber) sind Einzelgänger, die sich nur im Winter, zur Paarungszeit, einer Rotte anschließen. Dabei kommt es zu erbitterten, oft blutigen Rivalenkämpfen, bei denen die starken Eckzähne (Hauer) als Waffen dienen. Auch die oberen Hauer sind aufwärts gerichtet und gleiten an den unteren entlang; dadurch werden beide ständig scharf gehalten.

Tagsüber ruhen die Tiere in ihrem Lager. Nach Sonnenuntergang begeben sie sich auf die *Nahrungssuche*. Sie fressen große Mengen Eicheln, Bucheckern, Farne, Gräser und andere Waldpflanzen, aber auch alles Getier, dessen sie habhaft werden können, wie Eidechsen, Schlangen, Frösche und Mäuse, Insekten, Schnecken und Würmer, auch Aas, angeschossenes Wild, aus dem Nest gefallene Jungvögel, ja selbst Fische und Krebse. Oft suchen die Rotten nachts die Getreide-, Kartoffel- und Rübenfelder heim. Dabei durchwühlen sie den Boden, stampfen die Feldfrucht nieder und wälzen sich in den Saaten. Sie können dadurch erheblichen Schaden anrichten.

Die Bache bringt im Frühjahr meist 5 – 6 *Frischlinge* zur Welt. Sie scharrt für sie vor der Geburt eine besondere Grube aus, die sie mit Zweigen und krautigen Pflanzen dick und weich auspolstert. Wenn sie das Nest für kurze Zeit verläßt, um Nahrung zu suchen, deckt sie die Frischlinge mit Zweigen zu. Später führt sie die Jungen aus, hält sie dabei dicht bei sich und ist ständig bereit, sie auf das äußerste zu verteidigen. Bei Gefahr stößt sie einen Warnruf aus, bei dem die Kleinen regungslos auf der Stelle verharren. Die Frischlinge haben zunächst ein hell und dunkel gestreiftes Jugendkleid, das im Herbst durch das dunkle Borstenkleid ersetzt wird.

Das Flußpferd

Das etwa 4 m lange, 40 – 60 Zentner schwere Flußpferd lebt in wasserreichen Gegenden *Mittelafrikas*. Sein massiger Körper mit dem mächtigen Schädel wird von kurzen, säulenförmigen Beinen getragen. Die spreizbaren Zehen sind durch Schwimmhäute verbunden.

Die Flußpferde leben in kleineren oder größeren *Gesellschaften*. Ihr Hauptlebensraum ist das Wasser. Sie bewohnen stehende oder langsam fließende, flache Gewässer. Sie können gut schwimmen, gehen aber

Wildschweine in der Suhle

mit Vorliebe auf dem Grund des Gewässers und können dabei bis zu 6 Minuten unter Wasser bleiben. Die verschließbaren Nasenlöcher, die Augen und die Ohren liegen in einer Ebene erhöht am Kopf. Deshalb braucht das Tier nur dessen obersten Teil über das Wasser zu heben, um zu atmen und die Umgebung zu beobachten. Wenn sich die Flußpferde auf Sandbänken oder am Ufer sonnen, picken ihnen Kuhreiher (kleine Verwandte unseres Fischreihers) und die starenähnlichen Madenhacker Zecken, Egel und anderes Ungeziefer von der 2 cm dicken, fast unbehaarten Haut weg.

Das Flußpferd *nährt sich* vorwiegend von Wasserpflanzen. Vielerorts aber gehen die Tiere nachts an Land, um zu weiden. Dabei benützen sie ihre oft jahrhundertealten, ausgetretenen Wechsel, die in ihr genau festgelegtes *Revier* führen. Seine Grenzen werden von alten Bullen mit Harn und Kot markiert. Bei Gefahr flüchtet das Flußpferd stets ins Wasser. Die Jungen werden im Wasser geboren und auch gesäugt. Das Muttertier setzt sich das Kleine oft in den Nacken, um es zum Atmen über den Wasserspiegel hinauszuheben.

Die Männchen besitzen in den mächtigen, bis 70 cm langen und 4 kg schweren Hauern (unteren Eckzähnen) furchtbare Waffen. Begegnen sich zwei *Rivalen*, so richten sie sich mit weit aufgesperrtem Rachen hoch aus dem Wasser auf, um den Gegner einzuschüchtern. Kommt es zum Kampf, so stürmen sie brüllend aufeinander los und stoßen sich mit gewaltigen seitlichen Kopfschlägen die Hauer in den Leib.

Wiederkäuende Paarzeher

Zu den wiederkäuenden Paarzehern gehören die Familien

Horntiere, wie Rind, Ziege, Schaf und Gemse,
Geweihtiere, wie Hirsch und Reh,
Giraffen mit zwei Stirnzapfen,
Kamele ohne Knochenfortsätze auf der Stirn.
Vergleiche die Tabelle S. 50.

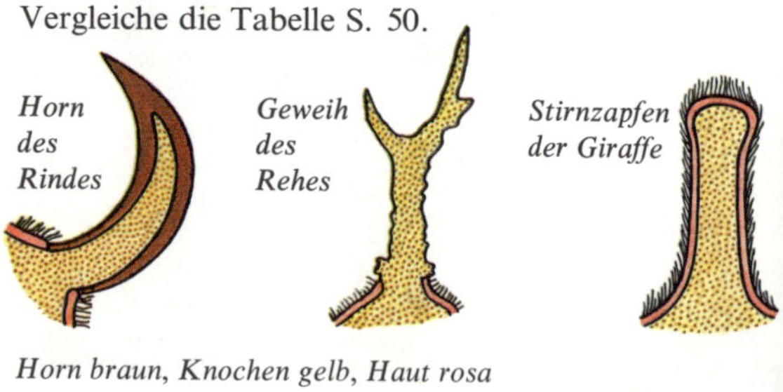

Horn braun, Knochen gelb, Haut rosa

Von den Haustieren gehören zu dieser Familie das *Hausrind*, die *Ziege* und das *Schaf*. Der *Mufflon*, die Stammform des Hausschafes, wurde in neuerer Zeit in einigen Gegenden Deutschlands ausgesetzt. Er hat sich überall gut eingewöhnt. Heute zählt man in der Bundesrepublik etwa 7000 Stück. Die Tiere leben in Rudeln, die von einem alten Mutterschaf angeführt werden. Wenn zwei Widder miteinander kämpfen, stürmen sie mit gesenkten Köpfen aufeinander zu und schlagen die Schädel mit dem mächtigen Gehörn dröhnend zusammen, bis einer nachgibt und die Flucht ergreift. In ähnlicher Weise kämpfen auch die männlichen Steinböcke miteinander (Abb. S. 40).

Mufflon

Die **Gemse** lebt im Hochgebirge. Im Sommer steigen die Tiere bis zur Schneegrenze hinauf, um an den sonnigen Hängen Alpenkräuter und die Schößlinge der spärlichen Sträucher abzuweiden. Im Winter kommen sie in die tieferen Regionen herab und nähren sich von Moosen, Flechten, Baumrinde u. dgl. Zum Wiederkäuen legen sich die Tiere behaglich unter einen Baum oder auf eine Felsplatte. Die Gemsen leben in großen *Rudeln*; nur die alten Böcke sind meist Einzelgänger. *Leittier* des Rudels ist stets eine alte, erfahrene Geiß. Ausgestellte *Wachposten* alarmieren bei Gefahr das weidende oder lagernde Rudel durch weithin hallende Pfiffe und hartes Aufstoßen der Vorderläufe. Daraufhin ergreift das Rudel unter Führung des Leittieres eiligst die Flucht. Mit ihrem gedrungenen, kräftigen Körper, den starken Beinen und den scharfrandigen, weit spreizbaren Hufen sind die Tiere dem Leben im Hochgebirge vorzüglich angepaßt. Sie jagen an den steilsten Hängen ebenso sicher hinauf wie hinab, wagen Sprünge bis zu 16 m Tiefe, überspringen Klüfte von 7 m Breite und vermögen sich an senkrechten Wänden 4 m hoch emporzuschnellen. Das gelbbraune, dünne Sommerkleid geht bei Beginn der kalten Jahreszeit in den schwarzen und dichten langhaarigen Winterpelz über. Beide Geschlechter tragen Hörner (*Krickeln*), die an der Spitze hakenförmig nach hinten umgebogen sind.

Gemsen

Die *Junggemsen* spielen gern und tragen zur Übung häufig Scheinkämpfe aus. Oft vergnügen sich Alt- und Jungtiere gemeinsam damit, gleichsam schlittenfahrend steile Firnhänge hinabzugleiten. Sie setzen sich dabei in hockender Stellung auf den Schnee, rudern mit allen Vieren, bis sie richtig in Fahrt kommen, und sausen dann bergab, daß der Schnee aufstiebt. Unten angekommen, jagen sie den Hang wieder hinauf, um die vergnügliche Fahrt von neuem zu beginnen.

Der **Alpensteinbock** ist das prächtigste Hochwild unserer Berge. Er wird etwas größer als die Gemse und klettert noch besser als diese. Die mächtigen, wulstigen Hörner können beim Männchen eine Länge von 1 m erreichen. Die Tiere waren in den Alpen beinahe ausgerottet. Durch Schonung und Hege hat ihr Bestand neuerdings wieder stark zugenommen.

Alpensteinbock

Kämpfende Steinböcke

Rinder

Die Stelle unseres Hausrindes nimmt in Südasien und in einem großen Teil von Afrika der *Zebu* oder *Buckelochse* ein (S. 41). Er hat auf dem Vorderrücken meist einen Fetthöcker. In sumpfreichen Gegenden wärmerer Länder wird der *Wasserbüffel* hoch geschätzt, der schon in vorgeschichtlicher Zeit in Indien gezähmt und gezüchtet wurde. Die selten gewordenen wildlebenden Wasserbüffel leben in den sumpfigen Fluß- und Küstenniederungen Ostasiens. Mit seinen sehr breiten Hufen und großen Afterzehen kann sich der Wasserbüffel gut im Schlamm und Morast fortbewegen; er ist deshalb das einzige Tier, das imstande ist, den Pflug durch die sumpfigen Reisfelder zu ziehen. – Mittel- und Südafrika werden noch von wilden Büffeln bewohnt, von denen die größte Art der *Kaffernbüffel* ist, ein riesiger, schwarzer Büffel mit einer Schulterhöhe bis 1,80 m und weitausladenden, mächtigen Hörnern (S. 41). Während früher riesige Herden von Kaffernbüffeln die Steppen Ost- und Südafrikas durchzogen, sind die Tiere heute fast ausgerottet und nur noch in einigen Naturschutzgebieten anzutreffen.

Der *Yak* oder *Grunzochse* kommt im nördlichen *Tibet* noch wildlebend vor. Gegen das rauhe Klima des Hochlandes ist er durch ein langes, dichtes Haarkleid geschützt. Der aus ihm gezüchtete Haus-Yak dient in weiten Teilen Asiens, besonders im Gebirge, als Last- und Reittier und liefert wie unser Hausrind

Kaffernbüffel

Wasserbüffel

Yak

Zebu

Wisent

Bison

Antilopen.

1 Dorkasgazelle
2 Rappenantilope
3 Großer Kudu
4 Beisaantilope
5 Weißschwanzgnu
6 Kuhantilope
7 Wasserbock

Fleisch und Milch. – Noch mehr der Kälte angepaßt ist der *Moschusochse*, der früher die nördlichsten Gebiete von Nordamerika bewohnte, heute aber selten geworden ist und unter Naturschutz steht. Die in kleinen Herden lebenden Tiere sind durch ihren dichten, fast bis zum Boden reichenden Pelz gegen das eisige Klima ihrer Heimat geschützt. – Mit dem Stammvater des Hausrindes, dem Ur oder *Auerochsen* (S. 21), lebte einst in den Wäldern Europas der *Wisent;* das mächtige, schwarzbraune Tier erreicht eine Schulterhöhe von 2 m. Heute findet es sich nur noch in einigen Gehegen und Tiergärten. – Dem Wisent sehr ähnlich ist der *Amerikanische Bison*, der „Indianerbüffel". Er bevölkerte einst die Prärien Nordamerikas in gewaltigen Scharen, wurde aber wie der Wisent nahezu ausgerottet (Abb. S. 41).

Die **Antilopen** bewohnen in vielen Arten vor allem die Steppen und Wüsten Afrikas. Am bekanntesten unter ihnen ist die zierliche *Dorkasgazelle*. Sie hat etwa die Gestalt des Rehes und trägt ein wüstenfarbenes Kleid. – Die *Gnus* sind in ihrem Äußeren gleichsam eine Mischung von Pferd, Rind und Antilope. – Die meisten Antilopenarten leben in Rudeln, die in der Regel von einem älteren Bock angeführt werden, manche auch in großen Herden, die in früheren Zeiten oft Zehntausende von Tieren umfaßten. Beim Rasten und Weiden stellen sie Wachtposten aus, wobei sich die Tiere oft gegenseitig ablösen. Bei den *Wasserböcken* (die sich möglichst in Wassernähe aufhalten) besteigt das Leittier zur besseren Übersicht einen Termitenstock oder Felsen und veranlaßt bei Gefahr das Rudel zu eiliger Flucht ins Wasser. – Die *Springböcke* machen aus dem Stand wie aus dem Lauf heraus plötzlich bis 2 m hohe Sprünge, um einen Überblick über die Umgebung zu gewinnen.

Geweihtiere

Das Reh

Das Reh ist mit seinem zierlichen Kopf, seinem schlanken Leib und seinen hohen, sehnigen Beinen eines der anmutigsten Tiere unserer Heimat. Sein *Fell* ist im Sommer rotbraun und dünnhaarig, im Winter grau und dicht.

Den größten Teil des Jahres leben die Rehe in kleinen *Rudeln*, die von einer Geiß geführt werden. Sie bewohnen vorwiegend Wälder mit viel Unterholz. Besonders in der Abenddämmerung und am frühen Morgen treten sie auf Wiesen oder Felder heraus, um zu „äsen". Dabei benützen sie immer die gleichen *Wechsel* und Weideplätze. Sie *nähren* sich von Gras und von den Nutzpflanzen der Felder, im Wald von Eicheln und den Knospen, Blättern und Jungtrieben der Bäume und Sträucher. Dadurch richten sie in Feld und Wald mitunter beträchtlichen Schaden an. Beim Äsen werden rasch große Futtermengen ungekaut verschlungen. Im Schutz des Waldesdickichts – sommers auch im hohen Getreide – wird die Nahrung *wiedergekäut*.

Während des Weidens sichern die Tiere von Zeit zu Zeit, indem sie umherschauen, die Ohren nach allen Seiten richten und die Nase in den Wind stecken. Ihr Sehvermögen ist zwar gering, doch hören sie sehr gut und wittern einen Menschen bei günstigem Wind schon auf 300 m. Sobald eines der Tiere etwas Bedrohliches wahrnimmt, stößt es als *Warnruf* ein tiefes, bellendes Bö-bö-bö aus und verschwindet schnell im Wald; ihm folgt das ganze Rudel. Der Zusammenhalt des flüchtenden Rudels wird, besonders in der Dämmerung, durch einen leuchtendweißen Fleck am Hinterende der Tiere, den *Spiegel*, erleichtert. Er kann durch Sträuben der Spiegelhaare noch besonders auffallend gemacht werden. Auf der Flucht setzt das Reh in weiten Sprüngen über Gräben, Gebüsch und andere Hindernisse hinweg. In weichem Boden hinterlassen die zierlichen Hufe eine bezeichnende Fährte (Abb.).

Tierfährten

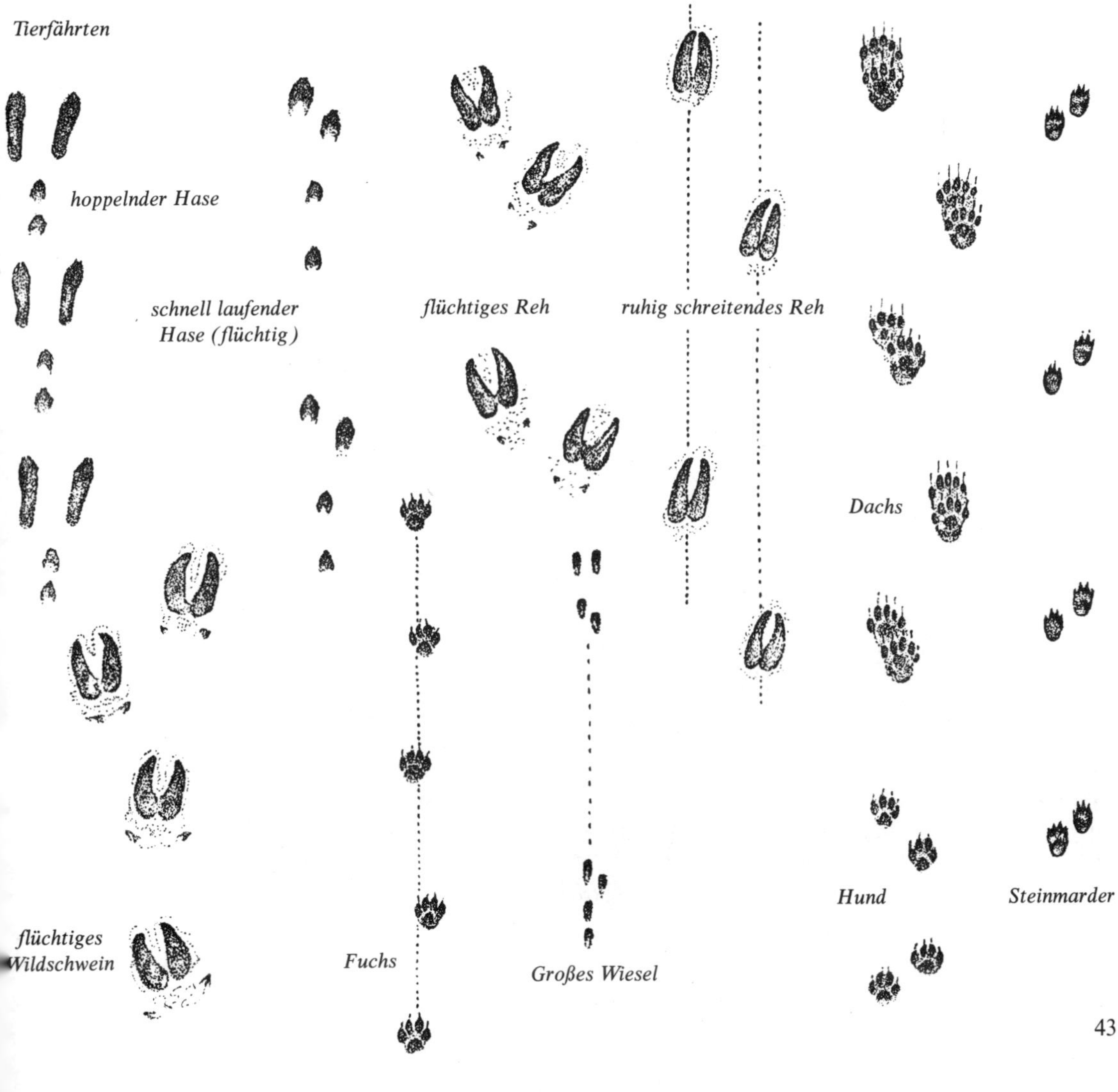

Neubildung des Geweihes bei einem älteren Rehbock. Links Schädel mit Rosenstöcken

Im Mai setzt die Rehgeiß meist zwei *Kitzchen*. Das Fell der Jungen zeigt weiße Flecken, die sich aber schon im ersten Sommer verlieren. Die Geiß behütet die Jungen und verteidigt sie nötigenfalls mit ihren Hufen gegen Fuchs und Marder. Mitunter trifft man im Wald ein Rehkitz allein an, weil die Rehgeiß vor dem herannahenden Menschen geflohen ist. Hüte dich, das hilflose Tierchen anzufassen! Der anhaftende Menschengeruch würde die Rehmutter abhalten, sich ihres Jungen weiterhin anzunehmen, so daß es umkommen müßte.

Ein *Geweih*[1] haben beim Rehwild nur die männlichen Tiere. Es dient als Waffe bei den Kämpfen, die die Böcke untereinander ausfechten. Die unteren, etwas verbreiterten Enden der Geweihstangen weisen perlartige Höcker auf und werden als „Rosen" bezeichnet. Daher nennt man die Knochenzapfen der Stirnbeine, auf denen sich die Geweihstangen erheben, „Rosenstöcke". Die Stangen werden alljährlich im Herbst abgeworfen, und dann wächst die Körperhaut über die Zapfen hinweg. Nun entstehen weiche Kolben, die von einer samtartig behaarten Haut bedeckt sind und

[1] Der Jäger bezeichnet den Kopfschmuck des Rehbocks nach altem Brauch als „Gehörn", obgleich es genau so gebaut ist wie das „Geweih" des Hirsches und von den Hörnern der Horntiere grundverschieden ist.

Rehe. Bock und Ricke mit Kitzen

Ausgebildete Rehgeweihe

Knopfspießer *Spießer* *Gabler* *Sechserbock*

sich immer mehr in die Länge strecken. Die Blutgefäße der Haut führen die zum Aufbau der knöchernen Geweihstangen nötigen Baustoffe herbei. Sobald die Stangen ausgewachsen sind, sterben sie ab, bleiben aber mit den Rosenstöcken fest verbunden. Dabei trocknet auch die Haut allmählich ein und wird jetzt Bast genannt. Im Frühjahr „fegt“ sie der Rehbock an Sträuchern oder jungen Bäumchen ab.

Schon im Herbst seines ersten Lebensjahres bekommt das Böckchen ein Geweih, das jedoch nur aus zwei knopfartigen Höckern besteht. An ihrer Stelle bilden sich im nächsten Frühjahr kleine Spieße. Der *Knopfspießer* ist, wie der Jäger sagt, zum *Spießer* geworden. Beim nächsten Geweihwechsel erhält in der Regel jede Stange eine Nebensprosse. Der Bock heißt jetzt *Gabler*. Im folgenden Jahr endlich entstehen an jeder Stange zwei Nebensprossen: Das Tier hat sich zum *Sechserbock* entwickelt. Diese Form behält das Geweih von nun ab meist bei. Es wird aber auch weiterhin alljährlich erneuert. Dabei nimmt es bei älteren Böcken an Stärke zu und weist mehr „Perlen“ auf.

Hirsche

Der **Rot-** oder **Edelhirsch** erreicht eine Schulterhöhe von 1,2 – 1,5 m. Das Geweih des männlichen Tieres entsteht auf dieselbe Weise wie das des Rehbocks, erreicht aber im Laufe der Jahre viel mehr Sprossen. Im Februar („Hornung“) wird das alte Geweih abgeworfen, im Juli wird das neue gefegt. Im dritten Jahr ist der Hirsch wie der Rehbock Sechsender (man zählt die Sprossen beider Stangen zusammen), im nächsten Jahr wird er Achtender usw. Vierzehn- und Sechzehnender sind häufig; mehr als 18 Enden kommen selten vor. Der Hirsch ernährt sich ähnlich wie das Reh; leider richtet das große und starke Tier dabei in Feld und Wald manchen Schaden an. Bei uns ist der Rothirsch selten geworden. Nur in großen Waldgebieten lebt er noch wild.

Im Herbst zieht der alte Hirsch mit seinem Rudel zu seinem Brunftplatz. Als „*Platzhirsch*“ tut er durch weithin schallendes „Röhren“ kund, daß hier sein Revier ist. Nebenbuhler vertreibt er in heftigen Kämpfen, bei denen die Geweihe gegeneinander geschlagen und gestemmt werden. Ernste Verletzungen sind bei diesen Kämpfen selten.

Rothirsch (Zwölfender)

Hirsch und *Reh* sind wiederkäuende Paarzeher. Sie leben in Rudeln. Die Männchen tragen ein knöchernes *Geweih*, das alljährlich im Frühjahr neu gebildet wird und sich dabei in den ersten Jahren jeweils vergrößert. Das Rehgeweih erreicht dabei in der Regel 6, das Hirschgeweih 16 Enden. Zur Brunftzeit (Paarungszeit) führen die Männchen heftige Rivalenkämpfe aus, bei denen das Geweih als Waffe dient.

Elch

Die Stelle des Rothirsches hat mancherorts der kleinere, meist weißgefleckte *Damhirsch* eingenommen, der dem Mittelmeergebiet entstammt und dessen Männchen ein schaufelförmiges Geweih trägt.

Der **Elch,** der größte Vertreter der Hirschfamilie, mit schaufelförmigem Geweih, erreicht mit 1,80 – 2,20 m Schulterhöhe die Größe eines Pferdes. Er bewohnt mit Vorliebe einsame Sumpflandschaften, wie Moore, Brücher und Seenplatten. Bis in unsere Zeit ist er in der Gegend des Kurischen Haffs gehegt worden. In Skandinavien und in den nördlichen Teilen von Rußland, Asien und Nordamerika kommt er noch häufig vor.

Das **Ren** oder **Rentier**, bei dem auch das Weibchen ein Geweih trägt, ist ein Tier des hohen Nordens. Das dunklere und leichtere Sommerkleid verwandelt sich mit Einbruch der kälteren Jahreszeit in einen dicken, helleren Winterpelz. Mit den weit spreizbaren Hufen und den großen Nebenzehen, die auf weichem Untergrund den Boden berühren, bewegt sich das Ren leicht und sicher über Moore und Schneefelder. Es nährt sich von Gras, Kräutern und den Blättern von Zwergsträuchern, vor allem aber von der Rentierflechte, die es im Winter oft unter tiefem Schnee hervorscharren muß. Nur durch das Ren, die einzige zum *Haustier* gewordene Hirschart, sind viele hochnordische Gebiete für den Menschen bewohnbar. Es liefert ihm alles, was er zum Leben braucht: Felle, Fleisch und Milch, aus der auch Käse bereitet wird, dazu Sehnen und Knochen, aus denen allerlei Geräte gefertigt werden. Zudem ist das Ren das lebensnotwendige *Zugtier des Nomaden.* Die Rentierherden machen nämlich wie ihre wilden Vorfahren weite Wanderungen: im Hochsommer hinauf ins Gebirge, um der Mückenplage im Tiefland zu entgehen, im Winter wieder hinab in die milderen, weniger vereisten Täler, vor allem aber ständig auf der Suche nach passender Nahrung. Und immer müssen den wandernden Herden die Rentiernomaden samt Familien mit Schlitten und Zelt folgen. Hier richtet sich also der Mensch nach dem Tier, um von ihm leben zu können! – Die *wilden Rentiere* sind zierlicher als die zahmen. Auch sie führen in großen Rudeln Wanderungen über sehr weite Entfernungen durch und überqueren dabei als vorzügliche Schwimmer breite Ströme und Fjorde.

Rentiere in Lappland

Giraffen

Die **Giraffe** bewohnt die Steppen Afrikas, wo sie meist in kleineren Herden angetroffen wird. Das fahlgelbe Fell des Tieres ist mit großen braunen Flecken bedeckt, so daß die helle Grundfarbe netzartig hervortritt. Wegen der hohen Vorderbeine steigt der kurze Rumpf nach vorne steil an. Da auch der Hals sehr lang ist, befindet sich der Kopf 5–6 m über dem Boden. Damit ist die Giraffe das höchste Tier der Erde. Wenn sie Nahrung vom Boden aufnehmen oder trinken will, muß sie die Vorderbeine spreizen, um mit dem Kopf den Boden zu erreichen. Sie nährt sich aber fast ausschließlich von Baumzweigen und deren Blättern, die sie mit der langen Zunge in das Maul zieht. Auf dem Kopfe trägt sie zwei knöcherne, von der Körperhaut überzogene *Stirnzapfen.* Als Waffen benützt die Giraffe ihre Hufe; mit ihren langen Beinen kann sie vorne wie hinten gefährlich ausschlagen. Der Schlag der Hinterhand vermag sogar einen Löwen zu töten. Nach Möglichkeit aber entzieht sich die Giraffe ihren Feinden durch die Flucht. Ihr Galopp erscheint schwerfällig, bringt sie aber mit den über 5 m weiten Sprüngen schnell in Sicherheit. Meist geht die Giraffe im Paßgang, d. h. sie bewegt immer die beiden Beine einer Seite gleichzeitig nach vorn; dadurch schwankt der Rumpf beim Gehen etwas hin und her. Diese Gangart findet sich besonders bei Tieren mit kurzem Rumpf und langen Beinen, so z. B. auch beim Kamel.

Giraffen in einer afrikanischen Savanne

Kamele

Das Einhöckerige Kamel oder Dromedar

Das Kamel wird in Nordafrika und in Vorderasien seit Jahrtausenden als Haustier gehalten. Es ist das Reit- und Lasttier der Wüstenbewohner. Ehe es Kraftwagen gab, konnte man das weite Sandmeer der Wüste nur mit Hilfe des Kamels durchqueren. Daher nennt es der Araber heute noch das *„Schiff der Wüste“*.

Das starke Tier, das eine Schulterhöhe von 2,3 m erreicht, kann bis zu 8 Zentner schwere Lasten tragen. Bei langen Wüstenreisen legt man dem Lastdromedar aber nur etwa 4 Zentner auf, die es täglich 20–30 km weit zu befördern vermag. Die leichteren, besonders langbeinigen Reitkamele können an einem Tag über 140 km zurücklegen.

Das Dromedar geht wie die Giraffe im *Paßgang*. Die zweizehigen Füße (Abb. S. 36) haben eine breite Trittfläche, so daß das Tier selbst über lockeren Sand gehen kann, ohne einzusinken.

Da die Fußsohlen durch eine dicke Hornschicht geschützt sind, bleiben die Füße unverletzt, auch wenn das Tier stundenlang über nackten Fels oder scharfkantige Gesteinstrümmer geht oder wenn der Boden bis zur Gluthitze erwärmt ist. Um zu ruhen oder um die Last aufzunehmen, kniet das Kamel nieder, indem es die Beine unter den Rumpf schlägt. Dabei ist es durch dicke, haarlose Hornschwielen an der Brust und an den Gelenken der Beine gegen Verletzung geschützt.

Dromedare am Rande einer Oase

Während der Reise bekommt das Kamel täglich nur ein paar Hände voll Getreidekörner oder Bohnen. Was es mehr braucht, muß sich das anspruchslose Tier selbst suchen. Mit seinem harten Maul und starken Gebiß vermag es sogar, die dornigen Kräuter und Sträucher der Wüste zu verzehren. Trotzdem könnte es bei der dürftigen Nahrung nicht bestehen, wenn es nicht in dem *Fetthöcker*, der sich auf seinem Rücken erhebt, einen Vorrat an Nahrungsstoffen mit auf die Reise nehmen würde. Bei spärlicher Nahrung und großen Anstrengungen schrumpft der Höcker stark zusammen. Wasser kann das Kamel selbst bei größter Hitze mehrere Tage, bei saftiger Pflanzennahrung sogar wochenlang entbehren. Dafür trinkt es, wenn sich Gelegenheit bietet, eine große Menge (130 l = 10 Eimer und mehr) auf einmal. Es vermag mit dem aufgenommenen Wasser lange auszukommen, weil seine Körpertemperatur auf 40° ansteigen kann, ohne daß es schwitzt und dadurch Wasser verliert.

Nicht nur durch seine Kraft, seine Schnelligkeit und seine bewundernswerte Ausdauer bewährt sich das Kamel in der Wüste, sondern auch durch die Schärfe seiner *Sinne*. Eine Quelle wittert es einige Kilometer weit, und das Herannahen der heißen Sandstürme merkt es viel früher als der Mensch. Dann verdoppelt es seine Schritte, um einen schützenden Ort zu erreichen, und oft hat es dadurch seinem Herrn das Leben gerettet.

Auch sonst macht das Dromedar – zusammen mit der Dattelpalme – die Wüsten- und Steppengebiete seiner Heimat für den Menschen erst bewohnbar: es liefert ihm Fleisch, Fett und Milch zur Nahrung; die Haut wird zu Zeltdecken und dergleichen verwendet; aus den fahlgelben bis schwarzen Haaren stellt man dauerhafte und wertvolle Gewebe her (Kamelhaardecken!), und der getrocknete Kot bildet da, wo es an Holz fehlt, vielfach den einzigen Brennstoff.

Das **Zweihöckerige Kamel** oder **Trampeltier** nimmt in weiten Gebieten Mittel- und Ostasiens die Stelle des

Lamas, die Anden überschreitend

Trampeltiere in einer Wüste Asiens

Dromedars ein. Im Gegensatz zu diesem kommt es nicht nur in heißen, sondern auch in kalten Gegenden vor. Sein Fell ist im Winter dicht und langhaarig (Kamelhaar). – In entlegenen Wüsten der inneren Mongolei hat man *Wildkamele* beobachtet, die dort noch in Herden leben. – Das etwa eselgroße *Lama* ist das wichtigste Haus- und Lasttier der Bewohner der südamerikanischen Anden. Es wurde schon von den alten Kulturvölkern Südamerikas gezüchtet.

Zebras in einer Steppe Ostafrikas

Unpaarzeher

Pferde

Der wichtigste Vertreter der Unpaarzeher ist das **Pferd** (S. 28).

Der **Esel** ist kleiner als das Pferd. Sein Fell ist grau, sein Schwanz lang und mit einer Haarquaste versehen; seine Ohren sind auffallend lang. Bei uns wurde er früher zum Ziehen kleiner Wagen verwendet; in manchen Ländern ist er wegen seiner Genügsamkeit und Ausdauer auch heute noch ein wichtiges Reit- und Lasttier.

Letzte Überreste der allmählich aussterbenden *Wildesel* leben in den kargen Hochlandsteppen Innerasiens und Afrikas.

Mischlinge zwischen Pferd und Esel sind der *Maulesel* (Muttertier eine Eselin, Vatertier ein Pferd) und das *Maultier* (Muttertier eine Pferdestute, Vatertier ein Esel). Vor allem das Maultier ist in Gebirgsgegenden als anspruchsloses und ausdauerndes Saumtier unentbehrlich.

Die **Zebras** bewohnen in großen Herden die Steppen Süd- und Ostafrikas. Ihr Fell zeigt auf hellem Grunde schwarze oder rotbraune Streifen. Sie sind ungemein scheu, wachsam und schnell. In der Not wehren sie sich mit Hufen und Zähnen.

Nashörner und Tapire

Die **Nashörner** kommen in mehreren Arten in Südasien und in Afrika vor. Sie haben dreizehige Füße. Die größten Arten werden über 4 m lang und 2 m hoch. Mit ihrem gewaltigen, durch eine unbehaarte, brettartige Haut geschützten Leib vermögen sie jedes

Afrikanisches Nashorn

Amerikanischer Tapir

Huftiere	Paarzeher	*Nicht-Wiederkäuer* Schweine Flußpferde
		Wiederkäuer Horntiere Geweihtiere Giraffen Kamele
	Unpaarzeher	Pferde Nashörner Tapire

Dickicht zu durchbrechen. Einige Arten leben in Wäldern, andere in offenen, buschbestandenen, aber wasserreichen Landschaften. Sie bewohnen genau begrenzte Reviere mit festliegenden Trink- und Badestellen, Suhlen und Schlafplätzen, die durch ständig benützte Wechsel miteinander verbunden sind. Als gefährliche Waffe tragen die Indischen Nashörner ein Horn, die Afrikanischen zwei Hörner auf der Nase.

Die **Tapire** sind viel kleiner. Sie leben in den tropischen Urwäldern Südamerikas und Südostasiens. Mit ihrem plumpen Körper und dem langen, keilförmigen Kopf erinnern sie an das Wildschwein.

Rüsseltiere

Der Indische Elefant

Der Indische Elefant ist ein reines Waldtier. Er bewohnt die Urwälder von Vorder- und Hinterindien, von Ceylon, Sumatra und Borneo.

Körperbau. Die Elefanten sind heute die mächtigsten Landtiere der Erde. Der Indische Elefant erreicht eine Schulterhöhe von 3 m und ein Gewicht von 80 Zentnern, also von etwa 50 erwachsenen Menschen.
Das Auffallendste am Elefanten ist sein *Rüssel.* Er stellt eine gewaltige Verlängerung von Nase und Oberlippe dar und ist sehr muskulös und beweglich.

Indische Elefanten im Urwald

Das Rüsselende trägt vorn einen fingerförmigen Fortsatz, der sich gegen den hinteren Rand etwa wie unser Daumen gegen die anderen Finger bewegen läßt. Hierdurch wird der Rüssel zu einem Greifwerkzeug. Mit ihm kann der Elefant sowohl winzige Gegenstände vom Boden aufnehmen als auch armdicke Äste abbrechen; mit ihm führt er die Nahrung zum Maul, und mit seiner Hilfe trinkt er: er saugt ihn mit Wasser voll und spritzt es sich ins Maul. 5 Liter kann er so auf einmal aufnehmen.

Ein weiteres Kennzeichen des Elefanten sind seine *Stoßzähne*. Es sind die gewaltig vergrößerten oberen Schneidezähne, die beim Männchen $1^1/_2$ m und darüber lang und 20 kg schwer werden können, beim Weibchen aber klein bleiben oder auch ganz fehlen. Sie sind wurzellos und wachsen wie die Nagezähne der Nagetiere ständig nach. Sie dienen dem Elefanten als Waffe und als Werkzeug. Außer ihnen ist auf jeder Seite oben und unten nur noch ein mächtiger Backenzahn vorhanden. Die Backenzähne haben auf ihrer über handgroßen Kaufläche viele quergestellte Schmelzfalten, mit denen die Tiere selbst Holz mühelos zerreiben. Wenn ein Backenzahn abgenützt ist, schiebt sich von hinten ein neuer nach und drückt den verbrauchten hinaus.

Der mächtige Rumpf des Tieres wird von säulenförmigen *Beinen* getragen. Von den Füßen sieht man

Vorderfuß des Elefanten

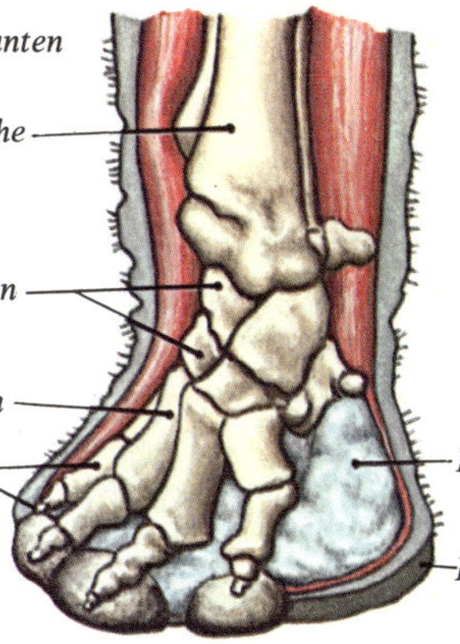

von außen nur die kleinen hufartigen Nägel der Zehen. Das Tier ist ein Zehenspitzengänger. Die Trittfläche ist jedoch groß und kreisrund. Sie wird von einer dicken Hornmasse, der Sohlenplatte, gebildet. Über dieser liegt ein gallertiges, federndes Polster, auf dem die Zehen aufsitzen. Es stützt die Zehen, die das gewaltige Körpergewicht zu tragen haben, und macht den Gang des Tieres fast unhörbar. Der Elefant geht wie das Kamel und die Giraffe im Paßgang. Das plump erscheinende Tier ist erstaunlich gewandt und schnell. Ein Reiter vermag einem fliehenden Elefanten kaum zu folgen.

Die kleinen, wenig leistungsfähigen *Augen* liegen geschützt in tiefen Augenhöhlen. Die großen *Ohrmuscheln* hängen meist schlaff herunter; werden sie aufgerichtet, fangen sie selbst feinste Geräusche auf. Fast unbehaart ist die schiefergraue, brettartig dicke Haut.

Schädel des Indischen Elefanten

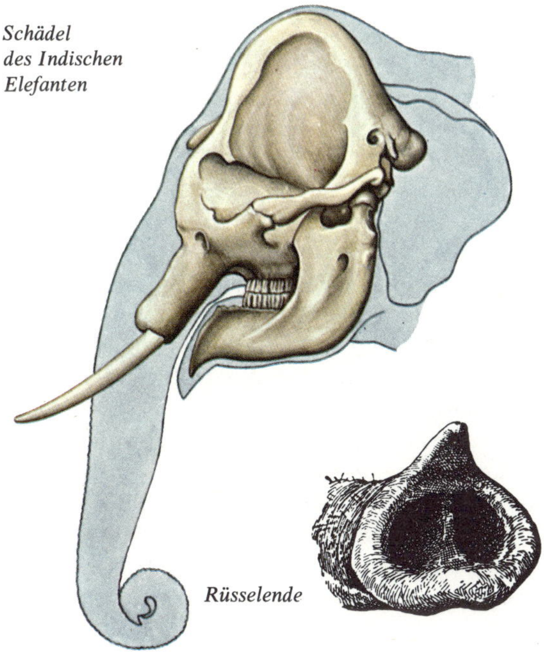

Rüsselende

Lebensweise. Als Waldbewohner ernährt sich der Indische Elefant vor allem von Blättern und Zweigen, die er mit dem Rüssel abreißt. Durch Drängen mit der Stirn oder mit Hilfe des Rüssels entwurzelt er kleinere Bäume, um so deren Äste zu erlangen. Knollen und Wurzeln gräbt er mit den Stoßzähnen aus, und Früchte schüttelt er von den Bäumen, indem er die Stämme zwischen Rüssel und Stoßzähne nimmt. Das große Tier benötigt gewaltige Nahrungsmengen: ein Zoo-Elefant bekommt täglich etwa $1^1/_2$ Zentner Nahrung (Heu, Rüben, Hafer u. a.) und 100–200 l Wasser.

Die Elefanten leben in *Herden* von etwa 30–100 und mehr Tieren. Herr der Herde ist stets der stärkste Bulle, doch übernimmt die Führung meist ein älteres

Weibchen. Bei Gefahr aber gehen die Bullen voran. Auf der Suche nach neuen Futterplätzen unternehmen die Herden oft weite Wanderungen, bei denen sie am Tag 70 und mehr Kilometer zurücklegen können. Dabei benützen sie die uralten *Elefantenpfade*, die seit Generationen von ihren Artgenossen gebahnt wurden. In einer Reihe hintereinandergehend ziehen sie auf dem Pfad dahin. Wenn sie aber auf der Nahrungssuche oder bei der Flucht den Pfad verlassen, zeigt sich die erstaunliche Kraft der gewaltigen Riesen. Sie zerreißen armdicke Schlingpflanzen, knicken Bäume um und zerstampfen das Unterholz. Dabei können Dornen, Stacheln und spitze Aststümpfe die Haut der Tiere kaum verwunden. Ströme, Sümpfe und Seen sind für sie ebensowenig ein Hindernis wie verschneite Hochgebirge, wo man sie schon in 4000 m Höhe angetroffen hat. Nachts oder auch an heißen Tagen schlafen die Elefanten auf der Seite liegend, nachdem sie sich zuvor aus Zweigen ein großes „Kopfkissen" zurechtgemacht haben.

Die Elefanten werden in den Wäldern von zahllosen blutsaugenden Schmarotzern (Insekten, Zecken, Blutegeln) befallen, die sich vor allem in den Falten und Riefen der Haut festsetzen. Um die Peiniger loszuwerden, ergreifen die Elefanten nicht selten mit dem Rüssel Zweige und fegen sich damit den Körper ab, oder sie blasen sich, gleichfalls mit dem Rüssel, Sand über den Rücken. Gern wälzen sie sich auch in einer Suhle, lassen den anhaftenden Schlamm eintrocknen und reiben ihn dann mitsamt den Schmarotzern an einem Baum oder Felsen ab. Im Kampf gegen das Ungeziefer werden die Elefanten wie die Flußpferde, Nashörner und andere Dickhäuter durch Kuhreiher und Madenhacker unterstützt, die den Tieren die Quälgeister von der Haut ablesen. Häufiges Baden ist den Elefanten unentbehrlich. Dabei bespritzen sie sich ausgiebig mit dem Rüssel.

Wird ein *Junges* geboren, so verweilt die Herde einige Tage, bis das Kleine imstande ist mitzuwandern. Die Jungen sind bei der Geburt ungefähr 1 m hoch und 2 Zentner schwer. Sie werden fast 2 Jahre lang von der Mutter gesäugt, von der sie ständig umsorgt werden. Sie hilft ihnen bei der Nahrungssuche, beim Überwinden von Hindernissen und beim Überqueren von Gewässern; bei Gefahr begeben sie sich unter ihren Körper und bleiben dort selbst bei wilder Flucht, ohne verletzt zu werden.

Vor dem Menschen flüchtet der Elefant in der Regel. Sieht er sich aber bedroht, so stößt er einen gellenden Trompetenton aus, stürzt auf den Gegner los, rennt ihn um und zertrampelt ihn. Auf Elefantenjagden ist beobachtet worden, daß sich Elefanten gegenseitig Hilfe leisten, wenn ein Tier der Herde verwundet wurde. Zwei Elefanten nehmen dabei einen verwundeten zwischen sich und schleppen ihn so kilometerweit fort.

Indische Elefanten werden seit alter Zeit als *Arbeitselefanten* verwendet. Man züchtet sie aber nicht wie Haustiere, sondern fängt jeweils nach Bedarf wilde Elefanten ein und zähmt sie, wobei sie sich als außerordentlich gelehrig erweisen. Ein guter Arbeitselefant versteht über 20 Kommandoworte seines Führers, des Mahauts. Auch heute noch schleppen Elefanten die wertvollen Teakholzstämme aus dem unwegsamen Urwald zu den Flüssen, Fahrwegen oder Bahngeleisen. Sie können, nachdem man sie angelernt hat, selbständig Stämme auf Lastwagen verladen und ähnliche Arbeiten verrichten. Auch für das Einfangen der wilden Elefanten werden zahme Elefanten abgerichtet und leisten dabei unentbehrliche Dienste, indem z. B. zwei zahme Elefanten einen wilden zwischen sich nehmen und so an der Flucht hindern. In Dressurversuchen lernten Elefanten über zwanzig verschiedene Zeichen (Kreis, Kreuz, Stern usw.) an ihren Futterkästen sicher zu unterscheiden und verstanden die Bedeutung der Zeichen ein Jahr später immer noch. Sie haben also ein gutes Gedächtnis und vergessen z. B. die gute oder schlechte Behandlung, die sie durch einen Menschen erfahren haben, lange nicht.

Elefanten erreichen ein Alter von 70 – 75 Jahren.

Verwandte

Die **afrikanischen Elefanten** unterscheiden sich vom Indischen durch die flachere Stirn, den stark gebogenen Rücken, die riesigen Ohrmuscheln, die größeren Stoßzähne und die 2 Greiffortsätze der Rüsselspitze. Es gibt 2 verschiedene Arten: Der *Afrikanische Waldelefant* wird kaum 3 m hoch und kommt nur noch in den Urwäldern des Kongogebietes vor. – Der *Afrikanische Steppenelefant* mit riesigen, unten zugespitzten Ohrlappen erreicht 4 m Höhe und über 120 Zentner Gewicht. Seine Stoßzähne können über 2 m lang werden. Der Steppenelefant bewohnt

die weiten baumbestandenen Savannen Afrikas südlich der Sahara. Auch er macht große Wanderungen, um neue Nahrungsgebiete und vor allem Wasserstellen zu finden. Wenn in der Trockenzeit das Wasser versiegt, scharren die Tiere in den Flußbetten mit den Vorderfüßen und dem Rüssel metertiefe Gruben, um zum Grundwasser zu gelangen.
Früher wurden die afrikanischen Elefanten ihrer Stoßzähne wegen schonungslos verfolgt. Um die Tiere vor der Ausrottung zu bewahren, sind heute große Naturschutzgebiete eingerichtet, in denen auch die Elefanten geschont werden.

Kopf des Afrikanischen Steppen-Elefanten

Das **Mammut** lebte während der Eiszeit in Europa, Nordasien und Nordamerika. Die gewaltigen, 4 m hohen Riesen besaßen einen dichten, langhaarigen, rotbraunen Pelz und bis 4 m lange Stoßzähne. Bei uns findet man in Sand- und Tongruben mitunter Knochen und Zähne der riesigen Tiere. Im nördlichen Sibirien hingegen, wo die tieferen Bodenschichten niemals auftauen, stößt man gelegentlich auf Leichen des Mammuts, bei denen auch das Fleisch und Fell noch wohlerhalten sind. Wie wir aus zahlreichen Funden wissen, stellte der Mensch diesen Tieren eifrig nach. Heute liefern die aus dem Bodeneis gegrabenen Skelette noch beachtliche Mengen Elfenbein.

Die Rüsseltiere oder *Elefanten* sind die größten heutigen Landtiere. Sie sind Pflanzenfresser und bewohnen Wälder oder Steppen. Nase und Oberlippe sind zu einem *Rüssel* verlängert, die oberen Schneidezähne zu *Stoßzähnen* umgebildet. Die Beine sind säulenförmig. Die Elefanten leben in *Herden*, sind vorsichtig und gelehrig.

Mammut in einer eiszeitlichen Steppe

Wildkatze

Luchs

Raubtiere

Bei den Haustieren haben wir *Katze* und *Hund* als „Raubtiere“ kennengelernt. Auch ihre wildlebenden Verwandten haben das kennzeichnende Raubtiergebiß mit den dolchartigen Eckzähnen und den scharfzackigen Reißzähnen. Sie ernähren sich alle überwiegend von Fleisch. Darum sind sie aber keine frevelhaften „Räuber“. Tiere kennen kein „gut“ und „böse“. Sie ernähren sich eben so, wie es ihre Natur verlangt. Dabei tun sie im Grunde nichts anderes als eine Schwalbe, die Fliegen fängt, oder eine Amsel, die Würmer verzehrt, und schließlich ernähren ja auch wir Menschen uns zum Teil von Fleisch.

Katzenartige Raubtiere

Die **Wildkatze** kommt bei uns nur noch selten in manchen Gebirgswäldern (z. B. Harz, Eifel, Hunsrück) vor. Sie ist größer und stärker als die Hauskatze, hat ein gelblichgraues Fell und einen dicken, schwarzgeringelten Schwanz. Das nächtlich lebende Tier erbeutet Mäuse, Vögel, Eichhörnchen, Hasen, ja gelegentlich sogar Reh- und Hirschkälber.

Früher wurden unsere Wälder auch vom *Luchs* bewohnt. In Nord- und Osteuropa ist er noch häufig anzutreffen. Er hat hohe, stämmige Beine mit starken Pranken und wird über 1 m lang. Seine Ohren tragen pinselartige Haarbüschel. Das kräftige Tier springt seine Beute meist vom Geäst herab an und fällt mitunter selbst Rotwild an.

Der Löwe

Der Löwe bewohnt die Gras-, Busch- und Baumsteppen (Savannen) und auch die Halbwüsten Afrikas. Mit seinem sandfarbenen *Fell* ist er diesen Landschaften mit ihrem dürren Steppengras vorzüglich angepaßt. Der Löwe erreicht eine Schulterhöhe von 1 m, eine Länge von 2 m und ein Gewicht von 4 Ztr. Eine stattliche Mähne umwallt Kopf, Schulter und Brust des männlichen Tieres. Sie wird mit zunehmendem Alter dunkler. Der Schwanz endigt in einer Haarquaste. Riesige *Körperkraft* zeichnet den „König der Tiere“ aus. Er schleppt Beutetiere von mehr als dem Doppelten seines eigenen Gewichtes fort, setzt mit einem Rind im Rachen über hohe Zäune und

Zwei männliche Löwen

breite Gräben hinweg, greift Tiere an, die um ein Vielfaches schwerer sind als er selbst, so z. B. das Flußpferd oder einen großen Stier. Er kann 12 m weite Sprünge ausführen und in der Sekunde über 20 m zurücklegen.

Der Löwe ist das einzige katzenartige Raubtier, das in Rudeln lebt und jagt. Ein *Löwenrudel* umfaßt etwa 6–20 Tiere, und zwar mehrere Männchen und Weibchen und deren Junge. Das stärkste Männchen nimmt auch hier eine Vorrangstellung ein. Zebras und Antilopen sind die Lieblingsbeute. Das Wild erkennt genau, wann ihm der Löwe gefährlich ist. Satte Löwen trollen mitunter zwischen Wildherden umher, ohne beachtet zu werden. Kündigt aber nachts dröhnendes Brüllen die Jagd der hungrigen Löwen an, dann spitzen die Tiere der Steppe ängstlich die Ohren und blähen die Nüstern, um den schrecklichen Feind zu erlauschen oder zu wittern und sich rechtzeitig durch rasende Flucht zu retten. Durch das Brüllen der Löwen wird das Rudel zur Jagd zusammengerufen und die Beute aufgeschreckt. Einige ältere Männchen treiben die Beutetiere dem im Versteck lauernden übrigen Rudel zu. Meist werden die Opfer mit einem gewaltigen Prankenhieb zu Boden geschlagen, dem selbst Rinder und Pferde erliegen. Oft schleicht sich jedoch der Löwe auch nach Katzenart an die Beute heran, wobei er jede kleinste Deckung geschickt ausnützt. Besonders Tiere an der Tränke beschleicht er auf diese Art. Plötzlich springt er in gewaltigem Satz dem Beutetier auf den Rücken und krallt sich an ihm fest. Unter der Wucht seines Ansprungs stürzt dieses meist zu Boden. Mit einem Biß in Genick oder Hals wird die Beute getötet. Zuerst fressen sich stets die stärksten Tiere des Rudels satt, dann erst dürfen auch die übrigen ihren Hunger stillen. Ein großer Löwe kann bei einer Mahlzeit 60 Pfund Fleisch verschlingen und braucht dann erst nach einigen Tagen wieder zu jagen.

Verwandte.

Der **Tiger** kommt nur in Asien vor, vornehmlich in Süd- und Ostasien. Er lebt im Dschungel und ist Einzelgänger. Das gelbrote Fell mit den schwarzen Querstreifen macht das ruhende Tier in seiner Umgebung höchst unauffällig. Wildschweine, Wildrinder, Hirsche und dergleichen bilden die Beute des Tigers. Er gilt als das gefährlichste aller Raubtiere und steht dem Löwen weder an Größe noch an Kraft nach.

Tiger mit Beute im indischen Dschungel

Der wesentlich kleinere **Leopard** oder **Panther** ist gleichfalls in Südasien, aber auch in ganz Afrika heimisch. Sein prächtiges Fell zeigt auf einer helleren Grundfarbe zahlreiche schwarze Flecken. Nicht selten kommen auch völlig schwarze Tiere vor. Der Panther klettert vorzüglich. Seine Lieblingsbeute sind Affen, denen er auch im Geäst nachstellt. Oft bricht er in menschliche Siedlungen ein und holt sich eine Ziege, einen Hund oder Geflügel.

Der **Gepard** bewohnt die Steppen Afrikas und Südasiens. Er hat ein ähnlich geflecktes Fell wie der Leopard und auch etwa dessen Größe, ist aber schmächtiger und hochbeiniger, gleichsam „ein Windhund mit Katzenkopf". Seiner Beute stellt er am hellen Tag nach. Er schleicht sie zunächst nach Katzenart ein Stück weit an, verfolgt sie dann aber nach Hundeart in rasender Hetzjagd. Dabei erreicht er eine Geschwindigkeit von mehr als 100 Stundenkilometern und ist damit wohl das schnellste Säugetier. Selbst flüchtige Gazellen und Antilopen holt er ein. Seit alter Zeit wird er deshalb in seiner Heimat als „Jagdleopard" abgerichtet.

Der **Jaguar** und der **Puma** sind die beiden größten Katzen der Neuen Welt. Der gefürchtete *Jaguar* ist mit seinem gefleckten Fell dem Leoparden ähnlich, aber etwas größer als dieser. Er bewohnt vorwiegend dichte Wälder und liebt dabei die Nähe des Wassers, wo er Wasserschweine, Fischotter und Alligatoren erbeutet. Auch in menschliche Siedlungen dringt er

Leopard oder Panther

ein und holt sich Haustiere, wobei er sich sogar an Rinder und Pferde wagt. – Der etwas kleinere *Puma* trägt ein einfarbiges, meist silbergraues Fell („Silberlöwe"). Auch er ist meist Waldbewohner und erbeutet als ungemein gewandtes Baumtier u. a. Affen und Vögel, vorwiegend aber kleinere Säugetiere.

Hyänen

In zoologischen Gärten treffen wir öfters die *Gestreifte Hyäne* an, die fast ganz Afrika und Südasien bewohnt. Über ihr gelblichgraues Fell ziehen sich schwarze Querstreifen. – Die etwas größere *Gefleckte Hyäne* trägt ein weißgraues Haarkleid, das mit braunen Tupfen überstreut ist. Sie kommt in Afrika südlich der Sahara vor.

Die Hyänen besitzen längere Vorder- als Hinterbeine; sie haben daher einen abschüssigen Rücken und können weder schnell und ausdauernd laufen wie die Hunde, noch springen wie die Katzen. Sie erbeuten vorwiegend kranke oder wehrlose Tiere. Oft begnügen sie sich mit Aas, das sie durch ihren scharfen Geruchssinn von weitem wittern.

Hundeartige Raubtiere

Den *Haushund* haben wir kennengelernt. – Die „*Wildhunde*", die es da und dort gibt (z. B. der australische *Dingo*), sind verwilderte Haushunde.

Der Fuchs

Für den Fuchs sind kennzeichnend die spitze Schnauze, die sich von dem breiten Kopf mit den weißen Backen deutlich absetzt, und der lange, buschige Schwanz. Der Pelz ist oben rost- bis gelbrot, am Bauch weiß; im Winter ist er heller und dichter als im Sommer.

„Meister Reinecke" bewohnt meist Waldgebiete, von denen aus er leicht das freie Feld erreichen kann. Im Wald gräbt er sich – möglichst an einem Hang – einen unterirdischen *Bau*, den er das ganze Jahr über bewohnt, zeitweise gemeinsam mit seinem Weibchen. Der Bau besteht aus mehreren Kesseln, die oft übereinanderliegen und durch Gänge untereinander und mit der Außenwelt verbunden sind. Mit Vorliebe aber bezieht der Fuchs einen verlassenen Dachsbau. Etwa 3–4 km im Umkreis des Baues erstreckt sich das Jagdrevier des Fuchses, das er an kennzeichnenden Stellen (Steinen, Bäumen) mit Harn markiert und gegen andere Artgenossen behauptet.

Den Tag verschläft der Fuchs meist in seinem Bau. Auf Nahrungssuche geht er vorwiegend nachts. Er kann schnell und ausdauernd laufen. Dabei setzt er seine 4 Füße genau in einer Linie hintereinander auf den Boden, er „schnürt" (Abb. S. 43). Der Fuchs ist *Einzelgänger*. Er schleicht sich an seine Beute heran und faßt sie im raschen Zugriff oder im Sprung, wobei ihm der große Schwanz als Steuer dient. Er *ernährt* sich hauptsächlich von Mäusen. Gelegentlich reißt er aber auch ein Rehkitz nieder, fängt einen Hasen

Gestreifte Hyänen mit Beute

Füchsin mit Jungen am Bau

oder ein Rebhuhn, plündert die Nester der am Boden brütenden Vögel oder holt sich ein Huhn oder eine Gans. Auch Frösche, Schnecken, Käfer, Heuschrecken und dergleichen sowie Ähren, Rüben und Kartoffeln frißt er und fängt sich mitunter aus dem Bach einen Fisch oder einen Krebs. Süßes Obst, besonders Weintrauben, nascht er gern.

Im Januar und Februar ist die Paarungszeit (Ranzzeit) der Füchse. Jetzt gräbt die Füchsin (Fähe) einen Wurfbau, in dem sie die *Jungen* zur Welt bringen wird. Dieser hat im Gegensatz zum Wohnbau stets nur ein Stockwerk und nur einen Zugang. Die Fähe polstert ihn mit ihren weichen Bauchhaaren aus. Ende April oder Anfang Mai kommen meist 4 – 8 Junge zur Welt. Der Fuchs (Rüde) versorgt die Fähe und späterhin auch die Jungen mit Nahrung. Diese werden etwa 8 Wochen lang von der Mutter gesäugt. Wenn sie 4 Wochen alt sind, beteiligt sich auch die Fähe immer häufiger am Herbeischaffen von Futter. Die Jungen beginnen nun bei schönem Wetter vor dem Bau zu spielen. Während der Rüde sich kaum um ihre Aufzucht kümmert, betreut die Alte sie ständig bei ihrem Spielen wie bei den ersten Ausflügen ins Revier. Im Spätsommer beginnen die Jungen ihr selbständiges Leben.

Als Überträger der gefährlichen *Tollwut* kann uns der Fuchs gefährlich werden. Er ist deshalb in neuester Zeit stark verfolgt worden.

Verwandte. Die Füchse in den nördlichsten Gebieten von Amerika besitzen einen dichten, schwarzen Pelz, dessen Haare in silbrigweißen Spitzen enden. Diese Silberfüchse werden in ihrer Heimat und bei uns in Fuchsfarmen gezüchtet. – Einen gleich kostbaren Pelz liefert der *Eis-* oder *Polarfuchs*, der in den Ländern um den Nordpol lebt und im Sommer ein erdfarbenes, im Winter ein weißes Haarkleid trägt. – Auch der afrikanische *Wüstenfuchs* oder Fennek ist mit seinem sandfarbenen Fell und seinen riesigen Ohren seiner Umwelt vorzüglich angepaßt.

Der Wolf

Der Wolf, der Stammvater des Hundes, war bis zu Beginn des vorigen Jahrhunderts in ganz Europa anzutreffen. Er war das gefürchtetste Raubtier unserer Heimat. Darum wird er in der deutschen Tiersage (als „Isegrim"), in Märchen, Fabeln und Redensarten oft erwähnt. Auch viele Orts-, Flur- und Familiennamen erinnern an ihn. Heute ist er bei uns aus-

Wölfe, eine Fährte verfolgend

gerottet, kommt aber vor allem im Norden und Osten Europas noch vielfach vor und dringt von dort gelegentlich auch in den deutschen Raum ein. In Asien und Nordamerika ist er weit verbreitet.

Der Wolf hat die *Gestalt* eines großen Schäferhundes, einen breiten Kopf mit spitzer Schnauze und einen gelbgrauen bis schwarzen *Pelz*. Er bewohnt einsame Wälder, Moore und Steppen und streift Nahrung suchend weit umher, wobei er in einer Nacht 80 km zurücklegen kann.

Bei Einbruch des Winters, wenn die Nahrung knapper wird, vereinigen sich die Wölfe stets zu *Rudeln*. Bei ihren gemeinsamen *Hetzjagden* treibt der eine Teil des Rudels die Beutetiere auf einen Engpaß oder eine Schlucht zu, wo die andern Wölfe im Hinterhalt liegen, oder die einen hetzen das Wild, während andere ihm den Weg abschneiden, oder sie umzingeln alle miteinander die Beute. Vom Hunger gepeinigt, nähern sich die Wölfe auch den Ortschaften, brechen in Schafhürden ein und überfallen selbst Rinder und Pferde. Dem Menschen gehen sie in der Regel aus dem Wege; nur in besonderer Notlage greifen sie auch ihn an.

Die Winterrudel lösen sich im Januar und Februar auf, und es bilden sich feste Paare. Die Wölfin wirft ihre 5–7 Jungen möglichst in einer Höhle. Den Sommer über bleibt das Paar meist beisammen und jagt gemeinsam. Sie lauern an den Wildwechseln Hirsch und Reh auf oder verfolgen weithin ihre Fährten, erbeuten aber auch Füchse, Igel, Mäuse und andere Kleintiere.

Unter den Wölfen herrscht eine strenge *Rangordnung*. Sie wird im Herbst zur Zeit der Rudelbildung durch Kämpfe („*Turnierkämpfe*“) festgelegt. Dabei ergibt sich schließlich der Unterlegene, indem er sich z. B. vor dem Sieger auf den Rücken wirft. Auf solch eine „Unterwerfungsgebärde“ hin läßt der Sieger von dem Besiegten ab. Das stärkste Tier wird zum *Leitwolf* des Rudels. Ihm ordnen sich alle übrigen unter. Aber auch unter diesen selbst besteht eine feste Rangfolge. Wenn sich zwei Wölfe begegnen, trägt der ranghöhere den Schwanz erhoben, die Ohren hochgestellt und schaut mit geradem, sicherem Blick auf den rangniedrigeren, während dieser den Schwanz einzieht, die Ohren anlegt und unsicher an dem anderen vorbeischielt. Alle diese Verhaltensweisen sind den Tieren angeboren. Nur weil sich alle Wölfe in diese strenge Ordnung einfügen, können so gefährliche Raubtiere im Rudel ungefährdet zusammenleben und gemeinsam jagen.

Edelmarder, ein Eichhörnchen beobachtend

Wir hörten, daß unser Haushund vom Wolf abstammt und noch viele Eigenschaften zeigt, die er von diesem geerbt hat (S. 19). Dazu gehört auch das Sicheinfügen in die Rangordnung. Diese herrscht noch in voller Strenge in den Rudeln der Eskimo-Schlittenhunde. Auch bei ihnen läuft der Leithund stets an der Spitze und herrscht über die übrige Meute.

Die **Schakale** stehen in Gestalt und Größe etwa zwischen Wolf und Fuchs. Sie bewohnen weite Gebiete von Nordafrika und Asien sowie Teile der Balkanhalbinsel. Ihre Nahrung, die besonders aus Aas besteht, suchen sie meist während der Nacht. Dabei lassen sie vielfach ein klägliches Geheul hören. Es wird vermutet, daß auch der Schakal zu den Vorfahren mancher Haushundrassen gehört.

Marderartige Raubtiere

Der Baum- oder Edelmarder

Der Baum- oder Edelmarder bewohnt dichte, einsame Wälder. Er ist ein *Baumtier*, das selbst seine Jungen in einer Baumhöhle aufzieht. Er erreicht eine Länge von etwa 35 cm (ohne Schwanz). Sein Fell ist dunkelbraun bis auf einen gelben Kehl- und Halsfleck. Das seidigweiche Fell wird hoch geschätzt („Edelmarder"). Der lange, buschige Schwanz dient beim Springen als Steuer. Die niedrigen Beine haben kurze Zehen mit spitzen Krallen. Der Marder ist ein *Sohlengänger*. Sein Gebiß stimmt mit dem der Katze fast völlig überein.

Tagsüber schläft der Marder in einer Baumhöhle, einem Holzstoß oder einem ähnlichen Versteck. Abends geht er auf Beute aus, der er vorwiegend in den Kronen der Bäume nachstellt. Er klettert und springt vorzüglich, so daß ihm selbst das gewandte Eichhörnchen nur selten entkommt. Dieses und der Eichelhäher sind seine häufigste Beute. Daneben fallen ihm alle Tiere zum Opfer, die er überwältigen kann, selbst Hasen und Rehkälbchen. Mit Vorliebe stellt er auch Vögeln nach und plündert ihre Nester. Gelingt es dem vom Hunger getriebenen Marder, in einen Hühnerstall oder Taubenschlag einzudringen, so beißt er zu, solange sich noch etwas Lebendiges rührt. Er folgt dabei seinem angeborenen Instinkt, der ihn zuzupacken zwingt, wo immer sich eine Beute regt.

Verwandte

Der **Stein-** oder **Hausmarder** hat einen graubraunen Pelz. Sein Kehl- und Halsfleck ist weiß und am Hinterende gegabelt. Auch er ist ursprünglich Waldbewohner, hält sich dort aber im Gegensatz zum Baummarder in zerklüfteten Stein- und Felsgebieten auf. Oft haust er in der Nähe menschlicher Wohnungen in Steinhaufen und Holzstößen, in altem Gemäuer, in Scheunen und Schuppen und stellt mit Vorliebe dem Hausgeflügel nach. Sein schlanker Körper ermöglicht ihm, durch enge Spalten und Löcher zu schlüpfen; so vermag er gelegentlich in einen Geflügelstall einzudringen, wo er ebenso unersättlich haust wie der Edelmarder. Wie dieser ist er aber recht selten geworden.

Der **Iltis** sucht ebenfalls die Nähe menschlicher Siedlungen auf, kommt aber auch in Feld und Wald vor. Er ist kleiner als der Marder und trägt einen dunkelbraunen Pelz. Mäuse, Ratten, Maulwürfe, Frösche und andere Kleintiere bilden seine Nahrung; doch sucht auch er gelegentlich Hühnerställe heim.

Die **Wiesel** sind noch kleiner als der Iltis, aber ebenso gewandt wie dieser. „Flink wie ein Wiesel" huschen sie dahin, halten dann und wann plötzlich inne und machen ein „Männchen", um die Umgebung zu überblicken. Infolge ihres aalartig gestreckten Körpers und der niedrigen Beine können sie in die Gänge der Hamster, ja selbst der Maulwürfe und Mäuse eindringen. Sie tragen, abgesehen von der helleren Unterseite, ein braunrotes Kleid. Das *Große Wiesel* oder *Hermelin* legt im Herbst einen Winterpelz an, der bis auf die schwarze Schwanzspitze rein weiß ist. Das viel seltenere *Kleine Wiesel* bleibt auch im Winter braun.

Der etwas mehr als iltisgroße *Nerz* kommt in Deutschland wildlebend nicht mehr vor. Seines Pelzes wegen wird er aber häufig in Farmen gezüchtet. – Wertvolle Pelztiere unter den Marderarten sind ferner der im nördlichen Asien vorkommende *Zobel* und der in Nordamerika beheimatete *Skunk* sowie der etwa meterlange *Vielfraß*, der den hohen Norden der Alten und Neuen Welt bewohnt.

Großes Wiesel (Hermelin) mit Maus; dahinter Hermelin im Winterkleid; im Hintergrund Kleines Wiesel

Dachse vor ihrem Bau

Der Dachs

Der Dachs ist etwa so groß wie der Fuchs, aber kurzbeiniger, plumper und langsamer als dieser. Er ist auch kein ausgesprochenes Raubtier, sondern wie das Schwein ein *Allesfresser*. Sein borstiges Fell ist am Rücken und an den Seiten grau, der zugespitzte Kopf schwarz und weiß gestreift, Bauchseite und Beine sind schwarz. Wie alle marderartigen Raubtiere ist auch der Dachs ein *Sohlengänger*.

Der Dachs haust meist an abgelegenen Waldhängen. Hier gräbt er sich einen unterirdischen *Bau*. Dabei scharrt er mit den großen Krallen der Vorderfüße die Erde los, befördert sie mit den Hinterfüßen nach rückwärts und schiebt dann von Zeit zu Zeit den entstandenen Erdhaufen, rückwärts gehend, ins Freie. Mehrere, bis zu 10 m lange Gänge führen in einen großen Kessel, der meist 1–2 m, mitunter aber bis zu 5 m unter der Erdoberfläche liegt. Hier verschläft „Meister Grimbart" den Tag.

In der Dämmerung geht er auf *Nahrungssuche*, ständig am Boden schnüffelnd. Er frißt Mäuse und Frösche, durchwühlt den lockeren Waldboden nach Kleintieren, Eicheln und Bucheckern, Wurzeln und Knollen

und verzehrt Fallobst, Beeren, besonders auch Trauben, und unreifes Getreide. *Die Zähne* des Allesfressers sind nicht so spitz wie die anderer Raubtiere; die breiten, stumpfhöckerigen Reißzähne sehen fast wie die Backenzähne eines Pflanzenfressers aus (Abb. S. 94).
Im Sommer mästet sich der Dachs geradezu, um im Winter von seinem *Fettvorrat* leben zu können. Im Spätherbst polstert er sich seinen Kessel mit Laub, Moos und Farn zu einem warmen Lager aus und hält darin seine *Winterruhe*, die er aber bei milder Witterung gelegentlich unterbricht.

Der **Fischotter** lebt an fischreichen Gewässern mit bewaldeten Ufern. Wie Fuchs und Dachs bewohnt er eine unterirdische Höhle, die er am Uferrand anlegt. Sein Jagdgebiet ist das Wasser. Hier stellt er besonders den Fischen nach und verursacht dadurch großen Schaden. Das braune, samtartige Fell ist stets stark eingefettet, so daß es niemals durchnäßt wird. Im Tauchen und Schwimmen ist der Otter ein Meister. Die kurzen Beine, deren Zehen durch Schwimmhäute verbunden sind, dienen als Ruder; der starke Schwanz wird als Steuer gebraucht. Die Nasenlöcher sind verschließbar. Da der Fischotter als arger Schädling und wegen seines kostbaren Otterpelzes stark verfolgt wurde, ist er in Deutschland nahezu ausgerottet.

Fischotter am Wasser

Bären

Der Braune Bär

Der Braune Bär bewohnte früher fast ganz Europa. Heute findet er sich in unserem Erdteil nur noch in den abgelegensten Gebieten mancher Hochgebirge, besonders in Skandinavien, in Rußland und auf der Balkanhalbinsel. In Deutschland wurde der letzte Bär 1833 in den Bayerischen Alpen geschossen.
Der Bär kann über 2 m lang werden. Sein Körper, der von einem dicken, zottigen *Pelz* bedeckt ist, erscheint plump. Trotzdem ist das Tier sehr beweglich und nimmt es an Schnelligkeit mit dem Pferd auf. Geschickt erklettert es Bäume und Felsen und durchschwimmt Ströme und Seen. Mitunter geht der Bär sogar aufrecht, so z. B. beim Obstpflücken. Er ist *Sohlengänger* (Abb. S. 28) und bewegt sich im Paßgang. Seine fünfzehigen Tatzen haben lange, sichelförmige Grabkrallen.
Der Bär ist wie der Dachs ein *Allesfresser*. Für gewöhnlich bilden Gras, Getreide, Obst, Beeren, Pilze sowie Kleintiere, wie Würmer, Schnecken und Insekten, seine Nahrung. Eine besondere Vorliebe hat er für Honig. Nur bei Nahrungsmangel macht er Jagd auf Großtiere. Hirsche, Rehe und Gemsen kann er freilich nicht einholen. Dagegen fällt er Weidetiere an, wobei ihm seine „Bärenkräfte" zustatten kommen. Pferden und Rindern zerbricht er durch Umarmen die Rippen, und durch einen Schlag mit der Tatze zertrümmert er Schafen und Ziegen das Rückgrat.
Das *Gebiß* des Bären weist wie das anderer Raubtiere dolchartige Eckzähne auf. Die hinteren Backenzähne aber sind breitkronig und stumpfhöckerig wie bei Pflanzenfressern, und die verhältnismäßig großen Schneidezähne eignen sich zum Abbeißen von Gras, Getreide und dergleichen.
Der Braune Bär ist wie fast alle Bären Einzelgänger. Wird bei Beginn der kalten Jahreszeit die Nahrung knapp, so zieht er sich in ein Versteck zurück, das er mit Heu, Laub und Moos auspolstert. Hier hält er seine *Winterruhe*, die er jedoch öfters unterbricht. Während dieser Zeit lebt er von dem Fett, das er während des Sommers in seinem Körper aufgespeichert hat. Im Winterlager bringt die Bärin ihre 2–3 Jungen zur Welt. Die jungen Bären sind sehr spielfreudig, wie man im Zoo beobachten kann (Abb. S. 63).

Bärin mit Jungen

Sie tollen und klettern in ihrem Gehege umher und balgen sich ständig.

Verwandte

Der *Grizzly-* oder *Graubär* Nordamerikas hat dieselbe Lebensweise wie der Braunbär, ist aber noch größer und stärker als dieser. – Unter den mancherlei *Kleinbären* Amerikas und Asiens ist der *Waschbär* der bekannteste. Er bewohnt die Wälder Nordamerikas und hat die Eigenart, seine Nahrung vor dem Verzehren mit den Pfoten im Wasser zu waschen.

Gebiß des Bären

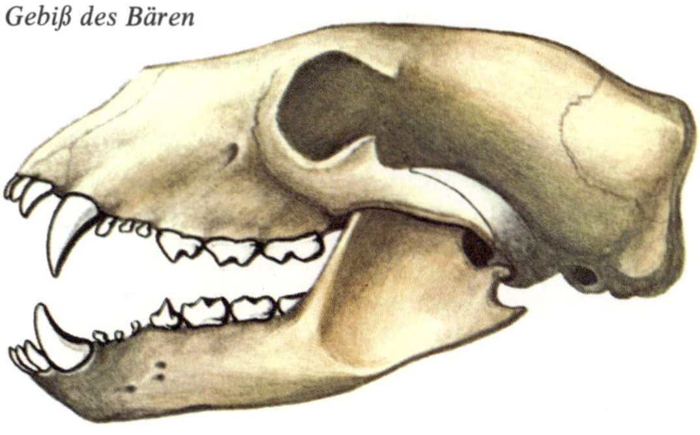

Der **Eisbär,** der eine Länge von 2,8 m und ein Gewicht von 14 Zentnern erreichen kann, bewohnt die Küsten, Inseln und Eisflächen des nördlichen Polarmeeres. Ein dicker, zottiger, weißer oder gelblichweißer Pelz, behaarte Fußsohlen und eine starke Speckschicht unter der Haut schützen ihn gegen die grimmige Winterkälte. Sein Hauptjagdgebiet ist das Meer. Er ist ein ausgezeichneter Schwimmer und Taucher. Man hat ihn schon über 200 km vom Festland entfernt im freien Meer angetroffen. Seehunde sind seine bevorzugte Beute. Auf Treibeisschollen hält er nach ihnen Ausschau, schwimmt dann unter Wasser auf sie zu, um plötzlich dicht vor ihnen aufzutauchen. Auch Fische vermag er zu erbeuten. Im Sommer geht er oft an Land, um in der Tundra (S. 315) Beeren und Moos zu fressen. Bei Einbruch des Polarwinters gräbt die Eisbärin in einer großen, festen Schneewächte eine Überwinterungshöhle. Ein 2 – 3 m langer Gang führt in eine niedere Schlafhöhle, in der es wie in den Iglus der Eskimos selbst im strengsten Winter nie zu kalt wird, weil die Schneemassen die Eigenwärme der Bewohner zusammenhalten. Hier bringt die Bärin mitten im Winter ihre Jungen zur Welt, in der Regel zwei, die sie auf ihren Pranken

Eisbären auf Seehundjagd

hält und mit ihrem Brust- und Bauchpelz wärmt. Obgleich der Eisbär keinen festen Winterschlaf hält, verläßt er seine Überwinterungshöhle den ganzen Winter über nicht. Er lebt dabei von den 3–4 Zentnern Fett, die er sich im Sommer zugelegt hat.

Die *Raubtiere* nähren sich vorwiegend von Fleisch. Sie haben dolchartige *Eckzähne* und meist scharfschneidende Backenzähne, unter denen sich die *Reißzähne* durch besondere Größe auszeichnen. Die Füße tragen 5 oder 4 bekrallte Zehen. Die meisten Raubtiere sind Einzelgänger; nur wenige leben in Rudeln. Die *Hetzjäger* fangen die Beute in schnellem Lauf, die *Schleichjäger* schleichen sich an sie heran und ergreifen sie im Sprung.
Nach ihren besonderen Merkmalen werden die Raubtiere in die Familien *Katzenartige* Raubtiere, *Hyänen*, *Hundeartige* Raubtiere, *Marderartige* Raubtiere und *Bären* eingeteilt. Vgl. S. 192.

Vom Wohnbezirk oder Revier der Tiere

Viele Tiere leben in einem fest abgegrenzten Wohnbezirk, ihrem *Revier*. Dieses ist so *groß*, daß das Tier darin genug Nahrung findet. Während z.B. der Wohnbezirk einer Feldmaus nur wenige Quadratmeter umfaßt, mißt der einer Wildkatze $^1/_2$ qkm, der eines Luchses etwa 10, eines Bären 15–20, eines Löwen 20 oder mehr qkm. Die Bezirke der Raubtiere sind stets größer als die der Pflanzenfresser. Ein Löwenbezirk z. B. muß viele Antilopen- und Zebrabezirke umfassen, ein Fuchsbezirk viele Mäusebezirke. Bei rudelweise lebenden Arten hat das ganze Rudel ein Gemeinschaftsrevier. Als *Reviergrenzen* werden von den Tieren bestimmte Bäume, große Steine und andere auffallende Stellen gekennzeichnet. Die *Kennzeichnung* geschieht meist durch Duftmarken. Die Duftstoffe dazu stammen aus besonderen Drüsen, die am Kopf (Gemse), an den Flanken (Hamster), an den Fußsohlen (Fuchs) oder anderen Körperteilen sitzen. Oft dient auch der Harn oder der Kot zum Markieren der Grenzen, wie wir es bei unseren Hunden beobachten. Die Bären markieren Bäume durch Ankratzen oder Abreißen von Rinde („Bärenbäume"). Der Wohnbezirk wird gegen Artgenossen *verteidigt*, nicht aber gegen artfremde Tiere. Das Eichhörnchen z. B. läßt sich in seinem Revier durch Rehe, Hasen, Igel, Waldmäuse u. a. nicht stören, verfolgt aber jedes eindringende andere Eichhörnchen.
Innerhalb des Wohnbezirks haben viele Tiere eine feste *Wohnung*, sei es eine Höhle (Dachs, Fuchs, Fischotter, Hamster), ein Nest (Mäuse, Eichhörnchen, Siebenschläfer, Igel), einen Kessel (Wildschwein,

Biber), eine Baumhöhle (Baummarder) oder sonst ein Versteck. Ferner benützen sie meist bestimmte Plätze ihres Wohngebietes als *Freß-*, *Trink-* und *Badestellen*, als Suhlen, als Kot- und Harnstellen. Viele Tiere, die keinen festen Wohnplatz haben, suchen wenigstens bestimmte *Schlafplätze* auf. Auch besondere Kampfplätze gibt es, wo zur Brunstzeit die Männchen ihre Kämpfe austragen.

Zu all diesen Plätzen führen meist bestimmte Wege, die „*Wechsel*", so daß das Wohngebiet von einem ganzen Netz von Wegen durchzogen ist. Auch die Wechsel sind oft durch Duftmarken oder auf andere Weise gut gekennzeichnet. Die Marder z.B. markieren ihre Wechsel, die über Stock und Stein und selbst durch Baumkronen führen, mit ihren Stinkdrüsen. Plätze und Wechsel werden oft über viele Generationen hinweg beibehalten. Der Jäger kennt in seinem Revier die Wechsel von Hirsch und Reh sowie die „Fuchs- und Marderpässe" genau. In Nordamerika verlaufen viele Überlandstraßen und Bahnlinien in uralten Bisonpfaden, und in Innerafrika benützen die Eingeborenen von jeher die Elefanten-, Nashorn- und Nilpferdwechsel als willkommene Wege durch das sonst undurchdringliche Dickicht.

Manche Tiere leben nicht in einem engen, abgeschlossenen Revier, sondern machen regelmäßig weite *Wanderungen*, um Wasserstellen oder bessere Weidegründe zu suchen (z. B. Elefanten, Rentiere).

Wie verständigen sich Tiere?

Die Säugetiere haben mancherlei Möglichkeiten, sich untereinander zu verständigen. Besonders Affen, Katzenartige und Hundeartige haben ein ausgeprägtes *Mienenspiel* (Abb., auch S. 88), das andern Tieren anzeigt, in welcher Stimmung sie sich befinden. Der Gesichtsausdruck eines wütenden Hundes oder einer gereizten Katze ist für den Menschen und anscheinend auch für andere Tiere unverkennbar. Auch die *Haltung* von Kopf, Körper und Schwanz, die Stellung der Ohren, das Sträuben der Haare und das Zähnefletschen sind solche Ausdrucksformen. Tierbändiger müssen diese Sprache genau verstehen. Die Mahauts erkennen die Launen und Absichten ihrer Elefanten an der Haltung des Rüssels, der Stellung und Bewegung der Ohren u. a. Viele Tiere haben bei Angriff und Abwehr besondere *Drohstellungen*, die uns von Hund und Katze (Katzenbuckel) her bekannt sind. Durch dieses Drohen, das oft von Wutschnauben, Fauchen, Knurren, Zischen, Bellen oder Brüllen begleitet wird, hält das Tier andere von seinem Wohngebiet, seinem Weibchen, seinen Jungen oder seiner Beute ab. Bei Kämpfen zwischen Artgenossen ergibt sich das unterliegende Tier durch eine *Unterwerfungsgebärde*, durch die der überlegene Gegner instinktmäßig veranlaßt wird, von seinem Opfer abzulassen (vgl. Wolf, S. 59). So wird verhindert, daß wehrhafte Arten sich selbst ausrotten.

Verständigungslaute spielen im täglichen Leben der Tiere über das erwähnte Fauchen und Bellen hinaus eine wichtige Rolle. Die Löwen z. B. rufen sich durch ihr Brüllen zur gemeinsamen Jagd zusammen; sie verständigen sich, wenn sie im Hinterhalt liegen, durch kurze Hustenlaute miteinander, und vor dem Absprung auf die Beute stößt der Löwe ein lautes Knurren aus. Die Löwin lenkt ihre Jungen mit Brummlauten. Vergleiche auch die Verständigungslaute beim Hausrind (S. 22), bei den Delphinen (S. 70) und andern.

Mienenspiel des Wolfes

ruhig — *fluchtbereit* — *kampfbereit*

Robben

Die Robben sind Raubtiere, die zum Leben im Meer übergegangen sind; wegen ihrer Lebensweise werden sie als „*Wasserraubtiere*" bezeichnet.

Der Gemeine Seehund

Der Gemeine Seehund bewohnt die Küstengewässer des nördlichen Atlantischen Ozeans. Auch in der Nord- und Ostsee kommt er noch häufig vor. Die meiste Zeit seines Lebens verbringt er in den

Fluten. Nur um zu ruhen, zu schlafen oder sich zu sonnen, besteigt er den Strand oder das Eis. Hier trifft man die geselligen Tiere meist in kleineren oder größeren *Rudeln* an. Ihr heiseres Bellen ist weithin zu hören.

Der Seehund *nährt* sich vorwiegend von Fischen, aber auch von Krebsen und Weichtieren. Sein *Gebiß* ähnelt dem der Landraubtiere. Dem Wasserleben ist er vorzüglich angepaßt. Infolge der Stromlinienform seines Körpers durchschneidet er leicht die Flut. Die Gliedmaßen bilden ausgezeichnete *Ruder*. Die langen Finger und Zehen sind durch dehnbare Schwimmhäute zu flossenähnlichen Platten verbunden. Die übrigen Gliedmaßenteile sind sehr kurz, so daß nur die Ruderplatten ins Wasser tauchen. Die Vorderbeine legen sich beim Schwimmen dem Rumpf dicht an und werden nur gelegentlich zum Steuern verwendet. Die Hinterbeine dagegen sind nach rückwärts gestreckt und kehren einander die „Fußsohlen" zu. Schlägt das Tier die Füße kräftig zusammen, so wird das zwischen ihnen befindliche Wasser nach hinten gestoßen und der Körper vorwärtsgetrieben. So ist der Seehund ein hervorragend schneller und gewandter *Schwimmer*. Tauchend erbeutet er seine Nahrung und geht dabei über 50 m in die Tiefe. Er kann bis zu 20 Minuten unter Wasser bleiben. Meist aber taucht er alle paar Minuten auf, um zu atmen. Dabei werden die spaltenförmigen Nasenlöcher weit geöffnet. Beim Untertauchen legen sich ihre Ränder fest aneinander. Auch die Gehörgänge sind unter Wasser dicht verschlossen. Ohrmuscheln fehlen.

Der Seehund wird bis 2 m lang. Das kurzhaarige, glatt anliegende *Fell* ist gelbbraun und hat auf dem Rücken dunkle Flecken. Gegen die Kälte des Wassers ist das Tier durch eine dicke, unter der Haut liegende *Speckschicht* geschützt. Da Speck leichter als Wasser ist, wird durch ihn das Gewicht des Tieres im Wasser zugleich so herabgesetzt, daß es dort, ohne eine Bewegung auszuführen, sogar schlafen kann.

Auf dem Lande kann der Seehund wegen der Kürze und der Stellung seiner Gliedmaßen nicht gehen wie die anderen Vierfüßler. Er bewegt sich schwerfällig durch „Robben" fort, d. h. er zieht den Hinterleib an und wirft dann den Körper vor. Daher wird er an Land leicht die Beute des Eisbären oder des Menschen.

Verwandte

Der **Grönländische Seehund** hatte einst für den Menschen größte Bedeutung; denn ohne ihn wären die Gestade des Eismeeres früher nicht bewohnbar gewesen. Wie das Ren dem Lappen, so lieferte der See-

Seehunde im nördlichen Eismeer

hund dem Eskimo alles, was er zum Leben brauchte: aus dem Fell fertigte man Kleider; das Fleisch und der Speck wurden gegessen; der Tran, den man aus dem Speck aussiedet, diente zur Beleuchtung der Hütten und zum Einfetten von Leder; die Gedärme wurden als Fensterscheiben benutzt; zusammengenäht lieferten sie ein wasserdichtes Obergewand, zusammengedreht Seile und Zwirn; aus den Knochen verfertigte man allerlei Geräte. Außerdem werden die Tiere ihres Felles wegen seit jeher von Robbenfängern gejagt. Die rücksichtslosen Fangmethoden der Neuzeit gefährden ihren Bestand stark. Daher sind die Länder, zu denen die Hauptfangplätze gehören, dazu übergegangen, die wehrlosen Tiere durch Schutzgesetze vor dem drohenden Untergang zu retten.

Der **See-Elefant,** der besonders an der Küste Kaliforniens vorkommt, hat eine rüsselartig vergrößerte Schnauze. Er wird 5–7 m lang und bis zu 60 Zentnern schwer und ist damit die größte Robbe.

Zu den **Ohrenrobben** gehören die Seebären und Seelöwen. Sie haben noch kleine Ohrmuscheln. Ihre Gliedmaßen sind größer und treten weiter aus dem Körper hervor als bei den Seehunden, so daß die Tiere an Land behende watscheln können. Zum Schwimmen benützen die Ohrenrobben vor allem die großen Vorderfüße. Die *Seebären* („Pelzrobben") tragen einen wolligen Pelz (Seal) und werden darum stark verfolgt. – Der *Seelöwe* der südlichen Meere verdankt seinen Namen einer dichten Halsmähne. – Den mähnenlosen *Kalifornischen Seelöwen* sieht man oft im Zirkus erstaunliche Dressurleistungen vollbringen.

Das **Walroß,** das eine Länge von 5 m erreicht, bewohnt die Küsten und die Meere des hohen Nordens und nährt sich vorwiegend von Muscheln. Bei den Männchen sind die oberen Eckzähne zu $^3/_4$ m langen Hauern ausgebildet. Mit ihnen brechen die Tiere Muscheln vom Grund los, ziehen sich an Land und reißen erlegte Seehunde auf. Bei Rivalenkämpfen dienen sie als gefährliche Waffen. Die Walrosse lagern oft am Ufer oder auf Eisschollen in großen Gesellschaften beisammen. Dabei hält stets ein Tier Wache. Bei Gefahr alarmiert es die anderen mit lautem Ruf, worauf die ganze Herde ins Wasser flieht oder aber sich unter ohrenbetäubendem Gebrüll zur Verteidigung zusammenschließt.

Die *Robben* (*Wasserraubtiere;* ca. 30 Arten) sind Fleischfresser, die vorwiegend im Meer leben, an das sie vorzüglich angepaßt sind. Sie haben einen spindelförmigen Rumpf und flossenförmige Gliedmaßen.

Walrosse auf Eisschollen

Blauwale im südlichen Eismeer

Wale

Der Blauwal

Der Blauwal bewohnte einst die Meere der kalten und der gemäßigten Zonen, wo er vorwiegend in der Nähe der Treibeisgrenze vorkam. Heute findet er sich fast nur noch auf der Südhalbkugel, und auch da ist er recht selten geworden.
Der Blauwal ist das *größte Tier der Erde.* Er erreicht eine Länge von über 30 m und ein Gewicht von 3000 Zentnern, das dem von etwa 2000 Menschen (der Einwohnerschaft eines großen Dorfes!) gleichkommt. Nur im Meer vermag ein solcher Riese zu leben, da hier sein Körper vom Wasser getragen wird.

Anpassung an das Wasserleben. Der Blauwal ist in noch stärkerem Maße dem Wasserleben angepaßt als der Seehund. Seine schieferblaue Haut ist völlig unbehaart. Der zugespitzte Kopf, dem Ohrmuscheln fehlen, geht ohne äußerlich sichtbaren Hals in den walzenförmigen Rumpf und dieser ohne Absatz in den riesigen Schwanz über. Daher hat der Körper noch deutlicher als bei den Robben die *Form* eines Fisches („Walfisch"). Wie der Seehund ist auch der Wal durch eine *Speckschicht* gegen zu starken Wärmeverlust geschützt. Die Speckmassen erreichen eine Dicke von 40 cm. Sie verringern auch, wie wir beim Seehund gesehen haben, das Gewicht des Tieres im Wasser.
Während die kurzen *Vordergliedmaßen* die Gestalt von Flossen haben (Abb. S. 69) und vorwiegend als Steuer dienen, sind die Hintergliedmaßen äußerlich völlig verschwunden. Das Hauptbewegungswerkzeug ist wie bei den Fischen der *Schwanz.* Er trägt eine kleine Rückenflosse und verbreitert sich am Ende zu zwei waagrechtstehenden Flügeln, die man als Schwanzflosse bezeichnet. Sie treibt den Wal durch kräftige Schläge vorwärts und dient zugleich auch als Höhen- und Tiefensteuer.
Als Säugetier besitzt der Wal *Lungen.* Da sie riesig groß sind, braucht er nur alle paar Minuten zum Atmen an die Oberfläche des Meeres zu kommen. Dabei taucht er bloß so weit empor, daß die höchste Stelle des Kopfes, an der die Nasenlöcher liegen, aus dem Wasser hervorragt. Die ausgeblasene warme

Atemluft wird in der kalten Polarluft als mehrere Meter hoher Dampfstrahl weithin sichtbar (Abb. S. 68). Sobald das Tier untertaucht, werden die Nasenöffnungen fest geschlossen, so daß kein Wasser in die Lungen eindringen kann. Verfolgte Wale bleiben oft über eine Stunde unter Wasser.

Ernährung. Das riesige Tier nährt sich vorwiegend von kleinen, wenige Zentimeter langen Krebsen und Flügelschnecken (s. S. 261), die als „*Krill*" die oberen Wasserschichten der kalten Meere oft in ungeheuren Massen bevölkern. Welche Mengen der Wal hiervon täglich verzehrt, geht daraus hervor, daß der Magen eines erwachsenen Tieres etwa 1200 l zu fassen vermag und der Mageninhalt eines großen Wals oft über 20 Zentner wiegt.

Als Fangvorrichtung dient das riesige, zahnlose Maul (vgl. Abb.). Vom Gaumen hängen in zwei Längsreihen etwa 800 quergestellte Hornplatten herab. Diese fast meterlangen *Barten* sind an ihrer Innenseite federartig zerschlissen. Öffnet der Wal das Maul, dann drückt er gleichzeitig die Zunge nach unten. Zahlreiche Längsfalten an der Körperunterseite ermöglichen dabei eine so starke Erweiterung des Mundraums, daß ein kleines Boot darin Platz finden könnte. In das sich öffnende Maul strömt Wasser mit den darin enthaltenen Kleintieren ein. Beim Schließen des Maules legt sich die Zunge wieder an den Gaumen. Dadurch wird das Wasser aus dem Maul gepreßt; die Tierchen aber bleiben in den Barten hängen und werden verschluckt. Das Maul bildet also ein riesiges Schöpf- und Seihwerkzeug.

Verhalten. Wale sind gesellige, in Herden lebende Tiere. Sie machen weite *Wanderungen.* Im April, zu Beginn des antarktischen Polarwinters, wandern sie nordwärts (äquatorwärts) in mildere Meeresgebiete. In diesen wärmeren Gewässern findet sich aber keine Nahrung für sie; sie leben hier die ganze Zeit über von dem Speck, den sie sich in der Antarktis zugelegt haben. Wenn dann – zur Zeit unseres Herbstes – im Süden der Frühling anbricht, wandern sie wieder zurück ins südliche Eismeer zu ihren unerschöpflichen Krill-Gründen.

Fortpflanzung. Der Blauwal bringt alle drei Jahre ein Junges zur Welt, das bei der Geburt schon etwa 7 m lang ist und, wie die Nachkommen aller Säugetiere, eine Zeitlang durch Milch ernährt wird. Um zu trinken, steckt es den Kopf in eine der beiden taschenartigen Vertiefungen, die sich an der Bauchseite des mütterlichen Körpers befinden, und läßt sich die Milch ins Maul spritzen. Im ersten halben Lebensjahr wächst der junge Blauwal mehr als 1 m im Monat und nimmt täglich etwa um 2 Zentner zu! Mit 2 Jahren mißt er schon 24 m. Vermutlich werden die Wale nicht älter als 30 – 40 Jahre.

Verwandte

Die **Bartenwale** besitzen Barten wie der *Blauwal.* Zu ihnen gehört auch der *Grönlandwal*, der zwar „nur" eine Länge von etwa 20 m erreicht, aber einen ungemein massigen Körper hat. Seine Schwanzflosse ist bis $7^1/_2$ m breit, seine Barten werden fast 5 m lang. Er wurde schon seit Jahrhunderten gejagt und ist

Skelett des Grönlandwals

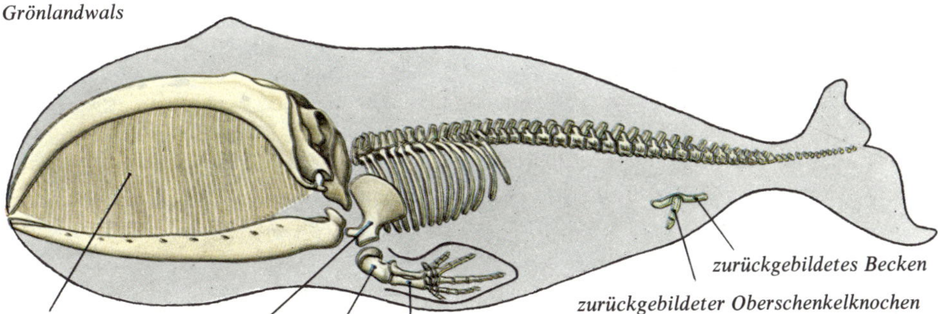

nahezu ausgerottet. – Beim heutigen Walfang im südlichen Eismeer werden neben dem Blauwal vor allem der bis 25 m lange *Finnwal* und der bis 16 m lange *Buckelwal* gejagt.

Die **Zahnwale** haben langgestreckte Kiefer mit vielen gleich großen, kegelförmigen Zähnen. Es sind gewandte und schnelle Tiere, die sich vor allem von Fischen nähren. Der größte Zahnwal ist der bis zu 25 m lange *Pottwal*, der in allen wärmeren Meeren vorkommt. Auffallend ist sein massiger, vorne gerade abgestutzter Kopf. Er jagt vor allem Tintenfische. Tellergroße Narben am Kopf vieler Pottwale stammen von den Saugnäpfen von Riesentintenfischen (S. 267) und zeugen vom Kampf mit diesen Ungeheuern. – Der etwa 5 m lange *Narwal* lebt in den Nordmeeren. Bei den männlichen Tieren entwickelt sich der linke obere Eckzahn zu einem bis 3 m langen, schraubig gewundenen Stoßzahn. – Der schnellste und gefräßigste Zahnwal ist der bis 9 m lange *Schwertwal*. Er hat seinen Namen nach der fast mannshohen, schwertförmig gebogenen Rückenflosse. Sein Gebiß besteht aus wenigen großen, scharfen, gekrümmten Zähnen. Der Schwertwal wird auch „Mörder" genannt. Er jagt Fische, Robben und Wale. Selbst die Riesenwale sind vor ihm nicht sicher; meist beißt er ihnen die Zunge heraus. Nord- und Ostsee werden von dem *Tümmler* oder Braunfisch bewohnt. So gern die Reisenden das etwa 1,50 m lange Tier um das Schiff spielen sehen, so verhaßt ist es den Fischern, deren Netze es plündert und zerreißt. Die etwa 2–4 m großen *Delphine* kommen in fast allen Meeren vor. Sie sind sehr gesellig und leben in Rudeln, sogenannten Schulen, zusammen. Sie verständigen sich durch verschiedenartige Laute, Schreie, Pfiffe und Klicktöne. Stößt z. B. ein Tier „Hilferufe" aus, weil es verletzt wurde und nicht mehr schwimmen kann, so kommen sogleich andere Delphine herbei, schieben ihren Kopf unter die Brustflossen des Verletzten und halten so seine Nase zum Atmen über Wasser. Mit *Ultraschalltönen* finden sich die Delphine wie die Fledermäuse (s. dort) auch im Dunkeln zurecht und orten damit untermeerische Felsen und vor allem Fischschwärme. Gern folgen sie den Ozeandampfern und umkreisen sie. Die Delphine haben ein großes, windungsreiches Gehirn und gehören zu den klügsten Tieren. In Nordamerika hat man Ozeanarien eingerichtet, in denen Delphine beobachtet und dressiert werden. Die Tiere sind sehr gelehrig, lernen auf dem Wasser zu tanzen, mit Bällen zu spielen und mehrere Meter hoch nach Fischen zu springen.

Tümmler oder Braunfisch

Die wirtschaftliche Bedeutung der Wale

Walfang betreibt der Mensch schon seit 1000 Jahren. In früheren Jahrhunderten galt er dem aus dem Speck gesottenen Tran, den man als Brennstoff für Lampen („Tranfunzeln") verwendete. Bis 1870 etwa jagte man in den europäischen Meeren nur den Grönlandwal. Zur Jagd verwendete man Harpunen, die an einem starken Tau befestigt waren und von Booten aus durch kräftige Männer geschleudert wurden. Heute schießt man mit einem Sprengkopf versehene Harpunen mit einer kleinen Kanone ab. Als die Wale in den Nordmeeren immer seltener wurden, dehnte man die Jagd auf das südliche Eismeer aus. Hier bringen heute die Fangboote die erlegten Wale zu einem Walfangmutterschiff, einer großen schwimmenden Fabrik, die an einem Tag bis zu 50 Wale verarbeitet. Ein Blauwal liefert etwa 250 Doppelzentner Tran, der besonders zu Margarine verarbeitet wird. Er ist auch ein wertvoller Rohstoff für die Seifenindustrie. Das Walfleisch, in Japan eines der Hauptnahrungsmittel, wird zu Büchsenfleisch, Fleischextrakt sowie Kraft- und Mastfutter für Haustiere verarbeitet, der Abfall zu Düngemitteln.

Die Zahl der erlegten Wale stieg um die Mitte unseres Jahrhunderts auf über 50000 im Jahr. Seit einiger Zeit aber geht der Ertrag stark zurück; zur Zeit (um 1970) beträgt er nur noch wenige tausend Tiere im Jahr.

Durch internationale *Walfangabkommen* von 1931 und 1946 versuchte man, die Tiere vor der Ausrottung zu schützen. Die vertraglichen Bindungen wurden aber vielfach nicht eingehalten. Verschiedene Völker haben sich bereits vom Walfang zurückgezogen. Heute betreiben ihn nur noch die Japaner, die Russen und die Norweger. Wenn den großen Walen nicht alsbald die von Wissenschaftlern längst geforderten mehrjährigen Schonzeiten gewährt werden, ist ihre Ausrottung nicht mehr aufzuhalten!

Die *Wale* (ca. 100 Arten) sind unbehaarte Säugetiere des Meeres von fischähnlicher Körperform und oft riesiger Größe. Die Vordergliedmaßen haben Flossengestalt, die Hintergliedmaßen sind zurückgebildet. Der Fortbewegung dient eine waagrechte Schwanzflosse. Die *Bartenwale* leben von Kleintieren (Krill), die *Zahnwale* von Fischen, Robben und andern Meerestieren. Die großen Bartenwale sind von der Ausrottung bedroht.

Nagetiere

Das Wildkaninchen

Das Wildkaninchen ist die *Stammform des Hauskaninchens* (S. 34). Es hat ein oberseits graubraunes, unterseits weißes Haarkleid und einen schwarzweißen Schwanz. Seine Ohren sind im Gegensatz zum Feldhasen nie länger als der Kopf. Auch gräbt es sich einen unterirdischen Bau. In lichten Kiefernwäldern, auf Sandhügeln oder an Waldrändern leben oft so große Gesellschaften, daß die Baue der einzelnen Paare dicht nebeneinander liegen. Aus der Höhle führen meist mehrere Röhren in verschiedenen Richtungen zur Erdoberfläche. Ein einziges Kaninchenpaar kann in einem Jahr bis 60 Nachkommen haben. Durch Benagen von Bäumen und Verzehren von Pflanzen sowie durch Unterwühlen von Wegen und Dämmen richten die Tiere oft beträchtlichen Schaden an. In manchen Ländern, besonders in Australien, sind die eingeführten Wildkaninchen zu einer Landplage geworden, da sie hier keine Feinde haben.

Der Feldhase

Der Hase bewohnt am liebsten das Feld, von dessen Pflanzen er sich *nährt*. Rüben, Kohl und Klee sind Leckerbissen für ihn. Bei tiefem Schnee nagt er oft die Rinde junger Bäume und Sträucher ab und richtet dadurch manchen Schaden an. Er ist dem Kaninchen ähnlich, wird aber größer als dieses und etwa doppelt so schwer. Seine Hinterbeine sind länger und stärker, und seine Ohrmuscheln („Löffel") überragen, nach vorne gelegt, die Schnauze.

Zu längerer Rast sucht der Hase Ackerraine, Pflugfurchen, Feldgehölze, aber auch Waldungen auf. Er gräbt sich keinen unterirdischen Bau wie das Kaninchen, sondern ruht in einer flachen Grube („*Sasse*"), die er mit den starken Krallen ausscharrt, oder in einem Versteck im Gestrüpp. Gegen Nässe und Kälte ist er wie das Kaninchen durch die langen, wasser-

Wildkaninchen. Im Hintergrund Höhleneingänge

Feldhasen

ableitenden Grannenhaare und die kurze, warme, im Winter besonders dichte Unterwolle seines Felles geschützt.

Der Hase wird, vor allem als Jungtier, von zahlreichen *Feinden* verfolgt: Fuchs, Iltis und Wiesel, wildernde Hunde und Katzen sowie Habicht, Uhu und Waldkauz stellen ihm nach. Kranke, angeschossene und junge Tiere werden zudem von Krähen und Elstern überfallen. Vor allem aber ist er unser häufigstes einheimisches Jagdwild. Daß der Hase trotz alledem nicht ausgerottet wurde, verdankt er seinen besonderen Eigenschaften.

Sein *Gehör* und sein *Geruchssinn* sind sehr fein entwickelt. Oft macht er ein „Männchen", um zu sichern; dabei setzt er sich aufrecht auf die Hinterbeine, stellt die Ohren auf und schnuppert. So bemerkt er Feinde meist schon von weitem. Kommt trotzdem ein Feind unbemerkt in seine Nähe, dann duckt er sich, so daß nur seine erdfarbene Rückenseite sichtbar ist. Dank dieser *Schutzfärbung* wird er oft von Raubvögeln und auch vom Jäger übersehen. Ist ein Verbergen nicht mehr möglich, so sucht er sein Heil in der Flucht. In weiten Sätzen jagt er pfeilschnell davon. Im Sand oder Schnee hinterläßt er dabei eine bezeichnende *Spur* (S. 43). Ist ein Hund hinter ihm her, so biegt er unerwartet blitzschnell nach der Seite ab, er „schlägt einen Haken", und entgeht dadurch oft dem Verfolger. Vor allem aber bewahrt den Hasen seine starke Vermehrung vor der Ausrottung.

Im Februar beginnt die Paarungszeit. Während die Hasen sonst als Einzelgänger leben, rotten sie sich jetzt an bestimmten Plätzen zusammen. Die Männchen umwerben die Weibchen und bekämpfen die Nebenbuhler, indem sie sich hoch aufrichten und mit den Vorderpfoten auf sie einschlagen. An einem geschützten Platz scharrt die Häsin ein Lager für ihre *Jungen*. Diese kommen sehend und schon völlig behaart zur Welt, werden nur 3 Wochen lang gesäugt und entwickeln sich sehr schnell. Die im März geborenen haben im Herbst schon selbst wieder Junge. Die alte Häsin aber bekommt im selben Sommer noch 3mal 2–4 Junge. – Nun rechne einmal!

Der *Hase* bewohnt als Einzelgänger vor allem Felder und Wiesen und ist ein reiner Pflanzenfresser mit Nagetiergebiß. Er hat viele Feinde und ist unser wichtigstes Jagdwild. Seine Schutzfarbe, seine Schnelligkeit und seine starke Vermehrung bewahren ihn vor der Ausrottung.

Der *Schneehase*, der in den Alpen und im hohen Norden vorkommt, ist im Winter schneeweiß, im Sommer graubraun wie der Feldhase.

Das Eichhörnchen

Das Eichhörnchen bewohnte ursprünglich nur den Wald; heute kommt es auch in Gärten und Parkanlagen vor. Sein dichter Pelz ist an der Unterseite weiß, sonst aber rostbraun, mitunter auch schwarz. Die aufrecht stehenden Ohrmuscheln tragen pinselförmige Haarbüschel. Der lange, buschige Schwanz ist zweizeilig behaart.

Ein Baumtier. Das geschmeidige Tierchen hält sich vorwiegend in den Kronen der Bäume auf, wo es sich flink und sicher bewegt. Mit seinen langen Zehen kann es sich auf den Zweigen vorzüglich halten, und seine spitzen *Krallen* ermöglichen ihm, selbst an glatten Stämmen rasch auf und ab zu klettern. Dabei bewegt es sich mit kleinen, schnell aufeinanderfolgenden Sprüngen. Wird es von Feinden verfolgt, flitzt es blitzschnell in Spiralen um den Baumstamm herum und entkommt so nicht selten. Mit den langen, kräftigen *Hinterbeinen* vermag es weite Sprünge auszuführen. Entfernungen von mehreren Metern überfliegt es gleichsam und gelangt so im Wald leicht von Baum zu Baum, ohne auf den Boden herunter zu müssen. Beim Sprunge dient ihm der buschige *Schwanz* als Steuer. Muß das Eichhörnchen, etwa auf der Flucht, von einem Baum herabspringen, so streckt es den Schwanz waagrecht aus und spreizt die Beine seitwärts. Dadurch wirkt der Körper wie ein Fallschirm und mildert den Sturz.

Ein Nagetier. Das Eichhörnchen nährt sich von Eicheln, Bucheckern und Nüssen, von Fichten-, Tannen- und Kiefernsamen, von Beeren und Pilzen sowie von Knospen, jungen Trieben und von Baumrinde. Gerne frißt es aber auch Vogeleier und Jungvögel, Insekten und gelegentlich auch eine Eidechse. Da das lebhafte Tierchen ständig in Bewegung ist, braucht es viel Nahrung. Sein Nagertiergebiß (S. 94) ist dem des Kaninchens sehr ähnlich; die Oberlippe ist gleichfalls durch eine Hasenscharte gespalten. Beim Fressen setzt sich das Eichhörnchen auf einen Ast, wobei es den Schwanz S-förmig geschwungen über den Rücken hält, faßt die Nahrung, etwa eine Haselnuß, mit den handförmigen Pfoten der kurzen Vorderbeine und nagt die Schale auf. Von den Nadelholzzapfen beißt es eine Schuppe nach der andern ab, um so zu den Samen zu gelangen. Die abgenagten Zapfenspindeln findet man oft massenhaft am Waldboden.

Feinde und Vermehrung. Die schlimmsten Feinde des Eichhörnchens sind der Habicht und der Edelmarder; aber auch der Fuchs und die größeren Eulen stellen ihm nach. Da jedoch Marder, Habicht und Uhu bei uns selten geworden sind, konnte sich das Eichhörnchen stark vermehren. Es bringt meist zweimal im Jahr 3–5 nackte, noch blinde *Junge* zur Welt. Diese wachsen in einem kugeligen Nest („*Kobel*") heran, das vom Weibchen in einer Astgabel der Baumkrone aus Reisig hergestellt und mit Moos, Laub und Heu ausgepolstert wird. Außer dem Hauptnest baut das Eichhörnchen stets noch einige Reservenester, so daß es die Jungen bei Gefahr in ein anderes Nest bringen kann.

Eichhörnchen und ihr Nest

Winterruhe. Wenn der Winter anbricht, verstopft das Eichhörnchen die Ausgänge des Kobels und begibt sich zur Winterruhe. Dabei schläft es jeweils nur einige Tage („*Halbschläfer*"), erwacht dann und sucht seine Nahrungsspeicher auf. Diese hat es im Gebüsch, in hohlen Bäumen oder in selbstgegrabenen Löchern angelegt und mit Nüssen, Eicheln, Fichtenzapfen und dergleichen gefüllt. Wenn es sich an den Wintervorräten gesättigt hat, schläft es wieder einige Tage.

Verwandte

Das **Murmeltier** ist in den Alpen und den Karpaten zu Hause. Die Tiere leben gesellig in Kolonien. Während des kurzen Gebirgssommers halten sie sich an den Berghängen nahe unter der Schneegrenze auf. Hier nähren sie sich von Gräsern, Kräutern, Wurzeln und Beeren und wohnen in selbstgegrabenen Sommerbauten, die aus langen, verzweigten Gängen mit mehreren Fluchtröhren bestehen. In größeren Kolonien stehen die einzelnen Bauten unterirdisch miteinander in Verbindung. Bei Gefahr verständigen sich die Murmeltiere durch laute Pfiffe, um dann blitzschnell in ihren Gängen zu verschwinden. Wenn der Herbst kommt, wandern sie bergab in die Almregion und legen hier einen tiefen, frostfreien Winterbau an mit einem mehrere Meter langen Gang und einer geräumigen Schlafhöhle. Gleichzeitig machen sie Heu, indem sie große Mengen Gras abbeißen und unter mehrfachem Wenden an der Sonne trocknen. Das Heu tragen sie dann bündelweise mit dem Maul in den Bau ein und polstern ihn damit aus. Ende September, Anfang Oktober ziehen sie sich familienweise in die Bauten zurück. Sie verschließen den Gang mit Erde, Steinen und Heu, rollen sich, dicht beieinander liegend, kugelig zusammen und verfallen in einen tiefen, 6–7 Monate währenden Winterschlaf. Während dieser Zeit lebt ihr Körper von dem im Sommer

Alpenmurmeltiere. Rechts Eingang zu einem Bau

angesetzten Fett. Dabei sind die Lebensvorgänge auf das äußerste eingeschränkt: die Tiere atmen nur alle 3–4 Minuten einmal, ihr Puls geht von etwa 200 auf 5–10 Schläge in der Minute zurück, und ihre Körpertemperatur kann bis auf 3° absinken. Beim Erwachen im nächsten Frühjahr sind sie völlig abgemagert.

Die niedlichen **Schlafmäuse** bewohnen wie das Eichhörnchen vorwiegend Bäume, aber auch Gebüsch, und ernähren sich ähnlich wie dieses. In ihren Nestern halten sie wie das Murmeltier einen langen, tiefen Winterschlaf (Name!). Am häufigsten ist die zierliche *Haselmaus*, die die Größe einer Hausmaus und einen kurzbehaarten, körperlangen Schwanz besitzt. Der größere *Siebenschläfer* dagegen hat einen buschig behaarten Schwanz.

Haselmaus mit Jungen am Nest

Der Biber

Der Biber, das größte Nagetier Europas, bewohnte einst fast ganz Deutschland. Ortsnamen wie Biberach, Biebrich und Bebra erinnern noch an sein früheres Vorkommen. Da man ihm besonders wegen seines kostbaren braunen Pelzes eifrig nachstellte, ist er aus unserer Heimat fast verschwunden. Auch die Umwandlung der Naturlandschaft in eine Kultur- und Industrielandschaft mit Flußregulierungen hat den Biber vertrieben. Er kommt bei uns nur noch an der Elbe zwischen Torgau und Magdeburg in einigen kleinen Kolonien vor. Häufig findet er sich noch in Norwegen und in Rußland.

Der Biber lebt als Uferbewohner und *Wassertier*, bevorzugt aber ruhige Gewässer. Wie der Fischotter ist er dem Wasserleben angepaßt. Seine Hinterfüße sind mit *Schwimmhäuten* ausgerüstet. Er schwimmt vorzüglich und kann bis zu einer Viertelstunde unter Wasser bleiben, wobei die Ohr- und Nasenöffnungen geschlossen werden. Sein Schwanz hat die Form einer breiten Kelle und ist mit einer verhornten Haut überzogen. Er dient beim Schwimmen als Steuer. Der *Pelz* des Tieres besteht aus dichtem, seidenweichem Wollhaar und langen, starken Grannen.

Als *Nahrung* bevorzugt der Biber die Rinde von Weichhölzern wie Weiden, Pappeln, Erlen und Eschen. Er verzehrt vor allem die dünnen, saftigen Stockausschläge, die er mit einem einzigen Biß seiner großen Nagezähne abschneidet. Daneben frißt er auch Wasserpflanzen, Getreide, Rüben, Fallobst und dergleichen. Wenn es ihm aber an Nahrung mangelt, fällt er ganze Bäume, um an deren Zweige zu gelangen. Dabei benagt er den Stamm ringsum, so daß ein sanduhrförmiger Einschnitt entsteht und der Baum schließlich umstürzt. Als Wintervorrat stapeln sich die Tiere ein großes Floß aus gefällten Stämmen, Ästen und Zweigen auf. Die dünnen Zweige dienen als Fraßholz, die starken Äste, die in 1–2 m lange Stücke zerschnitten werden, als Bauholz.

Hat das Wohngewässer ein genügend hohes Steilufer, so gräbt sich der Biber wie der Fischotter eine Erdhöhle in die Uferböschung. Ihr Eingang befindet sich stets unter dem Wasserspiegel und gewährt so sicheren Schutz vor Feinden. Vom Eingang führt ein mehrere Meter langer Gang landeinwärts und schräg nach oben in den „*Kessel*". Dieser hat etwa 1 m Durch-

Biberburg (Reisigbau)

messer und liegt hoch über dem Wasserspiegel, dicht unter der Erdoberfläche, von wo er die nötige Luft erhält. Zum Schutz schichtet der Biber über dem Kessel einen mächtigen Reisighaufen auf. Der Boden des Kessels ist mit zernagtem Holz und Schilf weich gepolstert. Ist aber das Ufer des Wohngewässers flach, dann bauen sich die Biber anstelle der Erdhöhlen etwa 1,5 m hohe und 2 m breite *„Biberburgen"*. Diese werden im seichten Wasser aus Ästen und Zweigen errichtet und mit Schlamm und Erde abgedichtet. Auch ihr Eingang liegt unter dem Wasserspiegel. Befindet sich die „Burg" in verlandendem Sumpfgebiet, so halten die Biber zuführende Kanäle frei, in denen sie schwimmend Nahrung und Bauholz heranschaffen können.

Wenn in Trockenzeiten der Wasserspiegel so tief sinkt, daß die Zufahrtskanäle trocken liegen und die Einschlupflöcher der Kessel oder Burgen aus dem Wasser auftauchen, dann stauen die Biber ihren Fluß, indem sie in gemeinsamer Arbeit richtige *Staudämme* bauen. Sie suchen dabei stets die dafür günstigsten Stellen aus, wobei sie schmale Flußengen oder Sandbänke und Untiefen ausnützen. Ohne sich merklich zu verständigen, arbeiten sie geschickt zusammen. Zurechtgestellte Äste werden durch Flechtwerk fest verbunden; die Zwischenräume werden mit Steinen, Schilf, Rasenstücken und schließlich mit festgetretenem Schlamm abgedichtet. Bemerkt ein Biber bei der gemeinsamen Arbeit eine Gefahr, so gibt er durch lautes Aufklatschen seiner Schwanzkelle auf das

Biber.
Im Hintergrund ein Staudamm, links eine Biberburg

Hausmäuse

Feldmäuse

Wasser ein Warnsignal, worauf die ganze Gesellschaft blitzschnell verschwindet.
Eine Burg oder ein Kessel wird in der Regel nur von einem Paar und seinen Jungen bewohnt. Das Weibchen bringt alljährlich nur einmal 2–4 *Junge* zur Welt. Diese bleiben zunächst einige Wochen mit der Mutter im Bau und werden später auch draußen noch lange von ihr betreut. Erst mit drei Jahren sind sie erwachsen. Sie können bis zu 30 Jahre alt werden.

Die Hausmaus

Die Hausmaus findet sich überall, wo Menschen wohnen; sie ist ein „Kulturfolger". Vorwiegend hält sie sich im Haus auf und ist besonders nachts rege. Sie hat ein graues Fell, große, nackte Ohren und einen langen, mit Hornschüppchen besetzten Schwanz. Dadurch unterscheidet sie sich von der Feldmaus, die oft auch in Hausgärten angetroffen wird.
Mit ihren scharfen *Nagezähnen* nagt sich die Maus durch Fußböden, Türen und Wandverkleidungen und dringt so in unsere Vorratsräume ein. Jede Mausfamilie hat ihr abgegrenztes Revier, das heftig verteidigt wird. Eindringlinge werden am Geruch erkannt und vertrieben oder totgebissen. Den Tag verschläft die Maus großenteils in ihrem Versteck. Nachts aber kommt das flinke Tierchen aus seinem Loch hervor, schnuppert und äugt nach allen Seiten, schießt da und dort hin, sitzt plötzlich wieder still, um, bald geduckt, bald hoch aufgerichtet, zu sichern. Immer wieder werden die gewohnten Fluchtwege zum Versteck durcheilt, auch wenn keine Gefahr im Verzug ist. Die Hausmaus kann geschickt klettern, wobei ihr die spitzen Krallen und der lange, beschuppte Schwanz sehr zustatten kommen. Als Dämmerungs- und *Nachttier* hat sie ein sehr feines Gehör, gute Augen und lange Tasthaare an der Oberlippe. Bei der Nahrungssuche wird sie von ihrem guten Geruchssinn geleitet. Alles Genießbare, das sie im Haus findet, dient ihr als Nahrung.
Die Mäuse vermehren sich ungewöhnlich stark. Fünf- bis sechsmal im Jahr bringen sie 4–8 Junge zur Welt, für die sie in einem sicheren Versteck ein Nest bauen. Um dafür Baustoff zu gewinnen, zernagen sie Papier, Kleider, Wäsche, Leder u. a.
Da die Hausmäuse viel Schaden anrichten, werden sie mit Gift und Fallen bekämpft, sofern nicht etwa die Hauskatze mit ihnen aufräumt.

Verwandte
Die *Waldmaus* sieht der Hausmaus sehr ähnlich, hat aber ein gelbbraunes Fell; außer im Wald tritt sie gelegentlich auch in Gärten auf. – Die oberseits meist rötliche *Zwergmaus* lebt auf Feldern und im Röhricht. Sie baut ein zierliches Nest, das zwischen Halmen, an Schilfpflanzen oder im Gebüscht aufgehängt ist.
Die **Feldmaus** ist ein schlimmer Schädling unserer Äcker. Sie unterscheidet sich von der Hausmaus durch den abgerundeten Kopf, die kleineren Ohren und den kurzen Schwanz. In der Regel gräbt sie sich in etwa 50 cm Tiefe eine Wohnhöhle mit anschließenden Vorratskammern und mit langen Gängen, die an mehreren Stellen an die Erdoberfläche führen. Auch hier ziehen ihre Laufgänge von Loch zu Loch. Auf

nassen Böden baut sie über der Erde aus Grashälmchen ein dichtes, kugeliges Nest. Sie nährt sich vorwiegend von Getreidekörnern und schleppt zur Erntezeit Ähren in ihren Bau. Da sie sich noch stärker als die Hausmaus vermehrt, kommt sie besonders in trockenen Jahren in solchen Massen vor, daß es zur Mäuseplage kommt und ihr ein erheblicher Teil der Ernte zum Opfer fällt. Wiesel, Marder, Füchse und Raubvögel stellen ihr nach. Bei massenhaftem Auftreten wird sie mit Gift bekämpft.

Die **Ratten** sind wesentlich größer und daher weit schädlicher als die Mäuse. Die schwärzliche, etwa handlange *Hausratte* ist schon seit alten Zeiten bei uns heimisch. Sie lebt vornehmlich in Dachräumen, besonders auf Getreideböden. – Die größere, graubraune und bissige *Wanderratte* drang erst etwa seit 1700 aus Asien bei uns ein. Sie bewohnt Kanalisationsanlagen, Kehrichtplätze usw. Da sie vorzüglich und ausdauernd schwimmt und taucht, gelangt sie auch auf Schiffe, durch die sie weithin verbreitet wurde. Sie hat die schwächere Hausratte vielerorts vernichtet oder verdrängt.
Die Ratten erregen nicht ohne Grund Abscheu. Sie sind gierige Allesfresser, die sich nicht nur über unsere Nahrungsvorräte hermachen, sondern sogar kleine Haustiere wie Tauben und Kaninchen anfallen. Der Schaden, den sie in aller Welt anrichten, geht in die Milliarden. Dabei sind sie von einer ungewöhnlichen Fruchtbarkeit. Eine Wanderratte kann in einem Jahr außer vielen Kindern und Enkeln auch noch zahllose Urenkel haben!
Da die Ratten wahllos alles benagen, sind sie auch als Überträger von Krankheiten gefährlich. Sie verbreiten unter anderem die Trichine und den Pestfloh. – Am sichersten werden Ratten mit Giftködern bekämpft.

Hausratte *Wanderratte*

Schermaus (Wasserratte)

Die **Schermaus** ist in der Regel dunkelbraun; sie kommt bei uns in zwei Rassen vor: die eine lebt im und am Wasser („*Wasserratte*"), die andere, die sich meist durch hellere Behaarung auszeichnet, auf dem Lande (*Scher-* oder *Wühlmaus*). Die „Wasserratte" richtet nicht selten durch Unterwühlen von Dämmen und Uferböschungen große Verheerungen an. Die „Wühlmaus" dagegen, die Baumwurzeln abbeißt und Gemüsepflanzen oft in Massen vernichtet, zählt zu den schlimmsten Schädlingen des Gartenbaus.
Die **Bisamratte** stammt aus Nordamerika, wo sie wertvolles Pelzwerk liefert. Sie ist etwas größer als die Wanderratte, hat einen seitlich zusammengedrückten Schwanz und lebt ähnlich wie der Biber am und im Wasser („Biberratte"). 1905 setzte man sie in Böhmen aus. Seitdem breitet sie sich unaufhaltsam in Europa aus. Zur Zeit dringt sie z. B. über Bayern nach Württemberg ein. Durch ihre weitverzweigten Bauten bringen die Tiere Uferböschungen zum Einsturz, gefährden Bahndämme, Brücken und Straßen. Vergeblich sucht man ihrer Herr zu werden. Während im kalten nördlichen Nordamerika, Rußland und Finnland der braune Pelz der Tiere dicht und seidig ist, bleibt er in unserem milderen Klima dünn und ohne Glanz und ist damit fast wertlos. Immerhin wird er auch bei uns vom Kürschner verarbeitet.

Hamster in seinem Bau

Der Hamster

Der Hamster, ursprünglich ein asiatisches Steppentier, ist schon vor Jahrhunderten bei uns eingewandert und hat sich über große Teile Deutschlands, besonders Mitteldeutschlands, verbreitet. Das Fell des etwa 30 cm langen Tieres zeigt die Farben schwarz, braun, gelb und weiß. Der Hamster bewohnt in Gegenden mit steinfreien Löß- und Lehmböden die Felder und gräbt sich hier mit den stark bekrallten Vordergliedmaßen einen stattlichen Bau. Dieser liegt so tief im Boden, daß ihn der Pflug nicht erreichen kann, und hat eine senkrechte Eingangs- und eine schräge Ausgangsröhre. Er besteht aus einem Wohn- und Schlafraum, der mit Heu und Stroh ausgelegt ist, und mehreren dahinter liegenden Vorratskammern. In ihnen speichert der Hamster Getreide sowie Erbsen, Bohnen u. a. als Wintervorrat auf. Beim Einsammeln dieser Vorräte benützt das Tier seine großen Backentaschen als Schleppsäcke. Bei Einbruch des Winters verstopft der Hamster die beiden Röhren seines Baues von innen her mit Erde und beginnt seinen Winterschlaf. Er unterbricht diesen aber alle paar Tage, um von seinen Vorräten zu zehren.

Der Hamster lebt als Einzelgänger und bewohnt seinen Bau allein. Sein Revier verteidigt er heftig. Gegen Angreifer nimmt er eine drohende Abwehrstellung ein, wobei er, aufrecht stehend, die Arme ausbreitet, die Backen aufbläst und fauchend die Zähne zeigt. Wird er angegriffen, so verteidigt er sich bis aufs letzte. – Da der Hamster 15 kg und mehr Wintervorrat einträgt und sich zudem stark vermehrt, fügt er dem Landwirt oft beträchtliche Verluste zu. Deshalb müssen seine natürlichen Feinde, Wiesel, Iltis, Eulen und Bussard, geschützt werden.

Verwandte. Der zierliche *Goldhamster* wurde um 1930 aus Syrien bei uns eingeführt und wird heute vielfach als Haustier gehalten. Den Namen verdankt er seinem goldgelben Rückenfell. Auch er vermehrt sich sehr stark, wird aber nur wenige Jahre alt.
Aus Süd- und Mittelamerika stammt das etwas mehr als rattengroße *Meerschweinchen*, das von Tierfreunden gerne in zahlreichen Rassen und Farbabänderungen gehalten wird.

Die *Nagetiere* haben im Ober- und Unterkiefer je zwei Schneidezähne mit abgeschrägten Schneiden (*Nagezähne*). Eckzähne fehlen. Die Backenzähne sind von den Schneidezähnen durch eine große Lücke getrennt. – Die Nager sind meist kleine Säugetiere. Sie kommen überall auf der Erde vor und machen etwa die *Hälfte aller Säugetierarten* aus. Viele gehören zu unsern schlimmsten *Schädlingen*. Andererseits sind sie die wichtigsten *Beutetiere* für zahllose Fleischfresser unter den Säugetieren und Vögeln.

Insektenfresser

Der Maulwurf

Aufenthalt und Körperbau. Im Frühjahr sind manche Wiesen mit kleinen Erdhaufen förmlich übersät. Sie stammen vom Maulwurf, der fast sein ganzes Leben unter der Erde verbringt. Sein Name bezeichnet ihn als Tier, das Mull oder Müll, d. h. Erde, aufwirft. Überall, wo der Boden in Wiesen, Äckern und Gärten für seine Wühlarbeit genügend locker und feucht ist, legt er nahe unter der Erdoberfläche zahlreiche *Gänge* an. Die Maulwurfshaufen sind die Kennzeichen seiner Wühlarbeit. Die Gänge durcheilt der Maulwurf täglich mehrmals, um Nahrung zu suchen. Unter einem größeren Erdhaufen liegt seine Wohnung, der *Kessel*. Er ist mit Moos, Gras und Laub ausgepolstert. Oft ist der Kessel auch außerhalb des Jagdgebietes angelegt; dann führt ein fester Gang, die Laufröhre, zu ihm.

Der unterirdischen Lebensweise ist der Maulwurf vorzüglich angepaßt. Der etwa 15 cm lange *Körper* hat die Form einer vorne zugespitzten Walze, wodurch er sich für das Wühlen im Boden vortrefflich eignet: der Kopf geht ohne äußerlich sichtbaren Hals in den drehrunden Rumpf über, und die Nase ist zu einem spitzen Rüssel verlängert. Der schwarze *Pelz* ist samtartig dicht; er hält deshalb Erdeteilchen und Wasser ab. Seine Haare haben keinen bestimmten „Strich"; so kann sich der Maulwurf in seinen engen Gängen ebenso gut vorwärts wie rückwärts bewegen.

Die Vordergliedmaßen bilden *Grabschaufeln*. Ober- und Unterarm sind sehr kurz und ganz im Körper verborgen, so daß nur die Hände aus dem Pelz hervorragen. Diese stehen nicht, wie bei den anderen Säugetieren, nach unten, sondern waagrecht nach den Seiten, wobei ihre breiten Innenflächen nach hinten gerichtet sind. Die kurzen Finger sind durch Häute miteinander verwachsen und tragen große, scharfe Krallen. Die viel schwächeren Hintergliedmaßen beteiligen sich nicht an der Wühlarbeit.

In lockerem Boden hilft der kegelförmige *Kopf* mit, den Weg zu bahnen. Die Nasenlöcher öffnen sich nach unten, und das Maul wird beim Wühlen durch eine Hautfalte fest verschlossen. Ohrmuscheln fehlen, und die Gehörgänge sind gleichfalls verschließbar. Ein Knorpel gibt dem Rüssel die zum Wühlen nötige

Maulwurf, der auf einen Regenwurm gestoßen ist

Festigkeit. In festerem Boden kann der Kopf nicht als Bohrwerkzeug dienen. Dann wird er so weit zurückgezogen, daß die Hände bis vor die Rüsselspitze reichen. Häufen sich die losgelösten Erdmassen in der Röhre zu stark an, dann bohrt sich das Tier einen Gang nach der Oberfläche und befördert die Erde durch kräftige Stöße des Kopfes nach oben. So entstehen die Maulwurfshaufen. Je nach der Beschaffenheit des Bodens kommt der Maulwurf bei seinem Graben in einer Stunde etwa 5 – 10 m voran.
In das unterirdische Reich des Maulwurfs dringt kaum ein Lichtstrahl. Die winzigen, mohnkorngroßen, im Pelz versteckten Augen haben nur ein geringes Sehvermögen. Um so schärfer sind Geruch und Gehör; vor allem aber ist der Tastsinn sehr gut ausgebildet. Besonders empfindlich ist der Rüssel.

Ernährung. Der Maulwurf nährt sich vorwiegend von Regenwürmern. Daneben verzehrt er alles Kleingetier, das ihm in seinen Gängen begegnet, so besonders Insekten und deren Larven, aber auch Mäuse und Spitzmäuse. Nachts kommt er mitunter an die Oberfläche, um Schnecken und andere Kleintiere zu erbeuten. Sein *Gebiß*, ein *Insektenfressergebiß* (S.94), ähnelt mit den spitzen Backenzähnen und dolchartigen Eckzähnen dem der Raubtiere. Da die Wühlarbeit viel Kraft erfordert, braucht der Maulwurf große Nahrungsmengen. Er vertilgt täglich mindestens so viel, wie sein eigenes Körpergewicht beträgt, oft aber auch das Doppelte oder Dreifache davon. Daher duldet er keinen anderen Maulwurf in seinem *Revier*. Dringt ein Maulwurf bei seinem unterirdischen Graben in die Gänge eines Nachbarn ein, so kommt es sogleich zu einem Kampf auf Leben und Tod. Der Besiegte wird vom Sieger aufgefressen. Das nötige Trinkwasser verschafft sich der Maulwurf dadurch, daß er nahe seinem Bau senkrechte Schächte gräbt, in denen sich das Regenwasser sammelt. Einen Winterschlaf hält der Maulwurf nicht. Mit Beginn der kalten Jahreszeit folgt er vielmehr den Regenwürmern in die frostfreie Tiefe des Bodens.

Feinde. Der Maulwurf hat viele Feinde. Füchse, Marder, Bussarde, Raben und Störche lauern ihm auf, wenn er seine Hügel aufwirft, die Eulen erbeuten ihn bei seinen nächtlichen Ausflügen, und das Wiesel verfolgt ihn in seinen Gängen.

Bedeutung für den Menschen. Auf Wiesen und in Gärten kann der Maulwurf durch seine Hügel lästig werden. Durch Vertilgen von Insektenlarven und von Mäusen ist er andererseits nützlich. Keinesfalls soll man ihn töten, sondern ihn dort, wo er unerwünscht ist, durch erdölgetränkte Lappen, eingegrabene Glasscherben und dergleichen vertreiben.

Der *Maulwurf* gräbt sich im Boden Gänge, in denen er seine Nahrung, vor allem Würmer und Insekten, fängt. Mit dem *walzenförmigen Körper*, dem spitzen Kopf und den breiten *Grabhänden* ist er dem unterirdischen Leben vorzüglich angepaßt. Sein spitzzähniges Gebiß kennzeichnet ihn als *Insektenfresser*.

Der Igel

Den Igel erkennen wir an seinem *Stachelkleid*. Es überzieht den Rücken und die Seiten des Körpers, während die Bauchseite mit steifen Haaren bedeckt ist. Mit dem Stachelkleid vermag sich das etwas langsame Tier wirksam gegen Feinde zu schützen. Bei Gefahr rollt es sich augenblicklich zu einer Kugel zusammen, so daß die unbewehrte Unterseite samt Kopf und Beinen von der bestachelten Rückenhaut eingehüllt wird und tausend kleine Spieße dem Angreifer entgegenstarren. Hund, Fuchs, Iltis und andere stellen dem Igel nach. Gelingt es ihm dabei nicht, sich schnell genug zusammenzurollen, ist er verloren. Mitunter befördern seine Feinde ihn in eine Pfütze; im Wasser öffnet sich der Igel und kann dann überwältigt werden.
Der Igel ist Einzelgänger und wohnt mit Vorliebe in kleinen Feldgehölzen, unter Hecken und Gebüschen; auch am Waldrand und in Gärten siedelt er sich an. Er sucht unter Gestrüpp, Reisig oder Baumwurzeln, in hohlen Bäumen, verlassenen Kaninchenbauten oder andern Erdlöchern einen Schlupfwinkel, in dem er sich ein *Lager* herrichtet. Dazu scharrt er mit den Vorderpfoten Laub, Moos, Heu und dergleichen zusammen, trägt es im Maul zum Lager und polstert dieses damit aus.
Der Igel ist ein *Nachttier*. Tagsüber schläft er in seinem Lager, nachts aber durchstreift er die Felder und Gärten seines *Reviers*, das sich etwa 200 – 300 m im Um-

Igelmutter mit Jungen

kreis ausdehnt. Er beschnuppert alles, was ihm in den Weg kommt, nimmt Mäusenester aus, durchwühlt das Laub nach Insekten, Würmern und Schnecken und plündert manches Lerchennest. Mitunter erwischt er auch eine Eidechse, eine Blindschleiche, einen Frosch oder eine Ringelnatter. Selbst die Kreuzotter, deren Gift ihm meist nicht viel schadet, überwältigt er; er wehrt die Angriffe der Giftschlange mit seinen Stacheln so lange ab, bis er die ermattete Otter mit einem schnellen Biß erlegen kann. Auch Wurzeln, Samen und Obst frißt er. Sein *Gebiß* ähnelt dem des Maulwurfs. Tritt im Herbst Nahrungsmangel ein, so zieht sich der Igel in sein Lager zurück, wühlt sich tief in das zusammengetragene Laub, Heu usw. ein und hält, zur Kugel eingerollt, einen langen und tiefen *Winterschlaf*.

Die Igelmutter bringt im Sommer 4 – 10 *Junge* zur Welt. Diese werden anfangs gesäugt, bald aber zur Nahrungssuche ausgeführt. Dabei trippeln alle hinter der Mutter her. Bleibt eines zurück oder kommt es vom Wege ab, so pfeift es. Sogleich eilt dann die Mutter herbei und holt es. Nach etwa sieben Wochen aber boxt sie die Jungen aus dem Nest. Nun müssen sie selbst zurechtkommen.

Durch das Vertilgen vieler Schädlinge ist der Igel nützlich. Er steht unter *Naturschutz*.

Der *Igel* ist ein nächtlich lebender *Insektenfresser*. Sein *Stachelkleid* schützt ihn vor Feinden. Er hält einen tiefen *Winterschlaf*. Er steht unter *Naturschutz*.

Die Spitzmäuse. Die *Gemeine* oder *Waldspitzmaus* hat fast die Größe und Gestalt einer Maus, unterscheidet sich aber von ihr durch den spitzen Rüssel und durch das Insektenfressergebiß. Insekten und deren Larven, aber auch Würmer, Schnecken und andere Kleintiere bilden die Nahrung des unersättlichen Räubers. Spitzmäuse sind ungesellige Einzelgänger. Jede bewohnt ihre eigene Erdhöhle und verteidigt heftig ihr kleines Revier.

Die etwas größere *Wasserspitzmaus* lebt an und in Gewässern. Sie baut sich einen kleinen Wohnkessel in der Uferböschung mit Zugängen über und unter dem Wasser. Ihre Hinterfüße werden durch lange, spreizbare Haare zu Rudern, während der mit einem Haarkamm ausgestattete Schwanz als Steuer dient. Sie schwimmt und taucht vorzüglich, jagt Wasserinsekten, Lurche und deren Larven und fällt sogar

Waldspitzmaus mit Beute

Spitzmaus-Karawane

größere Fische an. Außerhalb des Wassers erbeutet sie sogar Mäuse und kleine Nestvögel. – Die *Feldspitzmaus* führt ihre Jungen ähnlich wie die Igelmutter aus. Werden die Tierchen beunruhigt, so hängen sie sich in Form einer Kette an die Mutter an, wobei sich jedes an der Schwanzwurzel seines Vordermannes festbeißt und das erste sich in derselben Weise an der Mutter festhält. Diese bringt so ihre ganze Schar schleunigst in Sicherheit. – Unsere *Zwergspitzmaus* (Körper 6 cm, Schwanz 3,5 cm) ist das kleinste Säugetier nördlich der Alpen, die Wimperspitzmaus der Mittelmeerländer (4 und 2,5 cm) das kleinste Säugetier überhaupt. – Die täglich benötigte Nahrungsmenge ist bei den kleinen, sehr lebhaften Spitzmäusen wie beim Maulwurf größer als das eigene Körpergewicht. Sie sind im Gegensatz zu den Mäusen durch das Vertilgen schädlicher Insekten nützlich und stehen unter Naturschutz.

Die *Insektenfresser* sind kleine, räuberisch lebende Sohlengänger. Sie haben ein vollständiges Gebiß mit spitzhöckerigen Backenzähnen. Die Nase ist meist zu einem Rüssel verlängert.

Fledermäuse

Die Großohrige Fledermaus

Ein Flattertier. Die Fledermaus ist ein kleines fliegendes Säugetier. Sie verdankt ihr Flugvermögen einer zarten *Flughaut*, die sich rings um den Körper erstreckt. Die große Armflughaut jeder Seite ist seitlich am Rumpf angewachsen und wird von Ober- und Unterarm, Ober- und Unterschenkel und den außerordentlich langen Mittelhand- und Fingerknochen ausgespannt. Die Hinterbeine und der Schwanz stützen die kleinere Schwanzflughaut. Am Kopf des mausgrau behaarten Tierchens fallen besonders die riesigen Ohrmuscheln mit ihren eigenartigen „Ohrdeckeln" auf.

Wenn in der wärmeren Jahreszeit die Nacht anbricht, verläßt die Ohrenfledermaus ihr Versteck, das sich

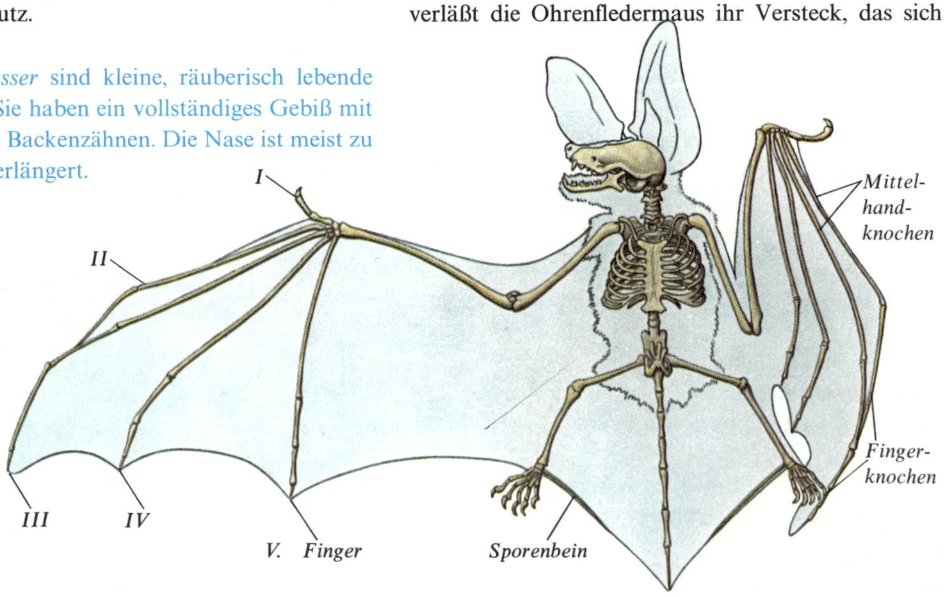

Skelett der Großohrigen Fledermaus mit Körperumriß

in altem Gemäuer, hinter einem Fensterladen, auf einem Dachboden oder in einem hohlen Baumstamm befindet. Sie entfaltet die Flughaut, schwingt sich in die Luft und flattert im Zickzackfluge dahin. Zu schweben oder zu segeln wie die Vögel vermag sie nicht; sie muß vielmehr ununterbrochen mit den Flügeln schlagen, um sich in der Luft zu halten. Vor jedem Ausfluge wird die nackte Flughaut sorgfältig eingefettet. Daher bleibt sie stets geschmeidig. Das Fett liefern Drüsen, die sich zwischen den Nasenlöchern und den Augen nach außen öffnen.

Die kleinen Daumen und die winzigen, scharf bekrallten *Füße* sind nicht in die Flughaut eingeschlossen. Sie dienen dem Tier zum Festhalten und zur Fortbewegung auf festem Untergrund. Auf dem Boden, auf den sie z. B. zum Trinken herabkommen muß, kann die Fledermaus freilich nur schwerfällig forthumpeln. Dabei hakt sie sich mit den Daumenkrallen in die Rauhigkeiten des Untergrundes ein und schiebt den Körper mit den Füßen nach. An Wänden und Bäumen klettert sie geschickt auf und ab. Während der Ruhe hängt sich die Fledermaus mit den Füßen so auf, daß der Kopf nach unten gerichtet ist. Will sie sich in die Luft schwingen, so braucht sie sich nur fallen zu lassen und die Flughaut auszubreiten. Um zu schlafen, zieht sie sich in der Regel an schwer zugängliche Stellen zurück, wo ihr Marder, Iltis und Katzen nichts anhaben können.

Ein Kerbtierjäger. Die Ohrenfledermaus jagt meist die ganze Nacht hindurch. Sie erbeutet ihre Nahrung, die aus allerlei Nachtinsekten besteht, im Flug. Selbst bei völliger Dunkelheit findet sie ihren Weg und ihre Beute. Sie stößt beim Fliegen fortwährend für uns unhörbare *Ultraschalltöne* aus, die von den Gegenständen, die im Flugweg der Fledermaus liegen, zurückgeworfen und von den großen Ohrmuscheln aufgefangen werden. Ihr Gehör ist so fein, daß sie selbst kleinste Gegenstände auf diese Weise erkennt und noch Echolaute auswerten kann, die aus nur wenigen Zentimetern Entfernung zurückkommen. Auf diese Weise erkennt das Tier bei Nacht Hindernisse und Beutetiere in der Luft.

Die Beute wird mit dem weitgespaltenen Maul ergriffen. Das Gebiß ist wie das des Maulwurfs ein *Insektenfressergebiß.* Alle Zähne sind spitzig; daher sehen die verschiedenen Zahnarten einander ähnlich; nur die etwas größeren Eckzähne treten deutlich

Großohrige Fledermaus.
Fliegende, kletternde und schlafende Tiere

hervor (Abb. S. 94). Die Fledermaus verbraucht beim Fliegen viel Kraft und benötigt deshalb sehr viel Nahrung.

Da sie zahlreiche Nachtschmetterlinge vertilgt, deren Raupen den Obst- und Waldbäumen oft großen Schaden zufügen, ist sie ein außerordentlich *nützliches Tier.* Dies gilt auch von allen anderen Fledermäusen, die daher sorgsam geschützt werden müssen.

Winterschlaf und Verbreitung. Die Ohrenfledermaus hält einen Winterschlaf. Meist zieht sie sich schon im Oktober in einen Schlupfwinkel zurück. In geeigneten Verstecken, besonders in Höhlen, finden sich oft Tausende von Fledermäusen ein, die, wie Beringungen zeigen, alljährlich wiederkehren und dabei oft Wege von mehr als 100 km zurücklegen. Den Winterschlaf verbringen sie, an den Füßen hängend, bewußtlos, starr und steif. Die Bluttemperatur sinkt dabei stark ab, Atmung und Herztätigkeit sind sehr verlangsamt. Die gesamten Lebensvorgänge werden mit Hilfe des gespeicherten Fettes gerade noch aufrechterhalten.

Verwandte. Neben der Großohrigen Fledermaus gehören auch alle anderen bei uns vorkommenden Arten (insgesamt 18) zu den insektenfressenden Fledermäusen. – Die *Frühfliegende Fledermaus* verläßt ihre Schlupfwinkel schon vor Sonnenuntergang und wird deshalb auch Abendsegler genannt. – Die größte einheimische Art, das *Mausohr* (Körper 8 cm, Spannweite 38 cm), kommt erst spät am Abend aus ihren Verstecken hervor. – Unter den südamerikanischen Fledermausarten gibt es einige, die gelegentlich an anderen Tieren oder auch an schlafenden Menschen Blut saugen. – Von den früchtefressenden Fledermausarten ist am bekanntesten der *Fliegende Hund*, der auf den ostindischen Inseln in großen Gemeinschaften lebt und eine Länge von 40 cm erreicht.

Die *Fledermäuse* sind fliegende Säugetiere. Ihre *Flughaut* ist zwischen Rumpf, Schwanz und Gliedmaßen ausgespannt. Dabei sind die Vordergliedmaßen stark verlängert. Fledermäuse sind Dämmerungs- oder *Nachttiere* und leben zumeist von Insekten, die sie im Flug erbeuten. Ihr Gebiß gleicht dem der Insektenfresser. Unsere einheimischen Arten halten einen *Winterschlaf*. Sie stehen unter Naturschutz.

Wie überstehen Säugetiere den Winter?

In den kalten und gemäßigten Zonen der Erde, also auch in unserer Heimat, bringt der Winter viele Tiere durch Kälte und Nahrungsmangel in Not.

Manche entziehen sich dem harten Winter durch weite *Wanderungen*. Das Ren z. B. weicht bei Einbruch des Polarwinters in südlichere, nahrungsreichere Gegenden aus, und die Wale ziehen aus den Eismeeren in mildere Meeresbreiten.

Bei den Säugetieren der kälteren Zonen ist das *Winterfell* dichter als das Sommerfell und hält so die Körperwärme besser zusammen. (Deshalb verwendet der Kürschner im allgemeinen nur die Winterfelle der Pelztiere.) Durch reichliche Nahrungsaufnahme im Sommer und Herbst sammeln die Säuger der nördlichen Breiten in ihrem Körper einen möglichst großen *Fettvorrat* an, von dem sie im Winter zehren. Außerdem speichern manche Tiere, insbesondere viele Nager, Vorräte, wie wir es von Hamster, Biber und Eichhörnchen kennenlernten.

Große Säugetiere, wie Wolf, Luchs, Wildschwein, Gemse, Hirsch und Reh, vermögen die Winterkälte im Freien zu ertragen. Viele kleinere Arten, die durch die Kälte stärker gefährdet sind, suchen Schutz in *Erdhöhlen* (Fuchs, Dachs, viele Nager), *Baumhöhlen* (Edelmarder) oder *Nestern* (Eichhörnchen, Schlafmäuse).

Manche Säuger überstehen den kalten und nahrungsarmen Winter dadurch, daß sie die Lebensvorgänge ihres Körpers verlangsamen und somit weniger Nahrung benötigen. Man unterscheidet dabei Winterruher und Winterschläfer. Die *Winterruher*, wie Bär, Dachs und Eichhörnchen, unterbrechen ihren Schlaf von Zeit zu Zeit, besonders bei milder Witterung, um Nahrung zu sich zu nehmen. Sie halten nur eine „*Winterruhe*".

Die echten *Winterschläfer*, wie Igel, Murmeltier, Hamster, die Schlafmäuse (Haselmaus, Siebenschläfer usw.) und die Fledermäuse, unterbrechen den *Winterschlaf* in der Regel nicht. Bei ihnen sind alle Lebensvorgänge auf ein Mindestmaß herabgesetzt. In der Minute erfolgen nur noch wenige schwache Atemzüge und Herzschläge; die Körpertemperatur kann auf wenige Grad über Null absinken. Auf diese Weise verbraucht der Körper sehr wenig Betriebsstoff, so daß das aufgespeicherte Körperfett meist den ganzen Winter hindurch ausreicht. Sinkt aber in einem strengen Winter die Außentemperatur gefährlich tief, so erwacht das Tier, die Zahl der Atemzüge und Herzschläge nimmt zu, und der Körper wird auf eine ausreichende Temperatur erwärmt. Dabei wird freilich der Fettvorrat stark angegriffen. Ist der Winterschläfer mehrmals gezwungen aufzuwachen, so wird oft der gesamte Fettvorrat aufgezehrt, und das Tier geht an Entkräftung ein. Sonst aber erwacht es im Frühjahr bei zunehmender Außentemperatur aus seinem Winterschlaf. Alle diese Vorgänge werden durch das Zusammenspiel von Nervensystem und Hormonen gesteuert.

Der Orang-Utan

Die Urwälder von Sumatra und Borneo sind die Heimat eines Affen, der von den Eingeborenen Orang-Utan, d. h. Waldmensch, genannt wird.

Körperbau. Das männliche Tier erreicht eine Höhe von 1,75 m und ein Gewicht von 75 kg. Die Gestalt des Orangs ähnelt der des Menschen. Man rechnet ihn daher zu den „*Menschenaffen*". Der Rumpf ist nicht wie bei den übrigen Säugetieren seitlich zusammengedrückt, sondern breit wie beim Menschen und bildet dadurch ausgeprägte Schultern. Ein Schwanz fehlt.

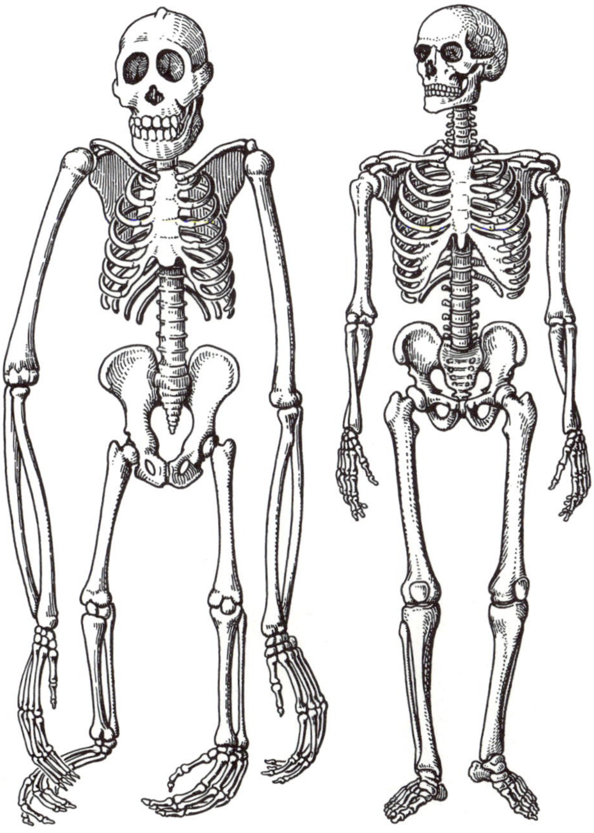

Skelett des Orang-Utan und des Menschen

Die Gliedmaßen sind wie die des Menschen gebaut. Finger und Zehen tragen flache *Nägel.* Auch der Kopf ist durchaus menschenähnlich, zumal die Augen wie bei uns nach vorne gerichtet sind. Bei jungen Tieren ist die Ähnlichkeit am größten. Später aber tritt das Tierische mehr und mehr hervor: die Stirn weicht zurück, das Maul springt schnauzenartig vor, und über den Augen bilden sich starke Wülste. Das erwachsene männliche Tier hat einen mächtigen Kehlsack, der bis zu 6 Liter Luft faßt und als Stimmverstärker dient, und breite, fette Backenwülste. Das *Gebiß* (Abb. S. 94) stimmt nach Art und Zahl der Zähne mit dem des Menschen überein. Die Eckzähne aber sind stark entwickelt, und das ganze Gebiß ist viel kräftiger als das des Menschen. Der Orang kann damit hartschalige Früchte knacken und im Kampf gefährlich zubeißen. Den Körper des Tieres bedeckt ein zottiges *Fell* aus langen, rotbraunen Haaren. Das Gesicht ist, abgesehen vom Bart der Männchen, unbehaart.

Ein Baumtier. Der Orang-Utan bewohnt die Kronen der Bäume. Sie liefern ihm die *Nahrung*, die aus Blättern, jungen Sprossen und Früchten besteht. Wasser findet er, da es in seiner Heimat fast täglich regnet, meist in Astwinkeln und Baumlöchern zur Genüge. Deshalb kommt er nur selten auf den Boden herab.

Hände und Füße sind vortreffliche Greifwerkzeuge. Die Füße können wie Hände gebraucht werden: die Zehen sind lang und frei beweglich wie Finger, und die große Zehe kann den übrigen genau so gegenübergestellt werden wie der Daumen den anderen Fingern. Die Sohlen der „*Greiffüße*" sind schräg nach innen gerichtet. Beim Klettern verwendet der Orang aber vorwiegend die starken, über 2,5 m klafternden Arme, mit denen er sich hangelnd von Ast zu Ast schwingt.

Auf dem Boden bewegt sich das Tier sehr unbeholfen fort. Die Beine sind weit kürzer und schwächer als die Arme. Zudem treten die einwärts gebogenen Greiffüße nur mit der Außenkante auf; dadurch wird der *Gang* unsicher. Um sich aufrecht zu halten, benützt der Orang beim Gehen auch die Arme, wobei er sich auf die Knöchel der eingekrümmten Finger stützt. Will er schneller vorankommen, so schwingt er – wie ein auf Krücken gehender Mensch – den Körper mit angezogenen Beinen zwischen den Armen hindurch vorwärts.

Zusammenleben. Die Orangs streifen, meist familienweise, den ganzen Tag auf der Suche nach Nahrung durch die Baumkronen. Dabei bewegen sie sich meist recht gemächlich. Auf der Flucht aber fliegen sie gleichsam durch das Geäst und sausen in riesigen Schwüngen von Baum zu Baum. Für die Nacht baut sich jedes Tier in einer geeigneten Astgabel aus Zweigen und Laub ein *Nest*. Oft decken sich die Affen zur Nachtruhe mit Zweigen zu. Der alte Orang gibt durch dröhnendes *Brüllen* den Artgenossen in der Umgebung kund, daß dieser Platz von ihm und den Seinen besetzt ist. Auch tagsüber dient sein „Singen“ und Brüllen der Revierabgrenzung und -behauptung. Das Weibchen ist wesentlich kleiner als das Männchen. Es bringt ungefähr alle zwei Jahre nach einer Tragzeit von $8^1/_2$ Monaten ein *Junges* zur Welt. Die Mutter pflegt ihr Kind 10–12 Jahre lang mit größter Zärtlichkeit.

Die Nachstellungen durch den Menschen haben den Orang-Utan bei seiner geringen Nachkommenzahl dem Aussterben nahe gebracht. Mit Schutzbestimmungen sucht man ihn in seiner Heimat vor der Ausrottung zu bewahren.

Der Gorilla

Der Gorilla bewohnt die Urwälder des westlichen Teils von Mittelafrika. Sein massiger Körper ist schwarz oder grauschwarz behaart. Das Tier kann über 6 Zentner schwer werden und erreicht aufgerichtet 2 m Höhe. Es besitzt riesige Kräfte. Im Gegensatz zu den andern Menschenaffen hält es sich vorwiegend am Boden auf. Der Gorilla hat etwas kürzere Arme, aber längere und kräftigere Beine als der Orang. Gewöhnlich geht er auf allen Vieren, wobei die Hinterfüße mit der ganzen Sohle, die Vorderfüße mit den Fingerknöcheln auftreten. Die Gorillas leben meist in *Horden* von etwa 10–20 Tieren, die von einem alten Männchen angeführt werden. Auf der Wanderschaft geht das Leittier voran, auf der Flucht bildet es den Schluß. Bei Gefahr verteidigt es die Horde gegen jeden Feind. Dabei richtet sich der Gorillamann auf und sucht zunächst den Gegner einzuschüchtern, indem er mit den Fäusten auf seine mächtige Brust trommelt. Nur notgedrungen greift er an, wobei er vor allem von seinem gewaltigen Gebiß Gebrauch macht.

Orang-Utan-Familie. Weibchen mit Jungen im Nest

Gorilla

Schimpansen

Auch die Gorillas leben vorwiegend von Blättern, Schößlingen und Früchten, von denen sie große Mengen benötigen. Tagsüber streift die Horde Nahrung suchend durch den Urwald und fällt mitunter auch in die Pflanzungen der Neger ein. Abends bestimmt der Anführer einen geeigneten Platz zur Nachtruhe. Während er sich selbst am Boden sein Lager aufschichtet, bauen die Weibchen und die Jungtiere ihre Nester wie die Orangs im Geäst der Bäume.

Die Eingeborenen machten von jeher eifrig Jagd auf den Gorilla, um ihre Pflanzungen zu schützen und um sein wohlschmeckendes Fleisch zu erlangen. Mit dem Eindringen der Weißen nahm die Verfolgung des Tieres stark überhand, so daß es um die Jahrhundertwende dem Aussterben nahe war. Seitdem ist der Gorilla streng geschützt; heute bevölkern wieder Tausende die westafrikanischen Urwälder.

Der Schimpanse

Der Schimpanse bewohnt wie der Gorilla die Urwälder West- und Mittelafrikas. Er wird nur 1,5 m groß und 1–1,5 Zentner schwer, hat große, abstehende, sehr menschenähnliche Ohren und ein schwarzes Haarkleid. Die Schimpansen sind lebhafter, beweglicher und lauter als die Gorillas. Auch sie leben in Familien oder kleinen Horden zusammen. Tagsüber durchstreifen sie die Kronen der Urwaldriesen, um ihre Nahrung, vor allem Früchte, zu suchen. Abends bauen auch sie ihre Schlafnester im Geäst. Auf dem Boden gehen sie wie der Gorilla halb aufgerichtet auf allen Vieren.

Die Schimpansenmutter betreut ihr Junges liebevoll. Sie trägt anfangs das Kleine, das sich fest an sie anklammert, ständig mit sich herum. Sobald es stehen kann, faßt sie es an beiden Händchen und läßt es, genau wie eine Menschenmutter, vor sich hergehen.

Schimpansin, Junges führend

Beim Spielen legt sie sich oft auf den Rücken, läßt das Kleine auf sich herumkrabbeln, kitzelt es, bis es lacht, oder hält es mit allen Vieren über sich und schaukelt es hin und her.

Die Schimpansen sind die *menschenähnlichsten Tiere.* Sie haben einen starken Nachahmungs- und Spieltrieb und sind sehr gelehrig. In Tiergärten lernen sie auf Fahrrädern und einfachen Autos zu fahren, an Reck und Barren zu turnen, Tennis zu spielen und vieles andere. Sie essen am Tisch mit Teller und Besteck und lernen Schlüssel, Werkzeug, Automaten und andere Geräte benützen. Sie lernen diese Tätigkeiten durch Nachahmung. Darüber hinaus können Schimpansen aber auch einfachste Überlegungen anstellen, können also in sehr bescheidenem Maße denken. So kommen sie z. B. selbst darauf, einen Stock zu benützen, um eine außerhalb des Gitters liegende Banane heranzuziehen, ohne daß sie das je zuvor sahen, oder einige Kisten aufeinanderzustellen, um so an der Decke hängende Früchte zu erlangen (Abb. S. 310).

Zur gegenseitigen Verständigung verfügen die Schimpansen über eine größere Anzahl verschiedener Laute. Bei ihren Wanderungen durch die Baumkronen vollführen sie ein lautes Geschrei, das wohl dem Zusammenhalt der Horde dient. Die Gebärdensprache ihres Gesichtes ist ausdrucksvoll und mannigfaltig.

Die *Menschenaffen* (Orang-Utan, Gorilla und Schimpanse) halten sich beim Gehen auf dem Boden mehr oder weniger *aufrecht.* Sie haben wie der Mensch ein haarloses *Gesicht,* nach vorne gerichtete Augen und breite *Schultern,* ferner abspreizbare Daumen, platte *Fingernägel* und 32 Zähne. Sie sind schwanzlos. Sie sind – auch in ihrem Verhalten – die menschenähnlichsten Tiere.

Gibbon

Die **Gibbons** sind im südöstlichen Asien heimisch. Sie erreichen die Größe eines etwa 6jährigen Kindes und besitzen einen kleinen, runden Kopf. Ihre sehr langen Arme reichen bei aufrechter Körperhaltung bis auf den Boden. Als vollendete Baumkletterer verlassen sie die Baumkronen nie. Sie hangeln und schwingen sich mit großer Geschwindigkeit durch die Wipfel und laufen auf starken Ästen schnell dahin, wobei sie mit den hocherhobenen Armen geschickt balancieren; sie springen oder schwingen sich über 12 m weit von Baum zu Baum und lassen sich oft aus großer Höhe fallen, um sich tiefer unten im Geäst wieder zu fangen. Die äußerst lebhaften Tiere leben in kleineren oder größeren Horden (bis zu 30 Stück etwa) zusammen. Jede Horde bewohnt ihr abgegrenztes Revier. Begegnen sich im Grenzgebiet zwei Horden, so beginnen sie sogleich ein Wettschreien, wobei alle mit äußerster Kraft brüllen. Meist zieht sich dann die lautschwächere Partei kampflos zurück.

Mienenspiel des Schimpansen

Meerkatzen

Mantelpaviane

Die **Hundsaffen** haben meist eine verlängerte Schnauze und stets einen seitlich zusammengedrückten Rumpf wie der Hund, gehen auf allen vier Gliedmaßen und treten mit der ganzen Hand- und Sohlenfläche auf. Die meisten besitzen einen Schwanz. Die Gruppe ist sehr artenreich. – Die sehr gewandten *Meerkatzen* – der Name kommt von dem indischen Wort markata = Affe – sind schlanke, langschwänzige Baumbewohner der afrikanischen Urwälder. Mit großer Leichtigkeit laufen, springen und klettern sie durch die Baumkronen. Bei uns hält man sie in den Tiergärten, und früher wurden sie oft in Schaubuden zu allerlei Kunststückchen abgerichtet. – Die *Makaken* (von dem portugiesischen makako = Affe) leben in Süd- und Ostasien. Der bekannteste unter ihnen ist der etwa halbmetergroße *Rhesusaffe*, der oft auf Jahrmärkten gezeigt wird. Er ist oberseits fahlgrau, unterseits spärlich gelblich behaart und hat ein fleischfarbenes Gesicht. – Die *Paviane* Afrikas (vom niederländischen babouin = Maul; also Maulaffen) sind kräftige, gedrungene Bodentiere, die felsige Gegenden bewohnen. Der bekannteste ist der *Mantelpavian*, dessen Männchen mit einer mantelartigen Mähne geschmückt ist. In großen, bis 300 Tiere zählenden Horden durchstreifen die Paviane das Land. Während der Nahrungssuche halten Beobachter auf Felsen oder Bäumen Ausschau, um die Herde zu sichern. Die gefährlichen Tiere verteidigen sich u. a. erfolgreich durch Steinwürfe. Mit ihrem furchtbaren Gebiß gehen sie selbst ihren schlimmsten Feind, den Leoparden, an.

Die Menschenaffen, die Gibbons und die Hundsaffen bilden miteinander die Gruppe der *Altweltaffen*, denn sie kommen nur auf der östlichen Erdhälfte vor. Sie heißen auch *Schmalnasen*, weil ihre Nasenlöcher nahe beisammen stehen.

Die **Neuweltaffen** bewohnen die tropischen Urwälder Mittel- und Südamerikas. Nach ihren weit auseinanderstehenden Nasenlöchern werden sie auch *Breitnasen* genannt. Sie haben einen langen, muskelstarken Schwanz, den sie gleichsam als fünfte Hand benützen. – Ihre stattlichsten Vertreter sind die *Brüllaffen*, deren Horden oft ein ohrenbetäubendes, kilo-

Brüllaffe

meterweit hörbares Gebrüll anstimmen, das auch bei ihnen der Abgrenzung und Behauptung des Herdenreviers dient. – Vollendete Baumtiere sind die *Klammeraffen.* Sie schwingen sich gleich den Gibbons wie im Fluge durch die Baumkronen. In der Ruhe und bei langsamer Bewegung aber hängen sie an Greifschwanz, Armen oder Beinen im Geäst und können dabei die wunderlichsten Stellungen einnehmen. – In Tiergärten begegnet man oft den possierlichen *Kapuzineräffchen,* die ihren Namen der schwarzen, kapuzenartigen Kopfbehaarung verdanken.

Ähnlich wie die Schimpansen sind auch die übrigen Affen recht gelehrig. Schon die alten Ägypter ließen Paviane Früchte ernten und Holz aufstapeln, in Sumatra sammeln Makaken Kokosnüsse für ihre Herren ein, ein Rhesusaffe lernte selbständig Schafe hüten und einen Traktor fahren. Alle diese Leistungen beruhen aber auf Nachahmung.

Die *Affen* sind vorwiegend *Baumtiere* mit *Händen* und handartigen Füßen. Das *Gesicht* ist mehr oder weniger kahl. Die Augen sind nach vorn gerichtet, und das *Gebiß* ähnelt dem des Menschen. Sie sind sehr *gelehrig.*

Spielende Tiere

Die meisten jungen Säugetiere spielen. Besonders bei jungen Affen, Raubtieren und Delphinen, aber auch bei Hirschen, Gemsen und manchen Nagetieren kann man Spiele beobachten. Das Spielen mag vor allem dazu dienen, die Kraft und Geschicklichkeit des jungen Tieres zur Entfaltung zu bringen und es auf seine künftigen Aufgaben vorzubereiten. Raubtiere betreiben dementsprechend vor allem *Kampf-* und *Jagdspiele:* junge Bären, Hunde, Katzen u. a. balgen sich gern. Sie kämpfen aber nur zum Schein; ihr spielerisches Beißen ist ungefährlich, wie ja auch ein spielender Hund den Menschen nie ernstlich beißt. Bei diesen Scheinkämpfen wird aber schon die arteigene Kampfesweise geübt mitsamt der Droh- und Unterwerfungsgebärde und anderen Besonderheiten. Das Fangen und Haschen kann auch an toten Gegenständen geübt werden, vom Hund an einem von seinem Herrn geworfenen Stein, von der Katze am rollenden Ball oder Wollknäuel. Junge Robben, Fischotter und Eisbären jagen sich mit ihresgleichen unermüdlich im Wasser und spielen gern mit schwimmenden Holzstücken und dergleichen. – Huf- und Nagetiere führen dagegen vorwiegend *Fluchtspiele* aus, bei denen es darauf ankommt, sich nicht einholen zu lassen. So kann man oft Hirschkälber beobachten, die einander in rasendem Lauf im Kreis herum verfolgen. Junge Steinböcke machen Wettrennen bergauf, bergab, ebenso junge Gemsen. Junge Eichhörnchen verfolgen einander oft in Spiralen einen Stamm hinauf, wobei das verfolgte Tier stets danach trachtet, auf der dem Verfolger entgegengesetzten Stammseite zu sein. Häufig spielen die Tiere aber offensichtlich aus reiner *Spielfreude,* so wenn Delphine oder Eisbären Wasserball spielen, wenn Fischotter, Dachse, Bären einen glitschigen oder vereisten Hang immer wieder herunterrutschen, Gemsen an schneebedeckten Hängen „schlittenfahren" (S. 39) oder wenn Schimpansen allerlei Schabernack treiben. Auf diesem natürlichen Spieltrieb der Tiere beruht die Möglichkeit, sie im Zirkus auf Kunststücke zu dressieren.

Zahnarme

Das **Faultier,** das eine Länge von etwa 50 cm erreicht, ist ein Baumbewohner der süd- und mittelamerikanischen Urwälder. Das überaus langsame Tier hängt meist mit dem Rücken nach unten im Gezweig, wobei es sich mit den sichelförmigen Krallen festhält. Dieser merkwürdigen Haltung entsprechend ist der Hals so beweglich, daß das affenähnliche Gesicht bis auf den Rücken gedreht werden kann. Der Haarstrich ist, im Gegensatz zu den übrigen Säugetieren, von der Bauchmitte gegen den Rücken gerichtet. So läuft der Regen gut ab. Tagsüber schlafen die Tiere im Laubwerk der äußeren, dünnen Zweige, wohin ihnen nicht leicht ein Feind folgen kann. Nachts hangeln sie langsam von Zweig zu Zweig, um sich von Blättern und Früchten zu nähren. Ihr Gebiß besteht nur aus schmelz- und wurzellosen Backenzähnen.

Der **Ameisenbär** bewohnt das östliche Südamerika. Er erreicht eine Gesamtlänge von etwa 2 m, trägt ein schwarzgraues Borstenkleid und besitzt einen großen, buschigen Schwanz, der während des Schlafes über den etwa gleich langen Körper gebreitet wird. Der

Faultiere — *Ameisenbär an einem Termitenbau* — *Gürteltiere*

Ameisenbär nährt sich vorwiegend von Ameisen und Termiten. Mit den mächtigen Krallen der Vorderfüße öffnet er die vielfach steinharten Bauten dieser Insekten und fängt die hervorstürzenden Tierchen mittels der wurmförmigen, weit vorstreckbaren, klebrigen Zunge wie mit einer Leimrute. Zähne hat er überhaupt nicht. – In gleicher Weise ernähren sich die *Schuppentiere*, die in Afrika und Südasien heimisch sind. Sie tragen auf der Rückenseite aufrichtbare Hornschuppen, so daß sie fast wie lebende Tannenzapfen erscheinen. – Eine ähnliche Panzerung weisen die *Gürteltiere* auf, die Süd- und Mittelamerika bewohnen. Ihre Rückenseite ist mit plattenförmigen Schildern bedeckt. Diese sind zum Teil zu Gürteln vereinigt, belassen aber dem Rumpf die nötige Beweglichkeit, so daß sich manche Arten sogar zusammenrollen können.

Die *Zahnarmen* besitzen entweder schmelz- und wurzellose Zähne oder sind völlig zahnlos. Ihre Füße tragen lange Scharr- oder Sichelkrallen.

Beuteltiere

Das Riesenkänguruh

Das fast mannsgroße Riesenkänguruh bewohnt die weiten Busch- und Grassteppen Australiens, wo es sich von Gras und Laub ernährt. Das Männchen hat ein rotbraunes, das etwas kleinere Weibchen ein mausgraues Fell. Die Tiere leben in *Rudeln.* Wittert eines Gefahr, so alarmiert es die übrigen durch starkes Aufschlagen der Hinterfüße auf den Boden. Auf der Flucht machen die Känguruhs mit ihren großen, starken *Hinterbeinen* Sprünge von 6 – 12 m Weite und 2 – 3 m Höhe. Sie überfliegen geradezu Gebüsche, Felsen und Schluchten und erreichen Geschwindigkeiten von 70 km in der Stunde. Beim Sitzen dient dem Tier der starke *Schwanz* als zusätzliche Stütze. Die kleinen, schwachen Vordergliedmaßen werden nur wenig gebraucht.

Das Känguruh bringt jeweils nur ein *Junges* zur Welt, das in noch *unentwickeltem Zustand* geboren wird.

Riesenkänguruhs in der australischen Steppe

Es ist nur 2 cm lang und noch völlig nackt und blind. Das hilflose Wesen macht seine weitere Entwicklung in einer großen Hautfalte am Bauch der Mutter, dem *Brutbeutel*, durch, wo es aus den Milchdrüsen der Mutter ernährt wird.

Das Känguruh ist das wichtigste Jagdtier Australiens. Heute ist es weithin in das Innere des Erdteils zurückgedrängt.

Die *Beuteltiere* sind vorwiegend in Australien und Südamerika verbreitet. In Australien finden wir unter ihnen Raubtiere (Beutelwolf, Beutelmarder, Beuteldachs), nagetierähnliche (Wombat, Beutelhörnchen), maulwurfähnliche (Beutelmull), Insektenfresser usw. In Südamerika sind sie durch die *Beutelratten* vertreten, von denen einige Arten auch in die Südstaaten der USA eingewandert sind, so ein berüchtigter Geflügeldieb, das etwa katzengroße *Opossum*.

Die *Beuteltiere* bringen sehr unvollkommen ausgebildete Junge zur Welt, die ihre Entwicklung in einem *Brutbeutel* am Bauch der Mutter vollenden. Unter ihnen gibt es Fleischfresser, Insektenfresser, maulwurf- und nagetierähnliche Arten. Sie kommen nur in Australien (230 Arten) und in Südamerika (30 Arten) vor.

Schnabeltiere

Das Schnabeltier

Das etwa $^3/_4$ m lange Schnabeltier lebt an Flüssen, Seen und Teichen Südostaustraliens und verbringt wie Fischotter und Biber einen großen Teil seines Lebens im Wasser. Es hat daher mit diesen beiden manches gemein: mit dem Fischotter die Körpergestalt, mit dem Biber den breiten, abgeplatteten *Schwanz*, mit beiden den dichten Pelz und die *Schwimmhäute*. Diese werden an den Vorderfüßen beim Gehen und Graben zurückgeschlagen, so daß die langen, starken Grabkrallen nicht behindert sind.

Schnabeltier

Das Tier gräbt sich wie der Biber einen langen Gang in die Uferböschung, der unter Wasser beginnt und in einen mit einem Luftschacht versehenen *Wohnkessel* hinaufführt.

Im Gegensatz zu allen andern Säugetieren besitzt das Tier einen *Schnabel*, der dem der Ente ähnlich ist. Die anfänglich vorhandenen Zähne bilden sich bald zurück und werden durch hornige Kauplatten ersetzt. Das Schnabeltier gründelt wie die Ente im Schlamm der Gewässer. Es nährt sich von Muscheln, Schnecken, Krebsen und anderen Wasserkleintieren, die es mit den harten Schnabelrändern und Kauplatten zerdrückt. Besonders merkwürdig ist das Schnabeltier dadurch, daß es sich durch pergamentschalige *Eier* fortpflanzt, die das Weibchen in einer besonders von ihm angelegten Höhle ausbrütet. Die winzigen Jungen nähren sich anfänglich von einer milchartigen Flüssigkeit, die aus Hautdrüsen an Brust und Bauch des mütterlichen Körpers hervortritt.

Die **Ameisenigel,** die ebenfalls in Australien und einigen benachbarten Inseln vorkommen, pflanzen sich gleichfalls durch Eier fort. Sie sind unserem Igel ähnlich und nähren sich vorwiegend von Ameisen und Termiten. Ihre *Eier* brüten sie in einem Beutel aus, der sich am Bauch der Mutter bildet und später wieder verschwindet.

Die *Schnabeltiere* sind *eierlegende* Säuger mit schnabelartig verlängerten Kiefern. Ihre Körpertemperatur ist niedriger als die der übrigen Säuger und schwankt mit der Außentemperatur.

Ameisenigel

Zusammenfassung über die Säugetiere

Formenreichtum. Man kennt gegen 5000 Arten von Säugetieren. Die in unserem Buch besprochenen Arten haben meist noch viele Verwandte. So gibt es auf der Erde z. B. allein 164 Eichhörnchenarten, 103 Hasenarten, 222 Rattenarten. In Deutschland kommen etwa 70 Säugetierarten vor. Schon in der *Körpergröße* weisen die Säuger große Unterschiede auf: eine Zwergspitzmaus mißt ohne Schwanz 5 cm und wiegt wenige Gramm, der Blauwal wird über 30 m lang und 3000 Zenter schwer. Eine reiche Mannigfaltigkeit zeigt ferner die *Körpergestalt*, was ein Vergleich z. B. von Giraffe, Wal, Elefant, Maulwurf und Fledermaus zeigt. Diese Vielgestaltigkeit entspricht den sehr verschiedenartigen Lebensräumen, die sich die Säugetiere erobert haben (Steppe, Meer, Urwald, Boden, Luft).

Körperwärme. Säugetiere sind in allen Klimazonen anzutreffen. Selbst die Schnee- und Eiswüsten des Nordpolargebietes werden von einzelnen Arten bewohnt. Andere überstehen in unseren Breiten strengste Winter ohne Winterschlaf. Dies verdanken sie ihrer stets gleichbleibenden Körpertemperatur, die wie beim Menschen etwa 37° beträgt. Die Säuger sind *gleichwarme Tiere*. Nur die Winterschläfer (S. 84) senken ihre Temperatur vorübergehend, um ihren Stoffwechsel herabzusetzen.

Körperbedeckung. Die Landsäugetiere tragen ein *Haarkleid*. Es verhindert durch die zwischen den Haaren eingeschlossene Luft einen zu starken Verlust an Körperwärme und ist somit ein vorzüglicher Kälteschutz. Die Meersäugetiere haben hierfür eine dicke Fettschicht unter der Haut.

Die Haare sind aus Horn. Während viele Säuger wie Hund und Katze nur eine Art von Haaren aufweisen, besteht das Fell anderer, besonders der Pelztiere, wie Hase, Biber, Marder, Dachs usw., aus langen, straffen *Grannenhaaren* und kurzen, weichen *Wollhaaren*. Stark verdickte Haare sind die Borsten (Schwein) und die Stacheln (Igel). Die *Farbe* des Haarkleides ist meist dem Aufenthaltsort angepaßt. In den Lehmsteppen Kleinasiens z. B. sind die Wölfe gelbbraun wie die Steppe, in Nordgrönland dagegen weiß wie der Schnee. Wüstentiere sind gelb, Schnee-

Gebißformen der Säugetiere

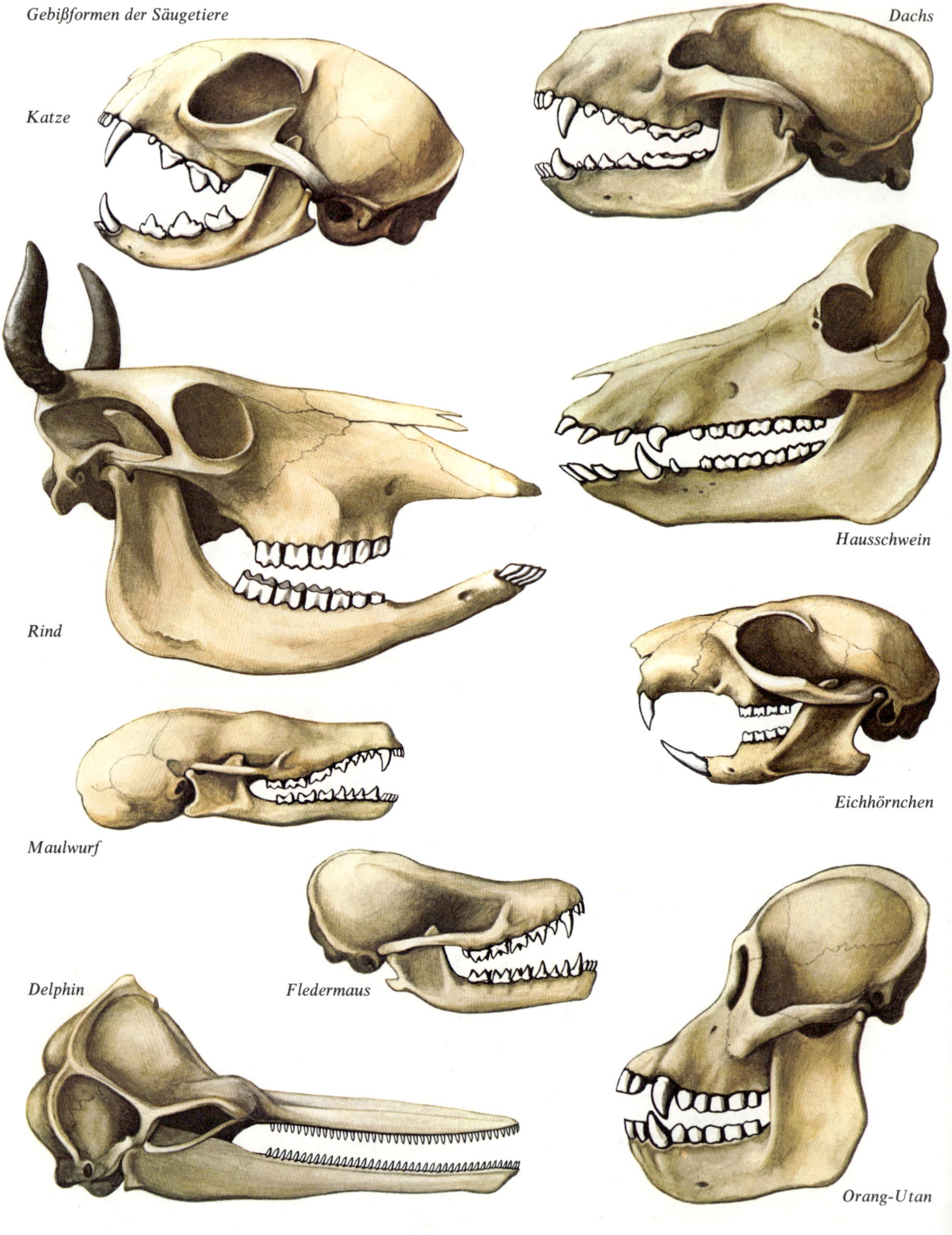

tiere weiß, Erdbewohner grau und braun usw. Damit besitzen die wehrlosen Tiere vielfach eine *Schutzfärbung* (Hase), die Raubtiere eine Tarnfarbe (Löwe). In unseren Breiten findet zu Beginn des Sommers und des Winters ein *Haarwechsel* statt. Alle unsere einheimischen Säugetiere haben ein dichtes Winterkleid und ein weniger dichtes Sommerkleid.
Die Endglieder der Finger und Zehen sind durch Horngebilde geschützt, die die Keimschicht der Oberhaut hervorbringt und die ständig nachwachsen. Bei den Affen sind es wie beim Menschen *Nägel*, die dem Endglied breit und flach aufliegen. Die *Krallen* vieler Säugetiere sind seitlich zusammengedrückt, mehr oder weniger stark gebogen und zugespitzt. Sie dienen den Fleischfressern zum Packen und Zerreißen der Beute, anderen zum Klettern, Scharren oder Graben. Die *Hufe* der Huftiere umfassen das Endglied schuhartig.

Skelett. Das Skelett der Säugetiere (Abb. S. 16 und 22) stimmt im wesentlichen mit dem des Menschen (S. 2 und 85) überein. Die Zahl der Halswirbel beträgt bei allen, auch bei Giraffe, Wal und Maulwurf, sieben, die der Rippenpaare meist 12–13. Ein Schlüsselbein haben nur die fliegenden, greifenden und grabenden Arten, nicht dagegen die Läufer, die ihre Vorderbeine lediglich vor- und rückwärts, nicht aber seitwärts bewegen. Das Gliedmaßenskelett zeigt bei den einzelnen Säugetieren mancherlei Abwandlungen:

Sohlengänger	Insektenfresser, Bären, Affen
Zehengänger	viele Raubtiere
Zehenspitzengänger	Huftiere, Elefanten
Gliedmaßen zum Rudern	Wale, Robben
Gliedmaßen zum Graben	Maulwurf, Dachs
Gliedmaßen zum Fliegen	Fledermäuse

Sinnesorgane
Die Sinnesorgane der Säugetiere sind im wesentlichen wie die des Menschen gebaut.

Der *Geruchssinn* ist der wichtigste Sinn der Säuger; er ist meist hervorragend entwickelt.
Der *Gehörsinn* ist i. a. sehr leistungsfähig. Bewegliche Ohrmuscheln erleichtern meist das Auffangen des Schalls sowie die genaue Feststellung der Richtung, aus der der Schall kommt. Vermutlich können viele Säugetiere sehr hohe Töne, die der Mensch nicht mehr wahrnehmen kann, noch hören. Sicher bekannt ist das von den Fledermäusen und den Hunden (Hundepfeife).
Der *Geschmackssinn* ist im allgemeinen bei Pflanzenfressern gut, bei Fleischfressern weniger gut ausgebildet.
Der *Gesichtssinn* ist meist schwach entwickelt. Eine Sonderausbildung des Auges finden wir bei manchen Dämmerungs- und Nachttieren (Spiegelschicht der Netzhaut, Schlitzpupille). Seitliche Augenstellung haben flüchtige Tiere. Die Augen der Affen und Raubkatzen sind zum Räumlichsehen nach vorne gerichtet.
Der *Tastsinn* ist sehr fein ausgebildet, besonders in den Tastborsten vieler Nachttiere.

Das **Nervensystem** aus Gehirn, Rückenmark und Nerven entspricht dem des Menschen.

Ernährungsorgane
Das Raubtier-, Pflanzenfresser-, Nagetier-, Insektenfresser*gebiß* u. a. sind vorzüglich der Art der Nahrung angepaßt. – Der *Darm* ist bei Pflanzenfressern am längsten, bei Fleischfressern am kürzesten, bei Allesfressern mittellang.

Handskelett des Menschen und einiger Säugetiere

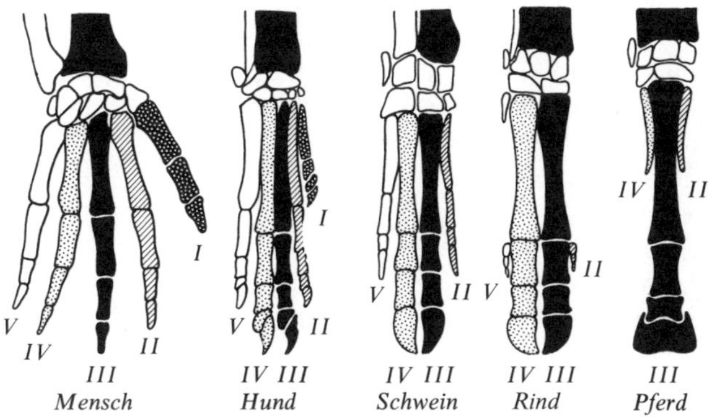

Säugetiere sind *warmblütige* Wirbeltiere mit einem *Haarkleid*, die – mit Ausnahme der Schnabeltiere – *lebendige Junge* zur Welt bringen und diese mit *Muttermilch* säugen. – Weitere gemeinsame Kennzeichen sind das Zwerchfell und die sieben Halswirbel.

Unter **Naturschutz** (S. 146) stehen von unseren einheimischen Säugetieren der Igel, die Spitzmäuse, die Fledermäuse und die Schlafmäuse (Siebenschläfer, Haselmaus, Baumschläfer und Gartenschläfer).

Über die Anordnung der Tiere nach ihrer Verwandtschaft

Ähneln sich Tiere so weitgehend wie ein Muttertier und seine Nachkommen, dann gehören sie zu einer Art. Braunbär, Edelmarder, Alpensteinbock usw. nennt man *Tierarten.*

Wie wir sahen, bestehen zwischen den Tieren einer Art (z. B. des Haushundes) nicht selten kleinere oder größere Unterschiede. Diese sind aber meist nicht so groß, daß man die Tiere als verschiedene Arten ansehen könnte. Man spricht dann von Unterarten oder *Rassen.* So sind z. B. Spitz, Pudel und Dachshund Rassen der Art „Haushund". Die Rassen der Haustiere hat der Mensch durch Auslese gezüchtet. Aber auch in der freien Natur haben sich bei fast allen Tierarten Rassen herausgebildet. So unterscheidet man beim Löwen den Berber-, Senegal, Massai-, Kaplöwen und noch etwa zehn weitere Rassen, beim Tiger den Indischen Königstiger, den Sibirischen, den Persischen, den Sunda-Tiger usw.

Nah verwandte Arten vereinigt man zu einer *Gattung.* Die Arten Edelmarder und Steinmarder gehören zur Gattung „Marder", die Arten Haushund, Wolf und Schakal zur Gattung „Hund" usw.

Mehrere Gattungen bilden eine *Familie*, z. B. die Familie der Hundeartigen, der Katzenartigen usw. Mehrere Familien werden zu einer Ordnung zusammengefaßt. So bilden z. B. die Familien der Hundeartigen, der Katzenartigen, der Marderartigen und die Bären die *Ordnung* der Raubtiere. Die Ordnungen Raubtiere, Huftiere, Nagetiere, Insektenfresser, Fledermäuse usw. werden zur *Klasse* der Säugetiere vereinigt. Säugetiere, Vögel und andere Klassen, deren Angehörige eine Wirbelsäule haben, bilden den *Stamm* der Wirbeltiere. Diese Anordnung der Tiere nach ihrer Verwandtschaft bezeichnet man als das *System* der Tiere (S. 328 – 332).

Die *Verwandtschaftsverhältnisse*, die dem System zugrunde liegen, beruhen nicht etwa auf zufälliger Ähnlichkeit von Tieren. Diese Ähnlichkeit ist vielmehr stets die Folge der Abstammung von gemeinsamen Vorfahren. Wie z. B. alle unsere Hunderassen von einem Stammvater, dem Wolf, herstammen, so haben alle Bären, alle Marder, alle Huftiere, alle Nagetiere jeweils gemeinsame Stammformen (vgl. S. 325). Dadurch ist eine in der Natur selbst begründete, feste Ordnung des Tierreichs gegeben, die im System der Tiere zum Ausdruck kommt. Diese Anordnung erleichtert das Zurechtfinden unter der Fülle der Tierformen.

Die wissenschaftlichen *Namen* der Tiere setzen sich – wie die der Pflanzen – jeweils aus dem Gattungs- und dem Artnamen zusammen. So werden z. B. die beiden bekanntesten Arten der Gattung Katze (Felis) als Hauskatze (Felis domestica) und Wildkatze (Felis silvestris) bezeichnet. Vergleiche das Verzeichnis der wissenschaftlichen Namen (S. 333 – 336).

Am Beispiel des Schäferhundes soll das Gesagte nochmals dargestellt werden.

Rasse: Schäferhund
Art: Haushund (Canis familiaris)
Gattung: Hund (Canis)
Familie: Hundeartige Raubtiere (Canidae)
Ordnung: Raubtiere (Carnivora)
Klasse: Säugetiere (Mammalia)
Stamm: Wirbeltiere (Vertebrata)

Die Haustaube

Seit Jahrtausenden ist die Taube ein *Haustier* des Menschen. Sie wurde einst im Orient gezüchtet, weil sie in den Tempeln nistete und daher als heiliges Tier angesehen wurde. Heute wird sie aus Liebhaberei oder als Brieftaube, aber auch ihres zarten Fleisches wegen gehalten. Als Wohnung bekommen die Tauben einen Bretterverschlag auf dem Dachboden oder einen freistehenden *Taubenschlag*.

Unsere gewöhnliche Haustaube hat ein blaugraues, am Hals grünlich und rötlich schimmerndes Gefieder und zwei schwarze Querbinden auf den hellgrauen Flügeln. Sie wird auch Feldtaube genannt, weil sie auf dem Land häufig Streifzüge auf die Felder hinaus macht, um Nahrung zu suchen. Die vielen Tauben, die wir heute in den Städten sehen, sind verwilderte Haustauben. Sie nisten auf Kirchen und anderen hohen Gebäuden und suchen ihre Nahrung in den Anlagen und auf den Plätzen der Städte. Wo sie in Massen auftreten, können sie durch die Verschmutzung der Gebäude und Plätze lästig werden.

Körperbau und Gefieder. Die Taube besitzt wie die Säugetiere ein inneres Knochengerüst mit einer Wirbelsäule. Als Vogel unterscheidet sie sich aber von den Säugetieren durch drei Hauptmerkmale: Ihr Körper ist mit Federn bedeckt, der Kopf trägt einen Schnabel, und die Vordergliedmaßen sind als Flügel ausgebildet.

Die *Federn* bestehen wie unsere Haare aus Horn. Dicht über der Haut finden sich die kleinen, weichen

Haustauben (Feldtauben) an einem Taubenschlag

Skelett der Taube

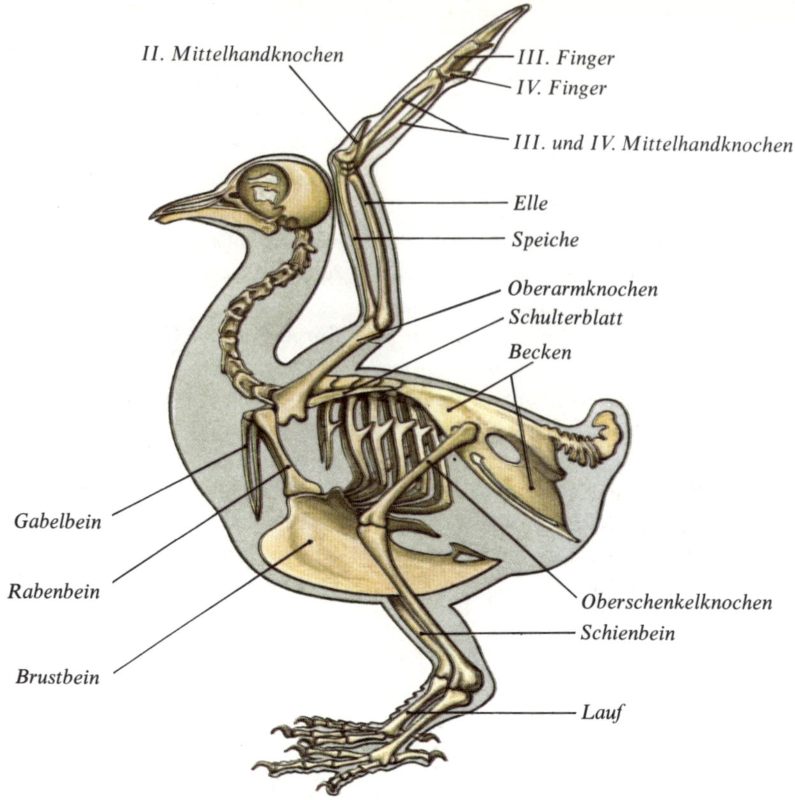

Dunen oder Flaumfedern, die den Körper warmhalten. Darüber breiten sich die größeren und stärkeren Deckfedern aus. Sie bestehen aus dem festen Kiel und der dünnflächigen Fahne. Die Fahne wird von zahlreichen Strahlen gebildet, von denen wieder Nebenstrahlen ausgehen. Diese sind dort, wo sie sich überkreuzen, durch Häkchen miteinander verbunden. Im Herbst fallen die Federn nach und nach aus und werden durch neue ersetzt. Diesen Federwechsel nennt man *Mauser*.

Bau der Vogelfeder

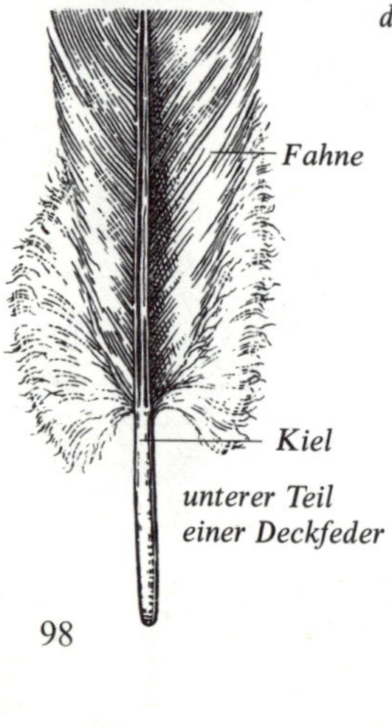

Feinbau der Fahne

Dune

Der *Arm* der Taube ist kurz und schmal (s. Abb.). Von den Handknochen sind nur wenige ausgebildet. Am Hinterrand des Armes aber sitzen die langen und starken Schwungfedern, mit deren Hilfe der Vogel fliegt. Die kraftvollen Flügelschläge werden von den starken Brustmuskeln ausgeführt, die an dem breiten Brustbein und besonders dessen hohem Kamm ansetzen.

Da die Schultergelenke beim Flug stark belastet werden, sind sie gut abgestützt: die starken *Rabenbeine* ziehen von den Schultergelenken zum Vorderrand des Brustbeins und stützen sich dort auf; die beiden Schlüsselbeine sind zu dem V-förmigen *Gabelbein* verwachsen, das als elastische Spange zwischen die beiden Schultergelenke eingespannt ist.

Kopf und Hals des Vogels sind außerordentlich beweglich; das ist für den Vogel wichtig, da ja die Vordergliedmaßen zu Flügeln umgewandelt sind und damit für das Zupacken, Scharren, Graben usw. wegfallen. Seinen Schnabel verwendet der Vogel außer beim

Innenorgane des Vogels

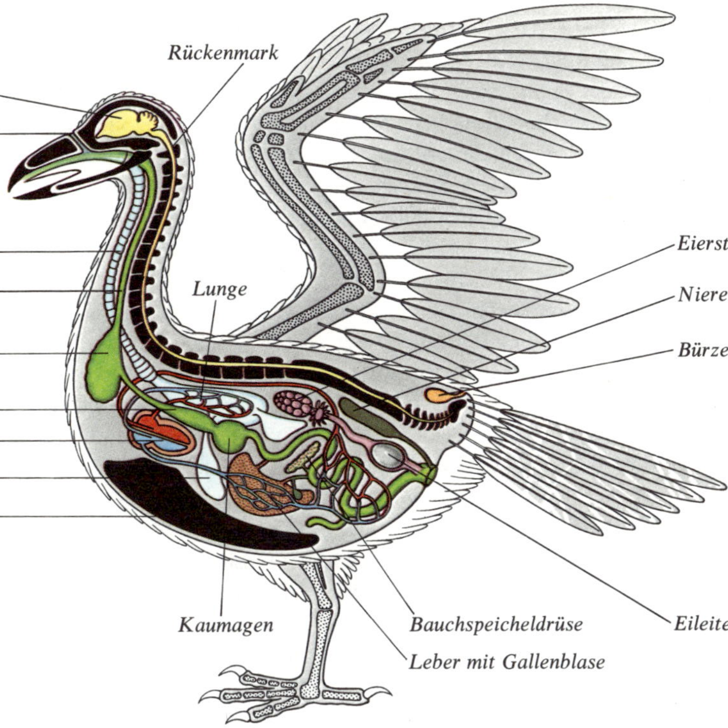

Nahrungserwerb auch zum Reinigen und Einfetten des Gefieders, beim Nestbau, bei der Brutpflege u.a. Die starke Beweglichkeit des Kopfes beruht auf der großen Zahl von *Halswirbeln*, die zudem durch ihre Sattelgelenke gegeneinander drehbar sind. Ferner ist der Kopf mit dem ersten Halswirbel nur durch einen einzigen *Gelenkhöcker* verbunden und besitzt dadurch eine große Drehfähigkeit.

Am Ende des Rumpfes bilden 12 große Federn den „*Schwanz*“ des Tieres. Er dient beim Flug als Steuer. Die Schwung- und Schwanzfedern sind wie die Deckfedern gebaut.

Die *Beine* der Taube – und aller anderen Vögel – bestehen wie die des Menschen und der Säugetiere aus Oberschenkel, Unterschenkel und Fuß. Während der Oberschenkel völlig von der Körperhaut des

Rechter Flügel der Taube von oben gesehen; die kleineren Federn sind entfernt

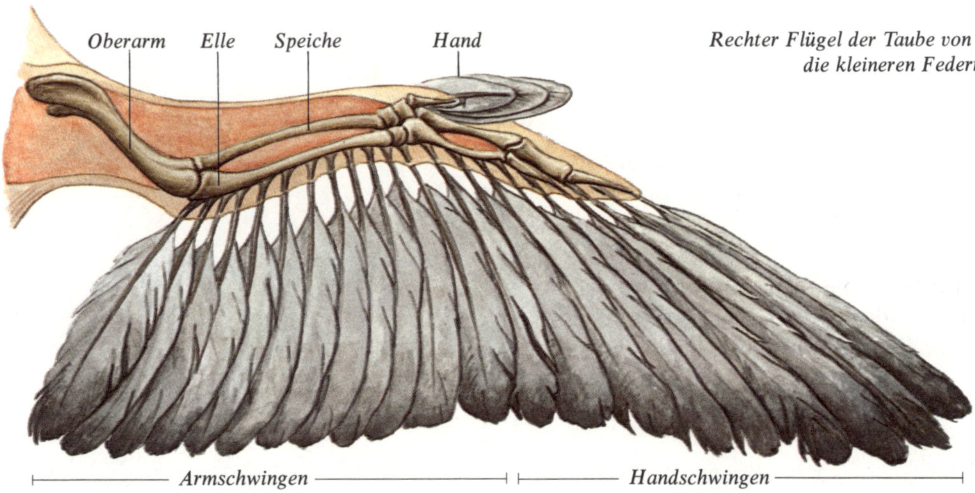

Rumpfes eingeschlossen ist, ragt der Unterschenkel aus ihr etwas hervor. Der lange Abschnitt des Fußes, der auf den Unterschenkel folgt, ist der *Lauf;* er entspricht dem Mittelfuß der Säugetiere. Das nach hinten weisende Gelenk zwischen dem befiederten Unterschenkel und dem mit Hornschildern bedeckten Lauf entspricht also dem Fußgelenk der Säuger; die Fußwurzelknochen sind bei den Vögeln teils mit dem Unterschenkel, teils mit dem Lauf verschmolzen. Die Taube tritt nur mit den Zehen auf, von denen drei nach vorne gerichtet sind, eine nach hinten. Ihre Krallen sind klein und schwach. Der Gang der Taube ist trippelnd. Bei jedem Schrittchen wippt sie mit dem Kopf.

Die Taube, ein Körnerfresser. Die Feldtaube sucht sich auf den Äckern Getreide und Unkrautsamen. Statt des Gebisses hat sie wie alle Vögel einen *Schnabel.* Die Knochen der beiden Schnabelhälften stecken in Hornscheiden, die an der Spitze besonders hart sind. Damit kann die Taube die Körner aufpicken, nicht aber zerkleinern. In einer besonderen Erweiterung der Speiseröhre, dem *Kropf,* werden sie angesammelt und mit Wasser aufgeweicht. Dann gelangen die Körner in eine zweite Erweiterung der Speiseröhre, den Vor- oder *Drüsenmagen.* Hier werden sie mit Verdauungssäften vermengt und weiterhin aufgeweicht. Dann erst kommen sie in den eigentlichen Magen. Er hat eine starke Muskelwand, ist von einer dicken, hornigen Haut ausgekleidet und enthält stets Steinchen, die die Taube absichtlich mit der Nahrung verschluckt. Zwischen ihnen werden die aufgenommenen Körner zerrieben. Der *Muskel-* oder *Kaumagen* ersetzt somit das fehlende Gebiß.
Kot und Harn werden laufend in kleinen Portionen zusammen ausgeschieden. Eine Harnblase fehlt.
Beim *Trinken* verschließt die Taube die am Grunde des Oberschnabels liegenden Nasenlöcher mit je einem Kläppchen. Dann bildet ihr Schnabel gleichsam eine Röhre, durch die sie das Wasser einsaugen kann.

Atmung. Wie bei den Säugetieren tritt auch bei den Vögeln die Atemluft durch die Nasenlöcher ein und gelangt durch die Luftröhre in die *Lungen.* Bei den Vögeln aber stehen mit den Lungen große, dünnhäutige *Luftsäcke* in Verbindung. Sie liegen zwischen den Eingeweiden und erstrecken sich mit ihren Abzweigungen bis in die hohlen Knochen. Beim Einatmen strömt die Atemluft durch die Lungen in die Luftsäcke. Aber nur in den Lungen findet der Gasaustausch von Sauerstoff und Kohlendioxid statt. Atmet der Vogel wieder aus, so durchströmt die Luft aus den Luftsäcken die Lungen zum zweiten Male. Dadurch wird sie besser ausgenützt, und der Vogel kommt selbst bei der großen Anstrengung des Fliegens nicht außer Atem. Das Ein- und Ausatmen erfolgt nur durch Erweitern und Verengen des Brustkorbes. Ein Zwerchfell haben die Vögel nicht.

Die Taube und ihre Jungen. Im Taubenschlag baut die Taube aus Halmen und Federn ein kunstloses Nest. Sie legt alljährlich 3–5mal je zwei weiße Eier. Ständig sitzt entweder die Taube oder der Täuber auf den Eiern, um sie mit ihrer Körperwärme auszubrüten. Sie lösen sich dabei alle paar Stunden ab. Die Jungen sind anfänglich nackt, blind und völlig hilflos; sie werden von den Eltern erwärmt und gefüttert. Solche Vogeljungen heißt man *Nesthocker.* In der ersten

Lunge der Taube mit Luftsäcken

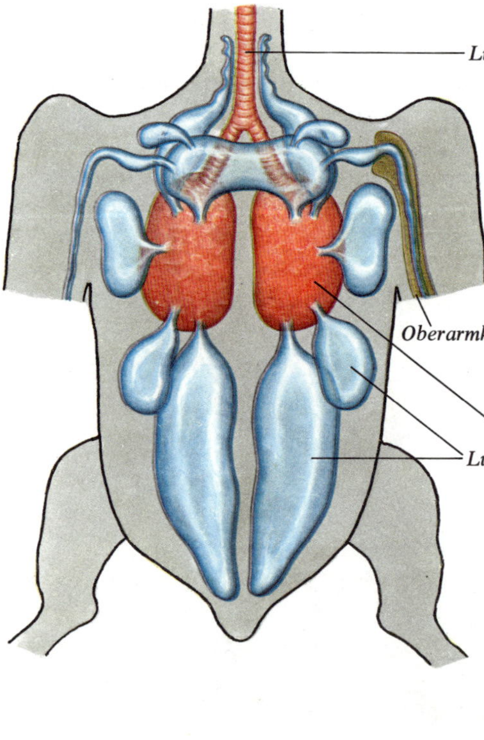

Taubenrassen.

Oben: Felsentaube, Lerchentaube, Möwchen, Pfauentaube.
Unten: Trommeltaube, Perückentaube, Dragonertaube, Kropftaube.

Zeit bekommen sie als Nahrung einen weichen, milchigen Brei, der sich zu dieser Zeit im Kropf der Alten bildet. Dabei steckt das Junge seinen Kopf tief in den Rachen des Altvogels. Später erhalten sie aufgeweichte und schließlich harte Körner und dazu die nötigen Steinchen für den Kaumagen. Nach vier Wochen sind sie flügge.

Abstammung und Rassen. Unsere gewöhnliche Haustaube, die Feldtaube, stammt von der *Felsentaube* ab, die noch heute die felsigen Steilküsten des Mittelmeers bewohnt. Viele Taubenpaare hausen dort gemeinsam in einer Felsennische oder -höhle. Die einzelnen Paare haben nahe nebeneinander ihre Nistplätze, die sie gegeneinander verteidigen. Sonst wird die Höhle gemeinsam benützt. Auch zur Nahrungssuche fliegt die Höhlenbevölkerung gemeinsam aus. Daraus erklärt sich, daß auch die Haustauben gesellig leben, gemeinsam im höhlenähnlichen Taubenschlag brüten und in großen Schwärmen beisammen bleiben; ferner daß sie sich auf Türmen, Mauervorsprüngen und in Nischen von Steinbauten aufhalten, nie aber im Gezweig von Bäumen zu finden sind.

Aus der Feldtaube, die der Felsentaube noch zum Verwechseln ähnlich ist, hat der Mensch im Lauf der Zeit eine große Zahl von *Taubenrassen* gezüchtet. Die Feldtauben selbst gibt es außer mit blaugrauem auch mit weißem, schwarzem und buntfarbenem Gefieder. Andere Rassen (Abb.) unterscheiden sich von der Feldtaube außer in der Farbe auch in der Größe (Römertaube, Brieftaube), in der Form des Gefieders (Pfauentaube, Perückentaube) oder in der Körpergestalt (Kropftaube). Die *Brieftauben*, die wie die Feldtauben der Felsentaube noch sehr ähnlich sind, sind besonders schnelle und ausdauernde Flieger und finden selbst aus mehreren hundert Kilometern Entfernung in ihren Heimatschlag zurück. Dabei legen sie etwa 70 km in der Stunde zurück. Früher verwandte man sie in Krieg und Frieden häufig zur Überbringung von Nachrichten.

Verwandte. Die häufigste unserer einheimischen Wildtauben ist die blaugraue *Ringeltaube*. Sie hat am Hals zwei weiße Flecken, die im Alter meist zu einem Ring verschmelzen. Im Gegensatz zur Felsentaube ist sie ein echter Baumvogel. Ihre Hauptnahrung sind die Samen der Nadelbäume. Im Wald hören wir oft ihr Gurren und ihr klatschendes Auffliegen. Das Klatschen rührt vom Zusammenschlagen der Flügel über dem Körper her; es ist gelegentlich auch von der Haus-

Ruderflug des Höckerschwans. Flügelabschlag

taube zu hören, besonders beim Balzflug des Täubers. – Die etwas kleinere *Hohltaube* nistet in Baumhöhlen. – Ein seltener Waldbewohner ist die *Turteltaube*. Sie trägt ein rostrotes Gefieder mit schwarzweißen Streifen am Hals und läßt ein girrendes „turtur" hören. – Alle Waldtaubenarten leben im Gegensatz zur Felsentaube und Haustaube nicht in Gemeinschaften, sondern einzeln. – Die unscheinbarer gefärbte, aus Indien stammende *Türkentaube* ist seit der Mitte des Jahrhunderts auch bei uns heimisch geworden. Sie breitet sich immer weiter nach Westen und Norden aus und verdrängt dabei vielerorts die Turteltaube. – Tauben gibt es in allen Erdteilen und in allen Zonen. Man kennt rund 300 Arten. Die meisten von ihnen sind Waldbewohner.

Die *Tauben* sind Körnerfresser. Sie haben einen weichen Schnabel mit harter Spitze und knorpeligen Klappen zum Verschließen der Nasenlöcher. Die Jungen sind Nesthocker und werden mit „Kropfmilch" ernährt.

Ringeltaube

Türkentauben

Flügelaufschlag

Der Vogelflug

Wir beobachten bei den Vögeln verschiedene Arten des Fliegens. Die einfachste Flugart ist der *Gleitflug*. Dabei läßt sich der Vogel mit ausgebreiteten Flügeln nach unten gleiten, so etwa, wenn er von einem Baum oder Dach zum Boden herabschwebt. Die über die Flügel hinwegstreichende Luft erzeugt dabei einen nach oben ziehenden Sog.

Halte ein Blatt Papier an einem Rand fest, so daß es über deine Hand herunterhängt, und blase kräftig darüber weg!

Andererseits drückt der „Gegenwind" den etwas gewölbten Flügel an seiner Unterseite nach oben. Schon bei stillgehaltenen Flügeln erfährt also der fliegende Vogel – genau wie das Flugzeug durch die Tragflächen – einen Auftrieb. Dieser ist um so größer, je rascher die Luft die Flügel umströmt. Dadurch geht das anfängliche Fallen des Vogels rasch in ein langsameres Gleiten über.

Die weitaus häufigste Art des Vogelflugs ist der *Ruderflug*. Dabei „rudern" die Vögel mit raschen Flügelschlägen durch die Luft. Beim Abwärtsschlag werden die großen Handschwingen (s. Abb. S. 99) hinten etwas nach oben gedreht und zusätzlich durch den Luftwiderstand an ihrem Hinterrand nach oben gebogen, so daß der Gegendruck der Luft dem Flügel nicht nur einen Auftrieb, sondern gleichzeitig einen Vorwärtsschub erteilt. Beim Aufwärtsschlagen wird der Handflügel so abgewinkelt, daß die Handschwingen nach unten stehen; oft werden die Federn außerdem noch gespreizt, so daß die Luft zwischen ihnen hindurchstreichen kann. So ist die Wirkung des Flügels auf die Luft beim Aufwärtsheben gering. Die Stellung der körpernahen Armschwingen ändert sich beim Auf- und Abschlagen des Flügels nur wenig. Dieser Teil des Flügels dient wie beim Gleitflug vor allem dem Tragen des Vogelkörpers in der Luft. – Große Vögel rudern langsam, kleine schnell. Kolibris machen 50 und mehr Flügelschläge in der Sekunde, sperlinggroße Vögel etwa 10, Raubvögel 3–5, Pelikan und Albatros einen. An Fluggeschwindigkeit erreichen Kleinvögel 30–40, Stare, Tauben, Wildenten und viele andere 50–100, Schwalben, Segler und Falken über 100 km in der Stunde. Durch Rückenwind können diese Geschwindigkeiten mehr als verdoppelt werden.

Auch der *Schwanz* ist für das Fliegen von Bedeutung. Er wird dabei oft fächerartig gespreizt, kann als Höhensteuer auf- oder abwärts gestellt werden und vermehrt beim Landen den Luftwiderstand. Gute Flieger haben meist einen starken Schwanz, Wasservögel einen kurzen oder auch gar keinen.

Weitere Flugarten, den *Segelflug*, den *Rüttelflug* und den *Wellenflug*, lernen wir bei den Raubvögeln und den Spechten kennen.

Das Haushuhn

Haushühner werden wegen ihres großen Nutzens überall auf der Erde gehalten. Ein Hühnervolk besteht aus einem Hahn und einer Anzahl Hennen. Im Gegensatz zu den meisten anderen Vögeln leben die Hühner fast nur am Boden. Tagsüber laufen sie ständig umher, immer auf der Suche nach Nahrung. Das Wasser meiden sie, baden aber gerne im Staub oder Sand. Das Huhn ist ein guter Läufer, aber ein schlechter Flieger. Sogar seinen Feinden, dem Habicht, dem Fuchs und anderen, versucht es rennend zu entfliehen. Dabei schlägt es zur Steigerung der Geschwindigkeit hastig mit den kurzen, breiten Flügeln. Erst in der höchsten Not fliegt es auf und flattert laut gackernd in geringer Höhe 10 oder 20 m weit. Abends suchen die Hühner frühzeitig ihre Schlafplätze auf und hüpfen und flattern auf ihre Sitzstangen, auf denen sie die Nacht verbringen.

Körperbau. Der gedrungene Körper wird von mittellangen, starken Beinen getragen. Die Zehen sind groß und kräftig. Wenn das Huhn auf seiner Stange aufsitzt, umklammern sie diese selbsttätig. Die Sehne eines Beinmuskels läuft über das Knie- und Fersengelenk, die eines andern nur über das Fersengelenk zu den Zehen. Geht das Huhn in die Hocke, werden die beiden Sehnen durch das Beugen der Gelenke angespannt und ziehen die Zehen in die Umklammerungsstellung. Da dabei keine Muskeln angestrengt werden, können sich die Vögel beliebig lange anklammern, ohne zu ermüden. Diesen Klammermechanismus haben alle Vögel, die sich zum Ruhen und Schlafen auf Zweigen niederlassen.

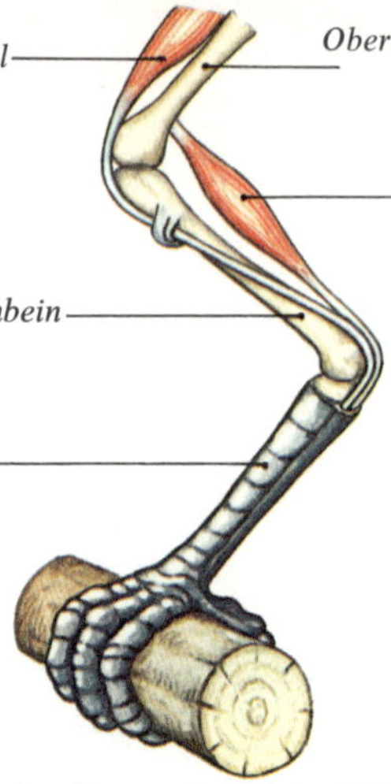

Vogelfuß (Klammermechanismus)

Hühnervolk auf einem Bauernhof

Am *Kopf* des Huhnes fallen neben dem kräftigen keilförmigen Schnabel einige nackte Hautlappen auf: auf dem Scheitel erhebt sich ein roter Kamm, und vom Unterschnabel hängen zwei rote Kehllappen herab. Die Wangen zeigen rote und weiße Hautstellen.
Der *Hahn* übertrifft die Henne an Größe und Stärke. Er besitzt einen größeren Kamm, größere Kehllappen und ein schöneres Gefieder. Seine großen Schwanzfedern sind sichelförmig gebogen. Über der Hinterzehe trägt er einen Sporn. Diesen benutzt er gleich dem Schnabel als Waffe, wenn er mit einem anderen Hahn um die Herrschaft kämpft.

Ernährung. Im Hof und Grasgarten picken die Hühner emsig Samenkörner, zarte Grasblätter, Würmer, Insekten und andere Kleintiere auf. Oft scharren sie mit den stumpf bekrallten Zehen die lockere Gartenerde oder den Mist- oder Komposthaufen auf, treten dann einen Schritt zurück, drehen suchend den Kopf und ergreifen die freigelegte Nahrung. Dabei entgeht den scharfsichtigen Augen nicht das kleinste Körnchen. Freilich findet das Hühnervolk auf diese Weise meist nicht genügend Nahrung, zumal ja alles täglich aufs neue durchsucht wird. Es muß deshalb zusätzlich mit Getreide, Rüben, gekochten Kartoffeln, Salat- und Kohlblättern gefüttert werden. Die Rüben und Kartoffeln zerhackt das Huhn mit dem kräftigen *Schnabel*, von den Blättern schneidet es mit den scharfen Schnabelrändern kleine Stücke ab. Die Körner werden wie bei der Taube im *Kropf* und *Drüsenmagen* aufgeweicht und dann im *Muskelmagen* zwischen Steinchen zermahlen. Die Nasenlöcher können nicht wie die der Taube durch Klappen verschlossen werden; daher vermag das Huhn das Trinkwasser nicht einzusaugen. Es schöpft vielmehr das Wasser mit dem Unterschnabel, hebt den Kopf empor und läßt es in den Schlund fließen.

Kropf und Magen eines körnerfressenden Vogels

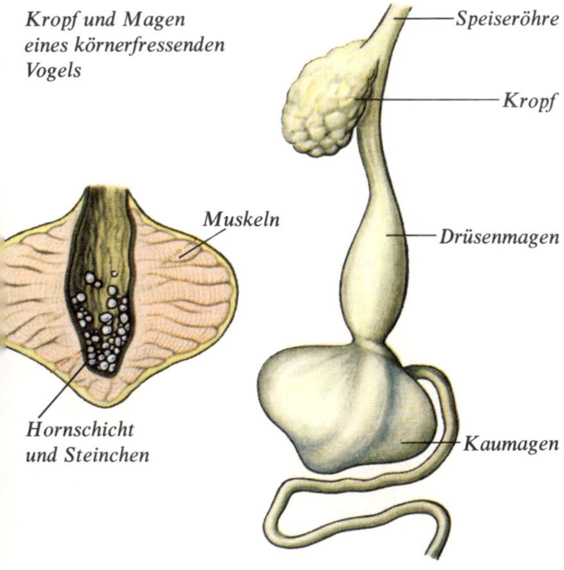

Verständigung. Auch gesellig lebende Vögel können sich durch unterschiedliche Laute miteinander verständigen. So kann man beim Haushuhn etwa 20 verschiedene *Verständigungslaute* unterscheiden. Mit „gluck, gluck, gluck" lockt die „Glucke" ihre Küchlein, mit „gock, gock, gock" warnt sie vor einer am Boden sich nahenden Gefahr, etwa einem fremden Menschen, einem Hund oder einer Katze, mit „räh, räh" vor einer Gefahr aus der Luft (Habicht). Mit „tück, tück, tück" zeigt der Hahn seinem Volk gefundenes Futter an; sein lautes „Kikeriki" läßt er erschallen, um sein Revier zu kennzeichnen. Schon das Küken verfügt über sieben verschiedene Pieplaute, mit denen es Hunger, Wohlbehagen, Schmerz, Furcht u. a. ausdrückt. Alle diese Laute sind den Tieren angeboren.

Rangordnung. Wie im Wolfsrudel gibt es in einer Hühnerschar ranghöhere und rangniedere Tiere. Der ranghöchsten Henne müssen am Futterplatz, an der Tränke, am Schlafplatz die anderen weichen. Sie vertreibt sie durch Hacken mit dem Schnabel. Ebenso hackt aber die in der Rangordnung zweite Henne die dritte und alle folgenden, die dritte die vierte, fünfte usw. Diese Rangordnung, die an der *Hackordnung* leicht erkannt werden kann, ist teils durch das Alter der Hühner festgelegt, teils durch Kämpfe, nach denen sich die Unterlegene der Siegerin für längere Zeit unterordnet.

Fortpflanzung. Der Vogel entsteht aus dem *Ei.* Dieses muß im Eileiter befruchtet werden, ehe es mit der harten Eischale umgeben wird. Der Bau ist bei allen

Bau des Vogeleies

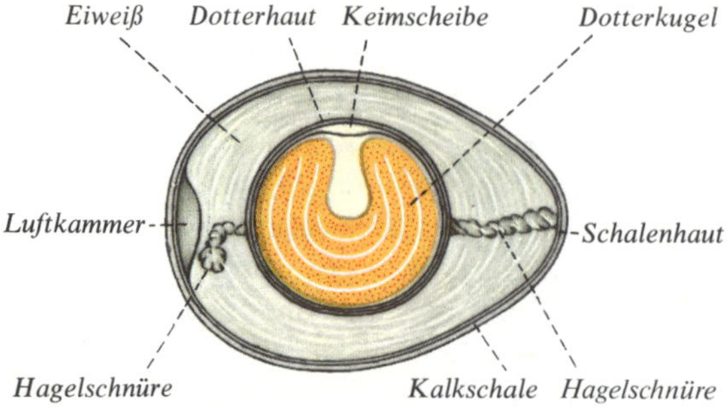

Vogeleiern gleich und läßt sich am Hühnerei gut beobachten. Ein Ei besteht aus einer großen, gelben Dotterkugel, dem wasserklaren, zähflüssigen Eiweiß und einer festen, luftdurchlässigen Kalkschale. Die Dotterkugel wird von der zarten Dotterhaut umschlossen und durch zwei Eiweißstränge, die Hagelschnüre, in der Mitte des Eies im Eiweiß schwebend gehalten. Dieses ist seinerseits von einer derben, zweischichtigen Schalenhaut umschlossen, die der Kalkschale dicht anliegt. Am stumpfen Ende des Eies weichen die beiden Hautschichten auseinander und bilden eine Luftkammer.

Unter der Dotterhaut bemerkt man eine kleine, weiße Scheibe. Aus dieser *Keimscheibe* bildet sich im befruchteten und bebrüteten Ei der junge Vogel. Dotter und Eiweiß enthalten die Baustoffe, aus denen sein Körper im Laufe von drei Wochen entsteht. Zu seiner Atmung dient der Luftvorrat der Luftkammer. Dieser wird durch die poröse Eischale hindurch ständig erneuert; dabei entweicht die verbrauchte Luft nach außen.

Wenn im Frühjahr Hennen mit dem Eierlegen aufhören und ständig auf ihrem Nest sitzen bleiben, wollen sie *brüten.* Solchen brutbereiten Hennen legt man dann etwa 13 frische Eier unter. Die Glucke bebrütet die Eier fast ununterbrochen, indem sie sie mit ihrem Körper erwärmt. Sie verläßt das Nest täglich nur für wenige Minuten, um zu fressen und zu trinken. Täglich wendet sie die Eier mehrfach mit Schnabel und Füßen um, damit jedes genügend Wärme und Luft bekommt. Bei der gleichbleibenden Temperatur von 38 – 40° entwickeln sich in den Eiern die jungen Hühnchen. Am 21. Bruttag ritzt das fertige Küken mit dem Eizahn, einem harten Höcker des Oberschnabels, die Schale auf und schlüpft aus. Die Küken sind mit weichen, meist gelben Flaumfedern bekleidet und können schon wenige Stunden nach dem Ausschlüpfen laufen und selbst fressen. Solche Jungvögel nennt man *Nestflüchter.* Die Glucke führt ihre Küken in den ersten Wochen, behütet sie, lehrt sie Futter suchen und verteidigt sie gegen Feinde. Nachts und an kalten Tagen nimmt sie sie unter ihre Flügel. Nach einem Jahr sind die Küken erwachsen.

Abstammung und Rassen. Das Haushuhn wurde in Ostasien aus dem Bankivahuhn gezüchtet, das dort noch heute in den Wäldern lebt. Die Rassen des Haushuhnes unterscheiden sich in Größe, Körpergestalt und Gefieder sowie in der Form des Kammes oft stark voneinander. Als gute Eierleger sind besonders das rebhuhnfarbene *Italienerhuhn* und das reinweiße *Leghorn* geschätzt. Außerdem gibt es große, schwere Fleischhühner, so das *Brahmahuhn.* Durch Kreuzung sind auch einige Rassen entstanden, die gute Eierleger und zugleich gute Fleischhühner sind, so das *Rhodeländer* Huhn.

Entwicklung des Hühnchens im Ei

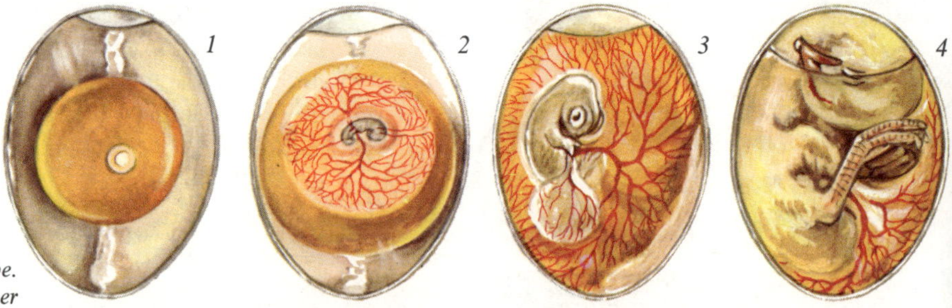

1 Unbebrütetes Ei mit kleiner Keimscheibe.
2 Nach 4tägiger Brutdauer ist der Keim deutlich erkennbar und haben sich Blutgefäße ausgebildet, die dem Keim Nahrung aus dem Dotter zuführen.
3 Nach 7 Tagen sind an dem Keim Augen und Gliedmaßen zu erkennen sowie eine große, äußere Harnblase.
4 Nach 19 Tagen ist der Dotter nahezu aufgebraucht und das Küken bald fertig zum Schlüpfen.

Hühnerrassen. Oben: ein Paar Bankivahühner, Leghornhenne, ein Paar Zwerghühner
Unten: Italienerhenne mit Küken, Brahmahenne, Rhodeländer Henne

Wirtschaftliche Bedeutung. Hühnereier sind für uns ein wichtiges Nahrungsmittel. Während das wilde Bankivahuhn nur einmal im Jahr 10 Eier legt, bringt es gegenwärtig eine gute Haushenne auf jährlich 150–200, als Höchstleistung sogar 300 Eier. Dabei wiegt das Ei des Bankivahuhnes durchschnittlich 35 g, das des Haushuhnes etwa 50–60 g. Neben den Eiern wird auch das Fleisch des Huhnes hochgeschätzt. – Das Haushuhn wird heute vielfach in riesigen *Hühnerfarmen* gehalten, wobei zur Nachzucht große Brutapparate verwendet werden.

Verwandte

Das **Rebhuhn** ist ein rundliches, etwas mehr als taubengroßes Wildhuhn, das bei uns noch ziemlich häufig in freier Flur vorkommt. Durch sein erdfarbenes Gefieder ist es gut getarnt. Wir erkennen es daher oft erst, wenn eine ganze Familie – vom Jäger Volk oder Kette genannt –, durch uns aufgeschreckt, mit klatschendem Geräusch niedrig über dem Boden davonfliegt. Das Nest wird wohlverborgen am Boden in Getreidefeldern oder Hecken angelegt. Das Gelege besteht aus 10–20 braungelben Eiern; es wird allein

Rebhühner mit Jungen

Jagdfasan und zwei Hennen

Balzender Auerhahn und zwei Hennen

von der Henne ausgebrütet. Die Familie aus Henne, Hahn und Junghühnern bleibt bis zum nächsten Frühjahr beisammen. Rebhühner verlassen ihr Wohngebiet nicht, sie sind Standvögel.

Der **Fasan** ist in manchen Gebieten Deutschlands an Waldrändern und auf Feldern regelmäßig anzutreffen. Er ist ein Fremdling aus dem Osten, der bei uns als Jagdvogel ausgesetzt wurde und sich gut eingebürgert hat.
Einige andere Hühnervögel sind in unserer Heimat allmählich selten geworden. So die scheue *Wachtel*, die im Spätherbst südwärts zieht. Sie ist nur 18 cm groß und hat einen leicht erkennbaren Ruf, der wie „pickperwick" klingt. – Das *Birkhuhn* lebt in Heide- und Moorgebieten und in lichten Wäldern. Die Henne hat ein unscheinbar braunes, der Birkhahn aber ein blauschwarzes Gefieder mit auffällig nach vorn gebogenen Schwanzfedern (Spielhahnfedern). – Das gänsegroße, scheue *Auerhuhn* bewohnt fast nur noch Bergwälder. Zur Paarungszeit im Frühjahr balzt der Auerhahn im Morgengrauen an bestimmten Plätzen. Dabei sträubt er die Federn, schlägt mit dem Schwanz ein Rad und stößt seltsame Töne aus. – Das *Schneehuhn* lebt in den Alpen oberhalb der Baumgrenze und in den kargen, baumlosen Gebieten der nordischen Länder. Es hat im Sommer ein braungesprenkeltes, im Winter ein weißes Gefieder.
Einige Hühnervögel fremder Länder werden bei uns noch neben dem Haushuhn als Haustiere gehalten. Das schwarzbraune *Truthuhn*, meist als Puter bekannt, stammt aus Amerika, das dunkelgraue, weißgefleckte *Perlhuhn* aus Afrika. Beide haben schmackhaftes Fleisch. Der prächtig gefiederte *Pfau* ist ein Gast aus Ostindien. Der Pfauhahn hat hinten am Rücken vor dem eigentlichen Schwanz über 1 m lange, prächtige, grüngolden glänzende Federn. Bei der Balz schlägt er damit vor dem Weibchen ein eindrucksvolles Rad.

Die *Hühnervögel* (etwa 240 Arten) sind meist große, gedrungene Bodenvögel mit kurzen, abgerundeten Flügeln, kräftigen, mittellangen Beinen und derbem Schnabel. Sie sind schlechte Flieger. Der Hahn ist gewöhnlich größer und prächtiger gefärbt als die meist erdfarbene Henne, die stets allein brütet. Die frischgeschlüpften Jungen haben ein dichtes, schutzfarbenes Dunenkleid und sind Nestflüchter.

Entenvögel

Die Hausente

Die Hausente bevölkert vielfach die Teiche und Bäche der Dörfer. Das Männchen, der Erpel, trägt ein farbenprächtiges Gefieder und ist außerdem durch einige aufwärtsgekrümmte Schwanzfederchen gekennzeichnet. Das Weibchen dagegen ist unscheinbar braungesprenkelt oder rein weiß; auch andere Färbungen kommen vor.

Gänse (vorne) und Enten (hinten) am Dorfweiher

Die Ente, ein Schwimmvogel. Enten leben vorwiegend auf dem Wasser. Für diese besondere Lebensweise sind sie gut ausgerüstet. So schwimmt die Ente ohne Anstrengung auf dem Wasser und schläft hier sogar. Dabei wird sie von ihrem lufthaltigen *Federkleid* wie von einer Schwimmweste getragen. Das Dunenkleid ist an Brust und Bauch sehr dick, enthält viel Luft und ist nach außen von dicht anliegenden, straffen Deckfedern abgeschlossen. Diese sind eingefettet, so daß das Wasser nicht in das Gefieder eindringen kann. Das Fett drückt die Ente mit dem Schnabel aus der *Bürzeldrüse* und verreibt es über die Deckfedern. Zugleich schützt dieses dichte Federkleid ebenso wie eine dicke Fettschicht unter der Haut das gleichwarme Tier vorzüglich gegen die Kälte des Wassers.

Der *Rumpf* hat die Form eines breiten Lastkahns und ruht daher sicher auf dem Wasser. Kurze, starke Beine dienen als Ruder und Steuer. Zwischen den drei großen Vorderzehen sind *Schwimmhäute* ausgebildet, so daß die gespreizten Füße beim Rückwärtsschlag wie große Schwimmflossen wirken (Abb. S. 136). Beim Vorholen des Schwimmfußes werden die Zehen aneinandergelegt; so durchschneidet der Fuß jetzt leicht die Flut, zumal der kurze Lauf vorne scharfkantig ist. Das Auseinanderspreizen und Zusammenfallen der Schwimmhäute läßt sich auch an der auf dem Land gehenden Ente gut beobachten.

Auch der *Schnabel* entspricht der Lebensweise des Tieres. Die Ente ist ein Allesfresser. Am liebsten sucht sie sich im Wasser Frosch- und Fischlaich, allerlei Kleingetier sowie Wasserlinsen und andere Wasserpflanzen. Die meist kleinen Nahrungsteilchen werden an der Wasseroberfläche aufgefischt oder aus dem Bodenschlamm ausgesiebt. Die Innenränder des Schnabels tragen je eine Reihe kleiner Hornleisten, und die große, fleischige Zunge ist an den Seitenrändern mit hornigen Zähnchen und Fransen besetzt.

Die Füße der Ente beim Schwimmen

Wild- oder Stockenten

Das aufgenommene, oft schlammige Wasser fließt über die Zunge durch die Rillen der Schnabelränder nach außen ab, während die festen Teile zurückgehalten werden (*Seihschnabel*). Aus ihnen sondert die feinfühlige Zunge das Genießbare aus. Den Bodenschlamm seichter Gewässer erreicht die Ente mit ihrem langen Hals. Oft taucht sie beim Gründeln auch noch den Vorderkörper tief ins Wasser hinab, so daß nur noch das Hinterteil über das Wasser herausragt. Die Ente kann mit dem Schnabel auch gut greifen und z. B. Pflanzenteile abrupfen. Hierzu verwendet sie vor allem die harte Hornschuppe an der Schnabelspitze, den „Nagel". Feste Nahrungsteile werden wie bei den Tauben und Hühnern im Muskelmagen zerkleinert.

Auf dem Land kann sich die Ente nur schwerfällig fortbewegen. Die kurzen, weit auseinander stehenden Beine eignen sich zwar zum Rudern und Steuern vorzüglich, beim Gehen aber zwingen sie zu einem plumpen Watschelgang.

Kopf der Hausente

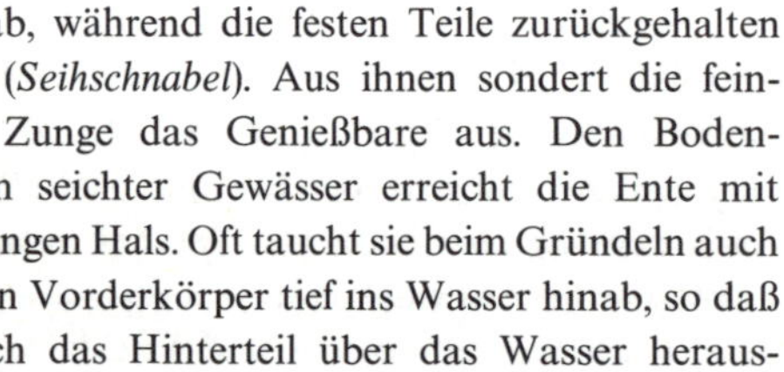

Die Jungen. Da die Hausente oft nicht weiterbrütet, wenn sie gestört wird, legt man ihre Eier meist einer Henne unter. Die Jungen sind *Nestflüchter*, die am liebsten gleich nach dem Schlüpfen das Wasser aufsuchen. Sie folgen dabei ihrem angeborenen Instinkt, dem sie auch verdanken, daß sie schwimmen können, ohne es gelernt zu haben.

Nutzen. Die Ente liefert uns Fleisch, Fett und Eier zur Nahrung und *Flaumfedern* zum Füllen der Betten. Da die Enteneier Krankheitserreger enthalten können, dürfen sie nur hartgekocht gegessen werden.

Verwandte. Die Binnengewässer unserer Heimat und insbesondere die Küsten der Meere werden von zahlreichen wilden Entenarten bevölkert. Unsere häufigste einheimische Wildente ist die *Stockente*. Von ihr stammt auch unsere Hausente ab. Beide ähneln sich im Gefieder sehr, doch sind bei der Stockente die Weibchen stets braungesprenkelt. Im Gegensatz zur Hausente kann die Stockente vorzüglich fliegen. Sie nistet an einem trockenen Platz im Schilf oder Gebüsch. Wegen ihres wohlschmeckenden Fleisches wird sie eifrig gejagt. Halbwilde Stockenten bevölkern

Höckerschwäne mit Jungen

heute vielfach die Wasserflächen unserer städtischen Anlagen. Während die wilden Stockenten als Zugvögel im Winter in den Süden ziehen, bleiben in den Städten viele Tiere bei uns, selbst wenn die Wasserflächen zugefroren sind.
Die *Eiderente* findet sich neben vielen anderen Arten an den Gestaden der nördlichen Meere. Sie polstert ihr Nest mit Daunen aus, die vom Menschen gesammelt und hochgeschätzt werden.

Die Hausgans

Die Hausgans ist der Ente ähnlich, ist aber größer als sie und hat einen längeren Hals. Da ihre Beine weiter vorne aus dem Rumpf hervortreten, kann die Gans besser laufen als die Ente. Sie hält sich auch mehr auf dem Land auf und nährt sich fast nur von Pflanzenstoffen. Die Jungen mit ihrem gelben Flaumkleid sind niedliche Nestflüchter, die wie die kleinen Entchen sehr bald das Wasser aufsuchen.
Gänserich und Gans halten zeitlebens zusammen. Sie führen ihre Jungen gemeinsam aus, wobei die Gans stets die Spitze, der Gänserich die Nachhut des „Gänsemarsches" bildet. Feinde werden mit drohend aufgesperrtem Schnabel und heftigem Zischen abgewehrt. In der *Gänseherde* herrscht eine genaue Rangordnung. Die einzelnen Tiere kennen sich am Gesicht. Eltern und Kinder finden in der Herde durch ihre Rufe zusammen. Auch ihren menschlichen Pfleger erkennen die Gänse schon von weitem an der Stimme.
Die Gänse werden in erster Linie ihres Fleisches wegen gehalten. Die Flaumfedern dienen zum Füllen der Betten.

Die **Graugans** ist die wilde Stammform der Hausgans. Sie brütet noch in großer Zahl in den Seengebieten Nordostdeutschlands und der nordischen Länder. Im Herbst ziehen die Wildgänse ins Mittelmeergebiet. Dabei fliegen sie in keilförmiger Flugordnung.

Der reinweiße **Höckerschwan,** ein naher Verwandter der Hausgans, ist eine Zierde unserer Parkteiche. Wild lebt er noch in Nordeuropa, auf einigen Seen Norddeutschlands und in Sibirien. Der Name bezieht sich auf den schwarzen Höcker über dem Schnabelansatz.

Die *Entenvögel*, etwa 150 Arten, haben ein dickes, lufthaltiges Gefieder, *Schwimmfüße* und einen *Seihschnabel*. Die Jungen sind *Nestflüchter*, die sogleich nach dem Schlüpfen schwimmen können.

Singvögel

Sperlingsvögel

Der Haussperling

Der Sperling oder Spatz ist ein „*Kulturfolger*". Als Körnerfresser ist er einst dem Getreideanbau gefolgt. Er hält sich an die menschlichen Siedlungen und ist in Dorf und Stadt, in Hof und Garten, auf Straßen und Plätzen überall anzutreffen. Der Sperling lebt gesellig und tritt oft in ganzen Scharen auf. An seinem lauten Schilpen ist er leicht zu erkennen. Sein *Federkleid* ist vorwiegend graubraun; quer über die Flügel zieht eine weißliche Binde. Das Männchen ist durch eine schwarze Kehle und einen grauen Scheitel gekennzeichnet.

Seine *Nahrung* sucht der Sperling vorwiegend am Erdboden. Er beißt aber auch von den Obstbäumen Blütenknospen ab, plündert Kirschbäume, und wenn das Getreide zu reifen beginnt, fällt er scharenweise in die Felder ein. Der dicke, kegelförmige Schnabel eignet sich gut, Samen zu enthülsen und von Früchten kleine Stückchen abzupicken. Daneben verzehrt der Sperling eine Menge Insekten. Selbst im Winter findet er bei uns so viel Nahrung, daß er satt wird und somit im Lande bleiben kann (*Standvogel*).

Aus Federn, Haaren, Halmen und Wollfäden baut der Sperling in Mauerlöchern und ähnlichen Schlupfwinkeln ein unordentliches, aber weich ausgepolstertes *Nest*. Er benützt es nicht nur zum Brüten, sondern wohnt und schläft das ganze Jahr über darin, was sonst Vögel nicht tun. Das Weibchen legt alljährlich zwei- bis viermal 5 oder 6 bläuliche oder rötliche Eier, die graue oder braune Punkte und Striche aufweisen. Die Jungen sind *Nesthocker*, die anfänglich vor allem mit kleinen Raupen gefüttert werden. Sie verlassen frühzeitig das Nest, hüpfen am Boden umher und werden noch weiterhin von ihren Eltern betreut.

Haussperling *Feldsperling*

Buchfinken am Nest

Der **Feldsperling** ist ähnlich, aber lebhafter gefärbt als der Haussperling. Man erkennt ihn besonders an dem schwarzen Fleck in der Ohrgegend. Er bewohnt die Randgebiete von Dorf und Stadt, führt dieselbe Lebensweise wie der Haussperling und richtet wie dieser in Obstgärten, Weinbergen und Kornfeldern viel Schaden an.

Finken

Der Buchfink

Unter den Vögeln, die den Garten beleben, ist der Buchfink einer der häufigsten. Er bewohnt auch Parkanlagen und, wie sein Name besagt, Buchen- und andere Wälder. Den Namen Fink trägt er nach seinem Lockruf, der sich wie „pink-pink" anhört. Der *Gesang* des Männchens ist ein schmetternder „Schlag". Der schmucke Vogel ist an dem schieferblauen Kopf, der braunroten Unterseite sowie an den weißen und gelblichen Flügelbinden leicht zu erkennen. Das Weibchen zeigt eine mehr graubraune Färbung. In einer Astgabel nahe am Stamm eines Baumes wird das kunstvolle *Nest* angelegt. Es ist mit Moos, Flechten und Rindenstückchen überzogen und dadurch vorzüglich getarnt. Der Buchfink frißt Insekten und allerlei Samen. Er hat wie der Sperling einen kurzen, kegelförmigen *Schnabel*, mit dem er die Samen leicht von der Schale befreien kann. Im

Stieglitz oder Distelfink

Gimpel oder Dompfaff

September vereinigen sich die Finken zu kleinen Gesellschaften und streichen im Land umher; später ziehen sie nach dem Süden. Dabei fliegen die Männchen und die Weibchen in getrennten Schwärmen. Vor allem ältere Männchen bleiben auch im Winter bei uns. Im Frühjahr suchen die Männchen eine passende Nistgelegenheit. Mit unermüdlichem Gesang versuchen sie um diese Zeit, ihr kleines *Revier* zu behaupten. Mit aufgesperrtem Schnabel greifen sie eindringende Artgenossen an. Aber nur innerhalb des eigenen Reviers sind sie so mutig.

Finkenvögel

Der *Grünfink* ist an seinem mattgrünen Gefieder mit den gelben Streifen auf den Flügeln und am Schwanz zu erkennen. Auch in Städten ist er im Gebüsch der Gärten und Anlagen häufig. Im Winter ist sein Verhalten gegen andere Vögel am Futterhäuschen gut zu beobachten. – Die *Goldammer* ist am Kopf und an der Unterseite zitronengelb, am Rücken braun. Sie ist ein Landstraßenvogel. Ihr Ruf klingt wie „Ach wie hab ich dich lieb!" – Dem *Distelfink* (Stieglitz) begegnen wir an Wegerändern und in Gärten. Im Herbst bevorzugt er Distelsamen. Seinem Ruf „didlit, didlit...", verdankt er den Namen Stieglitz. – Der *Hänfling* ist oft in Hecken und auf Feldern zu sehen, wo er in Schwärmen auftritt. Er hat eine Vorliebe für Hanfsamen. Scheitel und Brust des Männchens sind blutrot. – Der *Kernbeißer*, unser größter Finkenvogel, ist an seinem sehr großen, kräftigen Schnabel zu erkennen. Er frißt Samen, Knospen und Käfer. Von Kirschen und Pflaumen verschmäht er das Fleisch und verzehrt nur die Samen. – Der *Gimpel* oder Dompfaff lebt sommers im Wald; winters kommt er in unsere Gärten und ist oft Gast am Futterhäuschen. – Der *Fichtenkreuzschnabel* bricht mit dem „Kreuzschnabel" die Schuppen der Fichtenzapfen auf, um die Samen zu erlangen.

Alle die hier genannten Finkenvögel sind *Strichvögel*, d. h. sie bleiben im Winter hier und streichen nahrungsuchend im Land umher.

Der *Kanarienvogel* wurde aus einem grüngelben Finkenvogel der Kanarischen Inseln gezüchtet.

Fichtenkreuzschnabel

Unsere häufigsten einheimischen Meisen und der Kleiber.

1 Kohlmeise
2 Blaumeise
3 Schwanzmeise
4 Haubenmeise
5 Tannenmeise
6 Sumpfmeise
7 Kleiber

Meisen

Die **Kohlmeise** (Abb. 1) ist unsere größte und häufigste einheimische Meise. Sie unterscheidet sich von den anderen Meisen durch den schwarzen Längsstreifen in der Mitte der gelben Unterseite. Unverkennbar ist ihr Ruf „zizidäh, zizidäh". Rastlos klettert der lebhafte Vogel im Gezweig der Büsche und Bäume umher und kann sich dabei in jeder Stellung halten. Er sucht hier vor allem nach Insekten und deren Brut und ist dadurch einer unserer nützlichsten Vögel. Besonders im Winter ernährt sich die Kohlmeise auch von Sämereien. Zu große Nahrungsbrocken wie z. B. Sonnenblumenkerne hält sie mit ihren Füßchen auf einem Zweig fest und zerlegt sie mit dem Schnabel.

Alle *Meisen* sind *Höhlenbrüter*. Sie nisten in Baumhöhlen, Astlöchern, Mauerlücken und nehmen gern ausgehängte Nistkästen an. Im Inneren der Höhle bauen sie ein Nest, das sie weich auspolstern. Alle unsere Meisen sind *Standvögel*, die im Winter bei Schnee und Eis in Nahrungsnot kommen können und für die deshalb Winterfütterung sehr wichtig ist. Die meisten Arten treten im Winter in Schwärmen auf.

Die *Blaumeise*, kleiner als die Kohlmeise, ist an der blauen Kopfkappe und dem gelben Bauch zu erkennen. – Die *Schwanzmeise* hat einen auffallend langen, schmalen Schwanz und einen weißen Streifen auf dem Kopf. – Die *Tannenmeise* lebt vorwiegend im Nadelwald und ist an ihrem weißen Nackenfleck zu erkennen. – Die *Haubenmeise*, kenntlich an ihrer Federhaube, frißt wie die Tannenmeise Insekten und Nadelholzsamen. – *Sumpfmeise* und *Weidenmeise* sind einander sehr ähnlich. Sie kommen vor allem in Auwäldern und Ufergebüschen vor.

Lerchen

Die Feldlerche

An schönen Frühlings- und Sommertagen hören wir über den Feldern oft das Tirilieren einer Lerche. Mit schwirrendem Flügelschlag steigt sie steil empor und singt dabei ununterbrochen. In großer Höhe bleibt sie rüttelnd stehen, breitet dann die Flügel aus und gleitet langsam abwärts. Zuletzt legt sie die Flügel an und stürzt wie ein Stein herab. Erst nahe über dem

Boden fängt sie sich und landet einige Meter von ihrem Nest entfernt, um dessen Standort nicht zu verraten. Am Boden entschwindet sie dank ihres erdfarbenen Gefieders unserem Blick. Das Nest, das sie in einer Bodenvertiefung aus Wurzeln und Hälmchen baut, ist nur schwer zu entdecken (Bodenbrüter); auch die grau- und braungefleckten Eier heben sich vom Ackerboden kaum ab. Die Lerche nährt sich von Insekten, Getreide- und anderen Samenkörnern, die sie trippelnd vom Boden aufpickt. Mit ihren kurzen, kräftigen Beinen, deren Hinterzehe eine spornartige Kralle trägt („Lerchensporn"), läuft sie schnell und ausdauernd. Als ursprünglicher Steppenbewohner hält sie sich nur am Boden und in der Luft auf, nie auf Bäumen. Auch badet sie nicht im Wasser, sondern nur im Sand. Im Herbst ziehen die Lerchen in den Süden. Sie kommen in der Regel schon im Februar, zur Zeit der Schneeschmelze, wieder zurück. Die Männchen beginnen alsbald zu singen und grenzen mit ihrem Gesang die Reviere gegeneinander ab. Auch beim Flug werden die Reviergrenzen genau beachtet.

Andere Lerchen. Die *Haubenlerche*, kenntlich an der Federhaube, hält sich wie die Goldammer mit Vorliebe an Wegen und Straßen auf. Sie bleibt im Winter bei uns. Ihre Nahrung besteht vorwiegend aus Sämereien, die sie vielfach auf der Straße trippelnd sucht, wobei sie ihre Haube von Zeit zu Zeit aufrichtet. Wenn hoher Schnee liegt, kommt sie häufig in die Dörfer und auf die Höfe.

Die *Heidelerche* lebt auf Heiden und größeren Waldlichtungen. Sie ist eine vorzügliche Sängerin.

Feldlerche

Amseln am Nest

Drosseln

Die Schwarzdrossel oder Amsel

Einst war die Amsel ausschließlich ein Waldvogel. Erst seit etwa 100 Jahren haben immer mehr Amseln die Scheu vor den Menschen verloren und sind in unsere Gärten und Parkanlagen übergesiedelt.

Die männliche Amsel ist kenntlich an dem tiefschwarzen Gefieder und dem stets goldgelben *Schnabel*. Das Weibchen hat ein dunkelbraunes, unten etwas helleres, geflecktes Federkleid und einen braunen Schnabel, der nur im Frühling gelblich wird.

Vom Vorfrühling an erfreut uns das Männchen mit seinem volltönenden, melodischen und abwechslungsreichen *Gesang*, den es besonders am frühen Morgen und am Abend ertönen läßt. Dabei sitzt es meist auf dem höchsten Punkt der Umgebung, einem Dachfirst, einem Mast oder dem Gipfel eines Baumes. Am Boden schießt die Amsel oft rasch trippelnd bald dahin, bald dorthin; meist aber hüpft sie, mit dem hochgestellten Schwanze wippend, in flachen Sprüngen vorwärts. Dabei verweilt sie immer wieder einen

Singdrossel

Augenblick, um zu sichern. Um Kleingetier aufzustöbern, wendet sie modriges Laub mit dem Schnabel um; Regenwürmer zieht sie, rückwärts zerrend, aus dem Boden. Daneben hat sie es auf saftige Früchte abgesehen, wodurch sie in unseren Gärten Schaden anrichtet.

Wenn sich im Frühjahr die Amselpaare zusammengefunden haben, wählt das Männchen in einem Gebüsch oder einer Hecke etwa 1–2 m über dem Erdboden einen geeigneten Nistplatz und verteidigt nunmehr sein Revier heftig gegen Artgenossen. Das Weibchen baut aus Halmen, Moos und Federchen ein halbkugeliges *Nest*. Als Mörtel dient ihm feuchte Erde. Die etwa haselnußgroßen, grünlichen Eier sind braunrotgefleckt (Abb. S. 144). Das Weibchen brütet allein und fliegt täglich nur kurze Zeit weg, um seinen Hunger zu stillen. Etwa jede Stunde wendet es die Eier mit dem Schnabel um, damit sie gleichmäßig durchwärmt werden. Das Männchen hält sich ständig in der Nähe des Nestes auf. Nach zwei Wochen schlüpfen die Jungen als nackte, blinde *Nesthocker*, die von der Mutter mit aufgeplustertem Gefieder gewärmt werden. Von früh bis spät tragen ihnen die Eltern Nahrung herbei. Die leichte Erschütterung des Nestes beim Anflug der Eltern veranlaßt die Jungen, den Schnabel emporzustrecken und aufzusperren. Sobald sie sehen können, „sperren" sie den ankommenden Eltern entgegen. Das leuchtende Gelb der Schnabelränder und das auffallende Rot des Rachens bilden für die Elterntiere den Anreiz zum Füttern. Nach etwa 2 Wochen verlassen die Jungen das Nest, obgleich sie noch nicht recht fliegen können. Sie trippeln und flattern in der Umgebung des Nistplatzes umher und werden noch eine Zeitlang von den Alten gefüttert. Dabei betteln die Jungen laut, so daß die Eltern sie finden. Auf Gefahren machen die Amseln ihre Jungen durch verschiedene *Warnlaute* aufmerksam, so durch „tak-tak-tak" oder dringender durch „tix-tix-tix" bei Gefahr am Boden, durch „zieh-zieh" bei Gefahr aus der Luft. Trotzdem fallen viele der halbflüggen Jungen der Katze, dem Sperber, der Elster und anderen Feinden zum Opfer. Da aber die Amseln zwei- bis dreimal im Jahr 4–5 Eier ausbrüten, kommen immer genügend Nachkommen durch, um die Art zu erhalten.

Die Jungvögel und die Weibchen ziehen im Herbst nach Italien und Südfrankreich; die alten Männchen dagegen bleiben in der Regel als Standvögel bei uns.

Verwandte. Die *Singdrossel* wird wie die Amsel zu einem Kulturfolger. Sie ist die beste Sängerin unter den Drosseln. Ihr Gesang ist leicht daran zu erkennen, daß sie jeden Ruf mehrmals wiederholt, z. B. „titi, titi, titi – didlit, didlit, didlit, didlit". – Die *Wacholderdrossel* kommt im Herbst in großen Scharen aus nordischen Ländern zu uns. Während sie aber früher nur als Wintergast bei uns weilte, ist sie jetzt mehr und mehr auch als Brutvogel bei uns heimisch geworden. Sie nährt sich von weichen Früchten wie Vogelbeeren und vor allem Wacholderbeeren.

Sänger

Die **Nachtigall** kehrt Mitte April aus dem Süden zurück und erfüllt mancherorts Parkanlagen, Auwälder und Feldgehölze mit ihrem herrlichen Gesang. Ihr Name bedeutet „die in der Nacht Singende". Sie singt auch am Tag; doch fällt ihr Gesang in der Stille der Nacht am meisten auf. Durch ihr unscheinbares, braungraues Gefieder entschwindet sie im Gezweig leicht unseren Blicken. Sie nährt sich vorwiegend von Raupen und anderen Insektenlarven, die sie meist am Boden sucht. Ihr kunstloses Nest baut sie in der Regel am Erdboden zwischen dürrem

Nachtigallen mit ihrem Nest

Laub, so daß es schwer zu entdecken ist. Noch ehe der Herbst kommt, verläßt uns die Nachtigall wieder.

Das *Rotkehlchen* hält sich in Wald und Garten vornehmlich im dichten Unterholz auf. Männchen und Weibchen sind gleichermaßen an dem rostroten Kehlbrustfleck zu erkennen. Manche Rotkehlchen bleiben im Winter bei uns und kommen an die Futterhäuschen, aber stets als Einzelgänger. Beim *Gartenrotschwanz* ist nur das Männchen an Bauch und Schwanz gelbrot; das Weibchen ist unscheinbar gefärbt. Der Gartenrotschwanz lebt und nistet auf Bäumen. Der *Hausrotschwanz* unterscheidet sich vom vorigen durch die schwärzliche Bauchseite. Als ursprünglicher Felsenbewohner nistet er vorwiegend am und im Haus, in Mauernischen, auf Dachsparren und an ähnlichen Plätzchen.

Als „Sänger" fassen wir ferner mit den Laub- und Rohrsängern einige Singvögel aus nahverwandten Familien zusammen. Der *Weidenlaubsänger* oder „Zilpzalp", wie er nach seinem einfachen Liedchen

Unsere häufigsten Sänger.

1 Rotkehlchen
2 Hausrotschwanz
3 Gartenrotschwanz
4 Gartengrasmücke
5 Mönchsgrasmücke oder Schwarzplättchen
6 Weidenlaubsänger

auch heißt, lebt in Wäldern und Parkanlagen. Er hat, wie die meisten der vielen Laubsänger, ein wenig auffälliges Gefieder. Der *Teichrohrsänger* und der etwas größere *Drosselrohrsänger* bewohnen das Röhricht. Hier bauen sie nahe über dem Wasser zwischen Schilfstengeln aus dürrem Gras ein körbchenförmiges Nest, wobei sie die Stengel in die Nestwand einflechten.

Die *Grasmücken* haben ihren Namen von „grau" und von „smücken" (smiegen, schmiegen), weil sie besonders gewandt durch Gestrüpp und Dickicht schlüpfen. Die *Gartengrasmücke*, oben graubraun, unten hellgrau, ist eine vortreffliche Sängerin. Dasselbe gilt von der *Mönchsgrasmücke*, die nach ihrer dunklen Kopfkappe auch „Schwarzplättchen" heißt. Der *Gelbspötter*, oberseits grüngrau, unterseits gelb, ist gleichfalls einer unserer besten Sänger. Oft flicht er in sein Lied Strophen anderer Vögel ein (Name!).

Der kleine *Zaunkönig* baut in Gebüsch und Hecken, im dichten Efeu, in Reisighaufen und Baumstümpfen sein kugelförmiges Nest mit seitlichem Schlupfloch. Geschickt klettert er im dichtesten Gebüsch umher, um es nach Insekten und Spinnen zu durchstöbern. Bei uns ist er Standvogel und läßt selbst mitten im Winter sein schmetterndes Lied hören.

Die *Goldhähnchen*, kleine grünliche Federbällchen mit leuchtendgelbroten Scheitelstreifen, sind die kleinsten Vögel unserer Heimat. Sie leben im Nadelwald, wo sie hoch oben in den Wipfeln nisten und sich von kleinen Insekten nähren, die sie von der Baumrinde ablesen.

Zaunkönig vor seinem Nest

Rauchschwalben

Schwalben

Die Rauchschwalbe

Der glänzend schwarzblaue Vogel mit seiner rostroten Kehle und hellen Unterseite war ursprünglich vermutlich ein Felsenbewohner. Heute lebt die Rauchschwalbe als „Kulturfolger" vorwiegend in Dörfern, wo sie in Ställen, Toreinfahrten, Hauseingängen usw. ihr Nest baut. Früher nistete sie gelegentlich in den Rauchfängen der offenen Kamine, woraus sich ihr Name erklärt. Das *Nest* wird nahe unter einer Decke auf einem Gesims angelegt oder an die Hauswand geklebt; stets aber ist es oben offen. Die Schwalbe stellt es aus Schlamm oder Lehm her, den sie im Schnabel herbeiträgt. Federchen, Stroh- und Grashälmchen und vor allem der klebrige Speichel des Vogels werden mit den weichen Baustoffen vermengt und geben dem Ganzen die nötige Festigkeit. Zwei- oder dreimal im Sommer ziehen die Schwalben je 4 – 6 Junge auf. Sie tragen ihnen unablässig Nahrung zu und vernichten so Unmengen von Insekten.

Mit ihren langen, schmalen *Flügeln* und dem gabelförmigen *Schwanz*, der als Steuer dient, ist die Schwalbe einer der schnellsten und gewandtesten Flieger unter den Vögeln. In pfeilschnellem Flug schießt sie sicher durch Mauerlücken, Torbögen oder Stallfenster, um ihr Nest zu erreichen. Selbst das Trinken und Baden besorgt sie im Flug, wenn sie über einen Wasserspiegel dahinstreicht. Auf den Boden kommt sie nur, wenn sie an Pfützen und ähnlichen Plätzen nassen Lehm für ihren Nestbau holt. Unbeholfen trippelt sie dabei auf ihren schwachen Beinchen umher.

Ihre *Nahrung*, die vor allem aus Fliegen und Mücken besteht, erbeutet die Schwalbe ebenfalls im Flug („*Flugjäger*"). Die scharfen Augen erblicken die Beute schon von fern; eine schnelle Schwenkung – und sie verschwindet in dem weiten *Maul*, das bis unter die Augen gespalten ist (Abb. S. 143). Um sich zu sättigen, muß sie eine große Menge der winzigen Tierchen erbeuten, die sie gleich im Flug verzehrt. Daher durcheilt sie täglich viele Stunden die Luft. Bei trübem Wetter fliegt sie nahe über dem Boden; im warmen Sonnenschein aber jagt sie hoch in den Lüften, stets der Beute folgend (Wetterprophet!).

Wenn unser Sommer zu Ende geht, sammeln sich die Schwalben zu großen Schwärmen und ziehen in das warme und insektenreiche Afrika. Anfang April kehren sie wieder zu ihren alten Nistplätzen zurück. Die Schwalben sind also *Zugvögel*.

Die *Hausschwalbe*, wegen der weißen Unterseite auch Mehlschwalbe genannt, hat eine kürzere Schwanzgabel als die Rauchschwalbe. Sie baut ihr Nest an die Außenseite der Häuser, dicht unter das vorspringende Dach, so daß es bis auf das enge Flugloch völlig geschlossen ist.

Die kleinen *Uferschwalben* graben mit Schnabel und Füßchen $^1/_2 - 1$ m lange waagrechte Röhren in die Steilwände von Flußufern, Sandgruben und Hohlwegen. Am Ende des Ganges findet sich die Bruthöhle mit einem weich gepolsterten Nest. Die geselligen Vögel leben meist in großen Kolonien beisammen. Ihr Gefieder ist unterseits weiß, sonst graubraun.

Hausschwalbe am Nest

Die Schwalben nisten in kleineren oder größeren Gruppen dicht beieinander. Als Flugjäger grenzen sie sich kein Revier ab. Daher fehlt ihnen auch der Kampfgesang zur Revierabgrenzung, wie wir ihn z. B. von Buchfink, Amsel und Lerche kennen.

Der Vogelzug

Vögel, die in unserer Heimat das ganze Jahr hindurch Nahrung finden, verbringen auch den Winter bei uns. Manche bleiben dabei ihrem Standort treu. Solche *Standvögel* sind z. B. Rebhuhn, Rabe, Elster, Eichelhäher, Haussperling, Stadtamsel und die meisten Eulen. Die übrigen Nicht-Zugvögel streifen als *Strichvögel* im Land umher, so z. B. die Spechte und Meisen, der Gimpel, der Eisvogel. Weitaus die meisten unserer einheimischen Vögel ziehen aber, wenn unser Sommer zu Ende geht, als *Zugvögel* in wärmere, südliche Länder. Es sind dies vor allem die insektenfressenden Singvögel und Segler, ferner die Sumpf- und Wasservögel, deren Jagdgebiet im Winter zugefriert, die Wildtauben und die meisten Raubvögel.

Die Zugvögel treten ihre Wanderungen zu feststehenden Zeiten an. Sie halten sich vielfach an bestimmte *Zugstraßen*, die etwa Strömen, Gebirgszügen oder Meeresküsten folgen. Außerdem orientieren sie sich, wie Versuche ergaben, nach dem Stand der Sonne und der Sterne sowie vermutlich nach dem Erdmagnetismus. Bei manchen Arten (Star, Mauersegler, Storch, Kuckuck, Neuntöter u. a.) ziehen die Jungvögel vor den Alten und finden trotzdem ihr Ziel. Die Wegorientierung muß ihnen also angeboren sein.

Um zu erfahren, welche Wege die einzelnen Arten einschlagen und wo sie überwintern, legt man eingefangenen Vögeln Aluminiumringe um den Lauf und läßt die Tiere wieder frei. Die Ringe tragen den Namen der Beobachtungsstation und eine Nummer. Erhält die Beobachtungsstation (bei uns Helgoland, Radolfzell, Hiddensee) einen solchen Ring von irgendeinem Ort der Erde aus zugesandt, so erkennt sie daraus, wohin der Vogel gewandert ist. Auf diese Weise konnte man zudem feststellen, daß Schwalben, Störche und andere Zugvögel im Frühjahr nicht selten zu ihrem alten Nest zurückkehren.

Nur wenige Vögel ziehen einzeln, so z. B. Kuckuck, Pirol, Wiedehopf und Neuntöter. Die meisten wandern in kleineren oder größeren Gesellschaften; Stare, Schwalben u. a. in riesigen Schwärmen. Manche Zugvögel halten eine bestimmte *Flugordnung* ein. Sie ziehen in langen Ketten (Stockente; Abb. S. 110) oder in geraden Reihen (Brachvogel, Austernfischer) dahin. Bei manchen stoßen zwei Schrägreihen zu einem Keil zusammen (Wildgänse, Kraniche, Reiher, Schwäne, Enten, Schnepfen u.a.); der Vogel an der Spitze wird dann von Zeit zu Zeit durch einen anderen abgelöst.

Manche Arten ziehen bei Tag, so die Raubvögel, Schwalben und Segler; die meisten aber fliegen nachts und gehen tagsüber der Nahrungsaufnahme nach. Im allgemeinen legen die Zugvögel etwa 40–80 km in der Stunde zurück, während eines Tages aber selten mehr als 500 km. In der Regel werden mehrstündige und auch mehrtägige Ruhe- und Futterpausen eingelegt, besonders beim Herbstflug; der Rückflug im Frühjahr geht wesentlich rascher vor sich. Die *Flughöhe* der ziehenden Vögel liegt meist unter 300 m, erreicht jedoch bei einigen Arten 1000 bis 2000 m.

Die *Flugleistungen* mancher Arten sind erstaunlich. Viele unserer Singvögel wandern zwar nur bis in die Mittelmeerländer. Unsere Störche aber ziehen zum Teil bis in die südlichsten, rund 10000 km entfernten Gegenden Afrikas (S. 133). Eine Seeschwalbenart brütet im hohen Norden und verbringt die Zeit unseres nordischen Winters in der Antarktis. Ihr Weg dorthin, den sie im Frühjahr wieder zurückfliegt, beträgt 17500 km. Umgekehrt verbringt ein Sturmvogel der Antarktis die Zeit des antarktischen Winters in der nördlichen Polargegend. Der nordamerikanische Goldregenpfeifer fliegt vom Norden Kanadas über Labrador nach dem mittleren Südamerika und überquert dabei zwischen Neu-Schottland und Guayana den Ozean in einem 4000 km langen ununterbrochenen Flug. (Vgl. Abb. auf der 3. Umschlagseite.)

Star

Weitere Singvögel

Der Star. Wenn der Star im Februar oder März aus dem warmen Süden zurückkehrt, schillert das schwarze Gefieder des Männchens grün und purpurn. Nach der Mauser zeigt jede Deckfeder eine weiße oder hellbraune Spitze. Sein kunstloses Nest baut der Star in eine Baumhöhle (*Höhlenbrüter*). Gern zieht er auch in Nistkästen ein. Der Star nährt sich vorwiegend von Würmern, Larven und anderen Kleintieren, die er auf Äckern und Wiesen aufpickt oder aus dem Boden zieht. Daneben verzehrt er allerlei Früchte, besonders Kirschen und Trauben. Sein Gesang gleicht mehr einem Geschwätz als einem Lied. Er versteht es, die Stimmen anderer Vögel, das Knarren der Wetterfahne und andere Geräusche nachzuahmen. In der Gefangenschaft lernt er sogar, Wörter und kleine Sätze nachzusprechen. Im Spätsommer und Herbst versammeln sich gegen Abend die Stare eines ganzen Gebietes – oft sind es viele Tausende –, um im Schilf eines Teiches oder Sees Nachtruhe zu halten. Beim ersten Frost ziehen sie in großen Schwärmen in die Mittelmeerländer; viele bleiben jedoch auch im Winter bei uns.

Der Pirol. Das leuchtendgelbe Pirolmännchen mit seinem schwarzen Schwanz und seinen schwarzen Flügeln ist einer unserer schönsten Vögel. Das Weibchen hat ein einfacher gefärbtes grünliches Gefieder. Seinen Namen hat der Pirol nach seinem volltönenden Ruf, der wie „bülo“ klingt.

Pirol

Bachstelze

Der scheue Vogel hält sich vorwiegend in Baumkronen auf, nährt sich von Insekten, besonders Raupen, liebt aber auch Beeren und Kirschen aus unseren Gärten. Als echter *Zugvogel* ist er nur von Mai bis August bei uns.

Die Bachstelze. Sie hat ein schmuckes, schwarzweißes Gefieder, hohe stelzenartige Beine (Name) und einen langen Schwanz, mit dem sie beim Gehen ständig wippt. An Bächen und anderen Gewässern jagt sie nach Wasserinsekten, sucht aber auch auf Feldern und Wiesen nach Würmern und allerlei Insekten.

Die gelbe *Schafstelze* stellt sich gern auf Viehweiden ein.

Der Neuntöter. Die *Würger*, zu denen der Neuntöter zählt, erinnern trotz ihrer Kleinheit etwas an die Raubvögel. Wie diese haben sie einen hakenartig überstehenden Oberschnabel, und wie diese stürzen sie sich aus der Höhe, oft sogar aus dem Rückenflug, auf ihre Beute. Der etwas mehr als buchfinkengroße *Neuntöter* oder *Rotrückige Würger* frißt außer Insekten auch Frösche, Eidechsen, junge Mäuse und gelegentlich junge Vögel. Er hält sich gern im freien Feld an Schlehen- und Weißdornhecken auf, denn Beutetiere, die er nicht sofort verzehrt, spießt er als Vorrat auf Dornen auf. Er ist Zugvogel und weilt von Ende April bis in den Oktober bei uns.

Der Kleiber. Der oben graublaue, unten rostbraune Kleiber (Abb. S. 114, 7) führt eine ähnliche Lebensweise wie die Spechte. Auf der Suche nach Insekten klettert er gewandt an Stämmen und Ästen auf und ab, abwärts mit dem Kopf nach unten. Daneben nährt er sich von Haselnüssen, Sonnenblumenkernen und andern Samen, die er nach Art der Spechte in Borkenspalten einklemmt, um sie leichter öffnen zu können. Als Nisthöhle benützt er gern verlassene Spechthöhlen und klebt dabei das Nestloch nach Schwalbenart mit eingespeicheltem Lehm bis auf ein kleines Schlupfloch zu (Name!).

Rotrückiger Würger oder Neuntöter

Nebelkrähe *Rabenkrähe* *Dohle* *Saatkrähe*

Rabenvögel

Obgleich sie nicht eigentlich „singen" können, werden die Rabenvögel nach der Beschaffenheit ihres Kehlkopfes doch zu den Singvögeln gerechnet.

Die schwarzen **Rabenkrähen** sind während des ganzen Jahres auf unseren Feldern anzutreffen. Sie sind Allesfresser, die von Kleintieren, Körnern, jungem Getreide, Fallobst und ähnlichem leben. Tagsüber suchen sie meist die Felder nach Nahrung ab, wobei sie immer wieder ihr krächzendes „krah-krah" ertönen lassen. Für die Nacht haben sie auf hohen Bäumen in Feldgehölzen, Auwäldern oder an Waldrändern feste Schlafplätze. Das große Reisignest wird von je einem Paar auf einem einzeln stehenden hohen Baum errichtet. Die nackt und blind geborenen Jungen sind Nesthocker. Männchen und Weibchen halten während des ganzen Lebens zusammen. Das Verbreitungsgebiet der Rabenkrähe reicht ostwärts bis zur Elbe.

Die **Nebelkrähe** tritt östlich der Elbe an die Stelle der Rabenkrähe. Sie hat schwarze Kopf-, Flügel- und Schwanzfedern, im übrigen aber ein aschgraues Gefieder. Die Paare leben einzeln wie die der Rabenkrähe. Als Wintergast kommt die Nebelkrähe auch nach West- und Süddeutschland.

Die **Saatkrähe** war früher in ganz Deutschland häufig. Heute ist sie als Standvogel im Westen selten geworden, kommt aber im Winter aus dem Norden und Osten noch zu uns. Sie ist etwas schlanker als die Rabenkrähe, ihr Gefieder glänzt metallisch blau, und am Schnabelgrund hat sie einen ungefiederten weißen Hautring. Im Gegensatz zu den Raben- und Nebelkrähen leben die Saatkrähen gesellig. Viele Tiere haben, meist in den Baumkronen eines Feldgehölzes, ihren gemeinsamen Schlafplatz. Im Frühjahr geben sie diese Schlafgemeinschaft auf, um in ihre in einem anderen Gehölz liegende Brutkolonie überzusiedeln. Hier sieht man oft Hunderte von Krähennestern beisammen. Das Nest wird viele Jahre hindurch vom gleichen Paar benützt und in jedem Frühjahr wieder in Ordnung gebracht. Den Schaden, den die Saatkrähe durch das Verzehren von junger Saat (Name!) und anderen Feldfrüchten anrichtet, gleicht sie durch das Vertilgen von Engerlingen, Schnecken und Mäusen bei weitem aus.

Der **Rabe** oder *Kolkrabe*, der größte unserer rabenartigen Vögel, ist in Deutschland sehr selten geworden. Er brütet nur noch an wenigen Stellen Norddeutschlands und in den Alpen. Alte Sagen (Wotan, Kaiser Rotbart) und Märchen erwähnen ihn oft, woraus hervorgeht, daß er früher allgemein verbreitet war. Der glänzend schwarze, stattliche Vogel erinnert in seiner Lebensweise an die Raubvögel; selbst Hasen greift er an.

Die **Dohle** ist der kleinste unserer Rabenvögel. An ihrem grauen Nacken, ihren hellgrauen Augen und ihrem kreischenden „kjak-kjak"-Ruf ist sie leicht zu erkennen. Die Dohlen nisten, auch mitten in den Städten, auf Türmen und in altem Mauerwerk. Sie leben in größeren Gesellschaften, in denen eine strenge Rangordnung herrscht.

Die gelbschnäbelige **Alpendohle** kann man an sonnigen Hängen und Felswänden des Hochgebirges gelegentlich in Scharen beobachten.

Die langgeschwänzte, schwarz-weiße **Elster** baut ein kugeliges Nest mit seitlichem Eingang. Sie stellt den Eiern und Nestjungen anderer Vögel nach.

Eichelhäher

Der **Eichelhäher** zählt ebenfalls zu den Rabenvögeln. Der schöne, graurötlich gefärbte Vogel hat an seinen Flügeln schwarz-blau-weiße Federchen. Er ist Allesfresser, frißt Eicheln, Bucheckern, Haselnüsse, Beeren und Insekten, plündert aber auch die Nester anderer Vögel und besucht vom Wald aus oft Felder und Gärten, wo er sich Kirschen holt und manch andern Schaden anrichtet. Sein lautes „rätsch-rätsch"-Geschrei hallt weithin durch den Wald. Oft wird er damit ungewollt zum Warner für andere Waldtiere.

Die *Singvögel* sind zumeist kleine Vögel. Bei vielen Arten können die Männchen vorzüglich singen. Ihr *unterer Kehlkopf* (s. u.) ist hoch entwickelt. Die Jungen sind *Nesthocker*. – Mit rund 5000 Arten machen die Singvögel mehr als die *Hälfte der gesamten Vogelwelt* aus.

Elster am Nest

Über den Gesang der Vögel

Viele Vögel bringen zu ihrer Verständigung Laute hervor, die man nicht als Gesang bezeichnen kann, so die Hühner, Enten, Gänse u. v. a. Auch die Singvögel verfügen neben ihrem Gesang über solche Verständigungslaute oder „*Rufe*". Diese Rufe sind kurz, meist einsilbig, und klangarm. Sie bilden die eigentliche Vogelsprache und werden von beiden Geschlechtern das ganze Jahr über gebraucht. Jede Vogelart verwendet eine ganze Anzahl von Rufen (vgl. Haushuhn, S. 105), von denen jeder seine bestimmte Bedeutung hat. Es gibt Lockrufe, Warnrufe bei Raubvogelgefahr, Warnrufe bei Bodengefahr (vgl. Amsel, S. 116), Angstrufe, Fluchtrufe, Zankrufe, Kampfrufe, Futterrufe u. a. Die Flugrufe dienen – besonders bei Nacht – dem Zusammenhalt einer ziehenden Schar in der Luft; durch Standortslaute geben sich Jungvögel den Eltern zu erkennen.

Zu singen vermögen nur die Männchen bestimmter Singvögel. Ihr „*Gesang*" ist im Gegensatz zu den Rufen länger und meist klangschön und ausdrucksvoll. Jede Art hat dabei ihr eigenes Lied. Am schönsten singen bei uns Nachtigall, Singdrossel, Amsel, Buchfink, Garten- und Mönchsgrasmücke, Rotkehlchen, Gartenrotschwanz, Zaunkönig und andere „Sänger". Den meisten Vögeln ist ihr Artgesang angeboren, so daß auch allein aufgezogene Jungvögel ihn eines Tages singen, ohne ihn jemals gehört zu haben. Andere dagegen müssen ihren Gesang durch Nachahmen von Artgenossen lernen, so z. B. Buchfink und Nachtigall. Dies kann bei manchen Arten dazu führen, daß sie außer ihrem eigenen Gesang auch die Strophe oder den Ruf andrer Arten nachahmen. Solche Nachahmer von fremden Vogelarten werden „Spötter" genannt. Beispiele dafür sind Gelbspötter. Star, Neuntöter und Eichelhäher.

Mit ihrem Gesang locken die Männchen die Weibchen an. Im Frühling kennzeichnen sie damit ihr Revier und halten Rivalen fern (*Platzbehauptungsgesang*).

Die Vögel haben zum Singen einen zweiten, *unteren Kehlkopf*. Dieser liegt an der Verzweigung der Luftröhre in die beiden Bronchien. Er ist mit Stimmbändern ausgestattet, die dem gewöhnlichen, oberen Kehlkopf fehlen. Bei den Singvögeln sind sie besonders hoch entwickelt.

Mauersegler

Segler

Der Mauersegler

In noch stärkerem Maße als die Schwalben sind die Segler Tiere des freien Luftraums. Vom dämmernden Morgen bis zum Einbrechen der Nacht stürmt der Mauersegler in reißendem Fluge meist in großen Höhen dahin. Hierbei läßt er fortgesetzt sein lautes und scharfes „sri-sri" hören. Fliegende Insekten bilden seine Nahrung. In der Schnelligkeit wird er nur vom Baumfalken und vom Wanderfalken erreicht, die ihn nicht selten erbeuten. Auf den Erdboden kommt er nie freiwillig herab. Im Flug erhascht er auch Halme und Federn, aus denen er mit seinem klebrigen Speichel in Mauerspalten, unter Dachsparren und an ähnlichen Stellen sein kunstloses Nest baut. Ursprünglich ein Felsenbewohner, ist er heute ein ausgesprochener Dorf- und Stadtvogel geworden. Bei ähnlicher Lebensweise ähnelt er den Schwalben auch im Körperbau. Er hat wie diese lange, schmale Flügel, einen gabelförmigen Schwanz, einen sehr kleinen Schnabel und ein bis zu den Augen gespaltenes Maul. Die winzigen Beine, deren stark bekrallte Zehen alle nach vorn gerichtet sind (Klammerfüße), erlauben dem Vogel nur, sich an Mauern u. dgl. festzuhalten, nicht aber zu gehen oder zu hüpfen. Der Mauersegler weilt nur von Anfang Mai bis Ende Juli bei uns.

Kuckucksvögel

Der Kuckuck

Im Frühjahr ist der Ruf des Kuckucks oft zu hören; doch ist es nicht leicht, den scheuen Waldvogel zu Gesicht zu bekommen. Er ist etwa taubengroß. Sein Gefieder ist auf der Oberseite sowie an Brust und Kehle aschgrau, am Bauch weißlich und mit schwarzen Querwellen geziert. Beim Rufen nimmt der Kuckuck eine charakteristische Stellung ein (Abb.). Die Nahrung des Kuckucks besteht aus Insekten, besonders aus behaarten Raupen, die von fast allen anderen Vögeln verschmäht werden. Vor allem räumt er unter den sehr schädlichen Raupen der Nonne sowie des Prozessions- und Kiefernspinners gründlich auf und ist dadurch für die Forstwirtschaft sehr nützlich.
Der Kuckuck baut niemals ein Nest. Das Weibchen legt vielmehr seine auffallend kleinen Eier in die Nester anderer Singvögel, so besonders von Rotkehlchen, Grasmücken, Gartenrotschwanz, Bachstelzen und Teichrohrsänger, und läßt sie von diesen ausbrüten. Dabei bevorzugt jedes Kuckucksweibchen eine bestimmte Wirtsart, legt aber in jedes Wirtsnest nur ein Ei, wobei seine Eier denen der Wirte in Färbung und Zeichnung meist erstaunlich ähnlich sehen! Der Kuckuck ist also ein *Brutschmarotzer*. Kurz nachdem der junge Kuckuck aus dem Ei geschlüpft

Rufender Kuckuck

Eisvögel am Wasser

Wiedehopf

ist, schiebt er sich, von einem blinden Instinkt getrieben, unter seine kleinen Stiefgeschwister oder die noch vorhandenen Eier und wirft sie aus dem Nest. Das Singvogelpaar pflegt den Eindringling wie ein eigenes Junges. Sobald er flügge geworden ist, verläßt er seine Pflegeeltern. Im Spätsommer zieht er, wie schon vorher die Alten, nach Süden.

Rackenartige Vögel

Die Rackenartigen Vögel kommen vor allem in den Tropen in vielen, meist farbenprächtigen Arten vor. Bei uns sind sie nur durch drei Arten vertreten, den Eisvogel, den Wiedehopf und die dohlengroße, prächtige *Blauracke*, die in Deutschland einst weit verbreitet war, heute aber nur noch östlich der Elbe vorkommt.

Der **Eisvogel** ist sperlinggroß und mit seiner metallisch blauen Oberseite einer unserer farbenprächtigsten Vögel. Er bewohnt die Ufer von Gewässern und ernährt sich besonders von kleinen Fischen und von Wasserinsekten. Seine Beutetiere erjagt er durch Stoßtauchen, indem er sich von seiner Warte auf einem überhängenden Zweig blitzschnell ins Wasser stürzt und die Beute mit dem großen, scharfrandigen Schnabel packt. In Uferwände gräbt er mit dem Schnabel einen langen Gang, an dessen Ende er seine Nisthöhle anlegt.

Den **Wiedehopf** sieht man mitunter auf Viehweiden. Der amselgroße, vorwiegend rostfarbene Vogel trägt auf dem Kopf ein Federbüschel, das er fächerartig entfalten kann. Mit seinem langen, dünnen Schnabel durchsucht er den Dung der Weidetiere nach Insekten und deren Larven. Er nistet gern in alten Kopfweiden, in verlassenen Spechthöhlen und anderen Baumlöchern. Bei Gefahr, etwa beim Nahen eines Raubvogels, wirft er sich auf den Rücken und breitet Flügel und Schwanz flach aus. Bei den brütenden Weibchen und den noch nicht flüggen Jungen strömt die Ausscheidung der Bürzeldrüse einen üblen Gestank aus, durch den Raubtiere vom Nest abgehalten werden.

Spechte

Der Große Buntspecht

Der häufigste unserer einheimischen Spechte ist der große Buntspecht. Das Gefieder des schmucken Vogels ist an der Unterseite gelbgrau und unten rot, an der Oberseite schwarz, weiß und rot. Das Männchen zeichnet sich vor dem Weibchen durch einen roten Fleck am Hinterkopf aus. Der Buntspecht lebt im Wald und in Parkanlagen, sucht aber auch Obstgärten auf. Sein ganzes Leben spielt sich auf den Bäumen ab; er ist ein ausgesprochenes *Baumtier*.
Für das Sitzen und Klettern am Baum ist der Specht vorzüglich ausgestattet. Seine Zehen tragen spitze,

Buntspecht an einem Baumstamm

gebogene Krallen, die in die Unebenheiten der Borke sicher eingreifen. Zwei Zehen sind nach vorn und zwei nach hinten gerichtet (*Kletterfüße*). Während der Körper an den vorderen Zehen gleichsam aufgehängt ist, bilden die hinteren Zehen Stützen, die ein Herabrutschen am Stamm verhindern. Gleichzeitig stemmt der Specht die starken Kiele der zugespitzten Schwanzfedern in die Ritzen der Borke. Füße und *Stemmschwanz* bilden somit einen Dreifuß, auf dem der Vogel sicher ruht. Beim Klettern hüpft der Specht in kurzen, raschen Sprüngen am Stamm empor. Stammabwärts klettern wie der Kleiber kann er nicht. Er schwebt vielmehr in steilem Gleitflug zum Boden herab und erklettert den Stamm von neuem.

Die Spechte fliegen in einer wellenförmigen Bahn. Sie rudern beim Fliegen nicht wie die meisten anderen Vögel ununterbrochen, sondern arbeiten sich mit einigen Flügelschlägen in die Höhe und schießen dann bei angelegten Flügeln dahin. Dabei verlieren sie an Höhe, müssen sich also erneut nach oben rudern usw. Auf diese Weise wird die Flugbahn wellenförmig. – Diesen *Wellenflug* beobachtet man auch bei manchen Kleinvögeln, z. B. den Finken, nirgends aber so ausgeprägt wie bei den Spechten.

Die *Nahrung* des Spechts besteht vornehmlich aus Insekten und Insektenlarven, die sich in den Furchen der Borke aufhalten oder Holz und Rinde durchwühlen. Mit feinem Spürsinn entdeckt er seine Beute auch im Innern von Baumstämmen und Ästen. Er erlangt sie durch kräftige Hiebe mit dem *Schnabel*, der lang, gerade, keilförmig und fast eisenhart ist. Der obere Schnabelteil überragt den unteren etwas und endet wie ein Meißel in eine scharfe Schneide. Mit diesem Werkzeug splittert der „Zimmermann des Waldes" erstaunlich schnell Span um Span selbst von hartem Holze los und hackt oft tiefe Löcher in die Stämme. Dabei benützt er den Schnabel auch als Brecheisen zum Abstemmen großer Späne.

Mit Hilfe der *Zunge*, die weit aus dem Schnabel hervorgeschnellt werden kann, zieht der Specht die Insekten aus ihren Gängen und Schlupfwinkeln hervor. Da sie sehr lang, dünn und biegsam ist, vermag sie tief in die Bohrgänge der Insekten einzudringen und deren Windungen zu folgen. Größere Insekten und fette Larven werden von der verhornten, mit Widerhaken besetzten Spitze durchbohrt; kleinere, wie z. B. die Holzameisen, bleiben an der mit klebrigem Schleim überzogenen Zunge wie an einer Leimrute hängen.

Besonders im Winter, wenn die Insekten seltener werden, nährt sich der Specht auch von Samen und Früchten der Waldbäume. Dabei klemmt er die Zapfen der Nadelhölzer, aber auch Haselnüsse, Eicheln u. dgl. in einen Rindenspalt oder in ein selbstgefertigtes Loch in der Borke, um sie mit dem Schnabel aufmeißeln zu können. Jeder Specht hat in seinem Revier eine ganze Anzahl solcher *Spechtschmieden*. Am Fuß dieser Bäume häufen sich die leeren Zapfen oft in großen Mengen an.

Im Frühjahr hört man im Wald oft ein lautes *Schnarren*. Es wird von den Spechtmännchen erzeugt, indem sie mit dem Schnabel sehr schnell (bis zehnmal in der Sekunde) an einen dürren Ast schlagen. Dieses Trommeln, das allen Spechtarten eigentümlich ist, entspricht dem Gesang der Singvögel. Es dient zur Behauptung des Reviers andern Spechtmännchen gegenüber und zum Anlocken der Weibchen. Hat sich dem Spechtmännchen ein Weibchen zugesellt, so bauen beide in gemeinsamer, etwa 14tägiger Arbeit in einem Baumstamm eine *Nisthöhle*. Der Eingang steigt leicht an; dadurch ist das Eindringen von Regen

Grünspecht, Ameisen suchend

verhindert. Die eigentliche Höhle reicht senkrecht in den Stamm hinab. Auf ihrem Boden liegen auf Holzspänen die Eier. Sie sind gleich denen anderer Höhlenbrüter rein weiß. Ähnliche Höhlen bauen sich die Spechte als *Schlafhöhlen* für die Nacht. Beide Eltern brüten abwechselnd und füttern die rasch heranwachsenden *Nesthocker*, wobei sie ihnen unermüdlich Zehntausende von Insektenlarven zutragen.
Da der Specht in der Regel nur an morsche Bäume geht, richtet er durch sein Hacken kaum Schaden an. Durch das Vertilgen von Unmassen von Baumschädlingen ist er vielmehr, wie alle Spechtarten, sehr nützlich. – Verlassene Spechthöhlen werden oft von Staren, Dohlen, Kleibern, Hohltauben und andern Vögeln sowie von Fledermäusen benützt.

Andere Spechte. Der etwas kleinere *Mittlere Buntspecht* und der nur sperlingsgroße *Kleine Buntspecht* sind dem Großen Buntspecht sehr ähnlich.
Der *Schwarzspecht* ist bei einer Körperlänge von nahezu $^1/_2$ m der größte unserer heimischen Spechte. Abgesehen von einem roten Fleck auf dem Kopf erscheint sein Gefieder mattschwarz. – Der *Grünspecht*, der an Waldrändern, in Obstgärten, in Parkanlagen usw. häufig zu sehen ist, wird durch seine grüne Farbe und das Scharlachrot des Kopfes gekennzeichnet. Häufiger als andere Spechte beobachtet man ihn auf dem Boden bei der Nahrungssuche. Besonders erpicht ist er auf Ameisen. Er hackt in deren Bauten große Löcher und fängt die aufgestörten Tierchen mit seiner klebrigen Zunge. Sein Ruf klingt wie ein lautes Lachen.

Die *Spechte* sind Baumvögel. Sie haben *Kletterfüße* und einen *Sitzschwanz*, einen langen, *meißelförmigen Schnabel* und eine dünne, weit vorstreckbare *Zunge*. Ihr Flug ist ein *Wellenflug*. Sie sind *Höhlenbrüter;* die Jungen sind Nesthocker. Mit mehr als 200 Arten ist die Familie fast über die ganze Erde verbreitet.

Greifvögel (Raubvögel)

Falken

Der Mäusebussard

Der Bussard ist der häufigste *Greifvogel* unserer Heimat. Er erreicht eine Flügelspannweite von 120 cm. Sein *Gefieder* ist braun-, schwarz- und weißgefleckt, wobei die Zeichnung im einzelnen stark wechselt. Der Ruf des Tieres ähnelt dem Miauen einer Katze.
Der Bussard wohnt meist am Waldrand. Hier hat er seinen Horst und seinen Schlafbaum. Seine *Nahrung* aber sucht er im offenen Feld- und Wiesengelände. Sie besteht, wie sein Name andeutet, vornehmlich aus Mäusen, daneben aus Maulwürfen, Hamstern, Wieseln; aber auch kleine Vögel, Schlangen, Eidechsen, Heuschrecken, Käfer und Schnecken frißt er, und wenn im Winter die Kleintiernahrung knapp wird, schlägt er wohl auch einmal einen Hasen, einen Fasan oder ein Rebhuhn. Trotzdem ist er ein nützliches Tier, das unbedingt zu schonen ist.
Ein Segelflieger. Bei schönem Wetter sehen wir den Bussard oft hoch über seinem Jagdgebiet kreisen.

Mäusebussarde

Lange schwebt er dahin, ohne die mächtigen Schwingen zu bewegen; er ist ein Meister des *Segelflugs.* Bei diesem Segeln läßt sich der Vogel wie beim Gleitflug (s. S. 103) schräg abwärts gleiten. Längere Zeit segeln kann er also nur, wenn er während des Segelns wieder nach oben getragen wird. Dies kann durch einen Aufwind geschehen. Segelflug ist Gleitflug im Aufwind. Da solche Aufwinde aber meist nur in engbegrenzten Gebieten vorkommen, z. B. an Gebirgsrändern oder über heißen Sand- oder Ackerflächen, muß der segelnde Vogel kreisen, um innerhalb des Aufwindes zu bleiben. Das Segeln ist nur großen Vögeln möglich, wie dem Adler, Geier, Bussard, Habicht, Storch, Kranich, Albatros u. ä. Durch sein Kreisen grenzt der Bussard sein etwa 1 – 2 qkm großes *Revier* gegen die Reviere der benachbarten Bussarde ab. Bei ihren *Balzflügen* kreisen die beiden Partner miteinander hoch in den Lüften.

Ein Tagraubvogel. Wenn der Bussard nach Beute ausspäht, sitzt er auf einem Zaunpfahl, einem Heu- oder Erdhaufen oder sonst einem erhöhten Punkt, oder er schwebt in geringer Höhe über dem Boden dahin. Oft steht er auch rüttelnd hoch in der Luft, um den Boden nach Beutetieren abzusuchen. Seine *Raubvogelaugen* sind den unsrigen an Sehschärfe weit überlegen. Sie erkennen Beutetiere auf Entfernungen, für die wir ein starkes Fernglas brauchen würden. Hat der Bussard eine Beute erspäht, stürzt er mit angelegten Flügeln auf sie hinunter. Dicht über dem Boden hemmt er durch Ausbreiten der Flügel und Spreizen der Schwanzfedern rechtzeitig den Sturz und faßt das Beutetier mit seinen starken *Fängen* (Füßen), die mit langen, gebogenen, nadelspitzen Krallen bewehrt sind.

Schon diesem Zugriff erliegen viele Kleintiere. Größeren zertrümmert der Bussard den Schädel mit dem starken *Schnabel.* Zum Zerreißen der Beute benützt er die hakige Spitze des gekrümmten Oberschnabels, die den Unterschnabel weit überragt. Da der Oberschnabel auch an den Seiten über den Unterschnabel hinweggreift und beide scharfe Ränder haben, bildet der Schnabel gleichsam eine doppelte Schere. Mäuse und andere Kleintiere werden ganz verschlungen („gekröpft"). Die Speiseröhre ist zu einem Kropf und einem Drüsenmagen erweitert. Beide können sich ebenso wie der eigentliche Magen stark ausdehnen. Der Bussard hat keinen Muskelmagen wie z. B. Taube und Huhn, sondern einen dünnwandigen, sackartigen Magen, in dem die Nahrung durch scharfe Verdauungssäfte aufgelöst wird. Haare und Federn werden als „*Gewölle*" ausgewürgt, mitverschluckte Knochen dagegen im wesentlichen verdaut.

Nest und Nachwuchs. Sein Nest legt der Bussard im Wipfel hoher Bäume an. Es ist ein $^3/_4$ m breiter, kunstloser Reisigbau, der mit Heidekraut und Moos, mit Haaren und Federn, oft auch noch mit frisch belaubten Zweigen ausgepolstert wird. Solche groben Reisignester sind für die Raubvögel kennzeichnend; sie werden als *Horst* bezeichnet. Alljährlich bessert ihn das Bussardpaar aus und benützt ihn oft viele Jahre lang. Männchen und Weibchen halten in der Regel lebenslang zusammen. Im Frühjahr legt das Weibchen meist drei grünliche, braungefleckte Eier, die von den Eltern abwechselnd bebrütet werden. Die ausschlüpfenden Jungen sind mit weißen oder grauen Flaumfedern bekleidet. Bald krabbeln sie im Nest umher. Das Männchen trägt unermüdlich Nahrung herbei, die das Weibchen an die Jungen verfüttert. Diese sind nach etwa 6 Wochen flügge.
Ein Teil unserer Bussarde zieht im Herbst nach Südeuropa und kehrt Anfang März zurück. Die meisten aber bleiben als *Standvögel* auch im Winter bei uns.

Hühnerhabicht mit Jungen

Verwandte
Der **Turmfalk** ist neben dem Bussard einer unserer häufigsten Raubvögel. Sein schmuckes Gefieder ist oberseits rostrot, an der Unterseite gelblich, und mit vielen schwarzen oder braunen Flecken und Wellen geziert. Seine Nahrung besteht vorwiegend aus Mäusen und größeren Insekten. Späht der Turmfalk nach Beute aus, so bleibt er oft in der Luft über einem bestimmten Punkt rüttelnd stehen („Rüttelfalk"), indem er, fast senkrecht aufgerichtet, sehr schnell mit den Flügeln schlägt und zugleich mit dem langen, weit gefächerten und nach vorne gestellten Schwanz bremst (Rüttelflug). Er nistet auf hohen Bäumen, in alten Krähen- und Elsternestern, in Felslöchern und auch auf Türmen mitten in den Städten.
Dem großen, starken und sehr schnellen *Wanderfalken* fallen alle Vögel bis zur Größe des Rebhuhns zur Beute. Bei uns ist der stattliche Vogel selten geworden. – Auch der *Hühnerhabicht* wird wegen des Schadens, den er unter den Jagdtieren und dem Hausgeflügel anrichtet, in unserer Heimat immer mehr ausgerottet. Er jagt in kurzen, sehr schnellen Stoßflügen Vögel bis zur Fasanengröße, wobei er selbst so

Kopf des Bussards

Fuß des Bussards

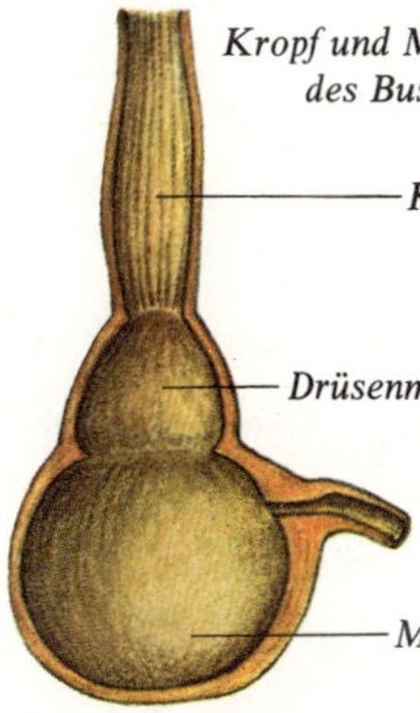

Kropf und Magen des Bussards

Steinadler am Horst

Der **Steinadler,** der früher auch im Flachland vorkam, hat sich ganz in das Hochgebirge zurückgezogen, wo er an schwer zugänglichen Felswänden seinen bis 2 m breiten Horst errichtet. Der mächtige Raubvogel klaftert gegen 2 m. Er erbeutet Murmeltiere, Füchse und Hasen, Auer- und Schneehühner, gelegentlich auch ein Lamm, ein Hirschkalb oder eine Junggemse. Seine Größe, das herrliche, dunkelbraune Gefieder, die mächtigen Waffen und der majestätische Flug machen ihn zum König im Reich der Lüfte. Er wurde vielfach als Wappentier verwendet, und alte deutsche Namen wie Arnold, Arno und Arnulf leiten sich von dem stolzen „Aar“ her.

schnelle Flieger wie Tauben und Möwen in reißendem Flug in der Luft schlägt. Aber auch Säugetiere bis zur Hasengröße erbeutet er. Beim erwachsenen Habicht ist das Gefieder oberseits graubraun, unterseits weiß mit dunklen Wellenlinien. – Gleichsam ein Habicht im kleinen ist der *Sperber*. Er stößt im Flug bei der Verfolgung seiner Beute, die vorwiegend aus Singvögeln besteht, selbst in dichtes Gebüsch hinein. – Vortreffliche Segler sind der *Rote Milan* und der *Schwarze Milan*, die nach ihrem gegabelten Schwanz auch *Gabelweihen* genannt werden. – Der *Fischadler*, der seenreiche Gegenden bewohnt, stürzt sich, wenn er einen Fisch erspäht hat, pfeilgeschwind in die Fluten, um die Beute mit den scharfbekrallten Fängen zu fassen.

Geier

Die Geier sind riesige Greifvögel mit stumpfen Krallen, die vorwiegend Aas fressen. Sie leben in offenen Landschaften und suchen im hohen, langsamen Segelflug mit ihren scharfsichtigen Augen nach Tierleichen. Mit ihrem langgestreckten Hakenschnabel reißen sie Fleischstücke und Eingeweide von dem Aas los. Dabei wühlen sie mit dem nackten Kopf und Hals tief im Leib des Kadavers. In den Kropf und den sehr dehnbaren Magen können sie große Fleischmengen aufnehmen und dann nach einem ausgiebigen Mahl lange Zeit hungern. Auch ihre Jungen werden mit dem Kropfinhalt gefüttert. Im Naturhaushalt, besonders der heißen Länder, erfüllen die Geier als Leichen- und Unratbeseitiger eine wichtige Aufgabe.

Flugbilder einheimischer Raubvögel

Turmfalke

Mäusebussard

Milan

Habicht

Sperber

Gänsegeier am Horst

Schleiereule. Am Boden Eier, Beute und Gewölle

Der größte Geier ist der *Kondor* der südamerikanischen Anden, der leider auszusterben scheint. Mit seinen 3 m Flügelspannweite ist er der größte flugfähige Landvogel. – Den *Gänsegeier* findet man in Nordafrika und Vorderasien noch häufig. Seinen Namen verdankt er der gänseähnlichen Stimme.

Die *Greifvögel* oder *Raubvögel* (270 Arten) haben einen kräftigen *Schnabel*, dessen oberer Teil mit hakiger Spitze scherenförmig über den Unterschnabel hinweggreift (Abb. S. 143). Die Füße tragen große, gebogene *Krallen* (Abb. S. 129). Die Augen sind scharfsichtig. Die Jungen sind *Nesthocker;* das Nest ist ein *Horst*. Die *Geier* haben einen mehr oder weniger nackten Kopf und Hals, kurze, stumpfe Krallen, aber einen sehr starken Schnabel. Sie nähren sich vorwiegend von Aas.

Eulen

Die Schleiereule

Die Schleiereule, die etwa die Größe einer Krähe hat, ist wie alle Eulen ein Nachtvogel. Ihr *Gefieder* ist oberseits gelbbraun und grau, unterseits hell gelblich; die Oberseite ist mit hellen, die Unterseite mit dunklen Tupfen übersät. Der Name bezieht sich auf den herzförmigen „*Schleier*“, einen hellen, strahligen Federkranz, der beiderseits Auge und Schnabel umgibt. Tagsüber ruht das Tier, ein ursprünglicher Felsenbewohner, in altem Gemäuer, in Türmen, Dachböden oder Scheunen.

Ein Nachtraubvogel. *Füße* und *Schnabel* der Schleiereule sind denen der Tagraubvögel sehr ähnlich. Wie diese stößt sie *Gewölle* aus; doch enthalten die Eulengewölle auch die Knochen der Beutetiere. Sie lassen erkennen, daß sich die Schleiereule vornehmlich von Mäusen ernährt, daneben aber auch von Maulwürfen, Spitzmäusen, Fledermäusen u. a.

Wie fast alle Eulen geht die Schleiereule nur nachts auf Beutefang aus. Sie ist dem nächtlichen Jagen vorzüglich angepaßt. Die nach vorne gerichteten großen *Augen* können ihre Pupillen sehr stark erweitern und ermöglichen der Eule, selbst bei tiefster Dämmerung noch zu sehen. Zudem hat sie ein sehr feines *Gehör*, das durch den Schleier noch beträchtlich unterstützt wird, denn dieser wirkt wie eine große Ohrmuschel. Da die Eule selbst völlig geräuschlos fliegt, entgeht ihr nicht der geringste Laut. Ihren leisen Flug verdankt sie ihrem *seidenweichen Federkleid*, dessen Schwungfedern an der Vorderkante des Flügels zu feinen Hornfäden ausgefranst sind und deshalb die Luft lautlos durchschneiden. So verrät sich die Eule ihren Beutetieren nicht.

Uhu

Eulen bauen kein Nest. Die Schleiereule legt ihre Eier in ihrem Versteck auf den nackten Boden. Sie sind wie die anderer Höhlenbewohner rein weiß. – Durch das Vertilgen von Mäusen ist die Schleiereule sehr nützlich.

Steinkauz

Verwandte. Auch der *Steinkauz*, eine unserer kleinsten Eulen, ist ein eifriger Mäusevertilger. Er nistet in Obstgärten und Feldgehölzen, aber auch auf Türmen und Dachböden.

Der **Uhu,** unsere größte Eule, ist ein ausgesprochener Waldvogel. Seinen Namen verdankt er seinem nächtlichen Ruf, der wie ein dumpfes „uhu" klingt. Er trägt wie alle Eulen ein unscheinbares, braun-, ocker- und schwarzgeflecktes Gefieder und besitzt über den Ohröffnungen aufrichtbare Federbüschel, die für das Gehör jedoch ohne Bedeutung sind. Der Uhu bewohnt ausgedehnte Waldungen und horstet in Felshöhlen oder im undurchdringlichen Dickicht. Alle Wirbeltiere bis zur Größe der Gans und des Rehkitzes dienen ihm zur Nahrung. Der Uhu ist bei uns nahezu ausgerottet, wird aber jetzt sorgfältig gehegt und da und dort wieder neu eingebürgert.

Die *Waldohreule* ist ein Uhu im kleinen, doch sind ihre Federohren noch auffälliger als beim Uhu. – Eine unserer häufigsten Eulen ist der *Waldkauz*. Er hat etwa die Größe der Schleiereule. In Waldgegenden ist abends oft sein Ruf zu vernehmen, der sich wie „huhuhu" anhört. Tagsüber sitzt er – wie die Waldohreule – an den Stamm geschmiegt regungslos auf einem Baumast, wo er dank seiner rindenfarbigen Tarntracht schwer zu entdecken ist. Zum Brüten benützt er Baumhöhlen. – Die *Sumpfohreule* ähnelt der Waldohreule. Sie lebt in sumpfigen Gegenden, bei uns z. B. in den Brüchern der Norddeutschen Tiefebene. Im Gegensatz zu anderen Eulen geht sie auch bei Tag auf Jagd.

Die *Eulen* sind Nachtraubvögel. Ihr *Schnabel* ist ähnlich wie der der Tagraubvögel gebaut, und wie bei diesen sind die Zehen mit scharfen, gebogenen *Krallen* bewehrt. Die Eulen besitzen große, nach vorn gerichtete „*Nachtaugen*" und ein vorzügliches *Gehör*. Das lockere Gefieder ermöglicht einen lautlosen Flug. Die Eulen sind *Höhlenbrüter*, ihre Jungen Nesthocker. Die meisten unserer einheimischen Eulen sind Standvögel. Als nützliche *Mäusevertilger* stehen sie alle unter Naturschutz. – Man kennt 134 Arten.

Stelzvögel

Der Weiße Storch

Der Weiße Storch bewohnt Gegenden, die reich an Gewässern, feuchten Wiesen oder Sümpfen sind, und siedelt sich am liebsten in der Nähe des Menschen an. Der Bauer befestigt für ihn auf dem Dachfirst gern ein altes Wagenrad oder ein Holzkreuz als Nestunterlage. Leider wird „Meister Adebar" bei uns immer seltener.

Der Storch liebt wasserreiche Gegenden, weil er den Fröschen nachstellt und auch kleine Fische nicht verschmäht. In der Hauptsache besteht aber seine *Nahrung* aus Insekten. Daneben verzehrt er Mäuse, Schnecken, Maulwürfe, Eidechsen, Schlangen und andere kleine Tiere. Auch Junghasen sowie Eier und Junge der am Boden brütenden Vögel fallen ihm mitunter zum Opfer.

Der stattliche Vogel trägt bis auf die schwarzen Schwungfedern ein weißes *Gefieder;* Schnabel und Beine sind rot. Da die Beine sehr hoch und bis zur Mitte des Unterschenkels unbefiedert sind (*Stelzbeine*), kann er seichte Gewässer durchwaten, ohne das Gefieder zu benetzen. Die Zehen sind durch Hautsäume verbreitert; daher sinkt der Storch selbst auf sumpfigem Boden kaum ein. Hals und *Schnabel* sind sehr lang; so kann der Vogel trotz der hohen Beine mit dem Schnabel auf den Boden reichen. Dank seiner großen *Flügel* (Spannweite $2^1/_4$ m) ist der Storch ein vortrefflicher Segelflieger; die nach hinten gestreckten Beine dienen als Steuer.

Von Ende Juli ab versammeln sich die Störche einer ganzen Gegend meist auf einer Wiese, um bald darauf die Reise nach dem Süden anzutreten. Durch Beringung (s. S. 119) Tausender von Nestjungen hat man festgestellt, daß ihr *Wanderzug* sich bis nach Mittel- und Südafrika erstreckt. Da sie, verglichen mit andern Zugvögeln, wenig ausdauernde Flieger sind, vermeiden sie den Flug über das Mittelmeer: die westeuropäischen Störche ziehen über Gibraltar nach Afrika, die mittel- und osteuropäischen über Palästina.

Im Frühjahr kehren zuerst die Männchen aus Afrika zurück und suchen meist ihr altes Nest wieder auf. Ist es schon von einem andern Storch besetzt, so kommt es zu heftigen Kämpfen, die mit gefährlichen Schnabelhieben und unter lautem Schnabelklappern ausgefochten werden. Auch um die Weibchen und um die Abgrenzung der Reviere wird gekämpft. Das *Nest* besteht aus einer dicken Lage von Reisig, Stroh oder Schilf und ist mit weicheren Stoffen ausgepolstert. Es wird alsbald ausgebessert, und dann legt das Weibchen seine 3–5 großen, weißen Eier hinein. Männchen und Weibchen verlassen es nie gleichzeitig. Stets bleibt eines von ihnen bei den Eiern oder den Jungen als Wache und nötigenfalls als Schattenspender zurück. Nach der fünfwöchigen Brutzeit dauert die Nesthockzeit der Jungen noch volle zwei Monate. Ständig tragen die Eltern Kleintiere als

Storch

Zugstraßen. Grün: Sommerquartiere, braun: Winterquartiere

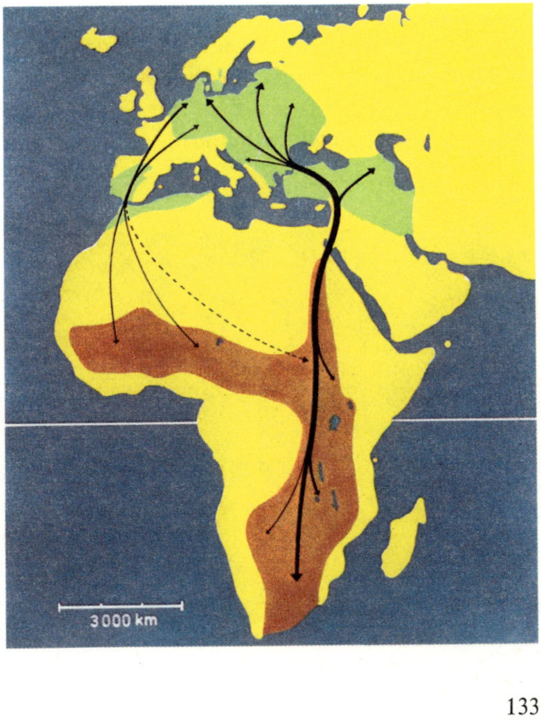

Fischreiher am Bach

Futter herbei und werfen es auf den Nestrand, wo die Jungen es von Anfang an selbst aufpicken. Auch Trinkwasser bringen die Alten in ihrem dehnbaren Kehlsack herbei und spritzen es den Jungen in die aufgesperrten Schnäbel. Gegen Ende der Nestzeit üben die Jungen fleißig ihre Flugmuskeln.

Flamingos

Andere Stelzvögel

Der **Fischreiher** haust an seichten Gewässern mit schilfreichen Ufern. Er hat die Gestalt und fast auch die Größe des Storches. Sein Gefieder ist oberseits bläulichgrau, unterseits weiß. Am Hinterkopf und am unteren Teil des Halses zieren ihn einige lange, schlanke Federn. Auf hohen Bäumen baut er, meist in großen Gesellschaften, sein kunstloses Nest.
Der Reiher nährt sich nur zu einem kleinen Teil von Fischen; daneben lebt er von den gleichen Tieren wie der Storch. Beim Beutefang lauert er regungslos, oder er nähert sich unmerklich dem erspähten Tier. Plötzlich schnellt der zurückgebogene Hals blitzschnell vor, und schon hat der lange, spitze Schnabel die Beute erfaßt. Wenn der Reiher auch da und dort den Fischern etwas Schaden zufügt, so sollte der schöne, als Mäusevertilger auch nützliche Vogel doch möglichst geschont werden. Im Herbst zieht er in der Regel nach Süden. Im Gegensatz zum Storch trägt er beim Flug den Hals S-förmig gebogen.

Die **Rohrdommel** bewohnt mit Vorliebe Rohr- und Schilfdickicht. Der schlanke, langhalsige, gelbgraugestreifte Vogel hat etwa die Größe eines Huhns. Bei der geringsten Störung reckt er sich steil in die Höhe und verharrt regungslos („Pfahlstellung"), so daß er im Röhricht kaum wahrzunehmen ist. Seltsam ist auch sein Ruf, der fast wie das ferne Brüllen eines Rindes klingt („Moorochse"). – Wesentlich häufiger ist die nahverwandte *Zwergrohrdommel.*

Die **Flamingos,** die in wärmeren Gegenden der Alten und der Neuen Welt oft in riesigen Scharen vorkommen, stehen den Stelzvögeln nahe. Sie haben ein rosiges Gefieder, sehr hohe, mit Schwimmfüßen ausgerüstete Stelzbeine, einen langen, dünnen Hals und einen starken, winklig gebogenen Seihschnabel.

Die *Stelzvögel* haben infolge des langen Laufes meist hohe Beine (*Watbeine*). Die Zehen sind frei, durch Hautsäume verbreitert oder durch eine kurze Zwischenhaut verbunden. *Schnabel* und Hals sind meist lang.

Wasservögel auf einem See.

1 Haubentaucher
2 Teichhuhn
3 Zwergtaucher
4 Bläßhuhn

Taucher

Der **Haubentaucher** kommt auf größeren schilfreichen Seen vor. Er hat etwa die Größe und Gestalt einer Ente. Sein Gefieder ist oben schwarzbraun, unten silberweiß. Im Frühjahr tragen beide Geschlechter einen rotbraunen Halskragen und einen schwarzen *Federbusch* auf dem Kopf.

Das Leben des Vogels spielt sich fast ganz auf dem Wasser ab. Er schwimmt und taucht vorzüglich. Seine Zehen sind mit Schwimmlappen ausgestattet (Abb. S. 136). Zur *Nahrung* dienen ihm kleinere Fische und andere Wassertiere. Bei Gefahr legt er oft weite Strecken unter Wasser zurück, um dann an einer entfernten Stelle unvermutet wieder aufzutauchen. Nachts schläft er auf der freien Wasserfläche. Auf dem Land, das er freilich kaum einmal betritt, watschelt der Wasservogel sehr unbeholfen einher, denn die Beine, die fast am Hinterende aus dem Rumpf hervortreten („Steißfuß"), stehen sehr weit auseinander.

Selbst zum Brüten verläßt der Vogel sein Wohngewässer nicht. Er baut meist an dem der Seemitte zugekehrten Rand der Schilfzone ein *schwimmendes Nest*. Dabei knickt er Schilfstengel dicht über dem Wasserspiegel um, neigt sie gegeneinander und verflicht sie zu einem Trichter, den er mit modernden Pflanzenstoffen ausfüllt. Die ausschlüpfenden *Jungen* verlassen sogleich das nasse Nest. Sie können zwar schon schwimmen, nisten sich aber zunächst im Rückengefieder der Eltern ein. Diese schwimmen, tauchen und fliegen mit den Jungen auf dem Rücken und versorgen sie mit Nahrung, bis sie sie eines Tages endgültig abschütteln.

Der nur etwa faustgroße *Zwergtaucher* bewohnt Teiche und Tümpel.

Sumpfvögel[1]

Das **Bläßhuhn** (oder Belchen), das wir auf Teichen, Seen und Altwassern häufig beobachten können, hat etwa die Größe einer Ente. Es besitzt ein schwarzes Federkleid, einen weißen „Hühnerschnabel" und auf der Stirn eine weiße Hornschwiele, die „Blässe". Die

[1] Als „Sumpfvögel" werden hier die Rallen-, Schnepfen- und Kranichvögel zusammengefaßt.

Vögel in Sumpf und Moor.

1 Großer Brachvogel
2 Kiebitz am Nest
3 Bekassine
4 kämpfende Kampfläufermännchen
5 Kampfläuferweibchen

Beine tragen lange Zehen, die von lappig ausgeschnittenen Schwimmhäuten umsäumt sind. Das Bläßhuhn schwimmt und taucht vorzüglich und nährt sich von allerlei Kleintieren und Pflanzen des Wassers. Auf Schilfstoppeln oder schwimmenden Pflanzenmassen baut es zwischen Schilf sein Nest.

Das **Teichhuhn** ist kleiner als das Bläßhuhn, hat ein dunkel braungraues Gefieder, gelbgrüne Füße und einen roten Stirnfleck. Schwimmhäute fehlen ihm. Es ist leicht daran zu erkennen, daß es beim Schwimmen lebhaft mit dem Kopf nickt. Bei Gefahr taucht es geschwind unter, so daß nur noch der Kopf aus dem Wasser hervorragt, oder es schwimmt unter Wasser weg, um an einer anderen Stelle wieder aufzutauchen.

Füße von Schwimm- und Watvögeln

Ente *Storch* *Haubentaucher* *Bläßhuhn*

Die **Waldschnepfen** kommen im zeitigen Frühjahr zu uns; die meisten von ihnen ziehen nach Norden oder Osten weiter. Ihr wohlschmeckendes Fleisch wird

Waldschnepfen

sehr geschätzt. Der etwa taubengroße Vogel brütet am Waldboden, wo er infolge seines unscheinbaren, graubraunen Kleides nur schwer zu entdecken ist. Mit dem langen, dünnen Schnabel wendet er moderndes Laub um oder sticht er tief in den weichen Grund, um Würmer und Insekten hervorzuziehen. Dabei ist günstig, daß die Augen der Schnepfe weit hinten am Kopf liegen. – Die *Bekassine* oder Sumpfschnepfe, wie die Waldschnepfe ein sehr schmackhaftes Wild, lebt als Bodenbrüter in Sumpf und Moor. – Der Große *Brachvogel*, der größte unserer Schnepfenvögel, hat einen langen, gebogenen Schnabel, mit dem er im feuchten Boden nach Würmern, Insekten und anderen Kleintieren sucht. – In nassen und moorigen Niederungen lebt auch der *Kampfläufer*. Die Männchen dieser Art tragen im Frühjahr einen großen Federkragen, der als Schild bei ihren heftigen, aber unblutigen Kämpfen dient. – Auf weiten, wasserreichen Wiesenflächen umfliegt uns in kühnen Schwenkungen nicht selten der etwa taubengroße *Kiebitz*. Seinen Kopf ziert ein Federbüschel, und von dem metallisch glänzenden, dunklen Gefieder der Oberseite hebt sich das Weiß des Halses und der Bauchseite prächtig ab. – Unter den Vogelarten, die am Strand ihre Nahrung suchen, fallen neben den Möwen besonders viele mittelgroße Vögel mit kräftigen Laufbeinen und langem Schnabel auf, so der schwarzweiße *Austernfischer*, der *Halsbandregenpfeifer*, der *Steinwälzer* und verschiedene Arten von *Strandläufern* (Abb. S. 138). Sie alle gehören zur Gruppe der *Schnepfenvögel*.

Der **Kranich**, der bei uns gegenwärtig nur noch in abgelegenen Moor- und Sumpfgebieten östlich der Elbe brütet, zählt zu den aussterbenden Tieren Deutschlands. Die Scharen des stolzen Vogels, die wir im Oktober und im April gelegentlich bei uns durchziehen sehen, kommen meist aus nordischen Ländern oder streben dorthin zurück. Im Flug ordnen sich die Kraniche in schrägen Reihen, von denen meist je zwei in einem spitzen Winkel zusammenstoßen. Der Kranich ist bei einer Höhe von 1,20 m der größte Vogel Deutschlands. Er trägt ein hellgraues Gefieder mit dunkleren, verlängerten und gekräuselten Flügeldeckfedern.

Die *Sumpfvögel* (Rallen, Schnepfenvögel, Kranichvögel) haben meist mittelhohe Beine und einen langen Schnabel. Sie bewohnen Sümpfe, wasserreiches, offenes Gelände oder den Meeresstrand. Die Jungen sind Nestflüchter.

Kraniche

Möwenvögel

Die **Silbermöwe** ist fast entengroß. Sie bewohnt alle Küsten des nördlichen Europa und Amerika, ist an der Nordsee häufig, an der Ostsee seltener anzutreffen. Sie besitzt, abgesehen von den schwarzen Flügelspitzen, ein oberseits blaugraues, unterseits schneeweißes, dichtes Federkleid, einen gelben Schnabel, dessen obere Hälfte in eine hakige Spitze endigt, und fleischfarbene Schwimmfüße. Mit ihren langen, spitzen Flügeln ist sie ein außerordentlich schneller und gewandter Flieger. Allerlei Seetiere, die sie am Strand aufliest oder seltener von der Meeresoberfläche auffischt, bilden ihre Nahrung.
Außer der Silbermöwe bewohnen noch andere Möwenarten die Küsten der nördlichen Erdhälfte, so die dunkelrückige und gelbfüßige *Heringsmöwe* und als größte Art die gleichfalls dunkelrückige *Mantelmöwe*. Sie alle leben gesellig in großen Kolonien und brüten je nach der Küstenbeschaffenheit auf dem flachen Sandstrand oder auf felsigen *Vogelbergen*. Ihre großen Eier werden gleich denen anderer Seevögel als begehrte Leckerbissen vom Menschen ge-

Vögel am Meeresstrand.

1 Austernfischer
2 zwei Alpenstrandläufer
3 Halsbandregenpfeifer
4 Silbermöwe
5 Heringsmöwe
6 zwei Küstenseeschwalben

sammelt. Die Vögel gleichen diese Verluste durch Nachgelege weithin wieder aus.

Die **Lachmöwe** (Lach = See) lebt im Gegensatz zu den anderen Möwenarten vorwiegend an Flüssen und Seen. Sie hat rote Füße und einen roten Schnabel. Der Kopf der Altvögel ist im Frühjahr und Frühsommer dunkelbraun (Brutkleid), das übrige Jahr hindurch weiß. Die Nahrung der Lachmöwe besteht aus Insekten und Fischen. Um diese zu fangen, streicht sie dicht über dem Wasser dahin und stößt dann plötzlich auf die Beute hinab. Aus frisch gepflügten Äckern holt sie sich Würmer und Engerlinge. Im Frühjahr brüten die Tiere kolonienweise im Röhricht der Binnengewässer. Später ziehen sie vielfach in die an großen Flüssen oder Seen liegenden Städte, wo sie sich an Brücken und Hafenanlagen aufhalten und die Schiffe begleiten, um sich füttern zu lassen.

Lachmöwen, das vordere Tier im Frühlingskleid

Die **Seeschwalben** sind den Möwen sehr ähnlich, im allgemeinen aber kleiner als diese. Sie haben einen tiefgegabelten Schwanz (Name) und nähren sich von Fischen, die sie stoßtauchend aus dem Meer holen. Die Seeschwalben zählen zu den besten Fliegern unter allen Vögeln und kommen in mehreren Arten an unseren Küsten vor.

Die *Möwenvögel* (82 Arten) haben einen seitlich zusammengedrückten und an der Spitze meist hakenförmig gekrümmten Schnabel, sehr lange, spitze Flügel und Schwimmfüße.

Verwandte *der Möwenvögel* sind die *Alke* und *Lummen,* die die nordischen Meere bewohnen. Als Tauchvögel schwimmen sie vortrefflich unter Wasser, wobei sie ihre Flügel als Ruder benützen. Das Meer verlassen sie nur, um zu brüten. Sie nisten in großen Kolonien an steil aus dem Wasser aufragenden Felswänden (*Vogelbergen*), wo sie jeden kleinsten Vorsprung und jede Felsspalte ausnützen. Die Jungen stürzen sich, lange ehe sie flügge sind, ihrem Instinkt folgend, von der hohen Felswand ins Meer.

Pelikan

Ruderfüßler

Den **Pelikan,** dessen Heimat Südosteuropa sowie weite Gebiete von Afrika und Südasien sind, sehen wir oft in Tiergärten. Er hat etwa die Gestalt einer Gans, dabei aber einen riesigen Schnabel. Sämtliche Zehen sind nach vorn gerichtet und durch Schwimmhäute verbunden (*Ruderfuß;* vgl. Ente). Die Pelikane leben gesellig an Binnenseen und Strömen, in deren Röhricht sie in Kolonien nisten. Zum Fischfang veranstalten sie gemeinsame *Treibjagden:* im Halbkreis schwimmend, drängen sie die Fische an einer seichten Stelle zusammen, wo sich dann jeder mit dem Schöpfschnabel seinen Anteil aus dem Gewimmel herausfängt. Zwischen den Ästen des Unterschnabels ist eine dehnbare Haut ausgespannt. Hat der Vogel mit diesem natürlichen Netz einen Fisch aus dem Wasser geschöpft, so legt sich der Oberschnabel wie ein Deckel darüber. Der weite Schlund ermöglicht das Verschlucken verhältnismäßig großer Fische.

Der schwärzlichbraune **Kormoran** war früher in Norddeutschland weit verbreitet, ist aber heute als Fischereischädling bei uns nahezu ausgerottet. Nur an wenigen Stellen wird er noch gehegt. In den Mittelmeerländern, in Asien und Afrika trifft man ihn häufig an. Auch er bewohnt Binnenseen und Ströme, nistet jedoch nach Reiherart auf Bäumen. Die Kormorane fischen einzeln unter Wasser, wobei sie minutenlang tauchen. Die Chinesen benützen seit alter Zeit gezähmte Kormorane zum Fischfang.

Die *Tölpel* sind enten- bis gänsegroße Meeresvögel mit langen, spitzen Schnäbeln, die fast an allen Küsten der Erde vorkommen. Als hervorragende Flieger erbeuten sie ihre Fische stoßtauchend, d. h. aus dem Flug in das Wasser niederstoßend. Mit andern Arten zusammen bevölkern sie die felsigen Vogelberge, an denen sie oft in riesigen Kolonien brüten.

Die *Ruderfüßler* sind Fischjäger mit Ruderfüßen. Bei diesen sind alle 4 Zehen nach vorn gerichtet und durch Schwimmhäute verbunden.

Sturmvögel

Der **Albatros** ist mit einer Flügelspannweite von über 3 m der größte unter den Sturmvögeln. Er bewohnt wie alle seine Verwandten (Sturmschwalben, Sturmtaucher u. a.) als Hochseevogel den freien Ozean, weit entfernt von jeder Küste. Mit scinen langen, schmalen Schwingen vermag er die Luftbewegungen über den Wogen zu langanhaltendem Segelflug auszunützen. Die hervorragende Flugkunst dieser Vögel ist den stärksten Meeresstürmen gewachsen (Name!). Nur einmal im Jahr verlassen sie das Meer, um in großen Kolonien auf einsamen Felseninseln zu brüten. Die Sturmvögel sind die häufigsten Meeresvögel der südlichen Halbkugel.

Königspinguine

Pinguine

Die Pinguine bevölkern in vielen Arten die Meere der südlichen Halbkugel. Sie sind von allen Vögeln dem Wasserleben am vollkommensten angepaßt. Ihre *Flügel* sind in flossenartige Ruder umgewandelt, die sich zum Fliegen nicht mehr eignen. Die kleinen, schuppenartigen Federn liegen dem Körper dicht an. Eine dicke Fettschicht unter der Haut schützt vor zu starkem Wärmeverlust. Die kurzen Beine stehen ganz am Ende des Rumpfes, so daß der Körper beim Sitzen und Gehen senkrecht aufgerichtet ist.

Die Pinguine leben für gewöhnlich im freien *Meer*, wo sie auf ihren Streifzügen Hunderte von Kilometern zurücklegen. Mit raschen Schlägen ihrer Flossenflügel fliegen sie geradezu – mit einer Geschwindigkeit bis zu 10 m in der Sekunde – durch das Wasser. Von Zeit zu Zeit schießen sie in weitem Bogen über die Meeresoberfläche hinaus, um zu atmen. Sie ernähren sich ausschließlich von Meerestieren, insbesondere von Fischen.

An *Land* gehen die geselligen Vögel fast nur zum Brüten. Humpelnd, hüpfend und bäuchlings über das Eis rutschend, streben sie ihren Brutplätzen zu, wo sie sich zu Tausenden einfinden. Sie brüten auf dem nackten Felsboden, wobei sie ihren Nistplatz mit ein paar Steinen umgrenzen.

Die 115 cm großen *Kaiserpinguine* brüten in der monatelangen antarktischen Winternacht auf dem Eise stehend. Sie halten dabei ihr einziges Ei ständig auf den dicht beisammen stehenden Schwimmfüßen und bedecken es mit einer darüberhängenden wärmenden Falte der Bauchhaut. So brütet zunächst das Männchen ununterbrochen über zwei Monate lang, wobei es etwa $^1/_3$ seines Körpergewichts einbüßt. Dann wird es vom Weibchen abgelöst. Wenn die Jungen einige Wochen alt sind, schließen sie sich mit ihresgleichen zu „Kindergärten“ zusammen. Diese werden jeweils von einem Teil der Elterntiere zum Schutz gegen Raubmöwen und andere Feinde bewacht, während gleichzeitig die andern Eltern Nahrung für ihre Jungen herbeischaffen.

Südamerikanische Papageien. 1 eine Ara-Art, 2 ein Paar Grünflügelaras, 3 ein Blaustirn-Amazonenpapagei

Papageien

Die Papageien, von denen man über 300 Arten kennt, sind vorwiegend Urwaldbewohner der heißen Zone. Die meisten von ihnen besitzen wie zahlreiche andere Vögel dieser Erdstriche ein überaus prächtiges Gefieder. In den dichten Baumkronen, in denen der Flug stark behindert ist, bewegen sich die Tiere meist kletternd fort. Als Greifwerkzeuge verwenden sie hierbei nicht nur die Kletterfüße, sondern auch den Schnabel, dessen obere Hälfte zu einer langen, hakiggebogenen Spitze ausgezogen ist. Mit ihm können die Papageien harte Früchte und Samen öffnen. Beim Entfernen der Samenhülle hilft die dicke, fleischige, sehr bewegliche Zunge mit. Die Füße können sie wie Greifhände benützen und damit Nahrung zum Mund führen. Die Papageien sind wegen des bunten Federkleides, wegen ihrer Zutraulichkeit und wegen der Fähigkeit, Worte oder kurze Sätze nachzusprechen, beliebte Stubenvögel. – Vgl. Abb. S. 143, 7.

Aus den tropischen Urwäldern Amerikas stammen die vorwiegend grünen *Amazonenpapageien* und die stattlichen *Aras*, deren Gefieder in Rot, Blau, Grün und Gelb prangt. – Durch einen aufrichtbaren Federschopf zeichnen sich die *Kakadus* aus, die Australien und zahlreiche Inseln des Stillen Ozeans bewohnen. – Von den kleinen Arten, die gern im Käfig gehalten werden, sind die australischen *Wellensittiche* die bekanntesten.

Die *Papageien* sind durch ihr meist farbenprächtiges Gefieder, den hohen, gebogenen Oberschnabel, die fleischige Zunge und durch Kletterfüße gekennzeichnet.

Kolibris

Die Kolibris, von denen man gleichfalls etwas über 300 Arten kennt, sind mit den Seglern (S. 124) nahe verwandt. Sie bewohnen Süd- und Mittelamerika; einige Arten kommen auch in Nordamerika vor. Die zierlichen Vögel erreichen Hummel- bis Schwalbengröße und prangen meist in den herrlichsten, vielfach metallisch glänzenden Farben. Sie nähren sich von kleinen Insekten und vom Nektar bestimmter Blüten, deren Bestäubung sie dabei besorgen. Mit schwirrenden Flügeln (über 50 Flügelschläge in der Sekunde) schweben sie im Rüttelflug vor dem Eingang der Blüten und senken die weit vorstreckbare, röhrenförmige Zunge in deren Grund. Die Eier der kleinsten Kolibris sind kaum erbsengroß, und ihr kunstvoll gefertigtes Nest hat nur die Größe einer Walnußschale.

Kolibris

Der Afrikanische Strauß

Der Strauß bewohnt die Wüsten und Steppen Afrikas und Westasiens. Er ist der größte unter den gegenwärtig lebenden Vögeln. Der kleine Kopf erhebt sich etwa $2^1/_2$ m über den Boden. Sein Körpergewicht erreicht das eines erwachsenen Menschen.

Ein Laufvogel. Der große, schwere Vogel kann nicht fliegen. Seine Flügel sind stark zurückgebildet. Ihre verkümmerten Schwungfedern haben weiche, biegsame Kiele, und die Strahlen sind nicht durch Häkchen zu straffen Federfahnen verbunden. Das Flügelskelett bleibt klein, der Brustbeinkamm fehlt völlig.

Dafür aber ist der Strauß ein *Schnelläufer* sondergleichen, dem auf eine kurze Strecke selbst ein Pferd nicht zu folgen vermöchte; er erreicht Geschwindigkeiten bis zu 50 km in der Stunde. Die nackten Beine haben in den starken Schenkeln ungeheure Kraft und sind so lang, daß der Vogel Schritte von 4 m Länge ausführen kann. Wie bei den schnellfüßigen Huftieren ist die Zahl der Zehen stark verringert. Der Strauß hat an jedem Fuß nur zwei Zehen. Die große Hauptzehe ist in ein kissenartiges Polster eingeschlossen, wodurch das Gehen auf hartem Boden erleichtert und ein Einsinken in den Sand verhindert wird.

Der schnelle Lauf ermöglicht dem Strauß, nahrungsarme Landstrecken zu bewohnen. Er verzehrt zwar alles, was er an Genießbarem erreichen kann, ist aber *vorwiegend Pflanzenfresser;* selbst das harte Gras und Dorngestrüpp der Steppe und Halbwüste wird von seinem starken *Kaumagen* bewältigt, doch muß er nicht selten weite Wanderungen unternehmen, um die nötigen Nahrungsmengen und Wasser zu finden.

Nest und Eier. Als Nest dient dem Straußenpaar eine flache Grube am Boden, die das Männchen ausscharrt. Das Weibchen legt 10–15 Eier, die von Männchen und Weibchen abwechselnd bebrütet werden. Jedes Ei ist etwa 16 cm lang und wiegt 1,2–2 kg; sein Inhalt entspricht dem von 2–3 Dutzend Hühnereiern.

Der etwas kleinere *Nandu* bewohnt die Steppen Südamerikas, der *Emu* die im südlichen Australien. Beide haben im Gegensatz zum afrikanischen Strauß dreizehige Füße.

Die Laufvögel (11 Arten) sind große, flugunfähige Vögel mit verkümmerten Flügeln, aber starken Rennbeinen. Die Jungen sind Nestflüchter.

Afrikanische Strauße in der Gesellschaft von Zebras und Antilopen

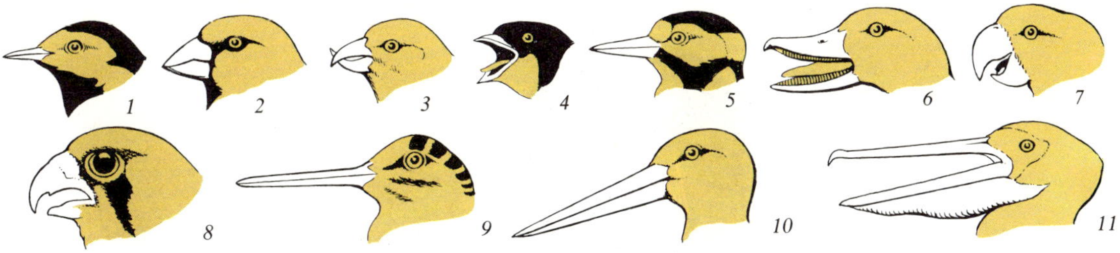

Schnabelformen. 1 Bachstelze (Insektenfresser), 2 Kernbeißer (Körnerfresser), 3 Kreuzschnabel, 4 Schwalbe, 5 Specht (Meißelschnabel), 6 Ente (Seihschnabel), 7 Papagei, 8 Sperber (Raubvogelschnabel), 9 Waldschnepfe, 10 Storch, 11 Pelikan

Zusammenfassung über die Vögel

Artenzahl und Verbreitung. Man kennt rund 8600 Vogelarten. Viele von ihnen umfassen mehrere Unterarten oder Rassen. Die Gesamtzahl der Unterarten beträgt etwa 30000. Die Mehrzahl der Vögel ist in den warmen Gegenden der Erde beheimatet. In Deutschland brüten etwa 250 Arten, in dem fast gleich großen Ecuador 1200, in Island 75.

Besonderheiten des Körperbaus. Der Vogelkörper ist vor allem durch sein Gefieder und seine Flügel dem *Fliegen* angepaßt. Aber auch die geringe Körpergröße der meisten guten Flieger ist eine Anpassung an das Fliegen. Kleine Tiere sind für das Fliegen geeigneter als große, weil ihre Körperlast im Verhältnis zur Körperkraft und zur Größe der Tragflächen kleiner ist als bei großen. Vergleiche dazu die Fledermäuse unter den Säugetieren, die Insekten innerhalb der übrigen Tierwelt!

Kannst du das mathematisch erklären? Vergleiche die Oberflächen und die Rauminhalte eines Kubikzentimeters und eines Kubikdezimeters miteinander!

Das *Körpergewicht* der Vögel ist zudem dadurch verringert, daß ihre Knochen sehr dünnwandig und statt mit Knochenmark von den Luftsäcken erfüllt sind. Die Knochen eines 25 Pfund schweren Pelikans wiegen z. B. nicht mehr als ein Pfund, während unser Knochengerüst etwa $^1/_5$ unseres Körpergewichts ausmacht. Dank seiner *Stromlinienform* durchschneidet der Vogelkörper die Luft leicht. Die als *Flügel* ausgebildeten Vordergliedmaßen setzen an dem stark gebauten Schultergürtel an, dessen mächtiges, schildförmiges, mit einem Knochenkamm versehenes Brustbein den starken Flugmuskeln große Ansatzflächen bietet. Die beiden Beine, die auf dem Boden den Körper allein zu tragen haben, sitzen an dem sehr langen Becken, das bis zu den starr miteinander verwachsenen Brustwirbeln vorreicht. Der Oberschenkel liegt nahezu waagerecht. Dadurch kommt das übrige Bein, das den Körper trägt, unter dessen Schwerpunkt zu stehen. Die durch die Stellung des Oberschenkels bedingte Verkürzung des Stehbeins wird durch den Lauf ausgeglichen. Die starre Brustwirbelsäule, das große Brustbein und die feste Verbindung der Rippen durch ihre Hakenfortsätze machen den Rumpf zu einem starren Flugkörper. Hals und Kopf sind dagegen um so beweglicher.

Sinne. Während die Säugetiere vor allem Nasentiere sind, sind die Vögel ausgesprochene *Augentiere* – entsprechend ihrem Leben in der Luft. Ihre Augen sind den unsrigen an Sehschärfe und damit Reichweite hoch überlegen.

Innere Organe. Eine Besonderheit der Vögel ist der *Kropf*, eine Erweiterung der Speiseröhre zur Aufnahme und Vorverdauung der unzerkauten Nahrung. Körnerfresser haben zur Zerkleinerung der Nahrung einen *Kaumagen*, Fleischfresser haben einen gewöhnlichen sackförmigen *Magen*. In beiden Fällen liegt davor ein besonderer Drüsenmagen. Harnblase und Harnausführgang fehlen. Kot und Harn werden gemeinsam ausgeschieden. Da der Stoffwechsel der lebhaften Tiere sehr intensiv ist, können viele Kleinvögel schon in einem einzigen Tag verhungern. – Auch die Atem- und Kreislauforgane sind sehr leistungsfähig. Die *Lungen* sind mit großen, feinhäutigen Luftsäcken versehen, die den ganzen Körper durchziehen und die Atmung vervollkommnen (S. 100). Das *Herz* ist wie das der Säuger gebaut; es schlägt sehr schnell, bei kleinen Arten bis zu 500mal in der Minute. Die *Körpertemperatur* beträgt 42–43° und ist damit die höchste im ganzen Tierreich.

Eier einheimischer Vögel.
Obere Reihe: Gelbspötter, Drosselrohrsänger, Kiebitz, Saatkrähe, Amsel.
Untere Reihe: Rauchschwalbe, Feldlerche, Goldhähnchen, Uferschwalbe, Schwanzmeise.

Brutpflege. Das Nest ist i. a. nicht die Dauerwohnung der Vögel, sondern dient nur kurze Zeit der Aufnahme der Eier und der Aufzucht der jungen Nesthocker. Die *Bodenbrüter*, z. B. Feldlerche, Hühner- und Strandvögel, benützen eine flache Bodenmulde als Nest. Manche *Höhlenbrüter*, wie Turmfalk und Waldkauz, legen ihre Eier einfach in Felsspalten oder Baumlöcher, andere, wie Mauersegler und Dohle, bereiten dabei am Boden der Höhle ein kunstloses Nest, und wieder andere, wie Specht, Uferschwalbe und Eisvogel, meißeln oder graben ihre Höhle selbst. Die meisten Vögel bauen als *Busch- und Baumbrüter* ihre Nester im dichten Gezweig aus Halmen, Würzelchen und Moos und polstern es mit Federn, Haaren und dergleichen aus. Schwalben mauern Mörtelnester. Die Großvögel aber bauen mächtige *Reisighorste*, so die Raubvögel, Störche und Reiher. Die Höhlenbrüter legen meist rein weiße Eier, während die Eier der Bodenbrüter und der Vögel mit offenen Nestern durch eine Schutzfärbung getarnt sind. Manche Arten legen nur ein oder zwei Eier, die meisten etwa 4 – 7, manche bis zu 20. Die Brutdauer ist verschieden je nach Körpergröße. Es brüten

Kleine Singvögel	11 – 13 Tage
Amsel, Star, Pirol	13 – 15 Tage
Tauben und Krähen	etwa 18 Tage
Haushuhn, Rabe, Möwen	20 – 24 Tage
Bussard, Enten, Gänse	etwa 4 Wochen
Störche und Schwäne	etwa 5 Wochen
Adler und Strauße	6 Wochen
Albatros	8 Wochen
Kaiserpinguin	9 Wochen.

Meist wechseln sich Männchen und Weibchen beim *Brüten* ab (vgl. Haustaube); oft aber brüten die Weibchen allein (Hühner-, Enten-, Raubvögel; Amsel). Die *Nestlingszeit* währt bei den Singvögeln etwa 2 – 3, bei den meisten Raubvögeln 5 – 7 Wochen, beim Storch 2, beim Steinadler 3 Monate. Über den Bau des Eies und die Entwicklung des Vogels im Ei vgl. S. 106. Die *Brutpflege* erstreckt sich bei fast allen Vögeln auch auf die ausgeschlüpften Jungen. Wochenlang werden die Nesthocker (Singvögel, Raubvögel, Spechte, Störche u. v. a.) tagsüber nahezu ununterbrochen gefüttert, und auch die nestflüchtenden Küken, z. B. der Hühner- und Entenvögel, werden noch lange von den Eltern geführt (vgl. Haushuhn).

Verhalten. Das Verhalten der Vögel ist fast ganz durch ihre angeborenen *Instinkte* bestimmt, was sich bei der Balz, dem Nestbau, dem Brüten, dem Füttern und Führen der Jungen, bei der Feindabwehr, beim Vogelzug u. a. zeigt. Es ist erstaunlich zu sehen, wie soeben geschlüpfte junge Wasservögel ins Wasser gleiten und davonschwimmen, ohne es gelernt zu haben, wie junge Lummen und Alke sich von hoher Felswand ohne Zaudern ins Meer stürzen, junge Mauersegler sich aus ihrem turmhohen Nest in die Luft hinausschwingen, wie jeder Vogel nach seiner besonderen Art sein Nest baut, ohne es je gelernt zu haben, oder wie manche Jungvögel im Spätsommer allein ihren ganz bestimmten Weg nach Süden ziehen. Darüber hinaus aber besitzen die Vögel auch eine gewisse *Lernfähigkeit*. Küken und andere Jungvögel picken z. B. anfangs nach allen kleinen Dingen, die sie am

Boden finden, lernen aber bald, Genießbares von Ungenießbarem zu unterscheiden. Späterhin lernen die Vögel, wo die futterreichsten Plätze, die Trink- und Badestellen ihrer Umgebung sind, lernen harmlose und gefährliche Großvögel unterscheiden und anderes mehr. Vor allem haben sie ein vorzügliches Ortsgedächtnis, das es ihnen z. B. ermöglicht, ihren vorjährigen Nistplatz wieder zu finden. Verständiges Überlegen und Einsicht in ihr Tun ist den Vögeln aber im allgemeinen nicht gegeben. Immerhin sind Ansätze dazu bei Raben, Staren, Papageien und einigen anderen zu beobachten.

Die meisten Vögel bewohnen – zumindest während der Brutzeit – ein bestimmtes *Revier*, das sie gegen Eindringlinge heftig verteidigen. Auf diese Weise wird eine zu dichte Besiedlung der Gegend verhindert und damit eine ausreichende Futterversorgung der Brut gesichert. Die Reviere der Singvögel sind klein, so daß z. B. in einem größeren Obstgarten mehrere nebeneinander Platz haben. Großvögel, wie Habicht, Milan, Storch und ähnliche, haben Reviere von mehreren Kilometern im Umkreis ihres Horstes. Flugjäger, wie Schwalben und Segler und die in Kolonien brütenden Meeresvögel, haben kein Revier.

Abdruck eines Urvogels

Vögel früherer Erdzeitalter

In den lithographischen Schiefern des oberen Weißen Juras von Solnhofen in Bayern fand man einen vorzüglich erhaltenen Abdruck eines etwa rabengroßen *Urvogels* (Archäopteryx). Seine Vordergliedmaßen trugen große Schwungfedern, hatten aber noch drei *freie, mit Krallen bewehrte Finger*. Der *lange Schwanz*, an dem die Steuerfedern seitlich in 2 Reihen angeordnet waren, bestand aus vielen langgestreckten Wirbeln, und die Kiefer waren mit zahlreichen kegelförmigen *Zähnen* besetzt. Der Urvogel vereinigte somit in seinem Bau Merkmale, wie sie einerseits die Vögel, andererseits die Kriechtiere, z. B. die Eidechsen, aufweisen. Man hat daraus geschlossen, daß die Vögel einst aus echsenartigen Kriechtieren (Sauriern) hervorgegangen sind, der Urvogel also ein *Bindeglied* zwischen den Kriechtieren und den Vögeln darstellt.

In der auf den Jura folgenden Kreideformation fand man die versteinerten Reste von Vögeln, die mit den heutigen Vögeln schon weithin übereinstimmen, aber immer noch Zähne besaßen (*Zahnvögel*).

Vogelschutz

Die Vögel sind der Teil unserer heimischen Tierwelt, der uns allen noch als ein Stück lebendiger Natur gegenwärtig geblieben ist. Über die Freude am Vogelleben hinaus sind uns, ganz nüchtern betrachtet, die gefiederten Freunde von großem Nutzen. Die Meisen, Rotschwänze, Lerchen, Bachstelzen, Laubsänger, Grasmücken, Spechte, Würger und viele andere nähren sich – und ihre Brut – überwiegend von Schadinsekten und vernichten dabei Unmengen davon. Eine Meise z. B. vertilgt täglich etwa so viele Insekteneier, Maden, Raupen, Puppen, Blattläuse u.s.f., wie sie selbst wiegt. Die Eulen und viele Greifvögel sind uns als Mäusevertilger nützlich. Beides, die Freude an der heimischen Vogelwelt und ihr Nutzen, veranlaßt uns, die Vögel zu schützen, so gut wir können.

Auch unsere Heimat war einst eine *Naturlandschaft*. In ihr waren Sümpfe und Moore, Altwässer und Auwälder, Feldgehölze, Gebüsche und Hecken, alte und morsche Bäume weit häufiger als in unserer heutigen „geordneten“, bis ins kleinste ausgenutzten *Kulturlandschaft*. Heute fehlen den Vögeln weithin Verstecke und Nistgelegenheiten, Lärm und Unrast der Industrie- und Verkehrsanlagen vertreiben sie, und mancher Obstgarten wirkt wie ausgestorben: wo durch ständiges „Spritzen“ alle Insektenschädlinge vernichtet werden, haben insektenfressende Vögel nichts mehr zu suchen, und wo alte Bäume fehlen, finden Kleiber, Stare, Spechte, Wiedehopfe und andere Höhlenbrüter keinen Unterschlupf mehr.

Um den Vögeln zu helfen, müssen wir ihnen also *Nistgelegenheiten* schaffen. Wir sollten in unsern Gärten nach Möglichkeit *Gebüsch* anpflanzen, uns für die Schaffung von *Vogelschutzgehölzen* einsetzen und für die Höhlenbrüter, wie Meisen, Kleiber und Gartenrotschwanz, *Nistkästen* aufhängen.

Ein zweiter wichtiger Hilfsdienst für die Vögel ist die *Winterfütterung*. Tiefer Schnee, dicke Eiskrusten und strenge Kälte bedeuten für die bei uns überwinternden Vögel Hungersnot und sehr leicht auch den Hungertod. Wir hängen also Futterglocken und Futterringe auf und streuen in einem überdachten Häuschen Futter aus. Wichtig ist, daß ganz regelmäßig gefüttert wird. Schon ein einziger Tag ohne Futter kann manchen Vögeln das Leben kosten. Vogelfutter ist überall käuflich. Man kann es aber auch im Herbst selbst einsammeln: Früchte der Vogelbeere und des Weißdorns, Hagebutten und Bucheckern, Hanfsamen und Sonnenblumenkerne, Apfelkerne und Unkrautsamen aller Art eignen sich. Auch Rosinen und andere getrocknete Beeren, z. B. des Holunders, werden gern verzehrt.

Brot und Kartoffeln dürfen nicht gefüttert werden!

Sie werden leicht sauer, Brot quillt zudem im Vogelmagen auf und kann kleinen Vögeln lebensgefährlich werden. Das Körnerfutter kann mit Rindertalg vermischt werden, der auch für die Herstellung der Futterglocken und -ringe geeignet ist.

Noch nicht ganz flüggen *Jungvögeln*, die am Boden umherhüpfen und -flattern, helfen wir nicht, wenn wir sie aufnehmen, um sie zu pflegen. Sie gehen dabei meist zugrunde. In ihrem Revier aber werden sie auch am Boden von den Altvögeln weiterhin gefüttert und betreut. Wohl aber halte man *Katzen* zur Brutzeit aus dem Garten fern. Daß wir keine Nester ausnehmen, ist selbstverständlich. Verlassene Singvogelnester, Brutstätten für Ungeziefer, sollte man entfernen. Sie werden von den Vögeln im Gegensatz zu den Horsten der Großvögel nicht mehr benützt, versperren aber geeignete Nistplätze.

Der Vogelschutz ist ein Teil des allgemeinen Naturschutzes, der sich heute in aller Welt so weit wie möglich um den Schutz und die Erhaltung der Naturlandschaft mit ihrer gesamten Pflanzen- und Tierwelt bemüht.

Naturschutz

Seit Beginn unserer Zeitrechnung sind mehr als hundert Säugetierarten ausgestorben, weitaus die meisten davon in den letzten 200 Jahren, ein Drittel etwa in unserem Jahrhundert. In den letzten Jahrzehnten hat die Gefährdung der Tierwelt durch die fortschreitende Technisierung noch stark zugenommen. Zur Zeit droht mehreren hundert Tierarten die Gefahr zugrunde zu gehen.

Der Bestand einer Tierart kann mitunter durch übermächtige Feinde oder durch eine Klimaverschlechterung bedroht sein. Weitaus die meisten der ausgestorbenen Tierarten wurden aber vom Menschen ausgerottet.

Früher sah sich der Mensch manchmal gezwungen, Tiere zu verfolgen, weil sie für ihn gefährlich waren (Wolf, Tiger) oder weil sie Ackerbau, Viehzucht oder Fischerei schädigten (Hirsch, Wildschwein; Bär; Fischotter). Dies führte aber nie zur Ausrottung einer Tierart. Diese Gefahr erstand vielmehr erst in neuerer Zeit, als der Mensch den Tieren mit seinen Feuerwaffen aus Gewinnsucht, aus hemmungsloser Jagdleidenschaft und oft auch aus reiner Mordlust nachzustellen begann. Pelztier- und Elfenbeinjäger, Robbenschläger und Walfänger und viele andere verfolgten ihre Opfer rücksichtslos, ruhmsüchtige Großwildjäger knallten Elefanten, Löwen, Kaffernbüffel, Zebras, Antilopen, Bisons und unzählige andere Tiere sinnlos ab. Völlig ausgerottet wurden z. B. die Stellersche Seekuh und die amerikanische Wandertaube. – Die Stellersche Seekuh, ein walähnliches, aber schwerfälliges, bis zu 10 m langes Meersäugetier, wurde

1741 im Beringmeer entdeckt, wo es in großer Zahl von den Seegras- und Tangwiesen der Küstenzone lebte. Nach knapp 27 Jahren war das hilflose Tier von Robbenschlägern und Walfängern ausgerottet. Die Wandertaube, eine Verwandte unserer Ringeltaube, trat einst in Nordamerika in Schwärmen von Millionen Tieren auf. Viele Jahrhunderte lang wurde sie von den Indianern ihres wohlschmeckenden Fleisches wegen gejagt, ohne daß das ihren Bestand beeinträchtigte. Später aber wurde sie an ihren nächtlichen Rastplätzen zu Hunderttausenden geschossen und erschlagen; sogar die Jungtauben wurden durch Fällen und Verbrennen der Nistbäume „erbeutet". Was bei diesem Massenmorden als für die Händler unbrauchbar liegen blieb, wurde den Schweineherden überlassen. Die Folge dieses schändlichen Treibens war, daß es um 1900 nur noch einige wenige Wandertauben gab. Die letzte starb 1914 im Zoo von Cincinnati. – Die Elefantenschildkröten gaben einst den Galapagos-(=Schildkröten-)inseln den Namen. Sie waren dort noch um 1700 so häufig, daß man dichte Scharen von einigen tausend Stück antreffen und „auf ihren Rücken dahinschreiten" konnte. Dann wurden die über 1,5 m langen, mehrere Zentner schweren Tiere ihres wohlschmeckenden Fleisches wegen von Seefahrern, später auch von Siedlern in Massen gefangen. Heute sind sie auf den meisten Inseln ganz, auf den übrigen nahezu ausgerottet.
Noch viele andere Arten schrumpften durch ständige Verfolgung auf kleine Restbestände zusammen, so Bison, Wasserbüffel und Moschusochse, Flußpferd und Nashorn, Gorilla und Orang-Utan, Wapiti, Alpensteinbock und Biber, Nerz und Zobel, Grönland- und andere Wale, manche Robben, der Seeotter (ein großer Verwandter des Fischotters mit besonders kostbarem Pelz), Kondor, Steinadler, Uhu und andere. Als etwa um die Jahrhundertwende die Millionenherden des nordamerikanischen Bisons durch eine ungeheuerliche Massenvernichtung bis auf wenige hundert Tiere dezimiert waren, als der Moschusochse und andere auszusterben drohten, als die Zahl der Wale erschreckend zurückging, wiesen erstmals einsichtige Männer auf die Gefahr hin, die der Tierwelt drohte, und forderten Maßnahmen für ihren Schutz. Länderregierungen schlossen sich den Bemühungen an und ermöglichten die Einrichtung von Schutzgebieten für Tiere. Im Jahr 1900 wurde in Deutschland erstmals der Naturschutz organisiert, 1913 von einem Schweizer der Internationale Naturschutz begründet. Seitdem konnten durch Naturschutzbestimmungen in allen Teilen der Welt viele Tierarten vor dem Untergang bewahrt werden, und viele Arten besonders der Großsäugetiere, wie Elefant, Bison, Löwe und andere haben sich seitdem in den großen „Tierreservaten" wieder stark vermehrt.

Der **Deutsche Naturschutz** dient mit seinem Naturschutzgesetz „dem Schutze und der Pflege der heimatlichen Natur in allen ihren Erscheinungen. Der Naturschutz im Sinne dieses Gesetzes erstreckt sich auf Pflanzen und nichtjagdbare Tiere, Naturdenkmale und ihre Umgebung, Naturschutzgebiete und sonstige Landschaftsteile in der freien Natur, deren Erhaltung wegen ihrer Seltenheit, Schönheit, Eigenart oder wegen ihrer wissenschaftlichen, heimatlichen, forst- oder jagdlichen Bedeutung im allgemeinen Interesse liegt."
Zu den jagdbaren Tieren zählen außer den allgemein bekannten auch Biber, Fischotter, Wildkatze, Edel- und Steinmarder, Iltis, Fasan, Kolkrabe, Auer- und Birkwild, die Raubvögel und Eulen, die Schnepfen, die Wildtauben, die wilden Schwäne, Gänse, Enten und alle andern Sumpf- und Wasservögel. Die Jagdgesetze sorgen dafür, daß die einheimische Tierwelt erhalten und gehegt wird. Selten gewordene jagdbare Tiere werden völlig geschont, so Biber, Fischotter, Auer- und Birkhuhn, Kranich und Wachtel, der Kolkrabe, die meisten Raubvögel und Eulen, die Wildschwäne u.a. Für andere sind bestimmte Jagd- und Schonzeiten festgelegt. Der Fuchs, das Wildkaninchen, das Schwarzwild, Iltis und Wiesel, Habicht und Sperber, Fischreiher, Bläßhuhn und Haubentaucher genießen dagegen keine Schonung, weil sie der Landwirtschaft, der Hühnerhaltung oder der Fischerei schaden.
Von den nichtjagdbaren Tieren stehen in Deutschland unter Naturschutz der Igel, die Spitzmäuse mit Ausnahme der Wasserspitzmaus, alle Fledermausarten, die Schlafmäuse (Siebenschläfer, Haselmaus, Baumschläfer und Gartenschläfer), alle nichtjagdbaren Vögel mit Ausnahme der Krähen, der Sperlinge, des Eichelhähers und der Elster, alle Kriechtiere mit Ausnahme der Kreuzotter und alle Lurche mit Ausnahme des Wasser- und des Grasfrosches. Vgl. auch S. 145.

Skelett der Zauneidechse

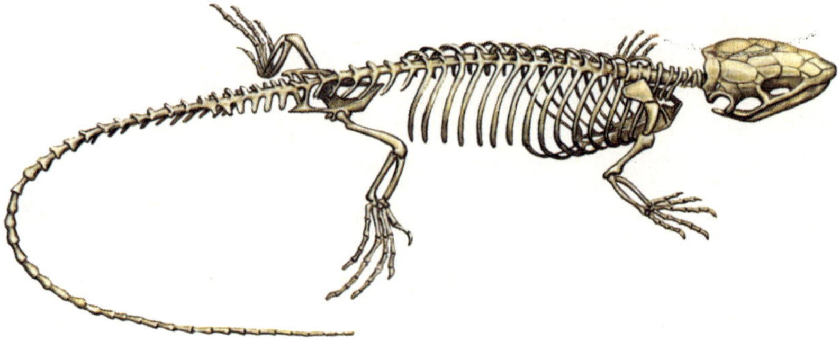

Echsen

Die Zauneidechse

Die Eidechse, ein Kriechtier. Die Zauneidechse, die eine Länge von etwa 17 cm erreicht, hält sich gern an sonnigen Mauern, Zäunen, Rainen und ähnlichen Orten auf. Hier hat sie in einer Mauerspalte oder einem Erdloch ihren Unterschlupf, von dem sie sich nie weit entfernt. Er ist der Mittelpunkt ihres kleinen *Reviers.* Wird sie erschreckt, flüchtet sie eiligst in ihr Versteck. Dabei „kriecht" sie am Boden dahin. Die gleiche kriechende Art der Fortbewegung findet sich bei den meisten Verwandten der Eidechse wieder. Sie heißen deshalb „*Kriechtiere*" oder Reptilien (von lat. repere, kriechen).

Fortbewegung. Die Gliedmaßen der Eidechse sind zwar wie die der Säugetiere gebaut. Da aber Oberarm und Oberschenkel seitlich aus dem Rumpf hervortreten und schräg nach oben stehen, heben die Glieder den Rumpf beim Laufen kaum vom Untergrund ab. Trotz dieser kriechenden Fortbewegung huscht die Eidechse erstaunlich schnell dahin, wenn sie etwa einen Weg überquert oder ihrem schützenden Versteck zustrebt. Dabei bewegt sie sich schlängelnd voran. Stellt sie z. B. das linke Hinterbein nach vorn, so krümmt sich der Rumpf nach rechts. Wenn er sich wieder streckt, wird er dadurch etwas vorgeschoben. Wird darauf das rechte Hinterbein nach vorn gestellt, so krümmt sich der Rumpf nach links usw. Der lange Schwanz macht die Schlängelung mit und fördert dadurch die Fortbewegung sehr. Eidechsen, die den Schwanz verloren haben (s. unten), können nicht mehr so schnell und gewandt laufen wie vordem. Die spitzen Krallen der langen, freistehenden Finger und Zehen befähigen das Tierchen, an Felsen und Mauern und auf niedrigem Gebüsch geschickt zu klettern.

Schuppenkleid. Der Körper der Eidechse ist mit einem Schuppenkleid aus Horn bedeckt. Im Gegensatz zum Pelz der Säugetiere und dem Gefieder der Vögel kann es die Körperwärme nicht zusammenhalten. Es schützt nur gegen Verletzung und gegen Austrocknung. An der Brust und am Bauch sind die *Hornschuppen* groß und decken sich dachziegelartig. Am Kopf stoßen sie mit den Rändern zusammen (*Schilder*), und an den Seiten des beweglichen Halses haben sie die Form von *Körnern.* Da das Schuppenkleid dem Wachstum des Körpers nicht zu folgen vermag, wird es während des Sommers mehrmals abgestoßen; man sagt: die Eidechse „*häutet sich*". Das Tier scheuert sich dabei an Steinen, Pflanzen und dergleichen, bis es die abgelöste Hornschicht – keineswegs die ganze Haut – in Fetzen abgestreift hat.
Die graubraune Oberseite des Weibchens zeigt weißliche, dunkelbraun umrandete Flecke und zwei hellere Längsstreifen; seine gelbliche Unterseite ist schwarz punktiert. Ähnlich sieht das Männchen aus; aber im Frühjahr ist es an den Seiten prächtig grün gefärbt (*Hochzeitskleid*).

Ein wechselwarmes Tier. Da das Schuppenkleid nicht gegen den Verlust von Körperwärme schützt, ist die Eidechse sehr wärmebedürftig. Sie sonnt sich gern auf einem Stein oder einem Baumstumpf. Um möglichst viel Sonnenwärme einzufangen, flacht sie ihren Körper stark ab. Dies gelingt ihr um so leichter, als ein Teil ihrer Rippen nicht mit dem Brustbein verbunden ist und gespreizt werden kann (Abb. 148). Durch die Sonnenbestrahlung erwärmt sich die Eidechse und ist nun sehr lebhaft. Bei kühlem Wetter aber sinkt ihre Körpertemperatur; dann ruht sie teilnahmslos in ihrem Versteck. Den Winter verbringt sie kalt und starr in einem frostsicheren Schlupfwinkel. Ihre Körpertemperatur steigt und sinkt also mit der Temperatur der Umgebung: Die Eidechse ist ein wechselwarmes Tier.

Sinne. An dem zierlichen Kopf erblicken wir ein tiefgespaltenes Maul, aus dem die schmale, zweizipfelige Zunge häufig hervorgestreckt wird. Sie dient dem Tasten und vor allem dem Riechen. Indem sie schnell auf und ab bewegt wird („Züngeln" der Eidechse), nimmt sie Duftstoffe aus der Luft auf; diese gelangen, wenn die Zunge wieder ins Maul zurückgezogen wird, an eine Riechgrube im Mundhöhlendach. Diese eigenartige *Gaumenriechgrube* findet sich bei allen Eidechsen und – wie wir sehen werden – Schlangen. Dem Riechen dient aber auch die *Nase*, deren Öffnungen wir an der Schnauzenspitze wahrnehmen. Die *Augen* können wie bei den Vögeln durch eine Nickhaut und durch das bewegliche untere Augenlid geschlossen werden. Am Hinterrand des Kopfes ist beiderseits als dunkles, etwas eingesenktes Häutchen das *Trommelfell* zu beobachten. Ohrmuscheln und Gehörgänge fehlen also.

Ernährung. Die Eidechse nährt sich vorwiegend von Insekten, Larven, Spinnen und Würmern. Die Kiefer ihres tiefgespaltenen Maules sind mit vielen kleinen, spitzen Zähnchen besetzt. Mit diesem *Fanggebiß* faßt das Tier die Beute und hält sie fest. Dann wird sie im Maul zerquetscht und unzerkleinert verschluckt. Die Eidechse vertilgt viele Schädlinge und steht unter Naturschutz.

Feinde. Die Eidechse hat unter den Säugern wie unter den Vögeln viele Feinde, so Marder, Iltis und Wiesel, Würger, Bussard, Storch und Krähe. Bei Gefahr sucht sie blitzschnell ein Versteck zu erreichen. Wird sie aber von dem Verfolger gefaßt, so rettet sie sich

Die Eidechsen Deutschlands.

1 Zauneidechse
2 Bergeidechse
3 Smaragdeidechse
4 Mauereidechse
5 Blindschleiche

häufig noch dadurch, daß sie ihren Schwanz durch scharfes Abbiegen an einer dafür vorgebildeten Stelle abstößt. Wenn dann der Feind den zappelnden Schwanz ergreift, entwischt die Eidechse. Der Schwanz wächst wieder nach, erreicht aber nicht mehr die alte Länge.

Revierverteidigung. Die Eidechsenmännchen führen Rivalenkämpfe um Revier und Weibchen aus. Naht sich ein Eindringling, so stelzen die beiden katzbuckelnd aufeinander zu („*Imponiergehabe*"); überraschend fährt der eine auf den anderen los, packt ihn mit dem Maul im Nacken und schüttelt ihn hin und her, bis sich beide kämpfend am Boden wälzen. Zu einer kurzen Kampfpause weichen sie zurück; aber alsbald beginnt das Ringen von neuem. Nach langem Hin und Her drückt sich plötzlich der eine Kämpe – meist ist es der Eindringling – flach an den Boden, nickt mit dem Kopf und trommelt mit den Vorderbeinen auf die Erde. Auf diese Demuts- oder Unterlegenheitsgebärde des Besiegten hin läßt das andere Männchen von ihm ab, und der Unterlegene kann entfliehen. Niemals tötet der Sieger den Besiegten. Man bezeichnet diese Kämpfe deshalb auch als *Turnierkämpfe*. Wir haben sie schon bei den Wölfen und anderen Tieren kennengelernt (S. 59). Sie kommen bei vielen Tierarten vor.

Vermehrung. Im Juni legt das Weibchen 5–14 weiße, weichschalige, bohnengroße Eier in selbstgegrabene Löcher und bedeckt sie mit Erde. Das Ausbrüten erfolgt durch die Sonnenwärme. Nach etwa 8 Wochen schlüpfen die zierlichen, etwa 4 cm langen Jungen aus. Da sich die Eltern nicht um sie kümmern, müssen sie sich sogleich allein zurechtfinden.

Andere Echsen

Eidechsen. Wesentlich kleiner als die Zauneidechse ist die *Bergeidechse* (Abb. S. 149). Sie liebt die Feuchtigkeit, kommt besonders im Gebirge, im Wald und im Moor vor und heißt deshalb auch Wald- oder Mooreidechse. Ihr Schuppenkleid ist vorwiegend braun, am Bauch aber rötlichgelb gefärbt. Die jungen Bergeidechsen kommen lebend zur Welt, weil sie kurz vor der Geburt, also noch im Mutterleib, die zarte Eihülle sprengen. Dieses Lebendgebären ist eine Anpassung an den oft naßkalten Lebensraum des Tieres. Vergrabene Eier würden im kalten Moor- oder Waldboden und gar im Gebirge oft nicht genügend erwärmt werden. Im Leib des sich oft sonnenden Muttertieres aber wird ihnen die zu ihrer Entwicklung nötige Wärme zuteil.

Die größte europäische Eidechse ist die in herrlichem Grün prangende *Smaragdeidechse* (3). In ihrer Heimat, den Mittelmeerländern, wird sie bis zu 60 cm lang, in Deutschland, wo sie in einigen wärmeren Gegenden, z. B. im Kaiserstuhl, vorkommt, erreicht sie 40 cm. Ihr Wärmebedürfnis ist groß; sie findet sich bei uns vor allem in Weinbergen und auf den Schutthalden von Steinbrüchen. Außer Insekten und anderem Kleingetier frißt sie auch kleine Eidechsen, junge Schlangen und sogar junge Mäuse. Sie ist sehr schnell und kann durch Aufschlagen des Schwanzes $1^1/_2$ m weite Sprünge ausführen.

Sehr wärmebedürftig ist auch die weit kleinere, meist grau oder braun gefärbte *Mauereidechse* (4), die an stark besonnten Weinbergmauern und Felswänden schnell dahinhuscht.

Als wärmeliebende Tiere sind die Eidechsen wie alle Reptilien vorwiegend in den heißen Ländern verbreitet. Sie finden sich aber nur in der Alten Welt, besonders in Afrika. Man kennt 150 Arten, von denen einige eine Länge von 80 cm erreichen.

Die **Blindschleiche** (5) ähnelt äußerlich einer Schlange und bewegt sich auch nach Schlangenart fort. Daß wir aber eine fußlose Echse vor uns haben, zeigt u. a. ihr Skelett, an dem Reste von Schulter- und Beckenknochen zu erkennen sind. Die Blindschleiche ist keineswegs blind. Ihr irreführender Name rührt daher, daß bei toten Blindschleichen im Gegensatz zu toten Schlangen die Augen durch Lider geschlossen sind. Das harmlose Tier nährt sich von Nacktschnecken und Würmern, bewohnt deshalb feuchte Örtlichkeiten und kommt im allgemeinen nur morgens und abends oder bei feuchtem Wetter zum Vorschein – wie seine Beutetiere. Die Jungen werden wie bei der Bergeidechse lebend geboren.

Ausländische Echsen

In den Mittelmeerländern trifft man den etwa 15 cm langen *Mauergecko* an, der nachts auf Nahrungssuche geht. Das unscheinbar graue oder braune Tier ist imstande, an steilen Felsen, ja selbst an senkrechten

Baumleguan

Mauergecko

Wänden und an der Zimmerdecke umherzulaufen, weil sich an der Unterseite seiner Zehen häutige Blättchen finden, die mit Millionen mikroskopisch feiner Häkchen ausgestattet sind. Geckos kommen in vielen Arten in allen warmen Ländern der Erde vor.

Eine eigenartige Echse kommt in Südspanien und Nordafrika vor, das *Gemeine Chamäleon*, ein Baumtier von etwa 25 cm Länge. Es sieht in der Regel grün aus, wie das Blattwerk, in dem es sich aufhält, kann aber seine Farbe rasch wechseln. Das Tier steht oft stundenlang an einer Stelle und späht nach Insekten aus, die seine Nahrung bilden. Da die kugeligen Augen unabhängig voneinander bewegt werden können, ist es imstande, einen großen Raum zu durchmustern. Als Fangwerkzeug dient die lange Zunge, die weit aus dem tief gespaltenen Maul herausgeschnellt werden kann und an dem keulenförmigen Vorderende mit klebrigem Schleim überzogen ist. In Spanien verwendet man das Chamäleon gleich dem Mauergecko vielfach als lebende Fliegenfalle.

Mittel- und Südamerika sind die Heimat der $^1/_2$ bis $1^1/_2$ m großen, oft lebhaft gefärbten *Leguane*. Sie sind meist Baumbewohner, haben einen seitlich zusammengedrückten Rumpf und Schwanz, einen großen, herabhängenden Kehlsack und einen Stachelkamm auf dem Rücken. Auch die Meerechsen der Galapagosinseln gehören in ihre Verwandtschaft.

Die größten heute lebenden Echsen sind die *Warane*, die in vielen Arten in allen heißen Ländern der Alten Welt vorkommen. Die größte Art ist der bis 3 m lange Komodowaran.

Echsen sind langgestreckte Kriechtiere, deren Körper mit Hornschuppen bedeckt ist. Sie bevorzugen trockene, heiße Lebensräume. Mit Ausnahme einiger Schleichenarten besitzen sie Gliedmaßen. Die meisten vermehren sich durch Eier; einige sind lebendgebärend.

Chamäleons

Wechselwarme Tiere
Winterstarre

Bei der Eidechse ist die Körpertemperatur von der Temperatur der Umgebung abhängig – und mit ihr die Lebhaftigkeit des Tieres. Tatsächlich verlangsamen sich bei ihr mit dem Sinken der Körpertemperatur alle Lebenstätigkeiten, so der Herzschlag, die Atmung, alle Stoffwechselvorgänge, die Nervenleitung, die Muskeltätigkeit usw., weil der Ablauf dieser Vorgänge von der dabei herrschenden Temperatur abhängt.
Warum aber sinkt bei der Eidechse – und so bei allen Wechselwarmen, den Kriechtieren, Lurchen, Fischen und allen niederen Tieren – die Körpertemperatur mit der Außentemperatur, während sie bei den Säugetieren und den Vögeln, also bei den Warmblütlern, stets gleichbleibt?
Die Wechselwarmen können in ihrem Körper nicht so viel *Eigenwärme* erzeugen, wie nötig wäre, um die Körpertemperatur gleichbleibend zu erhalten. Die *Lungen* der Kriechtiere sind viel einfacher gekammert als die der Säugetiere und Vögel, haben also eine viel kleinere Oberfläche für den Gasaustausch und sind darum weit weniger leistungsfähig als die der Warmblütler (Abb. S. 188). Ferner besitzt das *Herz* außer zwei Vorkammern nur eine unvollständig geteilte Herzkammer (Abb. S. 189). Daher mischt sich in der Herzkammer das aus dem Körper zurückströmende kohlendioxidreiche Blut mit dem wenigen sauerstoffreichen, das die Lungen durchlaufen hat. Somit ist das in den Körperkreislauf eintretende Blut viel ärmer an Sauerstoff als das der Säuger und Vögel. Infolge dieser Sauerstoffarmut können die Kriechtiere (und die anderen Wechselwarmen) nicht so viel Körperwärme erzeugen wie die Warmblütler. Sie muß von außen durch Sonnenwärme ergänzt werden. So steigt und fällt die Körpertemperatur mit der der Umgebung, und deshalb sind die Kriechtiere *wechselwarme Wesen.* Daraus erklärt sich ihr großes Sonnenbedürfnis und damit auch ihre Verbreitung: in den kalten Zonen fehlen sie ganz, in den kühleren Teilen der gemäßigten Zonen, so bei uns, sind sie nur spärlich vertreten, gegen den Äquator hin aber nimmt ihre Zahl stark zu. Die Säuger und Vögel hingegen, die genügend Eigenwärme erzeugen und überdies einen Kälteschutz besitzen (Pelz, Federkleid, Fettschicht), konnten sich über die ganze Erde verbreiten.

Die unterschiedliche Regelung der Körpertemperatur bei Gleichwarmen und Wechselwarmen bedingt auch die verschiedene Art und Weise, wie sie den Winter überstehen. Die meisten gleichwarmen Tiere bleiben auch im Winter voll beweglich und tätig. Bei den Arten, die einen *Winterschlaf* halten (vgl. S. 84), senkt der Körper die Bluttemperatur selbsttätig (durch Hormoneinwirkung). Dadurch werden alle Lebensvorgänge verlangsamt, so daß das Tier mit den gespeicherten Körperfetten den Winter überstehen kann.
Bei allen wechselwarmen Tieren sinkt mit abnehmender Außenweltstemperatur die Körpertemperatur ungehindert. Dadurch kommt es zur *Winterstarre* oder *Kältestarre* der Tiere, aus der sie nur dann wieder erwachen, wenn mit zunehmender Außentemperatur auch ihr Körper sich wieder erwärmt. Sie müssen also im Frühling buchstäblich von der Sonne wiedererweckt werden. Gefrieren bei starkem Frost ihre Körpersäfte, so tritt meist der Tod ein. Viele wechselwarme Tiere fallen auf diese Weise strengen Wintern zum Opfer. Frostsichere Winterverstecke sind für sie also lebensentscheidend.

Schlangen

Giftlose Schlangen

Die Ringelnatter

Überblick über den Körperbau. Die Ringelnatter, unsere häufigste einheimische Schlange, wird nicht selten über 1 m lang. Ihre Oberseite ist grau bis olivgrün und weist zahlreiche schwarze Tupfen auf. Die Unterseite dagegen ist weißlich und schwarz oder braun gefleckt. Ein sicheres *Erkennungszeichen* des harmlosen Tieres sind die beiden halbmondförmigen, gelben oder weißlichen Flecke am Hinterkopf. Der Körper der Ringelnatter ist wie der der Eidechsen mit Schuppen bedeckt. Das *Schuppenkleid* wird alljährlich mehrmals in einem Stück abgestreift („Natternhemd“), wobei sich das Tier durch dichtes Gestrüpp, Wurzelwerk, Steinhaufen oder dergleichen windet. Der langgestreckte, gliedmaßenlose Rumpf geht unmittelbar in den langen Schwanz über. Der flache

Ringelnattern. Im Hintergrund Eier mit ausschlüpfenden Jungen

Kopf ist von großen Hornschildern bedeckt. Das Maul reicht bis weit hinter die Augen. Die lange, tief gespaltene Zunge kann bei geschlossenem Maul durch einen Einschnitt im Oberkiefer hervorgestreckt werden. Das Züngeln dient auch bei den Schlangen – wie bei den Echsen (S. 149) – dem Tasten und Riechen. Das Auge ist von einer durchsichtigen Haut bedeckt, die aus den beiden miteinander verwachsenen Augenlidern besteht. Da diese Haut unbeweglich ist, erhält das Schlangenauge einen eigentümlich starren Blick. Ein Trommelfell haben die Schlangen im Gegensatz zu den Echsen nicht.

Fortbewegung. Da die Ringelnatter keine Gliedmaßen besitzt, bewegt sie sich ausschließlich durch *Schlängelung* des Rumpfes und Schwanzes fort. Der langgestreckte Schlangenkörper ist dazu gut geeignet. Seine starke Biegsamkeit beruht auf der großen Anzahl der Wirbel, die zudem durch Kugelgelenke miteinander verbunden sind. Unterstützt wird die Fortbewegung durch die breiten *Bauchschuppen.* Sie werden beim Kriechen – fortschreitend von vorn nach hinten – aufgerichtet, in die Unebenheiten des Bodens eingestemmt und wieder angelegt. Bringt man das Tier auf eine glatte Fläche, z. B. auf eine Glas-

Skelett der Ringelnatter

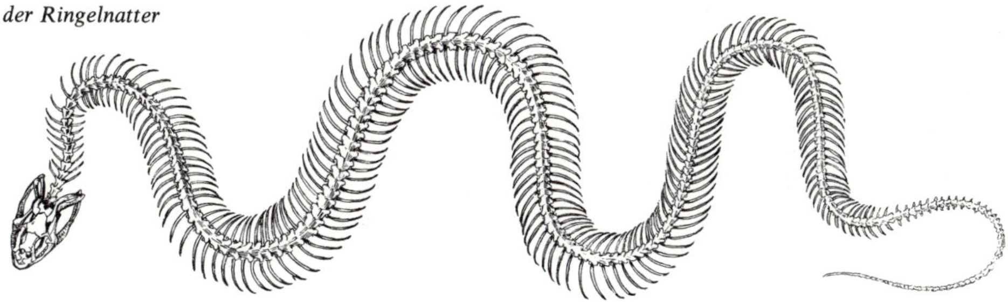

platte, so ist es nicht imstande, sich von der Stelle zu bewegen. Am schnellsten vermag sich die Schlange im Gras und Gestrüpp fortzubewegen, weil ihr die Pflanzen beim Schlängeln als Widerlager dienen.

Ernährung. Die Ringelnatter nährt sich von lebenden Tieren, die sie aber nur erkennt, wenn sie sich bewegen. Vor allem erbeutet sie Frösche, Molche und kleine Fische. Sie bewohnt daher vorwiegend wasserreiche Gegenden und kann gut schwimmen und tauchen. Dabei bleibt sie oft längere Zeit unter Wasser, um unter Steinen und im Pflanzengewirr

Schädel der Ringelnatter

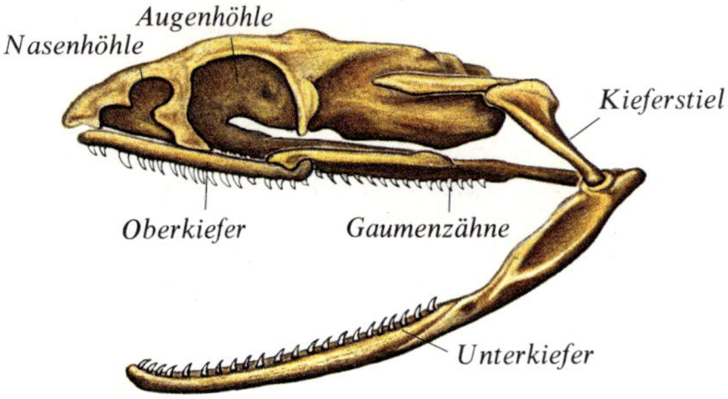

nach Beute zu suchen. Diese wird in schnellem Vorstoß ergriffen. Da die vielen nadelspitzen Zähne nach hinten gerichtete Haken bilden, gibt es für das gefaßte Beutetier meist kein Entrinnen (*Fanggebiß!*).
Erstaunlich ist, daß die Ringelnatter einen Frosch verschlingen kann, der viel dicker ist als ihr zierlicher Kopf. Dies ist möglich, weil das tief gespaltene Maul sehr erweiterungsfähig ist. Die beiden Unterkieferhälften sind vorne nicht verwachsen, sondern durch ein dehnbares Band miteinander verbunden und können deshalb seitlich weit auseinanderweichen. Ferner sind sie nicht wie bei uns fest am Oberkiefer eingelenkt, sondern je durch zwei bewegliche Knochen lose mit dem Schädel verbunden; so können sie auch hier auseinanderweichen und gleichzeitig weit nach unten gezogen werden. Die beiden Oberkieferhälften sind ebenfalls etwas beweglich, wenn auch lange nicht so stark wie die Unterkieferhälften. Bei der Schlingarbeit heben sich zuerst die Kiefer der einen Seite etwas von der Beute ab und greifen ein Stück nach vorn, worauf die der anderen Seite die gleiche Bewegung ausführen. Auf diese Weise wird die Beute langsam, aber sicher in den Rachen gezogen. Reichlich abgesonderter Speichel („Geifer") macht den großen Bissen schlüpfrig. Da ein Brustbein fehlt, endigen alle Rippen frei und können somit, wenn die Beute durch die sehr erweiterungsfähige Speiseröhre in den Magen gleitet, weit auseinandertreten. Die Atmung wird während der langwierigen Schlingarbeit nicht behindert, weil der Eingang zur Luftröhre vorn in der Kinngegend liegt (vgl. Abb. S. 156) und beim Schlingen aus dem Maul herausgeschoben wird.

Fortpflanzung und Überwinterung. Im Sommer legt das Weibchen unter Moos, faulendes Laub oder in lockere Erde 15 – 25 weiße, weichschalige *Eier*, die ungefähr die Größe von Taubeneiern haben. Die ausschlüpfenden Jungen sind etwa 15 cm lang. Im Herbst sucht die Ringelnatter einen frostfreien Schlupfwinkel und verfällt in *Winterstarre*.

Andere giftlose Schlangen. Die *Glatt-* oder *Schlingnatter*, deren Länge meist nur 60 – 70 cm beträgt, lebt an trockenen Plätzen. Über den beim Männchen braunen, beim Weibchen grauen Rücken ziehen zwei Längsstreifen abwechselnd stehender dunkler Flecke. Diese können manchmal zu einem Zickzackband verschmelzen, weshalb das harmlose Tier oft mit der gefährlichen Kreuzotter verwechselt wird. Ein dunkler, vom Nasenloch über das Auge zum Mundwinkel ziehender Streifen ist jedoch das sichere Erkennungsmerkmal der Glattnatter. „Glatte" Natter heißt sie, weil ihren Rückenschuppen im Gegensatz zu denen der Ringelnatter ein Längskiel fehlt, und „Schlingnatter" wird sie genannt, weil sie ihre Beute, die besonders aus Eidechsen und Blindschleichen besteht, mit mehreren Windungen ihres biegsamen Leibes umschlingt und so festhält, um sie dann lebendig zu verschlingen.
In den heißen Ländern der Erde gibt es etwa 1600 Arten ungiftiger Schlangen. Viele leben als Bodenschlangen, andere als Baum-, manche als *Wasserschlangen.*
Die vielen Arten von *Riesenschlangen* (Boas in Mittel- und Südamerika und Pythons im tropischen Afrika und Asien) erbeuten Tiere bis zur Größe von Pfau, Reh und Schwein, indem sie sie mit einigen Körperwindungen umschlingen und dann erdrücken; große Schlangen können sogar dem Menschen gefährlich werden. – In Tiergärten sieht man am häufigsten die buntgefärbte *Königs-* oder *Abgottschlange* (Boa con-

Abgottschlange, frisch gehäutet

strictor). Sie wird bis 4,5 m lang, kommt in Mittel- und Südamerika vor und soll dort früher göttlich verehrt worden sein (Name). – Die größte Schlange ist die *Anakonda* des Amazonasgebietes. Sie kann bis zu 11 m lang werden und bewohnt vornehmlich das sumpfige Uferdickicht, wo sie von Fischen, jungen Kaimanen (S. 158), Wasservögeln, Wasserschweinen und jungen Tapiren lebt. – Sumpfige Gegenden Ostasiens sind die Heimat der bis zu 8 m langen *Tigerschlange* (Python molurus), die ihren Namen nach dem hellbraunen, mit dunklen Flecken überstreuten Schuppenkleid trägt. Mit welcher Kraft und Gewandtheit dieses Tier seine Beute überwältigt, zeigt die Tatsache, daß man im Magen einer 6 m langen Tigerschlange die Überreste eines Leoparden fand.

Die Kreuzotter

Aufenthalt und Erkennungszeichen. Die Kreuzotter erreicht im Gegensatz zur Ringelnatter meist nur eine Länge von 50 – 60 cm. Man erkennt sie an dem flachen, dreieckigen Kopf, der sich deutlich von dem plumpen Rumpf abhebt, und an dem kurzen Schwanz, durch den sie von allen anderen heimischen Schlangen zu unterscheiden ist. Weitere *Kennzeichen* sind das dunkle Zickzackband auf dem Rücken und das dunkle kreuz- oder H-förmige Zeichen auf dem Kopf (Name!).

Ursprünglich war sie über fast alle Teile Deutschlands verbreitet. Heute kommt sie nur noch in bestimmten Gegenden vor. Dort treffen wir sie besonders an sonnigen, steinigen Hängen, aber auch auf Waldlichtungen, Wiesen und Feldern, sowie im Moor und auf der Heide an. Ihre Grundfärbung wechselt stark; sie ist grau, grünlich, braun oder rotbraun. In Moorgegenden erscheint sie vielfach sogar schwarz.

Ernährung. Wie schon die senkrechte, sehr erweiterungsfähige Pupille zeigt, ist die Kreuzotter ein vorwiegend nächtliches Tier. Tagsüber ruht sie in ihrem Versteck oder sonnt sich auf einem Stein oder Baumstumpf ihres Reviers. Nur wenn die Nächte für das wechselwarme Tier zu kalt sind, so vor allem in nördlichen Gegenden und im Hochgebirge, sucht sie am Tag ihre Nahrung. Diese besteht hauptsächlich aus Mäusen. Daneben frißt sie aber auch Frösche und Eidechsen, mitunter auch einen Maulwurf oder kleine Bodenvögel. Kommt eine Maus in ihre Nähe, so kriecht die Kreuzotter langsam auf sie zu, um dann aus einer Entfernung von 15 – 30 cm blitzschnell mit offenem Rachen und aufgestellten *Giftzähnen* vorzustoßen und ihr einen tödlichen Biß zu versetzen. Sogleich läßt die Otter die Maus wieder los, die noch eine kurze Strecke weit flieht und dann tot zusammenbricht. Züngelnd folgt die Schlange ihrer Geruchsspur, findet die tote Beute alsbald und würgt sie hinunter.

Die beiden großen, nadelspitzen Giftzähne liegen bei geschlossenem Maul und beim Verschlingen der Beute in Hautfalten des Gaumens. Nur beim Beißen werden sie aufgerichtet. Sie sind von einem feinen Kanal durchzogen, der sich kurz über der Spitze des

Kreuzottern

Zahnes öffnet und das Gift in die Bißwunde leitet. Dieses wird von Giftdrüsen erzeugt und beim Zubeißen durch den Druck der Kaumuskeln in die Giftzähne gepreßt. Hinter diesen stehen mehrere Ersatzzähne, von denen die vordersten in Tätigkeit treten, sobald die alten verlorengegangen sind. Die übrigen Zähne der Kreuzotter sind sehr klein.

Die jungen, 15 – 20 cm langen Kreuzottern, von denen etwa 8 – 14 auf einmal geboren werden, schlüpfen schon vor oder während des Ablegens der Eier aus.

Mensch und Kreuzotter. Ein Otternbiß hat für den Menschen meist eine heftige Erkrankung, ausnahmsweise sogar den Tod zur Folge. Darum darf man in

Schädel und Giftapparat der Kreuzotter

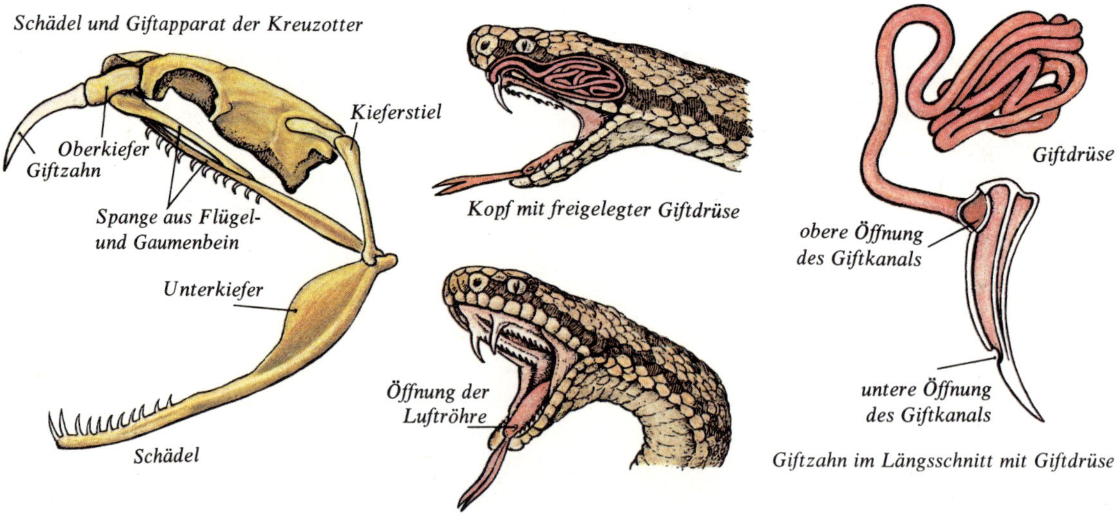

Giftzahn im Längsschnitt mit Giftdrüse

Gebieten, in denen die Kreuzotter vorkommt, nicht barfuß gehen. Wenn jemand von einer Kreuzotter gebissen wurde, binde man das betroffene Glied sofort oberhalb der Bißstelle, zwei dicht nebeneinanderliegenden roten Punkten, ab und suche *auf schnellstem Weg einen Arzt* zu erreichen. Die Schnürung muß in Viertelstundenabständen kurz gelockert werden und darf nicht länger als höchstens zwei Stunden bestehen bleiben. Das Aussaugen der Wunde ist zwecklos und nicht ungefährlich. Dagegen ist zu empfehlen, die Wunde durch Aufschneiden zum Bluten zu bringen. Alkoholische Getränke soll der Gebissene nicht zu sich nehmen, Bohnenkaffee dagegen ist ihm zuträglich. Der Arzt kann die Giftwirkung durch ein Heilserum, das in den Blutkreislauf eingespritzt wird, sicher bekämpfen.

Brillenschlange

Andere Giftschlangen. Die meisten Giftschlangen leben in heißen Ländern. Im allgemeinen stehen sie den nichtgiftigen Schlangen an Größe nach, doch können einige über 4 m lang werden. – Die bekannteste Giftschlange Nordamerikas ist die *Klapperschlange*. Sie trägt am Ende ihres etwa 1,50 m langen, graubraunen Körpers eine Hornklapper. Diese besteht aus den ringförmigen Hornschuppen der Schwanzspitze, die bei der Häutung nicht abgestoßen werden. Schüttelt das bedrohte oder gereizte Tier den Schwanz, so verursacht die Klapper ein rasselndes Geräusch. – Südasien und die benachbarten Inseln werden von der sehr giftigen *Brillenschlange* oder *Kobra* bewohnt, die eine Länge von 1,80 m erreicht und ihren Namen einer brillenartigen Zeichnung im Nacken verdankt. Durch Spreizen der vorderen Rippen kann sie den Hals stark verbreitern.

In Innerafrika, Brasilien, Indien und anderen schlangenreichen Gegenden der Erde werden alljährlich Tausende von Menschen von Giftschlangen gebissen. Heute können viele von ihnen durch in Schlangenfarmen gewonnene Heilseren gerettet werden.

Die *Schlangen* (über 2000 Arten, darunter etwa 400 giftige) besitzen einen langgestreckten, gliedmaßenlosen Körper, der mit Schuppen oder Schildern bedeckt ist. Die Knochen des Unter- und Oberkiefers sind beweglich.

Klapperschlange im Angriff auf einen Präriehund

Krokodile

Das **Nilkrokodil** ist ein riesiges echsenähnliches, mit starken Hornschildern gepanzertes Reptil. Es kann 6 m lang werden, hat einen seitlich zusammengedrückten Ruderschwanz und Schwimmhäute an den Hinterfüßen, so daß es schnell und gewandt schwimmen kann. Unter den bronzegrünen Hornschildern liegen, besonders auf der Rückenseite, dicke, in der Lederhaut gebildete Knochenplatten. Früher bewohnte das Krokodil die Gewässer fast ganz Afrikas. Aus dem Unterlauf des Nils ist es aber längst verschwunden, und heute wird es mehr und mehr auch in den übrigen Gebieten ausgerottet.

Oft liegt der gefährliche Räuber lauernd unter der Wasseroberfläche. Nur die erhöht liegenden Nasenlöcher und Augen ragen aus dem Wasser hervor, so daß das Tier atmen und die Umgebung beobachten kann. Die Kiefer des gewaltigen Rachens tragen je eine lange Reihe großer, kegelförmiger Zähne. Die Kiefermuskeln verfügen über eine ungeheure Kraft. Säugetiere, die zur Tränke kommen, Wasservögel und andere Wirbeltiere fallen dem Krokodil zum Opfer. Mitunter greift es auch den Menschen an. Vorwiegend aber nährt es sich von Fischen und andern Wassertieren. Versiegen in der heißen Jahreszeit die Wohngewässer, so hält es, im Schlamm vergraben, einen Sommerschlaf. Das Weibchen verscharrt seine 30–50 Eier im Ufersand. Sie haben die Größe von Gänseeiern und eine harte Kalkschale. Die Mutter, die meist in der Nähe des Geleges bleibt, öffnet das Nest, wenn sie das leise Quaken der schlupfreifen Jungen hört. Diese streben nach dem Schlüpfen sogleich dem Wasser zu.

Der *Ganges-Gavial* bewohnt die großen indischen Ströme Indus, Ganges und Brahmaputra. Er erreicht fast 7 m Länge und hat eine sehr lange, schmale, zum Fischfang vorzüglich geeignete Schnauze. – Im Südosten der Vereinigten Staaten Nordamerikas kommt der bis 6 m lange *Mississippi-Alligator* vor. Das Weibchen baut aus Schlamm und Wasserpflanzen einen meterhohen Nesthaufen, in dem seine Eier durch die Wärme der faulenden Pflanzen ausgebrütet werden. Der Alligator wird wegen seiner Haut, die wie die anderer Krokodile zu Luxuslederwaren verarbeitet wird, viel verfolgt. – Die Flüsse Mittel- und Südamerikas werden von mehreren, meist etwa 2–4 m langen *Kaiman*-Arten bewohnt.

Die mehrere Meter langen *Krokodile* haben einen echsenartigen Körper, dessen Schwanz jedoch seitlich zusammengedrückt ist. Am Rücken liegt unter dem Hornpanzer noch ein Knochenpanzer. Es gibt etwa 25 Arten. Sie leben vorwiegend im Wasser.

Nilkrokodile. Die kleinen Vögel sind starenartige Madenhacker

Schildkröten

Die **Griechische Landschildkröte** wird bei uns vielfach wie ein Haustier gehalten und findet sich in allen Tiergärten. Ihre Heimat ist Südeuropa, wo sie in manchen Gegenden noch häufig vorkommt. Der Rumpf des etwa 30 cm langen Tieres ist rings von einem schützenden *Panzer* umschlossen. Dieser besteht aus einem hochgewölbten Rücken und einem flachen Bauchschild. Beide sind aus Knochenplatten zusammengesetzt und an den Seiten miteinander verwachsen. Die Rumpfwirbel und Rippen sind mit dem Rückenschild verschmolzen. Außen ist der Knochenpanzer von großen, schwarz-gelb gemusterten Horntafeln bedeckt. Zwei Öffnungen an seinem Vorder- und Hinterende sind gerade so weit, daß Kopf, Beine und Schwanz eingezogen werden können. Die Schildkröte ist so vorzüglich gegen Feinde geschützt. Kopf, Beine und Schwanz sind mit Hornschildern und -schuppen bedeckt.

Die *Nahrung* des Tieres besteht aus Pflanzen und Kleintieren. Bei uns gibt man ihm am besten Salat, Löwenzahn, Obst und gelegentlich rohes Fleisch oder eingeweichtes Brot. Das Maul ist zahnlos. Die Schildkröte zerschneidet ihre Nahrung mit den scharfrandigen, scherenartig wirkenden Hornscheiden der Kiefer.

Im Frühsommer gräbt das Weibchen an einem sonnigen Platz mit den Hinterbeinen und dem Schwanz eine Grube und legt seine nußgroßen, hartschaligen Eier hinein. Dann bedeckt es das Gelege mit Erde und stampft sie fest, so daß keinerlei Spuren hinterbleiben. Die Eier werden von der Bodenwärme ausgebrütet. Die ausschlüpfenden Jungen haben etwa die Größe einer halben Walnuß. Seine *Winterruhe* verbringt das Tier unter Laub oder in sonst einem frostsicheren Versteck.

Weitere Landschildkröten gibt es vor allem in Afrika, aber auch in anderen heißen Gegenden der Erde. Auf den Galapagosinseln im Stillen Ozean und einigen andern ozeanischen Inseln leben *Riesen-* oder *Elefantenschildkröten*, die weit über 100 Jahre alt werden. Die größte Art ist ausgestorben; sie erreichte eine Panzerlänge von 1,6 m und ein Gewicht von über 4 Zentner.

Die **Europäische Sumpfschildkröte** (Teichschildkröte) war einst in ganz Deutschland anzutreffen. Heute ist sie bei uns nahezu verschwunden; nur östlich der Elbe findet man sie noch da und dort. In den Mittelmeerländern und in Vorderasien kommt sie noch häufiger vor. Sie erreicht wie die Griechische Landschildkröte eine Gesamtlänge von etwa 30 cm, ist aber viel flacher gebaut als diese. Der schwärzliche Rückenpanzer ist

Sumpf- oder Teichschildkröte

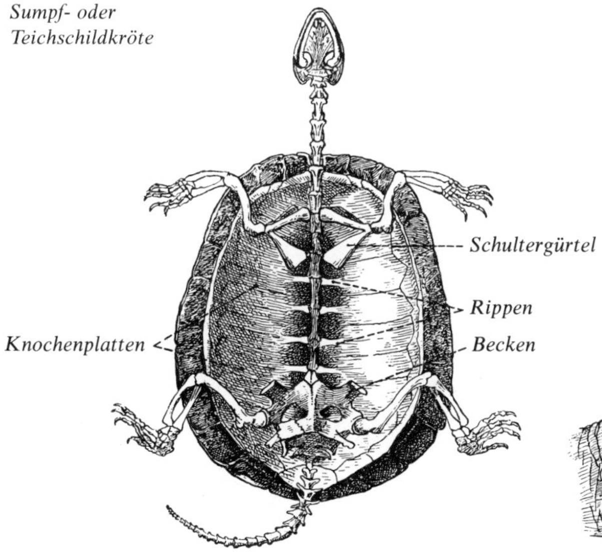

Skelett und Rückenschild

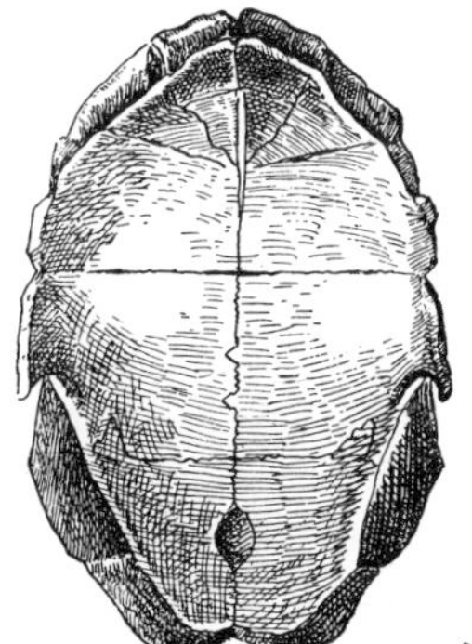

Bauchschild

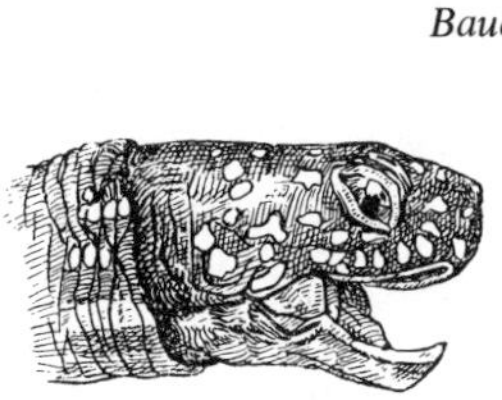

Kopf

Fuß

Europäische Sumpfschildkröte

Griechische Landschildkröte

mit gelben Punkten überstreut; die Bauchseite des Panzers erscheint gelblich. Auf dem Land bewegt sich das Tier schwerfällig fort; im Wasser schwimmt es mit strampelnden Beinbewegungen. Schnellen Beutetieren vermag es nicht zu folgen. Fischen und Fröschen lauert es am Grund oder zwischen Wasserpflanzen mit zurückgezogenem Kopf auf, um sie beim Vorüberschwimmen in schnellem Vorstoß zu fassen. Im übrigen besteht seine Nahrung aus kleinen Wassertieren aller Art. Das Weibchen gräbt seine Eier am Ufer ein. Zum Wiedereinebnen des Bodens stemmt es den Körper wiederholt mit den Hinterbeinen hoch und läßt ihn mit Wucht niederfallen. Dann rutscht das Tier noch kreuz und quer über dem Eigelege herum, um auch die letzten Spuren zu verwischen.

Verwandte. Die *Seeschildkröten* bewohnen die Meere der heißen und gemäßigten Zonen. Sie leben teils von Meerestieren, teils von Tangen und Seegras und betreten das Land nur, um ihre Eier abzulegen. Ihr Panzer ist flach. Besonders ihre Vorderbeine sind zu flossenartigen Rudern umgebildet. Mittels flügelschlagartiger Bewegungen dieser Ruderbeine vermögen die Seeschildkröten sehr schnell zu schwimmen. – Die größte ist die gewaltige, bis 2,3 m lange und 12 Zentner schwere *Lederschildkröte*, die mit ihren flossenartigen Vorderbeinen fast 3 m klaftert. Ihr Knochenpanzer ist nicht mit Hornschildern, sondern mit einem lederartigen Überzug bedeckt. – Ein anderer Riese ist die bis 5 Zentner schwere *Suppenschildkröte*. Sie nährt sich von Meerespflanzen und wird ihres wohlschmeckenden Fleisches wegen vom Menschen unablässig verfolgt. Auch ihre Eier sind wie die der anderen Seeschildkröten sehr begehrt. – Die kleinste Seeschildkröte ist die 50–80 cm lange *Karettschildkröte*, deren braungelbe Hornplatten zu Kämmen und Schmuckwaren verarbeitet wurden. –

Zur Eiablage verlassen die weiblichen Seeschildkröten das Meer an einem günstigen Sandstrand, kriechen mühsam landeinwärts und graben in sicherer Entfernung vom Höchstwasserstand mit ihren Vorderbeinen eine große Bruthöhle in den Sand, in die sie ihre etwa 100–200 Eier legen. Das Gelege wird sorgfältig mit Sand zugedeckt. Dann wandern die Weibchen wieder zurück ins Meer. Mit erstaunlicher Zielsicherheit streben die aus der Erde hervorkriechenden Jungen unverzüglich der Küste zu und schwimmen ins Meer hinaus. Sie folgen dabei, genau wie ihre Mütter bei der Eiablage an Land, einem angeborenen Instinkt.

Die *Schildkröten* haben einen breiten Rumpf, der in einem aus Rücken- und Bauchschild bestehenden Panzer eingeschlossen ist und von 4 Gliedmaßen getragen wird. Die zahnlosen Kiefer sind mit Hornscheiden überzogen. – Die *Landschildkröten* (etwa 40 Arten) haben einen hochgewölbten Rückenschild, die *Sumpfschildkröten* (etwa 130 Arten) und die *Seeschildkröten* (etwa 70 Arten) einen flachen.

Ausgestorbene Kriechtiere

Während des Erdmittelalters, als es noch kaum Säugetiere und Vögel gab, nahmen die *Saurier*, die Vorfahren der heutigen Echsen, eine vorherrschende Stellung in der Tierwelt ein. Unter den Landsauriern waren die größten die riesigen *Dinosaurier*, von denen man in den Ablagerungen des Oberen Jura und der Kreide zahlreiche, großenteils vollkommen erhaltene Skelette fand. Manche waren gegen 30 m lang, andere über 12 m hoch. Während die größten auf allen vier Beinen gingen, bewegten sich andere halb aufgerichtet auf den großen, starken Hinterbeinen fort. Die gewaltigsten dieser Riesen waren Pflanzenfresser; sie waren die größten Landtiere aller Zeiten. Der 23 m lange, 12 m hohe Brachiosaurus z. B. hatte einen 9 m langen Hals. Gerade, 4 m hohe Säulenbeine (vgl. Elefant!) trugen den schweren Rumpf. Der Kopf war sehr klein, das Gehirn nur etwa faustgroß – bei einem Körpergewicht von etwa 40 t! – Der größte Raubdinosaurier (Thyrannosaurus rex), mit scharfen Krallen und spitzen Zähnen, erreichte bei 14 m Länge eine Höhe von 6 m. – Auch die Meeressaurier, deren Gliedmaßen zu flossenähnlichen Rudern umgebildet waren, wurden zum Teil über 12 m lang. Die bekanntesten sind die *Fischechsen* (Ichthyosaurus), die wie die heutigen Zahnwale mit ihrer Fischgestalt, ihren ruderförmigen Vordergliedmaßen, den zurückgebildeten Hintergliedmaßen und der mächtigen Schwanzflosse dem Wasserleben angepaßt waren.

Die *Schlangenechsen* (Plesiosaurus) dagegen hatten einen breiten Rumpf, vier mächtige „Ruder“ und einen schlangenähnlichen Hals und Schwanz. – Die *Flugsaurier* flogen mit Hilfe einer großen Flughaut, die sich wie bei den Fledermäusen zwischen Rumpf und Gliedmaßen erstreckte, vor allem aber durch den riesig verlängerten fünften Finger ausgespannt wurde. Die kleineren Arten waren tauben- bis bussardgroß, die größte erreichte gegen 8 m Flügelspannweite. Am Ende des Erdmittelalters starb das einst so gewaltige Geschlecht der Saurier völlig aus.

Saurier der Jura- und Kreidezeit. Im Vordergrund: Triceratops (links), Iguanodon (Mitte), Stegosaurus (rechts). Im Hintergrund: Brachiosaurus (links), Brontosaurus (2 Tiere). In der Luft zwei Pteranodon.

Saurier des Jurameeres. Linke Bildhälfte: Drei Schlangenechsen (Plesiosaurus). Rechte Bildhälfte: Drei Fischechsen (Ichthyosaurus). In der Luft zwei Flugsaurier (Pterodactylus).
Ferner am Boden Seelilien (links), Ammoniten und Muscheln und im Wasser drei Schmelzschupperfische.

Zusammenfassung über die Kriechtiere

Kriechtiere oder *Reptilien* sind die Echsen, Schlangen, Schildkröten und Krokodile. Ihr Skelett gleicht im wesentlichen dem der Säuger und Vögel. Die meist niedrigen *Gliedmaßen* stehen seitlich am Rumpf; bei manchen fehlen sie. Außer bei den Schildkröten erfolgt die Fortbewegung meist durch schlängelndes Dahinkriechen mit oder ohne Unterstützung durch Beine.

Das *Hornkleid* besteht aus Schuppen, Schildern und Körnern der Oberhaut und wird von Zeit zu Zeit erneuert. Schildkröten und Krokodile haben zusätzlich *Knochenplatten* in der Lederhaut. Der Hornpanzer bietet keinen Schutz gegen Wärmeverlust. Der Körper erzeugt wenig Eigenwärme. Die Reptilien sind darum *wechselwarme* Tiere und verfallen in *Winterstarre*.

Sie sind meist Fleischfresser mit einem *Fanggebiß* aus einfachen spitzen Kegelzähnen. Die Augen haben zwei bewegliche Lider (bei Schlangen verwachsen) und eine Nickhaut. Das Trommelfell schließt das Ohr meist nach außen ab. Dem Riechen dienen die Nase und das *Gaumenorgan* (Züngeln!). Das Verhalten ist im wesentlichen durch Instinkte bestimmt. Dazu kommen Ortsgedächtnis und einfaches Lernvermögen, wie Dressurversuche zeigen.

Die *Fortpflanzung* erfolgt durch Eier, die durch Sonne oder Bodenwärme erbrütet werden. Übergänge zum Lebendgebären kommen bei Blindschleiche, Bergeidechse, Kreuzotter u. a. vor.

Es gibt etwa 4000 Arten, vor allem in den warmen Zonen; in Deutschland nur 12, die außer der Kreuzotter alle unter *Naturschutz* stehen.

Wasserfrösche. Mitte: Männchen mit Schallblasen

Lurche oder Amphibien

Froschlurche

Der Grüne Wasserfrosch

Der Wasserfrosch bewohnt stehende und langsam fließende Gewässer mit dichtem Pflanzenbewuchs. Gern „hängt“ er an der Wasseroberfläche, wobei nur die Augen und die Nasenlöcher über das Wasser ragen; oft sitzt er auch zwischen Uferpflanzen oder auf einem Seerosenblatt. Der Rücken, der lebhaft grün erscheint, weist schwarze Flecken und drei hellgrüne oder gelbe Längsstreifen auf. Durch diese Schutzfärbung ist das Tier zwischen Wasser- und Uferpflanzen schwer zu erkennen. Bei Gefahr taucht der Frosch blitzschnell unter oder rettet sich durch einen Sprung ins Wasser. Das laute Aufklatschen wirkt als Fluchtsignal für die andern Frösche, die ihm alle sogleich nachfolgen, um sich im Schlammgrund in Sicherheit zu bringen. Der Frosch hat viele *Feinde:* Storch, Reiher, Ringelnatter, Hecht, die kleinen Raubsäugetiere und viele andere stellen ihm nach.

Körperbau. Der gedrungene, schwanzlose Körper weist zwei ungleiche Gliedmaßenpaare auf. Die Vorderbeine sind kurz und schwach. Sie dienen beim Sprung nur als Stützen für das abspringende und wieder zu Boden kommende Tier. Beim Schwimmen treten sie nicht in Tätigkeit. Die *Hinterbeine* dagegen sind sehr lang und kräftig. Mit ihnen kann der Frosch weite Sprünge machen und ausgezeichnet schwimmen, zumal ihre langen Zehen durch *Schwimmhäute* verbunden sind. Die großen Augen haben eine goldgelbe Regenbogenhaut und stehen stark vor. Das *Maul* ist breit und tief gespalten. Hinter den Augen sieht man jederseits das große, kreisrunde *Trommelfell.*
Die *Haut* ist dünn, nackt und schleimig. Verirrt sich ein Frosch in einen trockenen Raum, so verliert er rasch so viel Wasser, daß er zugrunde geht. Wickelt

Skelett eines Froschlurches

man aber ein fast ausgedörrtes Tier in nasse Tücher, so nimmt es rasch wieder an Gewicht zu. Durch die Haut hindurch wird also Wasser abgegeben und aufgenommen. Der Wasserfrosch kann deshalb nur in feuchter Umgebung leben: er ist ein *Feuchtlufttier.*

Atmung und Kreislauf. Durch die Körperhaut findet (wie durch die feuchten Wände der Lungenbläschen) fortgesetzt ein Austausch von Kohlendioxid und Sauerstoff statt. Infolge dieser *Hautatmung* kann der Frosch lange Zeit unter Wasser bleiben und, im Schlamm der Gewässer eingegraben, sogar den ganzen Winter verbringen. Der ausgebildete Frosch vermag also *amphibisch*, d.h. im Wasser und auf dem Lande, zu leben.

Die *Lungen* des Frosches sind sehr einfach gebaut (Abb. S. 188) und wenig leistungsfähig. Neben ihnen und der Haut dient auch noch die zarte Mundhöhlenschleimhaut der Atmung. Durch rasche Schwingungen des Mundhöhlenbodens wird Luft durch die Nasenlöcher eingezogen und wieder ausgestoßen. In der *Mundhöhle* findet dann der Gasaustausch mit dem Blut durch die Mundhöhlenschleimhaut hindurch statt. Von Zeit zu Zeit senkt der Frosch bei geschlossenen Nasenlöchern den Mundboden stark und zieht gleichzeitig die Flanken ein. Dadurch wird verbrauchte Luft aus der Lunge in die Mundhöhle gebracht. Sie vermengt sich hier mit der frischen Luft der Mundhöhle, und nun wird dieses Luftgemisch durch Hebung des Mundbodens in die Lungen „verschluckt". Da die Lurche weder ein Zwerchfell noch einen Brustkorb besitzen, können sie nicht so aus- und einatmen wie der Mensch.

Beobachte die Atembewegungen eines im Terrarium gehaltenen Frosches! – Überzeuge dich von dem Luftwechsel bei der Mundhöhlenatmung durch ein vor die Nasenlöcher des Frosches gehaltenes Flaumfederchen! – Warum hat der Frosch bei der gelegentlichen tiefen Atembewegung, dem Lungenatemzug, die Nasenlöcher geschlossen?

Das *Herz* des Frosches und aller Lurche besteht wie das der Kriechtiere aus einer Herzkammer und zwei Vorkammern (Abb. S. 189). Da die Herzkammer noch ungeteilt ist, gelangen bei den Lurchen verbrauchtes und in der Lunge gereinigtes Blut gemischt in den Körperkreislauf. Dieses sauerstoffarme Mischblut vermag im Körper Verbrennungsvorgänge nur schwach zu unterhalten. Die Lurche sind deshalb *wechselwarme Tiere* wie die Kriechtiere, und wie diese fallen sie in den kälteren Gegenden der Erde, also auch bei uns, in *Winterstarre.*

Ernährung. Der Wasserfrosch nährt sich besonders von Insekten, Spinnen, Würmern und Schnecken. Daneben verzehrt er auch kleine Fischchen und Am-

Wie der Frosch eine Fliege fängt

phibienlarven. Er nimmt die Beute jedoch nur wahr, wenn sie sich bewegt. Auf dem Land erreicht er sie durch weite Sprünge, im Wasser durch plötzliches Zustoßen. Mit Hilfe der dehnbaren, mit klebrigem Schleim bedeckten *Zunge* vermag er sogar fliegende Insekten zu erhaschen. Sie ist vorn am Boden der Mundhöhle angewachsen und kann weit aus dem Maul herausgeklappt werden. Mit der angeklebten Beute wird dann die „Fliegenklappe" in das weite Maul zurückgeschnellt. Die winzigen, nach hinten gerichteten Hakenzähnchen des Oberkiefers, die wir mit der Fingerspitze fühlen können, dienen nur zum Festhalten der Beute. Der Unterkiefer ist zahnlos.

Fortpflanzung und Entwicklung. Wenn im Frühjahr das Wasser wieder wärmer wird, löst sich allmählich die Winterstarre der Frösche, und von Ende Mai ab lassen die Männchen wieder ihre Konzerte erschallen. Zwei Schallblasen, die beim Quaken hinter den Mundwinkeln hervortreten, verstärken die Stimme. Mit ihrem unermüdlichen Quaken werben die Männchen um die Weibchen. Die Weibchen setzen *Laichballen* mit je etwa 300 Eiern ab, die vom Männchen besamt werden. Es findet also eine äußere Befruchtung statt. Im ganzen legt das Weibchen rund 10000 Eier. Die feine Gallertschicht, die jedes Ei umgibt, quillt im Wasser auf, wodurch die bekannten dicken, qualligen Laichklumpen entstehen. Die Gallerte bietet den sich entwickelnden Jungtieren Schutz und erste Nahrung. Die große Zahl der abgelegten Eier ist zur Erhaltung der Art erforderlich, denn der Laich wird von vielen Wasserbewohnern verzehrt, und auch späterhin fallen viele Frösche ihren Feinden zum Opfer. Zudem kümmern sich die Froscheltern weder um die Eier noch um die daraus hervorgehenden Nachkommen.

Nach wenigen Tagen schlüpfen aus den Eiern die *Kaulquappen.* Mit ihrem seitlich abgeplatteten Ruderschwanz, der einen Flossensaum trägt, schlängeln sie sich flink durchs Wasser. Auch atmen sie gleich den Fischen durch Kiemen. Diese liegen anfänglich außen, später aber im Körper. Mit Hilfe horniger Kieferscheiden, die feine Hornzähnchen aufweisen, benagen sie Pflanzenteile und Tierleichen sowie den Algenfilz, der Steine und dergleichen überzieht. Nach einigen Wochen sprossen an ihrem Körper die Hinter- und darauf die Vorderbeine hervor; der Ruderschwanz schrumpft nach und nach ein; das anfänglich runde Maul wird immer breiter; die Hornscheiden der Kiefer gehen verloren; die Zunge und die Zähne bilden sich aus, und statt der Kiemen bekommt das Tier Lungen: aus der fischähnlichen Kaulquappe ist – etwa Anfang September – ein Frosch geworden, der

Frosch-Entwicklung

Froschlurche.

1 Grüner Wasserfrosch
2 Erd- oder Grasfrosch
3 Erdkröte
4 Bergunke
5 Tieflandunke
6 Laubfrösche

auf dem Lande zu leben vermag. Die Kaulquappe, die auch als *Larve* des Frosches bezeichnet wird, geht also erst durch eine lange *Verwandlung* in das ausgebildete Tier über.

Andere Froschlurche. Der braune *Erd-* oder *Grasfrosch* (Abb. s. o., 2), laicht schon Anfang März. Die Jungen verlassen im Juli das Wasser oft in großen Scharen („Froschregen") und zerstreuen sich über Garten, Wiese, Feld und Wald. – Der *Laubfrosch* (6) lebt auf Büschen und Bäumen und sitzt mit Vorliebe auf Blättern, an denen er sich mittels der Haftballen seiner Zehen festhält. Die laubgrüne Färbung entspricht seinem Aufenthalt. Er kann aber seine Körperfarbe stark verändern und sie dadurch dem jeweiligen Untergrund angleichen. Seine Nahrung besteht hauptsächlich aus Fliegen. Zum Laichen sucht er ein Gewässer auf. Der Ruf des Männchens, der wie „äppäpp" klingt, wird durch eine große Schallblase verstärkt, die an der Kehle hervortritt. – Auch die *Erdkröte* (3) setzt ihren Laich im Wasser ab. Die Eier sind in perlenschnurartigen Fäden angeordnet. Die dunkle, meist graubraune Oberseite des Tieres ist mit warzenartigen Erhebungen bedeckt. Wegen ihrer verhältnismäßig kurzen Hinterbeine vermag die Kröte im Gegensatz zu den Fröschen kaum zu springen. Der von Hautdrüsen, insbesondere von den großen Drüsenwülsten hinter den Ohren, abgesonderte giftige Saft schützt sie aber gegen viele Feinde. Bei Gefahr nimmt die Kröte überdies eine merkwürdige Drohhaltung ein; dabei erhebt sie sich hoch auf die stelzenartig gestreckten Beine, bläht sich auf und schwankt in dieser Haltung hin und her. Schlangen und andere Feinde werden dadurch meist vom Angriff abgehalten. Tagsüber ruht die Erdkröte in einem Versteck; erst in der Abenddämmerung geht sie auf Beutefang aus. Da sie viele Nacktschnecken und andere Schädlinge in Garten und Feld vertilgt, muß sie sorgfältig geschützt werden. – Bei der *Geburtshelferkröte* wickelt sich das Männchen die vom Weibchen abgesetzten Laichschnüre um die Hinterbeine und trägt sie so mehrere Wochen mit sich herum. Erst wenn die Zeit kommt, da die Kaulquäppchen die Eihüllen verlassen, geht es mit dem Laich ins Wasser. – Aus Tümpeln, Sümpfen und Gräben ertönt wie aus weiter Ferne der Ruf der Unken. Ihr warziger Rücken zeigt die Farbe des schlammigen Bodens; die Bauchseite dagegen ist bei der *Bergunke* (4) durch gelbe, bei der *Tieflandunke* (5) durch rote Flecken auffallend gezeichnet. Im Wasser „hängen" die Unken meist wie der Wasserfrosch an der Oberfläche, wobei nur die Nasenlöcher und die Augen über das Wasser ragen. Wird die Unke an Land überrascht und kann sie das Wasser nicht mehr erreichen, dann wirft sie sich auf den Rücken, so daß die grellgefärbte Unterseite sichtbar wird. In dieser „Schreckstellung" verharrt sie, bis die Gefahr vorüber ist. Ihre Rückenhautdrüsen scheiden einen scharf riechenden, ätzenden Schaum aus. – Unter den zahlreichen ausländischen Froschlurchen ist die größte die bis 25 cm lange südamerikanische *Riesenkröte* (Aga), deren Hautgift die Eingeborenen als Pfeilgift verwenden. – Kaum kleiner ist der nordamerikanische *Ochsenfrosch*, dessen Ruf meilenweit zu hören ist. Er erbeutet selbst junges Wassergeflügel. – Die tropischen Urwälder der südlichen Erdteile sind besonders reich an Laubfröschen. Manche von ihnen laichen in den Wasseransammlungen, die sich in den Blattachseln oder Astlöchern der Urwaldbäume bilden. Eine südamerikanische Art picht dabei die Astlöcher mit Baumharz aus, um sie wasserdicht zu machen. – Die besonders auf den Sundainseln beheimateten *Flugfrösche* verwenden ihre großen, mit Schwimmhäuten ausgestatteten Füße als Fallschirme.

Schwanzlurche

Der Feuersalamander

Der Feuersalamander fällt durch seine glänzend schwarze Haut mit ihren leuchtenden gelben Flecken auf. Das schwerfällige Tier hat einen langgestreckten Rumpf, einen drehrunden Schwanz und kurze Beine. Es bewegt sich ähnlich wie die Eidechse fort, nur sehr viel gemächlicher.

Der Feuersalamander kommt im Hügelland und Mittelgebirge vor, wo er besonders Wälder und Schluchten bewohnt. Tagsüber hält er sich meist in feuchten Schlupfwinkeln verborgen. Erst am Abend oder auch nach warmen Sommerregen sucht er sich Nacktschnecken, Würmer und andere Kleintiere. Die Haut des Tieres enthält in den beiden bohnengroßen Wülsten hinter den Augen und in zwei Längsreihen auf dem Rücken zahlreiche Drüsen, die ein starkes Gift hervorbringen. Fühlt sich der Salamander bedroht, scheidet er das weißlich schäumende Gift aus, das auf kleinere Tiere sehr stark wirkt. Eidechsen und Kröten z. B., die einen Feuersalamander anbeißen, sterben nach wenigen Minuten an Atemlähmung. Tatsächlich wird er nur selten angegriffen. Vermutlich wirkt seine grelle Färbung als Warnsignal.

Die Eier entwickeln sich bereits im Körper des Weibchens zu Larven, die dann in frischem Bach- oder Quellwasser abgesetzt werden. Sie haben einen Ruderschwanz und atmen durch Kiemen.

Andere Schwanzlurche. Der etwas kleinere *Alpensalamander* ist vollkommen schwarz gefärbt. Das Weibchen bringt in der Regel zwei fast völlig entwickelte Junge zur Welt.

Die Molche kommen uns meist nur im Frühjahr zu Gesicht, wenn sie in Teichen, Tümpeln und Gräben laichen. Den Sommer verbringen sie auf dem Land, wo sie ein vorwiegend nächtliches Leben führen; tagsüber halten sie sich unter Laub, Moos und dergleichen versteckt. Zu Beginn der kalten Jahreszeit ziehen sie sich in Erdlöcher zurück, um zu überwintern. Zur Laichzeit ist der Schwanz der Molche von einem Rudersaum umgeben, der sich beim Übergang aufs Land wieder zurückbildet. Die Männchen tragen im Frühjahr außerdem ein farbenprächtiges „Hochzeitskleid" sowie einen häutigen Rückenkamm, der vom Nacken bis zur Schwanzspitze verläuft. Beim

Feuersalamander

Großer Teichmolch (rechts) und kleiner Teichmolch mit Larven

Großen Teichmolch ist der Kamm sägeförmig gezackt und an der Schwanzwurzel unterbrochen, beim *Kleinen Teichmolch* rundlich eingekerbt und nicht unterbrochen. Die Molchweibchen setzen ihre Eier einzeln auf Blätter von Wasserpflanzen ab. Dabei falten sie jeweils das Blatt mit den Hinterbeinen so zusammen, daß das Ei an beiden Blatthälften anklebt, wodurch es gut geborgen ist.

In den Gumpen frischer Berg- und Waldbäche, in Quellteichen und offenen Brunnen lebt der *Bergmolch*. Er ist etwas größer als der Kleine Teichmolch, am Bauch einfarbig orangerot gefärbt, an den Seiten blauweiß gesprenkelt. Das Männchen ist in seinem Hochzeitskleid der farbenprächtigste unserer einheimischen Molche.

Die Höhlengewässer des Karstgebirges werden von dem merkwürdigen *Olm* bewohnt. Er hat einen etwa 25 cm langen, aalförmig gestreckten Körper mit sehr schwach entwickelten Beinen. Als ständig im Wasser lebendes Tier behält er zeit seines Lebens Ruderschwanz und äußere Kiemen. Er hat aber auch Lungen, die als einfache glattwandige Säcke ausgebildet sind (Abb. S. 188). Seine winzigen Augen sind stark zurückgebildet und liegen unter der Körperdecke. Auffallend ist auch die farblose Haut, die durch das hindurchschimmernde Blut rosa erscheint.

Der in Amerika beheimatete *Axolotl*, der bei uns häufig in Aquarien gehalten wird, verharrt wie der Olm zeitlebens in der Larvenform und pflanzt sich auch als Larve fort. Nur wenn er gezwungen wird,

Olme in einem Höhlengewässer des Karsts

aufs Land überzugehen, verliert er Ruderschwanz und äußere Kiemen und wird zum lungenatmenden Salamander.

Zusammenfassung über die Lurche

Die *Amphibien* oder *Lurche* haben eine nackte, schleimige Haut. Sie sind Wasser- oder Feuchtlufttiere und leben meist „amphibisch". Es gibt *Froschlurche* und *Schwanzlurche*. Das Skelett ist gegenüber dem der übrigen Landwirbeltiere vereinfacht: die Rippen z. B. sind sehr kurz und bilden keinen Brustkorb; das Skelett enthält noch viele Knorpel.
Die Amphibien sind meist Fleischfresser mit einem *Fanggebiß* aus winzigen spitzen Zähnen. Die Larven atmen durch Kiemen, die ausgebildeten Tiere durch einfach gebaute *Lungen* (S. 188), die Mundhöhle und die Haut. Das *Herz* besteht aus zwei Vorkammern und einer einheitlichen Herzkammer. Die wechselwarmen Tiere verfallen in *Winterstarre.*
Die *Augen* haben eine geringe Sehweite und nehmen nur Bewegtes wahr. Das *Ohr* besteht bei den Froschlurchen aus Innen- und Mittelohr mit großem, freiliegendem Trommelfell, bei den Schwanzlurchen nur aus dem Innenohr.
Meist findet eine äußere Befruchtung statt; die Eiablage erfolgt im Wasser. Die fischähnlichen *Larven* mit Ruderschwanz und Kiemen verwandeln sich allmählich zum fertigen Lurch.
Von den etwa 2000 Arten kommen 19 in Deutschland vor. Sie stehen außer Wasser- und Grasfrosch alle unter Naturschutz.

Skelett eines Schwanzlurches (Feuersalamander)

Fische

Knochenfische

Süßwasserfische

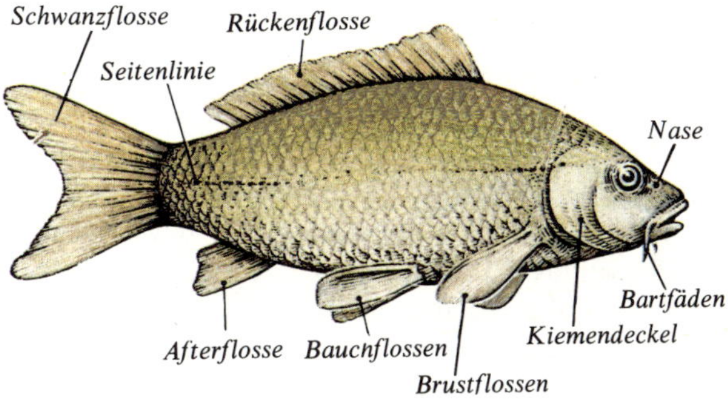

Der Karpfen

Schon seit dem frühen Mittelalter wurde der Karpfen bei uns seines wohlschmeckenden Fleisches wegen in Teichen gezüchtet. Mit der Zeit entstanden dabei aus dem schlanken, beschuppten Wild- oder Flußkarpfen hochrückige Zuchtformen, denen die Schuppen mehr oder weniger weggezüchtet sind.
Überblick über den Körperbau. Der Körper ist seitlich abgeflacht und hat Stromlinienform. Damit ist er der Fortbewegung im Wasser vorzüglich angepaßt. Seine Färbung, am Rücken schwärzlich-grün, an der Unterseite gelblich, paßt gut zu dem Aufenthalt am Grund der Gewässer. Am Kopf sehen wir das kleine, vorstülpbare Maul, dessen Oberlippe jederseits zwei *Bartfäden* oder Barteln trägt. Vor den Augen sind die *Nasenöffnungen* zu erkennen und an den Seiten des Kopfes die beweglichen *Kiemendeckel*, unter denen die roten Kiemen liegen. Der Körper des Flußkarpfens ist, abgesehen vom Kopf, mit dünnen knöchernen *Schuppen* bedeckt. Sie liegen in der Lederhaut und sind dachziegelartig angeordnet. Die dünne Oberhaut ist sehr schleimig und dadurch schlüpfrig; um so geschmeidiger gleitet daher der Fischkörper durch das Wasser. An beiden Seiten des Körpers entlang verläuft eine dunkle Linie, die *Seitenlinie.*
Der Körper trägt mehrere häutige *Flossen*, die ausgebreitet und zusammengefaltet werden können. Sie sind durch knöcherne Flossenstrahlen gestützt. Dicht hinter den Kiemendeckeln stehen die *Brustflossen*,

etwas weiter zurück die *Bauchflossen*. Sie entsprechen den Vorder- und Hintergliedmaßen der Landwirbeltiere. Außer diesen paarigen finden wir noch unpaarige Flossen, nämlich die lange *Rückenflosse*, die eingebuchtete *Schwanzflosse* und eine kurze *Afterflosse*.

Skelett. Das Skelett besteht im wesentlichen aus dem *Schädel* und der *Wirbelsäule* mit den kräftigen *Rippen*. Die Wirbel (aller Fische) sind vorn und hinten trichterartig ausgehöhlt. Schulter- und Beckengürtel zeigen nur eine geringe Ausbildung. Zum Skelett gehören auch die erwähnten Flossenstrahlen sowie die sog. Flossenträger. Diese stellen die Verbindung zwischen den Dornfortsätzen der Wirbelsäule und den Flossenstrahlen der Rücken- und Afterflosse her. In der Muskulatur liegen schließlich noch die feinen knöchernen Gräten.

Fortbewegung. Schwimmt der Fisch schnell, so schlägt er mit dem Schwanz kräftig nach rechts und links, wobei die Schwanzflosse schlängelnde Bewegungen ausführt. Die Rumpfflossen liegen dabei dem Körper dicht an. Der *Schwanz* ist also das eigentliche Fortbewegungsorgan des Fisches. Dementsprechend besteht er fast nur aus Muskeln. Diese bilden vier starke Längszüge, die vom Schwanz über den Rumpf bis zum Kopf ziehen; sie setzen sich aus zahlreichen quergestellten Platten zusammen, die durch die Gräten gestützt werden. Die paarigen Flossen benützt der Fisch vor allem zum Steuern und zum Bremsen. Daneben dienen sie zusammen mit den unpaarigen Flossen zur Erhaltung der senkrechten Körperstellung.

In der Leibeshöhle des Tieres liegt zwischen den andern Eingeweiden die häutige, aus zwei Abschnitten bestehende *Schwimmblase*. Sie steht mit der Speiseröhre durch einen Luftgang in Verbindung. Ihre Wand ist von Blutgefäßen durchzogen. Der Fisch kann den Druck in der Schwimmblase erhöhen, indem er Sauerstoff aus dem Blut in sie abscheidet, er kann ihn vermindern, indem er Luft durch den Luftgang abgibt oder indem er Sauerstoff aus der Schwimmblase in das Blut aufnimmt. So wird der Schwimmblasendruck jeweils dem Wasserdruck angepaßt. Dadurch bleibt das Volumen des Fisches und damit auch sein Auftrieb in den verschiedenen Wassertiefen stets gleich. Er kann daher in allen Wassertiefen ohne Kraftaufwand schweben.

Sinnesorgane. Die *Augen* sind groß und haben sehr weite Pupillen, so daß selbst am Grund der Gewässer noch genügend Licht in sie eindringt. Augenlider fehlen. Das *Ohr* ist im Schädel eingeschlossen und besitzt keine Verbindung nach außen. Es entspricht unserem Innenohr und ist in erster Linie Gleichgewichtsorgan. Fische hören aber auch recht gut, wie durch Versuche festgestellt werden konnte. Elritzen

Schema vom Bau eines Knochenfisches

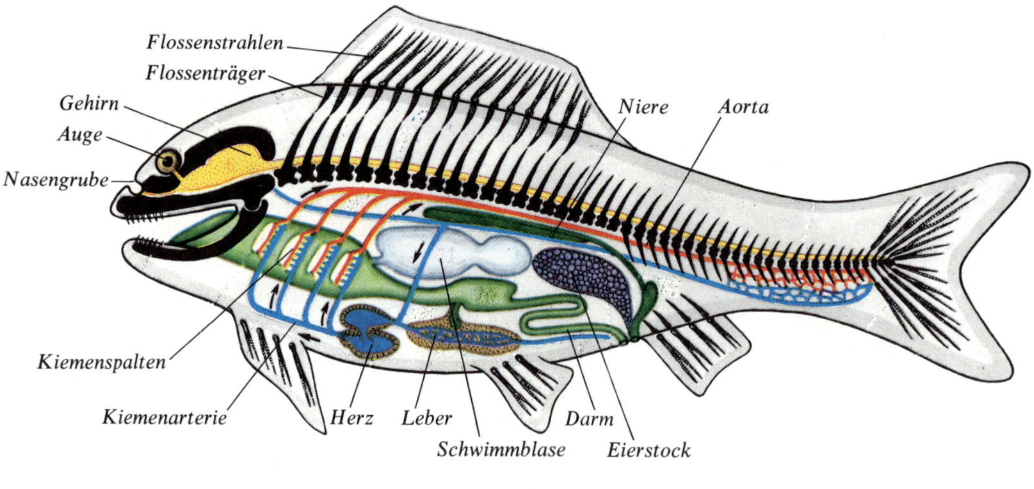

Kopf des Karpfens, längs durchschnitten

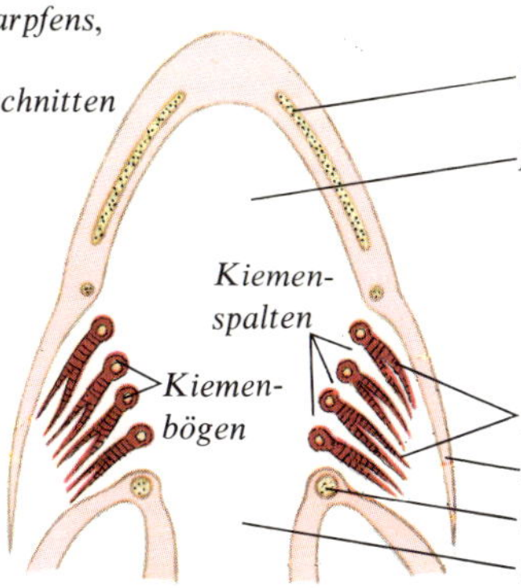

(S. 172) lassen sich z. B. so dressieren, daß sie auf ganz bestimmte Töne hin zu ihrer Futterstelle kommen. Dem Geruchssinn dienen zwei kleine *Nasengruben.* Sie sind von einer faltigen Riechschleimhaut ausgekleidet und haben je einen Eingang und einen Ausgang für das durchströmende Wasser, aber keine Verbindung zur Rachenhöhle. Die sehr empfindlichen *Bartfäden* stellen Tast- und Geschmacksorgane dar. Die *Seitenlinie* besteht aus zahlreichen Poren, in denen sich ein mit dünnem Schleim gefüllter Kanal nach außen öffnet. Mit diesem Sinnesorgan nimmt der Fisch Strömungen und selbst schwache Erschütterungen des Wassers wahr. Hindernisse, Feinde und Beutetiere können dadurch auch im Dunkeln bemerkt werden.

Ernährung. Der Karpfen ernährt sich vorwiegend von Kleintieren des Wassers und von moderndem Pflanzenteilen. Er ist ein Allesfresser. Mittels der fleischigen Lippen und ihrer Bartfäden durchsucht er den Schlamm nach Nahrung. Das Maul selbst ist zahnlos. Hinter dem letzten Kiemenbogen findet sich aber jederseits ein mit stumpfhöckerigen Zähnen besetzter Schlundknochen. Mit diesen Schlundzähnen zerkleinert der Karpfen seine Pflanzennahrung.

Atmung. Als Atmungsorgane dienen dem Fisch die *Kiemen.* Sie liegen beidseits der hinteren Mundhöhle in zwei Kiemenhöhlen, die von den Kiemendeckeln bedeckt werden. Zwischen den Hinterrändern der Kiemendeckel und dem Rumpf klaffen die beiden spaltförmigen Kiemenöffnungen. Die Wand zwischen Mund- und Kiemenhöhle wird jederseits von fünf Spalten durchbrochen. Zwischen je zwei dieser Kiemenspalten verläuft ein knöcherner Kiemenbogen. Die vier Kiemenbögen tragen an ihrer Außenseite je zwei Reihen zarter *Kiemenblättchen,* die von sehr fein verzweigten Blutgefäßen durchzogen sind. Beim Atmen nimmt der Fisch Wasser in die Mundhöhle auf und preßt es bei geschlossenem Mund durch die Kiemenspalten in die beiden Kiemenhöhlen, aus denen es durch die Kiemenöffnungen abfließt. In den Kiemenhöhlen umspült das Atemwasser, das gelöste Luft enthält, die stark durchbluteten Kiemen-

Kiemen, aus dem Körper gelöst

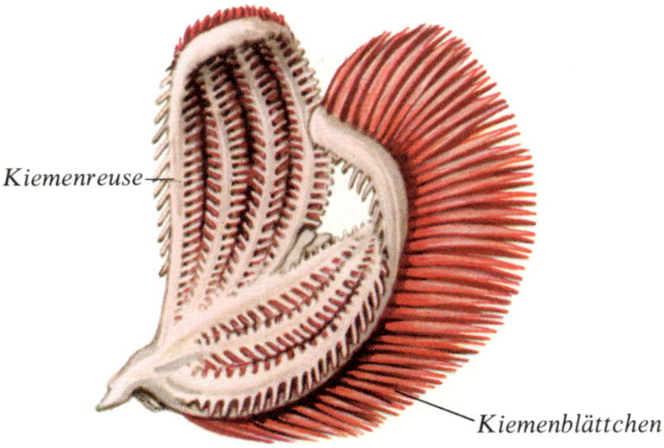

Kiemenbogen mit einigen Kiemenblättchen, vergr.

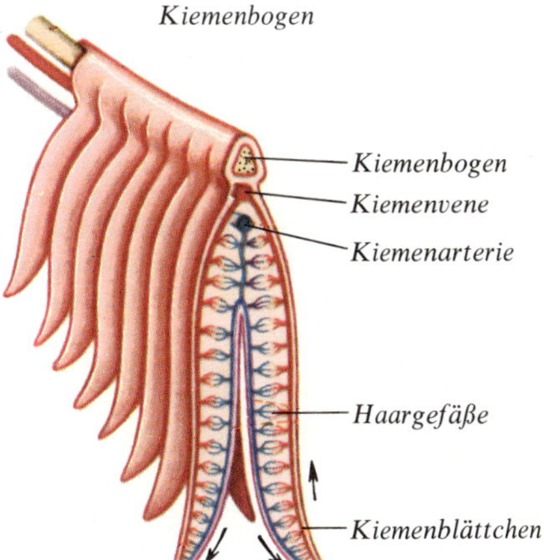

blättchen. Dabei findet der Gasaustausch statt: aus dem Wasser gelangt gelöster Luftsauerstoff in das Blut, während gleichzeitig Kohlendioxid aus dem Blut in das Wasser übertritt.
Nach der Mundhöhle zu sind die Kiemenbögen mit Hornzähnchen besetzt, die in ihrer Gesamtheit ein feines Sieb bilden. Durch diese Kiemenreuse werden feste Teilchen, die im Atemwasser enthalten sind, von den zarten Kiemenblättchen abgehalten.

Blutkreislauf. Dicht hinter den Kiemen liegt das Herz, das aus einer Vor- und einer Herzkammer besteht und nur kohlendioxidreiches Blut enthält. In der Vorkammer sammelt sich das aus dem Körper zurückkommende Blut. Es wird durch die Herzkammer in die Kiemen gepumpt, aus denen es wieder sauerstoffreich in den Körper zurückfließt. Die Fische haben also einen *einfachen Blutkreislauf* (Abb. S.170, 189). Sie sind *wechselwarme Tiere.*

Fortpflanzung. Die Laichzeit beginnt im Mai. Die Männchen („Milchner") folgen jetzt so lange einem Weibchen („Rogner"), bis dieses seine stecknadelkopfgroßen, klebrigen Eier („Rogen") an seichten, dichtbewachsenen Stellen auf Unterwasserpflanzen absetzt. Nunmehr befruchtet das Männchen die Eier, indem es Samenflüssigkeit darüber ergießt. Schon nach wenigen Tagen schlüpfen die 5 mm langen Jungfischchen aus. Sie zeigen bereits die Gestalt des erwachsenen Fisches, haben aber am Bauch noch einen Dottersack, aus dem sie sich noch etwa 2 Wochen lang nähren. In dieser Zeit lernen sie allmählich, selbständig Nahrung zu suchen. Ein großes Karpfenweibchen bringt über eine halbe Million Eier auf einmal hervor. Diese gewaltige Fruchtbarkeit ist verständlich, weil der Karpfen sich – wie fast alle Fische – um seine Brut nicht kümmert und diese zu einem sehr großen Teil Wassertieren aller Art zum Opfer fällt. Hecht und Fischadler stellen auch größeren Karpfen nach.

Überwinterung. Die Karpfen leben gern gesellig und vereinigen sich oft zu großen Schwärmen. Bei Einbruch des Winters scharen sie sich an tiefen, frostfreien Stellen ihres Wohngewässers zusammen. Hier stehen sie dicht nebeneinander, wobei sie, schräg nach unten geneigt, den Kopf auf dem Grund aufstützen und den Leib in der Schwebe halten. So verharren sie monatelang reglos in einer Art *Winterruhe.*

Zucht und Rassen. Bei der Zucht der Speisekarpfen läßt man die Weibchen ihre Eier in kleinen, flachen, mit Gras bewachsenen Laichteichen absetzen. Später werden die Jungfische in die größeren „Streckteiche" umgesetzt, die für die Überwinterung tief genug sein müssen. Hier wachsen sie bei guter Fütterung mit Kartoffeln, Hülsenfrüchten u. a. bis zum Herbst des dritten Jahres zu 30–50 cm langen Speisekarpfen heran. – In der freien Natur kann der Karpfen 40 und mehr Jahre alt werden und dabei eine Länge von über 1 m erreichen. – Die Zuchtrassen sind hochrückiger und kurzleibiger als der Flußkarpfen. Die Schuppen wurden weggezüchtet, weil sie bei der Zubereitung hinderlich sind. Der *Spiegelkarpfen* ist noch stellenweise von großen Schuppen bedeckt, der *Lederkarpfen* ist völlig schuppenlos.

Die *Wildform*, der Flußkarpfen, kommt noch in den Flüssen Südosteuropas und in manchen norddeutschen Seen vor.

Verwandte. Dem Karpfen ist die etwas kleinere *Karausche* sehr ähnlich. – Aus einer nah verwandten Art züchteten einst die Chinesen den *Goldfisch*, der bis 40 cm lang werden kann. Die Schleierschwänze mit ihren übermäßig großen Flossen sind eine Weiterzüchtung des Goldfisches. – Begehrte Speisefische sind der bis 70 cm lange *Brachsen* oder *Blei* mit hohem, seitlich stark zusammengedrücktem Körper und die etwas kleinere *Schleie.* Von den Weißfischen, die einen meist silberweißen Körper haben, gibt es in unsern heimischen Gewässern viele Arten. Es handelt sich um kleinere, als Speisefische weniger geschätzte Tiere von etwa 15–30 cm Länge. Die bekanntesten sind der *Weißfisch* (Ukelei), ferner die rotäugige *Plötze (Rotauge)* und die *Rotfeder*, beide mit roten Flossen. – Unser kleinster karpfenartiger Fisch ist die zierliche *Elritze*, die nur im frischen, klaren Wasser vorkommt. – Der aalartig gestreckte *Schlammpeitzger* bewohnt schlammigen Grund. – Der *Bitterling* verdankt den Namen seinem bitter schmeckenden Fleisch. Er legt seine Eier mittels einer Legeröhre in Fluß- und Teichmuscheln, wo die Jungfische ihre erste Entwicklung durchmachen.

Nah verwandt mit der Familie der Karpfenartigen sind die gefürchteten *Pirañas* der südamerikanischen Ströme. Die etwa 30 cm langen Raubfische haben ein messerscharfes Gebiß, mit dem sie ins Wasser geratene Tierkadaver, aber auch verletzte oder ermattete lebende Tiere – etwa an Tränken oder Furten – in wenigen Minuten bis auf das Skelett abfressen. So spielen sie hier eine ähnliche Rolle wie anderwärts die Hyänen, Schakale und Aasgeier.

Der Hecht

Der Hecht (Abb., 6) ist der schnellste und gierigste Raubfisch unserer Binnengewässer und einer unserer besten Speisefische. Er kann eine Länge von 1,6 m und ein Gewicht von 35 kg erreichen. Der Hecht bewohnt ruhige, klare Gewässer mit dichtem Pflanzenbewuchs. Im Pflanzengewirr, wo er wegen seines grünlichen, dunkelgestreiften und gefleckten Schuppenkleides nur schwer zu entdecken ist, steht er regungslos auf der Lauer, um in blitzschnellem Vorstoß eine vorbeischwimmende Beute zu überfallen. Mit dem weiten, von spitzen Zähnen starrenden Maul ergreift er außer Fischen und sonstigem Wassergetier auch Jungenten und andere Wasservögel. Der langgestreckte Körper, dessen Rücken- und Afterflosse nahe der Schwanzflosse sitzen, ist für das schnelle Schwimmen sehr vorteilhaft.

Verwandte. Der *Flußbarsch* kommt in stehendem und fließendem Wasser vor. Der bis 40 cm lange Raubfisch ist an den zwei Rückenflossen und den schwarzen Querstreifen an den Seiten zu erkennen. Da er in den Stacheln der ersten Rückenflosse und in den stacheligen Kiemendeckeln gefährliche Schutzwaffen besitzt, greifen ihn die größeren Raubfische meist nicht an. – Der bis 1,20 m lange *Zander* ist dem Barsch nah verwandt, aber von schlankerer Gestalt („Hechtbarsch"). Er ist ein ausgesprochener Raubfisch und wird wie der Barsch als Speisefisch hochgeschätzt. – Der *Dreistachelige Stichling*, ein bis 10 cm langes, silberweißes Fischchen, besitzt vor der Rückenflosse drei spitze Stacheln, die es blitzschnell aufrichten und feststellen kann. Zur Laichzeit im Frühjahr trägt das Männchen ein lebhaft grün und rot gefärbtes Hochzeitskleid. In seinem Revier, das es gegen andere Stichlingsmännchen heftig verteidigt, baut es am Boden aus Würzelchen und Pflanzenstengeln ein tunnelartiges Nest. Durch Stoßen und Drängen treibt

Karpfenfische und Hecht.

1 Schuppenkarpfen
2 Spiegelkarpfen
3 Karausche
4 Brachsen oder Blei
5 Schleie
6 Hecht

Barsch, einen Schwarm Jungfische verfolgend; zwei Aale; Wels (am Boden)

es dann einige Weibchen zum Nest, die ihre Eier darin ablegen. Die Brutpflege besorgt allein das Männchen. Es vertreibt Störenfriede und steht unermüdlich vor dem Nest, um mit seinen Brustflossen den Eiern frisches Wasser zuzufächeln. Verläßt eines der geschlüpften Jungen vorzeitig das Nest, so wird es von dem Männchen mit dem Maul eingefangen und ins Nest zurückgebracht. – In Norddeutschland kommt auch der bis 5 cm lange *Neunstachelige Stichling* vor; er ist unser kleinster einheimischer Fisch.

Der größte Fisch unserer einheimischen Flüsse und Seen ist der bis 3 m lange und 6 Zentner schwere *Wels*. Er hat einen schuppenlosen Körper und bewohnt, wie die dunkle Färbung, die kleinen Augen und die langen Bartfäden bereits andeuten, schlammigen Grund. Das weite, zahnbewehrte Maul läßt erkennen, daß wir in ihm einen gefährlichen Räuber vor uns haben. – Ihm ähnelt der *Zitterwels*, der in zahlreichen afrikanischen Flüssen lebt. Er hat die Fähigkeit, elektrische Schläge auszuteilen, durch die er seine Beute lähmt und sich gegen Feinde verteidigt. – Ein anderer elektrischer Fisch, der *Zitteraal*, der in den Flüssen des tropischen Amerika vorkommt und bis zu 2 m lang wird, kann sogar Menschen und Pferde betäuben.

Der Lachs

Der am Rücken blaugrüne, unten silberweiße Lachs (Abb. S. 175) wird 1,5 m lang und nahezu 1 Zentner schwer. Als besonderes Merkmal findet sich bei ihm wie bei allen seinen Verwandten (z. B. den Forellen) hinter der Rückenflosse eine kleine, strahlenlose *Fettflosse*. Der schlanke Körper und das von Zähnen starrende Maul zeigen, daß er sich von lebender Beute ernährt.

Den größten Teil seines Lebens verbringt der Lachs im Meer. Ausgewachsene Tiere dringen im Sommer in die Mündungen der großen Ströme ein und wandern flußaufwärts bis zu den Quellbächen, um dort zu laichen. Auf der Wanderung dorthin überwinden sie in kraftvollen, bis 3 m hohen und 6 m weiten Sprüngen Wehre und Wasserfälle. Um dem wertvollen Fisch den Aufstieg zu ermöglichen, baute man neben hohen Staudämmen sog. „*Lachsleitern*“; das sind treppenförmig übereinander liegende Becken, deren Wände er überspringen kann. Meist sucht der Lachs den Bach auf, in dem er vor Jahren selbst dem Ei entschlüpfte. Hier gräbt das Weibchen im kiesigen Grund mit starken Schwanzschlägen eine 1–2 m weite und $^1/_2$ m tiefe Laichgrube. Nach dem Ablaichen streben die Lachse wieder dem Meer zu, um nach einigen Jahren erneut die oft viele tausend km weite Laichwanderung anzutreten. Nach 2–3 Jahren ziehen auch die Jungen stromabwärts ins Meer. Im Brackwasser der Flußmündung verweilen sie einige Zeit, um sich allmählich an den Salzgehalt des Meeres zu gewöhnen.

Durch Versuche mit markierten Lachsen fand man heraus, daß die Tiere mit Hilfe des *Geruchssinnes* in ihr Heimatgewässer zurückfinden. Wie vorzüglich Lachse riechen können, zeigten Beobachtungen an Lachsleitern. Aus Becken, in die vorher Bärentatzen oder Seehundbeine hineingetaucht worden waren, nahmen sie schleunigst Reißaus.

Der wohlgenährt aus dem Meer kommende, flußaufwärts wandernde Lachs hat ein fettes, rötliches Fleisch, das hoch bewertet wird. Er nimmt während der ganzen Laichwanderung kaum Nahrung auf. Der ins Meer zurückkehrende Lachs ist daher ausgezehrt und hat weißes, weniger schmackhaftes Fleisch. Einst war der Lachs bei uns häufig. Im Rhein z. B. wurden alljährlich große Mengen gefangen. In Verträgen wurde festgelegt, daß Knechte und Mägde nicht mehr als dreimal in der Woche Lachs essen müßten! Heute ist er bei uns wegen der Verschmutzung der Flüsse fast verschwunden. In nordrussischen und nordamerikanischen Strömen kommt er dagegen noch häufig vor.

Verwandte

Die **Bachforelle** lebt in schnellfließenden, klaren Bächen. Sie paßt ihre Farbe dem Untergrund an: über weißem Kies ist sie hell, über dunklem Grund fast schwarz. Ihre Haut weist in der Regel viele schwarze und rote, weiß- und blauumrandete Flecken auf. Wie schon ihr Körperbau erkennen läßt, ist auch sie ein schneller Raubfisch, der auf alles kleinere Wassergetier Jagd macht. Um fliegende Insekten zu erhaschen, schnellt sie sich in kurzem Sprung in die Luft hinaus. Wie das Lachsweibchen macht auch das Forellenweibchen am Bachgrund eine Laichmulde, in die es seine Eier absetzt. Nach der Befruchtung der Eier durch das Männchen bedeckt sie das Weibchen durch Schwanzschläge mit Kies und schützt sie dadurch vor Feinden.

In neuerer Zeit hat die aus Nordamerika eingeführte, durch je einen rötlichen Seitenstreifen gekennzeichnete *Regenbogenforelle* bei uns große Bedeutung erlangt. – Von den zahlreichen anderen Lachsfischen unserer Heimat sei noch der *Blaufelchen* erwähnt, der den Bodensee sowie andere Alpen- und Voralpenseen bewohnt. Forellen und Felchen sind wie der Lachs begehrte Speisefische.

1 Lachs
2 springende Lachse
3 Regenbogenforelle
4 Bachforelle
5 Bachforelle, nach einer Libelle springend

Die Verwandlung des Flußaals

Der Flußaal

Körperbau und Lebensweise. Der Aal (Abb. S. 174) ist schlangenartig langgestreckt, trägt vorn ein Paar sehr kleine Brustflossen und an seiner hinteren Hälfte einen breiten, ununterbrochenen Flossensaum. Bauchflossen fehlen. Die Haut, die nur winzige Schüppchen enthält, ist sehr schlüpfrig und „aalglatt". So vermag der Aal ausgezeichnet in den Schlamm, aber auch in Uferhöhlen und andere Schlupfwinkel einzudringen. Hier sucht er vorwiegend nachts seine Beute, die aus allerlei kleinem Wassergetier besteht. Wie alle Grundfische hat er, abgesehen von der gelblichen Bauchseite, eine dunkle Färbung, die fast in Schwarz übergehen kann. Wie der Karpfen hält er in einer frostsicheren Schlammgrube des Wohngewässers seine Winterruhe. Er ist einer unserer wertvollsten Speisefische.

Wanderung und Entwicklung. Auch der Aal ist ein Wanderer zwischen Meer und Süßwasser. Im Gegensatz zum Lachs verbringen aber die Aale den größten Teil ihres Lebens im Süßwasser. Dann ziehen sie, um zu laichen, weit ins Meer hinaus, aus dem sie nicht mehr zurückkehren. Ihre Laichplätze liegen im *Sargassomeer*, im westlichsten Teil des Atlantischen Ozeans, 4000 km vom europäischen Festland entfernt. Nur hier findet man die durchsichtigen, 5 mm langen, eben geschlüpften *Aallarven*. Diese ziehen in einer dreijährigen Wanderung mit dem Golfstrom zu den europäischen Küsten und verwandeln sich in dieser Zeit in die etwa 7 cm langen, streichholzdicken *Glasaale*. Diese steigen in den Flüssen aufwärts und verbreiten sich über die Nebenflüsse, Bäche und Seen. Auch die stärkste Strömung kann sie dabei nicht aufhalten. Durch die Klebrigkeit ihrer Haut vermögen sie selbst an Felsen und Wehren emporzuklimmen. Auf dieser Wanderung nehmen sie allmählich die Färbung und Gestalt der erwachsenen Aale (*Gelbaale*) an. Nach 6–7 Jahren werden die Männchen geschlechtsreif, nach 8–10 Jahren die Weibchen. Die Männchen sind nunmehr etwa $^1/_2$, die Weibchen 1 m lang, ausnahmsweise auch wesentlich darüber. Diese am Bauch jetzt silberweißen „*Blankaale*" wandern ins Meer zurück. Dabei vor allem sucht man sie zu fangen, weil jetzt ihr Fleisch besonders fett und schmackhaft ist.

Kopf des Herings; Kiemendeckel entfernt.

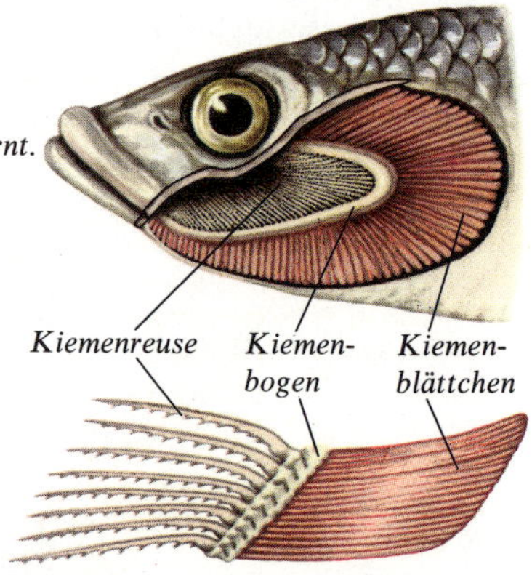

Teil einer Kieme (vergr.)

Meeresfische

Der Hering

Das Meer ist mit seinem Reichtum an eßbaren Fischen für den Menschen eine wichtige Nahrungsquelle. An erster Stelle der nutzbaren Meeresfische steht der Hering. Mehrere Millionen Tonnen werden alljährlich gefangen; sie machen etwa $^1/_5$ der gesamten Weltfischereierträge – einschließlich der Süßwasserfische – aus.

Der Hering *bewohnt* die küstennahen Meere der nördlichen gemäßigten und kalten Zone. An den europäischen Küsten kommt er vom Ärmelkanal bis Island und Spitzbergen vor. Er hält sich in den oberen

Zwei Kabeljaus (oben) und ein Schellfisch (unten), einen Zug Heringe verfolgend. Auf den Tangen Heringseier

Wasserschichten, bis etwa 200 m Tiefe, auf. Wie viele andere der hier lebenden Fische zeigt der Hering am ganzen Körper Silberglanz, der am Rücken in Blaugrün übergeht. Seine *Nahrung* besteht vorwiegend aus winzig kleinen, im Wasser schwebenden Tierchen, die besonders in den Küstenzonen kalter Meere in ungeheuren Mengen vorkommen (Plankton, S. 253). Die feingezähnte *Kiemenreuse* des Herings bildet ein engmaschiges Netz, das die mit dem Atemwasser einströmenden Kleintierchen festhält.

Zur Laichzeit streben gewaltige *Heringszüge* den Laichplätzen zu, die stets in flachen, meist küstennahen Meeresteilen mit steinigem oder sandigem Untergrund liegen. Da die *Eier* schwerer als Wasser sind, sinken sie zu Boden. In schlammigem Grund würden sie einsinken und ersticken. Welch riesige Mengen von Ei- und Samenzellen die Tiere hervorbringen, können wir an den „Rognern" und „Milchnern" der Bücklinge (s. unten) erkennen. Die Weibchen (Rogner) enthalten jeweils etwa 30000 Eier. Dank dieser ungeheuren *Vermehrung* bleibt der Hering vor der Ausrottung bewahrt, obgleich zahlreiche Meerestiere, Robben, Raubfische und Vögel, ihm nachstellen (Abb. s. o.), und der Mensch alljährlich riesige Mengen fängt.

Der Hering kommt als grüner Hering (frisch), als Salzhering (gesalzen), als Bückling (geräuchert) oder mariniert (mit Essig und Gewürz) und in mancherlei anderer Zubereitung auf den Markt. Er ist bei uns der am meisten gegessene Fisch. Der Bedarf an Heringen kann durch die eigene Fischerei nicht gedeckt werden. Einfuhren aus anderen europäischen Ländern müssen hinzukommen.

Verwandte. Eine dem Hering im Aussehen und in der Lebensweise ähnliche, aber kleinere Fischart ist die in der Nord- und Ostsee vorkommende *Sprotte*. Sie gelangt meistens geräuchert als „Kieler Sprotte" zum Verkauf. Zwei andere sehr ähnliche Fischarten, die *Sardine* und die *Sardelle*, werden hauptsächlich an den Küsten West- und Südeuropas gefangen.

Der Kabeljau (Dorsch) ist nach dem Hering der wirtschaftlich wichtigste Seefisch. Er bevölkert die nördlichen Meere jenseits des 40. Breitengrades. Der große Fisch erreicht eine Länge von 1,50 m und ein Gewicht von 1 Zentner. Er hat drei Rücken- und zwei Afterflossen sowie einen Bartfaden am Unterkiefer. Die „kehlständigen" Bauchflossen stehen vor den Brustflossen. Wie schon das große, zahnbewehrte Maul zeigt, ist der Kabeljau ein Raubfisch. Seine Eier schweben im Gegensatz zu denen des Herings im Wasser. Er laicht daher im offenen Meer, sucht dazu aber Meeresteile mit einem bestimmten Salzgehalt auf. Diese Laichplätze sind die wichtigsten Fanggebiete, so die nördliche Nordsee, die Barentssee, die Neufundlandbänke u.a.

Die wirtschaftliche Bedeutung des Kabeljaus beruht auf seiner vielseitigen Verwertbarkeit und auf seiner ungeheuren Vermehrung, die wie beim Hering große Fänge ohne Gefährdung des Bestandes zuläßt. Sein Fleisch ist eine wichtige Volksnahrung; aus der Leber bereitet man den Lebertran, und die Abfälle verarbeitet man zu Fischmehl, einem wichtigen Viehfuttermittel.

Andere Seefische. Mit dem Kabeljau kommen noch andere, ihm sehr ähnliche Seefische in den Handel, so der 50–60 cm lange *Schellfisch*, der an der schwarzen Seitenlinie zu erkennen ist, und der etwas größere *Köhler* („Seelachs") mit schwarzer Mundhöhle. Auch der 50–60 cm lange *Rotbarsch* („Goldbarsch") ist von großem wirtschaftlichem Wert.
Für die Anwohner des Mittelmeeres ist der bis 4 m lange und 10 Zenter schwere *Thunfisch* ein besonders wertvoller Speisefisch; Thunfischkonserven gehen in alle Welt hinaus.

Schollen

Entwicklung der Scholle

Die Scholle

Die Scholle und ihre Verwandten haben eine ungewöhnliche *Gestalt*. Ihr Körper ist seitlich stark abgeplattet. Der Verlauf der Seitenlinie und die Anordnung der Flossen lassen erkennen, daß die Oberseite der Scholle ihre rechte, die Unterseite ihre linke Körperseite ist. Der Flossensaum, der den Körper umgibt, besteht aus Rücken- und Afterflosse; die beiden Brustflossen sitzen an der Ober- und Unterseite, desgleichen die kehlständigen Bauchflossen. Beide Augen und beide Nasenlöcher aber liegen auf der Oberseite, und das schiefe Maul ist nach dieser Seite hin verschoben.
Dieser unsymmetrische Körperbau bildet sich bei den jungen Schollen allmählich heraus. Aus den Eiern, die auf hoher See abgesetzt werden, gehen durchsichtige, symmetrische Fischchen hervor, die beiderseits die gleiche Färbung aufweisen und wie andere Fische aufrecht schwimmen. Während sie der Küste zuwandern, wird ihr Körper aber höher und flacher. Sie fangen an, auf der Seite zu schwimmen, und bald suchen sie den Boden auf, dem sie von jetzt an ständig die linke Körperseite zuwenden. Gleichzeitig wandert das linke Auge auf die nach oben gekehrte Seite. Die Unterseite erscheint nunmehr weißlich, die Oberseite zeigt auf dunklem Untergrund rotgelbe Flecken (*„Goldbutt"*).

Fischereigründe im nördlichen Atlantik
1 Ostsee
2 Nordsee
3 Ärmelkanal
4 Norwegen
5 Barentssee
6 Spitzbergen
7 Island
8 Grönland
9 Neufundland

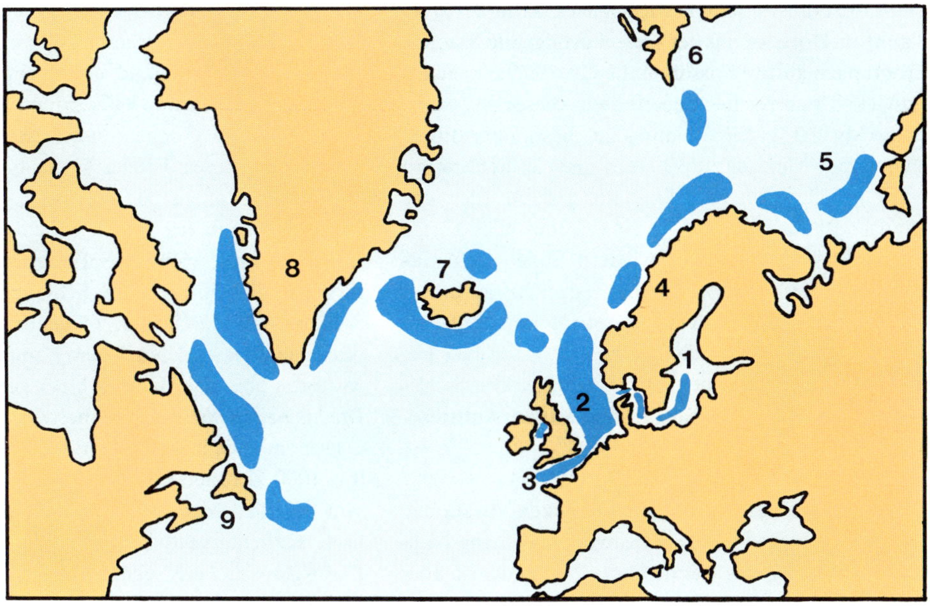

Die Scholle, die bis 60 cm lang wird, *bewohnt* im Atlantischen Ozean, in Nord- und Ostsee den sandigen Grund seichter Küstengewässer. Hier *nährt* sie sich von Würmern, Muscheln, Krebsen und anderen Grundbewohnern. Sie paßt sich in Farbe und Musterung dem Untergrund an und ist dadurch vorzüglich getarnt. Zudem kann sie sich rasch in sandigen Grund einwühlen und sich so weitgehend unsichtbar machen.

Verwandte. Es gibt rund 200 Arten solcher Plattfische. Sie finden sich an den Küsten fast aller Meere. Viele wenden wie die Scholle dem Boden die linke Seite zu, andere die rechte. – Von den in der Nordsee und teilweise auch in der Ostsee vorkommenden Arten sind außer der Scholle als geschätzte Speisefische zu nennen: die bis 30 cm lange *Flunder*, die der Scholle sehr ähnlich sieht; die *Seezunge* mit einem mehr langgestreckten Körper; der *Steinbutt*, der über 1 m lang werden kann und in der Haut steinartige Hautknochen besitzt (Name!), und der *Heilbutt* mit 1,5 bis 2 m Länge und bis 4 Zentner Gewicht. Er ist der Riese unter den Plattfischen.

Die Seefischerei

Vom Leben im Meer. Wie auf dem Lande beruht auch im Meer alles Leben auf der Assimilation der grünen Pflanzen, die allein mit Hilfe des Sonnenlichts organische Stoffe aufbauen können. Das zur Assimilation notwendige Licht durchdringt in hinreichender Stärke nur etwa die oberen 30 m des Meeres; nach unten nimmt die Durchlichtung rasch ab, und in der Tiefe herrscht völlige Finsternis. Die kräftig durchleuchtete Oberflächenschicht ist der Lebensraum mikroskopisch kleiner Algen sowie winziger Krebschen (S. 253) und anderer Kleinsttierchen, die alle frei im Meerwasser schweben. Diese im Wasser treibenden Kleinstlebewesen alle zusammen bezeichnet man als Plankton (S. 253). Das Algenplankton bildet die Nahrung des Tierplanktons und ist somit die Grundlage für alles tierische Leben im Meer. Vom Tierplankton nähren sich nämlich die Kleintiere des Meeres: die Jungfischchen aller Art, die garnelenartigen Krebschen, die den „Krill“ bilden (S. 252), die Flügelschnecken des „Whalaats“ (S. 261) und viele andere, die in ungeheuren Massen manche Meeresteile erfüllen und den größeren Meerestieren zur Nahrung dienen.

Nicht überall ist aber das Meer gleichmäßig reich an Plankton. Dort, wo aus der Tiefe aufsteigende Meeresströmungen kaltes Wasser an die Oberfläche bringen, entwickelt sich reiches Leben; denn dieses *Aufstiegswasser* bringt gelöste Nährsalze, besonders Phosphate, vom Meeresgrund herauf und „düngt" damit das Oberflächenwasser. Deshalb gedeiht hier das Pflanzenplankton üppig – und mit ihm alles übrige Leben. In kalten Küstengewässern finden sich mitunter mehrere Millionen Pflanzenzellen in einem Liter Meerwasser, während warme, schon lange an der Oberfläche treibende Hochseegewässer fast frei von Plankton sein können. Die ergiebigsten Fischereigründe finden sich deshalb in den kalten Auftriebswassergebieten.

Mensch und Meer. Die Meere bedecken zusammen etwa 71% des Erdballs; sie bringen weit mehr Nahrung hervor als das Land. Diese Nahrung ist aber dem Zugriff des Menschen noch weithin entzogen. Zur Zeit bezieht er nur 1–2% seiner Nahrung aus dem Meer. Während er seit Jahrtausenden planmäßige Landwirtschaft betreibt, begnügt sich der Mensch bisher damit, dem Meer das zu entnehmen, was es ihm von Natur aus bietet, – so wie einst der frühsteinzeitliche „Sammler" in Wald und Flur das zusammensuchte, was er vorfand.

Neuerdings werden Möglichkeiten zu einer planmäßigen *Bewirtschaftung des Meeres* erforscht, denn das stetige Anwachsen der Bevölkerung der Erde macht eine Steigerung der Nahrungsbeschaffung notwendig. Man plant, die Lebensbedingungen für unsere Meeres-Speisefische auf verschiedene Weise zu verbessern. Man denkt z. B. daran, geeignete Meeresbezirke abzugrenzen, zu „düngen" und – entsprechend den Forellen- und Karpfenteichen – mit Fischbrut (z. B. von Plattfischen) zu versehen, um so die Fangergebnisse zu steigern. Man weiß ferner, daß sehr viel Nahrung, die den Speisefischen zugute kommen könnte, von „unnützen" Meerestieren, wie Schnecken, Seeigeln, Schlangensternen, Seerosen, Quallen und vielen andern verbraucht wird. Durch Bekämpfung dieser „Schädlinge" könnte Nahrung für Speisefische freigemacht und damit deren Vermehrung gesteigert werden. Freilich stehen diesen Plänen auch große Schwierigkeiten entgegen, so z. B. die weiten Laichwanderungen vieler Fischarten.

Die deutsche Seefischerei

Die große Hochseefischerei hat ihre Fanggebiete in der Nordsee, vor Island und Norwegen und in der Barentssee. Sie wird mit Fischdampfern betrieben, die jeweils mehrere Wochen unterwegs sind und dann bis zu 5000 Zentner Fische heim bringen. Gefangen werden vor allem Hering (45%), Rotbarsch (ca. 20%), Kabeljau (ca. 10%), Schellfisch und Seelachs (Köhler). Das wichtigste Fanggerät ist das sackförmige, 40–50 m lange Schleppnetz, das mittels Scherbretter durch den Gegendruck des Wassers offen gehalten wird. Nach dem Fang wird das Netz mit Motoren über das Heck an Deck gezogen.

Die kleine Hochseefischerei betreibt in der Nord- und Ostsee mit den wesentlich kleineren Fischkuttern (bis 1000 Zentner Fischladung) vor allem den Fang von Scholle, Seezunge, Steinbutt, aber auch Schellfisch, Kabeljau und Seelachs.

Die Küstenfischerei benützt außer Kuttern vielfach kleinere Schiffe, die meist nur für einen Tag ausfahren. Die Erträge sind mannigfaltig; neben vielerlei Fischen werden auch Krebse, besonders „Krabben" (=Garnelen; S. 252) und Muscheln eingebracht.

Knorpelfische

Der Blauhai

Der Blauhai ist, wie die meisten Haifische, ein gieriger Räuber. Er wird 3–4 m lang und bewohnt die Meere der warmen und zum Teil auch der gemäßigten Zone. In der Nordsee tritt er nur selten, in der Ostsee höchstens im westlichen Teil gelegentlich auf. Durch seine Schnelligkeit und Stärke überwältigt er fast alle Bewohner des Meeres.

Von den Knochenfischen unterscheidet sich der Hai vor allem dadurch, daß sein *Skelett ganz aus Knorpel* besteht. Haie sind Knorpelfische. Ferner fehlen Kiemenhöhlen und Kiemendeckel, wie sie die Knochenfische haben. Von der Mundhöhle zur Körperoberfläche führen vielmehr jederseits fünf einzelne, äußerlich sichtbare *Kiemenspalten*, deren Wände von Kiemenblättchen besetzt sind. Die Haut des Haies

Blauhaie

fühlt sich rauh an, da sie dicht mit kleinen *Hautzähnen* besetzt ist. Der obere Teil des Kopfes ist nach vorne verlängert und gleicht einem Wellenbrecher. Das große, quergestellte *Maul* liegt an der Unterseite des Kopfes. Es starrt von mehreren Reihen großer, spitzer, zweischneidiger Hautzähne, deren Schneiden nochmals fein gezähnelt sind. Wenn die vordersten Zähne abgenützt sind, rücken die hinter ihnen stehenden nach. Die *Schwanzflosse* ist unsymmetrisch. Das Weibchen bringt etwa 30 – 50 lebende Junge zur Welt.

Verwandte. Unter den etwa 250 Haiarten sind einige wenige für den Menschen gefährlich. Der häufigste, aber kleinere „Menschenhai" ist der Blauhai. Wesentlich gefährlicher sind der 5 – 8 m lange *Weiße Hai*, der 5 m lange *Tigerhai*, der 4 – 5 m lange *Hammerhai*, dessen stark verbreiterter Kopf die Form eines gleichseitigen Hammers hat, sowie der riesige, bis zu 13 m lange *Carcharodon*. Während Weißhai, Tigerhai und Hammerhai im wesentlichen in tropischen Meeren vorkommen, taucht Carcharodon im Sommer oft in

Waagrechter Längsschnitt durch den Kopf eines Haies.

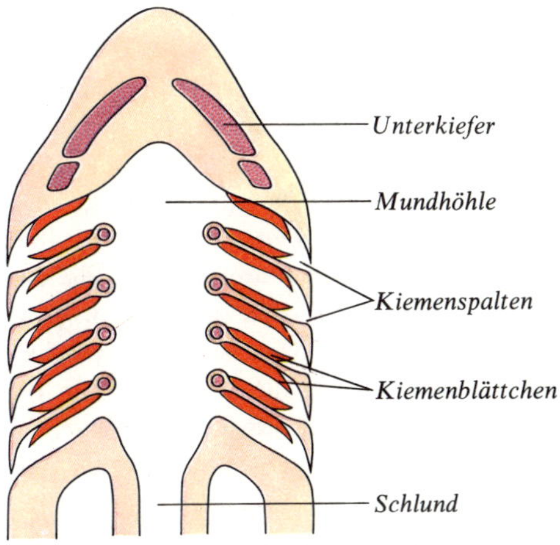

Gebiß eines Haies

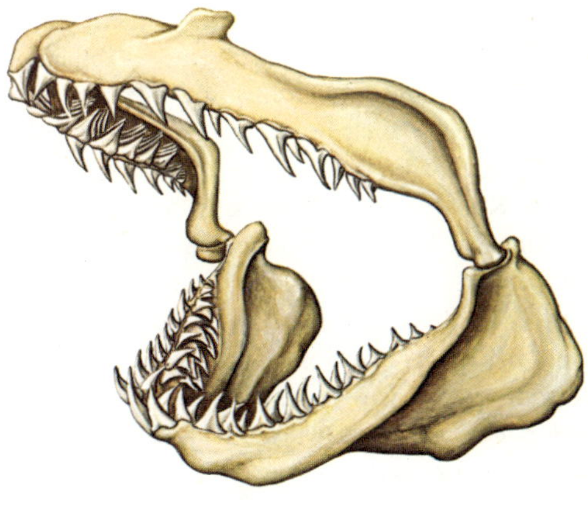

Sägefisch und zwei Nagelrochen

der Adria auf, wo ihm schon wiederholt Badende zum Opfer gefallen sind. Er ist der letzte der Hai-Gattung, deren Vertreter in den Ablagerungen der Tertiärzeit Zähne bis zu 15 cm Länge und 12 cm Breite hinterlassen haben, und demnach etwa 25 m lang gewesen sein müssen. – Die beiden größten heutigen Haiarten, der 10 m lange *Riesenhai* und der bis 20 m lange *Rauh-* oder *Walhai*, sind harmlose Planktonfresser mit winzigen Zähnen, aber sehr großen, reusenähnlichen Kiemenbögen zum Heraussieben der Kleintiernahrung (vgl. Hering). – Die europäischen Meere mit Ausnahme der Ostsee werden von dem bis 1 m langen *Katzenhai* bewohnt. Während die meisten Haie lebende Junge zur Welt bringen, legt das Katzenhaiweibchen Eier, die von einer durchscheinenden, hornigen Kapsel umschlossen sind, und mit deren schnurförmigen Fortsätzen an Wasserpflanzen befestigt werden. – Der häufigste Hai der Nordsee ist der etwa meterlange *Dornhai*, der an den Dornen am Anfang beider Rückenflossen zu erkennen ist. – Der größte unter den Nordseehaien ist der bis 4 m lange *Heringshai*, der sich wie der Katzenhai vor allem von Heringen ernährt.

Die *Rochen* ähneln den Plattfischen. Auch sie liegen flach am Boden. Während aber die Schollen auf einer Körperseite liegen, ist bei den Rochen die Oberseite die Rückenseite, die Unterseite die Bauchseite des Tieres. Das quergestellte Maul, die Kiemenspalten (auf der Unterseite), das Knorpelskelett u. a. lassen erkennen, daß die Rochen Verwandte der Haie sind. Sie sind gleichsam „von oben nach unten plattgedrückte Haie“. Die bekannteste Art unserer Meere ist der *Nagelrochen*, der auf der Rückenseite nagelartige Stacheln aufweist. – Die wärmeren Meere werden von den *Zitterrochen* bewohnt, die elektrische Schläge austeilen können. Sie betäuben damit in blitzschnellem Überfall ihre Beutetiere, z. B. Schwärme kleiner Fische, denen sie am Boden auflauern. – Auch einige Rochenarten erreichen gewaltige Größen. So fing man schon *Teufelsrochen* von 6 m Breite und 30 Zentner Gewicht. Sie sind zwar harmlose Planktonfresser, können aber harpuniert ein Fischerboot zerschmettern. Ihre beiden „Teufelshörner“ sind Futterflossen, Teile der Brustflossen, mit denen sie sich das Plankton ins Maul schaufeln. – Eine Mittelstellung zwischen Haien und Rochen nehmen die *Sägefische* ein. Ihr Schädel trägt einen langen Fortsatz, der mit seinen zwei Reihen scharfer Zähne einer Säge ähnelt und zum Durchwühlen des Meeresgrundes und der Tangwälder nach Kleintieren dient.

Versteinerter Schmelzschupper aus dem Schwarzen Jura von Holzmaden in Württemberg

Schmelzschupper

Der Stör

Der Stör bewohnt alle europäischen Meere, ist aber heute recht selten geworden. Sein mit großen Knochenplatten gepanzerter Kopf läuft wie bei den Haien in einen langen Fortsatz aus. Der Rumpf weist fünf Reihen starker *Knochenschilder* auf, die wie unsere Zähne einen Schmelzüberzug tragen. Während die Kiemen wie bei den Knochenfischen gebaut und durch Kiemendeckel geschützt sind, ist die Schwanzflosse unsymmetrisch und das Skelett großenteils knorpelig. Der Stör vereinigt also Merkmale der Knochenfische und der Haie in sich. Die Lippen des zahnlosen, an der Kopfunterseite gelegenen *Maules* bilden ein vorstreckbares Rohr. Mit ihm saugt der Stör allerlei Kleingetier vom Meeresgrund auf. Vier Bartfäden dienen ihm dabei zum Ertasten der Nahrung. Zur Laichzeit steigt der Stör, der bis 6 m lang werden kann, in den Flüssen aufwärts, um hier seine Eier abzulegen.

Verwandte. Wie der Stör zählen alle seine Verwandten zu den wertvollsten Fischen. Ihr Fleisch ist sehr schmackhaft, und ihre Eier liefern den Kaviar. Der beste Kaviar stammt von dem bis 9 m langen und 30 Zentner schweren *Hausen*, der im Schwarzen und Kaspischen Meer lebt und in die dorthin mündenden Ströme aufsteigt. Die Eierstöcke seiner Weibchen können zur Laichzeit über 8 Zentner schwer sein.

Schmelzschupper der Vorzeit. Die heutigen Schmelzschupper sind die spärlichen Nachfahren einer einst mächtigen Tiergruppe. Schon in der Tierwelt des Erdaltertums waren sie stark vertreten, und im Erdmittelalter bildeten sie die weitaus vorherrschende Fischgruppe. Ihre glänzenden, schmelzüberzogenen Schuppen waren meist rhombenförmig. Gegen Ende des Erdmittelalters aber wurden sie mehr und mehr von den Knochenfischen abgelöst.

Lungenfische

In Australien, Afrika und Südamerika kommen einige merkwürdige Fischarten vor, die man, da ihre Ordnung im übrigen längst ausgestorben ist, gleichsam als „lebende Versteinerungen" bezeichnen kann. Es sind langgestreckte, etwa 1 m große, mit Schuppen bekleidete Knorpelfische, deren hinterer Körperabschnitt von einem Flossensaum umgeben ist. Ob-

Stör

Afrikanischer Lungenfisch; Schlammkapsel geöffnet

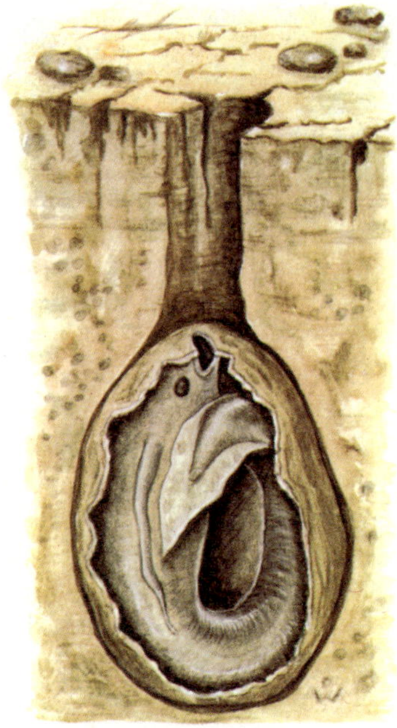

wohl sie wie die anderen Fische Kiemen besitzen, dient ihnen zeitweise auch die *Schwimmblase* wie eine Lunge *als Atemorgan* (Lungenfische). Dies kommt ihnen sehr zustatten, weil ihre Wohngewässer im Sommer austrocknen. Alsdann wühlen sie sich in den Schlamm ein, der mit dem vom Fisch ausgeschiedenen Schleim zu einer festen Kapsel eintrocknet. Diese umschließt das Tier ringsum, verklebt aber so mit den Mundrändern, daß ein Atemschlitz frei bleibt.

Zusammenfassung über die Fische

Die *Fische*, von denen es rund 20000 Arten gibt, sind im Wasser lebende, durch *Kiemen* atmende Wirbeltiere. Mit ihrer spindelförmigen Gestalt sind sie dem Schwimmen vorzüglich angepaßt. Die paarigen Brust- und Bauchflossen entsprechen den Gliedmaßen der Landwirbeltiere. Als unpaarige Flossen kommen hinzu die Rücken-, die Schwanz- und die Afterflosse.

Eine *Schwimmblase* dient bei den meisten Arten der Anpassung an verschiedene Wassertiefen. Die Fische haben einen *einfachen Blutkreislauf* und sind *wechselwarme* Tiere. Zur Fortpflanzung setzen die Weibchen ihre Eier – meist in riesiger Zahl – ins Wasser ab, wo sie von den Männchen befruchtet werden. (Ausnahme: manche Haifischarten.)

Die *Knochenfische* haben ein *knöchernes Skelett* mit einer Wirbelsäule. In ihre Haut sind knöcherne Schuppen eingelagert. Die Kiemen liegen unter Kiemendeckeln.

Die *Haie* und *Rochen* haben ein *Knorpelskelett*. Sie besitzen Hautzähne, ein querliegendes, unterständiges Maul, eine unsymmetrische Schwanzflosse und einzeln nach außen mündende Kiemenspalten.

Die *Schmelzschupper* nehmen eine Mittelstellung zwischen den Haien und den Knochenfischen ein. Sie haben ein teils knorpeliges, teils knöchernes Skelett. Die Haut ist mit großen Knochenschuppen bedeckt, die einen Schmelzüberzug aufweisen. Kiemendeckel sind vorhanden.

Die *Lungenfische* benützen zeitweilig ihre Schwimmblase als Atemorgan.

Neunauge, das sich an einem Weißfisch festgesogen hat

Das Flußneunauge

Das 40–50 cm lange Flußneunauge sieht einem Aal sehr ähnlich. Sein Körper ist nur von der schleimigen, schuppenlosen Haut bedeckt und besitzt keine paarigen Flossen. Er weist lediglich zwei Rückenflossen und eine kleine Schwanzflosse auf. Das Skelett ist knorpelig und auf die Kopfregion beschränkt. Kiefer aber fehlen („*Kieferlose*"), und an Stelle der Wirbelsäule findet sich nur ein elastischer, ungegliederter Strang, die *Rückensaite* (Chorda dorsalis). Die Neunaugen gehören also zu den einfachst gebauten Wirbeltieren. Ihr Name kam dadurch zustande, daß man früher fälschlicherweise auch die sieben hinter den Augen liegenden rundlichen *Kiemenspalten* sowie die unpaare Riechgrube als Augen zählte. Das Flußneunauge nährt sich in der Hauptsache von Kleintieren und Aas. Daneben fällt es aber auch Fische und Lurche an, indem es sich an ihnen festsaugt. Sein kreisrundes Maul (Name!) enthält zahlreiche Hornzähnchen, mit denen es den Beutetieren Löcher in den Körper schabt, um sich von ihrem Fleisch und Blut zu ernähren. Hat das Neunauge einige Jahre im Süßwasser gelebt, dann wandert es dem Meere zu, in dem es erst seine volle Entwicklung erlangt. Wie der Lachs dringt es aber, um zu laichen, später wieder in die Flüsse ein.

Mit dem Flußneunauge stimmen das größere *Meerneunauge* und das kleine, bleistiftdicke *Bachneunauge*, das nur im Süßwasser lebt, fast völlig überein.

Die *Rundmäuler* oder *Kieferlosen* sind fischähnliche Wirbeltiere ohne Schuppen, Kiefer und Gliedmaßen. Sie haben ein knorpeliges Skelett mit Rückensaite (Chorda), einen runden Saugmund und eine unpaare Riechgrube.

Das Lanzettfischchen

Das etwa 8 cm lange Lanzettfischchen steht an der untersten Grenze des Wirbeltierstammes. Es kommt an den Küsten der Nordsee und anderer Meere vor. Obgleich es zu schwimmen vermag, wühlt es sich doch meist in den Sand ein, so daß nur sein Vorderende mit dem von Fühlfäden umstellten Mund daraus hervorragt. Der lanzettförmige Körper ist lediglich von einem Flossensaum umgeben. Das Skelett wird nur von der strangförmigen *Rückensaite* (*Chorda*) gebildet (Schädellose). Über ihr verläuft das *Rückenmark*. Ein ausgeprägtes Gehirn fehlt. Unter der Rückensaite liegt der *Darm*, dessen vorderer Abschnitt von zahlreichen *Kiemenspalten* durchbrochen und mit einem Netzwerk feiner Blutgefäße überzogen ist (Kiemendarm). Das vom Mund aufgenommene Wasser fließt durch die Kiemenspalten in die umgebende Kiemenhöhle, die hinter der Bauchmitte nach außen mündet. Der Austausch der Atemgase erfolgt dabei an den feinen Blutgefäßen des Kiemendarms. Mit dem Wasser aufgenommene feinste Nahrungsteilchen werden von dem als Sieb wirkenden Kiemendarm zurückgehalten. Sie gelangen dann in den verdauenden Teil des Darmes, der durch einen Blinddarm vergrößert ist. Ein Herz ist nicht vorhanden; einige *Blutgefäße* können sich aber rhythmisch zusammenziehen und so das farblose Blut durch den Körper treiben. Sinnesorgane fehlen, doch ist das Tierchen licht- und berührungsempfindlich.

Die wenigen Arten der *Schädellosen* sind fischähnliche Tierchen ohne Gliedmaßen, Schädel und Herz. Ihr Körper wird nur durch eine ungegliederte Rückensaite (Chorda) gestützt. Sie stehen an der untersten Grenze des Wirbeltierstammes.

Bau des Lanzettfischchens (Schema)

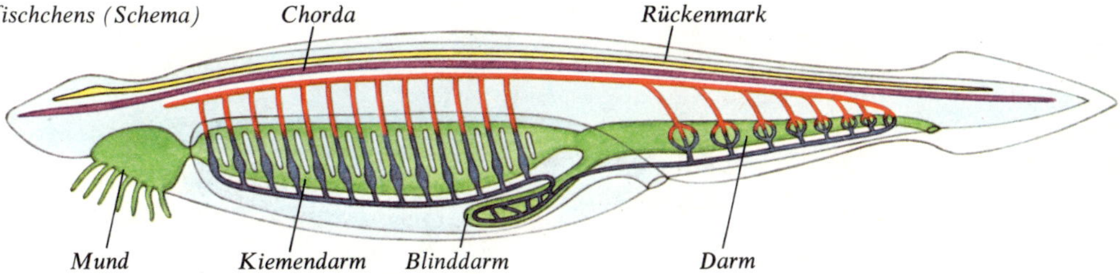

Zusammenfassung über die Wirbeltiere

Bauplan. Der Körper der Wirbeltiere wird in seiner ganzen Länge von einer stützenden Achse durchzogen. Sie besteht bei den Schädellosen und den Rundmäulern aus einer *Chorda*, bei allen andern aus einer gegliederten, knorpeligen oder knöchernen *Wirbelsäule*. Über ihr liegt das Rückenmark, unter ihr befinden sich in der *Leibeshöhle* die Organe der Verdauung, der Atmung, des Blutkreislaufs, der Ausscheidung und der Fortpflanzung. Die *Körpermuskulatur* umgibt das Skelett und die Leibeshöhle. Die aus Oberhaut und Lederhaut bestehende *Haut* mit ihren Haaren, Schuppen oder Federn schließt den Körper nach außen ab. Da die bisher betrachteten Tiere in diesem gemeinsamen Grundbauplan übereinstimmen, faßt man sie im *Tierstamm „Wirbeltiere"* zusammen.

Die **Gliederung** des Körpers in Kopf, Rumpf und Gliedmaßen ist bei allen Wirbeltieren festzustellen, doch ist die *Körpergestalt* im einzelnen außerordentlich verschieden, weil sie weitgehend der Lebensweise der Tiere angepaßt ist. Vergleiche z. B. Fisch, Frosch, Schlange, Krokodil, Vogel, Pferd und Wal! Besonders große Unterschiede weisen dabei die Gliedmaßen, der *Hals* (Giraffe, Strauß – Fisch, Wal, Maulwurf) und der Schwanz auf. Der *Schwanz* ist ursprünglich, bei Fischen, Molchen und andern, das Hauptbewegungsorgan; er verliert diese Bedeutung in dem Maße, wie bei den höheren Wirbeltieren die Gliedmaßen die Fortbewegung übernehmen. Bei den Säugetieren erfüllt er nur noch Nebenaufgaben oder ist mehr oder weniger zurückgebildet (Pferd, Eichhörnchen, Biber, Klammeraffen – Reh, Hase, Bär, Elefant).

Skelett. Seine Festigkeit erhält der Wirbeltierkörper durch ein knöchernes oder knorpeliges Skelett, dessen Hauptbestandteil die *Wirbelsäule* ist. An die Wirbel setzen meist Rippen an. Bei den Lurchen sind sie noch sehr kurz (S. 169). Bei den Kriechtieren (mit Ausnahme der Schlangen), den Vögeln und den Säugetieren sind sie mit dem Brustbein zum *Brustkorb* verwachsen. Die von den Wirbelkörpern nach oben abgehenden Knorpel- oder Knochenbögen bilden einen Kanal, in dem das Rückenmark geborgen ist.

Gemeinsamer Bauplan der Wirbeltiergliedmaßen

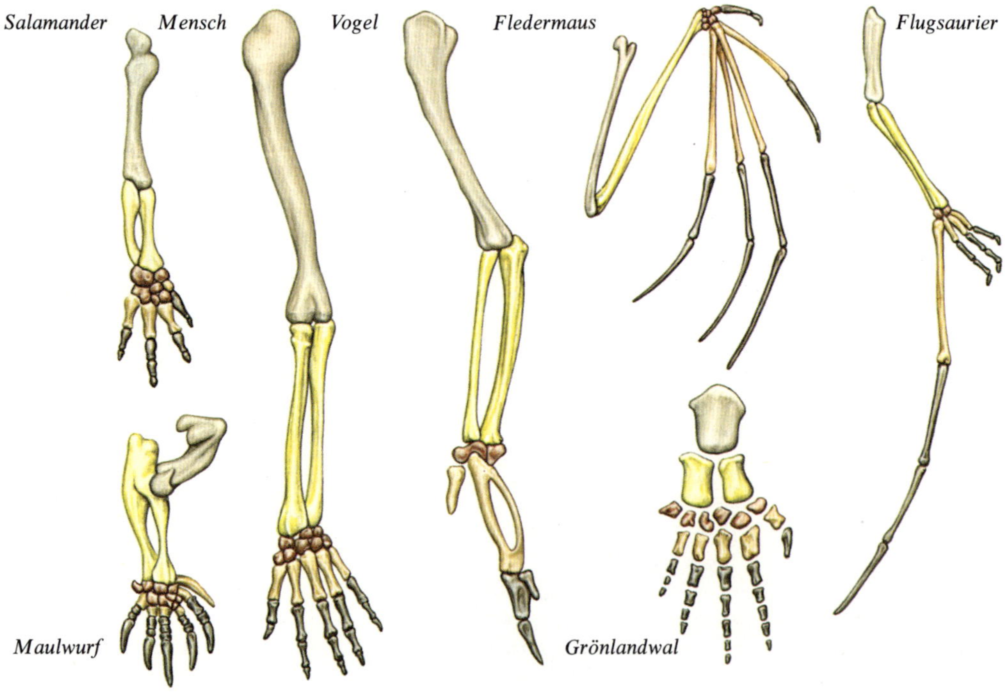

Gehirne verschiedener Wirbeltiere
Schemata, auf vergleichbare Größe gebracht
Gelb: Großhirn
Braunrot: Kleinhirn

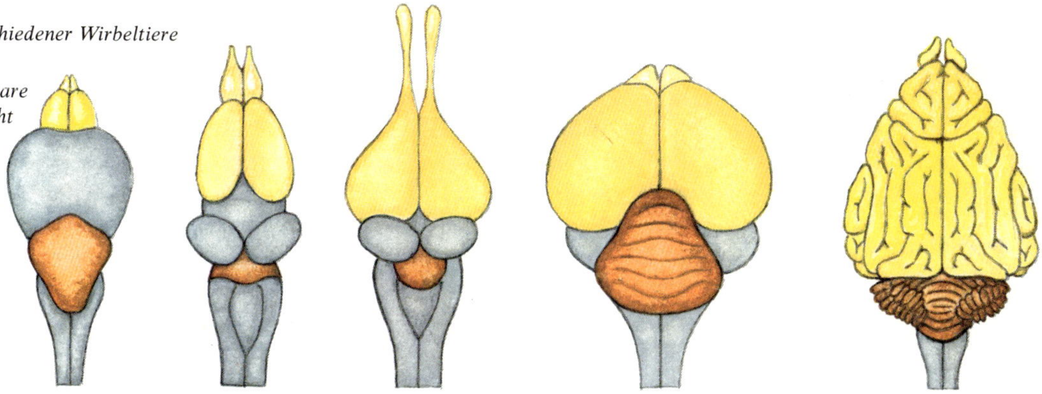

An das Vorderende der Wirbelsäule schließt sich der *Schädel an.*

Obgleich die *Gliedmaßen* je nach ihrer Aufgabe eine sehr verschiedene Gestalt haben, zeigt ihr Skelett doch stets den gleichen „fünfstrahligen" Grundbauplan. Nur bei den Fischen ist dies noch nicht der Fall. Bei ihnen sind auch *Schulter-* und *Beckengürtel* erst angedeutet, während sie bei den übrigen Wirbeltieren im wesentlichen wie beim Menschen gebaut sind. Sie dienen der Verbindung der Gliedmaßen mit der Wirbelsäule. Bei den Lurchen, Kriechtieren und Vögeln ist der Schultergürtel durch das Rabenbein verstärkt.

Muskulatur. Von den Fischen zu den Vögeln und Säugetieren läßt sich eine zunehmende Gliederung der Muskulatur feststellen. Bei den Fischen finden sich auf jeder Seite des Körpers zwei starke Muskelzüge, die vom Kopf bis zum Schwanz ziehen. Je mehr aber bei den Landwirbeltieren die Gliedmaßen statt des Schwanzes die Fortbewegung übernehmen, umso mannigfaltiger ist die Muskulatur, insbesondere die der Gliedmaßen, ausgebildet. Bei den Säugetieren entspricht sie weithin der des Menschen.

Sinnesorgane. Der *Gesichtssinn* ist vor allem bei den Vögeln entsprechend ihrem Lebensraum vorzüglich ausgebildet; sie sind „Augentiere". – Die meisten Wirbeltiere sind „Nasentiere"; für sie ist der *Geruchssinn* der wichtigste Sinn. Mit ihm erkennen sie Nahrung, Feinde, Partner und Wohnbezirk. – Bei den Fischen, die ja durch Kiemen atmen, besteht das Riechorgan nur aus zwei einfachen, von Riechschleimhaut ausgekleideten Gruben mit Ein- und Ausgang für das durchströmende Wasser. Hier ist die Nase ausschließlich Riechorgan. Bei den Landtieren dagegen münden die zwei Nasengänge in die Rachenhöhle und bilden so zugleich den Weg für die Atemluft. Diese führt somit die in der Luft enthaltenen Duftstoffe ständig an dem Riechorgan vorbei. – Das *Ohr* der Fische entspricht dem inneren Ohr des Menschen. Bei den Lurchen und Kriechtieren tritt die Paukenhöhle (mittleres Ohr) hinzu, die meist nach außen durch das Trommelfell abgeschlossen wird. Die Vögel und Säuger haben außerdem ein äußeres Ohr, das bei den Vögeln nur aus dem Gehörgang besteht, während bei den Säugetieren noch die Ohrmuschel hinzukommt. – Die *Geschmacksorgane* sitzen vorwiegend auf der Zunge, finden sich mitunter aber auch an andern Stellen, so z. B. an den Barteln der Fische. Sie sind im allgemeinen bei Pflanzenfressern besser ausgebildet als bei Fleischfressern. – *Tastsinn, Temperatursinn* und *Schmerzsinn* sind über die ganze Haut ausgebreitet, aber an bestimmten Stellen, wie Rüssel, Schnauze, Bartfäden und Tasthaaren, besonders fein ausgebildet.

Nervensystem. Das Nervensystem besteht wie beim Menschen aus *Gehirn, Rückenmark* und *Nerven.* Das Vorder- oder *Großhirn* (s. Abb.), der Sitz des Wahrnehmungs-, Erinnerungs- und Orientierungsvermögens und die Hauptsteuerungszentrale des Körpers, nimmt von den Fischen bis zu den Säugetieren ständig an Größe zu – entsprechend dem Gesamtverhalten der Tiere: vgl. z. B. Salamander – Eidechse – Huhn

– Schimpanse. – Das *Kleinhirn* dagegen (Abb.), der Hauptregler des Gleichgewichts und des Zusammenspiels der Körperbewegungen, zeigt eine geringe Ausbildung bei den dicht am Boden lebenden Lurchen und Kriechtieren, eine starke dagegen bei den Fischen, Vögeln und Säugetieren mit ihren schwierigen Gleichgewichtsverhältnissen und ihren komplizierten Schwimm-, Flieg- und sonstigen Bewegungen. – So zeigt also auch das Nervensystem enge Beziehungen zur Lebensweise der Tiere.

Ernährungsorgane. Zum Ergreifen der Nahrung benutzen die Wirbeltiere mancherlei Einrichtungen: Frosch, Specht, Rind und andere die Zunge, die Enten den Seihschnabel, die Elefanten den Rüssel, die Bartenwale die Barten. Meist aber wird die Nahrung mit dem Gebiß erfaßt, bei den Vögeln mit dem Schnabel. Das ursprüngliche Wirbeltiergebiß ist ein Fang- und allenfalls Reißgebiß. Es besteht aus vielen gleichartigen, spitzkegelförmigen Zähnen, die meist so auf den langen Kiefern stehen, daß die oberen in die Lücken zwischen den unteren eingreifen (Hecht, Krokodil). Erst bei den Säugetieren kommt es zur Ausbildung eines Kaugebisses, dessen verschiedene Zahnformen der Art der Nahrung angepaßt sind. Vgl. die Gebißarten der Säugetiere, S. 94. Eine entsprechende Anpassung an die Nahrung zeigen die *Schnäbel* der Vögel (S. 143).

Ein bemerkenswerter Unterschied besteht bei der Art der *Nahrungsaufnahme*. Die *Schlinger* verschlingen ihre Nahrung ganz. Es sind stets Fleischfresser. Sie haben eine große Mundöffnung, eine dehnbare Speiseröhre und einen ebensolchen Magen. Schlinger sind die Raubfische, die Lurche und Kriechtiere, vor allem die Schlangen, die Pelikane, Pinguine und andern fischfressenden Vögel sowie die Zahnwale. Die *Zerkleinerer* dagegen zerteilen ihre Nahrung mit Hilfe des Gebisses, des Schnabels oder auch erst im Körper mittels eines Kaumagens.

Auf die Anpassung der *Darmlänge* an die Art der Nahrung wurde bei den Säugetieren hingewiesen (S. 95). Sie gilt auch für die übrigen Wirbeltiere – und kann auf einfache Weise beobachtet werden: Füttert man Kaulquappen mit Pflanzennahrung (Salat), so entwickeln sie einen langen Darm, bei Fleischnahrung (gehackte Leber) dagegen einen kurzen.

Atmungsorgane. Die Atmung erfolgt durch Kiemen oder durch Lungen. Bei der *Kiemenatmung* (S. 171) nehmen die Tiere den Sauerstoff der im Wasser gelösten Luft in ihr Blut auf, bei der *Lungenatmung* den der freien atmosphärischen Luft. Die Lungen weisen innerhalb der Wirbeltierreihe eine fortschreitende Verfeinerung ihres Baues und damit eine entsprechende Steigerung ihrer Leistung auf.

Blutkreislauf. Alle Wirbeltiere haben wie der Mensch ein geschlossenes *Blutgefäßnetz*, das sich aus Arterien, Venen und Haargefäßen (Kapillaren) zusammensetzt. Den Antrieb erhält das Blut durch das muskulöse Herz.

Während die Fische nur einen einfachen Kreislauf haben (S. 189), ist bei allen durch Lungen atmenden Wirbeltieren wie beim Menschen ein Lungenkreislauf und ein Körperkreislauf zu unterscheiden (S. 189). Das *Herz* der Fische besteht dementsprechend nur aus einer Herzkammer und einer Vorkammer. Das Herz der Lurche hat wohl zwei Vorkammern, aber auch nur eine Herzkammer. Bei den Kriechtieren trennt eine Scheidewand den Herzhohlraum in eine linke und eine rechte Herzkammer. Die

Die Entwicklung der Lunge in der Wirbeltierreihe

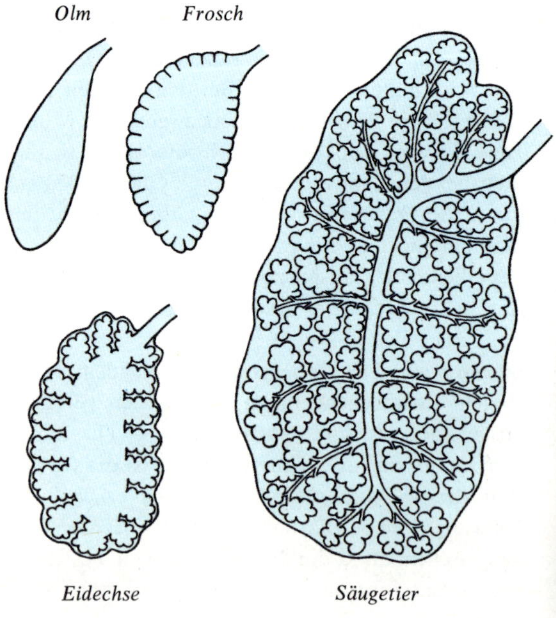

Scheidewand ist aber noch unvollständig. Deshalb vermischen sich bei den Kriechtieren wie bei den Lurchen das sauerstoffreiche und das kohlendioxidreiche Blut im Herzen miteinander, so daß sowohl Lunge als Körper gemischtes Blut zugeführt bekommen (vgl. dazu S. 152). Erst bei den Vögeln und den Säugern ist die Trennung der beiden Herzhälften vollständig. Dadurch gelangt in die Lunge nur das kohlendioxidreiche und in den Körper nur das sauerstoffreiche Blut.

Körperwärme. Die Vögel und die Säugetiere besitzen infolge ihres hochentwickelten Stoffwechsels und ihrer wärmezusammenhaltenden Körperbedeckung (Gefieder, Pelz, Fettschicht) eine gleichbleibende Körpertemperatur; sie sind *Warmblütler*. Bei den Fischen, Amphibien und Reptilien dagegen ist die Körpertemperatur und damit die ganze Lebenstätigkeit von den Schwankungen der Außentemperatur abhängig; sie sind *wechselwarme* Tiere. Vgl. S. 93 und 152.

Fortpflanzung. Bei den Fischen werden die von den Weibchen ausgestoßenen Eier im Wasser von den männlichen Samenzellen befruchtet. Auch bei den Lurchen findet noch eine *äußere Befruchtung* statt. Bei den echten Land-Wirbeltieren, den Kriechtieren, Vögeln und Säugetieren, muß aber der männliche Samen durch eine *Begattung* in den weiblichen Körper übertragen werden.

Bei den Fischen und Lurchen spielt sich die *Entwicklung* vom Ei zum fertigen Tier *im freien Wasser* ab. Die dabei eintretenden riesigen Verluste an Nachkommen werden durch die Zahl der Eier ausgeglichen, die oft in die Tausende, ja Hunderttausende geht. Die Kriechtiere und die Vögel legen befruchtete, mit viel Nährstoff ausgestattete und von einer schützenden Schale umschlossene *Eier*, in denen sich die Entwicklung vollzieht. Bei manchen Wechselwarmen (Haie, Bergeidechse, Blindschleiche, Kreuzotter) schlüpfen die Jungen schon aus den Eiern, ehe oder während diese abgelegt werden, und kommen daher lebend zur Welt. Die Säugetiere gebären lebendige Junge. Aber auch bei ihnen gehen die Nachkommen aus Eiern hervor. Nur vollzieht sich die Entwicklung *im Körper des Muttertieres*, wo das heranwachsende Wesen am besten geschützt und ernährt wird.

Blutkreislauf

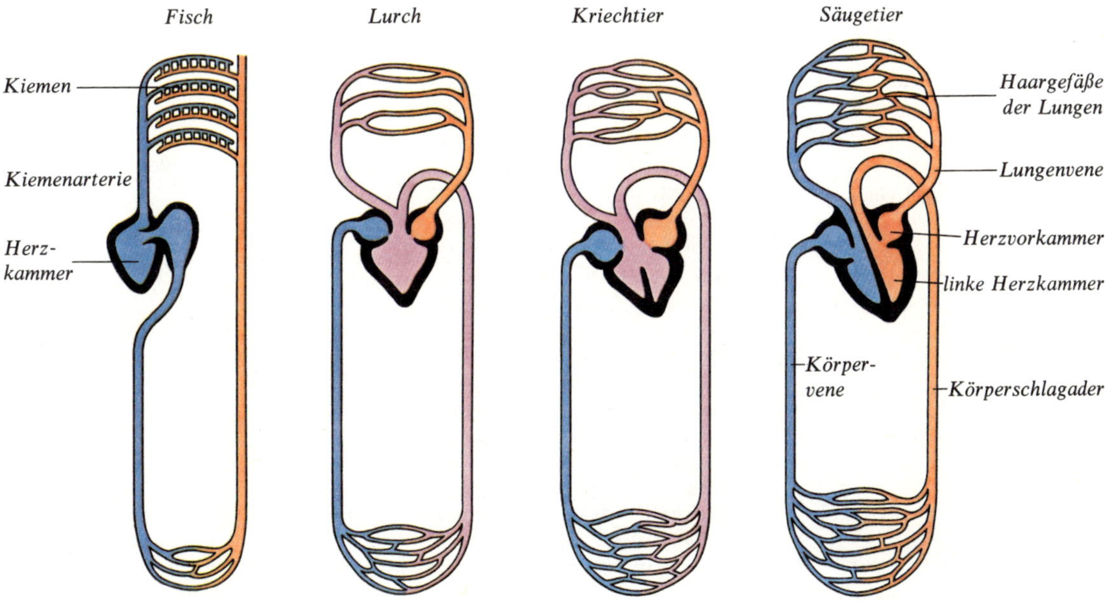

Blau: venöses Blut; blaurot: gemischtes Blut; rot: arterielles Blut

Vereinfachte Übersicht über das System der Wirbeltiere

Stamm: Wirbeltiere

Wirbeltiervorläufer: Schädellose. Lanzettfischchen. Vorläufer der Fische: Rundmäuler. Neunaugen.

Klasse	Ordnung	Familie	Art
Fische *(über 20000 Arten[1])*	*Haie (etwa 250 Arten)*		*Blauhai, Hammerhai, Tigerhai, Weißer Hai, Dornhai, Heringshai, Katzenhai; Riesenhai, Rauh- oder Walhai*
	Rochen (etwa 340 Arten)		*Nagelrochen, Zitterrochen, Teufelsrochen, Sägefisch*
	Schmelzschupper (etwa 20 Arten)		*Stör, Hausen*
	Lungenfische (6 Arten)		*Australischer, afrikanischer und südamerikanischer Lungenfisch*
	Knochenfische (etwa 20000 Arten)	*Karpfenartige*	*Karpfen, Karausche, Brachsen, Schleie, Weißfisch, Rotfeder, Rotauge, Elritze, Schlammpeitzger, Bitterling; Goldfisch*
		Hechte	*Hecht*
		Barsche	*Flußbarsch, Zander. Stichlinge*
		Aale – Welse	*Flußaal – Wels*
		Lachsartige	*Lachs, Bachforelle, Regenbogenforelle, Blaufelchen*
		Heringsartige	*Hering, Sardine, Sardelle, Sprotte*
		Dorschartige	*Kabeljau, Schellfisch, Köhler oder Seelachs*
		Plattfische	*Scholle, Flunder, Seezunge, Steinbutt, Heilbutt*
Lurche oder Amphibien *(etwa 2000 Arten)*	*Schwanzlurche*	*Salamander*	*Feuersalamander, Alpensalamander, Riesensalamander*
		Molche	*Großer Teichmolch, Kleiner Teichmolch, Bergmolch; Axolotl*
		Olme	*Olm*
	Froschlurche	*Unken*	*Bergunke, Tieflandunke*
		Kröten	*Erdkröte, Geburtshelferkröte; Riesenkröte*
		Laubfrösche	*Laubfrosch*
		Frösche	*Grüner Wasserfrosch, Brauner Grasfrosch; Ochsenfrosch. Flugfrösche*
Kriechtiere oder Reptilien *(über 4000 Arten)*	*Schildkröten (240 Arten)*	*Landschildkröten*	*Griechische Landschildkröte, Riesenschildkröte*
		Sumpfschildkröten	*Europäische Sumpfschildkröte oder Teichschildkröte*
		Seeschildkröten	*Suppenschildkröte, Karettschildkröte, Lederschildkröte*
	Krokodile (etwa 25 Arten)	*Krokodile*	*Nilkrokodil*
		Alligatoren	*Mississippi-Alligator, Kaimane*
		Gaviale	*Ganges-Gavial*
	Schlangen (über 2000 Arten)	*Nattern*	*Ringelnatter, Schlingnatter*
		Giftnattern	*Brillenschlange*
		Ottern	*Kreuzotter*
		Klapperschlangen	*(etwa 30 Arten)*
		Riesenschlangen	*Abgottschlange (Boa), Anakonda, Tigerschlange (Python)*
	Echsen (über 2000 Arten)	*Geckos*	*Mauergecko*
		Chamäleons	*Gemeines Chamäleon*
		Leguane	
		Warane	*Komodowaran*
		Schleichen	*Blindschleiche*
		Eidechsen	*Zauneidechse, Berg-, Mauer-, Smaragdeidechse*

[1] Die Angaben der Forscher über die Artenzahlen schwanken stark, weil in vielen Fällen nicht zu entscheiden ist, ob ähnliche Tierformen als verschiedene Arten oder als Unterarten einer Art aufzufassen sind. Auch die Meinungen darüber, welche Tiergruppen als Klasse, welche als Ordnung oder als Familie angesehen werden sollen, gehen zum Teil auseinander.

Klasse	Ordnung	Familie	Art
Vögel *(etwa 9000 Arten)*	*Hühnervögel (240 Arten)*		*Haushuhn, Rebhuhn, Wachtel, Auerhuhn, Birkhuhn, Schneehuhn, Fasan, Truthuhn, Perlhuhn, Pfau*
	Tauben (300 Arten)		*Felsentaube, Haustaube, Ringeltaube, Hohltaube, Turteltaube, Türkentaube*
	Entenvögel (150 Arten)	*Enten*	*Hausente, Stockente, Eiderente*
		Gänse	*Graugans, Hausgans; Höckerschwan*
	Singvögel (etwa 5000 Arten)	*Sperlingsvögel*	*Haussperling, Feldsperling*
		Finken	*Buchfink, Bergfink, Grünfink, Goldammer, Hänfling, Stieglitz, Kernbeißer, Gimpel, Fichtenkreuzschnabel, Kanarienvogel*
		Meisen	*Kohlmeise, Blaumeise, Schwanzmeise, Tannenmeise, Haubenmeise, Sumpfmeise, Weidenmeise*
		Lerchen	*Feldlerche, Haubenlerche, Heidelerche*
		Drosseln	*Amsel, Singdrossel, Wacholderdrossel – Nachtigall, Rotkehlchen, Gartenrotkehlchen, Hausrotschwanz*
		Sänger	*Weidenlaubsänger, Teichrohrsänger, Drosselrohrsänger, Gartengrasmücke, Gelbspötter, Zaunkönig, Goldhähnchen*
		Schwalben	*Rauchschwalbe, Mehlschwalbe, Uferschwalbe*
		Stare	
		Pirole	
		Bachstelzen	
		Würger	
		Kleiber	
		Rabenvögel	*Rabenkrähe, Nebelkrähe, Saatkrähe, Kolkrabe, Dohle, Alpendohle, Elster, Eichelhäher*
	Seglerartige	*Segler (80 Arten)*	*Mauersegler*
		Kolibris (320 Arten)	
	Kuckucksvögel		*Kuckuck*
	Rackenartige		*Blauracke, Eisvogel, Wiedehopf*
	Spechte (über 200 Arten)		*Großer, Mittlerer und Kleiner Buntspecht, Schwarzspecht, Grünspecht*
	Raubvögel (Greifvögel) (271 Arten)		*Mäusebussard, Hühnerhabicht, Sperber; Turmfalk, Baumfalk, Wanderfalk; Schwarzer und Roter Milan (Gabelweih); Fischadler, Steinadler, Seeadler; Gänsegeier, Kondor*
	Eulen (134 Arten)		*Schleiereule, Uhu, Steinkauz, Waldkauz, Waldohreule, Sumpfohreule*
	Stelzvögel (105 Arten)		*Weißstorch; Fischreiher; Rohrdommel, Zwergrohrdommel; Flamingos*
	Sumpfvögel (Rallen-, Schnepfen- und Kranichvögel) (330 Arten)		*Bläßhuhn, Teichhuhn; Waldschnepfe, Bekassine, Großer Brachvogel, Kampfläufer; Kiebitz, Halsbandregenpfeifer; Austernfischer, Steinwälzer, Strandläufer. Kranich*
	Taucher (20 Arten)		*Haubentaucher, Zwergtaucher*
	Möwenvögel (82 Arten)		*Silbermöwe, Mantelmöwe, Heringsmöwe, Lachmöwe; Seeschwalben. – Nahe Verwandte: Alke, Lummen.*
	Ruderfüßler		*Pelikan, Kormoran, Tölpel*
	Sturmvögel (90 Arten)		*Albatrosse, Sturmschwalben, Sturmtaucher*
	Pinguine (16 Arten)		*Kaiserpinguin, Königspinguin, Brillenpinguin*
	Papageien (316 Arten)		*Aras, Kakadus, Wellensittiche*
	Laufvögel (11 Arten)		*Strauß, Nandu, Emu*

Klasse	Ordnung	Familie	Art
Säugetiere (etwa 6000 Arten)	Schnabeltiere		Schnabeltier; Ameisenigel
	Beuteltiere (gegen 300 Arten)		Känguruhs, Beutelwölfe, Beutelmarder, Beuteldachse, Beutelratten, Beutelmull, Beutelhörnchen; Wombat; Opossum
	Zahnarme (30 Arten)		Faultiere, Ameisenbären, Gürteltiere
	Insektenfresser (etwa 200 Arten)		Igel, Maulwurf, Spitzmäuse
	Flattertiere (etwa 900 Arten)		Großohrige Fledermaus, Frühfliegende Fledermaus, Mausohr, Fliegender Hund
	Affen	Neuweltaffen	Brüllaffen, Klammeraffen, Kapuzineraffen
		Altweltaffen	Meerkatzen, Makaken, Paviane, Gibbons. Menschenaffen: Orang-Utan, Gorilla, Schimpanse
	Nagetiere (gegen 3000 Arten)		Eichhörnchen, Murmeltier, Biber, Hamster, Schermaus, Bisamratte, Lemming; Feldmaus, Waldmaus, Brandmaus, Zwergmaus, Hausmaus, Wanderratte, Hausratte, Siebenschläfer, Haselmaus; Meerschweinchen. Feldhase, Schneehase, Kaninchen[1]
	Wale (gegen 80 Arten)	Bartenwale	Blauwal, Grönlandwal, Finnwal, Buckelwal
		Zahnwale	Pottwal, Delphine, Tümmler
	Raubtiere (über 300 Arten)	Katzenartige	Hauskatze, Wildkatze, Luchs, Leopard, Gepard, Puma, Jaguar, Tiger, Löwe
		Hyänen	Gestreifte und Gefleckte Hyäne
		Hundeartige	Hund, Wolf, Schakal, Fuchs, Polarfuchs, Wüstenfuchs (Fennek)
		Bären	Braunbär, Grizzlybär, Eisbär, Waschbär
		Marderartige	Edelmarder, Steinmarder, Iltis, Wiesel, Zobel, Nerz, Skunk, Vielfraß, Dachs, Fischotter
	Robben	Seehunde	Seehunde, See-Elefant
		Ohrenrobben	Seebären (Pelzrobben), Seelöwen
		Walrosse	Walroß
	Rüsseltiere (3 Arten)		Indischer Elefant, Afrikanischer Steppenelefant, Afrikanischer Waldelefant
	Huftiere (über 200 Arten)	Pferde	Pferd, Esel, Zebra
		Nashörner	Indisches Nashorn, Afrikanisches Nashorn,
		Tapire	Amerikanischer Tapir
	Vgl. S. 50	Schweine	Hausschwein, Wildschwein, Warzenschwein
		Flußpferde	Fluß- oder Nilpferd
		Horntiere	Hausrind, Wisent, Kaffernbüffel, Bison, Wasserbüffel, Moschusochse, Gemse, Steinbock, Ziege, Schaf, Mufflon, Antilopen, Gnus, Gazellen
		Hirsche	Hirsche, Rehe, Elch, Ren
		Giraffen	Giraffe, Okapi
		Kamele	Dromedar, Trampeltier, Lama

[1] Im wissenschaftlichen System bilden die Hasenartigen (Lagomorpha) neuerdings eine besondere Ordnung.

Gliederfüßler

Insekten

Der Maikäfer

Anfang Mai kommen in der Regel die Maikäfer aus der Erde hervor. Abends und nachts umschwirren sie die Kronen der Bäume, deren Blätter ihnen zur Nahrung dienen. Wenige Wochen später sind sie verschwunden.

Halte in einem Insektenzuchtkasten eine Anzahl Maikäfer und füttere sie reichlich! Wie verhalten sich die Tiere an kalten, wie an warmen Tagen? Durchsuche nach einiger Zeit vorsichtig die Erde im Kasten nach den Eiern des Maikäfers! Zerlege einen toten Maikäfer in seine Hauptbestandteile! Betrachte diese mit der Lupe, zeichne sie, klebe sie auf Pappe und schreibe die Namen der Teile dazu! Versuche auch, die Mundteile loszulösen!

Hautpanzer und Körpergliederung. Öffnet man den Körper eines toten Maikäfers, so sieht man, daß ihm im Gegensatz zu den Wirbeltieren ein inneres Skelett fehlt. Ein fester *Panzer* gibt dem Körper den nötigen Halt. Da er in viele Teile gegliedert ist, die durch dünne Gelenkhäute miteinander verbunden sind, besitzt der Körper trotz der festen Hülle die notwendige Beweglichkeit. Der Panzer besteht aus einem hornartigen Stoff, dem Chitin, das von der Oberhaut abgeschieden wird. Er schützt das Tier gegen Verletzung und Austrocknung.

Körperabschnitte des Maikäfers

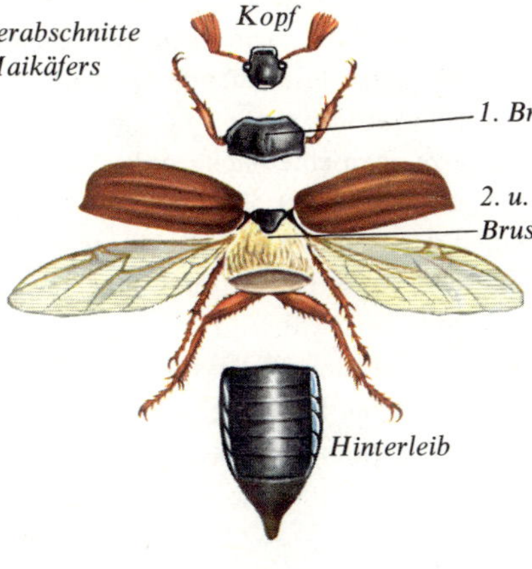

Der hintere Teil des Körpers ist deutlich in Ringe gegliedert; am vorderen und mittleren Teil dagegen sind die Ringe mehr oder weniger fest miteinander verwachsen. Auf diese Weise entstehen drei Hauptabschnitte, die als *Kopf*, *Brust* und *Hinterleib* bezeichnet werden. Auch die gepanzerten Fühler, Mundwerkzeuge und Beine sind gegliedert.

Kopf. Der sonst schwarze Kopf des Maikäfers ist oben mit einer dicken, braunen Chitinplatte bedeckt. Bringt man das Tier in lockere Erde, so sieht man, daß es sich mit Hilfe dieses Kopfschildes wieder zum Licht emporarbeitet. Ebenso dient der Schild dem Weibchen als Schaufel, wenn es in den Boden eindringt, um dort seine Eier abzulegen.
Seitlich am Kopf stehen die beiden „*Fühler*". Ihre Endglieder sind blattartig verbreitert. Die Fühler des Männchens sind weit größer als die des Weibchens und bestehen aus 7 Fühlerblättchen, während die des Weibchens nur 6 aufweisen. Die Fühler dienen dem Maikäfer vor allem zum Riechen.
Hinter den Fühlern sind die Augen als zwei kleine, schwarze, unbewegliche Halbkugeln sichtbar. Ihre Oberfläche ist aus vielen sechseckigen Feldern oder Facetten zusammengesetzt. Augen dieser Art nennt man *Netz-* oder *Facettenaugen.*
An der Unterseite des Kopfes liegt der Mund, der von drei Paar *Mundwerkzeugen* umstellt ist. Sie werden von oben her durch eine kleine Chitinplatte,

Kopf des Maikäfers von oben gesehen (vergr.)

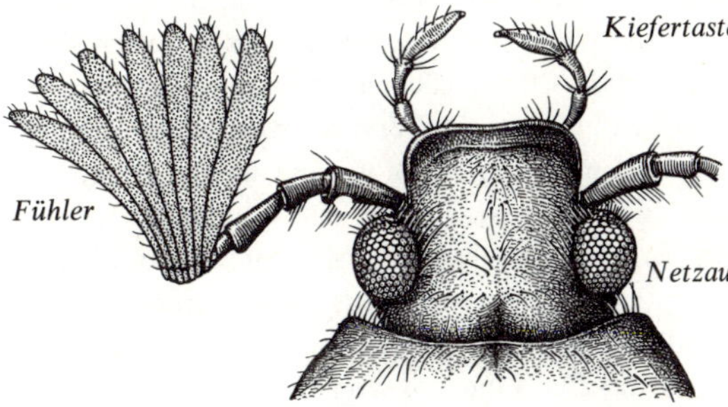

Maikäfer. Mundteile auseinandergelegt (vergr.)

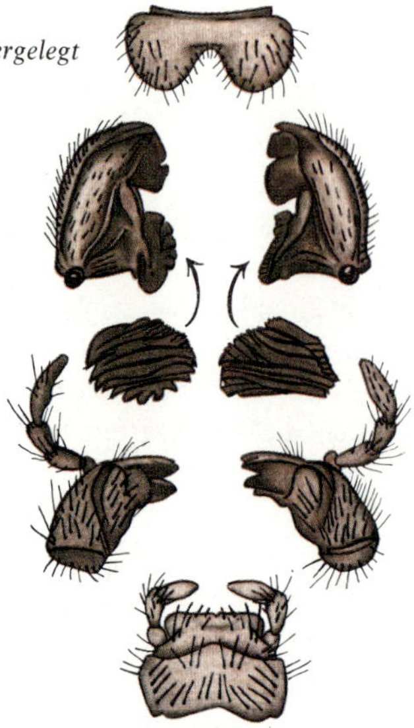

Vorderbein (links) und Hinterbein (rechts) des weiblichen Maikäfers

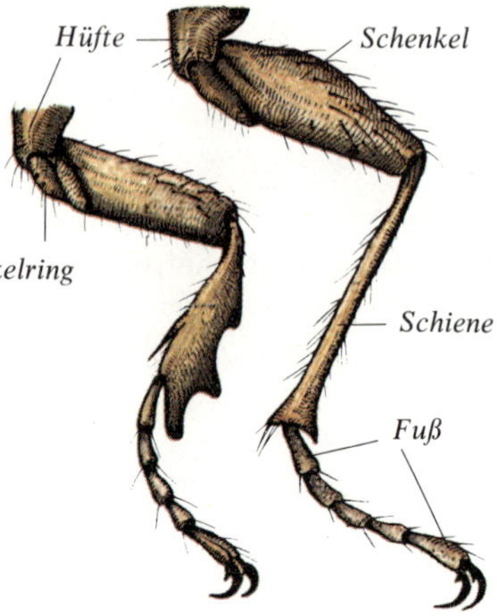

die *Oberlippe*, überdeckt. Das erste Paar besteht aus den beiden starken *Oberkiefern*. Diese besitzen vorne eine breite Schneide und dahinter eine geriefte Reibplatte. Das zweite Paar wird von den beiden *Unterkiefern* gebildet. Ihr Vorderende ist gezackt; ferner tragen sie je einen fühlerartigen Anhang, den Kiefertaster. Das dritte Paar ist zu einer Platte, der *Unterlippe*, verschmolzen, die jederseits einen Lippentaster aufweist. Mit den Oberkiefern, die ebenso wie die Unterkiefer zangenartig gegeneinander bewegt werden, schneidet der Maikäfer kleine Blattstücke ab und zerreibt sie. Unterkiefer und Unterlippe dienen vor allem dazu, die zerkleinerte Nahrung in den Mund zu befördern. Mit Hilfe der *Taster*, auf denen sich auch Geschmacksorgane befinden, wird die Nahrung geprüft. Insgesamt werden die Mundteile des Maikäfers als beißende Mundwerkzeuge bezeichnet.

Brust. Die Brust besteht aus drei Ringen, von denen der zweite und dritte miteinander verschmolzen sind. Die besonders feste Rückendecke des ersten Ringes bildet den „Halsschild“. Von oben ist bei angelegten Flügeln vom zweiten Ring nur das kleine, dreieckige Schildchen zu sehen; der dritte ist völlig verdeckt.

Jeder Brustring trägt an der Unterseite ein Paar lange, kräftige *Beine*, die sich aus *Hüfte*, *Schenkelring*, *Schenkel*, *Schiene* und *Fuß* zusammensetzen. Der Fuß besteht aus fünf Gliedern, von denen das letzte zwei spitze Krallen trägt. Beim Gehen stemmt sich der Käfer mit den Enden der Schienen in die Unebenheiten der Unterlage ein; die Füße werden nachgezogen. Beim Klettern dagegen umklammert das Tier mit den Füßen Ästchen und Blattstiele; hierbei dienen die Krallen zum Festhalten. Die besonders beim Weibchen sehr breiten Schienen der Vorderbeine sind schaufelförmige Grabwerkzeuge.

Der zweite und der dritte Brustring tragen an der Rückenseite je ein Paar *Flügel*. Die braunen Vorderflügel sind harte, gewölbte Platten und bedecken in der Ruhe als „*Flügeldecken*“ das zweite Flügelpaar. Dieses besteht aus den weit größeren, häutigen Hinterflügeln. Sie werden von kräftigen Chitinröhren, den „Adern“, ausgespannt. Um unter den Flügeldecken Platz zu finden, müssen sie der Länge und Breite nach gefaltet werden. Die Adern haben dafür besondere Gelenkstellen. Beim Fliegen dienen die Flügeldecken als starre, feststehende Tragflächen. Die häutigen Flügel werden rasch auf- und abbewegt, wobei ihre Spitze etwa eine flache Achterschleife beschreibt. Sie geben den Antrieb für den Vorwärtsflug. Bei der Aufwärtsbewegung ist, ähnlich wie bei den Vögeln, der Flügel so gestellt, daß er die Luft möglichst leicht durchschneidet, während er beim Abwärtsschlag mit seiner ganzen Fläche auf die Luft drückt. Der massige Maikäfer ist freilich ein schwerfälliger und wenig ausdauernder Flieger.

Hinterleib. Der schwarze Hinterleib weist an jeder Seite sechs weiße, dreieckige Flecke auf. Oben ist er, soweit er unter den schützenden Flügeldecken liegt, weich und beweglich. Sein letzter Ring läuft in eine abwärts gebogene Spitze aus.

Atmung. An Brust und Hinterleib können wir in der Gelenkhaut, die den Bauchpanzer mit der Rückendecke verbindet, feine Öffnungen erkennen, und zwar in jedem Körperring jederseits eine. Es sind die Atemöffnungen des Tieres, die *Stigmen*. Durch sie tritt die Atemluft in fein verzweigte Luftröhrchen, die *Tracheen*, ein, durch die sie dem ganzen Körper zugeführt wird. Durch Heben und Senken der Rückendecke des Hinterleibs wird die Luft eingesaugt und ausgepreßt. Diese Atembewegungen der Rückendecke sind gut zu beobachten, wenn sich der Maikäfer anschickt, abzufliegen. Dann hebt er die Flügeldecken etwas empor und atmet besonders lebhaft. Dabei pumpt er sich für den Flug einen Luftvorrat in die Atemröhren, wo er ihn durch Schließen der Stigmen eine Zeitlang halten kann.

Entwicklung. Einige Tage nachdem sie aus der Erde hervorgekommen sind, paaren sich die Maikäfer. Die Männchen gehen dann bald zugrunde. Die Weibchen dagegen dringen wiederholt in lockeren Boden ein und legen dort jeweils in mehreren Häufchen 60 bis 80 weiße *Eier* ab. Nach vier bis sechs Wochen gehen daraus wurmförmige *Larven*, die *Engerlinge*, hervor. Sie sind wie viele Tiere, die im Finstern leben, weiß und augenlos; nur Kopf und Beine erscheinen gelbbraun, weil sie stärker gepanzert sind. Die braunen Punkte an den Seiten des Körpers sind die Atemlöcher. Die Engerlinge nähren sich von Wurzeln, die sie mit den großen Freßzangen zernagen. Mit diesen durchwühlen sie auch den Boden. Da sie sehr gefräßig sind, wachsen sie rasch heran. Ihr Hautpanzer, der nicht mitwachsen kann, wird von Zeit zu Zeit abgeworfen und durch einen neuen, größeren ersetzt (*Häutung*).
Meist im August seines vierten Lebensjahres begibt sich der nun 5–6 cm lange Engerling etwa 1 m tief in den Boden und stellt dort eine Höhle – die Puppenwiege — her. In ihr streift er die Larvenhaut

Die Entwicklung des Maikäfers.

1 Fliegendes Männchen
2 eierlegendes Weibchen
3 junge Engerlinge
4 ausgewachsener Engerling
5 Puppe
6 aus dem Boden kriechendes Weibchen
7 Weibchen, an einem Eichenblatt fressend

zum letztenmal ab. Das Tier hat nun ein völlig anderes Aussehen: es ist zur *Puppe* geworden. An ihr erkennen wir schon die Anlagen der Flügel und die Beine, die frei vom Rumpf abstehen (freie Puppe). In der Puppe erfolgt die allmähliche Umbildung zum Käfer. Die hierfür erforderlichen Baustoffe wurden schon im Körper der Larve aufgespeichert. Die nahezu unbewegliche Puppe nimmt keine Nahrung auf. Nach etwa zwei Monaten sprengt der ausgebildete *Käfer* die Puppenhülle. Er verbringt den Winter noch in der Puppenwiege und kommt im nächsten Frühjahr aus der Erde hervor. Es hat also eine *Verwandlung* stattgefunden, wie wir sie in anderer Form schon bei den Lurchen kennengelernt haben. Beim Maikäfer führt sie von einem wurmähnlichen Larvenstadium, das dem Heranwachsen und dem Aufspeichern von Reservestoffen dient, über ein Ruhestadium (Puppe) zum ausgebildeten Käfer. Der Käfer selbst wächst nicht mehr und häutet sich daher auch nicht.

Die Entwicklung vom Ei über das Larven- und Puppenstadium bis zum fertigen Maikäfer dauert in der Regel 4 Jahre. Hat es also in einem Frühjahr viele Maikäfer gegeben, dann ist das kommende vierte Jahr gewöhnlich wieder ein „Maikäferjahr". In wärmeren Gegenden Süddeutschlands braucht die Entwicklung jedoch nur 3 Jahre.

Ein schädliches Tier. Erscheint der *Maikäfer* in Massen, dann frißt er Obst- und Waldbäume nicht selten völlig kahl; noch schlimmer hausen die *Engerlinge*, die durch Abnagen der Wurzeln schon ganze Gemüsefelder, Baumschulen und Waldanpflanzungen zerstört haben. Die Schädlinge werden daher mit allen Mitteln bekämpft. Vor allem gilt es, die Feinde des Maikäfers und des Engerlings zu schützen: die Fledermäuse, den Maulwurf, den Dachs, den Igel und die insektenfressenden Vögel.

Lage der Muskeln

Der Maikäfer, ein Insekt

Tiere, die wie der Maikäfer einen *Chitinpanzer*, einen in *Kopf*, *Brust* und *Hinterleib* unterteilten Körper und *drei Paar gegliederte Beine* aufweisen, heißen *Insekten* (von insecare, einschneiden).

Die Insekten bilden die größte Tierklasse und machen mit rund 800000 Arten etwa zwei Drittel der heutigen Tierwelt aus. Viele kennen wir vom Sehen, so Käfer und Schmetterlinge, Bienen, Hummeln und Wespen, Ameisen, Heuschrecken und Libellen, Fliegen und Mücken.

Da der Maikäfer in seinem inneren Bau weitgehend mit den übrigen Insekten übereinstimmt, betrachten wir ihn nunmehr eingehender als ein Beispiel für die Insekten überhaupt.

Hautskelett und Muskulatur. Der *Chitinpanzer* schützt das Insekt nicht nur, sondern bietet auch den Muskeln die nötigen Ansatzpunkte. Er wird deshalb auch als *Hautskelett* bezeichnet. Während die Wirbeltiere ein Innenskelett besitzen, um das herum die Muskeln angeordnet sind, haben die Insekten ein *Außenskelett*,

Flugmuskulatur der Insekten (Schema, Querschnitt durch den Brustpanzer)

Aufschlag

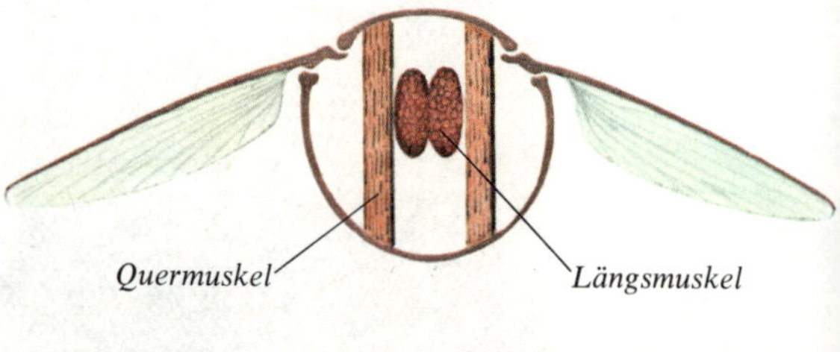

Abschlag

Atemorgane des Käfers (Schema)

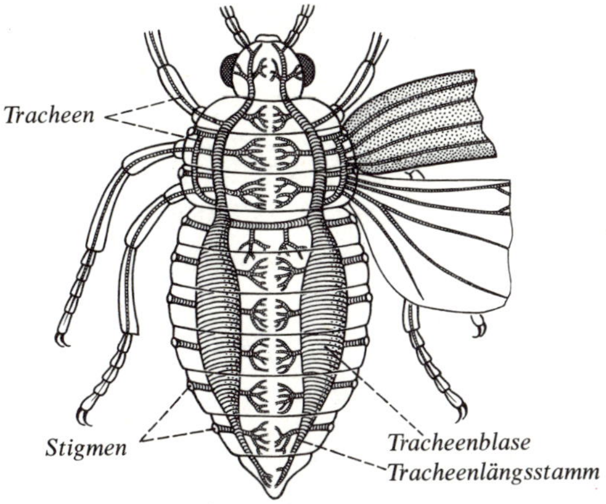

Tracheenlängsstamm mit Abzweigungen (Tracheen)

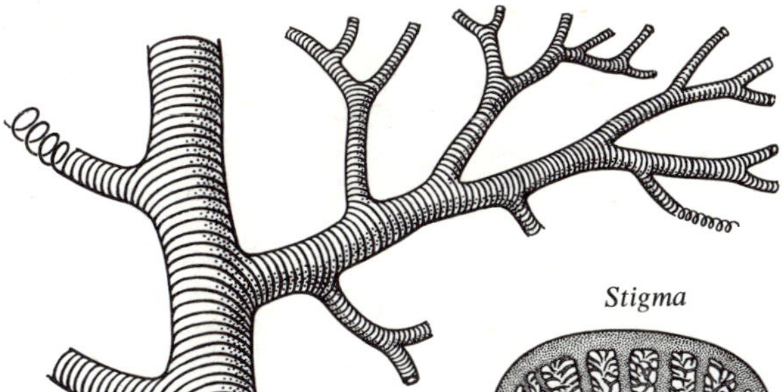

Stigma

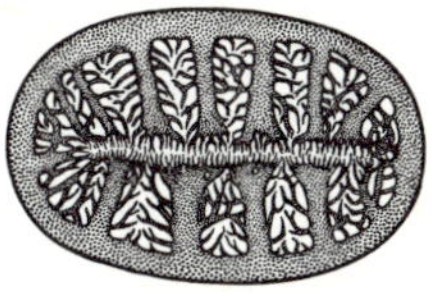

an das die Muskeln von innen her ansetzen. Die Flügelmuskeln z. B. sitzen im Innern der Brust und füllen diese fast ganz aus. Längsmuskeln ziehen von der Vorder- zur Hinterwand der Brustkapsel und wölben, wenn sie sich zusammenziehen, deren Decke nach oben. Von der Rückendecke zum Bauchpanzer verlaufende Quermuskeln vermögen die Rückendecke wieder nach unten zu ziehen. Die Flügel, die in die Gelenkhaut zwischen Rücken- und Bauchpanzer eingefügt sind, werden durch das Wechselspiel der beiden Muskelgruppen indirekt auf- und abbewegt. Viele kleine, am Flügelursprung ansetzende Nebenmuskeln regeln dabei die für das Fliegen jeweils nötige Flügelstellung.

Atmung. Die Insekten besitzen im Gegensatz zu den Wirbeltieren keine Lungen. Wie beim Maikäfer durchzieht ein Röhrensystem, das *Tracheensystem*, den Körper, das durch nadelstichfeine Körperöffnungen, die Stigmen, mit der Außenluft in Verbindung steht. Die *Stigmen* sind durch verzweigte Reusenhaare gegen das Eindringen von Schmutz geschützt und durch Muskeln an ihrer Innenseite verschließbar. Wenn sich der Körper des Insekts durch Anheben der Rückendecke ausdehnt, wird durch die Stigmen Luft eingesaugt. Durch Zusammendrücken des Körpers bei geschlossenen Stigmen preßt das Tier die eingeatmete Luft in die feinsten Verzweigungen des Tracheensystems. Durch weiteres Zusammendrücken bei wieder geöffneten Stigmen wird die verbrauchte Luft ausgeatmet. Die *Tracheen* sind durch elastische Chitinspiralen ausgesteift, können sich also verengen und erweitern. Sie durchziehen den Körper in zwei Längsstämmen, verzweigen sich baumartig und umspinnen alle inneren Organe. Der Austausch von Sauerstoff und Kohlendioxid findet im ganzen Körper unmittelbar zwischen der Luft in den feinsten Tracheenverästelungen und den zu versorgenden Organen statt. Bei guten Fliegern sind die Längsstämme im Hinterleib zu *Tracheenblasen* erweitert. Tracheen verlaufen auch in den Flügeladern und ermöglichen das Ausspannen der häutigen Flügel.

Blutkreislauf. Da die Atemluft durch die Tracheen unmittelbar an alle Teile des Körpers herangebracht wird, ist – im Gegensatz zu den Wirbeltieren – das *Blut* am Sauerstofftransport nicht beteiligt. Es besitzt keine roten Blutkörperchen und ist deshalb farblos. Das Blut fließt auch nicht in Adern durch den Körper, sondern bewegt sich frei zwischen den Organen, denen es vor allem die verdaute Nahrung vom Darm her zuzuführen hat. Seinen Antrieb erhält es von dem schlauchförmigen, über dem Darm liegenden *Herz*. Wird dieses durch die seitlich ansitzenden, zur Kör-

Insektenherz

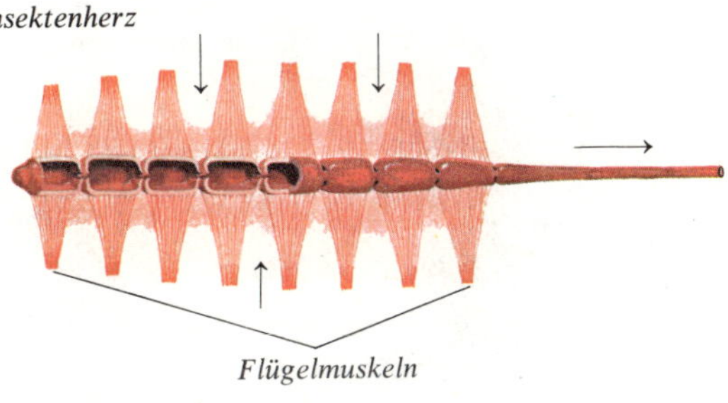

Bau eines Insekts

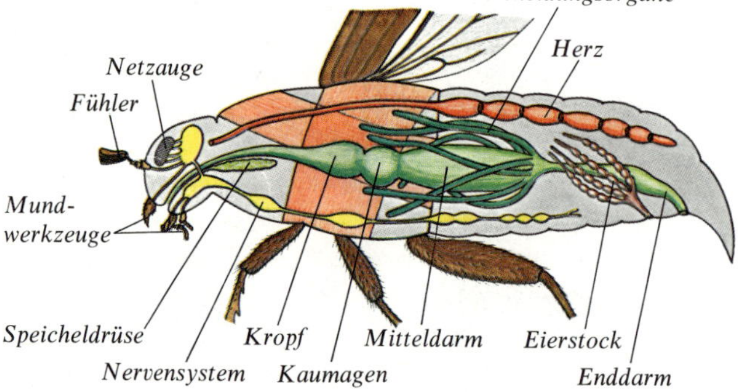

Netzauge (stärker vergr.: Schema). Rechts ein Teil herausgeschnitten

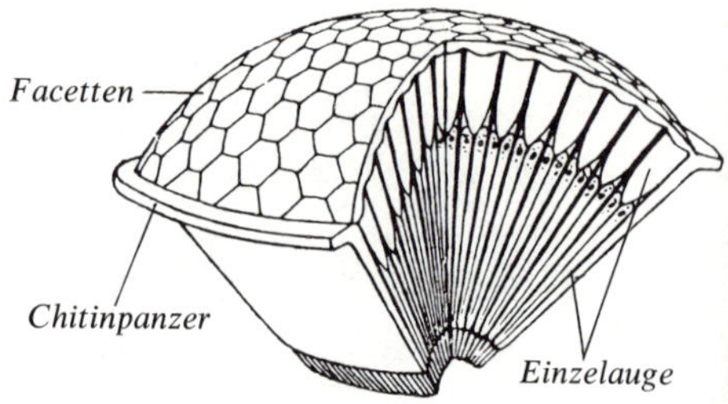

perwand ziehenden „Flügelmuskeln" erweitert, so saugt es durch seitliche Öffnungen Blut an. Entspannen sich die Flügelmuskeln, so zieht sich das elastische Herz wie ein Gummischlauch wieder zusammen und stößt das Blut an seinem offenen Vorderende aus. Die Insekten haben also im Gegensatz zu den Wirbeltieren einen *offenen Blutkreislauf.*

Der **Darm** des Maikäfers – und der übrigen Insekten – besteht aus *Vorder-*, *Mittel-* und *Enddarm*, wobei der Mitteldarm den größten Abschnitt darstellt. Er ist der Hauptort der Verdauung. Wie bei den Wirbeltieren münden in die Mundhöhle *Speicheldrüsen* und in den Darm Verdauungssaft liefernde Drüsen.

Als **Ausscheidungsorgane** treten bei den Insekten an die Stelle der Wirbeltiernieren feine *Ausscheidungsschläuche*, die in den Anfangsteil des Enddarmes münden.

Sinnesorgane. Die *Facettenaugen* (Netzaugen), die fast alle fertig entwickelten Insekten haben, bestehen aus vielen schlanken Einzelaugen oder Augenkeilen. In jedem Einzelauge entsteht von dem ihm gegenüberliegenden Teil des betrachteten Gegenstandes ein Bildfleck. Die Einzelbildflecke ergeben zusammen ein grobes Gesamtbild, so wie sich aus einzelnen Steinchen (oder Papierfetzchen) verschiedener Helligkeit ein Mosaikbild zusammensetzt. Dressurversuche mit Bienen ergaben z. B., daß diese zwar quadratische, kreisrunde und sternförmige Flächen voneinander unterscheiden können, nicht aber einen dreistrahligen von einem vielstrahligen Stern. – Weit einfacher gebaut sind die *Punktaugen*, die bei den meisten Larven allein, bei vielen ausgebildeten Insekten neben den Facettenaugen vorkommen.

Hörorgane fehlen dem Maikäfer und ebenso den meisten anderen Insekten. Nur die verhältnismäßig wenigen Arten, die Töne hervorbringen können, haben auch einfache Hörorgane. Das sind die Grillen, Zikaden und Heuschrecken. Sie locken mit ihrem Zirpen ihre Weibchen an.

Das *Riechvermögen* ist bei den meisten Insekten vorzüglich ausgebildet. Bei manchen ist es von unvorstellbarer Feinheit (Aaskäfer, Nachtschmetterlinge!). Wie beim Maikäfer hat es bei allen Insekten seinen Sitz in den *Fühlern.* Auf den Fühlern des Maikäfers, ebenso

Die Riechorgane des Maikäfers

Fühler

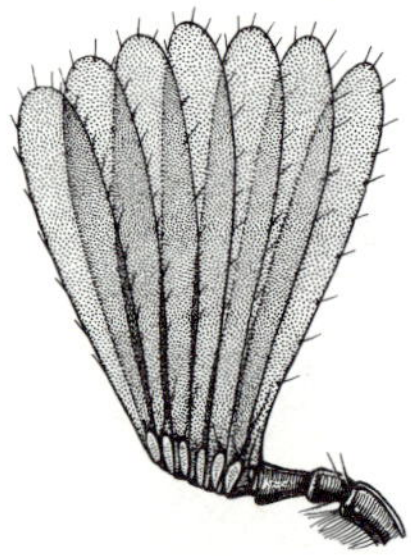

Teil eines Fühlerblättchens mit Riechgruben

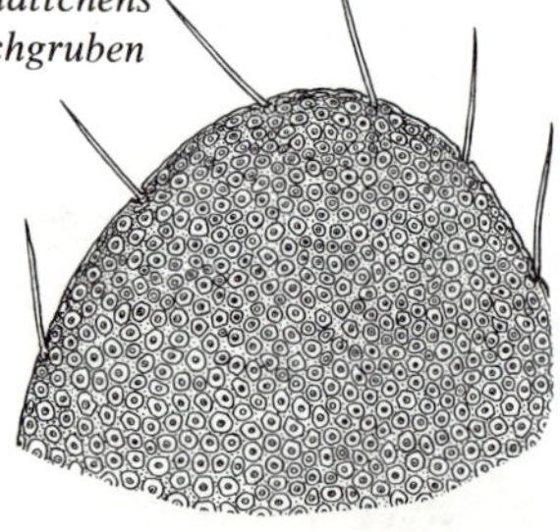

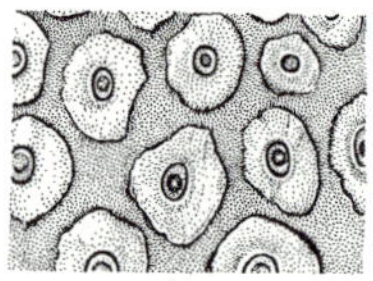

Riechgruben in Aufsicht

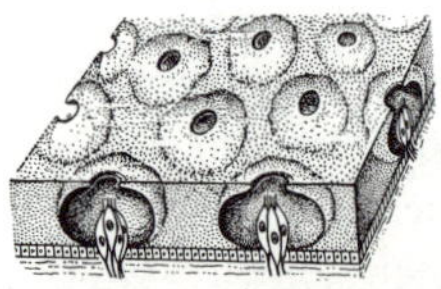

Riechgruben mit Riechzellen, Schema

Strickleiternervensystem

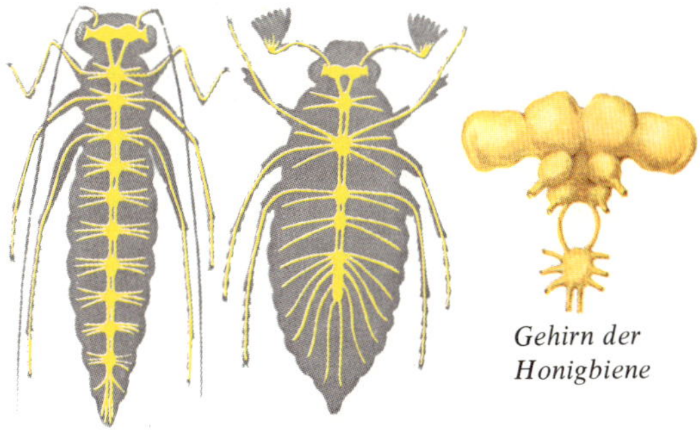

der Biene und anderer, sehen wir unter dem Mikroskop viele kleine, umrandete Poren. Es sind *Riechgruben*, auf deren Grund Riechzellen sitzen, von denen aus die Riechnerven zum Gehirn ziehen. Der Geruchssinn dient den Tieren zum Auffinden ihrer Nahrung und ihrer Geschlechtspartner.

Tast- und *Geschmacksorgane* sitzen gleichfalls auf den Fühlern, außerdem aber auch an den Mundwerkzeugen und bei vielen Insekten auch an den Beinen. Tastorgane sind ferner die zahlreichen *Borsten*, die überall am Körper auftreten können und Nervenfasern enthalten oder am Grunde von solchen umsponnen sind.

Das **Nervensystem** des Maikäfers ist völlig anders gebaut als das der Wirbeltiere. Schon seine Lage im Körper ist eine andere: die Wirbeltiere haben – neben dem Gehirn – ein Rückenmark, die Insekten dagegen ein „Bauchmark". Ihr Nervensystem ist ein *Strickleiternervensystem*. Es besteht aus einem Paar oberer und einem Paar unterer *Schlundknoten* und dem anschließenden strickleiterförmigen *Bauchmark*. Im einfachsten Fall liegt in jedem Körperring ein Nervenknotenpaar. Meist aber sind mehrere benachbarte Knotenpaare zu einem größeren Knoten verschmolzen. Bei manchen höheren Insekten, z.B. den Bienen, bilden die beiden miteinander verschmolzenen Oberschlundknoten ein ansehnliches *Gehirn*, an dem große Sehlappen, ferner Riech-, Tast- und Bewegungszentren zu unterscheiden sind. Die Nerven der Unterschlundknoten ziehen vor allem zu den Mundwerkzeugen und ihren Tastern, und vom Bauchmark aus gehen Bewegungs- und Empfindungsnerven zu allen übrigen Teilen des Körpers.

Blatthornkäfer

Dem *Maikäfer* sehr ähnlich ist der kleinere und etwas heller gefärbte *Junikäfer*. – Den prächtigen, goldgrünen *Rosenkäfer* finden wir in Rosen- und anderen Blüten, wo er die zarten Blütenteile zerfrißt. –

In Gerberlohe, Komposthaufen und im Mulm kommt der kastanienbraune *Nashornkäfer* vor, dessen Männchen durch ein Horn auf dem Kopf ausgezeichnet ist. – Noch größer ist der Unterschied zwischen beiden Geschlechtern bei dem größten unserer einheimischen Käfer, dem *Hirschkäfer*. Die Männchen besitzen große, geweihartige Oberkiefer, mit denen sie sich gelegentlich bekämpfen. Die Nahrung der stattlichen Tiere bildet der Saft „blutender" Eichen, den sie mit Hilfe des mittleren, pinselförmigen Abschnittes der Unterlippe, der sog. Zunge, auflecken. Ihre Larven leben in vermoderndem Eichenholz und brauchen fünf Jahre zu ihrer Entwicklung. Die kleinen Hirschkäfer, die man mitunter findet, sind keineswegs junge Tiere – ein fertig ausgebildetes Insekt wächst, wie wir sahen, nicht mehr –, sondern gehören kleineren Rassen an.

Von den zahlreichen Käfern, die sich vom Dung pflanzenfressender Säugetiere ernähren, sind die *Mistkäfer* die bekanntesten. Unter oder neben frisch gefallenem Dung graben sie senkrechte, halbmetertiefe Röhren mit Seitengängen, die mit je einem Ei und etwas Dung als Nahrung für die ausschlüpfenden Larven beschickt werden.

Welch große Bedeutung der Tätigkeit des unscheinbaren Käfers zukommen kann, zeigt folgendes Beispiel: Als vor 200 Jahren Rinder und Schafe in Australien eingeführt wurden, gab es dort keine Mistkäfer,

1 Rosenkäfer, 2 Junikäfer, 3 Marienkäfer

Häufige einheimische Käfer.

1 Pappelbock
2 Moschusbock
3 Sandlaufkäfer
4 Nashornkäfer
5 Goldlaufkäfer
6 Ölkäfer

weil Australien von Natur aus keine Huftiere hatte. Der Mist der eingeführten Schafe und Rinder, der nicht von Mistkäfern aufgearbeitet wurde, blieb liegen und wurde zur Brutstätte vieler Schädlinge. Die Weiden brachten geringe Erträge. In den letzten Jahren züchtete man nun große Mengen von Mistkäfern und brachte sie auf die Weiden. Dadurch steigerte man deren Erträge und damit die der Viehzucht außerordentlich; denn durch die Wühlarbeit des Mistkäfers unter den Dunghaufen wird die Wasseraufnahmefähigkeit des Bodens vervielfacht, durch die Bodenlockerung und den raschen Umsatz der im Mist enthaltenen Nährstoffe der Pflanzenwuchs verdoppelt! – Die Erforschung solcher biologischer Zusammenhänge ist heute im Hinblick auf die Ernährung der immer stärker wachsenden Menschheit von unschätzbarer Bedeutung.

Die *Blatthornkäfer* haben blätterförmige Fühler.

Bockkäfer

Der gelbbraune *Pappelbock* (Abb. s.o.) hält sich mit Vorliebe auf Pappeln und Weiden auf. Die Weibchen legen hier ihre Eier ab, denn die Larven leben im Holz dieser Bäume. – Der größte deutsche Bockkäfer, der schwarzbraune *Eichenbock* oder Heldbock wird an Eichen angetroffen. Er ist wie der Pappelbock ein vorwiegend nächtliches Tier. – Der metallisch grüne *Moschusbock*, der einen starken Moschusgeruch verströmt, fliegt dagegen am Tage. – Ein weitverbreiteter Schädling ist der *Hausbockkäfer*. Das Weibchen legt seine Eier in die Risse des Dachgebälks. Die mehrere Jahre lebenden Larven fressen Gänge in das Holz, so daß die Balken vermulmen und schließlich Einsturzgefahr besteht. Da die Larven die Oberfläche der Balken unversehrt lassen, ist der Befall nur an den länglichen Ausschlupflöchern der fertigen Käfer zu erkennen. Die Schädlinge werden durch Behandeln der Balken mit Giftlösungen bekämpft. In Neubauten wird heute nur vorbehandeltes Gebälk verwendet.

Die langgestreckten *Bockkäfer* zeichnen sich durch sehr große Fühler aus, die vielfach wie Hörner getragen werden. Ihre Larven leben meist im Holz der Bäume, das ihnen zur Nahrung dient.

Laufkäfer

Der **Goldlaufkäfer** (Abb. s.o.) ist infolge seiner auffallenden goldgrünen Oberseite allgemein bekannt. Das langbeinige Tier läuft sehr flink, kann aber nicht fliegen, weil seine Hinterflügel verkümmert sind. Es stellt Regenwürmern, Raupen und andern Kleintieren

Häufige einheimische Käfer.

1 Hirschkäfer (Männchen und Weibchen)
2 Heldbock
3 Puppenräuber
4 Mistkäfer
5 Schwarzer Aaskäfer
6 Gemeiner Totengräber
7 Großer Totengräber

nach. In die Wunden, die es seinen Opfern mit den starken Oberkiefern beibringt, erbricht es seinen braunen Darmsaft. Dieser verwandelt die Weichteile der Beute in eine Flüssigkeit, die von dem Käfer aufgesogen wird. Die Verdauung findet hier also außerhalb des Körpers statt. Fühlt sich der Käfer bedroht, so gibt er außer dem erwähnten Darmsaft eine übelriechende Flüssigkeit ab, die aus der Spitze des Hinterleibes hervortritt.

Der erzglänzende *Puppenräuber* (Abb. S. 201) zeichnet sich durch einen breiten Hinterleib und goldgrüne Flügeldecken aus; er stellt den Raupen und Puppen schädlicher Waldschmetterlinge nach. – Auf Sandboden trifft man im Sonnenschein den grünen, gelb oder weiß gefleckten *Sandlaufkäfer* (Abb. S. 200) an, der im Gegensatz zu den anderen Laufkäfern kurze Strecken weit fliegen kann.

Die *Laufkäfer* sind wendige, meist räuberisch lebende Tiere mit kräftigen Beinen, zangenförmigen Oberkiefern und fadenförmigen Fühlern.

Aaskäfer

In der wärmeren Jahreszeit finden sich an Leichen kleiner Wirbeltiere (Mäuse, Singvögel und ähnliche) meist verschiedene Arten von Aaskäfern ein, so besonders der *Gemeine Totengräber* (Abb. S. 201), der auf den kurzen, schwarzen Flügeldecken zwei orangefarbene Querbindungen aufweist, der ganz schwarze *Große Totengräber* und der kleinere *Schwarze Aaskäfer*. Sie suchen nach Aas, um sich davon zu ernähren, vor allem aber, um ihre Brut mit Nahrung zu versorgen.

Vermöge ihres ungemein feinen Geruchssinnes entdecken die Käfer das Aas von weitem. Hat ein Totengräber z. B. eine tote Maus gefunden, so umwandert er sie und hebt sie, darunter kriechend, da und dort an, um festzustellen, ob sie ihrer Größe nach für sein Vorhaben geeignet ist. Trifft dies zu, so klettert der Käfer – es ist stets ein Männchen – auf einen erhöhten Platz und gibt aus dem hochgereckten Hinterleib unter kreisenden und pendelnden Bewegungen desselben Duftstoffe in die Luft ab. Durch dieses „Sterzeln" lockt er ein Weibchen an. Oft versammeln sich an einem Aas mehrere Totengräber und in gemeinsamer Anstrengung vergraben nun alle miteinander das Aas. Mit ihren starken Grabbeinen scharren sie unter der Leiche die Erde los und schieben sie mit den Hinterbeinen nach oben. Dann zerren sie gemeinsam das Aas mit der Rückenmitte voran in die Grube hinab, wobei die kleine Leiche stark zusammengebogen wird. Nach einigen Stunden emsiger Arbeit ist sie 5–10 cm tief unter der aufgeworfenen Erde begraben. In heftigen Kämpfen streiten sich nun die Käfer so lange um die Beute, bis das stärkste Paar alle anderen in die Flucht geschlagen hat. Diese beiden Käfer pressen nun das Aas mit ihren Füßen zu einer Kugel zusammen. Dabei stemmen sie sich mit dem Rücken gegen die Höhlenwand, die sie dadurch gleichzeitig glätten und festigen. Das Weibchen gräbt jetzt einen Seitengang, in den es seine Eier ablegt, und verjagt dann das Männchen. Die schon nach wenigen Tagen ausschlüpfenden Larven nähren sich von der Aaskugel, wobei sie anfangs von dem Weibchen mit vorverdautem Fleischsaft von Mund zu Mund gefüttert werden. – Diese fürsorglich und planmäßig erscheinende Brutpflege wird von den Käfern ohne Einsicht und Überlegung ausgeführt. Die Reihenfolge und Art der einzelnen Handlungen sind den Tieren angeboren. Man heißt solche erblich festgelegten Handlungsfolgen Instinkthandlungen. Sie bestimmen weithin das Verhalten der Tiere. Vgl. S. 255.

Die *Aaskäfer* haben einen flachen Körper. Käfer und Larven leben meist von Aas.

Schnellkäfer

Die schlanken Schnellkäfer lassen sich bei Gefahr wie tot zu Boden fallen. Kommen sie dabei auf den Rücken zu liegen, so können sie sich dank einer besonderen Einrichtung emporschnellen, um wieder auf die Beine zu gelangen: Der Käfer stemmt zum Umdrehen einen Dorn, der sich von der Bauchdecke des ersten Brustringes nach hinten erstreckt, gegen den Rand einer Grube, die im Panzer des zweiten Ringes liegt. Dann drückt er die Brust nach unten, bis der Dorn unter knipsendem Geräusch in die Grube schnappt. Dadurch prallen der Halsschild und die elastischen Flügeldecken so kräftig gegen die Unterlage, daß der

Schnellkäfer

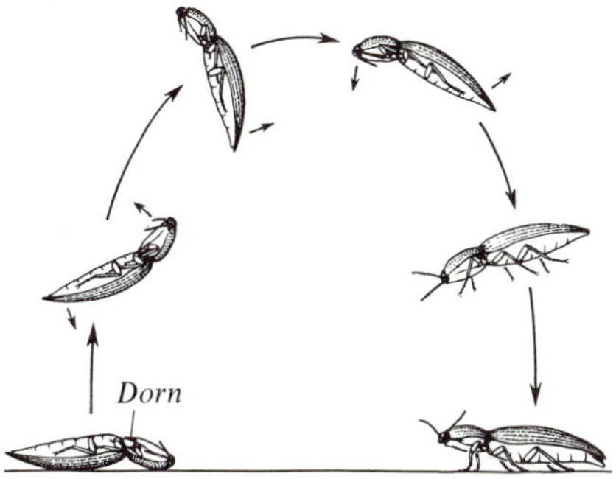

Käfer wie ein vom Boden zurückspringender Ball hochgeschleudert wird.

Die Larven mehrerer Schnellkäfer sind die berüchtigten *Drahtwürmer*, die in der Erde leben und durch Abfressen der Wurzeln den Kulturpflanzen oft großen Schaden zufügen. Zu den Hauptverwüstern zählt die Larve des dunkelbraunen, längsgestreiften *Saatschnellkäfers.*

Die *Schnellkäfer* vermögen sich aus der Rückenlage so emporzuschnellen, daß sie wieder auf die Beine kommen.

Schwimmkäfer

Der **Gelbrand** ist der bekannteste Schwimmkäfer. Er bewohnt pflanzenreiche Gewässer. Die Unterseite des stattlichen Käfers ist gelbbraun, die Oberseite olivgrün; Halsschild und Flügeldecken haben einen gelben Rand (Name!). Mit seinem kahnförmigen Körper durchschneidet er leicht das Wasser. Die langen, seitlich zusammengedrückten, beiderseits mit einer starken Borstenreihe besetzten Hinterbeine bilden wirksame Ruder. Um zu atmen, hebt der Käfer die Hinterleibsspitze über den Wasserspiegel und nimmt einen Luftvorrat unter die Flügeldecken auf. Von dort wird die Luft in die Tracheen eingesaugt. Die Nahrung des Gelbrands besteht vorwiegend aus Kleintieren des Wassers, doch fällt er auch Molche, Frösche und Fische an und frißt ihnen Löcher in den Leib. Noch gefräßiger aber ist seine Larve. Sie schlägt ihre spitzen, von einem Kanal durchzogenen Saugkiefer in die Beute ein, löst deren Weichteile wie der Goldlaufkäfer durch erbrochenen Darmsaft auf und saugt sie dann ein. Die Verpuppung erfolgt im Boden außerhalb des Wassers.

Die *Schwimmkäfer* haben einen flachen, kahnförmigen Körper. Die platten, borstentragenden Hinterbeine dienen als Ruder.

Gelbrandlarve mit Kaulquappe

Gelbrand mit erbeuteter Gelbrandlarve

Wasserkäfer.

1 Gelbrand-Weibchen, Luft holend
2 Gelbrand-Männchen, einen Fisch anfallend
3 Gelbrandlarve an einer Kaulquappe
4 Pechschwarzer Kolbenwasserkäfer
5 dessen Eierpaket
6 drei Taumelkäfer

Im Anschluß seien einige wasserbewohnende Käfer genannt, die nicht zu den echten Schwimmkäfern gehören. Es sind dies die *Taumel- oder Drehkäfer*, die auf der Wasseroberfläche in Kreisen umherschwimmen, und der stattliche *Pechschwarze Kolbenwasserkäfer*. Dieser nährt sich von Pflanzen und verpackt seine Eier in ein zierliches, schwimmendes Gespinst, das mit einem schornsteinartigen Atemfortsatz aus dem Wasser hervorragt.

Apfelblütenstecher.
Zweig des Apfelbaumes mit vier „verbrannten" Blüten

Rüsselkäfer

Der **Apfelblütenstecher** ist ein häufiger Schädling des Apfelbaumes. Der rüsselartig verlängerte Kopf trägt an der Spitze die Mundteile und in der Mitte die geknickten Fühler. Der 4 mm große Käfer überwintert meist in einer Ritze des Stammes und steigt im Frühjahr wieder in die Krone des Apfelbaumes empor. Hier nagt das Weibchen einen engen Gang in die Blütenknospen und schiebt mit Hilfe des Rüssels je ein Ei hinein. Die beinlose Larve (Made) verzehrt Staubblätter und Stempel der Knospe. Die Blütenblätter dagegen frißt sie nur am Grunde an. Deshalb bleibt die Knospe geschlossen; sie vertrocknet und sieht nun wie verbrannt aus („Brenner"). Die Puppe ruht im Innern der abgestorbenen Knospe. Der Schädling wird heute mit chemischen Mitteln bekämpft.

Untersuche von Zeit zu Zeit „verbrannte" Blüten des Apfelbaums und verfolge so die Entwicklung des Apfelblütenstechers!

Großer Fichtenrüsselkäfer und sein Fraß an einem Fichtenast

Haselnußbohrer.

Larve in einer Haselnuß

Käfer

Der *Fichtenrüsselkäfer* benagt die Rinde junger Fichten und Kiefern, so daß die Bäume kränkeln und schließlich eingehen. Man fängt ihn unter ausgelegten Borkenstücken. – Die „Würmer" in den unreifen Haselnüssen sind die Larven des rindenfarbenen, langrüsseligen *Haselnußbohrers.* – In Getreidespeichern richtet der schwärzliche, etwa 4 mm lange *Kornkäfer* oft großen Schaden an. Das Weibchen legt ein Ei ins Innere des Getreidekorns, das dann von der Larve ausgehöhlt wird. Der ausschlüpfende Käfer hinterläßt am Korn ein rundes Loch. Der Kornkäfer vermehrt sich außerordentlich rasch. Ein Weibchen legt etwa 200 Eier; dabei treten im Jahr 2–5 Generationen auf. – Der blau- oder grünschimmernde *Rebenstecher* dreht im Frühjahr häufig Blätter des Weinstockes so zusammen, daß sie wie kleine Zigarren erscheinen. In diese „Wickel" legt das Weibchen die Eier. Gleichzeitig nagt es die Blattstiele an, so daß die Blattflächen welken und sich nunmehr als Nahrung für die Larven eignen. Ähnliche Blattwickel verfertigt der *Trichterwickler* an Birken, Erlen, Hainbuchen.

Die *Rüsselkäfer* haben einen rüsselartig verlängerten Kopf, an dem abgewinkelte Fühler sitzen. Sie und ihre Larven nähren sich von Pflanzen und gehören zu den schädlichsten Insekten.

Borkenkäfer

Der **Buchdrucker** ist der gefährlichste unter den Borkenkäfern. Die 5 mm großen Käfer verursachen die „Wurmtrocknis" der Fichte, indem sie die unter der Borke gelegene lebenswichtige Bastschicht zerstören. Sie bohren sich durch die Rinde in den Stamm ein. Hier stellen die Weibchen im Bast je einen senkrecht verlaufenden „Muttergang" mit zahlreichen Seitennischen her, die mit je einem Ei beschickt werden. Die Larven fressen sich dann so in den Bast ein, daß immer breiter werdende „Larvengänge" entstehen, die in je einer „Puppenwiege" enden. Auf die zeilenartige Anordnung der Gänge bezieht sich der

Rebenstecher. Käfer und sein Fraß an einem Weinbeerblatt

Kornkäfer

Käfer (vergr.)

Larve *Puppe* *in geöffneten Roggenkörnern (vergr.)* *ausschlüpfender Käfer (vergr.)*

Roggenkörner mit einem Kornkäfer

Buchdrucker

Rindenstück mit Gängen

Käfer

Pappelkäfer auf einem Pappelblatt

Kartoffelkäfer mit Eiern und Larven auf einem Kartoffelblatt

Erbsenkäfer; links Käfer vergr.

Erdflöhe auf einem Kohlrabiblatt; oben Käfer vergr.

Name des Tieres. Die schlüpfenden Käfer durchbohren wieder die Rinde, die dann wie von Schrotkugeln durchlöchert aussieht. Bei Massenauftreten der Borkenkäfer kann es zur Vernichtung großer Waldbestände kommen.

Die *Borkenkäfer* sind meist nur wenige Millimeter große Tiere, deren Larven sich von dem Holz, dem Bast oder der Borke von Bäumen ernähren und diese nicht selten völlig zum Absterben bringen.

Blattkäfer

Der **Kartoffelkäfer** ist etwa 1 cm lang und an den zehn schwarzen Längsstreifen auf der gelben Flügeldecke und den schwarzen Flecken auf dem gelbbraunen Halsschild leicht zu erkennen. Seine gelbroten Larven sind mit schwarzen Punktreihen geziert.

Die Heimat des Käfers ist Nordamerika, wo er ursprünglich auf einem wildwachsenden Nachtschattengewächs, einem nahen Verwandten der Kartoffel, lebte. Als die aus Südamerika stammende Kartoffel in Nordamerika angebaut wurde, ging er auf diese über, bot sich ihm doch in den Kartoffelfeldern eine schier unerschöpfliche Nahrungsquelle. Er vermehrte sich explosionsartig. Die Weibchen legen jeweils mehrere hundert bis zu 2000 Eier, und das 2–3mal in einem Sommer. Wo die Kartoffelkäfer auftreten, können sie weite Anbaugebiete kahlfressen und damit die ganze Kartoffelernte vernichten. Sowohl der Käfer wie die gefräßige Larve nähren sich ausschließlich von den Blättern der Kartoffelpflanze.

Mehrmals wurde der Schädling aus Nordamerika in Europa eingeschleppt. Gegen Ende des ersten Weltkrieges breitete er sich in Frankreich stark aus; in einigen Gegenden des Landes mußte der Kartoffelanbau seinetwegen aufgegeben werden. Bei Beginn des zweiten Weltkrieges hatte er die deutsche Westgrenze erreicht und heute ist er bis an die Oder vorgedrungen. Bei uns konnten durch energische Bekämpfung des Schädlings, vor allem mit chemischen Mitteln, größere Schäden vermieden werden.

Einer der bekanntesten einheimischen Blattkäfer ist der rote *Pappelblattkäfer*. – Blattkäfer sind auch die sog. *Erdflöhe*, die im Garten an jungen Rettich- und Kohlpflanzen oft großen Schaden anrichten. Mit ihren starken Hinterbeinen können sie große Sprünge ausführen.

Die *Blattkäfer*, die sich wie ihre Larven vorwiegend von Blättern ernähren, haben meist einen stark gewölbten und lebhaft gefärbten Körper.

Nah verwandt mit den Blattkäfern ist der *Erbsenkäfer*. Er durchläuft seine Entwicklung in einer Erbse, die er durch ein kreisrundes Loch verläßt. Ihm ähnelt der *Bohnenkäfer*, der in derselben Weise Bohnen und Linsen befällt.

Marienkäfer (links), darüber seine Larve an einer Blattlausansammlung. Rechts Kleiner Leuchtkäfer: zwei Weibchen mit Flügelstummeln und zwei Männchen, eines davon fliegend

Aus verschiedenen Käferfamilien

Das niedliche *Marienkäferchen* ist überall häufig anzutreffen. Bei Berührung läßt es sich zu Boden fallen, gibt Tropfen seines gelblichen, übelriechenden Blutes von sich und stellt sich tot. Gleich seiner graublauen, schwarz und rot gezeichneten, sehr beweglichen Larve nährt es sich vorwiegend von Blattläusen. In warmen Sommernächten läßt der *Kleine Leuchtkäfer*, der auch als Johannis- oder Glühwürmchen bezeichnet wird, sein Licht erstrahlen. Nur die Männchen können fliegen. Die Weibchen, die gewöhnlich im Gras sitzen, haben lediglich Flügelstummel und erinnern deshalb an „Würmchen" (Name!). Die Leuchtorgane finden sich bei beiden als weiße Flecke an der Unterseite des Hinterleibs. – Etwas früher im Jahr erscheint der *Große Leuchtkäfer*.

Dem bläulich schimmernden *Ölkäfer* oder *Maiwurm* (Abb. S. 200) begegnet man häufig im Frühjahr. Der „wurmartige" Käfer hat nur kurze Flügeldecken; Hinterflügel fehlen ganz. Bei Berührung läßt er aus den Gelenken zwischen Schenkel und Schiene gelbe, giftige Blutstropfen von unangenehmem Geruch und ekelhaftem Geschmack hervortreten, so daß er von den meisten Insektenfressern gemieden wird.

Einige kleine Käfer trifft man mitunter im Hause an, wo sie mehr oder weniger schaden. Zu ihnen gehört der schwarzbraune *Mehlkäfer*, dessen Larve, der „Mehlwurm", in altem Mehl lebt und vielfach als Futter für Singvögel und Terrarientiere gezüchtet wird. – Der *Speckkäfer* zerstört Speck, Häute, Pelzwaren u.a. Der sonst schwarze Käfer ist an einer breiten, graugelben Binde über den Flügeldecken leicht zu erkennen. – An verschiedenen Gegenständen und Stoffen, besonders an Geweben, richtet der *Messingkäfer* oft empfindlichen Schaden an. Der braunschwarze Körper des kleinen, fast spinnenähnlichen Tieres ist mit gelben Haaren bedeckt, worauf sich sein Name bezieht. – Die als „Holzwürmer" bezeichneten Larven der *Klopfkäfer* leben im Holz und verursachen in alten Möbeln, Balken, Fensterrahmen und Türen die „Wurmlöcher", aus denen Bohrmehl hervorrieselt. Durch Anschlagen des Kopfes an die Wände des „Wurmganges" erzeugen manche dieser Käfer Klopftöne.

Unter den ausländischen Käfern, besonders denen der heißen Länder, finden wir eine ungeheure Fülle verschiedenster Formen, darunter viele mit prächtigen Farben, von abenteuerlicher Gestalt oder von erstaunlicher Größe. Der im tropischen Amerika lebende, glänzend schwarzbraune *Herkuleskäfer* z.B. erreicht einschließlich seiner großen, nach vorn gerichteten Hörner eine Länge von über 15 cm. – Zu den größten Formen zählt auch der an seinen weißen Längsstreifen kenntliche *Goliathkäfer* Afrikas, der über 10 cm lang wird.

Messingkäfer (3fach vergr.)

Speckkäfer

Klopfkäfer

Die *Käfer* haben zu Flügeldecken umgewandelte Vorderflügel. Ihre Mundwerkzeuge sind beißend; die Verwandlung ist vollkommen. – Sie bilden die weitaus größte Tiergruppe. Man kennt rund 300000 Arten. In Deutschland kommen davon etwa 6500 vor.

Schmetterlinge

Tagfalter

Der Kohlweißling

Der Kohlweißling ist der verbreitetste und bekannteste Tagfalter. An ihm wollen wir die Besonderheiten der Schmetterlinge kennenlernen.

Ei. Im Sommer legt das Weibchen des Kohlweißlings seine länglichen, gelbgrünen Eier in kleinen Häufchen an Kohlblätter ab. Dabei bevorzugt es die Unterseite der Blätter, wo die Eier gegen Regen und Sonne geschützt sind.

Larve. In der zweiten Woche gehen aus den Eiern 2 mm lange Räupchen hervor, die zunächst oft zu 50, 60 und mehr dicht beisammen bleiben und sich von den Kohlblättern ernähren. Sie wachsen rasch heran. Bald zerstreuen sie sich über das ganze Kohlfeld. Nach vier Häutungen haben die *Raupen* ihre endgültige Größe erreicht. Sie sind grünlich gefärbt und weisen neben vielen schwarzen Punkten und Flecken drei gelbe Längsstreifen auf. Ihrer Fortbewegung dienen außer den 3 Paar Brustbeinen noch 5 Paar fleischige Hautzapfen. Diese *Bauchfüße* tragen auf ihrer Sohle zahlreiche Chitinhäkchen, mit denen sich die Tiere anklammern können. Das letzte Paar Bauchfüße wirkt als „Nachschieber". Am Kopf der Raupe sehen wir jederseits einen kurzen Fühler und sechs winzige *Punktaugen.* Kreissägeförmige *Oberkiefer* ermöglichen ihr, von den Blättern kleine Stücke abzuschneiden. Die Raupen sind sehr gefräßig: sie verzehren täglich mehr als das Doppelte ihres eigenen Gewichts. So können sie rasch heranwachsen und Reservestoffe in ihrem Körper aufspeichern. – Ähnliche wurmförmige Larven mit drei Paar Brustbeinen und 2–5 Paar Bauchfüßen haben alle Schmetterlinge. Sie werden als Raupen bezeichnet.

Die „Kohlraupen" können ganze Kohlfelder kahlfressen, wenn sie nicht bekämpft werden. Am besten ist es, die Eier abzulesen, oder auch die jungen Räupchen, so lange sie noch dicht beisammen sind. Unsere besten Helfer im Kampf gegen die Kohlraupen sind die Schlupfwespen (S. 229).

Puppe. Die ausgewachsene Raupe verläßt ihr Kohlfeld und wandert unter Umständen weit umher, bis sie einen Zaun, ein Haus, einen Baum oder dergleichen findet. Sie klettert daran empor und legt zunächst ein kleines Fadenhäufchen an, in dem sie sich mit den Nachschiebern festkrallt. Der Spinnstoff dazu wird in zwei großen Spinndrüsen erzeugt, tritt flüssig am Mund hervor und erhärtet an der Luft sofort. Nun hält sich die Raupe mit den Bauchfüßen fest, beugt den Vorderkörper weit zurück und legt um ihre Körpermitte viele Fäden, die links und rechts an der Unterlage befestigt werden und so einen Gürtel um das Tier bilden. Alsdann reißt die Chitinhülle am Rücken auf und wird durch kräftige Bewegungen des Körpers abgestreift. Die nun hervortretende Puppe hängt in dem Gürtel *(Gürtelpuppe)* und bohrt sogleich ihr mit winzigen Chitinankern versehenes Hinterende in das Fadenhäufchen ein, wodurch sie sicher an der Unterlage befestigt ist (Abb. S. 209). Die Puppe hat eine kantige und höckerige, nach hinten spitz zulaufende Gestalt, ist gelbgrün und schwarz getüpfelt. Sie läßt wohl die Umrisse der Flügel, Beine, Augen und des Rüssels schon erkennen, doch sind die Beine mit der Chitinhülle des Rumpfes verschmolzen, stehen also nicht wie bei der Puppe des Maikäfers frei vom Körper ab. Solche Puppen nennt man *Mumienpuppen.* Der Kohlweißling überwintert als Puppe. Bei strenger Kälte kann diese glashart gefrieren, ohne dadurch zugrunde zu gehen.

Kohlraupe

Kopf der Kohlraupe (vergr.)

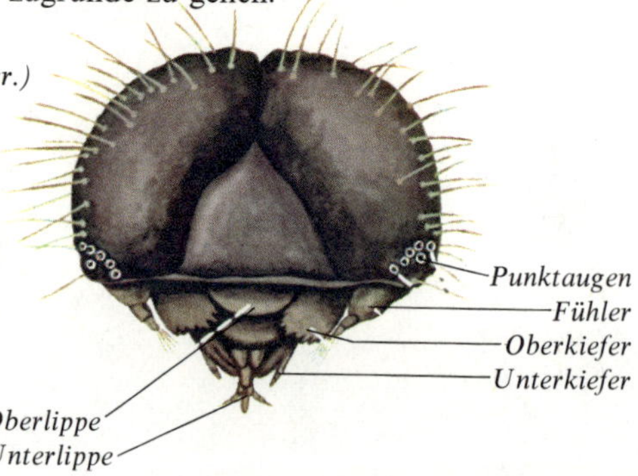

Kohlweißling.

1 Männchen
2 Weibchen
3 eierlegendes Weibchen
4 junge Räupchen, an einem Kohlblatt fressend
5 Raupe mit Fadengürtel, vor dem Verpuppen
6 Puppe
7 leere Puppenhülle, darüber
8 der frisch geschlüpfte Falter
9 Raupe, in die eine Schlupfwespe ihre Eier legt
10 Kohlraupe mit Schlupfwespenkokons

Schmetterling. Wenn im Mai der Schmetterling seine volle Ausbildung erreicht hat, sprengt er die Puppenhülle. Diese im Mai geschlüpften Kohlweißlinge leben nur wenige Wochen; ihre Zahl ist verhältnismäßig klein. Sie legen ihre Eier an die Blätter wildwachsender Kreuzblütler, so besonders des Wiesenschaumkrauts. Daraus gehen die Falter hervor, die wir im Hochsommer fliegen sehen und deren Raupen wir im Spätsommer und Herbst am Kohl finden. Der Kohlweißling hat also zwei Bruten oder Generationen im Jahr. Dabei ist die Sommergeneration die Haupt-, die Frühjahrsgeneration die Nebengeneration.

Der stark behaarte Leib des Falters ist schlank und leicht. An der Brust sitzen drei Paar schwache Beine, mit denen sich der Schmetterling an Blüten und Blättern festhält, ferner zwei nahezu gleiche *Flügelpaare.* Sie bestehen aus einer farblosen Haut, die beiderseits von einem abwischbaren Staub bedeckt ist. Mit dem Mikroskop erkennt man, daß der Staub aus zierlichen *Schuppen* besteht, die sich wie Dachziegel decken. Die Schuppen sind aus Chitin und verleihen den Flügeln ihre Farbe. Diese ist auf der Oberseite weiß; die Vorderflügel sind an der Spitze schwarz, die der Weibchen tragen außerdem je zwei schwarze runde Flecken. Die Unterseite der Hinterflügel ist dagegen ganz, die der Vorderflügel in ihrem vordersten Teil schmutziggelb. Bei längerem Sitzen klappt der Kohlweißling die Flügel nach oben zusammen, so daß nur die schmutziggelben Teile der Unterseiten sichtbar sind.

Am Kopf befinden sich große *Netzaugen* sowie lange, keulenförmige *Fühler.* Die Mundwerkzeuge bilden ein langes, dünnes Rohr, den sog. *Rüssel.* Mit ihm saugt der Schmetterling den Nektar der Blüten auf, von dem er sich ausschließlich nährt. Beim Einsaugen des Nektars wird der Rüssel ausgestreckt; sonst ist er an der Unterseite des Kopfes spiralig aufgerollt. Er besteht aus den beiden rinnenförmigen, dicht aneinandergefügten Unterkiefern. Die übrigen Mundteile sind bis auf die Lippentaster verkümmert. Der Schmetterling hat also *saugende Mundwerkzeuge.*

Kopf des Kohlweißlings

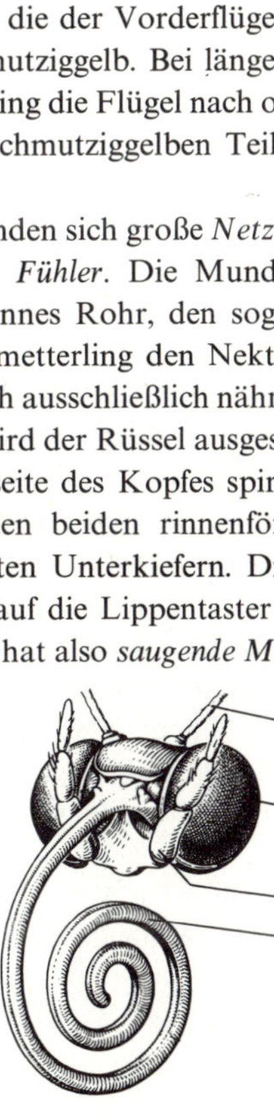

Andere Tagfalter. Der *Baumweißling* hat weiße, schwarzgeaderte Flügel. – Große Farbenunterschiede zeigen die Flügel des *Tagpfauenauges.* Sie sind oberseits leuchtend braunrot und mit je einem buntfarbigen Augenfleck geziert; unterseits sind sie dagegen schmutzigschwarzbraun und mit dunklen Linien versehen, so daß wir den an einem Baumstamm sitzenden Falter kaum erkennen können. Seine schwarzen, stachligen Raupen leben auf Brennnesseln und Hopfen. – Ähnliche große Unterschiede in der Färbung der beiden Flügelseiten weisen auch andere Tagfalter auf, so der schwarz-weiß-rote *Admiral*, die schillernden *Bläulinge* und die herrlichen *Perlmutterfalter.* Manche Tagfalter, so der gelbe *Zitronenfalter*, der *Große Fuchs*, der schöne *Trauermantel* und das Tagpfauenauge überwintern als Schmetterlinge und fliegen daher schon im ersten Frühling. Besonders farbenprächtig ist der *Schwalbenschwanz.* Zu unsern schönsten Faltern zählt auch der *Apollo.* Seine Flügel sind weiß; die Vorderflügel tragen mehrere schwarze Flecke, die Hinterflügel je zwei schwarz-weiß-rote Augenflecke.

Beobachte in einem Insektenzuchtkasten die Entwicklung des Kohlweißlings, des Tagpfauenauges und anderer Falter!

Die *Tagfalter* haben einen schlanken Leib, lange, am Ende keulenförmig verdickte Fühler und breite Flügel, die in der Ruhe nach oben zusammengelegt werden. Die Flügel sind oben leuchtend, unten unscheinbar gefärbt. Der Körper der Raupen ist meist mit einfachen oder verzweigten Chitinborsten besetzt; nur bei wenigen Arten ist er glatt. Bei den Puppen unterscheidet man Stürz- und Gürtelpuppen (Abb. S. 212).

Wie aus der Stürzpuppe des Pfauenauges der Falter schlüpft

Tagfalter.

1 Apollo
2 Großer Fuchs
3 Zitronenfalter
4 Trauermantel
5 Perlmutterfalter
6 Bläuling

Tagpfauenauge mit Raupen und Puppe (Stürzpuppe)

Admiral mit Raupen und Puppe (Stürzpuppe)

Schwalbenschwanz mit Raupe und Puppe (Gürtelpuppe)

Indischer Blattschmetterling, sitzend und fliegend

Schwärmer

Die *Schwärmer* haben einen kräftigen, meist spindelförmigen Körper und lange, schmale Vorderflügel. Sie können vorzüglich fliegen. Viele besitzen einen auffallend langen Rüssel, mit dem sie den Nektar aus Blüten saugen, vor denen sie im Schwirrflug „schwärmend" stehen.

Manche Pflanzen, z. B. die Zaunwinde und das Waldgeißblatt, sind wegen ihres Blütenbaues auf die Bestäubung durch langrüsselige Schwärmer angewiesen. Die meisten Schwärmer fliegen in der Dämmerung und bei Nacht. Beim Sitzen werden die Flügel dachartig an den Körper gelegt, wobei die Vorderflügel die Hinterflügel und die Seiten des Rumpfes verdecken. In dieser Stellung fallen die Tiere kaum auf, weil die lebhaft gefärbten Körperteile dabei unsichtbar sind.
Die großen, meist auffallend gefärbten Raupen sind unbehaart und tragen am Körperende ein Horn. Sie nehmen vielfach eine kennzeichnende Drohstellung ein, wobei sie die vordere Körperhälfte aufrichten. Die Schwärmer überwintern als Puppe in der Erde.

Ligusterschwärmer mit Raupe

Wolfsmilchschwärmer mit Raupe

Abendpfauenauge

Die grell gefärbten Raupen des *Wolfsmilchschwärmers* leben auf der Zypressenwolfsmilch. – Der *Totenkopf*, unser größter einheimischer Schmetterling, weist auf der Rückseite der Brust eine totenkopfähnliche Zeichnung auf. Er hat einen kurzen Rüssel, mit dem er vorwiegend den Saft verwundeter Bäume saugt. Seine Raupe lebt besonders auf der Kartoffelpflanze. – Beim *Ligusterschwärmer* sind die auffälligen Teile rosa und schwarz gestreift, beim *Weinschwärmer* sind sie weinrot. – Der *Kiefernschwärmer* hebt sich von der Baumrinde, auf der er zu ruhen pflegt, kaum ab. – Einer unserer schönsten Schwärmer ist das *Abendpfauenauge*, das auf den Hinterflügeln einen schwarzblauen Augenfleck trägt. – Der *Windenschwärmer* ist mit seinem etwa 10 cm langen Rüssel der wichtigste Bestäuber der Zaunwinde. – Ein kleiner, tagsüber fliegender Schwärmer ist der niedliche *Taubenschwanz*.

Taubenschwanz

Wandernde Schmetterlinge. Manche unserer Schmetterlingsarten haben ihre eigentliche Heimat in Südeuropa oder in Afrika, so der Admiral, der Distelfalter, der Totenkopf, der Windenschwärmer, der Taubenschwanz u. a. Jedes Frühjahr ziehen viele

Totenkopf mit Raupe und Puppe

dieser „Wanderfalter“ über das Mittelmeer und über die Alpen nach Norden, um zum Teil bis nach England und Skandinavien vorzudringen. Manche fliegen dabei in Schwärmen, andere wandern einzeln. Die eingewanderten Schmetterlinge gehen nach der Ablage ihrer Eier zugrunde. Auch die Nachkommen sterben meist bei uns ab; nur wenige überstehen unseren Winter. Für einige Arten konnte jedoch festgestellt werden, daß bei uns geschlüpfte Falter im Herbst in den Süden ziehen.

Spinner

Die unscheinbar gefärbten Schmetterlinge haben einen plumpen, stark behaarten Körper und kammförmig gezähnte Fühler. Die meisten fliegen nur nachts. Da ihr Rüssel verkümmert ist, können sie keine Nahrung aufnehmen. Ihre meist behaarten Raupen sind aber vielfach schlimme Schädlinge. Bevor sie sich verpuppen, umgeben sie sich mit einem dichten Gespinst (Name!).

Der **Seidenspinner** stammt aus Ostasien, wo ihn der Mensch schon seit Jahrtausenden in Pflege genommen hat. Im 6. Jahrhundert n. Chr. wurde er von dort in die Mittelmeerländer eingeführt. Auch hier konnte er erfolgreich gezüchtet werden, weil die Futterpflanze seiner Raupe, der Maulbeerbaum, hier gleichfalls gut gedeiht.

Der Seidenspinner ist ein kleiner, dicker, schmutzigweißer Schmetterling. Den 300 bis 500 Eiern, die das Weibchen ablegt, entschlüpfen im nächsten Frühjahr die anfänglich schwarzen, später grauweißen Raupen („Seidenwürmer“), die mit Maulbeerblättern gefüttert werden. Sie tragen auf dem vorletzten Leibesring ein kleines Horn. Haben sie ihre volle Größe erreicht, so gibt man ihnen Reisigbüschel oder geeignete Holzgitter, an denen sie sich einspinnen. Indem die Raupe den Spinnfaden mehrfach an Zweige oder Gitterstäbe klebt, stellt sie zuerst ein lockeres Geflecht her, in dessen Mitte sie sich befindet. Darauf legt sie einen Faden in vielen Windungen so um ihren Körper, daß ein dichtes Gespinst, ein *Kokon*, entsteht, in dem sie sich verpuppt. Nach zwei bis drei Wochen ist der Schmetterling ausgebildet. Durch einen scharfen, braunen Saft, der ihm aus dem Munde hervortritt, wird der Kokon an einer Stelle aufgeweicht, so daß er von dem Tier verlassen werden kann.

Da das Gespinst nur von Wert ist, wenn der etwa 600 m lange Seidenfaden nicht zerstört wird, läßt der Züchter nur so viele Puppen am Leben, als er Schmetterlinge zur Fortzucht braucht. Die anderen werden durch Hitze getötet. Die Kokons bringt man in heißes Wasser, so daß sich der Klebstoff, der die Fäden zusammenhält, auflöst. Das wertlose Außengespinst wird entfernt. Die Fadenenden haften nun leicht an sich drehenden Bürsten, mit denen man die Kokons im Wasser umherwirbelt. Dann werden je etwa drei bis acht Fäden zusammengedreht und abgehaspelt. Auf diese Weise entstehen die langen Seidenfäden, aus denen die Seide gewoben wird.

Die Raupe des *Kiefernspinners* gehört zu den gefährlichsten Verwüstern des Kiefernwaldes. Sie hebt sich, wie auch der ruhende Schmetterling, von der Kiefernborke kaum ab, überwintert unter Moos und steigt im März wieder zu den Kronen der Bäume empor. – Ein ebenso gefürchteter Waldverderber ist

Seidenspinner.

1 Männchen
2 eierlegendes Weibchen auf einem Blatt des Maulbeerbaumes
3 Raupe
4 Kokon
5 geöffneter Kokon mit Puppe

Kiefernspinner und seine Raupe

Nonne mit Raupe und eingesponnener Puppe

die *Nonne*, so genannt, weil ihre Raupe sich gern in Spalten der Rinde wie in einer Zelle verpuppt. Der weißgraue Schmetterling besitzt einen roten Hinterleib; seine Vorderflügel weisen schwarze Zickzacklinien auf. – Obst- und Waldbäume werden von den rindenfarbenen Raupen des *Schwammspinners* oft schwer heimgesucht. Das Weibchen legt die klebrigen Eier meist an den Stämmen ab und bestreicht sie mit dem Ende ihres Hinterleibes, so daß dessen Haare daran haften bleiben und der Eihaufen wie ein Stück Feuerschwamm erscheint (Name!). – Ähnliche Eihaufen erzeugt der *Goldafter*, ein kleiner, weißer Schmetterling mit einem Busch goldgelber oder brauner Haare am Hinterleibsende. Seine Raupen fügen den Obstbäumen oft großen Schaden zu. – Ein anderer Schädling der Obstbäume ist die buntgestreifte Raupe des *Ringelspinners*. Der rotbraune Schmetterling legt seine rindenfarbenen Eier, zu einem festen Ring zusammengekittet, um bleistiftdünne Äste. – Die Raupen der kleinen, grauen *Prozessionspinner* leben auf Eichen und Kiefern und ziehen wie zu einer Prozession geordnet auf Nahrungssuche aus.

Die Insektenschädlinge unserer Obst- und Waldbäume werden durch Giftstoffe bekämpft, die durch Zerstäuben oder Versprühen – unter Umständen vom Flugzeug aus – auf die Bäume gebracht werden. Unsere besten Helfer im Kampf gegen die schädlichen Bauminsekten sind die Vögel, die Schlupfwespen und die Raupenfliegen (S. 232). Vgl. hierzu S. 244.

Spannerraupe

Spanner

Die *Spanner* sind meist kleine, unscheinbare Schmetterlinge. In der Gestalt ähneln sie den Tagfaltern. Die unbehaarten Raupen haben außer den Nachschiebern nur noch ein Paar Bauchfüße. Sie bewegen sich „spannend" fort, indem sie den langgestreckten Körper abwechselnd zusammenkrümmen und wieder aus-

Frostspanner. 2 Weibchen an einem Klebegürtel (Spätjahr); darüber 2 Männchen und Raupen (Sommer)

strecken. Wenn sie beunruhigt werden, halten sie sich mit den Bauchfüßen fest und strecken den Körper frei vom Ast weg. In dieser Haltung gleichen sie täuschend einem dürren Ästchen, dem sie auch in Form und Farbe meist vorzüglich angepaßt sind.

Der **Frostspanner** ist einer unserer schlimmsten Obstbaumschädlinge. Sein staubgraues Weibchen besitzt nur stummelförmige Flügel. Um zu den Knospen der Laubbäume zu gelangen, an die es im Herbst seine 300 – 400 Eier ablegt, muß es an den Stämmen emporsteigen. Es kann daher durch rechtzeitig angelegte Klebgürtel abgefangen werden. An diesen finden wir dann meist auch die bräunlichgrauen Männchen. Die im Frühjahr ausschlüpfenden grünen Raupen richten an fast allen Arten unserer Obstbäume großen Schaden an, indem sie Knospen und Blätter zerstören und später die Früchte benagen. Im Juni lassen sie sich an einem Spinnfaden zum Boden herab und verpuppen sich in der Erde.
Ein Schädling der Stachel- und Johannisbeersträucher ist die Raupe des *Stachelbeerspanners*, die wie der Schmetterling schwarz-weiß-gelb getüpfelt ist. – Zu den schlimmsten Feinden des Kiefernwaldes zählen die Raupen des *Kiefernspanners* (s. „Insektenschädlinge" S. 244), die aber auch auf andere Nadelhölzer übergehen können. Die grünen, mit weißen und gelben Längsstreifen versehenen Tiere sind sehr unauffällig. Wenn man den von ihnen besiedelten Zweig schüttelt, lassen sie sich an Spinnfäden herabfallen.

Rotes Ordensband

Blaues Ordensband

Eulen

Die *Eulen* bilden die artenreichste Schmetterlingsfamilie. Sie sind großenteils Nachttiere und tragen ihren Namen nach der starken Behaarung des Kopfes und der Vorderbrust, die an das Federkleid der Eulenvögel erinnert. Am Tage ruhen sie wie die Schwärmer mit dachförmig angelegten Flügeln, so daß nur die unauffällige, meist graue Oberseite der Vorderflügel zu sehen ist. Die Raupen sind meist nackt.

Einige Arten sind arge Wald- und Gartenschädlinge. So ist z. B. die Raupe der *Kieferneule (Forleule)* einer der schlimmsten Verderber des Kiefernwaldes (s. „Insektenschädlinge" S. 244). – Die prächtigen *Ordensbänder* haben schwarze Hinterflügel mit roten oder blauen Binden. Sie fliegen auch bei Tage.

Kleinschmetterlinge

Zu den Kleinschmetterlingen zählen neben anderen die Wickler und die Motten.
Der *Apfelwickler* legt seine winzigen Eier einzeln an je eine junge Apfel- oder Birnfrucht. Die ausschlüpfende, fleischfarbene „Obstmade" dringt in die Frucht ein

und ernährt sich von den unreifen Obstkernen. Sind diese verzehrt, so bohrt sich der „Wurm" in eine zweite, dritte usw. Frucht ein. Endlich läßt er sich an einem Spinnfaden vom Baum herab und verpuppt sich in einem Schlupfwinkel.

Die „Würmchen" in den „wurmigen" Zwetschgen und Pflaumen sind die Raupen des *Pflaumenwicklers*. – In Weinbergen verursacht der *Traubenwickler* oft großen Schaden.

Alle diese Obst- und Rebenschädlinge werden heute wirksam bekämpft, indem man die Bäume und Reben mehrmals im Jahr mit geeigneten Giftstoffen spritzt. – Pelzwaren, Wollstoffe usw. werden vielfach von den Raupen der *Pelz-* und *Kleidermotten* zerstört. Sie ernähren sich von den Woll- und Pelzhaaren und spinnen daraus auch ihre Wohnröhren zusammen. Da die Eier lose an die Stoffe und dergleichen abgelegt werden, können sie durch gründliches Ausklopfen der Kleidungsstücke, Polstermöbel usw. entfernt werden. Abgehalten werden die Motten durch chemische Mittel. – Die *Mehlmotte* tritt besonders in Mühlen auf. Ihre Raupen verunreinigen das Mehl, in dem sie leben, und richten dadurch große Schäden an.

Außer den erwähnten gibt es noch viele Schmetterlingsfamilien. Insgesamt kennt man rund 100000 Arten, von denen etwa 2300 in Mitteleuropa vorkommen. – Unter den vielen tropischen Arten finden sich besonders große und farbenprächtige Formen.

Apfelwickler mit Raupe an einem Spinnfaden

Die *Schmetterlinge* haben vier meist große, mit Schuppen bedeckte Flügel, drei verwachsene Brustringe und einen aus den beiden Unterkiefern gebildeten, in der Ruhe aufgerollten *Saugrüssel*. Die Verwandlung ist vollkommen. Die Larven, die man als *Raupen* bezeichnet, besitzen außer drei Paar Beinen zwei bis fünf Paar Bauchfüße und, ihrer Nahrung entsprechend, beißende Mundwerkzeuge. Die Puppen sind Mumienpuppen.

Schuppen auf einem Schmetterlingsflügel (70 × vergr.)

Das kennzeichnendste Merkmal der Schmetterlinge sind ihre bunten Flügel. Ihre Farbmuster sind es vor allem, wodurch sich die vielen Arten voneinander unterscheiden. Träger dieser Farben sind die Schuppen. Sie sind ihrer Entstehung nach abgeplattete Chitinhaare von kompliziertem Bau. Zwei dünne Lamellen sind durch Stützbälkchen zu einer wellpappeähnlichen Konstruktion miteinander verbunden. Die Form der Schuppen wechselt von fast kreisrunden über längsovale bis zu langgestreckten, haarähnlichen Gebilden. Jede Schuppe steckt mit einem Stielchen in einem köcherartigen Schuppenbalg der farblosen Flügelhaut.

Hautflügler

Hautflügler mit Giftstachel

1. Bienen

Die Glieder des Bienenstaates (etwas vergrößert)

Die Honigbiene

Die Honigbiene war ursprünglich ein Waldtier. In hohlen Waldbäumen legte sie ihre Bauten an. Schon in der Steinzeit gewann der Mensch den Honig dieser Wildbienen. Später ging er dazu über, im Wald für die Tiere ausgehöhlte Stammstücke aufzustellen, denen er den Honig leichter entnehmen konnte. Schließlich stellte er diese künstlichen „Bienenstöcke" nahe seiner Behausung auf. So wurde die Biene zum Haustier. Die heutigen Bienenstöcke sind Holzkästen mit abnehmbarem Deckel und einem Flugloch in der Vorderwand. Im Innern hängen herausnehmbare Holzrähmchen. Meist sind mehrere Bienenstöcke in einem *Bienenstand* untergebracht.

Das Bienenvolk. Ein gut bevölkerter Bienenstock wird im Sommer von etwa 30000 – 70000 Bienen bewohnt. Unter ihnen finden sich einige hundert Männchen oder *Drohnen.* Sie sind 17 mm lang und haben große Augen und einen plumpen Hinterleib. Alle anderen Bewohner des Stockes sind Weibchen. Doch nur ein einziges von ihnen sorgt durch Eierlegen für den Fortbestand der großen Gemeinschaft. Mit seinem langen Hinterleib übertrifft es die anderen an Größe (19 mm) und wird als *Königin* bezeichnet. Die kleineren Weibchen (15 mm) haben verkümmerte Eierstöcke und können deshalb im allgemeinen keine Eier hervorbringen. Sie verrichten aber alle notwendigen Arbeiten und werden daher *Arbeiterinnen* genannt. Königin, Arbeiterinnen und Drohnen bilden zusammen ein Bienenvolk und bewohnen miteinander einen Stock.

Wabenbau. Das Innere des Bienenstockes ist von den *Waben* ausgefüllt. Diese werden von den Arbeiterinnen aus Wachs erbaut. Jede Wabe besteht aus einigen tausend Zellen, die teils zur Aufnahme der Brut, teils zur Aufspeicherung der Nahrungsvorräte dienen. In den heutigen Bienenstöcken bauen die Bienen die Waben in die erwähnten Holzrähmchen

Bienenstand mit 24 Stöcken (Völkern)

Wabe der Honigbiene mit Brut- und Vorratszellen

ein; dadurch sind sie leicht herausnehmbar. Das nötige *Wachs* wird von den Arbeiterinnen aus besonderen Drüsen an der Unterseite des Hinterleibs ausgeschieden; es tritt in Form kleiner Plättchen zwischen den Hinterleibsringen hervor (Abb. S. 222). Mit den Beinen reicht die Biene die Wachsplättchen an die Oberkiefer weiter, die daraus Wachsklümpchen zum Bau der Waben formen. Die Wabe hat eine Mittelwand, die den gemeinsamen Boden für die nach beiden Seiten gerichteten Zellen bildet. Meist bietet der Imker den Bienen Holzrähmchen mit fertigen Mittelwänden an, die aus dem Wachs alter Bienenwaben maschinell hergestellt werden. Darauf bauen die Bienen dann die *Zellen*. Diese sind sechseckig, nützen dadurch den Raum vollkommen aus und beanspruchen verhältnismäßig wenig Baumaterial. Im Frühjahr werden neben vielen kleinen Zellen, in denen die Arbeiterinnen ihre Entwicklung durchlaufen, auch etwas weitere Drohnenzellen und einige große, tonnenförmige Königinnenzellen gebaut.

Ernährung. Die Biene ernährt sich in erster Linie von *Nektar*, daneben aber auch von Blütenstaub. Auf einem Sammelflug besucht sie im allgemeinen nur Blüten ein und derselben Pflanzenart; man sagt: sie ist blumenstet. Dies ist für die Bestäubung der Blüten sehr wichtig (vgl. Pflanzenkunde!). Hat eine Biene eine reiche Nahrungsquelle gefunden, so teilt sie es den anderen Arbeiterinnen mit, indem sie im Stock einen eigenartigen *Tanz* aufführt. Dabei nehmen die Stockgenossinnen den Duft wahr, der der Tänzerin von den besuchten Blüten her anhaftet, und aus der Richtung und Art des Tanzes erkennen sie sogar, in welcher Richtung und Entfernung sich die Futterquelle befindet. Um 1 g Nektar zu sammeln, muß die Biene etwa 15 Sammelflüge machen, und bei einem Sammelflug muß sie oft weit über 100 Blüten besuchen, um ihren Honigmagen zu füllen.

Den eingesammelten Nektar verwenden die Sammlerinnen (oder Feldbienen) nur zu einem kleinen Teil für die eigene Ernährung. Der größte Teil wird im Honigmagen gespeichert und mit Drüsensäften vermengt. Im Stock erbrechen die Feldbienen den Inhalt des Honigmagens und geben ihn an Stockbienen ab. Diese speichern ihn, nachdem sie ein wenig davon für die eigene Ernährung verbrauchten, eine Zeitlang in ihrem Honigmagen. Dann reichen sie ihn an andere Stockbienen weiter usf., bis aus dem Nektar schließlich durch Wasserentzug und durch die Einwirkung der Drüsensäfte *Honig* geworden ist. Dieser wird nun in eine Wabenzelle erbrochen, zur „Reifung" aber noch einigemal umgesetzt. Den reifen Honig speichern dann die Bienen als Wintervorrat in Zellen, die mit einem Wachsdeckel luftdicht verschlossen werden.

Auch von dem eingesammelten *Blütenstaub* wird ein Teil sogleich verfüttert, der andere aber gleichfalls in Zellen als Vorrat aufgespeichert.

Körperbau. Die drei Hauptteile des schwärzlichen Bienenkörpers, nämlich Kopf, Brust und Hinterleib, sind deutlich voneinander abgesetzt und mit bräunlichen Haaren bedeckt. Da diese fein gefiedert sind, haftet der Blütenstaub leicht an ihnen.

Die abgewinkelten *Fühler* lassen wie die des Maikäfers unter dem Mikroskop zahllose kleine Riechgruben erkennen. Zwischen den beiden großen *Netzaugen* finden sich auf der Oberseite des Kopfes drei *Punktaugen*. Dressurversuche ergaben, daß die Biene einen wahrgenommenen Blütenduft sicher wiedererkennt, daß sie außer Rot alle Farben sieht und daß sie einfache Formen voneinander unterscheiden kann.

Die beiden kurzen, aber starken und scharfrandigen *Oberkiefer* bilden eine Zange, mit der die Biene Wachs und Blütenstaub bearbeitet, tote Bienen aus dem Stock hinausträgt und mancherlei andere Arbeiten verrichtet. Die *Unterkiefer* und die *Taster* der Unterlippe dagegen sind langgestreckt und rinnenförmig und bilden zusammengelegt eine Röhre. In diesem „*Rüssel*" kann sich der mittlere Abschnitt der Unterlippe, die lange, behaarte „*Zunge*", vor- und rückwärtsbewegen. Ihr Ende ist löffelartig gestaltet. Wasser saugt die Biene durch den Rüssel ein; der Nektar aber wird mit dem *Löffelchen* der hervorgestreckten Zungenspitze aufgeleckt und dann in den Rüssel eingesogen. Die Mundwerkzeuge der Biene sind also beißend, leckend und saugend zugleich.

Alle vier häutigen *Flügel* (Hautflügler!) dienen als Flugorgane. Am Vorderrand der Hinterflügel sitzen zahlreiche Häkchen, die in den umgebogenen Hinterrand der Vorderflügel eingreifen. So bilden die Flügel jeder Seite eine zusammenhängende Fläche. Besonders die Arbeiterinnen sind schnelle und ausdauernde Flieger.

Die *Beine* besitzen am letzten Fußglied je zwei Krallen. Zwischen diesen befindet sich ein Haftballen (vgl. S. 230). Daher kann sich die Biene auch auf glatten und steilen Flächen halten.

Die *Hinterbeine* tragen die Vorrichtungen zum Einsammeln des Blütenstaubes. Die Schienen weisen außen je eine Vertiefung, das *Körbchen*, auf, das von langen, steifen Haaren umstellt ist, und an der Innenseite des ersten, stark vergrößerten Fußgliedes stehen mehrere Reihen kurzer Borsten, die das sog. *Bürstchen* bilden. Der Blütenstaub, der beim Blütenbesuch an dem dichten Haarkleid des Körpers hängengeblieben ist, wird mit Hilfe der Bürstchen zusammengefegt und dann in die Körbchen abgestreift. Hier entsteht je ein kleiner Ballen, ein „Höschen"[1]. Die Königin besitzt nur verkümmerte Sammelwerkzeuge; den Drohnen fehlen sie ganz.

[1] Im einzelnen handelt es sich dabei um einen verwickelten Vorgang: Die Unterkante der Schiene und die nach außen hin wesentlich breitere Oberkante des ersten Fußgliedes (der sog. Pollenschieber) bilden miteinander die sog. Pollenzange. Der untere Rand der Schiene trägt auf seiner Innenseite einen aus kräftigen Borsten bestehenden Kamm. Fegt nun die Biene den Blütenstaub mit ihren behaarten Beinen vom Körper ab, so gibt sie ihn vom vorderen zum mittleren und von diesem zum hinteren Beinpaar weiter, wo er sich auf den Bürstchen ansammelt. Wenn sie darauf mit dem rechten Hinterbein am linken abwärts streicht, wird der Blütenstaub vom rechten Kamm aus dem linken Bürstchen herausgestreift und umgekehrt. Die unter dem Kamm sich ansammelnde Pollenmasse wird durch den nachfolgenden Blütenstaub in die Pollenzange gedrängt und hier zu festen Pollenballen zusammengeknetet. Diese werden durch den etwas nach außen vorstehenden Pollenschieber bei den Bewegungen der Pollenzange in das Körbchen hinaufgeschoben. Der Pollen hält zusammen, weil ihn die Biene vor dem Einsammeln auf den Staubgefäßen der Blüten mit etwas erbrochenem Honig klebrig gemacht hat.

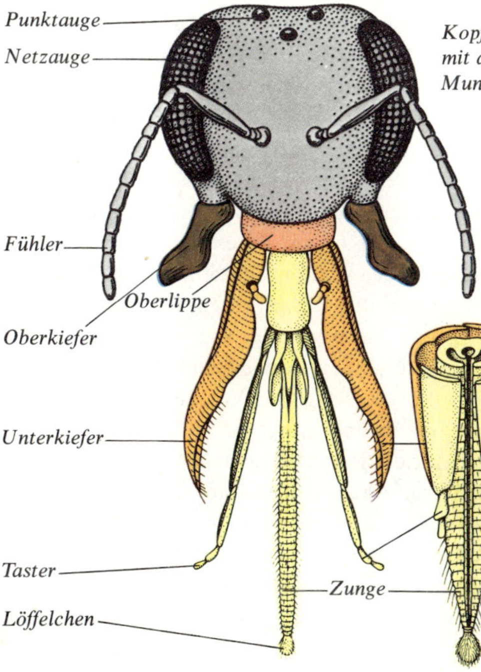

Kopf der Biene mit auseinandergelegten Mundwerkzeugen

Hinterbeine der Biene

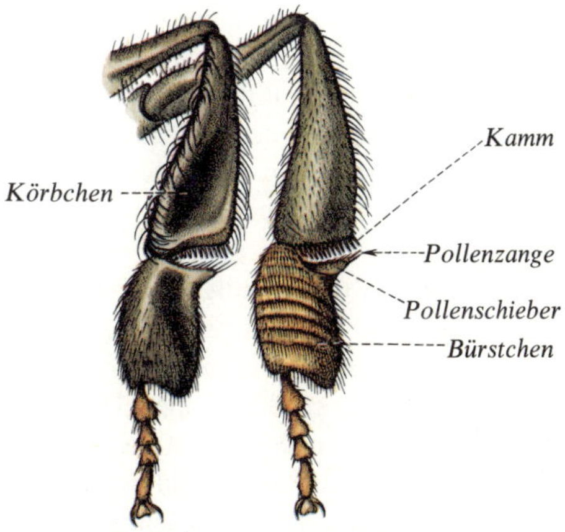

Hinterleib der Honigbiene mit Wachsplättchen

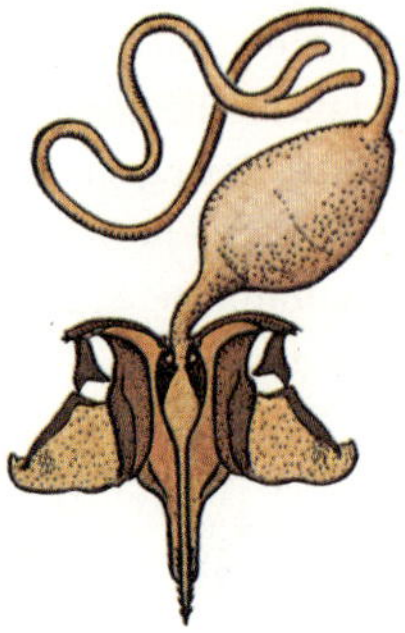

Stachelapparat

Stachelende (vergr.)

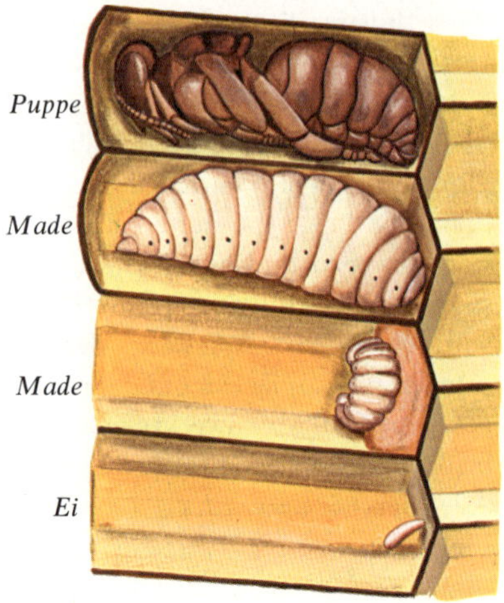

Entwicklung der Honigbiene

Im Endabschnitt des Hinterleibes liegt der *Stachel*, den die Biene hervorstrecken und einziehen kann. Er besteht aus einem halb offenen Chitinröhrchen, der Stachelrinne, in der zwei mit Widerhaken versehene Borsten vor- und zurückgleiten können. In die Wunde, die diese „Stechborsten" erzeugen, fließt gleichzeitig etwas Gift. Dieses entsteht in einer Drüse und wird in einer Blase aufgespeichert, so daß es stets zum Gebrauch bereit ist. Die Drohnen haben keinen Stachel.

Sticht eine Biene ein Insekt, so kann sie den Stachel wieder aus der Wunde ziehen, da die Einstichöffnung sich in dem starren Chitinpanzer nicht verengt. Die elastische Haut des Menschen dagegen hält die Stechborsten wegen ihrer Widerhaken fest. Fliegt dann die Biene plötzlich auf, so reißt sie sich den ganzen Giftapparat aus dem Körper. An dieser Verwundung geht sie zugrunde.

Entwicklung. Nach Beendigung der Winterruhe beginnt die Königin (die 4–5 Jahre alt werden kann) alsbald mit dem Eierlegen. Auf den Boden jeder Wabenzelle setzt sie ein kleines, längliches Ei. Die daraus hervorgehende Larve ist weiß, fuß- und augenlos, also eine „*Made*". Während der ersten drei Tage ihres Lebens besteht die Nahrung sämtlicher Larven aus einem Futtersaft, der in den Speicheldrüsen von Arbeiterinnen erzeugt wird. Später erhalten nur noch die Larven in den Königinnenzellen diese Nahrung. Dadurch werden sie zu Königinnen. Die übrigen Maden erhalten jetzt Honig und Pollen zur Nahrung. Schon nach 8 Tagen ist die Larve erwachsen. Ihre Zelle wird nun von den Arbeiterinnen mit einem porösen, luftdurchlässigen Wachsdeckel verschlossen; sie selbst verwandelt sich zur *Puppe*, bei der die Gliedmaßen frei vom Körper abstehen (freie Puppe). Nach weiteren 10 Tagen geht aus ihr die fertige Biene hervor. Die ganze Entwicklung dauert bei der Arbeiterin 21 Tage, bei der Königin 16, bei der Drohne 24 Tage.

Die Lebenstätigkeit der Arbeitsbiene ist durch ihre angeborenen Instinkte genau festgelegt. Anfänglich sind die Arbeiterinnen nur im Stock tätig (*Stockbienen*): In den ersten Tagen ihres Lebens reinigen sie die Zellen; dann füttern sie die älteren Larven mit Honig und Pollen. Von ihrem sechsten bis zehnten Lebenstag liefern ihre Speicheldrüsen den Futtersaft, mit dem sie nun die jungen Larven, die Königinnenlarven und die Königin füttern. Etwa am zehnten Lebenstag bilden sich die Futterdrüsen zurück, und nun beginnen die Wachsdrüsen ihr Wachs abzusondern. Die Biene beteiligt sich jetzt am Bau der Waben. Später nimmt sie den heimkehrenden Sammlerinnen die eingetragenen Vorräte an Honig und Blütenstaub ab und bringt sie in die Zellen. Ferner sorgt sie für die Reinhaltung des Stocks durch Wegschaffen von Abfällen und toten Bienen. Etwa am achtzehnten Tag übernimmt sie den Wächterdienst am Flugloch. Dabei untersucht sie die ankommenden Bienen mit den Fühlern. Die Angehörigen des eigenen Volkes erkennt sie an dem besonderen Nestgeruch, der jedem Volk eigen ist. Fremdlinge werden sogleich angegriffen und abgewehrt. Etwa vom zwanzigsten Tag ab sind die Bienen *Feldbienen*, die Nahrung und Wasser herbeiholen.

Schwärmen. Im Frühjahr und Sommer wird eine Arbeitsbiene selten älter als vier bis sechs Wochen. Trotzdem nimmt das Volk im Sommer ständig zu, denn die Königin legt vom Frühjahr bis in den Sommer hinein Tag für Tag mehrere hundert Eier. Schließlich wird der Raum im Stock zu eng und ein Teil des Volkes (etwa 10000 bis 15000 Bienen) trennt sich ab, um ein neues Volk zu gründen. Dies geschieht meist im Juni, kurz vor dem Ausschlüpfen der ersten jungen Königin. Dabei sind die Bienen sehr erregt. Viele schwirren oder rennen aufgeregt vor dem Bienenstand hin und her. Andere hasten im Stock herum, und viele eilen zu den Waben und füllen sich ihren Honigmagen mit Honig. Plötzlich stürzt ein Teil des Volkes aus dem Flugloch hervor; die außen befindlichen Bienen erheben sich, und nun schwirren alle vor dem Stock auf und nieder. Der Imker sagt: „Die Bienen schwärmen". Bald mischt sich die (alte) Königin unter die Schwärmenden, und meist schon nach wenigen Minuten läßt sich der *Schwarm* an einem Busch oder Zweig nieder. Eine Biene klammert sich an die andere, so daß eine große, herabhängende Traube entsteht. Wenn der Imker den Schwarm im Auge behalten hat, kann er leicht die ganze Schwarmtraube mitsamt der Königin vom Zweig in einen Korb schütteln und in einen leeren Stock bringen. Damit hat er seinen Bienenstand um ein Volk bereichert. Holt er aber den Schwarm nicht rechtzeitig ein, so zieht dieser auf Nimmerwiedersehen davon. Denn er bleibt nur so lange als Schwarmtraube beisammen, bis die ausgeschwärmten Kundschafterbienen eine neue Behausung ausfindig gemacht haben.
Wenige Tage nach dem Schwärmen schlüpft im alten Stock die erste der jungen Königinnen aus. Meist ververläßt auch sie mit einem Schwarm (*Nachschwarm*) den Stock. Mit den alsbald ausschlüpfenden weiteren Jungköniginnen können, solange das Volk noch zahlreich genug ist, weitere Nachschwärme abgehen. Schließlich aber bleibt eine Jungkönigin im Stock. Daraufhin werden etwa noch nicht geschlüpfte Königinnen in ihren Zellen von den Arbeiterinnen durch Stiche getötet. Die junge Königin begibt sich

Schwarmtraube der Honigbiene

einige Tage später mit den Drohnen zum Hochzeitsflug ins Freie. Dabei wird sie befruchtet und ist nun fähig, Eier zu legen. Die Drohnen werden nach dem Hochzeitsflug von den Arbeiterinnen aus dem Stock gedrängt und bei dem Versuch, wieder in denselben einzudringen – außerhalb des Stockes müssen sie verhungern –, durch Bisse und Stiche getötet. Dieser Vorgang wird als „*Drohnenschlacht*" bezeichnet.

Winterruhe. Sobald der Winter eintritt, ziehen sich die Bienen in die Mitte des Stockes zurück und drängen sich hier zu einem dichten Klumpen, der *Wintertraube*, zusammen. Diese ist zwar durch die mittleren Waben des Stockes in einzelne Scheiben zerteilt, hält aber trotzdem die von den Tierchen erzeugte Wärme zusammen. Die Temperatur beträgt im Innern der Traube 20 – 30°, und außen sinkt sie selbst bei großer Kälte kaum unter 15°. Die Wärme erzeugen die Bienen durch rasches Flügelschlagen und Schütteln des Hinterleibs. Dabei ernähren sie sich von den gespeicherten Vorräten, und die ganze Traube schiebt sich in dem Maß, wie die Vorratszellen leergefressen werden, langsam über die Waben weiter. Der Imker darf den Bienen also nicht allen Honig wegnehmen, oder er muß sie im Winter mit Zuckerlösung füttern.

Wirtschaftliche Bedeutung. Der Honig ist ein sehr gesundes und wertvolles Nahrungsmittel. Auch das Wachs ist von großer Bedeutung. Es wird zur Herstellung von Kerzen, Salben u.a. verwendet. Am

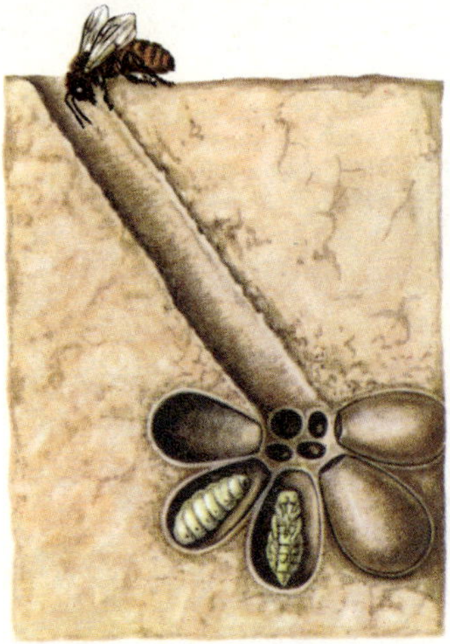

Sandbiene

Nest der Erdhummel (verkl.)

wichtigsten ist für uns die Honigbiene aber als Bestäuberin der Blüten, besonders der der Obstbäume. Ohne sie wäre unser Obstbau unmöglich.

Verwandte. Die einzeln lebenden, sog. wilden Bienen, von denen es zahlreiche Arten gibt, leben stets nur paarweise zusammen. Die *Sand-* oder *Erdbienen* legen ihre Brutzellen im Erdboden an, andere in Lehmwänden, Balken und dergleichen, und wieder andere stellen sie aus Baumharz, Pflanzenhaaren oder Blütenblättchen her. Die *Blattschneiderbienen* fertigen sie aus Blattstückchen und bauen sie in eine selbstgegrabene Röhre in der Erde, in morschem Holz und dergleichen ein. Den Nesteingang verschließen sie dicht mit kreisrunden Blattstückchen. Manche Arten bauen ihre Zellen aus fein zerkautem, mit Speichel vermischtem Blätterbrei in Felsspalten, in Schneckenhäuschen usf. Sie alle tragen wie die Honigbiene für ihre Brut Nektar und Pollen ein. – Nur die *Schmarotzerbienen* bauen weder Zellen noch sammeln sie Vorräte; sie legen ihre Eier nach Art des Kuckucks in die gefüllten Zellen anderer Wildbienen ein.

Blattschneiderbienen, aus Rosenblättern Stücke herausschneidend; links: Brutzellen in einem hohlen Zweig; rechts: aufgeschnittene Brutzellen

2. Hummeln und Wespen

Die **Hummeln** haben einen plumpen, stark behaarten Leib. Im Bau der Mundwerkzeuge und der Sammelbeine stimmen sie mit der Honigbiene überein. Sie leben in kleinen Staaten von etwa 200–500 Tieren. Im Frühjahr stellt ein überwintertes Weibchen in einem verlassenen Mausloch oder dergleichen aus ausgeschiedenem Wachs eine Anzahl Zellen her, in die es je einige Eier ablegt. Die schnell heranwachsenden Larven werden von der Mutter mit Nahrung versorgt. Nach einiger Zeit spinnt sich jede in einen Kokon ein und verpuppt sich. Nach dem Ausschlüpfen der jungen Hummeln dienen die verlassenen Kokons als Honig- und Pollenspeicher. Zunächst entstehen nur kleine Arbeiterinnen, die kaum zwei Monate alt werden. Sie entlasten die Königin, indem sie die Brutpflege übernehmen, und so entwickeln sich jetzt infolge der besseren Ernährung der Brut größere Tiere. Erst später erscheinen auch Männchen und fortpflanzungsfähige Weibchen. Honig und Pollen werden nicht für den Winter, sondern nur für regnerische Sommertage aufgespeichert. Gegen den

Hornisse mit Beute

Geöffnetes Nest einer Wespe, verkleinert

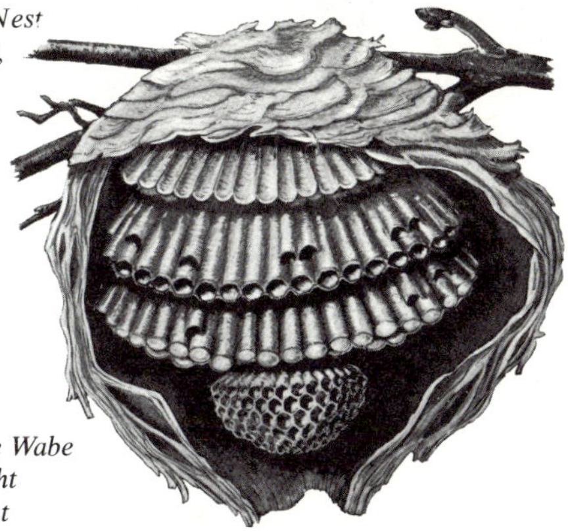

Die unterste Wabe ist noch nicht fertig gebaut

Herbst sterben sämtliche Glieder des Staates bis auf die jungen „Königinnen“. Diese überwintern in einem geschützten Versteck – meist im Boden – und werden im nächsten Jahr zu Stammüttern neuer Völker. Infolge ihres fleißigen Blütenbesuches, der dichten Behaarung und des langen Rüssels (17 bis 21 mm) zählen die Hummeln zu den wichtigsten Bestäubern der Pflanzen. Besonders für die Bestäubung von Blüten mit langen Blütenröhren, wie Klee, Taubnessel, Schlüsselblume u. v. a., sind sie von größter Bedeutung. Wie bei den Bienen haben auch bei den Hummeln die Weibchen einen Giftstachel, doch machen sie nur selten von ihm Gebrauch. – Am häufigsten trifft man bei uns die *Erdhummel* an, ein schwarzes Tier mit weißer Hinterleibsspitze und zwei gelben Querbinden, sowie die *Steinhummel*, die ebenfalls ein dichtes, schwarzes Haarkleid trägt, aber ein rotes Hinterleibsende hat.

Die **Wespen** unterscheiden sich von den Bienen und Hummeln vor allem dadurch, daß sie kaum behaart sind, keinen Saugrüssel und keine Sammelbeine haben. Sie gehören daher nicht zu den blütenbestäubenden Insekten. Die vorwiegend schwarz und gelb gezeichneten Tiere sind an ihrer „Wespentaille“, einer tiefen Einschnürung zwischen Brust und Hinterleib, leicht zu erkennen. Die Flügel werden im Sitzen längs gefaltet.

Die Wespen nähren sich und ihre Larven hauptsächlich von andern Insekten, die sie durch einen Stich mit ihrem Giftstachel töten; sie nagen aber auch reifes Obst an und gehen gern an süße Säfte. Sie haben dementsprechend starke, gezackte Oberkiefer und eine breite, behaarte, zum Lecken geeignete Zunge (Unterlippe). Wie unter den Bienen gibt es auch unter den Wespen einzeln lebende und staatenbildende Arten. Die Gemeinschaften der staatenbildenden Wespen haben wie die der Hummeln nur einen Sommer hindurch Bestand. Die Tiere stellen ihre Nester aus abgenagten Holz- und Rindenteilchen her, die sie mit klebrigem Speichel zu einer papierähnlichen Masse verarbeiten. Die kunstvollen Bauten bestehen aus mehreren waagrechten Waben, die durch Pfeiler untereinander verbunden und von einer mehrschichtigen Hülle umgeben sind. Unsere häufigste Wespenart ist die *Deutsche Wespe*. Sie baut ihr Nest meist in die Erde. Ein Volk besteht in der Regel aus etwa 3000 – 5000 Tieren. – Die größte einheimische Art ist die *Hornisse*, deren Stiche nicht ungefährlich sind.

Von den **einzeln lebenden Wespen** gibt es viele Arten. – Die Lehmwespen bauen kunstvolle Lehmnester. Dies ist z.B. bei unserer einheimischen *Pillenwespe* zu beobachten. Die schlanke, schwarzgelbe Wespe schabt mit ihren Kiefern Lehm von Lehmwänden ab, den sie zuvor mit Speichel aufgeweicht hat. Mit den Kiefern und Vorderbeinen formt sie daraus unter ständigem Drehen Pillen, die sie fliegend zu ihrem Nestplatz trägt. Dort baut sie aus den Pillen eine kugelige Nesturne, der der Speichel des Tierchens die nötige Festigkeit verleiht. Nun heftet die Wespe mit ihrer Hinterleibsspitze unter der Decke der Urne ein Ei an und trägt im Fluge so viele Spannerraupen herbei, bis die Urne damit angefüllt ist. Die Raupen hat sie zuvor durch Stiche gelähmt. Nachdem so die künftige Larve mit Nahrung versorgt ist, wird das Nest mit

Brutfürsorge der Pillenwespe

Bau der Nesturne

Eintragen einer gelähmten Raupe

Verschließen der Urne mit einer Lehmkugel

einer Lehmkugel verschlossen. Jedes Wespenweibchen legt eine ganze Anzahl solcher Lehmnester an. – Die Grabwespen graben für ihre Brut einige Zentimeter lange, schräg in den Boden hinabführende Gänge. Die *Sandwespe*, eine unserer häufigsten Grabwespen, verschließt die fertiggestellte Bruthöhle zum Schutz gegen Feinde mit einem passenden Steinchen. Alsdann geht sie auf Raupenjagd. Hat sie eine Raupe gefunden, lähmt sie diese durch mehrere Stiche in das Nervensystem und schleppt sie zum Nest. Sie öffnet den Nesteingang und zerrt die Raupe in die Neströhre. Hier klebt sie ein Ei an die Raupe, von der sich die ausgeschlüpfte Larve nähren wird. Nachdem die Sandwespe noch einige Raupen eingetragen hat, verschließt sie das Nest endgültig mit Erde und Steinchen, die sie jetzt mit dem Kopf festdrückt. Durch Glätten der Erde macht sie zuletzt den Nesteingang unkenntlich.

3. Die Ameisen

Die Rote Waldameise

Nest. Das Nest der Roten Waldameise besteht aus einem *Hügel*, der aus Fichten- oder Kiefernnadeln, Zweigstückchen und Hälmchen hergestellt ist, und einem darunter liegenden *unterirdischen Bau.* Beide Teile werden von vielen Gängen durchzogen und enthalten zahlreiche Kammern. An der Oberfläche des Hügels sind mehrere Eingänge, die fortgesetzt bewacht, am Morgen geöffnet und am Abend versperrt werden. Bei kaltem, regnerischem Wetter bleiben sie auch tagsüber geschlossen. Vom Nest führen in die Umgebung ausgetretene Straßen, auf denen die Ameisen jeden Pflanzenwuchs unterdrücken.

Bewohner. Wie im Bienenvolk, so sind auch im Ameisenstaat die weitaus meisten Bewohner unfruchtbare Weibchen. Diese flügellosen *Arbeiterinnen* bauen und reinigen das Nest, legen die Straßen an, bewachen die Eingänge, schaffen die Nahrung herbei und pflegen die Brut. Neben ihnen finden sich in dem Bau

Sandwespe

Lähmen einer Raupe

Die Raupe wird in die Nesthöhle gezerrt

Verschließen der Nesthöhle

Königin *Arbeiterin* *Männchen*

mehrere fruchtbare Weibchen, die *Königinnen*, und im Sommer auch *Männchen.* Beide sind geflügelt und weit größer als die Arbeiterinnen. Eines Tages erheben sie sich zum Hochzeitsflug hoch in die Luft. Hierbei vereinigen sie sich mit den Königinnen und Männchen anderer Nester, so daß oft große Schwärme entstehen. Nachdem sie zur Erde zurückgekommen sind, sterben die Männchen bald. Die Königinnen kehren entweder in die alten Nester zurück oder gründen neue Ansiedlungen. Vorher werfen sie die Flügel ab, die sie nun nicht mehr brauchen.

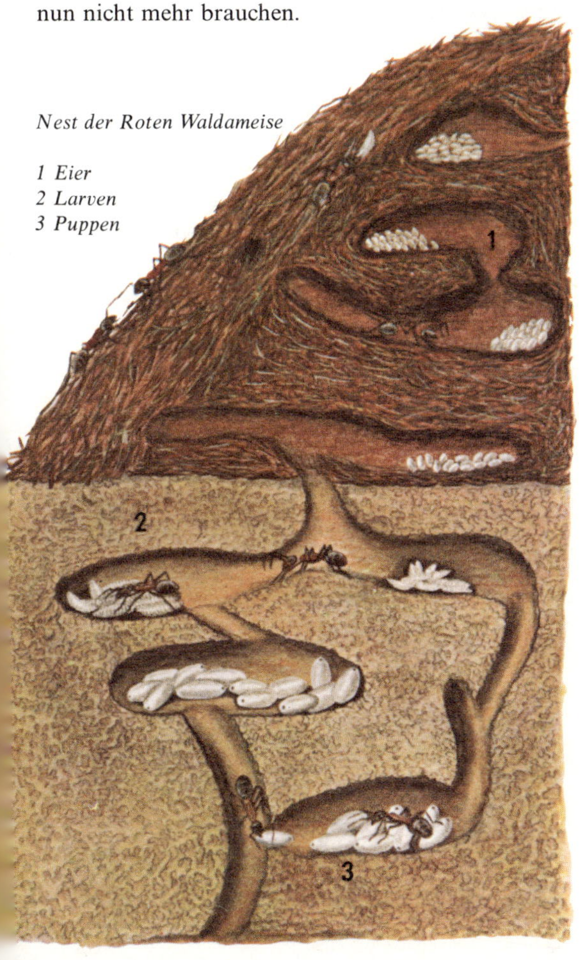

Nest der Roten Waldameise

1 Eier
2 Larven
3 Puppen

Der **Körper** der Ameise ist schwarzbraun und unbehaart und deutlich in Kopf, Brust und Hinterleib gegliedert. Die Mundwerkzeuge sind ähnlich gebaut wie die der Wespen. Ein Giftstachel fehlt der Waldameise (im Gegensatz zu anderen Ameisenarten). Sie sucht ihren Feinden durch Bisse mit den gezähnten Oberkiefern Wunden beizubringen, gegen die sie aus einer Giftdrüse im Hinterleib einen feinen Giftstrahl richtet.

Im Nest liegen die winzigen *Eier*, die weißen, fußlosen Larven (*Maden*) und die in einen weißen Kokon gehüllten *Puppen* gesondert in kleinen Kammern. Sie werden von den Arbeiterinnen bald in ein oberes, bald in ein unteres Stockwerk des Baues gebracht, ganz wie Wärme und Feuchtigkeit es erfordern. Ferner sind die Arbeiterinnen unermüdlich damit beschäftigt, die Larven zu reinigen und zu füttern und beim Ausschlüpfen der Jungen die Puppenkokons aufzubeißen.

Ernährung. Die Waldameise nährt sich vorwiegend von lebenden und toten Insekten, die oft von mehreren Arbeiterinnen gemeinsam zum Nest geschleppt werden. Durch Betrillern mit den Fühlern fordern sie dabei andere zur Hilfeleistung auf. Vielfach stellt die Ameise auch Blattläusen nach, deren süße Ausscheidungen ihre Lieblingsnahrung sind. Die Nahrung, die die Arbeiterinnen nicht selbst brauchen, wird an die Larven abgegeben und an die im Nest arbeitenden Ameisen, die die Heimkehrerinnen oft durch „Betrillern“ anbetteln. Vorräte speichert die Waldameise nicht auf. Sie verfällt gleich allen andern Ameisen unserer Heimat in Winterstarre.

Da die Waldameise viele schädliche Insekten vertilgt, zählt sie zu den nützlichsten Tieren des Waldes. Sie ist daher in Deutschland *gesetzlich geschützt.*

Andere Ameisen. Viele Ameisenarten leben vorwiegend von den süßen Ausscheidungen der Blattläuse (S. 235). Manche Blattlausarten halten ihren „Honigtau“ zurück, bis sie von den Ameisen „betrillert“ werden, um daraufhin ihr Honigtröpfchen abzugeben. – Unsere *Schwarzen Wegameisen* tragen im Herbst die Eier der Blattläuse in ihre Nester ein und setzen im Frühjahr die geschlüpften jungen Blattläuse auf geeignete Futterpflanzen aus, wo sie sie bewachen und regelmäßig „melken“. – Die *Honigameisen*, die in vielen Arten in Amerika, Afrika und

Honigameisen

Weberameisen, Nest

Australien vorkommen, speichern den Honigtau (der gleichfalls von Blattläusen, aber auch von Pflanzengallen und dergleichen stammt) auf eine ganz ungewöhnliche Weise auf. Eine Anzahl Arbeiterinnen werden von den heimkehrenden Sammlerinnen so lange mit Honigsaft gefüttert, bis ihr Hinterleib etwa zur Größe einer Erbse angeschwollen ist. Fast unbeweglich hängen diese lebenden „Honigtöpfe" monatelang an der Decke der unterirdischen Nestkammern, um in der Zeit der Not, z. B. bei Dürre, den Nestgenossinnen ihren Vorrat tröpfchenweise von Mund zu Mund abzugeben. – Die baumbewohnenden *Weberameisen* in Südamerika, Afrika und Australien weben ihre Nester aus Blättern zusammen. Während Arbeiterinnen als lebende Klammern die Blätter dicht aneinander halten, eilen andere mit Larven herbei, die kurz vor der Verpuppung stehen, und nähen mit den klebrigen Kokonfäden, die diese aus ihren Spinndrüsen ausscheiden, die Blätter zusammen. – Die südamerikanischen *Blattschneiderameisen* schneiden aus Blättern münzengroße Stücke heraus und tragen sie in ihr Nest, das sich oft über 100 m im Boden hinzieht. Dort zerkauen sie die Blattstücke zu einer schwammigen Masse, in der sie einen Pilz züchten. Da sie die Pilzfadenenden ständig abbeißen, entwickeln sich an diesen statt der Fruchtkörperchen kugelige Wucherungen, sog. „Kohlrabi", von denen die Ameisen leben. Die Blattschneiderameisen, deren Völker bis 600000 Tiere zählen, rücken mitunter in so riesigen Zügen an, daß sie durch Vernichtung großer Viehweiden zu einer ernsten Gefahr für die Viehzucht eines Landes (z. B. Brasiliens) werden. – Auch „*Sklavenhalter*" gibt es unter den Ameisen. Sie brechen in die Nester schwächerer Ameisen ein, töten oder vertreiben sie und schleppen die Larven und Puppen ins eigene Nest. Die ausschlüpfenden Arbeiterinnen sind nun für die „Sklavenhalter" tätig. Einige Ameisenarten haben sogar verlernt, selbständig Nahrung aufzunehmen. Sie müßten verhungern, wenn sie nicht von ihren Sklaven gefüttert würden.

Weberameisen beim Zusammennähen zweier Blätter

Hautflügler mit Legebohrer

Bei den „Hautflüglern mit Legebohrer“ haben die Weibchen an Stelle des Giftstachels einen Legebohrer, mit dem sie ihre Eier in Tiere oder Pflanzen ablegen.

1. Schlupfwespen. An Wänden, Bretterzäunen und dergleichen findet man oft abgestorbene Raupen des Kohlweißlings, die von weizenkornförmigen gelben Gebilden umgeben sind. Diesen vermeintlichen „Raupeneiern“ entschlüpfen später kleine, schwarze *Kohlraupen-Schlupfwespen.* Das Weibchen legt seine Eier mit Hilfe des Legebohrers in junge Kohlweißlingsraupen. Aus den Eiern entstehen Maden, die sich von den Fettmassen der Kohlraupen ernähren, dabei aber deren lebenswichtige Organe verschonen. Kurz bevor die „Wirte“ sterben, durchbrechen die Maden deren Leibeswand, umgeben sich mit einem Kokon und werden zu Puppen, die jene gelben „Raupeneier“ bilden (Abb. S. 209). – Die über 3 cm lange *Holzwespen-Schlupfwespe* durchsticht mit ihrem dünnen, 6 cm langen Legebohrer gesundes Fichtenholz, um ihr Ei in die Larve der Riesenholzwespe (s. unten) zu legen. – Allein in Deutschland gibt es mehrere tausend Schlupfwespenarten. Sie leisten uns dadurch, daß sie viele schädliche Insekten vernichten, wertvolle Dienste.

Holzwespen-Schlupfwespe, die Larve einer Riesenholzwespe anstechend

Zweig der Eiche mit den häufigsten Gallen des Baumes: Gallen der Eichengallwespe

2. Gallwespen. Im Herbst findet sich in den bekannten, rotbackigen Galläpfeln der Eichenblätter je eine kleine, schwarze Wespe, die *Eichen-Gallwespe.* Das Tierchen ist aus einem Ei hervorgegangen, das von der Mutter in das junge Eichenblatt gelegt wurde. Als Larve nährte es sich von den Säften des Blattes. Dabei reizte es dessen Gewebe so, daß es zu wuchern begann; es entstand eine Galle, in deren Schutz sich das Tierchen entwickeln konnte. – Die mehrkammerigen, wie mit Moos überzogenen Gallen der wilden Rose, die Rosen- oder Schlafäpfel, rühren von der *Rosen-Gallwespe* her.

3. Blattwespen. Die Larven dieser Tiere sind den Raupen der Schmetterlinge sehr ähnlich, besitzen aber acht Paar Bauchfüße. Sie sind meist Blattfresser. Manche fügen unseren Nutzpflanzen großen Schaden zu. So werden z. B. von den schmutziggrünen „Raupen“ der *Kiefernblattwespe* nicht selten ausgedehnte Kiefernbestände vernichtet, und die gelblichgrünen, schwarz punktierten Larven der *Stachelbeerblattwespe* können unsere Johannis- und Stachelbeersträucher völlig kahl fressen.

4. Holzwespen. Die Weibchen der Holzwespen legen ihre Eier mit Hilfe des langen Legebohrers in das gesunde Holz von Laub- und Nadelbäumen. Die Larven ernähren sich vom Holz, dessen Wert sie durch ihre Fraßgänge sehr verringern. – Die großen, weißen Maden der *Riesenholzwespe* leben im Fichtenholz und werden hier oft von der Holzwespenschlupfwespe angestochen (s. oben).

Die *Hautflügler* haben zwei Paar häutige, von wenigen Adern durchzogene Flügel, beißend-leckende Mundwerkzeuge und im weiblichen Geschlecht einen Giftstachel oder einen Legebohrer. Die Verwandlung ist vollkommen.

Kopf und Fuß der Stubenfliege

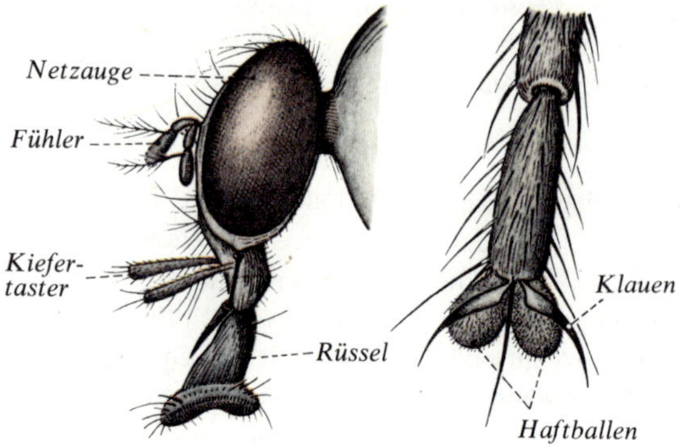

Zweiflügler

Fliegen

Die Stubenfliege

Unter den Fliegen, die in unsere Wohnungen eindringen, ist die Stubenfliege am häufigsten. Das grauschwarze Insekt weist auf der Oberseite der Brust vier dunkle Längsstreifen auf; der Hinterleib ist oben schwarz gewürfelt und unten geblichweiß.
Mit ihren langen, beweglichen Beinen kann die Fliege schnell laufen. Zwischen den Klauen der letzten Fußglieder finden sich je zwei polsterförmige *Haftballen.* Sie sind mit vielen feinen, stets feuchten Drüsenhaaren besetzt. Dadurch haften die Fliegenbeine an der Unterlage, so daß sich das Tierchen sogar an Fensterscheiben halten kann.
Die Stubenfliege fliegt schnell und gewandt. Aus der Höhe ihres Summtones kann man errechnen, daß sie in der Sekunde etwa 200mal mit den Flügeln schlägt. Nur die Vorderflügel dienen zum Fliegen („Zweiflügler"). Die Hinterflügel sind in zwei winzige *Schwingkölbchen* umgewandelt. Wie Versuche zeigten, sind sie zur Erhaltung des Gleichgewichts beim Fliegen wichtig.
Der Kopf der Fliege trägt zwei große Facettenaugen, drei winzige Punktaugen, kurze, dreigliedrige Fühler und einen großen, stempelartigen *Rüssel.* Dieser wird im wesentlichen von der Unterlippe gebildet, die die Form einer großen, trompetenartig sich erweiternden Rinne aufweist. Den vorderen Spalt der Rinne bedeckt die schmale Oberlippe. Sonst sind nur die Kiefertaster noch deutlich zu erkennen. Mit Hilfe des Rüssels tupft die Fliege flüssige Nahrung auf. Will sie Zucker oder andere lösliche Stoffe aufnehmen, so läßt sie aus der Öffnung des Rüssels Speichel hervortreten. Er verteilt sich in zahlreichen Rinnen über die Unterseite des polsterförmigen Rüsselendes und löst die Stoffe auf, die sodann eingesogen werden. Bei Nichtgebrauch wird der Rüssel in der Mitte zusammengeklappt.
Das Weibchen setzt seine Eier an faulenden Stoffen, im Stallmist, Kompost oder Kehricht ab. Die weißen, bein- und augenlosen, aber sehr beweglichen *Maden* gedeihen in jeglichem Unrat. Schon nach einer Woche verpuppen sie sich, wobei die letzte Larvenhaut zu einer tönnchenförmigen Schutzhülle wird (*Tönnchenpuppe*). Nach wieder etwa einer Woche schlüpft bereits das fertige Insekt. Da ein Weibchen während des

Entwicklung der Stubenfliege
Heranwachsende Made *Tönnchenpuppe* *schlüpfende Fliege*

Sommers etwa fünfmal 100 – 200 Eier legt, die ganze Entwicklung nur zwei Wochen dauert und die jungen Tiere sich ebenfalls bald fortpflanzen, kann sich die Stubenfliege unter günstigen Umständen ins Ungemessene vermehren. Im Herbst sterben die meisten Fliegen. Einige Weibchen aber überdauern an geschützten Orten den Winter.

Dem *Menschen* wird die Stubenfliege gleich ihren Verwandten nicht nur lästig, sondern unter Umständen auch gefährlich. Da sie wahllos Kehricht, Unrat und Düngerhaufen aufsucht und sich auf Speisen und Nahrungsmitteln niederläßt, kann sie zur Überträgerin ansteckender Krankheiten werden. Sie ist deshalb mit entsprechenden Insektengiften zu bekämpfen. Von den Nahrungsmitteln müssen die Fliegen ferngehalten werden. Kehrricht und Abfälle sind rasch zu beseitigen.

Andere Fliegen

Neben der Stubenfliege ist in unseren Wohnungen häufig die *Kleine Stubenfliege* anzutreffen. Sie hat gleichfalls einen stempelartigen Rüssel. – Die *Stechfliege* dagegen, auch „Wadenstecher“ genannt, besitzt einen zum Blutsaugen geeigneten Stechrüssel. Sie

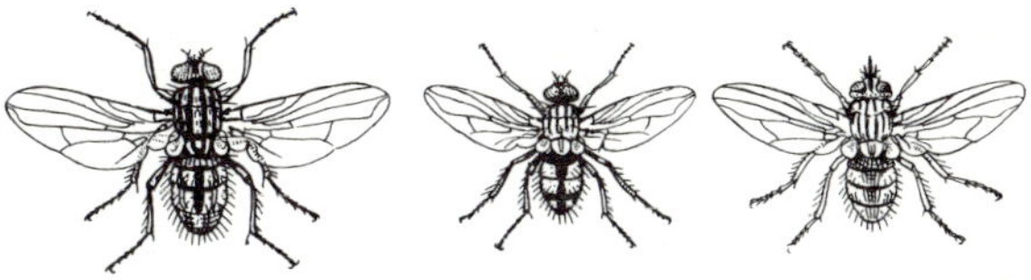

Große Stubenfliege — *Kleine Stubenfliege* — *Stechfliege*

dringt besonders im Herbst in unsere Wohnungen ein. – Sehr gefährliche Stechfliegen sind die *Tsetse-Fliegen* Afrikas. Eine Art überträgt beim Menschen die furchtbare *Schlafkrankheit* (S. 303), eine andere die gefährliche Naganaseuche des Viehs (S. 303). – Ein Blutsauger, der auch bei uns Säugetiere und Menschen oft peinigt, ist die etwa 20 mm große *Rinderbremse.* – Die Maden der glänzend blauen *Schmeißfliegen* und der grauen *Fleischfliege* leben an Fleisch und Tierleichen. – Die schwarz-gelb gefleckten Fliegen, die man oft mit schnell schwingenden Flügeln über Blüten „stehen“ sieht, sind *Schwebfliegen.* – Wo im Freien Kot liegt, stellen sich bald die grünglänzenden *Goldfliegen* ein. – An faulem, in Gärung übergehendem Obst finden wir meist massenhaft die etwa 3 mm langen *Fruchtfliegen.* Sie sind leicht zu züchten und vermehren sich sehr rasch.

Fliegen.

1 Rinderbremse
2 Graue Fleischfliege
3 Goldfliege
4 Schwebfliege
5 Schmeißfliege

Der tote Vogel ist ein Rotkehlchen

Darum verwendet man sie gern als Versuchstiere in der Vererbungsforschung. – Die in den Kirschen auftretenden Maden sind die Larven der schlanken *Kirschfliege.*

Die Larven vieler Fliegen schmarotzen in lebenden Tieren. Die *Rinderbiesfliege* legt ihre Eier an das Fell des Rindes. Die ausschlüpfenden Larven bohren sich durch die Haut des Wirtes und erzeugen darunter Geschwülste, die Dasselbeulen, in denen sie heranwachsen. – Die *Raupenfliegen* kleben ihre Eier Schmetterlingsraupen an die Haut. Ihre Larven entwickeln sich wie die der Schlupfwespen im Innern der Raupen. Sie sind für uns als Vernichter des Kiefernspinners, der Nonne und anderer Waldverderber von großer Bedeutung.

Stechmücke. Männchen

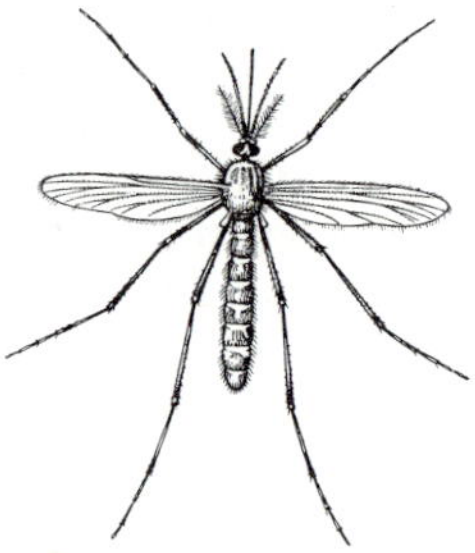

Mücken

Die Stechmücke oder Schnake

Die Schnake hat einen schlanken Körper, schmale Flügel, lange, dünne Beine und einen ebensolchen Rüssel. Männchen und Weibchen sind an den Fühlern zu unterscheiden: die der Männchen sind buschig behaart, die der Weibchen fadenförmig. Das Weibchen nährt sich vom Blut des Menschen und anderer Warmblütler. Durch die zu dolchartigen *Stechborsten* umgewandelten Kiefer wird es erbohrt und mit Hilfe des Rüssels aufgesogen. Beim Einstich läßt die Mücke etwas Speichel in die Wunde fließen, der das Gerinnen des Blutes verhindert und eine juckende Schwellung verursacht. Beim Männchen sind die Kiefer völlig verkümmert. Es vermag daher nicht zu stechen, sondern ernährt sich von Pflanzensäften.

Die Eier werden in winzigen Paketen an der Oberfläche stehender Gewässer abgelegt. Aus ihnen gehen beinlose *Larven* hervor, die durch Schläge des beweglichen Hinterleibs im Wasser unherschwimmen und sich von verwesenden Stoffen ernähren. Zwischendurch sieht man sie, den Kopf nach unten gerichtet, an der Wasseroberfläche hängen, wo sie einen Stern von Haaren ausbreiten. In der Mitte des Sternes liegt die einzige, verschließbare Atemöffnung. Die *Puppen* schwimmen auf dieselbe Weise im Wasser umher, haften aber die meiste Zeit am Wasserspiegel, um zu atmen. Ihr dicker Vorderleib hat zwei ohrenartige Atemröhrchen, durch die sie dabei mit der Luft in Verbindung stehen.

Fange mit einem Netz in Wassertümpeln oder Regentonnen Schnakenlarven und beobachte im Aquarium ihre Lebensweise und ihre Entwicklung!

In wasserreichen Gegenden können die Schnaken zu einer Plage werden. Da sie vorwiegend abends fliegen, kann man sie durch frühzeitiges Schließen der Fenster aus den Wohnungen fernhalten. Andernfalls bilden Gazefenster einen wirksamen Schutz. Die besonders in Kellern und ähnlichen Räumen überwinternden Tiere müssen durch Abflammen der Wände und Decken oder durch Besprühen mit Insektengift vernichtet werden. Regenfässer, Jauchetonnen und ähnliche Brutstätten sind während der wärmeren Jahreszeit mit Deckeln zu versehen.

Andere Mücken. Im Wald belästigen uns im Sommer die kleinen, zarten Wald-Stechmücken, von denen es

Entwicklung der Stechmücke

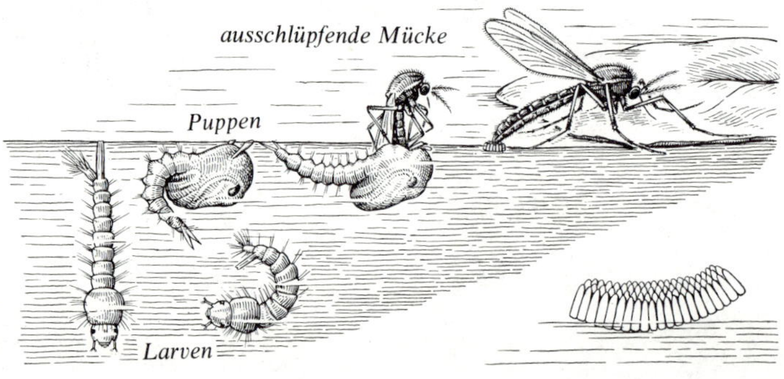

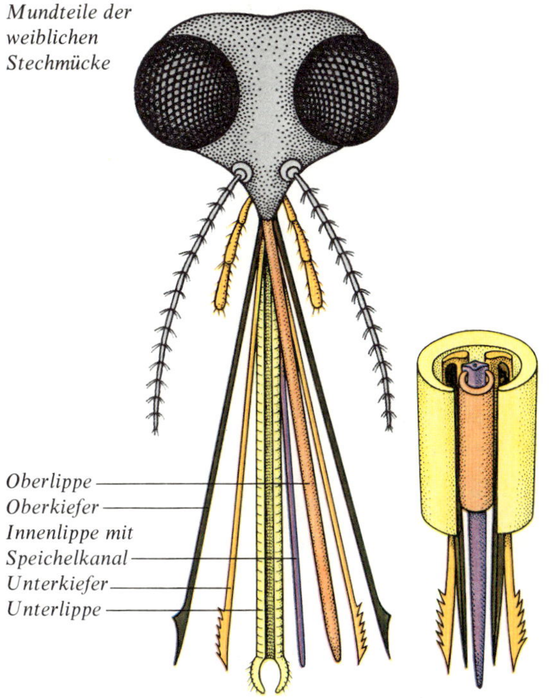

Mundteile der weiblichen Stechmücke

mehrere Arten gibt. – Weit größer als bei uns ist aber die Stechmückenplage in den warmen Ländern. Dort werden die lästigen Blutsauger als Moskitos bezeichnet. Einige, die *Fiebermücken*, sind zudem die Verbreiter des gefährlichen Wechsel- oder Sumpffiebers (Malaria; S. 302). – Auch die Tundra des hohen Nordens ist während des kurzen Sommers von zahllosen Stechmücken bevölkert.

Die Hinterflügel der *Zweiflügler* sind zu Schwingkölbchen umgewandelt. Die Mundteile bilden einen Saug- oder Stechrüssel. Die Verwandlung ist vollkommen.

Flöhe

Der braune, flügellose, etwa 2 mm große *Menschenfloh* hat stechende und saugende Mundteile sowie lange, kräftige Hinterbeine, die ihn befähigen, 30 cm weite Sprünge auszuführen. Seine Eier legt der Blutsauger in Ecken und Bodenfugen verschmutzter Wohnungen und in Kehricht ab. Bei uns ist der widerliche Schmarotzer selten geworden. – Hunde, Katzen und Hühner aber haben häufig Flöhe. – Der in Indien und Afrika lebende *Rattenfloh* ist der Verbreiter der Pest.

Netzflügler

An sonnigen, regengeschützten Stellen kann man in trockenem Sand trichterförmige, bis 8 cm weite und 5 cm tiefe Gruben finden, die von einer Insektenlarve, dem *Ameisenlöwen*, hergestellt wurden. Das sandfarbene, etwa 12 mm lange Tierchen schleudert beim Bau des Trichters den Sand durch ruckartige Bewegungen des Kopfes fort. Am Grund des fertigen Trichters legt es sich, bis zum Kopf im Sand steckend, auf die Lauer. Geraten Ameisen oder andere kleine Insekten auf die lockere Trichterböschung, so rutschen sie meist in die Tiefe, wo sie der Ameisenlöwe mit seinen starken, von einem Saugkanal durchbohrten Oberkiefern packt, ansticht und aussaugt. Versucht das Beutetier aus dem Trichter zu fliehen, so schleudert er mit seinem Kopf Sand nach ihm, um es zum Absturz zu bringen. Die Verpuppung findet in einem kugeligen, aus verklebtem Sand bestehenden Kokon im Boden statt. Das ausgebildete Insekt, die *Ameisenjungfer*, ähnelt mit ihrem schlanken Leib und den vier

Menschenfloh (20mal vergr.)

Ameisenjungfer.

1 Ausgebildetes Insekt
2 Larve, von unten gesehen (3mal vergr.)
3 Trichter der Larve (das Tier bewirft eine Ameise mit Sand)
4 Kokon der Puppe in der Erde

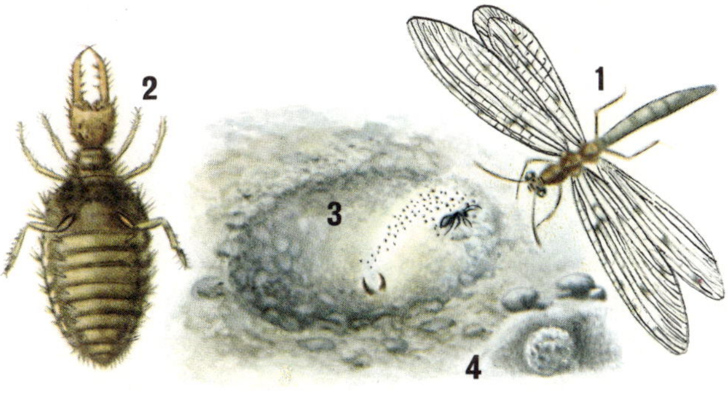

Die Köcherfliege und ihre Verwandlung.
Am Grund des Gewässers Larven und ein leeres Gehäuse.
Links unten eine Larve ohne Gehäuse. An einem
Schilfstengel eine Puppe.

häutigen, netzförmig geaderten Flügeln einer kleinen Libelle. – Ein Netzflügler ist auch die zierliche *Florfliege*, die gern in unseren Wohnungen überwintert. Sie hat florartige, grünliche Flügel und große, goldglänzende Augen. Ihre gefräßigen Larven saugen Blatt- und Schildläuse aus und sind neben dem Marienkäferchen die wichtigsten Feinde dieser Schädlinge.

Köcherfliegen

Die *Köcherfliegen* sind mottenähnliche Insekten. Ihre wasserbewohnenden Larven kleben zum Schutz des weichen Hinterleibs mittels ihrer Spinnflüssigkeit Sandkörner, kleine Schneckenschalen oder Pflanzenteilchen zu zierlichen köcherfömigen Gehäusen zusammen.

Schnabelkerfe

Beerenwanze (2mal vergr.) *Bettwanze (vergr.)*

Wanzen. Die etwa 6 mm lange, braune *Bettwanze* ist einer der unangenehmsten Schmarotzer des Menschen. Bei uns wird sie nur noch selten angetroffen. Mit ihrem flachen, flügellosen Körper vermag sie sich tagsüber in Fugen, Ritzen und ähnlichen Orten zu verbergen. Nachts kommt sie aus den Verstecken hervor, um Schlafenden Blut abzuzapfen. Ihre Mundwerkzeuge, die einen Rüssel oder Schnabel (Schnabelkerfe) mit vier dolchartigen Kiefern bilden, eignen sich zum Stechen und Saugen.

Im Freien finden wir zahlreiche geflügelte Wanzenarten, die sich alle von Pflanzen- oder Tiersäften ernähren. Die etwas derberen Vorderflügel, zwischen die sich wie bei den Käfern ein Schildchen einschiebt, dienen den häutigen Hinterflügeln als Decken. – Die braune Wanze, die z. B. an Himbeeren saugt und diesen ihren widerwärtigen Wanzengeschmack mitteilt, ist die *Beerenwanze*.

Wasserwanzen sind der *Rückenschwimmer*, der die Eigentümlichkeit hat, auf dem Rücken zu schwimmen, und der *Wasserskorpion*, dessen Vorderbeine zu Fangwerkzeugen umgewandelt sind. Beide ernähren sich von anderen Wassertieren. – Die langgestreckten

Wasserwanzen (nat. Gr.)

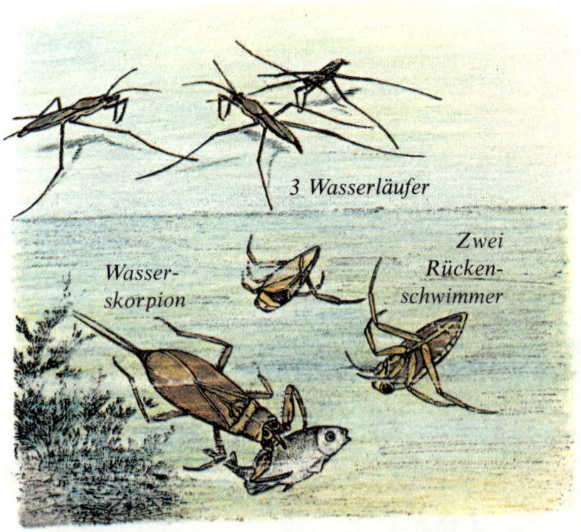

Wanzen, die auf dem Wasserspiegel wie Schlittschuhläufer dahingleiten, nennt man *Wasserläufer*.

Zikaden. In den Schaumklümpchen des „Kuckucksspeichels", der sich häufig an Wiesenpflanzen findet, trifft man eine kleine, grüne Larve an. Sie hat ihren Schnabel in den Stengel gebohrt und saugt die Säfte der Pflanze. Der Schaum, der das Tierchen schützend umhüllt, entsteht aus seinen Ausscheidungen und seiner ausgeatmeten Luft. Das entwickelte Insekt, die 5 mm lange *Schaumzikade*, ähnelt einer kleinen Heuschrecke und kann wie diese sehr gut springen.

Blattläuse. Die Blattläuse kommen auf vielen Pflanzen vor. Da die Weibchen unter günstigen Umständen etwa alle 14 Tage 100–200 Nachkommen hervorbringen können, treten die Schädlinge oft in Massen auf. Sie entziehen den Blättern und jungen Trieben ihrer Wirtspflanzen die nährenden Säfte oft in so großen Mengen, daß die befallenen Teile verkrüppeln oder gar absterben. Die Tiere müssen, um alle Nährstoffe in ausreichender Menge zu erlangen, ein Übermaß an Pflanzensäften aufnehmen. Den überschüssigen Zucker scheiden sie wieder aus (Ameisennahrung). Oft werden die Tröpfchen abgeschleudert und überziehen dann die Blätter der Pflanzen als „Honigtau".
Viele Blattlausarten fügen unseren Nutzpflanzen großen Schaden zu. Man bekämpft sie durch Bespritzen mit Giftlösungen. – Die *Rosenblattlaus* kommt an Knospen und jungen Trieben der Rose vor. – Besonders gefährlich ist die *Blutlaus*. Ihr Name bezieht sich auf den roten Körpersaft, der beim Zerdrücken des Tieres sichtbar wird. Sie saugt, meist große Kolonien bildend, an der Rinde des Apfelbaumes und scheidet lange, weiße Wachsfäden aus, so daß die betreffenden Stellen wie mit Watte bedeckt erscheinen. Der Schädling erzeugt den sog. Rindenkrebs und kann dadurch ganze Bäume zum Absterben bringen. – Die gefürchtetste aller Blattläuse ist die *Reblaus*, die dem Weinbau schon großen Schaden zugefügt hat. Die ungeflügelten Weibchen saugen an den feinsten Wurzeln des Weinstocks, wodurch dort Anschwellungen entstehen. Da diese später faulen, geht die ganze Pflanze nach und nach ein. Neben den „Wurzelläusen" treten auch Blattrebläuse auf, die an den oberirdischen Teilen der Rebstöcke saugen.
Nah verwandt mit den Blattläusen sind die *Schildläuse*. An Weinreben, Steinobstbäumen, Beerensträuchern und Zimmerpflanzen trifft man ihre festsitzenden schild-, kahn- oder kommaförmigen Weibchen oft in Massen an. Auch auf Apfelsinen findet man sie oft. Sie nähren sich von Pflanzensäften wie die Blattläuse und sind wie diese schädlich.

Die Mundwerkzeuge der *Schnabelkerfe* sind zu einem gegliederten Stechapparat („Schnabel") umgewandelt. Meist sind zwei Paar Flügel vorhanden. In der Entwicklung fehlt das Puppenstadium; die Verwandlung ist also unvollkommen.

Rosenblattlaus.
Rosenknospe mit Blattläusen

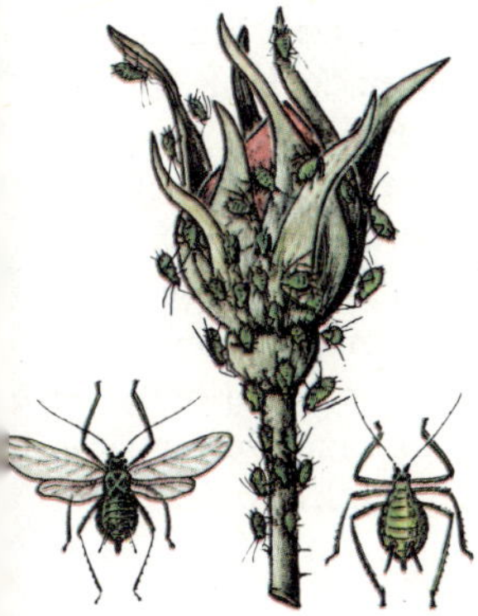

geflügeltes ungeflügeltes
Weibchen (vergr.)

Blutlausweibchen (vergr.)
mit Wachsausscheidungen

Zweigstück vom Apfelbaum
mit Rindenkrebs

Reblaus und
von ihr befallene
Wurzeln des Weinstocks

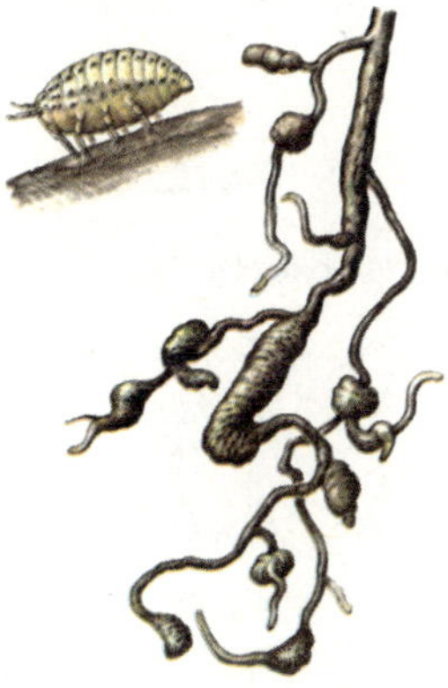

Zweig mit
Kommaschildläusen
(etwas vergr.)

Tierläuse

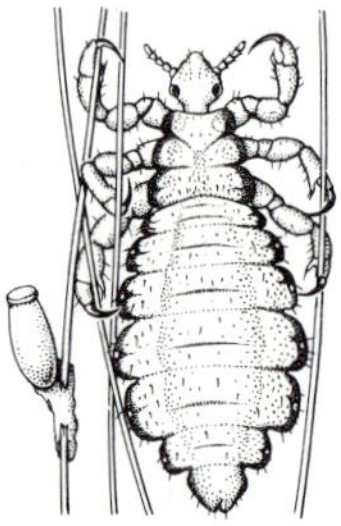

Kopflaus (vergr.)

Ei (vergr.)

Tierläuse kommen auf Säugetieren und mitunter auf Menschen vor, denen sie mit Hilfe eines Stechrüssels Blut entziehen. Beim Menschen können sie nur auftreten, wenn es an der nötigen Reinlichkeit und Körperpflege fehlt. – Die *Kopflaus* hält sich im Kopfhaar des Menschen auf, die etwas größere *Kleiderlaus* saugt am ganzen übrigen Körper. Sie ist die Überträgerin des gefährlichen Fleckfiebers. – Die Verwandlung der Tiere ist unvollkommen.

Grüne Laubheuschrecke. Männchen fliegend Weibchen eierlegend

Geradflügler

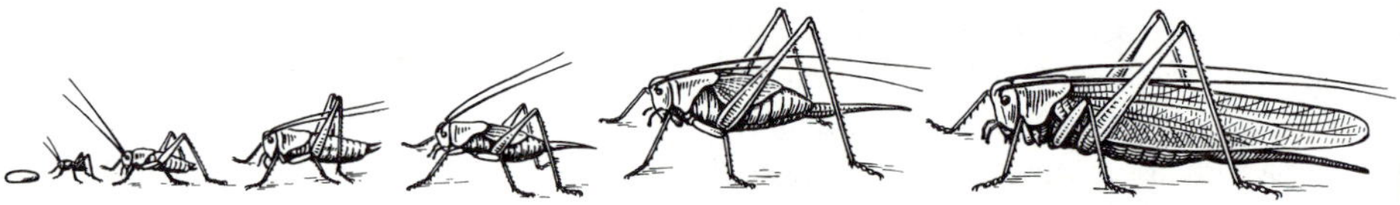

Unvollkommene Verwandlung der Grünen Laubheuschrecke ($^1/_2$ nat. Gr.)

Die Grüne Laubheuschrecke

Die grüne, etwa 3,5 cm lange Laubheuschrecke wird nach der Form ihres Kopfes auch „Heupferd“ genannt. Sie hat beißende Mundwerkzeuge und nährt sich vorwiegend von anderen Insekten. Mit den langen, starken Hinterbeinen (*Sprungbeinen*) kann sie weite Sprünge ausführen. Beim Fliegen werden nur die hinteren Flügel bewegt. Diese liegen während der Ruhe zusammengefaltet unter den schmalen, festen Vorderflügeln.

Grüne Laubheuschrecke. Vorderbein

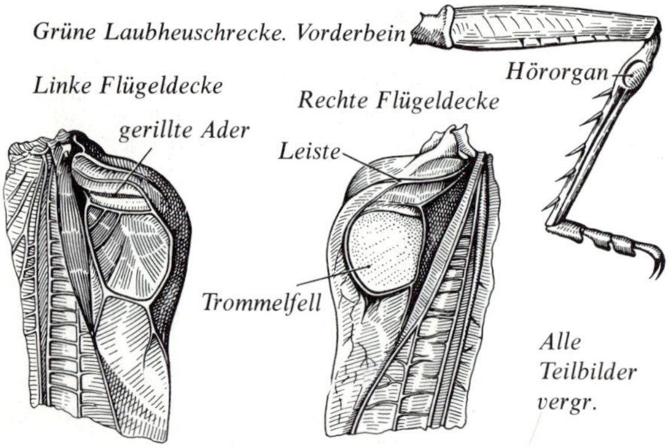

Alle Teilbilder vergr.

Das Männchen kann zirpende *Töne* hervorbringen, indem es eine gerillte Ader der linken Flügeldecke über eine scharfkantige Leiste der rechten streicht und sie dadurch in Schwingungen versetzt. Diese bringen eine straff gespannte Membran, die „Schrillhaut“, zum Mitschwingen, wodurch die Töne verstärkt werden. Durch das Zirpen locken die Männchen die stummen Weibchen an. Das *Hörorgan* der Tiere liegt in den Schienen des ersten Beinpaares: in einer kleinen Höhlung sind zwei Tracheen blasenartig erweitert. Ihre Außenwände bilden Trommelfelle, deren Schwingungen auf Hörsinneszellen übertragen werden.

Wenn der Sommer zu Ende geht, legt das Weibchen seine länglichen Eier mit Hilfe seiner großen Legescheide in die Erde. Im nächsten Frühjahr gehen daraus Larven hervor, die sofort zur Erdoberfläche emporkommen und wie die Eltern leben. Sie ähneln diesen schon weitgehend, doch bilden sich die Flügel erst von Häutung zu Häutung mehr und mehr aus. Die Heuschrecke durchläuft also eine *unvollkommene Verwandlung*.

Andere Geradflügler

1. Laubheuschrecken. Wie die Grüne Laubheuschrecke besitzen alle Arten dieser Familie dünne, borstenartige Fühler, die den Körper an Länge übertreffen. Sie ernähren sich vorwiegend von anderen Insekten.

2. Die Feldheuschrecken, deren dickere Fühler niemals Körperlänge erreichen, sind meist unscheinbar graue oder braune Tiere. Auch sie sind wie die Laubheuschrecken unermüdliche Musikanten. Die Schrilladern befinden sich bei ihnen aber an der Innenseite der Hinterschenkel, die Schrillkanten an den Flügeldecken und das Gehörorgan an den Seiten des ersten Hinterleibsringes. Die Feldheuschrecken nähren sich ausschließlich von Pflanzen und werden daher oft sehr schädlich. Das gilt besonders von den großen *Wanderheuschrecken,* die in allen Erdteilen auftreten, dabei aber steppenartige Gebiete bevorzugen. Bei günstiger Witterung können sie sich ins Ungemessene vermehren. Die erwachsenen, flugfähigen Tiere bilden dann riesige, oft mehrere hundert Kilometer lange Schwärme, die nicht selten die Sonne verfinstern. Wo ein solcher Schwarm einfällt, ist der Boden fußhoch mit Heuschrecken bedeckt, und in kurzer Zeit sind Wiesen, Felder, Gärten und Plantagen kahlgefressen. Hungersnöte waren besonders in früherer Zeit oftmals die Folge. Schon in der Bibel wird von der Heuschreckenplage berichtet. Heute sucht man mit Insektengiften der Schädlinge Herr zu werden. Europa blieb seit einigen Jahrhunderten von der Plage verschont.

3. Die Grillen sind versteckt lebende, dunkle Tiere mit langen Fühlern. In der Fähigkeit zu graben, steht unter ihnen die *Maulwurfsgrille* oder *Werre* an erster Stelle. Mit den Vorderbeinen, die zu breiten Grabschaufeln umgebildet sind, stellt sie wie der Maulwurf lange, unterirdische Gänge her. Da sie neben Kleintieren auch Pflanzenwurzeln verzehrt, richtet sie besonders in Gärten oft Schaden an. – Die dickköpfige *Feldgrille* bewohnt in Feld und Heide eine selbstgegrabene Höhle, in die sie sich bei Gefahr schleunigst zurückzieht. Das Zirpen der Männchen ist weithin hörbar. Ihr Zirpapparat befindet sich wie bei den Laubheuschrecken an den Flügeldecken. – Ein ähnliches, aber lederbraunes Tierchen ist die *Hausgrille* oder das *Heimchen,* das besonders in alten Backhäusern, Küchen und Mühlen vorkommt.

Feldgrille vor ihrer Höhle

4. Schaben. In den Küchen alter Häuser und in Backstuben findet sich auch nicht selten die schwarzbraune *Küchenschabe.* Tagsüber hält sie sich in dunklen Winkeln versteckt, nachts kommt sie hervor und benagt alles Genießbare. Im Gegensatz zu dem geflügelten Männchen hat das Weibchen nur Flügelstummel.

Küchenschabe. Männchen links Weibchen rechts

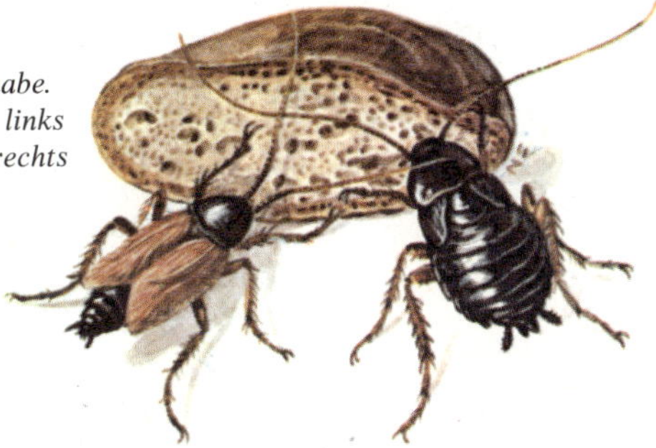

5. Ohrwürmer. Der *Gemeine Ohrwurm* ist ein harmloses, vorwiegend nächtlich lebendes Tierchen, das sich tagsüber unter Steinen, Laub usw. versteckt hält. Es nährt sich von pflanzlicher wie von tierischer Kost.

Maulwurfsgrille

Gemeiner Ohrwurm

Termitenbau
(vorne geöffnet)

Daß es mit Vorliebe dem Menschen ins Ohr krieche, stimmt nicht.

Die *Geradflügler* haben beißende Mundwerkzeuge. Ihre Vorderflügel bilden Flügeldecken. Die häutigen Hinterflügel werden fächerartig längsgefaltet. Die Verwandlung ist unvollkommen.

Termiten

Die Termiten sind Bewohner der Tropenländer und leben wie die Ameisen in wohlgeordneten Staaten. Die lichtscheuen, weißlich gefärbten Insekten werden oft fälschlich als „weiße Ameisen" bezeichnet. An der Spitze des Staates stehen ein männliches Tier, der *König*, und ein weibliches, die *Königin*, deren Hinterleib durch die riesigen Eierstöcke unförmig angeschwollen ist. Die *Arbeiter*, die die Hauptmasse der Bewohner bilden, sind ungeflügelte und unfruchtbare männliche und weibliche Tiere. Die meist etwas größeren *Soldaten*, Tiere mit dickem Kopf und starken Kiefern, verteidigen den Staat gegen Angreifer. Die sehr verschieden gestalteten Nester enthalten wie die der Ameisen viele Gänge und Kammern. Sie bestehen aus einem steinharten, aus Erde und Speichel gebildeten „Zement" und sind meist etwa 2 – 3 m hoch. Die gewaltigen Bauten einer australischen Art ragen bis zu 7 m Höhe auf. Die Hauptnahrung der Termiten ist Holz. Mit ihren starken Freßzangen zerstören sie Holzbauten, Masten, Bahnschwellen und Möbel, aber auch Kleider, Schuhe, Lebensmittel u. a. und sind deshalb sehr gefürchtet. Das befallene Holzmaterial höhlen sie von innen aus und lassen nur papierdünne Wände davon stehen.

Termiten

Königin
(verkl.)

König

Soldat

Arbeiter

(natürliche Größe)

Die Blaue Wasserjungfer

Die Blaue Wasserjungfer tummelt sich bei sonnigem Wetter über ruhigen Gewässern, wo sie in reißendem Flug Mücken, Fliegen und andere Insekten erjagt. Sie ist an ihrer Größe (Länge 6,5 cm, Spannweite 10 cm) und ihrer schmucken Färbung leicht zu erkennen. Der schwärzliche Hinterleib zeigt beim Männchen blaue, beim Weibchen grüne Flecken. Das Männchen bewohnt am Ufer ein scharf begrenztes Revier, das es gegen Eindringlinge heftig verteidigt. Selbst aber unternimmt es oft weite Streifzüge über die Reviergrenzen hinaus.

Körperbau und Ernährung. Die Wasserjungfer und ihre Verwandten sind mit ihrem schlanken Körper und den vier großen, glasartig durchsichtigen Flügeln die schnellsten und gewandtesten Flieger unter den Insekten, ja in mancher Hinsicht die vollkommensten Flieger überhaupt. Einige Arten erreichen bei ihrem rasanten Flug 90 Stundenkilometer. Sie können ferner seitwärts und sogar rückwärts fliegen und in der Luft stehen. So erjagen die „Falken unter den Insekten" ihre Beute im pfeilschnellen, wendigen Flug. Die großen, halbkugeligen, oben zusammenstoßenden Facettenaugen haben ein weites Gesichtsfeld; auch ist der Kopf, der an der Hinterseite ausgehöhlt und nur mit einem feinen Stielchen mit der Brust verbunden ist, ungemein wendig. Die schwachen Beinchen dienen zum Erhaschen und Festhalten der Beute sowie zum Anklammern beim Sitzen. Kleine Insekten werden sogleich im Flug verzehrt, größere im Sitzen. Die Ober- und Unterkiefer sind starke, mit scharfen Spitzen ausgestattete Freßzangen. Die Flügel werden im Sitzen ausgebreitet gehalten.

Entwicklung. Das Weibchen besitzt einen Legebohrer, mit dem es die Eier dicht unter der Wasseroberfläche in Pflanzenstengel ablegt. Die ausschlüpfende, graugrüne *Larve* bleibt im Wasser, wo sie im Laufe von 4 Jahren unter vielen Häutungen heranwächst. Auch sie lebt räuberisch und ernährt sich zunächst von Wasserflöhen und Insektenlarven, später von Kaulquappen und Fischbrut. Die Beute fängt sie mittels der stark vergrößerten Unterlippe, die gleichsam eine gestielte Zange darstellt. Diese *Fangmaske* ist in der Ruhe unter dem Kopf zusammengeklappt,

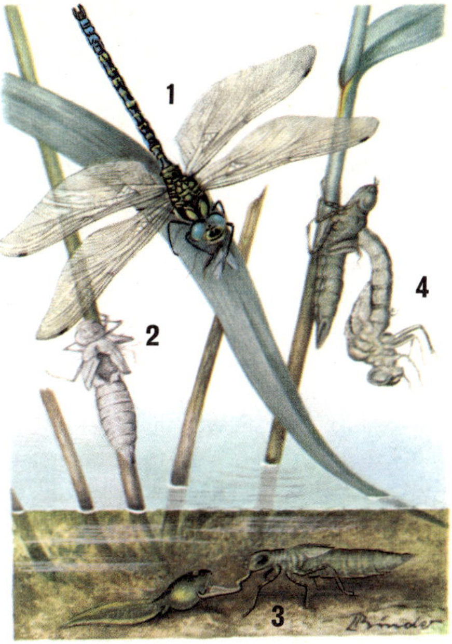

Blaue Wasserjungfer. 1 Libelle mit Beute; 2 leere Larvenhülle; 3 Larve, Kaulquappe erbeutend; 4 ausschlüpfende Libelle

kann aber blitzschnell vorgeschleudert werden. Die Atmung erfolgt durch kiemenartige Blättchen, die von feinen Atemröhren durchzogen sind (*Tracheenkiemen*). Die Blättchen finden sich im Endabschnitt des Darmes, in den das Tier daher fortgesetzt Wasser aufnimmt und wieder ausstößt. Mittels des Rückstoßes des kräftig ausgestoßenen Wassers kann die Libellenlarve vorzüglich schwimmen. Völlig ausgebildet, kriecht sie an einer Pflanze aus dem Wasser hervor, die Haut am Rücken platzt auf, und ihr entschlüpft eine prächtige Libelle. Ein Puppenstadium fehlt also; die *Verwandlung* ist *unvollkommen.*

Verwandte. Außer der Blauen Libelle beobachten wir an unsern Gewässern häufig die etwas kleineren, sehr zierlichen *Schlankjungfern*, deren Männchen oft leuchtend hellblau gefärbt sind, während die Weibchen meist bräunlich erscheinen. Sie und alle andern Libellenarten stimmen im wesentlichen in Bau, Lebensweise und Entwicklung mit der Blauen Libelle überein.

Die *Libellen* haben einen langgestreckten, schlanken Leib, vier große häutige Flügel und beißende Mundwerkzeuge. Sie nähren sich von anderen Insekten. Die Entwicklung erfolgt im Wasser; die Verwandlung ist dabei unvollkommen.

Allgemeines über die Insekten

Artenreichtum. Keine andere Tiergruppe ist so unübersehbar wie die der Insekten. Man kennt heute mehr als 800000 Arten, und alljährlich werden mehrere tausend neu beschrieben. Die Forscher nehmen an, daß es über eine Million Arten gibt. Schon die jetzt bekannten machen nahezu drei Viertel der gesamten Tierwelt aus.

Gestaltenreichtum. Bei der großen Artenzahl und den Anpassungen an die verschiedensten Lebensräume und Ernährungsweisen ist die Mannigfaltigkeit der Körpergestalt bei den Insekten sehr groß, noch größer als bei den Säugetieren (vgl. S. 93). Man denke etwa an so verschiedene Gestalten wie Schmetterling und Käfer, Maulwurfsgrille, Heuschrecke und Libelle, Biene und Ameise, Ohrwurm und Ölkäfer.

Vorkommen. Insekten kommen fast überall auf der Erde vor. Selbst in den wasserärmsten Wüsten trifft man sie noch an sowie im höchsten Hochgebirge. Im Himalaja hat man in 6000 m Meereshöhe in Eis und Schnee noch einige Arten festgestellt. Sogar an der Meeresoberfläche, weit entfernt vom Festland, werden Insekten angetroffen. Im hohen Norden dringen Stechmücken und Bremsen so weit in polare Gebiete vor wie die Warmblütler, von denen sie leben; hier findet man Schmetterlinge und Hummeln noch überall da, wo Blütenpflanzen vorkommen. Selbst in der öden, eisigen Antarktis leben etwa 40 Insektenarten.
Säugetiere und Vögel vermögen dank ihrer Warmblütigkeit in diese unwirtlichen Lebensräume vorzudringen, die Insekten infolge ihrer fast unbegreiflichen Zählebigkeit. Viele können eingefrieren, ohne Schaden zu nehmen; einige wurden Temperaturen von −35° ausgesetzt und lebten weiter; andere bewohnen heiße Quellen mit Temperaturen bis zu 50°. Zahlreiche Insekten kommen lange Zeit ohne Wasser aus.

Körpergröße. Das größte Insekt ist der indische Atlas-Falter mit 30 cm Flügelspannweite. Die überwiegende Mehrzahl der Insekten aber hat weniger als 6 mm Körperlänge; viele sind sogar weniger als 1 mm groß. Die kleinsten, gewisse „Eierwespen“, sind so winzig, daß ihre Larven sich in den Eiern anderer Insekten entwickeln können. – Die geringe Körpergröße ermöglicht es den Insekten, kleinste „Nischen“ in der Natur als Lebensraum auszunützen, wo ihnen größere Tiere keine Konkurrenz machen. Vor allem aber für die Flugfähigkeit ist die Kleinheit von Bedeutung. Kleine Lebewesen sind für das Fliegen geeigneter als große, weil ihr Körpergewicht im Verhältnis zu ihrer Tragfläche geringer ist als bei großen Tieren.

Körperbau. Der allgemeine Körperbau der Insekten wurde in dem Abschnitt „Der Maikäfer, ein Insekt“ (S. 196) dargestellt. Nachdem wir nun viele Insekten kennengelernt haben, wollen wir die Beine und die Mundwerkzeuge vergleichend betrachten, weil sie die stärksten Abwandlungen gemäß der Lebensweise zeigen.

Die Beine. Das Insektenbein besteht aus Hüfte, Schenkelring, Schenkel, Schiene und dem fünfgliedrigen Fuß. Beim *Gehbein*, wie es die meisten Insekten haben, zeigen die Teile etwa die Ausbildung, wie wir sie von den Käfern her kennen (S. 194). Das letzte Fußglied trägt in der Regel ein Paar spitze Krallen und einen oder mehrere Haftlappen. Mit den Krallen halten sich die Tiere an rauhen, mit den Haftlappen an glatten Unterlagen fest. Die Haftlappen sind mit vielen hohlen Drüsenhärchen ausgestattet, deren Ausscheidung den Haftlappen feucht und damit haftfähig erhält.
Von dieser Grundform aus entstanden in Anpassung an die verschiedenartigen Aufgaben mannigfache

Beinformen der Insekten

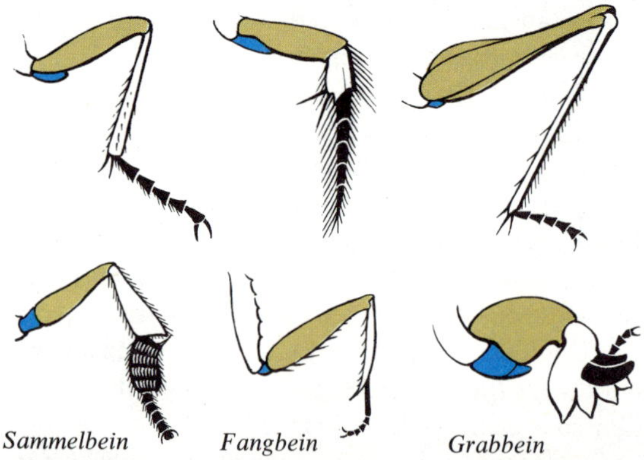

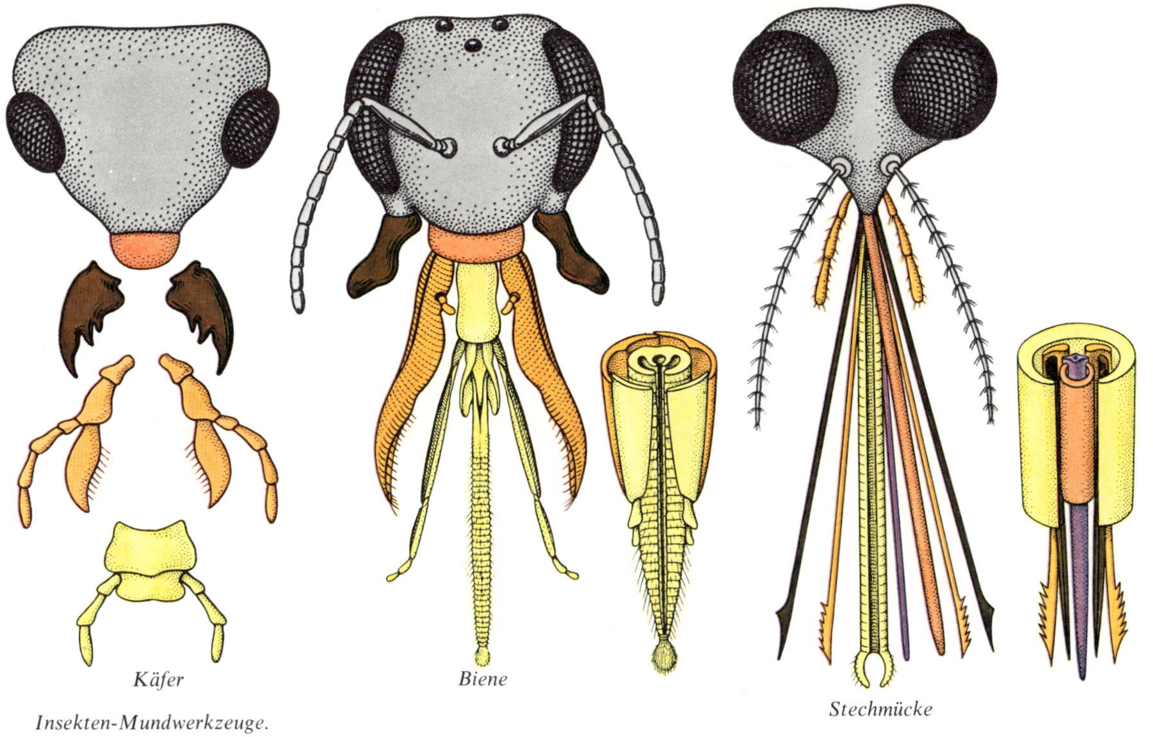

Insekten-Mundwerkzeuge.
(Oberlippe rot, Oberkiefer braun, Unterkiefer ocker, Unterlippe gelb)

Abwandlungen. Aber auch bei noch so starker Abänderung von Einzelteilen (vgl. die Abb.) bleibt doch der allen Insekten gemeinsame, von den Urvorfahren ererbte *Grundbauplan* stets erhalten. – An den *Schwimmbeinen* mancher Wasserkäfer sind Schiene und Fuß abgeflacht, verbreitert und mit langen, dichten Haarsäumen versehen; das *Sammelbein* der Bienen und Hummeln ist mit Bürstchen und Körbchen zum Pollensammeln ausgestattet; die Vorderbeine des Wasserskorpions und der Gottesanbeterin, einer Fangheuschrecke, sind zu *Fangbeinen* umgestaltet, bei denen das verlängerte erste Fußglied in eine Rinne der Schiene eingeklappt werden kann; die Hinterbeine der Heuschrecken sind durch starke Verlängerung des ganzen Beines und mächtige Entwicklung der Schenkelmuskulatur zu *Sprungbeinen* ausgebildet, mit denen die großen Arten bis zu $^{3}/_{4}$ m weit springen können. Die Vorderbeine der im Boden grabenden Maulwurfsgrillen sind gedrungene, zu Schaufeln abgeflachte *Grabbeine*. Dabei bilden Schiene und Fuß zugleich eine kräftige Kneifzange, mit der die Tiere hinderliche Wurzeln abzwicken können. Die Vorderbeine der Bienen, Hummeln, Wespen, Ameisen und vieler anderer sind mit Putzvorrichtungen für die Fühler ausgestattet, und manche Schmetterlinge haben Bürsten an den Vorderbeinen zum Reinigen der Facettenaugen.

Die Mundwerkzeuge. Nicht minder vielgestaltig ist die Ausbildung der Mundwerkzeuge. Ihre Urform ist die der *beißenden Mundwerkzeuge*, wie wir sie von den Käfern, Geradflüglern und Libellen her kennen. Die beiden starken, meist spitzzackigen *Oberkiefer* dienen zum Abnagen oder Losreißen der Nahrung, die dahinter- (oder darunter-) stehenden *Unterkiefer* halten Nahrungsteilchen fest und befördern sie in die Mundöffnung. Die Bezeichnung „Kiefer" ist irreführend, denn sie sitzen nicht wie die Kiefer der Wirbeltiere im Mund, sondern vor diesem, zu beiden Seiten der Mundöffnung, und wirken hier wie die beiden Backen einer Zange gegeneinander. Das nächste Mundgliedmaßenpaar ist zu der breiten, unpaaren *Unterlippe* verschmolzen, die etwa herabbröselnde Nahrungsteilchen auffängt, um sie der

Unvollkommene Verwandlung einer Baumwanze

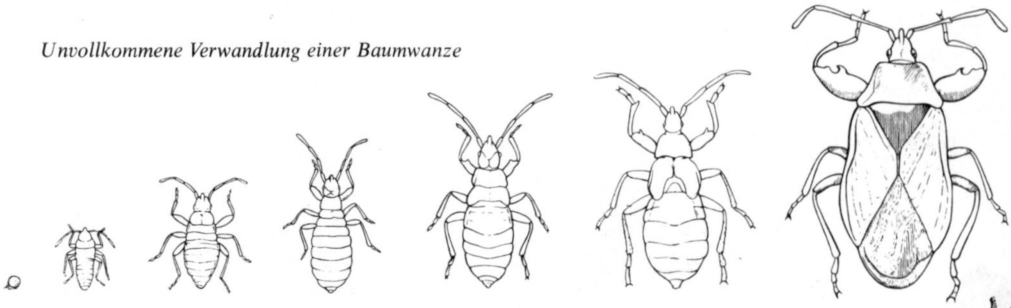

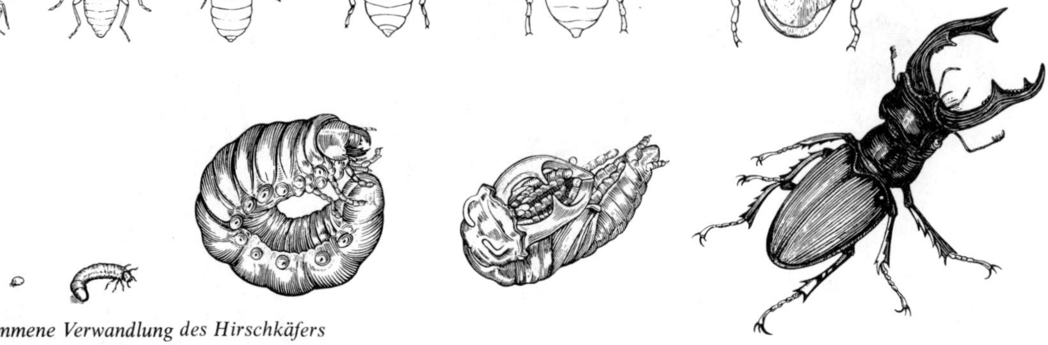

Vollkommene Verwandlung des Hirschkäfers

Mundöffnung zuzuführen. Die Kiefer- und Lippentaster, die an Unterkiefer und Unterlippe sitzen, sind vor allem Träger von Tast- und Geschmackssinnesorganen. Die über den Mundwerkzeugen stehende *Oberlippe* ist lediglich eine vorstehende Chitinplatte der Kopfkapsel und hat bei den beißenden Mundwerkzeugen keine wesentliche Funktion.
Die vielen Insekten, die sich von Flüssigkeiten nähren, wie Schmetterlinge, Fliegen, Zikaden, Blattläuse, brauchen ein *Saugrohr*, ähnlich einem Trinkstrohhalm, um die Flüssigkeit einzusaugen. Dieses ist aber nie ein einfaches Röhrchen, sondern es ist stets aus diesen oder jenen umgeformten Ur-Mundteilen zusammengesetzt. Der meist mehrere Zentimeter lange Rüssel der Schmetterlinge z. B. besteht aus den zwei rinnenförmigen, an ihren Rändern kunstvoll zusammengefalzten Unterkiefern.

Die Wespen und Ameisen haben *beißende und leckende Mundwerkzeuge*, wobei das Oberkieferpaar zum Beißen, die Unterlippe zum Lecken dient; die Bienen und Hummeln besitzen *beißende und saugende* Mundteile. Bei der *Honigbiene* dienen die gezähnten Oberkiefer zum Packen fester Gegenstände, während die Unterkiefer und die Lippentaster miteinander ein Saugrohr bilden, in dem noch ein zweites, aus der Zunge, dem Mittelteil der Unterlippe, gebildetes, steckt (Abb. S. 241).

Am stärksten umgebildet sind die *stechend-saugenden Mundwerkzeuge* der Mücken, Wanzen, Läuse und Flöhe. Als Beispiel dafür zeigt unsere Abbildung den Stechrüssel der *Stechmücke.* Die Unterlippe bildet eine Rinne, die von der Oberlippe bedeckt wird. In dem so gebildeten Rohr liegen die vier Stechborsten, die den beiden Kieferpaaren entsprechen. Dazu kommt noch eine Innenlippe, ein unpaarer zungenartiger Fortsatz des Mundhöhlenbodens. Sie enthält ein Speichelrohr, durch das beim Stechen der die Blutgerinnung hemmende Speichel in die Wunde fließt. Außerdem schließt sie die rinnenförmige Oberlippe zum Saugrohr. Beim Gebrauch wird die Unterlippe nach hinten winkelig abgeknickt, so daß sie die andern Teile beim Einstechen nicht behindert.

Entwicklung. Aus dem befruchteten Ei eines Insekts geht in der Regel eine *Larve* hervor, die völlig anders gebaut ist als das fertige Insekt. Sie muß also eine *Verwandlung* durchlaufen. Diese wird, je nachdem ein Puppenzustand eintritt oder nicht, als „vollkommen“ oder als „unvollkommen“ bezeichnet. Von den Hauptformen der Larve haben wir die Raupe, den Engerling und die Made kennengelernt. Die *Puppe* ist entweder eine freie, eine Mumien- oder eine Tönnchenpuppe. Ausgebildete Insekten können sich nicht mehr häuten und darum auch nicht mehr wachsen.

Bei der Verwandlung während des Puppenzustandes wird der Larvenkörper nahezu ganz umgestaltet: An Stelle der beißenden Mundwerkzeuge der Raupe entsteht der kompliziert gebaute Schmetterlingsrüssel, an die Stelle der Stummelbeine treten schlanke, fein gegliederte Schmetterlingsbeine, an die Stelle der winzigen Punktaugen große Facettenaugen, Flügel mit Hunderttausenden verwickelt gebauter Schuppen kommen hinzu und so fort.

Hormonale Steuerung der Entwicklung. Der Entwicklungsvorgang, der von der Eizelle zum fertig ausgebildeten Tier führt, wird durch Hormone gesteuert. *Hormone* sind *Wirkstoffe*, die meist in besonderen Drüsen des Tierkörpers – auch des menschlichen Körpers – gebildet werden. Sie treten unmittelbar in das Blut über und steuern im ganzen Körper Wachstums-, Entwicklungs- und viele andere Lebensvorgänge. Sie beeinflussen vor allem lang anhaltende Prozesse (z B. die Keimesentwicklung), während raschablaufende Vorgänge (z. B. Muskelbewegungen) vom Nervensystem gelenkt werden.
Die Insekten haben schon während des Larvenlebens im Kopf und in der Vorderbrust zwei winzige *Hormondrüsen*, deren Wirkstoffe die Häutungen der Raupen, ihre Verpuppung sowie die Verwandlung der Puppe in das fertige Insekt bewirken.
Einfache Versuche lassen ihre Wirkung erkennen. Überträgt man z. B. Blut – und damit das Hormon – einer verpuppungsreifen Schwärmerraupe in eine junge Raupe, so hört diese alsbald auf zu fressen, gräbt sich in die Erde ein und verpuppt sich vorzeitig. Entfernt man einer verpuppungsreifen Raupe die Hormondrüsen, so unterbleibt die Verpuppung. Spritzt man ihr nun aber das Hormon einer vor der Verpuppung stehenden Raupe ein, so beginnt sie, sich zu verpuppen. Man erkennt daraus, daß Hormone den Entwicklungsablauf steuern.

Die Stammesgeschichte der Insekten. Es besteht kein Zweifel darüber, daß die Insekten im Erdaltertum aus ringelwurmähnlichen Vorfahren hervorgegangen sind (Abb.). Der heute noch lebende tropische *Peripatus* hat einen wurmartigen Körper, aber andererseits etwa 30 Paare klauentragender Stummelfüße, 3 Paar Mundwerkzeuge, Fühler, Stigmen und Tracheen wie ein Insekt. So verkörpert er eine *Zwischenform* zwischen Wurm und Insekt, etwa entsprechend der zweituntersten Figur der abgebildeten Entwicklungsreihe. In diesem Zusammenhang ist die Tatsache beachtenswert, daß alle Insekten in ihrer Einzelentwicklung ein mehr oder weniger wurmähnliches Larvenstadium durchlaufen.

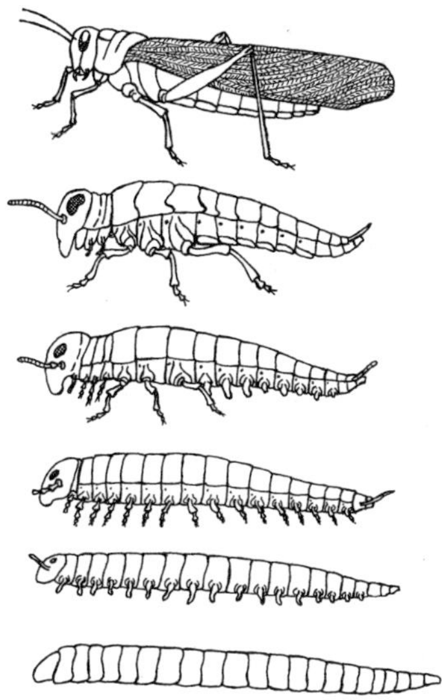

Die mutmaßliche Stammesentwicklung vom Ringelwurm zum Insekt

Mensch und Insekt. Unmittelbar nützlich sind dem Menschen von all den vielen Insekten nur die Honigbiene, die er schon in alter Zeit zum Haustier gemacht hat, und der Seidenspinner. Zahlreiche andere sind Plagegeister und gefährliche Krankheitsüberträger. Riesengroß sind die Schäden, die die Insekten der menschlichen Wirtschaft zufügen. Sie gehen Jahr für Jahr in die Milliarden.

Andererseits gibt es eine Anzahl besonders schöner und selten gewordener Insekten, die wir in der uns umgebenden Natur nicht missen möchten und die deshalb unter *Naturschutz* gestellt wurden. In Deutschland sind gesetzlich geschützt: Apollo, Segelfalter, Wiener Nachtpfauenauge; Hirschkäfer, Alpenbock, Pechschwarzer Wasserkäfer, Puppenräuber und die Rote Waldameise. Vgl. „Naturschutz“, S. 146.

Insektenschädlinge des Waldes

Die Lebensgemeinschaft Wald. Der ursprüngliche Wald ist eine Lebensgemeinschaft von Tieren und Pflanzen, die in gegenseitiger Abhängigkeit miteinander leben. Mit der Zeit bildet sich zwischen ihnen zwangsläufig ein Gleichgewicht heraus, ohne das die Lebensgemeinschaft nicht bestehen kann: Würden z.B. die Insekten, die sich vom Laub und Holz der Bäume und Sträucher ernähren, immer mehr überhandnehmen, so würden sie schließlich den ganzen Wald zugrunde richten. Damit würden sie aber ihre eigene Nahrungsgrundlage vernichten und somit auch sich selbst sowie letztlich alle anderen Tiere der Gemeinschaft.

Dazu kommt es aber in der Regel nicht. Nimmt nämlich die Zahl dieser pflanzenfressenden Insekten zu, so vermehren sich auch ihre Feinde (Fledermäuse, insektenfressende Vögel, Raubinsekten), da sie ja jetzt mehr Nahrung finden. Aber sie werden wiederum die Insekten nicht ausrotten: Indem sie sich stark vermehren, vernichten sie zwar immer mehr Insekten; dadurch wird aber ihre Nahrung immer knapper, sie können nicht mehr so viele Nachkommen ernähren und nehmen daher an Zahl wieder ab. Nun können sich die Insekten wieder erholen usw. Dieses Hin und Her geht so lange, bis sich ein *biologisches Gleichgewicht* zwischen den Insekten und ihren Feinden herausgebildet hat. In einem ähnlichen Gleichgewicht stehen auch andere Glieder der Lebensgemeinschaft zueinander.

Ein die Lebensgemeinschaft gefährdendes Überhandnehmen einer einzelnen Tierart oder einer Gruppe gleichartiger Nutznießer (pflanzenschädigende Insekten, insektenfressende Vögel, pflanzenfressende Großtiere, Raubtiere usw.) ist also aufgrund der Gleichgewichtsregulierung im natürlichen Wald – und ebenso in allen andern natürlichen Lebensräumen – im allgemeinen nicht möglich. Wie kommt es aber dann zum verheerenden Massenauftreten von „Schädlingen“?

„Schädlinge“ an sich gibt es in der Natur nicht. Wohl stehen die Lebewesen untereinander in einem harten Konkurrenzkampf um Lebensraum und Nahrung, und leben viele auf Kosten anderer; doch zerstört dadurch keines die im biologischen Gleichgewicht lebende Gesamtheit.

Für den Menschen aber sind alle die Lebewesen „Schädlinge“, die ihm Schaden zufügen, indem sie seine Gesundheit bedrohen, das Gedeihen seiner Nutzpflanzen oder Nutztiere beeinträchtigen oder sein Hab und Gut schädigen. Nur von diesem *Nützlichkeitsstandpunkt* des Menschen aus gesehen kann man von „Schädlingen“ sprechen. Der Mensch setzt sich gegen sie zur Wehr, weil sie seine Lebensgrundlagen bedrohen.

Schädlingsmassen durch Monokulturen. Auch in einem natürlichen Urwaldbestand fallen Bäume den Insekten, Pilzen und anderen Nutznießern zum Opfer. In der biologisch ausgewogenen Lebensgemeinschaft wird jedoch ein solcher Verlust rasch ausgeglichen. Nun wurden aber im Laufe des vorigen Jahrhunderts die natürlichen Mischwälder von einer „planmäßig“ arbeitenden Forstwirtschaft durch *reine* Fichten-, Kiefern- und Buchenbestände ersetzt, weil man möglichst viel Holz auf eine wirtschaftliche Weise „ernten“ wollte. In diesen „*Monokulturen*“ traten alsbald Schädlinge in unvorstellbaren Massen auf und vernichteten riesige Wälder. Der Grund dafür ist leicht einzusehen: Die Insekten, die von Bäumen leben, finden überreichlich Nahrung, und außerdem fehlen viele ihrer Feinde. So meiden z. B. insektenfressende Singvögel die reinen Nadelwälder, weil sie in Gebüschen und Laubbäumen nisten. Die Folge ist, daß sich manche Insektenarten, die in natürlichen Lebensgemeinschaften nur vereinzelt vorkommen, geradezu explosionsartig vermehren.

So kommt es zum gefährlichen *Massenauftreten* von Nonne, Kiefernspinner, Kiefernspanner und Forleule im Kiefernwald, zur Vernichtung riesiger Fichtenwälder durch den Buchdrucker, zu schweren Schäden im Buchenwald durch den kleinen Buchenprachtkäfer, der, wie der Buchdrucker bei der Fichte, den Bast zerstört, so daß die Bäume vertrocknen.

Schädlingsbekämpfung. Um die gefährlichen Forstschädlinge zu bekämpfen, ist man heute bestrebt, im Wald wieder möglichst naturnahe Verhältnisse herzustellen. Den Anbau reiner „Holzäcker“ hat man eingeschränkt, pflanzt vielmehr, wo es Boden, Lage und Klima zulassen, Mischwälder aus verschiedenen

Baumarten unterschiedlichen Alters (*Plenterwald*). In reinen Nadelwäldern, die nicht überall zu vermeiden sind, versucht der Forstmann, die Massenvermehrung von Schädlingen frühzeitig zu unterbinden. Der Borkenkäferbefall z.B. kann durch rechtzeitiges Entrinden gefallener und gefällter Bäume eingeschränkt werden. Oft läßt man auch einzelne kranke Fichten als Fangbäume für die Schädlinge stehen und entfernt sie zur Zeit der Verpuppung der Borkenkäferlarven.

Gegen andere Schädlinge hilft oft nur der Einsatz chemischer Vernichtungsmittel. Dabei werden die Giftstoffe von Hubschraubern aus über den bedrohten Wäldern versprüht. Diese naturwidrige Bekämpfungsweise hat freilich schwere Nachteile: mit den schädlichen werden auch die nützlichen Waldinsekten vergiftet, und oft sterben auch die Vögel, die die vergifteten Insekten fressen. Weitaus günstiger ist die natürliche, „*biologische*" *Schädlingsbekämpfung*. Sie beruht darauf, daß man die natürlichen Feinde der Schädlinge schützt, ihre Entwicklung fördert oder sogar ihre Zahl künstlich vermehrt. So züchtet man z. B. neuerdings in besonderen Brutanstalten Ameisen und Puppenräuber in großen Massen und setzt sie in gefährdeten Wäldern aus.

Ähnlich wie die Reinbestände in der Forstwirtschaft sind auch die Monokulturen in der Landwirtschaft (z. B. Getreide-, Kartoffel-, Rübenfelder), im Garten- und Plantagenbau sowie im Weinbau durch Massenbefall von Schädlingen gefährdet. Auch hier ist die Schädlingsbekämpfung notwendig. Ganz besondere Vorsicht ist aber beim Einsatz chemischer Schädlingsbekämpfungsmittel überall da erforderlich, wo durch Giftreste an Nahrungsmitteln die Gesundheit des Menschen und seiner Tiere gefährdet werden kann.

Tausendfüßler

Die Tausendfüßler sind lichtscheue Tiere, die sich unter Steinen, Laub, Moos und dergleichen aufhalten. Ihr langgestreckter, von einem Chitinpanzer bedeckter Körper läßt im Gegensatz zu den Insekten nur einen Kopf und einen Rumpf erkennen. Der Rumpf besteht aus zahlreichen gleichförmigen Ringen. Da jeder Ring ein oder zwei Paar gegliederte Beine trägt, besitzen manche Arten viele Gliedmaßen (Name). Am Kopf bemerkt man ein Paar Fühler und zwei oder drei Kieferpaare. Als Sehorgane dienen mehrere Punktaugen. Die Tausendfüßler atmen wie die Insekten durch Tracheen.

Die **Einpaarfüßler** haben einen breiten, bandartigen Körper, dessen Rumpfringe je ein Paar Beine tragen. Sie sind schnelle und gewandte Räuber, die ihre Beute durch giftige Bisse überwältigen. Während der bei uns häufige, etwa 3 cm lange *Steinkriecher* Regenwürmern, Insekten, Spinnen und anderen Kleintieren nachstellt, können die 20 und mehr Zentimeter großen Skolopender wärmerer Länder sogar dem Menschen gefährlich werden.

Die **Zweipaarfüßler** haben einen drehrunden Körper, tragen an den Rumpfringen je zwei Beinpaare und sind langsame Tiere, die sich von Pflanzen ernähren. Bei Gefahr rollen sie sich zusammen und stellen sich tot. Dabei nimmt der *Gemeine Tausendfuß* die Form einer Spirale an, während der *Kugel-Tausendfuß*, der einer Mauerassel ähnlich ist, sich zu einer Kugel zusammenrollt.

Die *Tausendfüßler* leben an feuchten, dunklen Orten. Sie sind durch Tracheen atmende Gliederfüßler, deren langgestreckter Körper aus Kopf und Rumpf besteht. Sie haben ein Paar Fühler und an den Rumpfringen ein oder zwei Paar Beine.

Steinkriecher, der einen Regenwurm überfallen hat; darüber Kugel-Tausendfuß, rechts Gemeiner Tausendfuß, beide ausgestreckt und zusammengerollt.

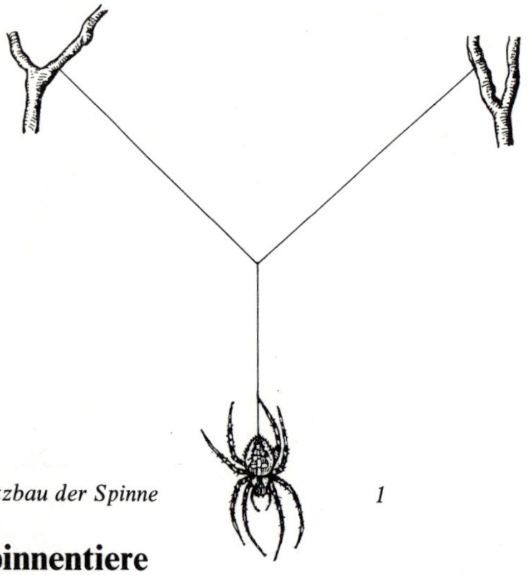

Netzbau der Spinne 1

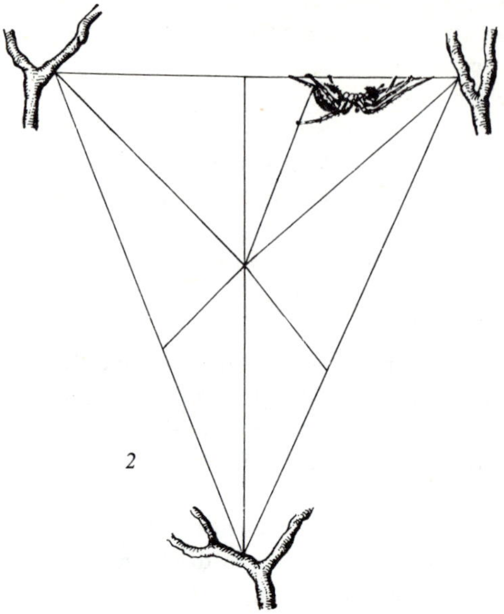

2

Spinnentiere

Die Kreuzspinne

Überblick über den Körperbau. Die Kreuzspinne ist an dem weißen Kreuz auf dem Rücken ihres braunen Körpers zu erkennen. Ihr Leib gliedert sich in das Kopfbruststück und den Hinterleib. Das *Kopfbruststück* trägt vier Paar mehrgliedrige Beine. An seinem Vorderrande erblicken wir acht *Punktaugen.* Fühler haben die Spinnen nicht. Als Mundteile finden sich zwei Kieferpaare. Jeder *Oberkiefer* endigt in eine nadelspitze Klaue, die von einem Giftkanal durchzogen ist; die *Giftdrüsen* dazu liegen im Kopfbruststück. Die Unterkiefer („Kiefertaster") bilden breite Kauplatten und sind mit großen Tastern ausgestattet.

An der Unterseite des halbkugeligen *Hinterleibes* erkennen wir mit der Lupe zwei spaltenförmige Atemlöcher (Stigmen). Sie sind die Eingänge zu den beiden *Tracheenlungen* (S. 249). Am Hinterende stehen sechs kegelförmige *Spinnwarzen* dicht beisammen.

Netzbau und Ernährung. Die Kreuzspinne nährt sich vorwiegend von Fliegen und Mücken. Um sie zu fangen, spinnt sie ein Netz, das senkrecht z. B. zwischen Baumstämmen oder Ästen ausgespannt wird. Der hierfür notwendige Baustoff wird von den im Hinterleib liegenden *Spinndrüsen* erzeugt. Er tritt als zähe Flüssigkeit aus feinsten Spinnröhrchen hervor, die sich auf den Spinnwarzen erheben. Drückt das Tier die Warzen an einen Gegenstand, so bleibt etwas Spinnstoff haften. Entfernt sich nunmehr die Spinne, dann wird der weiterhin austretende Spinnstoff zu

Kreuzspinne. (Alle Abbildungen vergrößert)

Vorderer Teil des Kopfbruststückes mit Oberkiefern, Augen und bloßgelegter Giftdrüse

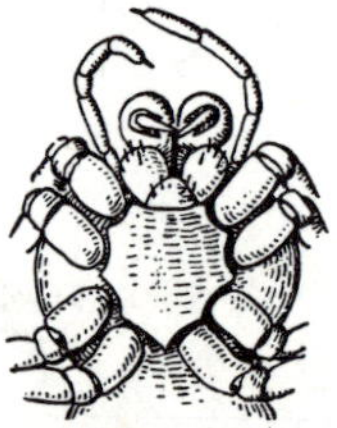

Kopfbruststück, von unten gesehen, mit beiden Kiefern und den Grundgliedern der Beine

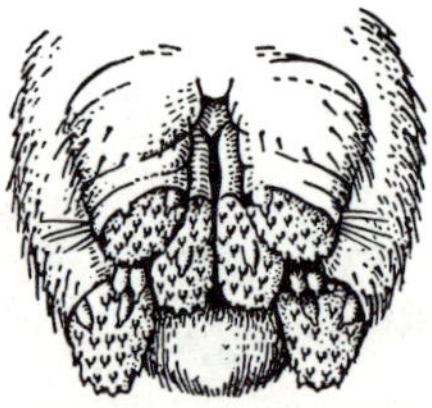

Unterseite der Hinterleibsspitze mit den Spinnwarzen

Endglied eines Beines mit kammförmigen Klauen

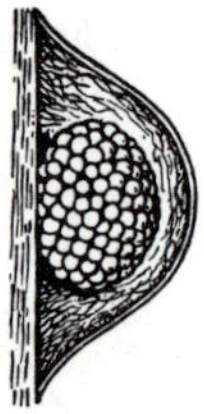

Eiersäckchen an einer festen Unterlage

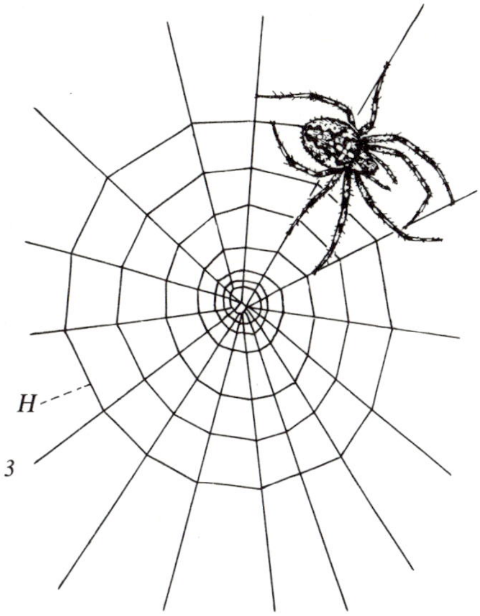

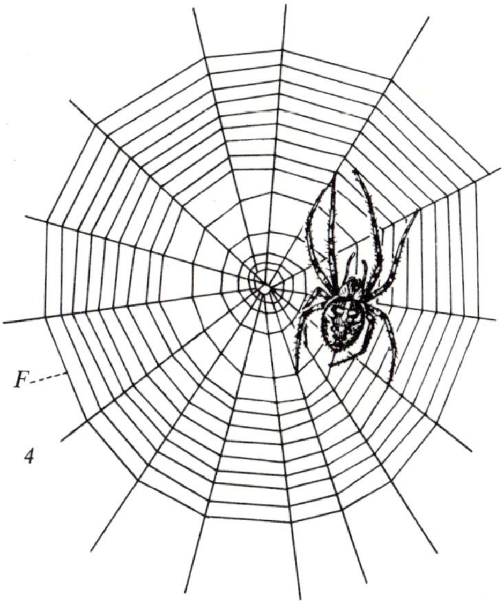

feinsten Fäden ausgezogen. Diese erstarren an der Luft augenblicklich, und durch Vereinigung vieler Einzelfäden entsteht ein Spinnfaden, der fest genug ist, die Spinne sogleich zu tragen.

Beim Gehen auf dem Netz berührt die Spinne die Fäden nur mit den Enden der Beine. Diese weisen, wie das Mikroskop zeigt, *kammförmige Klauen* auf, mit denen sich das Tier in jeder Lage auf dem Netz zu halten vermag.

Um ein Netz herzustellen, erzeugt die Kreuzspinne zunächst einen langen Faden, den sie an einer geeigneten Stelle befestigt. Hat sich das freie Ende des „Drachenfadens" irgendwo verfangen, begibt sich die Spinne auf den so entstandenen Laufsteg und läßt sich von dessen Mitte an einem neuen Faden nach unten sinken (1), bis sie auf einen Gegenstand stößt, an dem sie den Faden befestigen kann. Nun werden feste *Rahmenfäden* zwischen den drei Befestigungspunkten gezogen und neue Speichen eingefügt (2). Darauf verbindet die Spinne, vom Mittelpunkt ausgehend, die Speichen durch eine *Hilfsspirale* (3, H), die es ihr ermöglicht, nun von außen nach innen die eigentliche *Fangspirale* (4, F) anzulegen. Diese besteht aus einem kräftigen Faden, der, wie das Mikroskop zeigt, mit klebrigen Tröpfchen besetzt ist. Beim Herstellen der Fangspirale beißt die Spinne die Hilfsspirale, die ihr nur als Brücke zwischen den Speichen diente, stückweise wieder heraus.

Ist das Netz fertig, so begibt sich die Spinne auf die engmaschige Warte in der Mitte des Netzes oder aber in ihren *Wohnraum*. Dieser besteht aus einem Gespinst, das sie am Rande des Netzes in einem Versteck hergestellt hat, und von dem aus ein *Signalfaden* zur Netzmitte führt.

Wird das Netz vom Wind erschüttert, so rührt sich die Spinne nicht von der Stelle. Hat sich aber ein

Weibliche Kreuzspinne (etwas vergr.)

Insekt darin gefangen, so erkennt sie dies mit ihrem feinen Tastsinn; sie stürzt sofort herbei und schlägt die Giftklauen der Oberkiefer in den Körper der Beute. Hierdurch wird diese meist sofort getötet. Größere Insekten und solche, die sie als Vorrat aufspeichern will, umwickelt die Spinne blitzschnell mit einem dichten, festen Fadengespinst. Beim Fressen läßt sie einen Verdauungssaft aus dem Mund in das Opfer eintreten, der dessen Weichteile auflöst, und saugt dann die verflüssigte Nahrung ein (*Außenverdauung*).
Da die Tröpfchen des Fangfadens bald eintrocknen, baut die Spinne fast jeden Morgen ihr Netz neu auf. Sie braucht dazu etwa eine Dreiviertelstunde.

Fortpflanzung. Im Spätherbst legt die Kreuzspinne in einem Versteck 50–60 gelbliche *Eier*, die sie mit einem dichten *Kokon* aus Spinnfäden umgibt. Die im Frühjahr ausschlüpfenden Jungen sind dem Muttertier durchaus ähnlich, durchlaufen also – im Gegensatz zu den meisten Insekten – *keine Verwandlung*. Sie häuten sich aber während ihres Wachstums mehrmals.

Andere Spinnen. Neben der Kreuzspinne ist die *Hausspinne* am bekanntesten. Sie verfertigt die waagerecht stehenden „Spinngewebe" in den Ecken von Zimmern, Ställen usw. – Nicht alle Spinnen bauen ein Netz zum Fangen der Beute. Die *Wolfsspinnen*

Wasserspinne an ihrer „Taucherglocke"

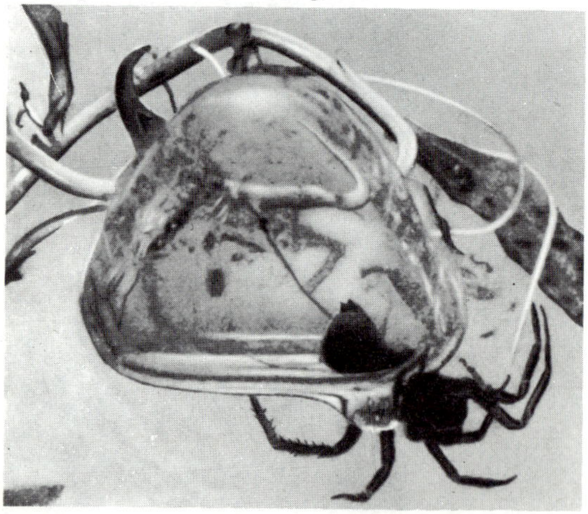

Weberknecht

z. B. erjagen die Beute im Sprunge oder in raschem Lauf. – Die Gespinste, die im Herbst durch die Luft schweben und als „Altweiber-Sommer" bezeichnet werden, sind das Werk von Jungspinnen verschiedener Arten. Die winzigen Tierchen werden an den Fäden durch die Luft getragen und auf diese Weise verbreitet. – Ein vollendetes Wassertier ist die *Wasserspinne*. Ihr an Pflanzen verankertes dichtes Netz füllt sie mit Luft, die sie an dem behaarten Hinterleib als silberglänzende Blase herbeiträgt und unter Wasser abstreift. Von der so gebildeten „Taucherglocke" aus macht sie Jagd auf kleine Wassertiere. – Die größten aller Spinnenarten sind die bis 5 cm langen tropischen *Vogelspinnen*, die sogar kleine Vögel und andere Wirbeltiere überwältigen.
Der allgemein bekannte, langbeinige *Weberknecht* ruht am Tage an Wänden oder unter Steinen. Nachts aber macht er auf kleine Insekten und Spinnen Jagd. Er verfertigt kein Netz. Der undeutlich gegliederte Hinterleib sitzt dem Kopfbruststück in ganzer Breite an.

Skorpione. Die Skorpione sind vorwiegend nächtliche Tiere, die auf Insekten, Spinnen, Tausendfüßler und Asseln Jagd machen. Ihre Unterkiefer bilden große Greifscheren. Die letzten Ringe des langen, gegliederten Hinterleibs sind schmal und sehr beweglich. Dadurch können die Tiere den Giftstachel, der sich am Körperende befindet, weit über den Rücken hinweg nach vorn schlagen und damit die mit den Scheren ergriffene Beute töten. Die Stiche der großen tropischen Arten werden sogar dem Menschen gefährlich, während die des südeuropäischen *Haus-*

Hausskorpion mit Beute

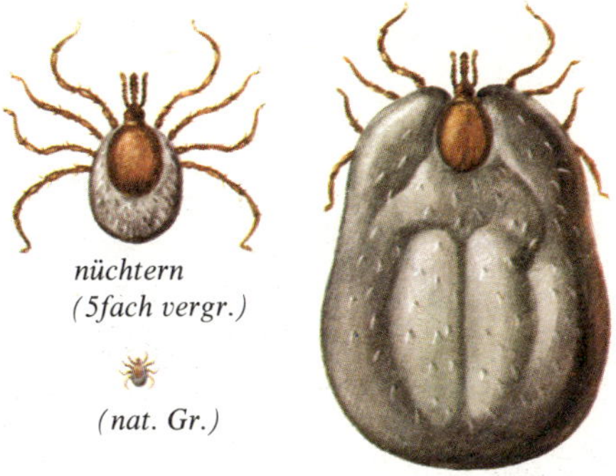

vollgesogen (5fach vergr.)

skorpions nur die Wirkung von Wespenstichen haben.

Die **Milben** sind winzige, meist millimetergroße Spinnentiere mit ungegliedertem Körper. Sie kommen in Tausenden von Arten und oft in riesiger Zahl im Boden, im Wasser, an Tieren und Pflanzen, an Lebensmitteln, im Dung usw. vor. Im Freien fällt uns oft die scharlachrote Samtmilbe (mit feiner samtiger Behaarung), in Teichen die *Rote Wassermilbe* auf. An der Unterseite des Mistkäfers finden sich meist *Käfermilben*, die sich zu ergiebigen Futterquellen tragen lassen. Vögel, auch unser Hausgeflügel, werden von blutsaugenden *Vogelmilben* heimgesucht.

Die 3–4 mm großen **Zecken** lassen sich im Wald, geleitet von ihrem feinen Geruchssinn, von Zweigen auf Menschen oder Säugetiere herabfallen und saugen ihnen mittels ihres Stechrüssels Blut aus; dabei schwillt ihr Hinterleib bis zur Größe einer Erbse an. Durch Betupfen mit Öl oder Vaseline werden die Atemöffnungen des Schmarotzers verstopft; er zieht dann den Rüssel aus der Haut und fällt ab. Reißt man das Tier gewaltsam weg, so bleibt der mit Widerhaken versehene Rüssel in der Haut stecken, wodurch eine eitrige Entzündung entstehen kann.

Die *Spinnentiere* unterscheiden sich von den Insekten besonders dadurch, daß ihr Körper nur aus zwei Hauptabschnitten, nämlich aus *Kopfbruststück* und *Hinterleib*, besteht. Bei den echten Spinnen ist der Hinterleib durch einen kurzen Stiel mit dem Kopfbruststück verbunden; bei den Skorpionen setzt er sich in ganzer Breite an das Kopfbruststück an, und bei den Milben gehen beide Abschnitte völlig ineinander über. Eine Gliederung in Ringe ist nur noch am Hinterleib der Skorpione erhalten. Die Spinnentiere haben stets *vier Paar Beine*. Dem Sehen dienen *Punktaugen*. Netzaugen und Fühler kommen nicht vor. Viele Milben atmen durch die gesamte Körperhaut, die übrigen Spinnentiere wie die Insekten durch *Tracheen*. Häufig treffen wir auch zwei Hohlräume an, in denen sich zarte, von Blut durchströmte Blättchen ausbreiten. Die Blättchen sind umgewandelte Tracheen. Die Organe werden deshalb als *Tracheenlungen* bezeichnet.

Krebse

Der Flußkrebs

Aufenthalt und Nahrung. Der Flußkrebs, der eine Länge von 20 cm erreicht, bewohnt Bäche, Flüsse und Seen unserer Heimat, sofern ihr Wasser noch rein genug ist. Tagsüber ruht er unter Steinen, ausgespülten Baumwurzeln und ähnlichen Verstecken. Nachts geht er auf Nahrungssuche. Langsam schreitet er dabei innerhalb seines Reviers den Boden des Gewässers ab, um Kleingetier zu erbeuten oder auch Aas und Wasserpflanzen zu verzehren.

Halte einen Flußkrebs einige Tage in einem gut durchlüfteten Aquarium und füttere ihn mit kleinen Fleischstückchen! Achte auf die Bewegungen seiner Augen und Fühler sowie auf seine Fortbewegung!

Flußkrebse. Im Hintergrund ein schwimmendes Tier

Gliederung und Panzer. Der Rumpf des Flußkrebses besteht aus einem großen, starren *Kopfbruststück* und einem schmäleren, in sechs Ringe gegliederten *Hinterleib*. Das Kopfbruststück läuft vorne in einen Stirnstachel aus. Der feste *Panzer*, der den Körper schützend umschließt, enthält außer Chitin auch reichlich Kalk. Da er dem Wachstum des Tieres nicht folgen kann, muß ihn der Krebs von Zeit zu Zeit abwerfen. Junge Krebse häuten sich mehrmals, ältere zweimal im Jahr. Da die neue, anfangs weiche Hülle das Tier völlig wehrlos macht („Butterkrebs"), verbirgt es sich etwa 8 Tage lang, bis der Panzer erhärtet ist. Der ausgebildete Panzer hat eine schwärzlich-grünliche Färbung. Beim Kochen aber wird er „krebsrot".

Sinnesorgane. Am Grunde des Stirnstachels finden sich die beiden Netzaugen. Da sie auf beweglichen Stielen stehen, kann der Krebs trotz der Unbeweglichkeit des Kopfes einen weiten Umkreis überblicken. Neben den Augen entspringen zwei Fühlerpaare. Das erste Paar trägt je zwei kurze Geißeln, das zweite je eine sehr lange. Mit ihnen tastet der Krebs ständig seine Umgebung ab. Sie enthalten außer Tast- auch Geruchs- und Geschmacksorgane. Die kleinen Fühler haben in ihrem Grundglied eine Grube, die in einer gallertigen Masse einige Sandkörnchen enthält und deren Wand mit Sinnesborsten besetzt ist. Je nach der Stellung des Krebses drücken die Sandkörnchen auf diese oder jene Sinnesborsten und unterrichten das Tier so über seine Lage (*Lagesinnesorgan*). – Das Nervensystem des Krebses ist ein *Strickleiternervensystem* gleich dem der Insekten.

Ernährungsorgane. Auf die Fühler folgen an der Unterseite des Kopfbruststücks ein Paar gezähnelte *Oberkiefer*, mit dem der Krebs die Nahrung zerkleinert, dann zwei *Unterkieferpaare* und drei Paare beinartiger „*Kieferfüße*". Diese halten wie die Unterkiefer die Nahrung fest und reichen sie den Oberkiefern zu. Zum Ergreifen und Zerteilen der Nahrung dienen die mächtigen *Scheren* des ersten Beinpaares. Sie können jedoch nicht zum Mund geführt werden. Hierzu eignen sich aber die kleineren Scheren der beiden folgenden Beinpaare. – Die Scheren bestehen jeweils aus dem letzten Glied des Beines und einem ähnlich gestalteten, ihm gegenüberstehenden Fortsatz des vorletzten Gliedes.

Fortbewegung. Im ganzen hat der Krebs, einschließlich der mit Scheren ausgestatteten Gliedmaßen, *fünf Beinpaare* (Brustbeine), auf denen er langsam dahinschreitet. Dabei geht er stets vorwärts. Schwimmend bewegt er sich dagegen rückwärts, und zwar durch kräftige, bauchwärts gerichtete Schläge des sehr beweglichen *Hinterleibs* (sog. Krebsschwanzes). Am letzten Hinterleibsring bilden fünf Platten eine breite

Flußkrebs, Gliedmaßen und Kiemen der rechten Körperhälfte

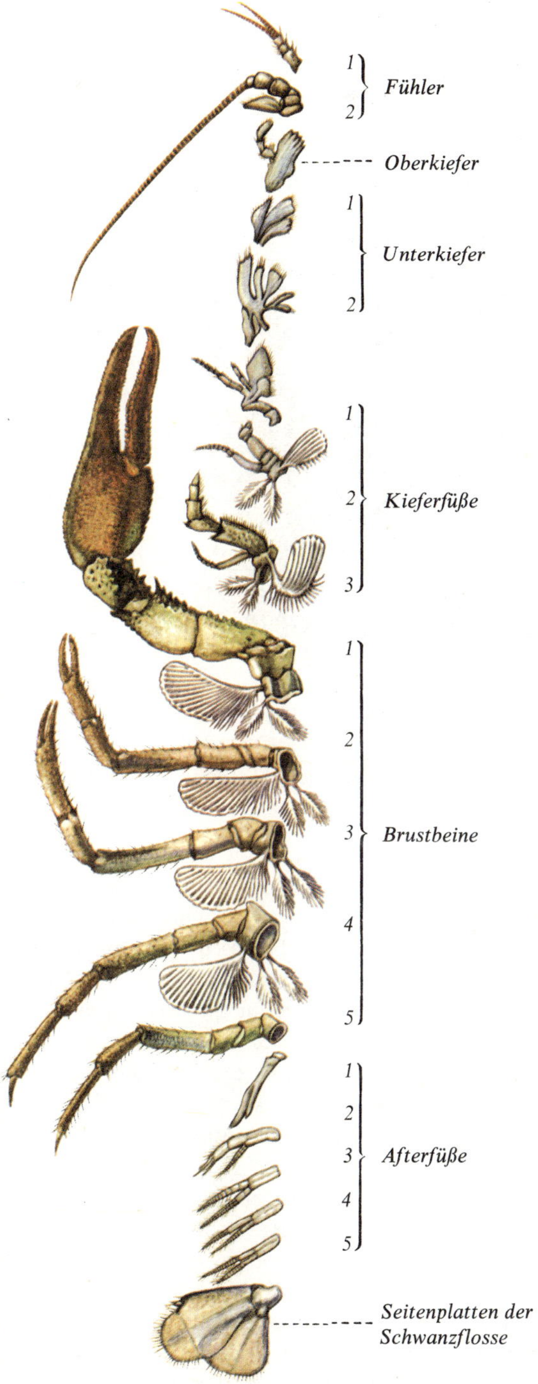

Schwanzflosse. Diese verstärkt die Wirkung der Schwanzschläge, indem sie sich beim Vorschlagen fächerartig ausbreitet, beim Zurückziehen aber zusammenlegt. Die kleinen „Afterfüße“, die paarweise an der Unterseite der Hinterleibsringe sitzen, sind für die Fortbewegung ohne Bedeutung.

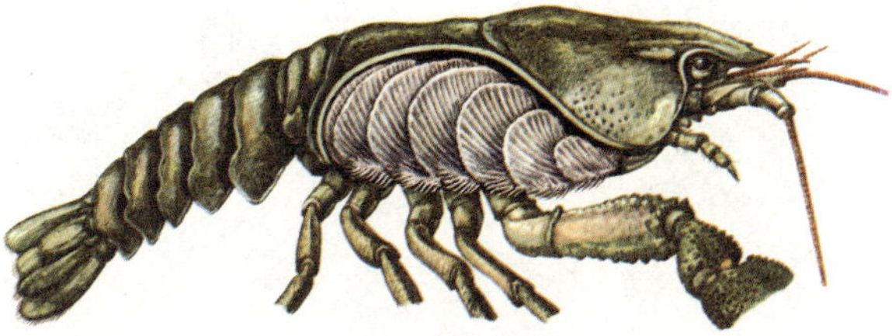

Flußkrebs. Die Kiemen der rechten Seite sind durch Entfernen des Kiemendeckels freigelegt

Atmung. Seitliche Panzerplatten des Kopfbruststückes überdecken beiderseits eine Kiemenhöhle, in der die zarten *Kiemen* liegen. Diese bestehen aus zahlreichen Fäden und Blättchen, die am Grund der Kieferfüße und Brustbeine entspringen. Wie bei den Fischen werden sie dauernd von Atemwasser umspült. Dieses fließt von hinten nach vorn durch die Kiemenhöhle. Der Wasserstrom wird von den Kieferfüßen und von den Afterfüßen erzeugt, indem sie ständig fächelnde Bewegungen ausführen.

Setze einen Krebs in ein Glas Wasser und beobachte von unten seine Atembewegungen!

Vermehrung. Die Weibchen tragen ihre abgelegten *Eier* vom Spätherbst bis zum Frühjahr an den Afterfüßen mit sich herum. Dann schlüpfen die jungen Krebschen aus, die sich bis zur ersten Häutung noch an den Hinterleibsfüßen der Mutter festklammern. Sie durchlaufen *keine Verwandlung.*

Andere Krebstiere

Die **höheren** oder **Zehnfüßigen Krebse** haben wie der Flußkrebs fünf Paar Beine und ein einheitliches Kopfbruststück.

Die *langschwänzigen Zehnfüßler* ähneln mehr oder weniger dem *Flußkrebs;* so besonders der *Hummer,* der eine Länge von 50 cm erreicht. Er bewohnt felsigen Untergrund an den Küsten der europäischen Meere, so auch bei Helgoland. Er nährt sich vor allem

Krebse des Meeres.

1 Hummer, einen Fisch erbeutend
2 Einsiedlerkrebs
3 zwei Garnelen
4 Strandkrabbe

von Muscheln, Krebsen und Stachelhäutern (S. 270), die er mit der größeren seiner beiden mächtigen Scheren zerknackt. Seines wohlschmeckenden Fleisches wegen wird er hochgeschätzt. – Dies gilt auch von der scherenlosen *Languste*, die sich häufig im Mittelmeer findet. – Die kleinen, etwa 5 cm langen, durchsichtigen *Garnelen* werden in den Küstengewässern der Nord- und Ostsee in riesigen Massen gefangen. Sie führen im Handel fälschlicherweise die Bezeichnung „Krabben". – Ebenso große garnelenartige Krebschen bilden den „*Krill*", der in Millionen Tonnen die Gewässer der Antarktis erfüllt und die Hauptnahrung der Bartenwale bildet. – Die *Einsiedlerkrebse* bergen ihren weichen, ungegliederten Hinterleib in leeren Schneckenschalen. Wird beim Wachstum das Schneckenhaus zu klein, so bezieht der Krebs ein größeres. Einige Arten schützen sich außerdem dadurch, daß sie auf ihrem Schneckenhaus Seerosen ansiedeln (Abb. S. 294), die wegen ihrer Nesselfäden von Feinden, z.B. Kraken und Tintenfischen, gemieden werden. Zieht der Krebs um, so nimmt er mittels seiner Scheren die Seerosen vom alten Häuschen ab und setzt sie auf das neue. Da von der Nahrung des Krebses manches für die Seerosen abfällt, haben auch sie einen Vorteil. Ein solches Zusammenleben zweier Lebewesen mit gegenseitigem Nutzen heißt man eine *Symbiose*.

Die *kurzschwänzigen Zehnfüßler* oder *Krabben* haben einen stark zurückgebildeten Hinterleib, der unter das breite Kopfbruststück eingeschlagen wird. – Zwischen den Steinen des Strandes hält sich die 6–8 cm breite *Strandkrabbe* auf, die behende auch seitwärts läuft. Sie lebt von Weichtieren, Würmern und kleinen Fischen. – In etwas tieferem Wasser lebt der rötlichbraune, bis 30 cm breite *Taschenkrebs*, der selbst Schollen überwältigt. – Die bis 9 cm breite

Wollhandkrabbe, die ihren Namen der dichten Behaarung ihrer Scheren verdankt, wurde 1912 durch Überseedampfer aus China in die Wesermündung eingeschleppt. Seitdem hat sie sich in den norddeutschen Küstengebieten und Flüssen stark verbreitet. Sie tritt oft massenhaft auf und kann durch Plündern und Zerreißen der Fischernetze sowie durch Unterwühlen von Uferbefestigungen sehr schaden.

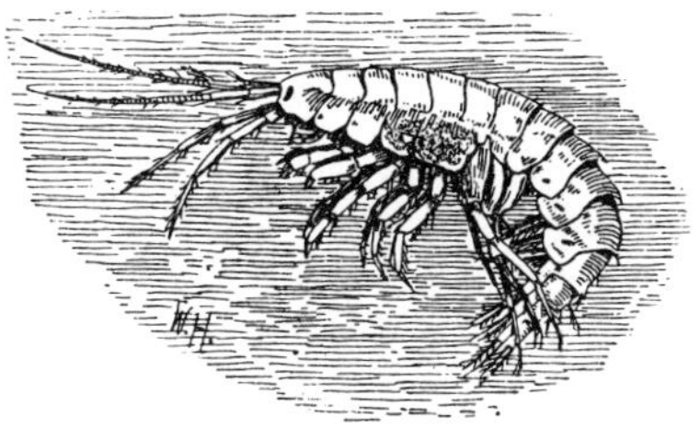

Bachflohkrebs (2mal vergr.)

Die **Ringelkrebse** haben stets mehr als 5 Paar Beine und ihre Brustringe sind nicht miteinander zu einem Kopfbruststück verschmolzen.

In Bächen, Flüssen und Seen trifft man häufig die 1–2 cm langen *Flohkrebse* an, die sich im freien Wasser schwimmend, auf dem Untergrund aber hüpfend fortbewegen (Name!). Die Mehrzahl der Flohkrebse lebt im Meer.

Im Gegensatz zu ihnen sind die *Asseln* flachgedrückte, langsame Tiere. – In allen Süßgewässern findet sich die *Wasserassel*, und unter den landbewohnenden Arten sind die *Kellerassel*, die *Mauerassel* und die *Rollassel* die bekanntesten. Da auch die Landasseln durch Kiemen atmen, können sie nur an feuchten Orten (in Kellern, Gewächshäusern, unter großen Steinen usw.) leben.

Niedere Krebse. Wenn man mit einem feinen Gazenetz durch das Wasser eines Teiches oder Tümpels streicht und darauf das umgewendete Netz in einem Schälchen mit Wasser abspült, so wird man meist außer einzelligen Algen eine Menge kleiner Tiere erbeutet haben. Neben Insektenlarven, Wassermilben und Urtierchen besteht das Gewimmel vorwiegend aus winzigen Krebsen. Untersucht man einen See oder das Meer in gleicher Weise, so findet man dort eine ähnliche Gesellschaft verschiedenster Kleinlebewesen. Sie alle setzen sich, soweit sie im freien Wasser leben, niemals auf dem Grunde der Gewässer oder einem Gegenstand im Wasser fest, sondern schweben und schwimmen ständig im freien Wasser. Sie werden in ihrer Gesamtheit als *Plankton* bezeichnet. Die meisten dieser winzigen Planktontierchen vermehren sich außerordentlich stark, erfüllen deshalb Seen und Meeresteile oft in unvorstellbaren Massen und dienen dann vielen größeren Tieren zur Nahrung (vgl. Hering, Wale, Teufelsrochen sowie S. 179).

Die häufigsten Planktonkrebschen des Süßwassers sind die Hüpferlinge und die Wasserflöhe. Die zarten, durchsichtigen, 2–3 mm großen *Hüpferlinge* verdanken den Namen ihren ruckartigen Schwimmbewegungen. Sie haben zwischen dem großen ersten Fühlerpaar ein unpaares Auge. Kiemen fehlen; die Tierchen atmen durch die ganze ungepanzerte Körperoberfläche. Die Weibchen tragen die Eier in zwei Ballen mit sich herum, bis die Larven (s. unten) ausschlüpfen. – Die Kleinkrebschen, die die Hauptmasse des tierischen *Meeresplanktons* ausmachen (S. 179), sind nahe Verwandte der Süßwasserhüpferlinge und diesen sehr ähnlich. – Die etwa gleichgroßen, ebenfalls durchsichtigen *Wasserflöhe* bewegen sich gleichfalls hüpfend durchs Wasser (Name!), und zwar mittels kräftiger Schläge ihrer großen, verzweigten Fühler. Die blattartig verbreiterten, zum Teil mit Kiemen besetzten Beine strudeln durch ständiges, rasches Schla-

Mauerassel (natürliche Größe)

Rollassel, kriechend und zusammengerollt (natürliche Größe)

Hüpferling (Cyclops)

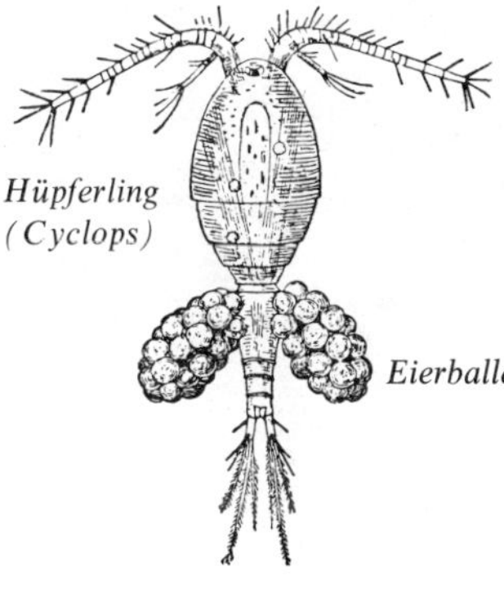

Eierballen

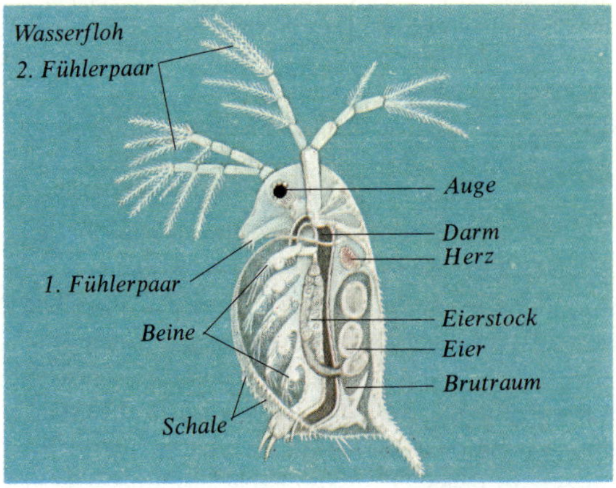

gen Nahrung und frisches Atemwasser herbei. Der Körper ist von einer sattelförmigen Schale umschlossen. Zwischen ihr und dem Rücken befindet sich bei den Weibchen ein Brutraum, in dem die Eier ihre Entwicklung durchmachen.

Einige niedere Krebse des Meeres führen eine festsitzende Lebensweise und sind dabei so stark umgewandelt, daß ihre Krebsnatur kaum mehr zu erkennen ist. Die *Entenmuscheln* z. B., die die Hochsee bewohnen, sitzen mit beweglichen Stielen an Treibholz, Tangen oder Schiffen. Ihr Körper ist von einer aus fünf Kalkplatten bestehenden Schale umschlossen. Aus dem geöffneten Schalenspalt können die fein gegliederten „Rankenfüße" hervorgestreckt werden, mit denen sich die Tiere Nahrung und Atemwasser zustrudeln. – Die *Seepocken* dagegen bewohnen die Brandungs- und Gezeitenzone, wo sie sich in großer Zahl an Steinen, Pfosten und Schiffen, aber auch auf Muscheln, Schnecken und Krebsen festsetzen. Auch sie sind „Rankenfüßler" wie die Entenmuscheln und besitzen ein aus Kalkplatten zusammengesetztes Gehäuse. Es hat die Form eines oben offenen Kegels und kann durch zwei Deckplatten verschlossen werden.

Bei vielen niederen Krebsen tritt in der Entwicklung eine Larvenform mit ovalem Körper, einem unpaaren Auge und drei Beinpaaren auf. Sie wird als *Naupliuslarve* bezeichnet. Die Krebsnatur der Entenmuscheln und Seepocken erkannte man erst daran, daß aus ihren Eiern Naupliuslarven hervorgehen.

Der Körper der *Krebse* ist ähnlich dem der Insekten gegliedert. Vielfach sind jedoch die Brustringe mit dem Kopf zu einem einheitlichen *Kopfbruststück* verwachsen. Durch Einlagerung von *Kalk* ist das *Chitinskelett* meist krustenartig hart und fest (*„Krustentiere"*).

An allen Körperringen können Gliedmaßen auftreten, die ursprünglich zweigespalten sind (*Spaltfüße*). Sie haben je nach Aufgabe die Form von Fühlern, Kiefern, Kieferfüßen, Scherenbeinen oder auch von Blatt- oder Rankenfüßen. Stets sind zwei Paar *Fühler* und meist drei Paar Mundwerkzeuge (ein Paar Ober- und zwei Paar Unterkiefer) vorhanden.

Die Atmung erfolgt durch *Kiemen*, die an den Gliedmaßen sitzen, bei vielen Kleinstkrebsen jedoch durch die Haut.

Die höheren Krebse haben ein Herz und ein gut entwickeltes Blutgefäßsystem; bei den kiemenlosen Arten fehlen in der Regel die Gefäße. Das Nervensystem ist wie bei den andern Klassen der Gliederfüßler ein *Strickleiternervensystem*. Von den Sinnesorganen sind außer den Fühlern namentlich die *Netzaugen* gut entwickelt.

Weitaus die meisten der etwa 28000 Arten bewohnen das Meer, ein kleiner Teil lebt im Süßwasser, wenige bewohnen das Land.

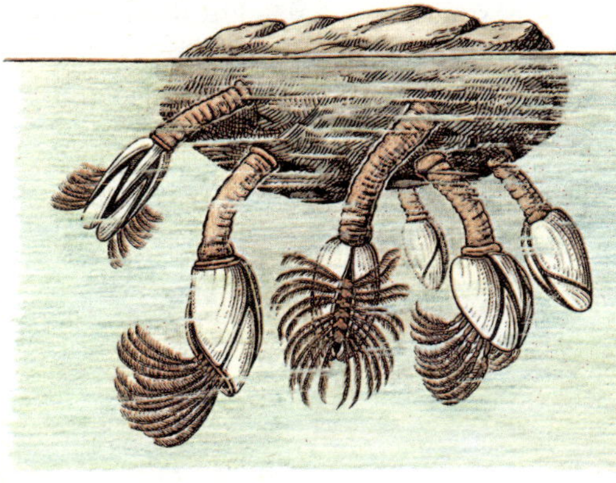

Entenmuscheln an einem schwimmenden Bimsstein ($^1/_2$ nat. Gr.)

Seepocken ($^1/_2$ nat. Gr.)

Bei den Gliederfüßlern findet sich die Fähigkeit etwas zu lernen nur ganz vereinzelt – Bienen z. B. lassen sich auf Farben und Düfte dressieren, Krebse auf bestimmte Futterplätze –, im übrigen aber ist ihre Lebenstätigkeit völlig durch angeborene *Reflexe* und *Instinkte* festgelegt.

Für *Instinkthandlungen* haben wir viele Beispiele kennengelernt, so die Brutfürsorge des Totengräbers, des Rebenstechers, der Pillenwespe, der Sandwespe u. a., die bewundernswerten Leistungen der Bienen und Ameisen, den Netzbau der Kreuzspinne und viele andere. – Während eine Instinkthandlung meist eine zusammenhängende Tätigkeit darstellt (vgl. die genannten Beispiele!), handelt es sich beim *Reflex* um einen kurzen Einzelvorgang. Reflexe sind z. B. das Sichtotstellen des Marienkäferchens, das Sichzusammenrollen der Rollassel, das Stechen der Bienen und Wespen, das Hochschnellen des Schnellkäfers usw.

Reflexe und Instinkte sind dem Tier ebenso angeboren wie sein Körperbau, seine Atem- und Herztätigkeit usw. Sie brauchen also nicht gelernt zu werden und werden darum von allen Tieren derselben Art im gegebenen Augenblick in genau derselben Weise ausgeführt. Sie dienen teils dem Leben des Einzelwesens, teils der Erhaltung der Art, indem sie jeweils auf ein bestimmtes Ziel gerichtet sind (Schutz, Abwehr, Nahrungserwerb, Fortpflanzung, Brutfürsorge, Überwinterung u. a.).

Ausgelöst werden Reflexe und Instinkthandlungen durch bestimmte *Reize* (Berührung, Anblick des Feindes, der Nahrung, der Brut usw.). Instinkthandlungen können aber nur ausgelöst werden, wenn sich das Tier in einer ganz bestimmten Verfassung befindet (Hunger, bestimmte Entwicklungszustände, ein bestimmtes Alter u. a.). Viele Instinkte, die wir an einem Tier im Laufe seines Lebens beobachten, sind daher nicht vom Beginn seines Daseins an wirksam, sondern erwachen erst zu gegebener Zeit: Die Honigbienen z. B. verrichten, wie wir sahen, zunächst als Stockbienen nacheinander ganz bestimmte Arbeiten, um dann etwa von ihrem 20. Lebenstag an als Feldbienen Nahrung einzutragen. Die Instinkte, die das Insekt zur Häutung, zur Verpuppung, zur Fortpflanzung, zur Brutfürsorge u.a. antreiben, erwachen auf Grund innerer Entwicklungsvorgänge jeweils dann, wenn die Zeit dafür gekommen ist.

Daß die Instinkthandlungen nicht erlernt sein können, sondern angeboren sein müssen, zeigen die vielen Fälle, in denen das handelnde Tier noch gar keine entsprechende Erfahrung oder Beobachtung gemacht haben kann:

Der *Engerling des Erbsenkäfers* (S. 206), der in unreifen Erbsen lebt, frißt vor seiner Verpuppung einen Gang aus dem Innern zur Oberfläche der Erbse, ohne jedoch die schützende Außenhaut zu verletzen. Grübe er diesen Weg nicht durch das noch weiche Gewebe, so könnte später der Käfer die steinhart werdende Erbse nicht verlassen.

Der schlupfreife *Seidenspinner* (S. 215) weicht, um seine Puppenhülle verlassen zu können, den Kokon an einer Stelle mit einem scharfen Saft auf. Das *Nachtpfauenauge*, dessen Raupe ebenfalls ein Puppengespinst herstellt, vermag keinen solchen Saft abzusondern. Damit nun der Falter trotzdem den Kokon verlassen kann, sorgt bereits die Raupe für einen Ausgang, indem sie ein entsprechendes Loch in der Hülle ausspart. Diese Öffnung ist mit einer Reuse nach außen gerichteter Borsten umgeben, die wohl das Ausschlüpfen des Falters, nicht aber das Eindringen von Feinden zuläßt.

Daß die Instinkthandlungen *ohne Einsicht* in das eigene Tun, also ohne Verstand und Überlegung, ausgeführt werden, zeigen Beispiele wie die folgenden:

Manche *Grabwespen* heften ihre Eier in einer selbstgegrabenen Höhle an eine gelähmte Heuschrecke, die den Larven als Futter dient. Um die erbeutete Heuschrecke durch die schmale Höhlenöffnung schaffen zu können, legt die Wespe sie zunächst am Nesteingang ab und kriecht dann in die Höhle. Nun packt sie von innen einen Fühler der Heuschrecke und zerrt diese rückwärts schreitend in den Bau. Schneidet man nun der vor dem Nesteingang liegenden Heuschrecke die Fühler ab, so faßt die Grabwespe nicht etwa an einer anderen Körperstelle an, sondern läßt nach einigen vergeblichen Versuchen, die Fühler zu finden, die Heuschrecke liegen und geht erneut auf die Jagd.

Die *Prozessionsspinnerraupen* haben, wie wir wissen (S. 216), die Gewohnheit, in langen Kolonnen, die

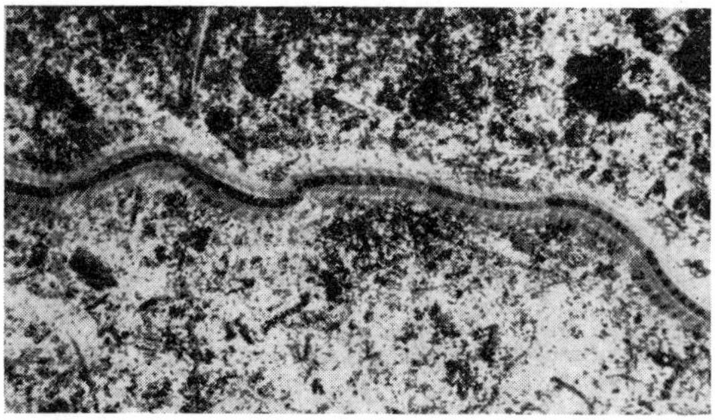

Prozessionsspinnerraupen

hintere stets in Fühlung mit der vorhergehenden, zu ihren Fraßstellen zu wandern. Lenkt man nun den Zug derart, daß das Spitzentier mit dem hintersten Tier der Reihe in Berührung kommt, so bewegen sich die Raupen im Kreis herum, und zwar so lange, bis ihr Zug wieder getrennt wird. Dabei kann es zur völligen Erschöpfung der Raupen kommen, ohne daß die instinktiv durchgeführte Art der Fortbewegung aufgegeben wird.

Die angeborenen *Instinkte* veranlassen also die Tiere zu Tätigkeiten, die das Leben des Einzelwesens ermöglichen und das Fortbestehen der Art gewährleisten, ohne daß das handelnde Tier Einsicht in sein Tun hat. Bei den Gliedertieren, vor allem den Insekten und Spinnen, treten die Instinkthandlungen besonders deutlich in Erscheinung, weil sie noch kaum durch andere Verhaltensweisen verdeckt werden.

Auch das Verhalten der *Wirbeltiere* wird, wie bereits erwähnt wurde, vornehmlich durch Instinkte gelenkt. Besonders auffallende Beispiele dafür zeigen der Maulwurf, der Biber, der Hamster, das Murmeltier, die Vögel bei ihrer Brutpflege, der Stichling u.v.a. Nur wirkt sich – vor allem bei den höheren Wirbeltieren – das Instinktverhalten nicht so starr aus wie bei den Gliedertieren, weil die Säuger und Vögel – und in geringerem Maße auch die übrigen Wirbeltiere – ihr Verhalten aufgrund gesammelter *Erfahrungen* (Erkennen von Gefahren, von Beute, Ortskenntnis usw.) in hohem Maße der jeweiligen Lage anzupassen vermögen.

1

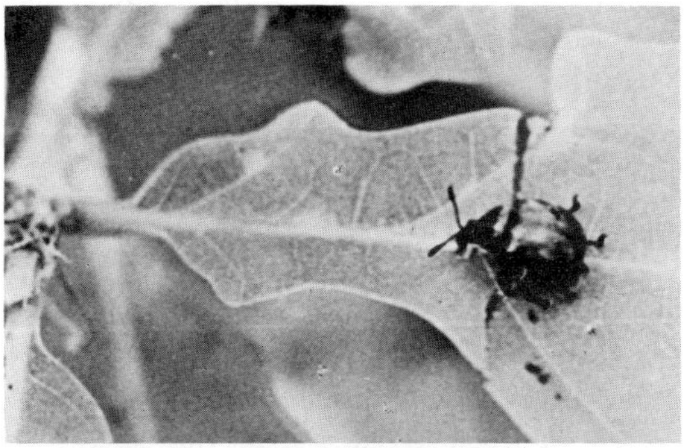

2

3

4

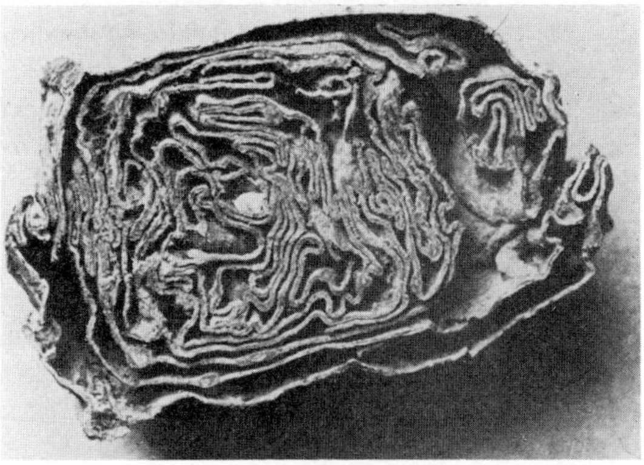

Instinkthandlung des Eichenblattrollkäfers. Das Weibchen schneidet ein Eichenblatt nahe über dem Blattgrund beiderseits vom Blattrand bis zur Mittelrippe ein (1) und rollt die Blatthälften zu einem Blattwickel und einem Deckel zusammen (2+3). In den Wickel legt es ein Ei (4) und verschließt die noch offene Unterseite durch Einstopfen des freien Blattrandes.

Weichtiere

Schnecken

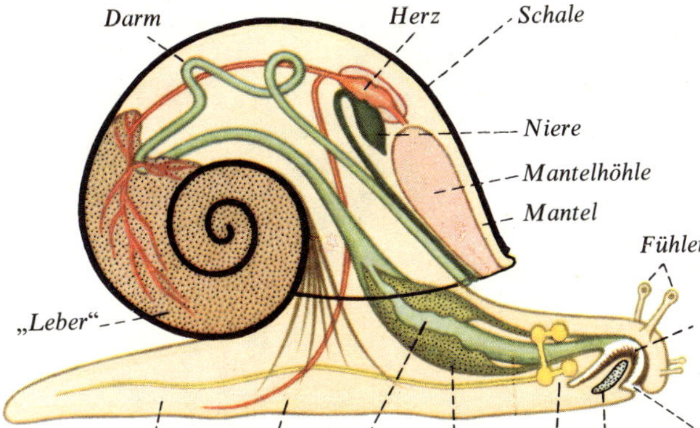

Bau der Weinbergschnecke

Die Weinbergschnecke

Die Weinbergschnecke (Abb. S. 258) wird nicht nur in Weinbergen, sondern auch in Gärten und Hecken, auf feuchten Wiesen und an ähnlichen Orten angetroffen.

Beobachte Weinbergschnecken in einem Terrarium, dessen Boden mit Rasenstücken belegt ist!

Körperbau. Der Körper des Tieres besteht aus *Schale* und *Weichkörper*. An dem Teil des Weichkörpers, der beim kriechenden Tier aus der Schale hervorgestreckt wird, sind ein kleiner Kopf und ein mächtiger *Fuß* zu erkennen. Der stets in der Schale verbleibende Abschnitt enthält die Eingeweide und wird darum als *Eingeweidesack* bezeichnet. Der *Kopf* trägt zwei Paar Fühler. An der Spitze der großen Fühler sitzen als schwarze Punkte die Augen, mit denen die Schnecke Hell und Dunkel und gröbste Umrisse unterscheiden kann. Die beiden kleinen Fühler dienen dem Tasten und Riechen. Schon bei der leisesten Berührung werden die Fühler wie Handschuhfinger eingestülpt, und nur allmählich, vorsichtig tastend, treten sie wieder hervor. Der bis 9 cm lange, muskulöse Fuß ist unterseits zu einer breiten Kriechsohle abgeplattet.

An der Schalenöffnung erkennt man beim ausgestreckten Tier einen gelben Wulst. Es ist der verdickte Rand einer vom Eingeweidesack ausgehenden Hautfalte. Sie umgibt als „*Mantel*“ den Eingeweidesack nahe der Schalenöffnung. Am Mantelrand bemerkt man auf der rechten Seite eine Öffnung, die ständig auf- und zugeht. Sie führt in den Hohlraum zwischen Mantel und Eingeweidesack, die *Mantelhöhle*. Diese dient der Atmung und heißt deshalb auch Atemhöhle oder Lunge. Die Öffnung am Mantelrand ist das Atemloch.

Die gelbbraune *Schale* ist meist dunkel gestreift. Ihr senkrechter Durchschnitt zeigt, daß sie eine spiralig gewundene Röhre darstellt, die allmählich an Weite zunimmt. Die Innenwände der Windungen bilden miteinander die sog. Spindel. In Salzsäure löst sich die Schale bis auf ein äußeres zartes Häutchen auf, ein Zeichen dafür, daß sie hauptsächlich aus Kalk besteht. Das zurückbleibende Häutchen dagegen wird von einem chitinähnlichen Stoff, dem Konchiolin, gebildet. Den zum Aufbau des Hauses notwendigen Kalk entnimmt das Tier der Nahrung; er wird durch den Mantelrand abgeschieden. Hierdurch entsteht an der Mündung der Schale jeweils ein zarter Saum, der nach und nach härter und dicker wird. Das Haus „wächst“ also mit seiner Bewohnerin. Mittels des *Spindelmuskels* kann sich die Schnecke völlig in ihre Schale zurückziehen.

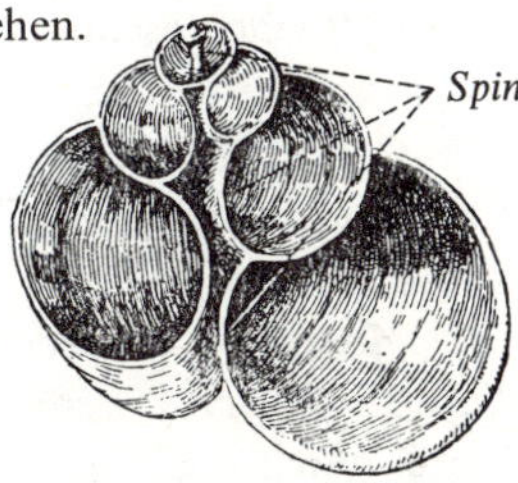

Senkrecht durchschnittenes Haus der Weinbergschnecke (verkl.)

Ein Feuchtlufttier. Der nackte Weichkörper der Weinbergschnecke ist lediglich von einem zähen, klebrigen *Schleim* überzogen, den zahlreiche Drüsen der Haut abscheiden. Die Schnecke ist also gegen die Verdunstung ihrer Körpersäfte nur wenig geschützt. Bei heißem, trockenem Wetter kommt sie deshalb tagsüber nicht zum Vorschein, sondern geht nur nachts auf

Unsere häufigsten Landschnecken.

1 Weinbergschnecke
2 Gartenschnecke
2a leeres Haus des Tieres
3 Hainschnecke
3a leeres Haus des Tieres
4 Baumschnecke
5 zwei Wegschnecken
6 Ackerschnecke

Nahrungssuche. Den Tag verbringt sie dann, ganz in ihre Schale zurückgezogen, in einem Versteck. Hält die Trockenheit längere Zeit an, so läßt sie an der Schalenöffnung Schleim zu feinen Häuten eintrocknen, die das Haus dicht verschließen. Oft preßt sie die Schalenöffnung auch an Bäume, Felsen und dergleichen und verklebt durch den eintrocknenden Schleim den Schalenrand mit der Unterlage. Ist dagegen die Luft feucht oder ist gar Regenwetter, dann begegnen wir der Weinbergschnecke auch tagsüber. Sie ist also ein Feuchtlufttier.

Im Schutz ihres Hauses übersteht die Weinbergschnecke auch die kalte Jahreszeit. Zuvor aber wühlt sie sich mit Hilfe des Fußes in lockeren, laub- oder moosbedeckten Boden ein und verschließt ihr Haus mit einem dicken, kalkigen *Winterdeckel.* Im Frühjahr wird der Deckel durch den vordringenden Fuß abgestoßen.

Fortbewegung. Betrachten wir die Sohle einer auf einer Glasscheibe dahinkriechenden Schnecke von unten, so bemerken wir eine von hinten nach vorn verlaufende *Wellenbewegung.* Mit jeder beginnenden Welle wird das Hinterende des Fußes etwas nach vorn gezogen und mit jeder vorne auslaufenden das Vorderende ein wenig vorgeschoben. Auf diese Weise kommt die Schnecke langsam voran.

Die dahinkriechende Schnecke hinterläßt auf ihrem Weg ein glänzendes *Schleimband.* Den Schleim dazu liefert eine besondere Drüse am Vorderende des Fußes. Er überzieht alle Unebenheiten der Unterlage, so daß sich die Schnecke mit gleichmäßiger Geschwindigkeit über glatten wie über rauhen Boden fortbewegen kann. Da die schleimige Sohle ferner wie ein Saugnapf wirkt, vermag die Schnecke auch an der Unterseite waagrechter Flächen dahinzukriechen.

Eierlegende Weinbergschnecke (verkl.)

Ernährung. Die Weinbergschnecke nährt sich von allerlei Pflanzenstoffen, besonders von Blättern. Sie hat zwei verschiedene Freßwerkzeuge: Aus der Decke der Mundhöhle ragt vorn ein fester, brauner *Kiefer* hervor, und von ihrem Boden erhebt sich eine wulstförmige Zunge, die eine *Reibplatte* aus Chitin trägt. Diese ist mit Tausenden nach hinten gerichteter Zähnchen besezt. Der Kiefer dient der Schnecke zum Abschneiden, die Reibplatte zum Abschaben pflanzlicher Nahrung. Anhaltende Trockenheit zwingt die Weinbergschnecke nicht selten, längere Zeit zu hungern. Manche Landschnecken vermögen bis zu einem Jahr zu fasten.

Beobachte die Tätigkeit von Kiefer und Reibplatte bei Wasserschnecken, die den Algenbelag von den Wänden des Aquariums abweiden!

Atmung. Die Mantelhöhle der Weinbergschnecke (und aller anderen Lungenschnecken) ist von einer zarten, faltenreichen Haut ausgekleidet, die von einem Netz bluterfüllter Hohlräume durchzogen ist. Zwischen dem Blut und der Luft der Mantelhöhle („Lunge") findet der Gasaustausch statt. Die Atemluft wird ständig erneuert, indem sich die Wand des Eingeweidesacks abwechselnd vorwölbt und zurückzieht. Eine wesentliche Ergänzung erfährt die Lungenatmung durch ausgiebige Hautatmung.

Blutkreislauf. Das *Herz* der Weinbergschnecke liegt über der Mantelhöhle. Es besteht aus einer Herzkammer und einer Vorkammer. Die von ihm ausgehenden Arterien münden frei in die Körperhohlräume aus. Die Weinbergschnecke hat also – wie alle Weichtiere – ein *offenes Blutgefäßsystem.* Das aus dem Körper zurückkehrende Blut gelangt in die Lunge, wird dort erneuert und dann dem Herzen zugeführt.

Vermehrung. Im Sommer gräbt die Weinbergschnecke mit ihrem Fuß in lockerem Boden eine kleine Grube, in die sie 60–70 weiße, fast erbsengroße Eier legt. Nach einigen Wochen gehen daraus die nahezu durchsichtigen jungen Schnecklein hervor.

Süßwasserschnecken.
1 Tellerschnecke, 2 Schlammschnecke,
3 Sumpfdeckelschnecke

Andere Schnecken

Lungenschnecken (Abb. S. 258). In Gebüschen und Hecken leben zwei häufige Schneckenarten, die ein gelbes, mitunter rötliches, oft dunkel gebändertes Haus tragen. Die kleinere Form, deren Schale an der Mündung einen hellen Rand zeigt, ist die *Gartenschnecke.* Das Haus der etwas größeren *Hainschnecke* dagegen hat einen schwarzbraunen Mundsaum. – An Baumstämmen, auf Wiesen und im Gebüsch findet sich oft in Massen die schwarze *Baumschnecke*, deren Haus strohgelb bis kastanienbraun ist. – Bei den Nacktschnecken hat sich die Schale bis auf ein Überbleibsel zurückgebildet, das auf der Rückenseite in dem schildförmigen Mantel liegt. Von diesen bewohnt die rotgelbe bis schwarze *Wegschnecke* besonders feuchte Wälder und Gebüsche; die kleinere, meist schmutziggraue *Ackerschnecke* richtet in Feld und Garten oft Schaden an.
Die in Teichen und Tümpeln lebenden *Schlammschnecken* tragen spitze Gehäuse; flach wie ein Teller dagegen sind die *Tellerschnecken* („Posthörnchen"). Beide sind gleichfalls Lungenschnecken und müssen deshalb von Zeit zu Zeit zum Atmen an die Wasseroberfläche kommen. Sie haben ungestielte Augen und nur ein Paar nicht einstülpbare Fühler. Ihren Laich

Schalen von Meeresschnecken

Wellhornschnecke

Porzellanschnecke

Turmschnecke

Stachelpurpurschnecke

kleben sie in länglichen Ballen an Pflanzen und Steine.

Kiemenschnecken. Weitaus die meisten Schnecken sind durch Kiemen atmende Wassertiere. Die reich von Blutgefäßen durchzogenen Kiemen ragen als zarte Hautfalten in die Mantelhöhle hinein (Abb. S. 269). Unter den wenigen Kiemenschnecken des Süßwassers ist die *Sumpfdeckelschnecke* am bekanntesten. Sie trägt auf dem hinteren Abschnitt des Fußes einen Deckel, durch den sie ihr Haus verschließen kann. – Eine große Mannigfaltigkeit zeigen die Kiemenschnecken des Meeres. Wie die Tiere selbst weisen auch ihre Schalen sehr verschiedene Formen, Größen und Farben auf. Einige der größten Arten haben über $^1/_2$ m lange Gehäuse. Ist deren Wandung besonders stark, so ist dies stets ein Zeichen dafür, daß die betreffenden Schnecken dem Wellenschlag stark ausgesetzt sind. Dies gilt z. B. für die in der Nordsee häufige *Wellhornschnecke*. Ihr bis 9 cm hohes Haus erscheint durch schräge Längsfalten „gewellt“ und wird häufig vom Einsiedlerkrebs bewohnt. – Ausgeprägte Brandungsbewohner sind z. B. die aus den Tropenmeeren stammenden *Porzellanschnecken*, die marmorharte, dicke Schalen besitzen. – Die Schalen der kleinen *Kaurischnecken* wurden im Innern Afrikas als Geld verwendet. – Einfache, hütchenförmige Schalen haben die kleinen *Napfschnecken*. – Die Schalen der *Kegelschnecken* sind zu einer niederen, breiten, die der *Turmschnecken* zu einer engen, langen Spirale gewunden. – Eine flache, innen prächtig perlmutterglänzende Schale hat das *Meerohr*. – Aus dem Körpersaft mehrerer Mittelmeerschnecken bereitete man im Altertum die Purpurfarbe. Vornehmlich war es die *Stachelpurpurschnecke*, die den wertvollen Stoff lieferte. – Manche Schneckenarten, so z. B. die Purpurschnecke, nähren sich

Meerohr

Kegelschnecke

Napfschnecke

Kaurischnecken

räuberisch von Muscheln, Stachelhäutern oder auch von anderen Schnecken, indem sie mittels ihrer bandförmigen, scharf bezahnten Raspelzunge deren Schale oder Panzer durchbohren.

Flügelschnecken. Die Flügelschnecken bewohnen die offene See und haben, wie viele freischwimmende Meerestiere, einen glasartig durchsichtigen Körper. Der Fuß ist zu einem Schwimmorgan umgewandelt. Er besteht aus zwei seitlich gerichteten Lappen, die wie Insektenflügel auf- und niederschwingen. Viele dieser „Seeschmetterlinge" kommen in gewaltigen Schwärmen vor und bilden eine wichtige Nahrung für zahlreiche höhere Tiere. Einer Art haben die Fischer der Nordmeere geradezu den Namen *Whalaat*, d.i. Walspeise, gegeben.

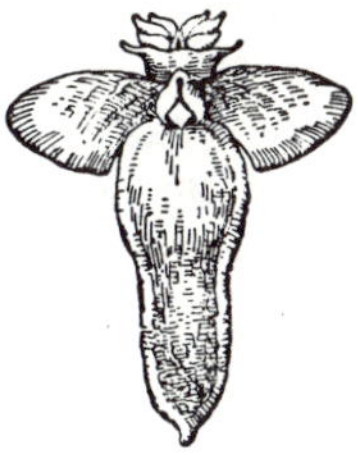

Whalaat, natürliche Größe

Die *Schnecken* sind unsymmetrisch gebaute Tiere. Ihr Körper weist einen *Kopf*, einen meist in einem *Gehäuse* steckenden *Eingeweidesack* und einen *Fuß* auf, der in der Regel eine Kriechsohle besitzt. Das meist spiralige Gehäuse wird vom Mantel abgeschieden. – Von den rund 90000 Schneckenarten, die man kennt, kommen etwa 250 Land- und Süßwasserschnecken in Deutschland vor. – *Versteinerte Schnekken* findet man in den Ablagerungen der Vorzeit in großer Zahl.

Flußmuscheln im schlammigen Grund ($^1/_2$ nat. Gr.). Das vorderste Tier ist freigelegt

Muscheln

Die Flußmuschel

Die Flußmuschel bewohnt fließende Gewässer, Seen und Teiche. Sie erreicht eine Länge von 8 – 10 cm.

Beobachtungen am lebenden Tier. Bringen wir eine Muschel in ein Aquarium, so dauert es meist nicht lange, bis an ihr ein Lebenszeichen wahrzunehmen ist. Zwischen den beiden Schalenhälften tritt langsam ein weißer Körper, der *Fuß*, hervor (Abb. S. 262 und 263). Er bohrt sich in den Untergrund, hebt die Muschel auf die Kante und zieht sie mit dem stumpferen Vorderende voran in den Sand hinein. So bleibt sie meist lange an einer Stelle. Indem das Tier den Fuß abwechselnd ausstreckt und zusammenzieht, kann es sich aber auch langsam fortbewegen.

An dem spitzeren *Hinterende*, das stets aus dem Untergrunde hervorragt, befinden sich zwischen den Schalenhälften zwei Öffnungen. Bringen wir in deren Nähe ein wenig Graphitstaub, so wird dieser alsbald durch die große, untere Öffnung, die *Einfuhröffnung*, eingesogen und kurz danach durch die kleinere, obere *Ausfuhröffnung* wieder ausgestoßen. Die Muschel wird also ständig von einem Wasserstrom durchflossen. Die Einfuhröffnung ist mit beweglichen Hautzäpfchen besetzt, die einen Schutz gegen Sandkörnchen und dergleichen bilden.

Überblick über den Körperbau. Die beiden Schalenhälften werden durch ein federndes Band (Schloßband) zusammengehalten. Außerdem greifen einige zahn- oder leistenförmige Vorsprünge der einen Hälfte (Schloßzähne) in entsprechende Vertiefungen der anderen ein. Durch dieses *„Schloß"* wird die Verbindung um so fester. Biegen wir bei einem toten Tier die Schalen auseinander, so erkennen wir, daß den beiden Schalenhälften je eine Haut anliegt, deren freier Rand verdickt ist. Sie entspricht dem *Mantel* der Weinbergschnecke. Unter dem Mantel, also in der Mantelhöhle, liegen beiderseits zwei große blattförmige *Kiemen*, und zwischen diesen ragt der beilförmige Fuß hervor. Öffnen wir die Muschel völlig, so sehen wir, daß in der Nähe des Vorder- und des Hinterendes sich zwei Muskeln quer durch den Weichkörper erstrecken und an den beiden Schalenhälften

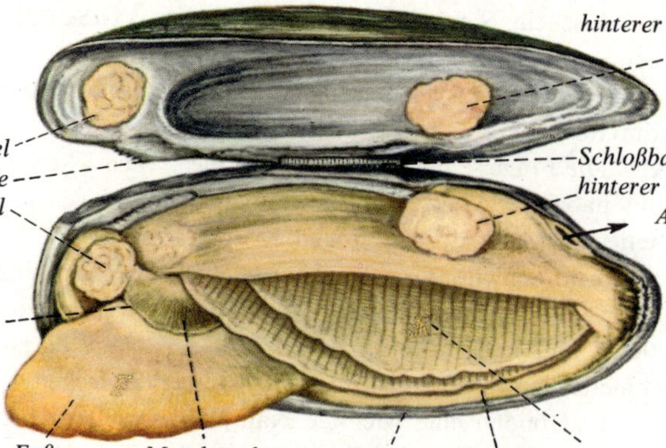

Bau der Flußmuschel. Der Weichkörper liegt in der rechten Schalenhälfte, die linke Mantelhälfte ist zum größten Teil entfernt

ansetzen. Beim lebenden Tier können sich diese *Schließmuskeln* so kräftig zusammenziehen, daß die Schale nur schwer zu öffnen ist. Da das Schloßband infolge seiner Elastizität den Schließmuskeln entgegenwirkt, klafft die Schale auf, sobald die Muskeln nachlassen oder das Tier tot ist. Ferner erkennen wir, daß Ein- und Ausfuhröffnung durch Ausbuchtungen des Mantelrandes gebildet sind. Unmittelbar vor dem Fuß liegt zwischen den beiden häutigen „Mundsegeln" der *Mund*. Ein Kopf fehlt also völlig.

Der Weichkörper enthält in seinem Innern den *Magen*, eine große Mitteldarmdrüse („Leber") und die umfangreichen Keimdrüsen. Der *Darm* ist von Herz und Herzbeutel umwachsen. Unter dem Herzbeutel liegen die beiden länglichen Nieren, die wie die Keimdrüsen in die Mantelhöhle ausmünden. Die Hauptbestandteile des *Nervensystems* sind je ein Paar Gehirn-, Eingeweide- und Fußknoten.

Querschnitt durch eine Muschel, Schema

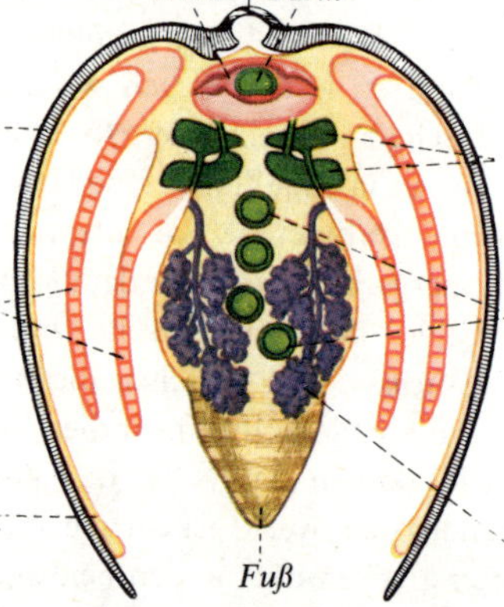

Die *Schale* wird, wie das Haus der Weinbergschnecke, vom Mantel abgeschieden und besteht, wie ihr Verhalten zu Salzsäure zeigt, aus Kalk und Konchiolin. Während die Schale außen grünlich ist, weist sie innen Perlmutterglanz auf (Perlmutterschicht). Sie wächst wie das Schneckenhaus am Rande schubweise weiter und bildet dabei deutliche Zuwachsstreifen.

Gerät ein kleiner Fremdkörper, etwa ein Sandkorn, zwischen Schale und Mantel, so kann dieser auch um ihn eine Perlmutterschicht bilden. So entsteht eine *Perle*, die durch Zuwachsschichten im Laufe der Jahre langsam größer wird. In der Flußmuschel kommen Perlen nur selten und in wertlosen Stücken vor. Die Perlen anderer Muschelarten dagegen stehen je nach Größe, Form, Farbe und Glanz zum Teil höher im Wert als die teuersten Edelsteine.

Ernährung und Atmung. Die Flußmuschel vermag sich nur äußerst langsam fortzubewegen. Auch fehlen ihr Sinnes- und Greiforgane, mit deren Hilfe andere Tiere ihre Nahrung erbeuten. So kann sie sich nur von den feinen Schwebestoffen ernähren, die ihr der *Wasserstrom* zuführt, der ständig ihren Körper durchfließt. Dieser wird von Millionen feinster Flimmerhärchen erzeugt, mit denen die Kiemen und die Innenseite des Mantels besetzt sind. Das durch die Eingangsöffnung eingetretene Wasser umspült die Kiemen, wobei es Sauerstoff abgibt und Kohlendioxid aufnimmt. Darin enthaltene Nahrungsteilchen, nämlich verwesende Stoffe und mikroskopisch kleine Pflanzen und Tiere, werden von den Flimmerhärchen der Mundsegel dem Mund zugestrudelt. Da der Darm nahe der Ausfuhröffnung endet, gelangen die Über-

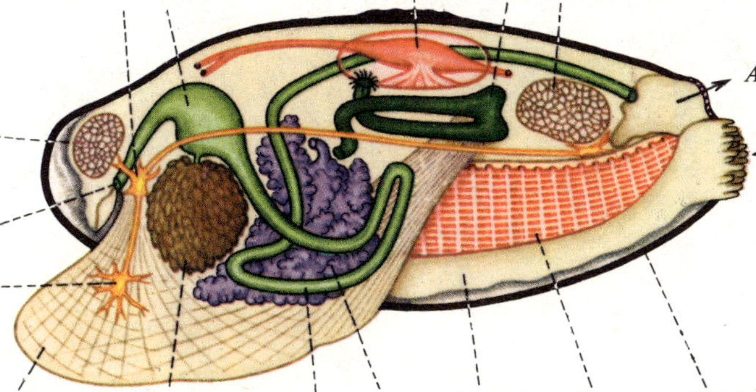

reste der verdauten Nahrung zusammen mit dem verbrauchten Atemwasser nach außen.

Fortpflanzung. Aus den Eiern gehen in den äußeren Kiemen der weiblichen Muschel *Larven* hervor, die gleichfalls mit dem austretenden Wasserstrom ins Freie gelangen. Sie besitzen einen klebrigen Faden und eine zweiklappige Schale mit je einer gezähnten Hakenspitze am freien Schalenrand. Kommt der Faden mit einem Fisch in Berührung, so haftet er an ihm fest, die Schale klappt zu, und die Larve ist am Fischkörper verankert. Sie wird alsbald von der Haut des Wirtes überwuchert und lebt nun von dessen Körpersäften. Nachdem sie sich zur Muschel entwickelt hat, läßt sie sich – wieder frei geworden – auf den Grund des Gewässers fallen und führt nun das Leben der Eltern.

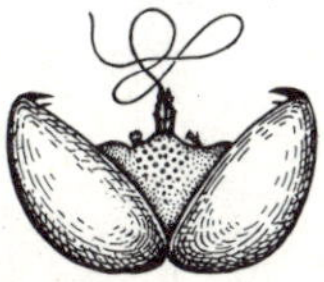

Larve der Flußmuschel (vergr.)

Andere Muscheln

Die *Teichmuschel* bewohnt vorwiegend stehende, ruhige Gewässer. Sie besitzt eine dünne Schale, die nicht durch ein zahn- und leistenförmiges Schloß gesichert ist. – Die *Flußperlmuschel* dagegen, die in schnellfließenden Bächen, z. B. des Fichtelgebirges und Böhmerwaldes, lebt, hat eine dicke Schale mit festem Verschluß. Sie liefert zum Teil schöne Perlen. Viel wertvollere aber bringen einige Muscheln der tropischen Ozeane hervor, so besonders die *Meerperlmuschel.* Nach ihr wird vor allem im Persischen Golf und an der Küste von Ceylon schon seit alten Zeiten gefischt. Aus den Schalen von Perl- und anderen Meeresmuscheln stellt man Knöpfe und allerlei Schmucksachen her („Perlmutter“). – Eine wertvolle Meeresmuschel ist auch die *Gemeine Auster*, deren wohlschmeckender Weichkörper als Feinkost sehr geschätzt ist. Sie schwärmt als Larve eine Zeitlang durch das Wasser, setzt sich später aber auf Sand, Steinen oder Muschelschalen fest. In der Schalenhälfte, die mit der Unterlage verwächst, liegt dann das Tier wie in einem Schüsselchen, dessen Deckel die flache obere Hälfte bildet. An günstigen Stellen der Flachsee finden sich die Austern zu Tausenden in dichten Ansiedlungen, den sog. Austernbänken. Die Speiseaustern werden heute meist gezüchtet. – Die ebenfalls eßbare *Miesmuschel* sondert aus einer Drüse im Fuß eine klebrige Flüssigkeit ab, die im Wasser zu zähen Fäden erstarrt. Durch diesen sog. Byssus haftet die blauschwarze „Pfahlmuschel“ oft in Massen an Felsen, Holzwerk und dergleichen. –

Schalenhälfte der Meerperlmuschel mit Perle (verkl.)

Meeresmuscheln (alle Tiere verkl.). 1 Miesmuschel, 2 Herzmuschel, 3 Röhren einer im Sande vergrabenen Herzmuschel, 4 zwei Kamm- oder Pilgermuscheln, 5 Austern

Die *Kamm-* oder *Pilgermuscheln* (Pecten), deren stark gerippte Schalen oft als kleine Teller verwendet werden, vermögen durch kräftiges Zusammenklappen der Schalen zu schwimmen. Ihr Mantelrand ist mit zahlreichen Fühlfäden und Augen ausgestattet. – Gegessen wird vielfach auch die *Herzmuschel*, die an allen europäischen Küsten vorkommt und sich in Sand oder Schlamm einwühlt. Da ihre Mantelränder dort, wo sie die Ein- und die Ausfuhröffnung bilden, miteinander verwachsen und zu kurzen Röhren ausgezogen sind, steht das Tier trotzdem mit dem freien Wasser in Verbindung. – Beträchtliche Länge erreichen diese Röhren bei der tief im Sand steckenden *Klaffmuschel*, deren Schalen ständig etwas auseinanderklaffen (Name). – Ebenfalls lange Röhren haben die *Bohrmuscheln*, die sich in Holz oder Gestein einbohren. Dies geschieht mit Hilfe der Schalen, deren Ränder mit vielen feinen Zähnchen besetzt sind. Außerdem wirkt die säurehaltige Ausscheidung der Byssusdrüse lösend auf das Gestein. Da die Bohrmuscheln wachsen, können sie ihren selbstgeschaffenen Kerker nie mehr verlassen. – Eine gleichfalls bohrende Muschel ist der *Pfahl-* oder *Bohrwurm*. Das fast wurmförmige Tier zerstört nicht selten Holzbauten in Häfen und an Dämmen. Früher hat der „Schiffsbohrwurm" an hölzernen Schiffen oft großen Schaden angerichtet. – Die größte aller Muscheln, die *Riesenmuschel*, lebt im Indischen Ozean. Sie wird $1^{1}/_{2}$ m lang, 3–5 Zentner schwer und hat scharfrandige, 10 cm dicke Schalen. Das Tier steckt tief im Sand oder Schlick, hat die Schalen stets leicht geöffnet, so daß ihre wulstigen Mantelränder dem Licht zugekehrt sind. In den Mantelrandwülsten hausen Unmassen einzelliger Algen, die mit der Muschel in *Symbiose* leben. Die absterbenden Algen sind die Nahrung der Riesenmuschel.

Wie heute, so bildeten auch in der Vorzeit die Schalen abgestorbener Muscheln am Strand oder auf Untiefen

Klaffmuschel im Sand (etwa $^{1}/_{3}$ nat. Gr.)

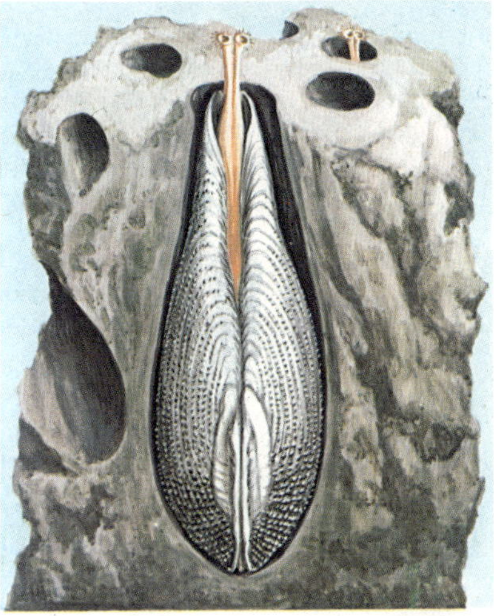

Bohrmuscheln in einem Stein (etwa $^1/_3$ nat. Gr.)

des Meeres vielfach ausgedehnte Ablagerungen. Der „*Muschelkalk*" erhielt z. B. seinen Namen nach seinem großen Reichtum an versteinerten Muscheln.

Die *Muscheln* sind symmetrisch gebaute Weichtiere ohne Kopf. Sie haben einen zweilappigen *Mantel*, eine zweiklappige *Schale* und meist einen beilförmigen *Fuß*. – Man kennt ungefähr 25000 Arten heute lebender und einige tausend Arten ausgestorbener Muscheln.

Pfahl- oder Bohrwurm (etwa $^1/_5$ nat. Gr.)

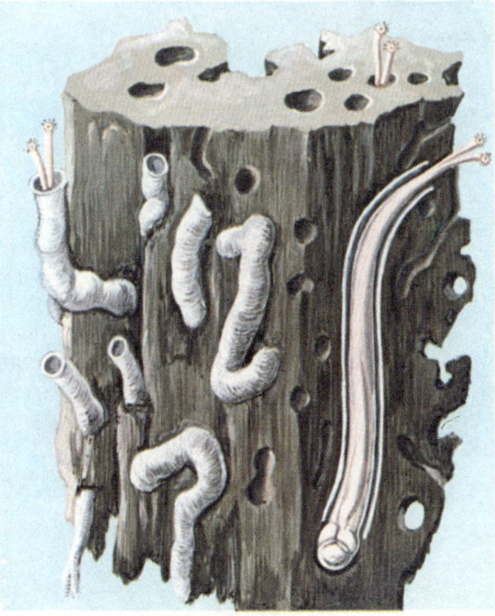

Kopffüßler oder Tintenfische

Der Gemeine Tintenfisch

Der bis 30 cm lange Tintenfisch (Sepia) wird an den Küsten von Süd- und Westeuropa, seltener auch in der Nordsee angetroffen. Die Bewohner der Mittelmeerländer fangen ihn in großen Mengen und verwenden ihn als Nahrung.

Körperbau. Der deutlich abgesetzte *Kopf* weist zwei große Augen und zehn kräftige *Fangarme* auf, die die Mundöffnung umstehen. Zwei von ihnen sind dünner und länger als die übrigen. Alle tragen auf der Innenseite zahlreiche *Saugnäpfe*, die jedoch bei den langen Armen auf die verbreiterten Enden beschränkt sind. Der Rumpf wird vom *Mantel* umschlossen. Dieser enthält am Rücken eine platte, poröse Kalkschale, den *Schulp;* an der Unterseite steht er vom Rumpf ab und bildet dadurch die weite Mantelhöhle. In ihr liegen zwei große, gefiederte *Kiemen*. Vorne ragt aus der Mantelhöhle der zu einem *Trichter* umgeformte Fuß hervor. Zwei häutige *Flossen* umsäumen den Rumpf an den beiden Seiten.

Körperbau und Lebensweise. Der Tintenfisch liegt meist, auf Beute lauernd, wie die Scholle unbeweglich am Meeresgrund. Dabei wühlt er sich wie diese mit Hilfe der Flossen flach in den Untergrund ein und

Tintenfisch mit geöffneter Mantelhöhle

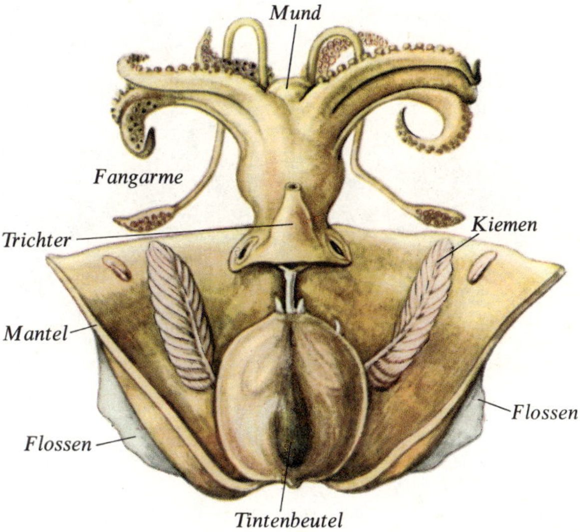

Tintenfisch.

1 eine Krabbe ergreifend,
2 von einem Haifisch bedroht, den Tintenbeutel entleerend,
3 Eier, an einem Korallenstöckchen befestigt

Krake oder Seepolyp
4 Tier in einem Steinnest, auf Beute lauernd
5 schwimmendes Tie

paßt die sehr veränderliche *Färbung* der Rückenseite vortrefflich der Umgebung an.

Die jeweilige Körperfärbung wird durch große, in der Haut liegende Farbzellen hervorgebracht, die das Tier ausdehnen oder zusammenziehen kann. Wenn der Tintenfisch gereizt wird oder wenn er angreift oder flieht, wechselt er die Farbe so rasch, daß es aussieht, als würden Farbwolken über seinen Körper hinweghuschen.

Kommt dem lauernden Räuber ein kleiner Fisch oder ein Krebs zu nahe, so wirft er blitzschnell die beiden längeren Arme wie Lassos nach ihm aus. Haben sich deren Saugnäpfe fest an den Körper der Beute gelegt, dann ziehen sie das Opfer in den Bereich der acht anderen Arme, die es dem Munde zuführen. Durch zwei kräftige *Kiefer*, die zusammen einem Papageienschnabel ähneln, und durch eine *Reibplatte* wird die Nahrung zerkleinert.

Jeder *Saugnapf* besteht aus einem äußeren ringförmigen und einem mittleren stempelartigen Abschnitt. Beim Gebrauch preßt das Tier den Ring bei vorgeschobenem Stempel fest an die Beute. Zieht es nun den Stempel zurück, so entsteht ein leerer Raum, wodurch der Saugnapf festhaftet.

Kopfabwärts auf den Armen gehend vermag der Tintenfisch auf dem Meeresgrund einherzustelzen („Kopffüßler"). Mittels wellenförmiger Bewegungen der Flossen *schwimmt* er langsam vorwärts. Pfeilschnell aber kann er durch das Wasser schießen, wenn er rückwärts schwimmt. Den Antrieb verschafft er sich dabei durch kraftvolles Ausstoßen von Wasser aus der Mantelhöhle. Erweitert sich diese, so hebt sich der Mantelrand etwas vom Rumpf ab, und durch den entstehenden Spalt tritt Wasser ein. Darauf legt sich der Mantelrand dem Rumpf wieder dicht an, wobei zwei knorpelige, druckknopfartige Vorrichtungen einen festen Verschluß bewirken. Preßt nunmehr der Tintenfisch den muskulösen Mantel gegen den Rumpf, so wird das Wasser durch den Trichter ausgestoßen. Geschieht dies mit großer Kraft, so schießt das Tier nach rückwärts durch das Wasser. Da die Trichteröffnung nach allen Seiten gedreht werden kann, vermag der Tintenfisch auf diese Weise auch seitwärts und sogar vorwärts zu schwimmen.

Das Tier nimmt ständig, also auch in der Ruhe, Wasser in die Mantelhöhle auf. Es umspült hier die Kiemen und ermöglicht so die *Atmung*.

Bau des Tintenfisches, Schema

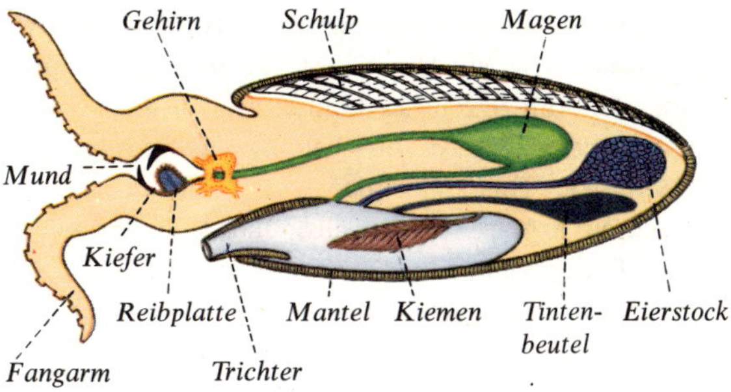

Kann der Tintenfisch größeren Fischen und Zahnwalen, die ihm nachstellen, nicht entfliehen, so entleert er einen schwarzbraunen *Farbstoff* in die Mantelhöhle. Das ausgestoßene Atemwasser ist dann dunkel gefärbt und hüllt das Tier in eine undurchsichtige Wolke, die es den Blicken des Verfolgers entzieht. Der Farbstoff, die Sepia der Maler, wird in der *Tintendrüse* (Tintenbeutel) gebildet und aufgespeichert.

Vermehrung. Der Tintenfisch befestigt seine blauschwarzen, beerenförmigen *Eier* an Korallenstöcken, Seepflanzen und dergleichen. Dort findet man sie meist in größeren Massen, die von den Fischern als Meertrauben bezeichnet werden.

Andere Kopffüßler

Die **Zehnarmigen Tintenfische** haben wie der *Gemeine Tintenfisch* (Sepia) 8 kurze und 2 lange Fangarme. Manche bewohnen wie dieser den Meeresgrund in Küstennähe. – Viele andere Arten, so z. B. die etwa 0,5 – 1,5 m langen *Kalmare*, sind als Hochseetiere schlanke, gewandte Dauerschwimmer, die oft in riesigen Scharen Fischschwärme verfolgen. – Wieder andere bewohnen die Tiefsee und sind wie manche Tiefseefische mit Leuchtorganen ausgestattet (Abb. S. 311). – Der *Riesentintenfisch* (Architeuthis), der eine Rumpflänge von 7 m und eine Gesamtlänge von über 20 m erreichen kann, lebt vorwiegend als Bodentier in einigen hundert Metern Meerestiefe, wo er sich von Kleintieren ernährt. Gelegentlich sollen Angriffe dieser Ungeheuer auf kleine Schiffe vorgekommen sein.

Die **Achtarmigen Tintenfische** haben einen sackförmigen, meist flossenlosen Körper und entbehren der beiden langen Fangarme sowie des Schulps. Die häufigste Art ist der *Krake* (Seepolyp, Octopus vulgaris; Abb. S. 266). Er kommt an den Küsten des Mittelmeeres, des Atlantischen Ozeans und anderer Meere vor. Das unförmige Tier mißt mit ausgestreckten Armen 3 m. Tagsüber haust der Krake in einer Felsenhöhle oder auch in einer selbstgebauten Steinburg; nachts geht er auf Beute aus, wobei er den Meeresgrund nach Fischen, Krebsen und anderen Meerestieren absucht.

Die **Belemniten,** von deren inneren Schalen die „Teufelsfinger" versteinert erhalten geblieben sind, waren in der Jura- und Kreidezeit sehr häufig. Sie hatten nur sechs mit Hornhäkchen besetzte Fangarme.

Das **Schiffsboot** (*Nautilus*) lebt in den weniger tiefen Teilen des Stillen und Indischen Ozeans am Meeresboden. Es hat eine Schale, die wie ein Schneckenhaus spiralig gewunden, aber in zahlreiche Kammern abgeteilt ist. Die vorderste Kammer bewohnt das Tier, während die anderen Räume mit Gas gefüllt sind. Dieses wird von einem durchbluteten, strangförmigen Körperfortsatz, dem Sipho, abgeschieden, der die ganze Schale durchzieht. Die gasgefüllte Schale erteilt dem ausgestreckten Tier einen so großen Auftrieb, daß es zur Meeresoberfläche aufsteigt; zieht sich aber das Tier in die Wohnkammer zurück, dann sinkt es wieder auf den Meeresboden hinab.

Ammonit (Jura)

Schiffsboot (etwa 1/4 nat. Gr.)

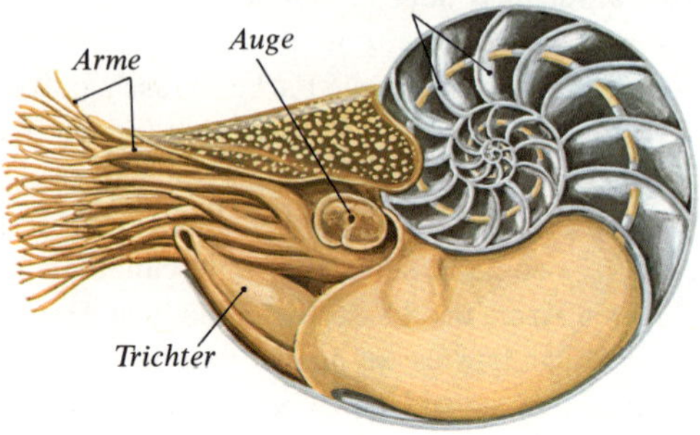

Schale

Die **Ammoniten** sind ausgestorbene Kopffüßler, die ähnlich gebaut waren wie das Schiffsboot. Vor allem das Jurameer bevölkerten sie in Tausenden von Arten verschiedenster Form und Größe. Am Ende des Erdmittelalters starb das einst riesige Geschlecht aus.

Die *Kopffüßler* sind Weichtiere mit deutlich vom Rumpf abgesetztem *Kopf* und meist stark zurückgebildeter Schale. Der Fuß ist zum *Trichter* und zu den am Kopf sitzenden *Armen* umgewandelt. Die ausschließlich im Meer lebenden, mit auffallend großen Augen ausgestatteten Tiere sind schnelle und gewandte Räuber, unter denen sich die weitaus größten und kraftvollsten Formen der wirbellosen Tiere finden. Die einst sehr formenreiche Gruppe umfaßt heute nur noch etwa 600 Arten.

Kopffüßler des Jura-Meeres.

1 Belemnit
2 Ammonit
3 zwei Ammonitenschalen
4 Schale eines Belemniten

Zusammenfassung über die Weichtiere

Bauplan. Die Weichtiere, von denen man über 100000 Arten kennt, sind wie die Wirbeltiere und die Gliederfüßler zweiseitig-symmetrische Wesen. Bei der Mehrzahl der Schnecken ist jedoch die Symmetrie gestört. Da der weiche, von einer dünnen Haut bedeckte Körper gegen Verdunstung seiner Säfte wenig geschützt ist, können die Weichtiere nur im Wasser oder höchstens in feuchter Luft leben. Weitaus die meisten sind Meerestiere. So verschieden die drei Hauptformen – *Muschel*, *Schnecke* und *Kopffüßler* – äußerlich erscheinen, so zeigen sie doch einen gemeinsamen *Bauplan*, in dem Rumpf, Kopf und Mantel die Hauptteile bilden.

Der muskulöse *Fuß*, der an der Unterseite des Rumpfes liegt, bildet in der Regel das Fortbewegungsorgan. Bei den Kopffüßlern ist er zu den Armen und dem Trichter umgewandelt. Der *Mantel* ist eine Hautfalte, die meist etwa an der Grenze zwischen Fuß und Eingeweidesack entspringt, in jeder der drei Gruppen aber eine besondere Ausbildung zeigt. In den meisten Fällen scheidet er eine aus Kalk und Konchiolin bestehende *Schale* ab. Zwischen dem Mantel und dem Rumpf findet sich die *Mantelhöhle*. In ihr liegen bei den im Wasser lebenden Arten die Kiemen. Bei den Landschnecken dient der Hohlraum als Lunge. Ein *offenes Blutgefäßsystem* vermittelt den Stoffaustausch. Das *Nervensystem* wird in der Hauptsache von drei Paar Nervenknoten gebildet (Kopf-, Fuß- und Eingeweideganglien; Abb. S. 262), die untereinander verbunden sind und von denen die Nerven ausstrahlen. Bei den Kopffüßlern, den am höchsten stehenden Weichtieren, sind die Ganglien zu einem einheitlichen, von einer Knorpelkapsel umschlossenen Gehirn vereinigt.

Vermehrung. Die Weichtiere pflanzen sich durch *Eier* fort, aus denen im allgemeinen schwimmende *Larven* hervorgehen.

Versteinerungen. Dank ihrer Kalkschalen stellen sie weitaus die Hauptmasse der tierischen Versteinerungen oder *Fossilien*. Von allen drei Klassen kennt man Tausende fossiler Arten. Sie finden sich in allen Meeresablagerungen der Erdgeschichte.

Bauplan der Weichtiere

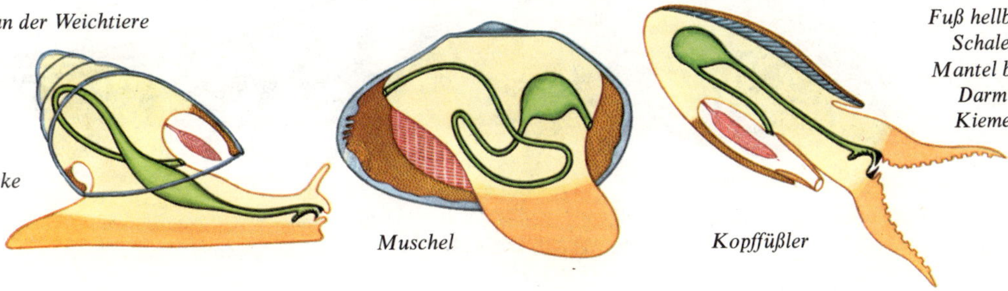

Schnecke

Muschel

Kopffüßler

Fuß hellbraun
Schale blau
Mantel braun
Darm grün
Kiemen rot

Stachelhäuter

Gemeiner Seestern (etwa $^1/_2$ nat. Gr.)

Seesterne

Der Gemeine Seestern

Der Gemeine Seestern, der in der Nordsee und der westlichen Ostsee häufig vorkommt, weicht in seinem Körperbau und in seiner Lebensweise von allen bisher behandelten Tieren wesentlich ab. Am auffallendsten ist seine Sternform. Von einer kleinen *Mittelscheibe* gehen fünf gleiche, bis zu 13 cm lange *Arme* ab. Ein Kopf ist nicht erkennbar. Durch den Seestern kann man nicht nur eine Symmetrieebene legen, sondern fünf, durch jeden Arm eine. Er ist also im Gegensatz zu den viel häufigeren zweiseitig-symmetrischen Tieren strahlig- oder *radialsymmetrisch* gebaut.

In der weichen, gelblich, rot oder violett gefärbten Haut des Tieres findet sich ein aus zahlreichen Kalkplättchen bestehendes *Skelett*, auf dem sich viele kleine *Kalkstacheln* erheben („Stachelhäuter"). Da die Plättchen gegeneinander verschiebbar sind, ist der Körper trotz der Panzerung sehr beweglich. Zwischen den Stacheln stehen auf beweglichen Stielchen winzige *Zangen*, die zum Reinigen des Körpers und zur Abwehr von Feinden dienen.

Haftet das Tier mit der Unterseite an der Glaswand des Aquariums (Abb. S. 272), so erblicken wir in der Mitte der Körperscheibe den *Mund*. Ihm gegenüber, auf der Oberseite, liegt der *After*. Neben dem After findet sich eine kleine, siebartig durchlöcherte Kalkplatte, die *Siebplatte*.

Vom Mund bis in die Spitzen der Arme verläuft je eine Rinne. Aus ihr ragen zwei Doppelreihen fadenförmiger *Saugfüßchen* hervor. Indem sich mehrere von ihnen in die Länge strecken, nach der gleichen Seite richten, festsaugen und darauf verkürzen, wird der Körper vorwärts gezogen.

Das Innere des Seesterns ist hauptsächlich von dem geräumigen, sackförmigen *Magen* und den davon

Bau des Seesterns. Vereinfachtes Schema

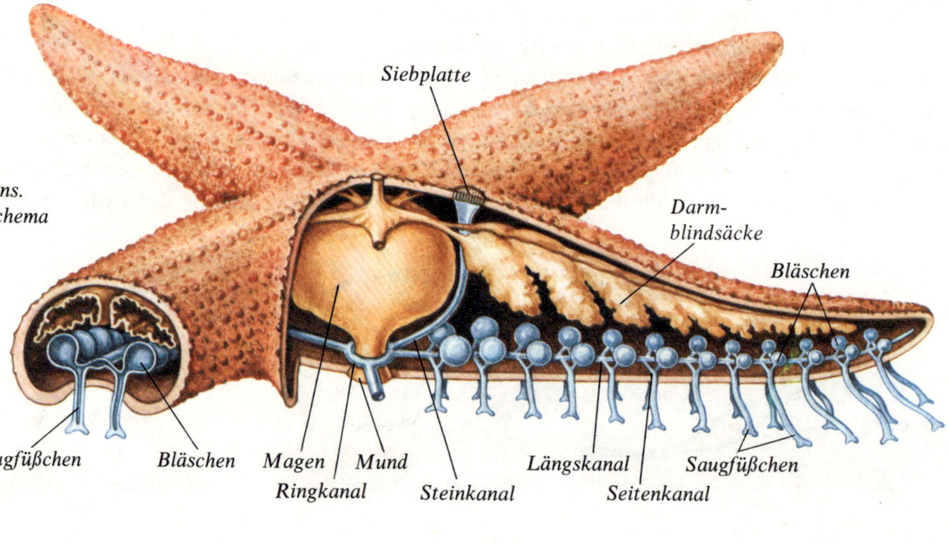

abzweigenden drüsenreichen *Darmblindsäcken* angefüllt, die in die fünf Arme hineinragen. Eine Besonderheit des Seesterns und mit ihm aller Stachelhäuter ist ein verzweigtes Kanalsystem, an das auch die Saugfüßchen angeschlossen sind. Es wird *Wassergefäßsystem* genannt. Durch die *Siebplatte* hindurch steht es mit dem Meerwasser in Verbindung. Sie bildet den Eingang eines Kanals, der wegen seiner verkalkten Wände *Steinkanal* genannt wird. Er mündet in den *Ringkanal*, der den Schlund wie ein Ring umgibt. Von diesem erstreckt sich bis zur Spitze jedes Armes ein *Längskanal*, von dem wieder zahlreiche *Seitenkanäle* abgehen. Diese erweitern sich nach oben zu je einem *Bläschen* und setzen sich nach unten in je ein Saugfüßchen fort. Die Saugfüßchen treten durch Poren des Panzers nach außen. Ziehen sich die Muskeln in der Wand der Bläschen zusammen, so wird die wäßrige Flüssigkeit, die das Gefäßsystem füllt, in die Füßchen gedrückt, die sich infolgedessen ausstrecken. Treten dagegen die Muskeln, die in der Wand der Füßchen liegen, in Tätigkeit, dann wird die Flüssigkeit in die Bläschen zurückgepreßt, und die Füßchen verkürzen sich. Das merkwürdige Wassergefäßsystem ist für das Tier demnach ein wichtiges Hilfsmittel der Fortbewegung. Es dient außerdem aber auch der Atmung.
Am Ende jedes Armes sitzt ein kleiner, roter *Sehfleck*. Er besteht aus Lichtsinneszellen und ermöglicht dem Tier, hell und dunkel zu unterscheiden. Im übrigen fehlen – bei allen Stachelhäutern – Sinnesorgane. Doch liegen in der Haut zerstreut zahlreiche einzelne *Sinneszellen*. Sie nehmen „Reize" wie Licht, Druck und Düfte auf und geben die entsprechenden „Erregungen" über Empfindungsnerven an das Nervensystem weiter.

Das langsame Tier ernährt sich vor allem von Schnekken und Muscheln. Die Beute wird mit den Armen und Saugfüßchen ergriffen. Um zu dem Weichkörper der Muscheln zu gelangen, heftet sich der Seestern mit seinen Saugfüßchen an die Muschelschalen und zieht daran so lange, bis – oft erst nach Stunden – die Schließmuskeln des Tieres erlahmen. Dann tritt der sackartige *Magen* aus dem Mund hervor und stülpt sich über das Opfer. Größere Tiere werden außerhalb, kleinere aber, indem sich der Magen zurückzieht, innerhalb des Körpers verdaut.

Der Seestern hat wie viele niedere Tiere ein erstaunliches *Wiederergänzungsvermögen* (Regenerationsvermögen). Er kann verlorengegangene Arme ohne weiteres ersetzen. Selbst ein einzelner abgetrennter Arm ist imstande, eine neue Körperscheibe zu erzeugen, aus der sodann die fehlenden Arme hervorsprossen.
Der Seestern pflanzt sich durch *Eier* fort, aus denen winzige, zweiseitig-symmetrische *Larven* hervorgehen. Diese bewegen sich mit Hilfe schwingender Wimpern durch das Wasser und durchlaufen eine umständliche Verwandlung.

Andere Seesterne. Die Seesterne, von denen man über 1000 Arten kennt, kommen in allen Meeren vor. Die größten haben eine Spannweite von mehr als 60 cm. Viele sind sehr farbenprächtig. Die Form ist im einzelnen recht verschieden. Alle nähren sich von Muscheln, Schnecken, Seeigeln und anderen Meerestieren.

Schlangensterne

Die Schlangensterne sind den Seesternen ähnlich, doch sind ihre dünnen, schlangenartig biegsamen Arme deutlich von der Körperscheibe abgesetzt (Abb. S. 272). Im Gegensatz zu den Seesternen können sie den Magen nicht ausstülpen. Die meisten leben von einzelligen Algen, Urtierchen und anderen Kleinlebewesen. Man kennt etwa 1500 Arten.

Haarsterne oder Seelilien

Die Haarsterne oder Seelilien bewohnen meist die tiefsten Gründe des Meeres. Der kleine, kelchförmige Körper sitzt – mit der Mundöffnung nach oben – auf einem langen Stiel und trägt einen Kranz verzweigter Arme. Auf diese bezieht sich die Bezeichnung „Haarstern". Der Stiel ist im Boden verwurzelt und besteht aus vielen rädchenförmigen Gliedern. „Seelilien" heißen die oft farbenprächtigen Wesen wegen ihres pflanzenähnlichen Aussehens. Sie nähren sich von mikroskopisch kleinen Lebewesen und deren toten Resten, die im Meer ständig zu Boden „regnen". Durch Flimmerhaare in den Rinnen der Arme wird

Stachelhäuter des Mittelmeeres.

Seestern:
1 an der zu denkenden Glasscheibe des Aquariums haftend
2 eine Herzmuschel aussaugend

3 Schlangenstern.

Mittelmeer-Haarsterne:
4 auf der leeren Röhre eines Röhrenwurms
5 schwimmend

6 Stein-Seeigel, an der Glasscheibe des Aquariums festgesogen

7 Röhren-Seewalze mit hervorgestrecktem Fühlerkranz

Bau eines Seeigels (Schema).

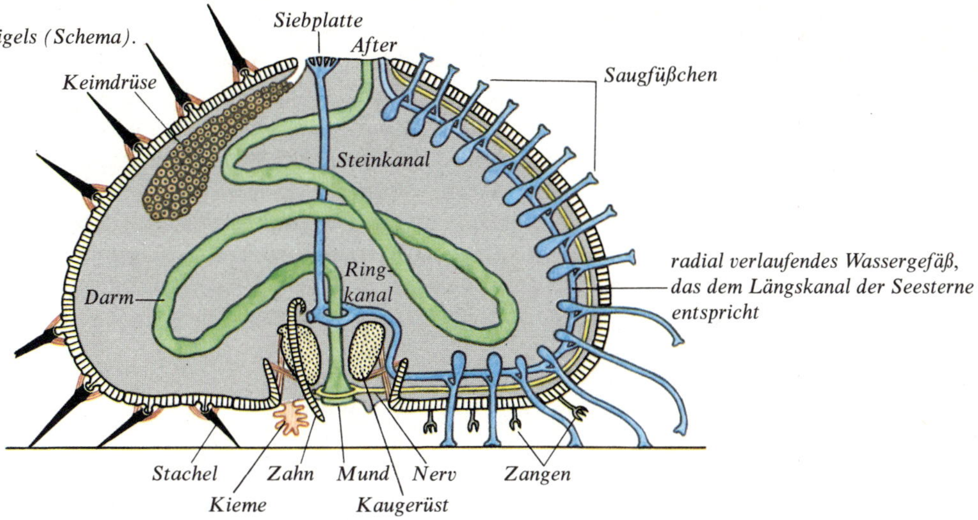

die aufgefangene Nahrung zum Mund gestrudelt. In den Küstengewässern gibt es Arten, die nur in der Jugend festsitzen, sich dann aber von den Stielen lösen und durch Auf- und Niederschwingen der Arme frei umherschwimmen oder mit Hilfe rankenartiger Füßchen auf Tangen, Korallenstöckchen und dergleichen umherklettern. Eine solche Art ist z. B. der bis 15 cm große, farbenprächtige *Mittelmeer-Haarstern* (Abb. S. 272).

Die heute lebenden Haarsterne sind nur noch die spärlichen Reste einer aussterbenden Tiergruppe. Diese hatte ihre Blütezeit schon im Erdaltertum. Aber auch noch im Erdmittelalter traten die Seelilien vielfach so häufig auf, daß ihre Stielglieder ausgedehnte Gesteinsschichten (Seelilienkalke) bilden konnten, so z. B. im Muschelkalk.

Seeigel

Der Gemeine Seeigel

Der bläuliche, rötliche oder violette, etwa 10 cm breite Gemeine Seeigel lebt in den nordeuropäischen Meeren mit Ausnahme der Ostsee und hat mit den Seesternen äußerlich nur wenig Ähnlichkeit. Denken wir uns aber die Arme eines Seesterns bis zum völligen Verschwinden verkürzt, die Körperscheibe stark aufgebläht und die Füßchenreihen vom unteren zum oberen Pol verlaufend, so haben wir die Grundform des Seeigels. Mund und After zeigen die gleiche Lage wie beim Seestern. Die in der Haut liegenden *Kalkplatten* aber sind zu einem festen Panzer verschmolzen, durch den die Füßchen in fünf Doppelreihen hervortreten. Die Oberfläche des Panzers ist mit zahlreichen Höckern besetzt, auf denen je ein *Stachel* eingelenkt ist. Da die Stacheln durch Muskeln bewegt werden können, vermag das Tier auf ihnen wie auf Stelzen dahinzuschreiten. Die Hauptwerkzeuge der Fortbewegung sind jedoch auch bei den Seeigeln die sehr lang ausstreckbaren *Saugfüßchen*.

Gemeiner Seeigel

Die schon beim Gemeinen Seestern erwähnten *Zangen* spielen beim Seeigel eine wichtige Rolle. Manche wirken als Greifzangen, die Nahrung ergreifen und zum Mund hin weiterreichen; andere sind mit Giftdrüsen ausgestattet und dienen der Verteidigung, wieder andere zerreiben als Putzzangen den Schmutz, der auf das Tier fällt, und beseitigen ihn auf diese Weise.

Die Nahrung des Gemeinen Seeigels besteht vorwiegend aus Tangen, von denen er mit seinen fünf scharfen, meißelförmigen *Zähnen* kleine Teile abschneidet.

Fortpflanzung. Beim männlichen wie beim weiblichen Seeigel liegen fünf sackförmige *Keimdrüsen* in strahliger Anordnung um den Enddarm herum. In den Eierstöcken der weiblichen Tiere wird eine ungeheure Zahl von Eizellen gebildet (bis zu 20 Millionen). Noch weit mehr Samenzellen werden von den Keimdrüsen der Männchen hervorgebracht. Sie sind winzig klein, haben einen Kopf und einen beweglichen Schwanzfaden, der sie zum Schwimmen befähigt. Die beiderlei Fortpflanzungszellen werden, wenn sie reif sind, in das Meerwasser entleert. Dort suchen die Samenzellen die Eizellen auf. – In dieser oder ähnlicher Weise spielt sich die Befruchtung bei den meisten Wassertieren ab (vgl. S. 287).

Andere Seeigel. Von den vielen, zum Teil sonderbar gestalteten Seeigeln sei nur noch der *Stein-Seeigel* erwähnt (S. 272). Er bewohnt Klüfte und Spalten unterseeischer Felsen oder auch Löcher, die er selbst ins Gestein bohrt. – Viele Seeigelarten ernähren sich von Weichtieren, Würmern und anderen Kleintieren, andere sind Pflanzenfresser, wieder andere Allesfresser.

Versteinerte Seeigel finden wir in vielen Schichten der Erdrinde, besonders häufig aber im *Jura* und in der Kreide. Man kennt etwa 750 lebende und 2500 ausgestorbene Arten.

Seewalzen

Denkt man sich einen Seeigel stark in die Länge gezogen, so daß ein walzen- oder gurkenförmiger Körper entsteht, an dessen einem Ende der Mund und an dessen anderem der After liegt, so hat man die Gestalt der Seewalzen oder *Seegurken.* Die lederartige Haut dieser Tiere enthält nur mikroskopisch kleine Kalkkörperchen. Der Mund ist von einem Kranz von Fühlern umgeben, die bei manchen Arten baumartig verästelt sind. Die meisten Seewalzen sind Schlammfresser. Während Nord- und Ostsee nur von wenigen unscheinbaren Arten bewohnt werden, sind die wärmeren Meere sehr reich daran. Man unterscheidet rund 600 Arten. An den Küsten des Mittelmeeres ist die *Röhren-Seewalze* (Abb. S. 272) häufig, die eine Länge von 30 cm erreicht und viel gegessen wird.

Zusammenfassung über die Stachelhäuter

Gestalt. Die Stachelhäuter sind – von Ausnahmen abgesehen – *radial-symmetrische*, fünfstrahlige Meerestiere von Stern-, Kugel- oder Walzenform. Trotz großer äußerer Unterschiede lassen alle Angehörigen des Kreises denselben *Grundbauplan* erkennen.

Körperbedeckung. Der Körperhaut sind Kalkplättchen eingelagert, so daß ein beweglicher oder starrer *Panzer* entsteht. Bei den Seewalzen sind jedoch nur noch Reste eines solchen Hautskelettes vorhanden. Auf dem Panzer erheben sich vielfach *Stacheln.* Zwischen ihnen stehen bei den Seesternen und Seeigeln *Greifzangen.* Bei allen Stachelhäutern finden sich *Saugfüßchen.* Sie dienen meist der Fortbewegung. Bei den vorwiegend festsitzenden Formen wirken sie als Tast- und Greiforgane. Auch für die Atmung sind sie von Bedeutung.

Innerer Bau. Das *Wassergefäßsystem*, das die Saugfüßchen in Tätigkeit setzt, zeigt bei allen Stachelhäutern im wesentlichen den Bau, den wir bei den Seesternen kennengelernt haben. In diesem System erfolgt auch vorwiegend der Austausch der Atemgase. Das *Nervensystem* besteht in allen Fällen aus einem den Schlund umgebenden Nervenring und fünf von ihm ausstrahlenden, radiär verlaufenden Nervensträngen. Sinnesorgane fehlen meist; doch enthält die Körperhaut zahlreiche einzelne *Sinneszellen*, mit denen die Tiere Helligkeitsunterschiede wahrnehmen, ferner tasten, riechen und schmecken können.

Ernährung. Viele Stachelhäuter sind Schlamm- oder Planktonfresser. Andere leben von Tangen oder von Würmern und sonstigen Kleintieren. Die Seesterne und manche Seeigelarten aber sind die gefährlichsten Feinde der Muscheln.

Fortpflanzung. Die Stachelhäuter pflanzen sich, von wenigen Ausnahmen abgesehen, durch *Eier* (Eizellen) fort. Bei allen tritt eine *Larve* auf, die zweiseitig-symmetrisch gebaut ist und mit der des Gemeinen Seesterns im wesentlichen übereinstimmt.

Grundbauplan der Stachelhäuter

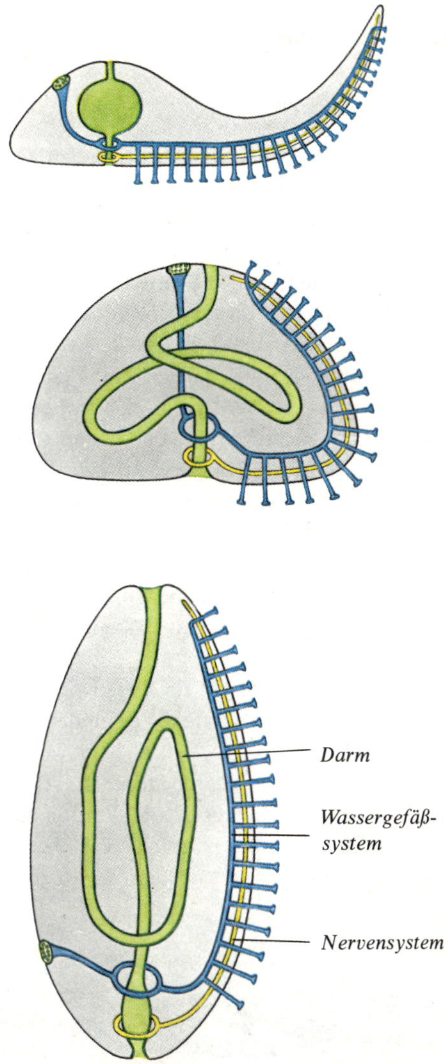

Seestern

Seeigel

Seewalze

Darm grün, Wassergefäßsystem blau, Nervensystem gelb

Würmer

1. Ringelwürmer

Der Regenwurm

Der Regenwurm bewohnt das Erdreich. Zu Gesicht bekommen wir ihn beim Umgraben der Gartenbeete und der Komposterde, oder wenn er nach einem starken Regen an die Erdoberfläche flüchtet (Name!), um in seinen wassergefüllten Röhren nicht zu ersticken.

Äußerer Bau. Der nackte Körper des bis zu 30 cm langen Tieres ist von einer *schleimigen Haut* bedeckt und in zahlreiche gleichartige Ringe (*Segmente*) eingeteilt. Der erste Ring, der sog. *Kopflappen*, hat jedoch die Gestalt einer Lippe, die den Mund von oben her überdeckt. Aus der Körperwand jedes Ringes ragen 4 Paar kleine *Chitinborsten* hervor, die insgesamt zwei bauchständige und zwei seitliche Längsreihen bilden. Ziehen wir einen Regenwurm vorsichtig durch die Finger, so fühlen wir die Borsten, und wenn wir ihn über Papier kriechen lassen, hören wir ihr Kratzen.

Ein Feuchtlufttier. Gerät ein Regenwurm bei trockenem Wetter auf einen festen Weg, in den er nicht eindringen kann, so *vertrocknet* er bald. Obgleich seine Haut ständig mit Schleim bedeckt ist, vermag sie ihn nur unvollkommen gegen die Verdunstung seiner Körpersäfte zu schützen. Vgl. die Weinbergschnecke! Auch wegen seiner *Atmung* kann der Regenwurm nur in feuchter Luft leben: er atmet ausschließlich durch die Haut, und der Gasaustausch ist nur durch die feuchte Haut hindurch möglich. Verläßt der Wurm einmal am Tage bei starkem Regen das Erdreich, so sucht er rasch wieder dorthin zurückzukehren, weil er gegen das Tageslicht sehr empfindlich ist. Sonst kommt er nur nachts, wenn es taut, an die Erdoberfläche. Den Winter verbringen die Regenwürmer in 1 – 2 m Tiefe. Hier, in frostfreier Erde, ringeln sie sich zu einem Knäuel zusammen und verharren in einer Art *Winterstarre*.

Fortbewegung. In lockere Erde bohrt sich der Regenwurm ein, indem er den Kopfabschnitt abwechselnd ausstreckt und zusammenzieht. Auch bei einem kriechenden Wurm ist zu sehen, wie er sich ständig streckt und verkürzt. Beim Sichstrecken wird der Körper dünner, beim Sichverkürzen dicker. Ständig laufen Verdünnungen und Verdickungen wie Wellen von vorn nach hinten über den Körper. Mit Beginn jeder Welle wird das Vorderende ein Stück vorgestreckt, beim Auslaufen der Welle das Hinterende um die gleiche Strecke nachgezogen. Gehen die Wellen in umgekehrter Richtung, so bewegt sich das Tier rückwärts.

Regenwurm.

1 Kriechendes Tier
2 Tier, das sich in die Erde einbohrt
3 zwei Wurmhäufchen
4 Tier, das Pflanzenteile in seinen Gang zieht

Bau des Regenwurms, Schema.
Längsschnitt durch das Vorderende

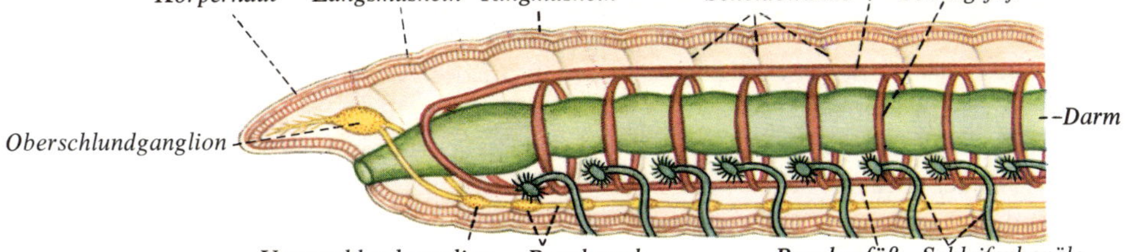

Alle diese Bewegungen werden von einem Muskelschlauch ausgeführt, der mit der dünnen Oberhaut zum *Hautmuskelschlauch* verwachsen ist. Der Muskelschlauch selbst besteht aus zwei Schichten: die Muskelfasern der äußeren Schicht umgeben den Körper ringförmig, die der inneren verlaufen in der Längsrichtung des Körpers. Ziehen sich die *Ringmuskeln* eines Körperabschnitts zusammen, so wird der Körper hier dünner und damit länger, treten die *Längsmuskeln* in Tätigkeit, so verkürzt und verdickt sich der Körper an dieser Stelle. – Sehr wichtig für die Fortbewegung sind die *Borsten*, die durch kleine Muskeln bewegt werden können. Sie verankern den Körper am Boden, indem sie sich in dessen Unebenheiten einstemmen. In den Erdröhren bilden sie die „Steigeisen", mit deren Hilfe sich das Tier auf und ab bewegt.

Ein Bewohner des Erdreichs. In fester Erde kommt der Regenwurm nur dadurch vorwärts, daß er sich durch den Boden hindurchfrißt, wobei er die Erde mit seinem Speichel aufweicht. Auf diese Weise stellt er auch seine zahlreichen waagrechten und senkrechten *Gänge* her, die bis zu 2 m tief in den Boden hinabreichen.

Der Darm des Tieres ist ständig mit Erde gefüllt. Die darin enthaltenen faulenden Pflanzen- und Tierstoffe bilden die *Hauptnahrung* des Regenwurms. Kommt er in feuchten Nächten an die Erdoberfläche, so bleibt er meist mit dem Hinterende in seiner Röhre verankert, in die er sich bei Gefahr schnell zurückzieht. Abgefallene Blätter und andere Pflanzenteile, die er vorfindet, saugt er mit dem Mund an und zieht sie, rückwärts kriechend, in seine Röhre hinein. Wenn sie dort angefault sind, dienen sie ihm ebenfalls zur Nahrung. Frische Pflanzenteile vermag der Regenwurm nicht zu verzehren, da er weder Kiefer noch Zähne hat. Die unverdaulichen Massen, die vom Darm ausgestoßen werden, bilden an der Erdoberfläche die *Wurmhäufchen*, die sich oft neben den Öffnungen der Gänge finden.

Querschnitt eines vorderen Segments

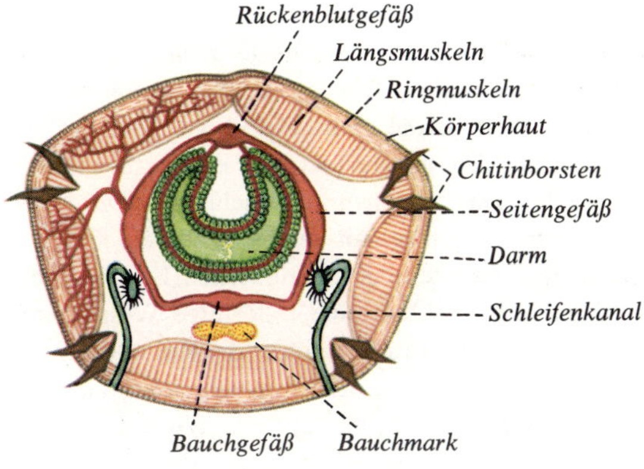

Innere Organe. Der *Darm* erstreckt sich geradlinig durch den ganzen Körper. Eine einspringende Längsfalte vergrößert seine verdauende Innenfläche. Zwischen dem Hautmuskelschlauch und dem Darm sind zahlreiche querverlaufende *Scheidewände* ausgespannt. Sie teilen die mit einer farblosen Flüssigkeit angefüllte Leibeshöhle in einzelne Kammern auf, die den äußeren Segmenten entsprechen.

Über dem Darm verläuft das starke *Rückenblutgefäß*, das als rote Linie deutlich durch den Hautmuskelschlauch hindurchschimmert. Von ihm gehen den Darm umfassende Gefäße ab, die in das große Bauchgefäß einmünden. Fünf der vordersten dieser Seitengefäßpaare sind kräftiger ausgebildet als die übrigen.

Sie führen pulsierende Bewegungen aus, wirken also als Herzen. Die Seitengefäße entsenden fein verästelte Blutbahnen in alle Teile des Körpers, unter anderem auch in die Haut, wo sie der Hautatmung dienen.
In jedem Körperring liegt zu beiden Seiten des Darmes ein Organ, das nach seiner Form als *Schleifenkanal* bezeichnet wird. Es beginnt mit einem offenen Wimpertrichter in der Segmentscheidewand. Die ständig schlagenden Wimpern treiben flüssige Ausscheidungsstoffe aus der Leibeshöhle in einen vielfach gewundenen Kanal, der auf der Körperoberfläche ausmündet. Die Schleifenkanäle sind also Ausscheidungsorgane.
Unter dem Darm liegt das *Nervensystem*, das wie bei den Gliederfüßlern Strickleiterform aufweist. Das Oberschlundganglion ist durch den Schlundring mit dem Unterschlundganglion verbunden, an das sich die beiden Längsstämme des Bauchmarks anschließen. Dieses hat in jedem Segment ein Ganglienpaar.

Sinne. Beim Aufsuchen der Nahrung wird der Regenwurm vornehmlich durch den Tastsinn und den Geruchssinn geleitet. Wie fein sein Tastsinn ist, erkennt man daran, daß sich das Tier schon bei geringer Erschütterung des Bodens (z. B. durch unsere Schritte) in seine Röhre zurückzieht. Besonders tastempfindlich ist der Kopflappen. Leuchtet man den Wurm nachts an, dann flieht er ebenfalls, obgleich ihm Augen fehlen. Auch das Tageslicht flieht er, wie wir bereits hörten. Seine Lichtempfindlichkeit hat wie sein Riech- und Tastvermögen ihren Sitz in entsprechenden Sinneszellen der Haut.

Fortpflanzung. Die Regenwürmer sind *Zwitter*, d. h. jedes Tier hat sowohl männliche als auch weibliche Geschlechtsorgane. Bei der Paarung begatten sich zwei Tiere gegenseitig. Die befruchteten *Eier* werden zu Ballen vereinigt und von einer Schleimhülle umgeben. Den an der Luft schnell erhärtenden Schleim scheiden die Drüsen des Sattels aus. Der Sattel ist eine bräunliche Hautverdickung am Ende des ersten Körperviertels, die zur Fortpflanzungszeit bei den erwachsenen Tieren auftritt.

Wiederergänzung (Regeneration). Wird der Regenwurm – etwa beim Umgraben – durchschnitten, so ist diese schwere Verletzung meist nicht tödlich. Das Vorderende des Wurmes wächst, wenn es groß genug ist, d. h. mindestens ein Drittel des Tieres umfaßt, aus und ergänzt das verlorengegangene Hinterende wieder. Das abgetrennte Hinterende stirbt ab. Wird der Wurm weit vorne durchgetrennt, so geht das Kopfende zugrunde, und der Restwurm ergänzt einige Vorderringe. Aus einem zweigeteilten Regenwurm entstehen also nie zwei neue Würmer, wie vielfach angenommen wird. Wohl aber können beide Teile zugrunde gehen, nämlich dann, wenn vorne etwa 20–40 Ringe abgetrennt werden; denn dann sind beide Teile zu kurz, um sich ergänzen zu können.

Bedeutung. Obwohl der Regenwurm zahllosen Tieren zur Nahrung dient, ist er infolge seiner starken Vermehrung ungemein häufig. Unter einem Quadratmeter Wiesenfläche leben je nach Bodenbeschaffenheit etwa 100–500 Regenwürmer. Ihre zahlreichen senkrecht und waagrecht verlaufenden, 1–2 m in die Tiefe reichenden Röhren lockern den Boden und begünstigen dessen Durchlüftung sowie das Eindringen des Regenwassers. Dadurch wird das Pflanzenwachstum gefördert. Auch zur Humusbildung trägt der Regenwurm wesentlich bei. Die unter einem Quadratmeter Wiese lebenden Regenwürmer setzen im Jahr etwa 4–8 kg Wurmhäufchen an der Oberfläche ab, schichten also diese Menge Erde um. Langsam wird dadurch der ganze Boden umgearbeitet. Das ist besonders für Wiesen, Weiden und Wälder wichtig, weil sie im Gegensatz zum Ackerfeld vom Menschen nicht umgebrochen werden.

Andere Ringelwürmer

1. Borstenwürmer. Im Gegensatz zum *Regenwurm* sind fast alle andern Borstenwürmer Bewohner des Wassers. Weitaus die meisten sind Meerestiere. Die bekannteste Art unserer Küsten ist der *Sandwurm* oder Pier. Das regenwurmähnliche Tier wird bis 35 cm lang und trägt an seinen mittleren Körperringen fein verästelte Kiemenbüschel. Es baut sich im Sand oder Schlick eine U-förmige Wohnröhre. An ihrem vorderen Ende mündet die Röhre in einem kleinen Trichter aus. In ihm sammelt sich Treibsand mit allerlei Freßbarem an, das dem Wurm zur Nahrung dient. Am anderen Ende der Röhre scheidet der Wurm seine Kothäufchen ab, die oft in unabseh-

Ringelwürmer des Meeres.

1 Drei Arten von Röhrenwürmern
2 Seeringelwurm Neréis
3 Sandwurm, davor sein Trichter und ein Kothäufchen

barer Zahl das Watt bedecken. Die Sandwürmer sind beliebte Angelköder und werden deshalb bei Ebbe millionenweise ausgegraben. – Die *Röhrenwürmer* sitzen am Meeresboden fest und scheiden an der Körperoberfläche Stoffe ab, die, oft mit Sand und Schlamm vermengt, feste Röhren bilden. Viele haben kalkige Röhren. Aus diesen Wohnröhren strecken die Würmer einen oft mehrfachen Kranz zahlreicher fein bewimperter Fäden hervor, die die Nahrung und frisches Atemwasser herbeistrudeln. – Von den zahllosen Borstenwürmern des Meeres bewohnen die meisten den schlammigen Meeresgrund, so auch der räuberisch lebende *Seeringelwurm* (Neréis) der Nord- und Ostseeküste. Er hat zwei scharfe Kiefer in seinem ausstülpbaren Rüssel, vier Augen und ein Paar Fühler. – Viele räuberische Arten schwimmen frei im Meer umher, indem sie sich in waagrechten Wellenbewegungen gewandt durchs Wasser schlängeln; sie besitzen gut entwickelte Augen und große Kiefer oder Zähne. Die meisten sind unter $^{1}/_{2}$ m lang; es gibt aber auch Arten von $^{1}/_{2}$ – 2 m Länge; die größte (Eunice gigantea) erreicht sogar 3 m.

2. Blutegel. Der *Medizinische Blutegel* wird etwa 20 cm lang. Er hält sich vorwiegend am Grunde pflanzenbewachsener Teiche, Tümpel und Bäche auf. Über die olivgrüne, gewölbte Oberseite ziehen rostbraune, dunkelgefleckte Längsstreifen; die abgeplattete Unterseite erscheint heller.

Der Hautmuskelschlauch ist wie beim Regenwurm in zahlreiche Ringe geteilt. Borsten sind aber nicht

Medizinischer Blutegel. 1 Tier, das sich mit dem hinteren Saugnapf an einem Stein festgelegt hat, 2 schwimmendes und 3 spannerartig kriechendes Tier

Kopfende des Medizinischen Blutegels (vergr.)

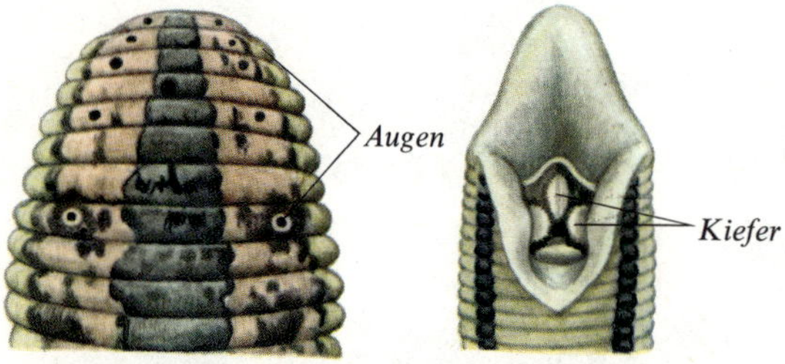

von oben gesehen *von unten, Mund geöffnet*

vorhanden. Dagegen lassen sich auf den vorderen Ringen fünf Paar einfache, als schwarze Punkte erscheinende Augen erkennen. Am Vorder- und am Hinterende des Körpers findet sich je ein muskulöser *Saugnapf*, mit deren Hilfe sich der Egel nach Art der Spannerraupen fortbewegt. Sie dienen ihm aber auch zum Sichfesthalten an Tieren, von deren Körpersäften er sich nährt. In der Jugend saugt er sich an Schnecken, Kaulquappen und anderen Kaltblütlern des Wassers fest; erwachsen ist er auf das Blut von Warmblütlern angewiesen.
Im Grunde des vorderen Saugnapfes erkennen wir den dreispaltigen Mund und in diesem drei hornige *Kiefer*, deren bogige Ränder mit scharfen Zähnen besetzt sind. Ist mit den Kiefern die Haut des Opfers durchsägt, so beginnt der Egel zu saugen. Dabei nimmt sein *dehnbarer Darm*, der zehn Paar große *Blindsäcke* aufweist, so viel Blut auf, daß der Körper unförmig anschwillt und das Gewicht des Wurmes um ein Vielfaches zunimmt. Von diesem Blutvorrat kann das Tier viele Monate lang leben.
Da der Blutegel früher häufig dazu benützt wurde, dem Menschen bei gewissen Krankheiten Blut zu entziehen, wurde er in Deutschland viel gesammelt und dadurch weithin ausgerottet. Die gelegentlich heute noch verwendeten Blutegel werden aus dem Ausland eingeführt.
Dem Blutegel ähnelt der schwärzliche *Pferdeegel*, der in unseren Gewässern häufig vorkommt. Das harmlose Tier nährt sich vorwiegend von Würmern und Insektenlarven. Außerdem gibt es in unseren Gewässern noch zahlreiche kleinere Egelarten, die sich besonders von Wasserschnecken ernähren. – An Fischen schmarotzen nicht selten *Fischegel*. – In den Tropen gibt es *landbewohnende Egel*, die sich von Bäumen und Sträuchern auf Menschen und Säugetiere herabfallen lassen und vielfach eine empfindliche Plage bilden.

Die *Ringelwürmer*, von denen man rund 8500 Arten kennt, haben einen langgestreckten Körper, der in zahlreiche gleichartige Ringe (Segmente) geteilt ist.

2. Fadenwürmer

Die Trichine

In den Muskeln von Haus- und Wildschwein, Bär, Fuchs, Maus, Ratte und anderen Tieren finden sich gelegentlich zahllose etwa 1 mm lange, weiße Würmchen, die spiralig aufgerollt und von einer festen, kalkigen Kapsel umgeben sind. Verzehrt ein Mensch oder eines der genannten Tiere Fleisch mit diesen *eingekapselten Trichinen*, dann löst der Magensaft die Kapseln auf, die Würmer gelangen in den Dünndarm und wachsen hier zu sog. *Darmtrichinen* heran. Während die Männchen bald absterben, bohren sich die 3–4 mm langen Weibchen in die Darmwand ein und bringen hier je über 1000 etwa 0,1 mm lange junge Würmchen hervor. Diese werden vom Blut-

Trichine (vergr.)
1 Weibliche Darmtrichine, aus der Junge hervorschlüpfen
2 junge Muskeltrichinen
3 lebende Trichine
4 abgestorbene, eingekapselte Trichine

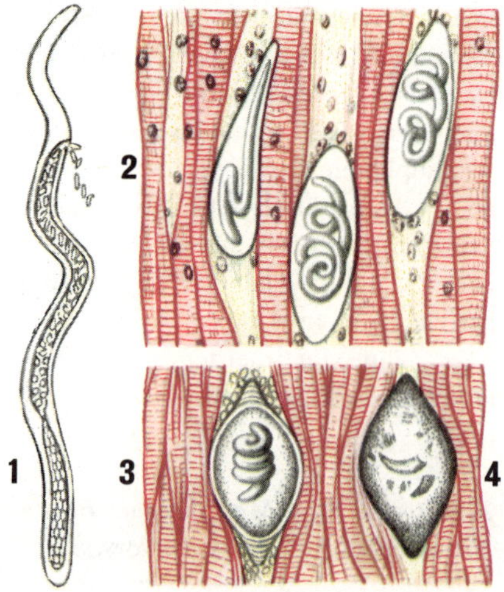

strom über den ganzen Körper verteilt. Von den Haargefäßen aus bohren sie sich in die Muskelfasern ein, nähren sich von den Körpersäften ihres Wirtes, wachsen schnell heran, rollen sich dann spiralig auf und werden endlich von der erwähnten Kapsel eingeschlossen. So können sie als *Muskeltrichinen* viele Jahre hindurch ruhen. Werden sie nicht von einem der genannten Tiere oder vom Menschen mit der Nahrung aufgenommen, dann gehen sie schließlich zugrunde.

Beim Menschen rufen die in den Muskeln schmarotzenden Trichinen durch ihre giftigen Ausscheidungsstoffe die sehr schmerzhafte, bisweilen tödlich verlaufende *Trichinenkrankheit* (Trichinose) hervor. Da wir den gefährlichen Wurm vor allem mit dem Fleisch des Hausschweins aufnehmen (das ihn seinerseits meist durch gefressene Ratten bekommt), muß in Deutschland jedes geschlachtete Schwein mikroskopisch auf Trichinen untersucht werden. Dank dieser *Trichinenschau* und vor allem dank der Bekämpfung der Ratten und Mäuse ist die Trichinose in Deutschland sehr selten geworden.

Andere Fadenwürmer

Der **Spulwurm** ist ein widerlicher Schmarotzer, der gelegentlich bei Kindern vorkommt. Er wird bis zu 40 cm lang und hat äußerlich Ähnlichkeit mit dem Regenwurm, weist aber als Fadenwurm weder Ringe noch Borsten auf. Der Wurm lebt im Dünndarm von der verdauten Nahrung. Das Weibchen bringt Millionen Eier hervor, die mit dem Kot abgehen und sehr widerstandsfähig sind. Auch nach längerer Zeit können sich aus ihnen noch Würmer entwickeln, wenn sie in unseren Körper gelangen. Die Übertragung erfolgt durch Unsauberkeit oder durch den Genuß von schlecht gereinigten Erdbeeren, Salaten, Rettichen und dergleichen. Alle Rohkost ist deshalb vor dem Genuß gut zu waschen, und die Hände sind vor jeder Mahlzeit zu reinigen.

Der **Madenwurm,** der häufigste Wurmparasit des Menschen, ist ein weißes, 1 cm langes Würmchen mit nadelspitzem Hinterende. Die unangenehmen Schmarotzer leben oft massenhaft im Darm von Kindern. Sie sind zwar ziemlich harmlos, verursachen aber vorwiegend nachts heftiges Afterjucken, weil die Weibchen, die zur Eiablage den Darm verlassen, sich dabei mit ihrem spitzen Ende in die Haut einstemmen. Beim Kratzen können die Eier an die Finger und dann bei Unsauberkeit durch den Mund in den Darm gelangen und hier zu Würmern auswachsen.

Zahllose andere Arten von Fadenwürmern leben als Schmarotzer in Tieren oder in Pflanzen. Viele schädigen unsere Nutzpflanzen, indem sie an deren Wurzeln saugen, wie das *Rübenälchen* und das *Kartoffelälchen*, oder andere Teile der Pflanze befallen, wie das *Weizenälchen*, das sich im Fruchtknoten der Weizenblüte entwickelt. Auch Roggen, Hafer, Mais, Tomate, Gurke u.v.a. werden von ihnen geschädigt. Aber auch *freilebend* sind die Fadenwürmer in der Natur weit verbreitet. Sie finden sich fast überall, im Meer und im Süßwasser, im Erdboden und im Moor, im Fallaub und Moosrasen der Wälder usw.

Der Körper der meist sehr kleinen Fadenwürmer ist rund, glatt und nicht in Segmente gegliedert.

3. Plattwürmer

Der Rinderbandwurm des Menschen

Körperbau. Der Rinderbandwurm lebt als Schmarotzer im Dünndarm des Menschen. Sein 1–2 mm dicker Kopf besitzt vier Saugnäpfe, mit deren Hilfe er sich in der Darmwand verankert. Der übrige Körper des Tieres besteht aus einer bandartigen, gelblichweißen *Gliederkette*, die eine Länge von 4 bis 10 m erreicht. Hinter dem Kopf ist eine ungegliederte Wachstumszone, an der sich immer neue Glieder abschnüren. Diese bleiben im Zusammenhang und wachsen weiter. So wird die Gliederkette nach hinten breiter; die Endglieder sind etwa 1 cm breit und 2 cm lang.

Der Bandwurm ist seiner Lebensweise als *Innenschmarotzer* angepaßt. Sein dünnhäutiger, zarter Körper, der im Freien schnell vertrocknen würde, besitzt weder Mund noch Darm. Das Tier nimmt die Nahrung, von der es dauernd umspült wird, durch die gesamte Körperoberfläche auf. Es besitzt kein

Blutgefäßsystem. Eine feine Schutzschicht der Haut verhindert, daß der Schmarotzer von den Verdauungssäften des Darmes angegriffen wird. Mächtig sind die Fortpflanzungsorgane ausgebildet. Jedes reife Glied am Ende der Kette ist mit etwa 80000 Eiern prall angefüllt.

Entwicklung. Die reifen Endglieder lösen sich fortlaufend von dem erwachsenen Bandwurm ab. Täglich verlassen etwa deren 8–10 mit dem Kot den Darm. In jedem Ei befindet sich bereits ein Keimling, der von einer doppelten Hülle umschlossen ist. Er kann daher Nässe und Trockenheit sowie Wärme und Kälte lange Zeit ertragen. Nimmt ein Rind – etwa auf einer gedüngten Wiese – ein Ei mit der Nahrung auf, so werden die Hüllen durch die Verdauungssäfte zerstört; der frei gewordene Keimling bohrt sich mit Hilfe von drei Paar Haken durch die Darmwand, gelangt in den Blutstrom und setzt sich in einem Muskel fest. Hier bildet er sich zu einer etwa erbsengroßen Blase, der *Finne*, um, von deren Wand sich ein hohler Zapfen nach innen erstreckt. Ißt nun ein Mensch Rindfleisch, das eine lebende Finne enthält, so wird diese im Magen von den Verdauungssäften aus dem Fleisch befreit. Nunmehr kann sich der Zapfen, an dessen Ende sich der Bandwurmkopf befindet, wie ein Handschuhfinger ausstülpen. In diesem Zustand gelangt der Keimling in den Dünndarm, wo dann auch die anhaftende Finnenblase verdaut wird. Nun beginnt sich der Bandwurm in der eingangs geschilderten Weise zu entwickeln. Über 10 Jahre lang vermag er sein Schmarotzerdasein im Dünndarm zu führen. Der Mensch ist also der *Wirt*, das Rind der *Zwischenwirt* des Rinderbandwurmes.

Der Parasit kann lange Zeit unbemerkt im Menschen schmarotzen. Häufig ruft er jedoch Darmstörungen, Blutungen und Übelkeit hervor. Bei uns sind durch die Fleischbeschau auch die Bandwürmer selten geworden. Im übrigen aber werden auf der ganzen Erde noch viele Millionen Menschen von ihnen befallen.

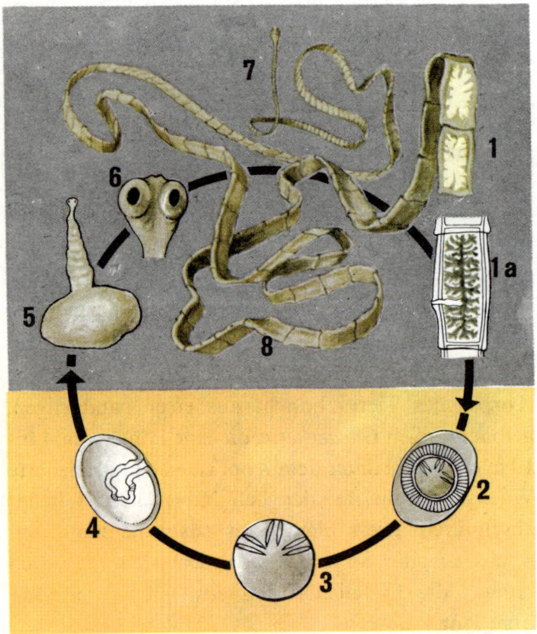

Entwicklung des Rinderbandwurms. 1 Reifes, abgestoßenes Glied (etwas verkl.) und 1 a (vergr.), 2 Ei (geöffnet), 3 frei gewordener Keimling (stark vergr.), 4 Finne mit eingestülptem und 5 mit ausgestülptem „Kopfabschnitt" des Wurmes (etwa 2mal vergr.), 6 Kopf des Bandwurms (stärker vergr.), 7 Vorderteil des Wurmes und 8 reifende Glieder (etwas verkl.).

Andere Plattwürmer

1. Bandwürmer. Außer dem *Rinderbandwurm* kommt im Darm des Menschen gelegentlich noch der etwas kleinere *Schweinebandwurm* vor, dessen Finne im Hausschwein lebt, sowie der *Fischbandwurm*, dessen Larven zuerst in Kleinkrebschen, dann in Süßwasserfischen schmarotzen. – Zwei gefährliche Bandwürmer leben im Darm des Hundes. Die Finnen des einen, des *Quesenbandwurmes*, entwickeln sich im Gehirn des Schafes und erzeugen bei ihm die meist tödliche Drehkrankheit. Der andere, der *Hülsenbandwurm*, wird nur etwa 5 mm lang. Seine Finne kann in verschiedenen Organen des Menschen vorkommen und dabei durch Bildung Tausender von Tochterzellen die Größe eines Kinderkopfes erreichen, wodurch nicht selten der Tod verursacht wird. Da der Mensch die Eier des gefährlichen Wurmes vom Hund aufnimmt, sollte zu enge Berührung mit diesem vermieden werden.

2. Strudelwürmer. In Seen und Tümpeln finden wir auf Steinen und Pflanzen nicht selten den etwa 2 cm langen *Weißen Strudelwurm*. Sein blattförmiger Körper ist dicht mit Wimpern bedeckt, die ständig schlagen und dadurch dem Körper sauerstoffreiches

Strudelwürmer in einem Bach (schwach vergr.). Links drei weiße Strudelwürmer, einer einen Schlammwurm erbeutend. Rechts vier schwarze Strudelwürmer.

Wasser zustrudeln (Name!). Die Atmung erfolgt durch die zarte Körperhaut. An dem abgestutzten Kopfende stehen als dunkle Punkte zwei einfache Augen. Halten wir das auf einer Glasscheibe kriechende Tierchen gegen das Licht, so sehen wir, daß es sich ähnlich wie eine Schnecke mittels wellenförmiger Bewegungen fortbewegt. Ferner erkennen wir dabei den Darm, dessen Äste mit zahlreichen Nebenästen den ganzen Körper durchziehen. Der Mund liegt auf der Unterseite hinter der Körpermitte. Durch ihn werden auch die unverdaulichen Reste ausgestoßen, da der Darm blind endigt. Die Strudelwürmer nähren sich von den im Schlamm enthaltenen Bakterien, Algen, Urtierchen usw. und Verwesungsteilchen, aber auch von Würmchen, Insektenlarven, Kleinkrebsen und anderen Kleintieren. Unter den vielen Süßwasserarten gibt es auch dunkel gefärbte. Im Meer kommen große, oft prächtig gefärbte Arten vor.

3. Saugwürmer. Die Saugwürmer sind ähnlich wie die Strudelwürmer gebaut, schmarotzen aber in anderen Tieren. Dieser Lebensweise entsprechend besitzen sie Saugnäpfe oder Haken, mit denen sie sich im Körper ihrer Wirte festhalten. Unter den zahlreichen Arten ist der etwa 3 cm lange, blattförmige *Leberegel* am bekanntesten. Er ruft die Leberfäule der Schafe, Rinder und anderer Säugetiere hervor, der alljährlich Hunderttausende wertvoller Haustiere zum Opfer fallen. Da die Eier des Leberegels sich nur im Wasser entwickeln können, tritt die Seuche besonders in nassen Jahren bzw. in Gegenden auf, in denen die Viehweiden zeitweise überschwemmt werden.

Leberegel (wenig vergrößert). Erkennbar sind der verzweigte Darm und die beiden Saugnäpfe

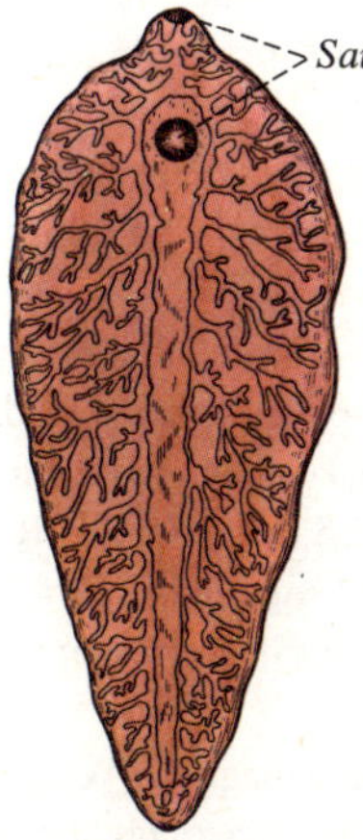

Die *Plattwürmer* sind durch ihren abgeplatteten Körper gekennzeichnet. Der Darm fehlt bei den Bandwürmern; bei den übrigen Plattwürmern ist er meist stark verzweigt und endigt blind.

Zusammenfassung über die Würmer

Gestalt. Die Würmer sind zweiseitig-symmetrische Tiere. Während die meisten einen ungegliederten Körper haben, ist der Körper der höchststehenden Arten außen und innen in zahlreiche *Ringe* (*Segmente*) geteilt.

Körperbedeckung. Die Körperoberhaut ist weich und nackt, wie dies dem Aufenthalt im Wasser, im feuchten Erdboden oder im Körper anderer Lebewesen entspricht. Sie ist mit der unter ihr liegenden Muskelschicht zu einem *Hautmuskelschlauch* verwachsen, der der Fortbewegung dient. Dicsc wird vielfach durch Saugnäpfe oder Borsten gefördert. Durch die Körperoberhaut findet in der Regel auch die Atmung statt. Nur die im Wasser lebenden Ringelwürmer atmen durch Kiemen.

Innerer Bau. Bis auf die schmarotzenden Bandwürmer besitzen alle Würmer einen *Darm.* Dieser ist bei den niederen Formen meist verzweigt und besorgt zugleich die Aufgabe des noch fehlenden Gefäßsystems. Die höheren Würmer dagegen haben ein gut ausgebildetes *Blutgefäßsystem.* Als Ausscheidungsorgane besitzen die niederen Würmer meist ein feines, verästeltes Röhrensystem, die höheren dagegen in jedem Ringe ein Paar *schleifenförmige Kanäle.* Das Nervensystem besteht in allen Fällen aus einem vorderen Nervenknotenpaar und zwei davon ausgehenden Längsnerven, zu denen jedoch noch weitere ähnliche Stränge treten können. Bei den Ringelwürmern kommt es zur Ausbildung eines *Strickleiternervensystems,* wie es auch die Gliederfüßler aufweisen.

Fortpflanzung. Die Würmer pflanzen sich meist durch *Eier* fort. Bei manchen Arten kommt auch Teilung vor. Die Entwicklung verläuft mit oder ohne Verwandlung. Bei vielen Schmarotzern erfolgt sie in einem Zwischenwirt.

Bisexualität.
Viele Würmer besitzen sowohl männliche als weibliche Geschlechtsorgane. Solche *Zwitter* sind z. B. der Regenwurm und der Blutegel sowie die meisten Plattwürmer. Auch bei Landschnecken, z. B. der Weinbergschnecke, kommt das Zwittertum *(Beidgeschlechtlichkeit, Bisexualität)* vor. Weit verbreitet ist es bei den Hohltieren (S. 285) und anderen niederen Tiergruppen. Die Beidgeschlechtlichkeit ist ein ursprünglicher Zustand. Wie bei den Pflanzen wird auch bei den zwittrigen Tieren Selbstbefruchtung meist vermieden. Während im Pflanzenreich die Zwittrigkeit die Regel ist und nur wenige Gruppen zu voller Getrenntgeschlechtlichkeit (der „Zweihäusigkeit" der Pflanzen) gelangt sind (Bingelkraut, Brennessel, Weide), hat sich in den höheren Stämmen des Tierreichs die *Eingeschlechtlichkeit* allgemein durchgesetzt. Daß aber auch bei ihnen stets die Anlagen zu beiden Geschlechtern vorliegen, zeigt die Ausbildung der Brustwarzen auch bei den männlichen Säugetieren, ferner die Tatsache, daß man vielfach durch Verfütterung von Geschlechtshormonen das Geschlecht umändern kann.

System. Den „Stamm Würmer" gibt es heute im wissenschaftlichen System nicht mehr. Einst faßte man die hier als „Würmer" besprochenen Tiere ihrer äußeren Gestalt wegen in einem Stamm zusammen. In neuerer Zeit erkannte man, daß die einzelnen Gruppen in ihrem inneren Bau so stark voneinander abweichen, daß sie als besondere Einheiten zu betrachten sind. Die „*Niederen Würmer*" bilden einen besonderen Stamm, dessen Hauptmasse die *Plattwürmer* ausmachen; auch die *Fadenwürmer* stellen einen eigenen Stamm dar. Die *Ringelwürmer* wurden als Unterstamm mit dem Unterstamm Gliederfüßler zu dem großen Stamm der „*Gliedertiere*" zusammengefaßt.

Hohltiere

Der Süßwasserpolyp (Hydra)

Bringen wir Pflanzen aus einem Tümpel in ein Aquarium, so sehen wir nach einigen Stunden an den Pflanzen und Glaswänden nicht selten schlanke, etwa 1 cm lange Tierchen mit 6–8 fadenförmigen *Armen* sitzen. Es sind Süßwasserpolypen. Man kennt davon mehrere Arten, die grau, braun oder grün gefärbt sind. Während die Polypen mit ihrer Fußscheibe an einem Gegenstand festhaften, lassen sie die Arme frei im Wasser spielen. Ihr zarter, zylindrischer Körper ist sehr dehnbar. Wenn sie z. B. nach unten hängen, sind sie oft fadenförmig langgestreckt. Berühren wir aber eines der Tierchen, dann zieht es sich rasch zusammen, so daß es wie ein Schleimklümpchen erscheint.

Überblick über den Körperbau. Mit Hilfe des Mikroskops erkennen wir, daß der Körper einen dünnwandigen Schlauch bildet, der unten geschlossen ist und sich nur oben durch den *Mund* öffnet. Im Innern des Körpers liegen keinerlei Eingeweide wie bei den bisher betrachteten Tieren; wir finden vielmehr nur einen einzigen *Hohlraum* (Hohltiere!), der sich auch in die strahlig angeordneten Arme fortsetzt. Der Polyp ist also wie der Seestern radialsymmetrisch gebaut. Die Körperwand besteht aus einer äußeren und einer inneren Hautschicht (*Ektoderm* und *Entoderm*), die beide aus verschiedenartigen Zellen[1] zusammengesetzt sind. Zwischen beiden liegt eine dünne, nicht aus Zellen bestehende Stützschicht, die aber gleich den Hautschichten so weich ist, daß der Polyp seine Gestalt stark verändern kann.

Die Farbe des Grünen Süßwasserpolypen rührt von einzelligen Algen her, die in seiner Innenschicht leben. Die Algen benützen das von dem Polypen abgeschiedene Kohlendioxid zu ihrer Assimilation und liefern ihm den dabei frei werdenden Sauerstoff. Die beiden Wesen leben also in Symbiose (vgl. S. 252).

[1] Die Zellen bestehen aus einem zähflüssigen Schleim, dem Zellplasma, das einen Zellkern umschließt. Eine feine Zellhaut grenzt sie gegeneinander ab. Form und Größe der Zellen sind sehr verschieden. Tierische Zellen mittlerer Größe haben einen Durchmesser von etwa $^1/_{50}$ mm.

Süßwasserpolyp (Schematischer Längsschnitt)

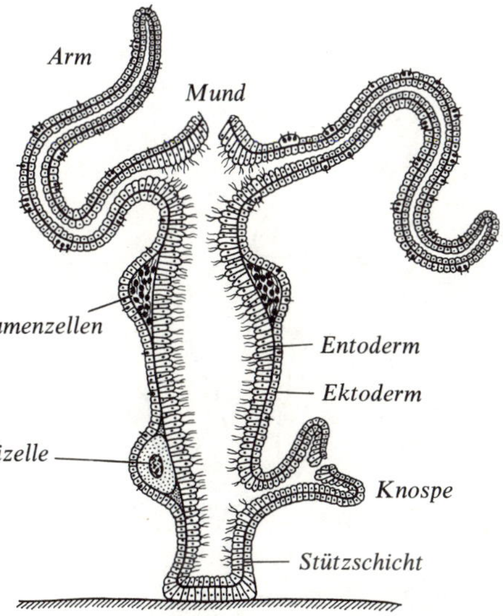

Körperwand (stärker vergrößert). Zwischen Ektoderm und Entoderm zwei Nervenzellen

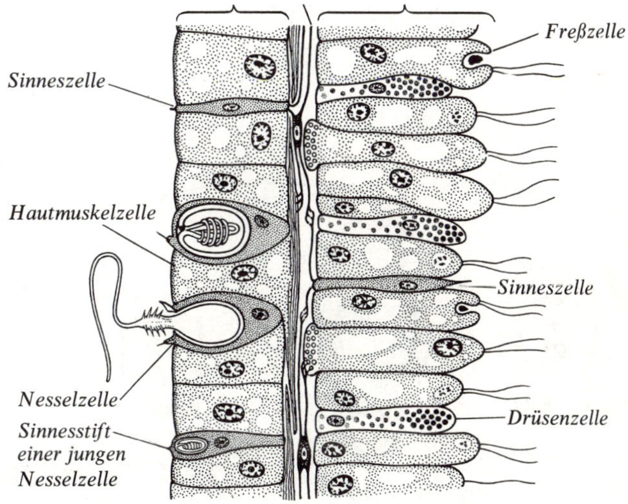

Grüner Süßwasserpolyp (3mal vergr.)

Fortbewegung. Der Polyp sitzt in der Regel längere Zeit an einem Platz fest. Er kann aber auch wandern, wobei er freilich nur wenige Zentimeter im Tag zurücklegt. Dabei neigt er den Körper zur Seite und heftet die Mundscheibe und die Arme an der Unterlage fest. Nun löst er die Fußscheibe ab und setzt sie dicht hinter der Mundscheibe wieder auf, um nun diese wieder abzuheben usw. Er bewegt sich also wie der Blutegel nach Art der Spannerraupen fort. – Alle Bewegungen des Polypen werden von *Hautmuskelzellen* ausgeführt. Das sind Ektoderm- und Entodermzellen, die an dem der Stützschicht anliegenden Ende Muskelfortsätze aufweisen. Die Muskelfortsätze der Ektodermzellen bilden in ihrer Gesamtheit eine feine Längs-, die der Entodermzellen eine Ringmuskelschicht.

Reizbarkeit. Das Ektoderm enthält zahllose einzelne, über die ganze Körperoberfläche verstreute *Sinneszellen*, die durch *Nervenzellen* untereinander und mit den übrigen Zellen des Körpers, besonders auch den Hautmuskelzellen, verbunden sind. Die Gesamtheit der Nervenzellen bildet ein lockeres *Nervenzellennetz*, das der Stützschicht dicht anliegt. Der Polyp kann Licht wahrnehmen: im einseitig verdunkelten Aquarium wandert er dem Licht zu. Er ist auch berührungsempfindlich, wie wir im folgenden sehen werden. Ferner kann er Duftstoffe wahrnehmen: bringt man im Aquarium Körpersaft von Wasserflöhen in seine Nähe, so führt er mit den Fangarmen Such- und Greifbewegungen aus.

Ernährung. Kommt ein kleines Wassertier, etwa ein Wasserfloh oder ein Hüpferling, einem Arm des Polypen zu nahe, so bleibt er gelähmt an ihm haften. Der Arm verkürzt sich, andere Arme greifen zu, und bald ist die Beute durch den Mund in dem Körperhohlraum verschwunden. Hier zerfällt die Nahrung unter dem Einfluß von Säften, die von den *Drüsenzellen* des Entoderms abgesondert werden. Andere Zellen der Innenschicht, die mit Geißeln versehenen *Freßzellen*, nehmen die Teilchen auf, verdauen sie und geben die gelösten Nährstoffe an die übrigen Zellen der Innen- und Außenschicht weiter. Auf diese Weise gelangen sie in alle Zellen des Körpers, zu deren Leben und Aufbau sie verwendet werden. Die unverdaulichen Reste der Nahrung werden durch den Mund ausgestoßen.

Als *Fangwerkzeuge* dienen dem Polypen merkwürdige Waffen, die bei stärkerer Vergrößerung in Zellen der äußeren Hautschicht als glänzende Bläschen zu er-

Zellen des Süßwasserpolypen

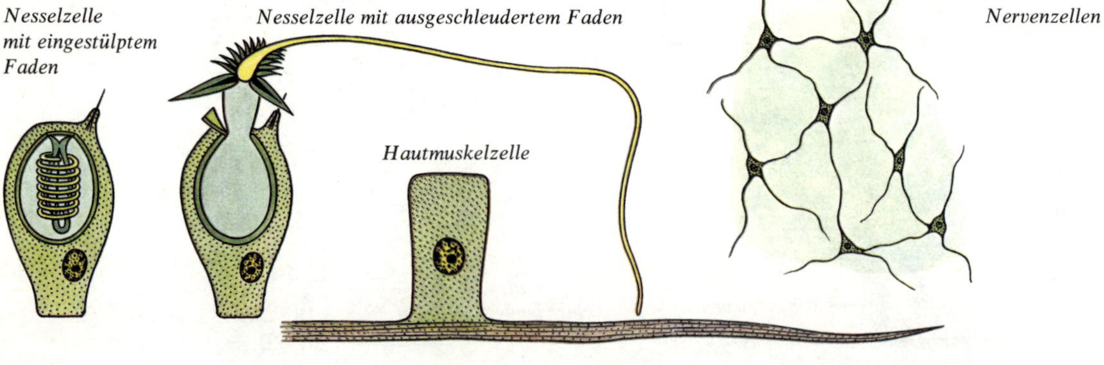

kennen sind. Die Wand eines solchen Bläschens ist zu einem langen, fadenförmigen Schlauch ausgezogen, der ins Innere des Bläschens eingestülpt ist und dort aufgerollt liegt. Kommt dem Polypen ein Tier so nahe, daß es die Sinnesstiftchen von Bläschenzellen berührt, so schnellen aus den explodierenden Bläschen die Fäden hervor, indem sie sich wie Handschuhfinger umkrempeln. Ein Teil der Fäden wickelt sich um Borsten, Beine oder Fühler der Beute und hält diese fest. Andere Fäden reißen mittels Stacheln, die sich an ihrem Grunde finden, dem Opfer Wunden, durch die sie in seinen Körper eindringen. Dort lassen sie aus feinsten Poren eine giftige Flüssigkeit austreten, die das Tierchen lähmt.
Auf die Haut des Menschen üben die Waffen des Süßwasserpolypen keine Wirkung aus. Viele andere Hohltiere aber verursachen bei Berührung ein Brennen, als ob man in Nesseln griffe. Hiernach werden die Bläschen als *Nesselkapseln*, ihre Zellen als *Nesselzellen* und die Hohltiere auch als *Nesseltiere* bezeichnet. – Nach einmaliger Tätigkeit gehen die Nesselzellen zugrunde und werden durch neue ersetzt.

Vermehrung. Gibt man gefangenen Polypen reichlich Nahrung, so bilden sich an ihnen bald seitliche Auswüchse. Diese wachsen schnell und werden zu jungen Polypen, die sich nach einiger Zeit vom alten Tier lösen und selbständig weiterleben. Wir haben es hier mit einer *„ungeschlechtlichen Vermehrung“* zu tun. Man bezeichnet den Vorgang als *Knospung* und die sich bildenden Auswüchse als Knospen.
Wird im Herbst das Wasser kälter, so entsteht in kugeligen Anschwellungen am unteren Teil des Polypenkörpers je eine große Eizelle. Andere Anschwellungen bilden sich unterhalb der Arme. Sie entlassen zahllose winzige Samenzellen, die mit Hilfe eines Schwanzfadens durch das Wasser schwimmen. Die beiderlei Anschwellungen sind also die weiblichen bzw. männlichen *Keimdrüsen.* Die Eizellen werden, nachdem sie gleichfalls in das Wasser ausgetreten sind, von je einer Samenzelle befruchtet. Der Süßwasserpolyp vermehrt sich daher sowohl geschlechtlich als auch ungeschlechtlich.

Regeneration. Man kann beobachten, daß sich kleinste Stücke eines Polypen zu vollständigen Tieren ergänzen können. Dieser weitgehenden Regenerationsfähigkeit verdankt das Tier den Namen Hydra (vgl. die Hydra der griechischen Sage). Sie erklärt sich aus dem einfachen und gleichartigen Bau aller Körperteile. Bei den höheren Tieren sind die für bestimmte Leistungen spezialisierten Zellen (Muskel-, Drüsen-, Sinnes-, Nervenzellen u. a.) zu entsprechenden Organen zusammengeschlossen. Der Polyp besitzt zwar auch schon spezialisierte Zellen; sie sind aber einzeln und gleichmäßig über den ganzen Körper verteilt.

Die Ohrenqualle

Die Ohrenqualle kommt in den deutschen Meeren oft in großen Schwärmen vor. Sie hat wie viele andere Tiere des freien Wassers einen überaus zarten, glasartig durchsichtigen Körper. Er erreicht einen Durchmesser von 5 – 10, mitunter aber von über 40 cm und

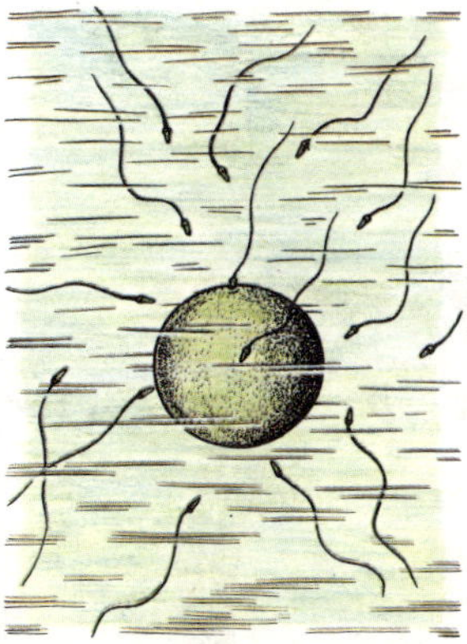

Hydra. Befruchtung der Eizelle im Wasser

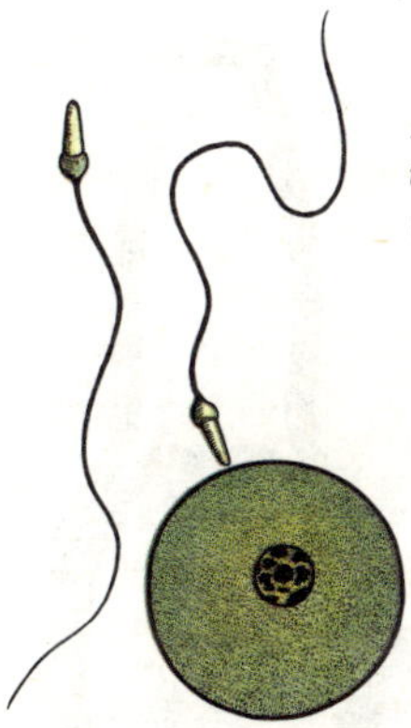

Eizelle (durchschnitten) und zwei Samenzellen (stärker vergr.)

Ohrenquallen

ist gelblich, rötlich oder bläulich angehaucht. Vier Bogen oder Kreise auf der Körperscheibe, die lebhaft rot erscheinen, sind die vermeintlichen Ohren, auf die sich der Artname bezieht. In Wirklichkeit sind diese „Ohren“ die Keimdrüsen, die als flache Wülste an der Unterseite der Körperscheibe liegen und durch den zarten Leib hindurchschimmern. Kommt man mit dem Tier beim Baden in Berührung, so spürt man ein leichtes Nesseln.

Der Körper der Qualle besteht wie der des Süßwasserpolypen aus einer äußeren und einer inneren Hautschicht – *Ektoderm* und *Entoderm* –, zwischen denen eine Stützschicht liegt. Da diese hier eine dicke, *wasserreiche Gallertmasse* bildet, ähneln sich beide Tiere auf den ersten Blick nur wenig. In ihrem Grundbauplan aber stimmen sie völlig überein.

Der Rand der Körperscheibe ist gelappt und trägt zahlreiche *Fangfäden*, die mit vielen *Nesselkapseln* besetzt sind. Zieht sich die Körperscheibe in den Randteilen kräftig zusammen, dann wird das Wasser aus der Höhlung des Schirmes herausgestoßen und das Tier ein Stück fortgetrieben. So schwimmt es, mit der gewölbten Oberfläche voran, ruckweise durch die Flut. Der Schirmrand enthält ferner zahlreiche *Sinneszellen*. Dabei sind die Lichtsinneszellen schon zu einfachsten Augen zusammengeschlossen. Auch kleine klöppelartige Lagesinnesorgane sitzen rundum am Schirmrand.

Gemeinsamer Bauplan von Süßwasserpolyp und Qualle

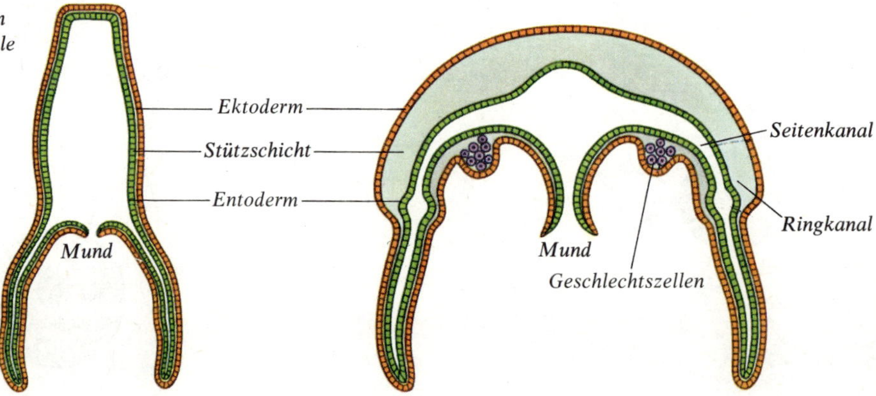

Entwicklung der Ohrenqualle (vergrößert).

1 Flimmerlarve
2 Polypen
3 Abschnürung und Ablösung der jungen Quallen

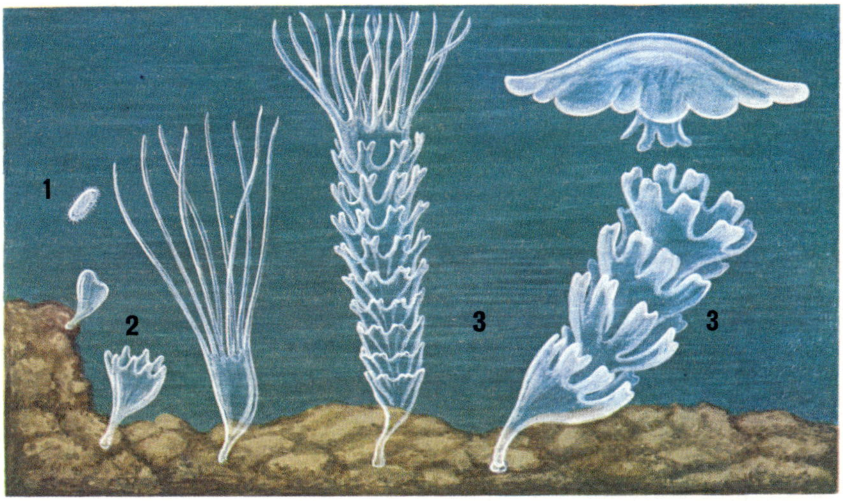

Der *Mundstiel*, an dessen unterem Ende der Mund liegt, geht in vier lange, gekräuselte Fortsätze über, die als *Mundarme* bezeichnet werden und gleichfalls dicht mit Nesselkapseln besetzt sind. Mit ihrer Hilfe erbeutet die Qualle die aus Plankton bestehende Nahrung. Der Körperhohlraum gliedert sich in einen geräumigen mittleren Abschnitt, den *Magen*, und mehrere von ihm ausstrahlende *Kanäle*, die radienartig zum Schirmrande verlaufen und dort in einen Ringkanal einmünden. Die Kanäle verteilen die Nahrung über den ganzen Körper.

Aus den im Wasser befruchteten Eiern der Qualle gehen *Larven* hervor, die mit Hilfe eines Flimmerkleides durch das Wasser schwärmen. Nach einiger Zeit setzen sie sich auf Tangen und dergleichen nieder und nehmen die Gestalt von *Polypen* an. Bald darauf teilen sie sich durch ringförmige Einschnürungen in Scheiben, die immer deutlicher die Gestalt von Quallen zeigen. Endlich löst sich die oberste Scheibe ab und schwimmt als *Qualle* davon, dann folgt die zweite usw. Aus dem Ei der Qualle entsteht also ein Polyp, der durch Teilung Quallen erzeugt. Diese regelmäßige Aufeinanderfolge von Tierformen, deren eine (Polyp) sich ungeschlechtlich, deren andere (Qualle) sich geschlechtlich fortpflanzt, bezeichnet man als *Generationswechsel*.

Überblick über die Hohltiere

Polypen und Quallen

Polypen und Quallen sind mit wenigen Ausnahmen Meerestiere. Es gibt einige Quallenarten, aus deren Eiern sogleich wieder Quallen hervorgehen, und Polypenarten, die, wie der Süßwasserpolyp, unmittelbar wieder Polypen hervorbringen. Die meisten der rund 3000 Arten aber zeigen einen *Generationswechsel*, wie wir ihn bei der Ohrenqualle kennenlernten. Dabei überwiegt im Lebenslauf bald mehr das Polypen-, bald mehr das Quallenstadium. Im ersten Fall bildet die Qualle nur die freischwimmende Fortpflanzungsform des Polypen; im andern Fall erscheint das Polypenstadium wie ein kurzes Larvenstadium der Qualle.

Polypenstöcke. Im seichten Strandmeer findet man auf Steinen, Muschelschalen und dergleichen, ja selbst auf lebenden Krebsen oft zierliche, moos- oder strauchförmige Stöckchen von verschiedenster Farbe und von einigen Zentimetern bis etwa $^1/_2$ m Höhe. Es sind Polypenstöckchen. An der Nordsee ist die häufigste Art das bis 45 cm hohe *Seemoos*, das hier oft förmlich Wiesen bildet. Die Tierstöcke entstehen dadurch, daß die durch Knospung erzeugten, meist

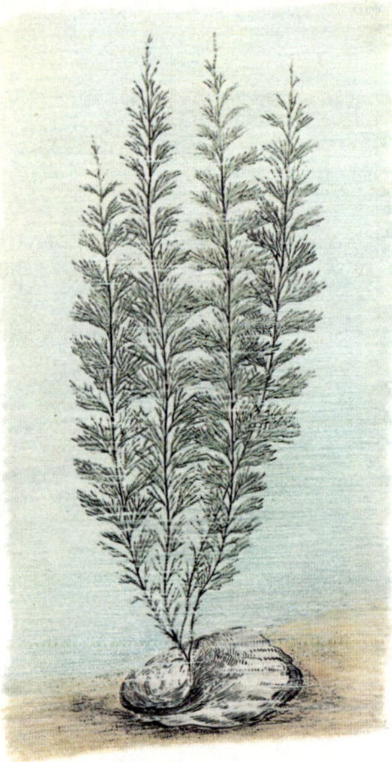

Seemoos (verkleinert)

sehr langstieligen Polypen miteinander in Verbindung bleiben. Alle Teile des Stockes sind von einer stützenden, chitinähnlichen Hülle umgeben, die oft um die einzelnen Polypen Becherchen bildet, in die sie sich zurückziehen können. Da die verbindenden Stiele hohl sind, kann die Nahrung, die ein Polyp aufnimmt, allen Gliedern des Stockes zugute kommen. Die *Vermehrung* erfolgt in der Regel durch kleine, nur wenige Millimeter große, freischwimmende *Quallen*, die durch Knospung am Polypenstock entstehen. Unter den Tieren eines solchen Stockes besteht also Arbeitsteilung: die einen besorgen die Ernährung des ganzen Stockes, andere die Vermehrung.

Staatsquallen. Einen besonders hohen Grad erreicht die Arbeitsteilung bei den Staats- oder Röhrenquallen, deren zarte und farbenprächtige Kolonien vor allem in den tropischen Meeren vorkommen. Die Einzelwesen sitzen an einem röhrenförmigen Stamm, der aus dem Ursprungspolypen entstand und einige Zentimeter oder Dezimeter, aber auch über 3 m lang werden kann. An seinem oberen Ende befindet sich meist eine Qualle, die zu einer Gasblase umgewandelt ist. Ihre Öffnung ist sehr klein und verschließbar. Durch Zusammenziehen ihrer Ringmuskulatur vermag sie bei manchen Arten das Gas auszutreiben, so daß die senkrecht im Wasser schwebende Kolonie in die Tiefe sinkt. Mittels einer Drüse am Grund der Blase kann diese dann wieder mit Gas gefüllt und so

Polypenstock (Schema)

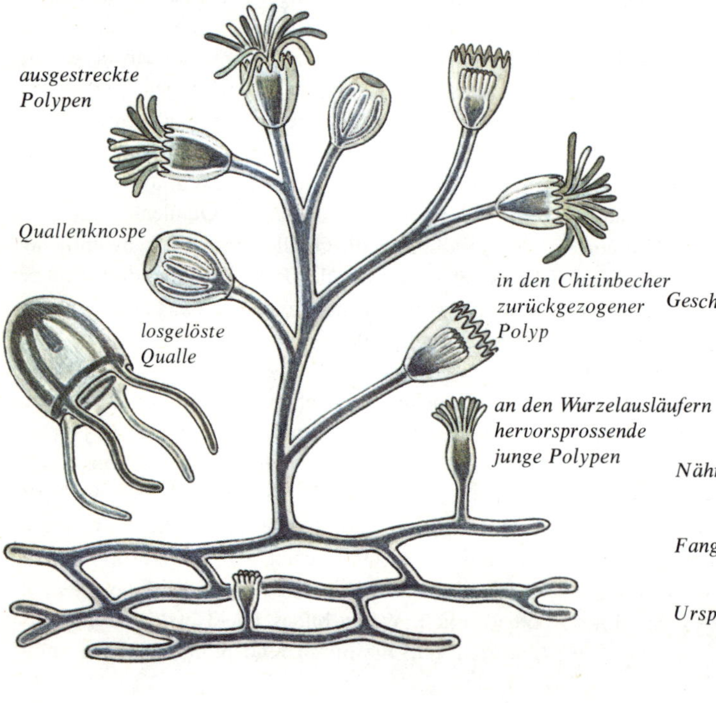

Staats- oder Röhrenquallen (Schema)

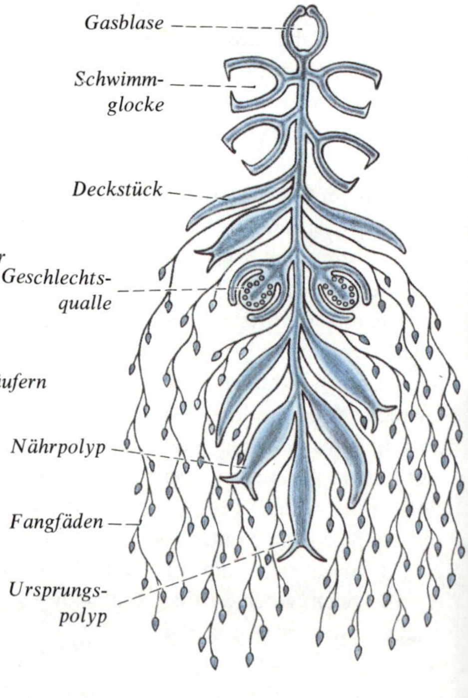

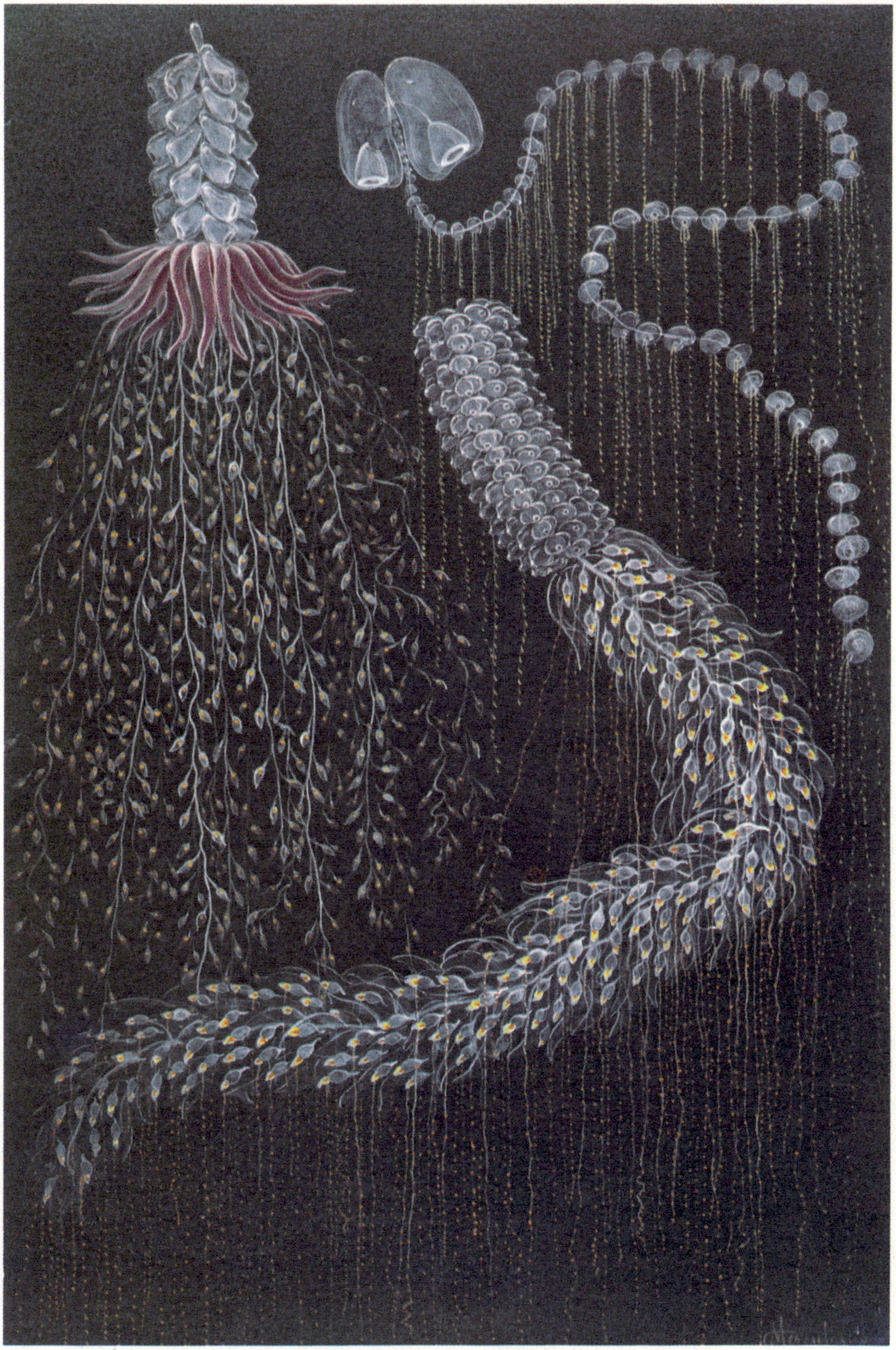

Staats-oder Röhrenquallen des Mittelmeeres (stark verkleinert)

die Kolonie wieder zum Aufsteigen gebracht werden. Unter der Gasblase stehen meist kräftige „*Schwimmglocken*"; das sind umgewandelte Quallen, die durch ihren Wasserausstoß den Stock fortbewegen können. Die *Nährpolypen* nehmen die Nahrung auf und verdauen sie. Die verdaute Nahrung gelangt durch den röhrenförmigen Stamm in alle Teile des Stockes. Die oft viele Meter langen *Fangfäden* sind mit großen Nesselbatterien (von je rund 2000 Nesselkapseln!) besetzt. Ihre Berührung kann bei manchen Arten selbst dem Menschen gefährlich werden. Die Vermehrung der Staatsquallen erfolgt durch *Geschlechtsquallen*, die meist am Stock verbleiben. Sie erzeugen männliche oder weibliche Geschlechtszellen und entleeren sie ins Meer, wo die Befruchtung stattfindet. Aus jeder befruchteten Eizelle geht ein kleiner Polyp hervor, der heranwächst und sich durch Knospung zu einer neuen Staatsqualle entwickelt. Oft stehen stark verbreiterte Polypen als „*Deckstücke*" schützend über andern Einzelwesen des Stockes. Beim Dahinschwimmen fischen die Staatsquallen, indem sie ihre nesselnden Fangfäden nach unten hängen lassen. Haben diese einen kleinen Fisch erfaßt, so ziehen sie sich zusammen und bringen die Beute dadurch in die Reichweite der Nährpolypen. Diese stülpen ihre trompetenförmigen Mundöffnungen darüber und zersetzen sie durch ausgeschiedene Verdauungssäfte. – Eine der schönsten dieser tropischen Staatsquallen ist die in herrlichen Farben schimmernde „Portugiesische Galeere". Ihre Gasblase wird bis 30 cm lang und 10 cm breit, ihre Fangfäden können 30 m Länge erreichen.

Einzelquallen. Bei den Einzelquallen oder *Schirmquallen* besteht ein Generationswechsel, wie wir ihn bei der Ohrenqualle kennenlernten. Dabei übertrifft stets das Quallenstadium die Polypengeneration bei weitem an Größe und Lebensdauer. Die Polypen, die stark an die Hydra erinnern, sind nur 1–4 mm groß; der Durchmesser der Quallen aber beträgt in der Regel zwischen 5 und 60 cm, bei der größten Art 2,3 m. Die Quallen schwimmen wie die Staatsquallen im freien, weiten Meer, meist nahe der Oberfläche, und werden durch die Meeresströmungen weithin verfrachtet. Mitunter treten sie in riesigen, viele Kilometer langen Schwärmen auf. Manche leben wie die Ohrenqualle von Plankton und nesseln kaum. Die meisten der etwa 200 Arten aber erbeuten kleine Meerestiere, wie Würmer, Kleinkrebse und kleine Fische, die sie mit den Fangarmen und vor allem den großen Mundarmen ergreifen. Diese räuberischen Arten nesseln stark. Es ist unangenehm, beim Baden mit ihnen in Berührung zu kommen. Einige tropische Arten können schwere Verbrennungen, Fieber, Krämpfe und unter Umständen sogar den Tod des Menschen verursachen. In den deutschen Meeren begegnen wir außer der *Ohrenqualle* vor allem der prächtigen *Kompaßqualle* und der stark nesselnden *Blauen Nesselqualle*. Beide erreichen etwa 30 cm Durchmesser; die Mundarme der Kompaßqualle können 2 m lang werden.

Kompaßqualle

Polypen und *Quallen* sind *Nesseltiere*, die miteinander in *Generationswechsel* stehen. Dabei ist entweder der Polyp die Hauptform oder die Qualle. Nur ganz wenige der etwa 3000 Arten kommen nur als Polypen oder nur als Quallen vor. Koloniebildung ist häufig.

Blumentiere (Korallentiere)

Die Hohltiere dieser Gruppe sind durchweg festsitzende Meerestiere und haben ausschließlich Polypengestalt. Bei ihnen führt aber von der Mundscheibe aus ein *Schlundrohr* in den Körperhohlraum. Dieser ist durch radiale Scheidewände oder *Septen* in Kammern geteilt, die sich in die Arme fortsetzen. Die freien Ränder der Septen enthalten viele Drüsen- und Freßzellen. Fußscheibe, Rumpfwand und Septen sind sehr muskulös. Die Keimdrüsen liegen in den Septen. Sinnesorgane fehlen, doch sind Sinneszellen für den Tast-, Licht- und Geschmackssinn über den ganzen Körper verstreut.

Seerose (Schema)

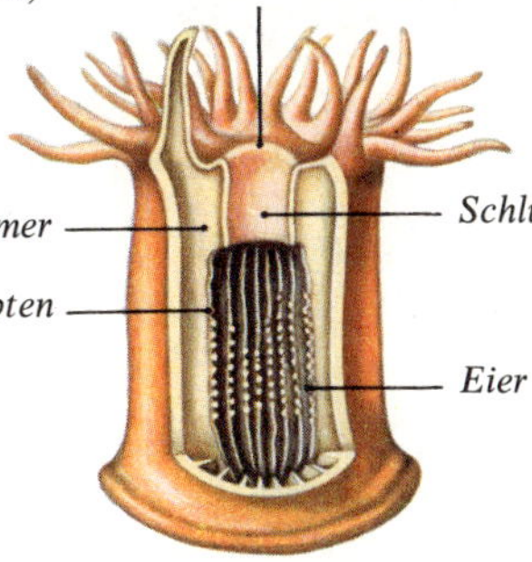

Die **Seerosen** sind skelettlose, einzeln lebende Tiere von meist einigen Zentimetern Höhe und Dicke. Die Tiere heften sich mit einer breiten *Fußscheibe* fest an ihre Unterlage, können aber mit der Fußscheibe – ähnlich wie die Schnecken mit ihrem Fuß – auch kriechen. Auf der Mundscheibe erheben sich zahlreiche *Fangarme*. Manche Arten nähren sich von den Schwebestoffen, die auf sie fallen und die sie mittels feiner Wimperströme der Körperhaut dem Mundrohr zustrudeln. Die meisten aber fressen kleine Fische, Krebse, Würmer und andere Kleintiere. Die Beute wird mit den stark nesselnden Fangarmen gefaßt und durch das Schlundrohr in das Körperinnere befördert. Hier schmiegen sich die Septenränder der Beute dicht an und verdauen sie mittels ihrer Drüsen- und Freßzellen. Bei Beunruhigung oder wenn sie zur Ebbezeit nicht vom Wasser umspült werden, ziehen sich die Seerosen stark zusammen, wobei die Mundscheibe samt den Fangarmen in das Körperinnere eingestülpt wird. Einige der meist in herrlichen Farben prangenden Seerosen bekommen wir in jedem Seewasseraquarium zu Gesicht. Eine Seerose haben wir als Gesellschafterin des Einsiedlerkrebses bereits kennengelernt. Zur Gruppe der Seerosen zählen auch die prächtigen *Seenelken*, die durch ihre feinen, fadenförmigen Fangarme gekennzeichnet sind.

Seenelke (links) und Seerose (rechts)

Korallentiere des Mittelmeeres.

1 Seerosen auf einem Schneckenhause, das von einem Einsiedlerkrebs bewohnt wird
2–6 andere Seerosen
7 und 8 Steinkorallen
9 Edelkoralle
10 Korkpolyp
11 Seefeder

Die **Steinkorallen** scheiden im Gegensatz zu den Seerosen ein *Kalkskelett* aus und bilden meist Kolonien. Eine *Kolonie* nimmt ihren Anfang mit einem Einzelwesen, das zunächst einer kleinen Seerose sehr ähnlich ist und sich etwa auf einem Felsen festsetzt. An der Unterseite des zylindrischen Körpers scheidet das Tierchen eine Kalkplatte aus, durch die es auf der Unterlage festhaftet. Dann entstehen durch weitere Kalkausscheidung auf der Platte radiär angeordnete Leisten, deren Wände durch einen Ringwall verbunden werden. Dieses sich langsam vergrößernde Kalkskelett schiebt den Polypenleib gleichsam vor sich her. Durch fortgesetzte Knospung und Kalkausscheidung entsteht auf diese Weise ein kleinerer oder größerer *Korallenstock*. In den europäischen Meeren leben allerdings nur wenige Arten Steinkorallen, die zudem verhältnismäßig kleine Ansiedlungen bilden. Von ihnen sind in der Abbildung oben zwei der schönsten dargestellt. In den wärmeren Meeren dagegen führen die winzigen Geschöpfe, die bis zu einer Tiefe von etwa 40 m leben können, mächtige Bauwerke auf. Diese *Korallenriffe* kommen in verschiedenen Formen vor. Das *Strandriff* begleitet die Küste und wächst nach dem Meer zu, weil von dort die Korallen Nahrung erhalten; landwärts stirbt es ab und zerfällt hier zu Korallensand, so daß sich das Riff im Laufe der Zeit immer mehr von der Küste entfernt. Weit von der Küste entfernte Riffe nennt man *Wall-* oder *Barrierenriffe*. Es sind meist alte, mächtige Riffe, so das 2400 km lange Große Barriere-Riff vor der NO-Küste Australiens. Eine Sonderform sind die ringförmigen Riffe oder *Atolle*, von denen es in der Südsee unzählige gibt. Sie können

Kalkskelett einer Steinkoralle

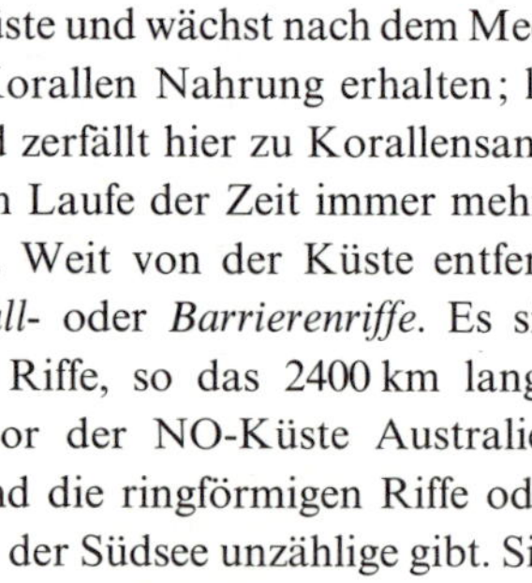

wenige hundert Meter bis über 100 km Durchmesser haben. Vermutlich sind sie dadurch entstanden, daß sich um einen aus dem Meer aufragenden Vulkankegel einst ein Strandriff bildete, und später der Vulkan langsam absank. Dabei vergrößerte sich der Abstand zwischen dem sinkenden Berggipfel und dem nach oben weiterwachsenden Riff immer mehr: das Strandriff wurde zum Wallriff. Als schließlich der Berg in den Fluten verschwunden war, blieb ein ringförmiges Wallriff übrig. Voraussetzung für diesen Vorgang ist, daß das Absinken des Vulkanberges so langsam vor sich geht, daß die Riffkorallen mit ihrem Wachstum nach oben (wenige Zentimeter im Jahr) Schritt halten können. Durch wechselnde Senkung und Hebung des Untergrundes (die ständig vorkommen) kann das Riff ertrinken und absterben und später wieder über den Meeresspiegel gehoben werden. Korallenkalkschutt sowie angeschwemmter Sand und Schlamm überdecken es dann mehr und mehr und lassen so das Atoll entstehen. Es umschließt meist eine flache Lagune und begrünt sich mit der Zeit durch angeschwemmte Pflanzensamen, Kokosnüsse und ähnlichem. Daß Atolle auf diese Weise entstanden sind, beweist die Tatsache, daß sie bis in große Tiefe hinab aus Korallenkalk bestehen, während die Riffkorallen ja nur bis zu etwa 40 m Meerestiefe leben können.

Insel mit Strandriff

Infolge Senkung hat sich das Strandriff zum Wallriff entwickelt

Durch weitere Senkung ist das Wallriff zum Atoll geworden

Die *lebenden Korallenriffe* sind Stätten reichen *Tierlebens*, weil das ästige Gewirr der Korallenstöcke vorzügliche Schlupfwinkel und Verstecke bietet. Hohltiere, Würmer, Krebse, Weichtiere, Stachelhäuter und Fische aller Arten bewohnen und beleben die Riffe in üppiger Fülle und Farbenpracht.

Korallen

Die **Edelkoralle** (Abb. 294) kommt vorwiegend im Mittelmeer vor. Ihre baumartig verzweigten Stöcke sitzen an untermeerischen Felsen und erreichen eine Höhe von 30 cm. Sie sind von einer festen, roten Kalkachse durchzogen, die von einer gleichfalls roten, aber weichen „Rinde" überkleidet ist. Die Einzeltiere gleichen schneeweißen Blüten und stehen durch Kanäle, die in der Rinde verlaufen, untereinander in Verbindung. Aus der marmorharten Kalkachse stellt man Schmucksachen her. Auf S. 294 sind noch zwei andere „Rindenkorallen" abgebildet, der *Korkpolyp* und die prachtvolle *Seefeder*.

Die *Korallentiere* (*Blumentiere*) sind einzeln lebende oder stockbildende *Polypen* ohne oder mit Kalkskelett. Im Körperhohlraum besitzen sie ein *Schlundrohr* und *Scheidewände*.

Zusammenfassung über die Hohltiere

Körperform. Die Hohltiere sind radial-symmetrisch gebaut. Sie treten als festsitzende *Polypen* und als freischwimmende *Quallen* auf. Der Körper beider Tierformen läßt sich stets auf die Grundform eines Bechers zurückführen oder eines Schlauches, der an einem Ende geschlossen ist. Die Wand des „Bechers" besteht aus einer äußeren und einer inneren Hautschicht (*Ektoderm* und *Entoderm*), zwischen denen eine oft sehr dicke Stützschicht liegt.

Der *Körperhohlraum* ist entweder ungeteilt oder durch Scheidewände in mehrere Kammern zerlegt, oder er setzt sich aus einem mittleren Teil, dem „Magen", und mehreren Kanälen zusammen. Die Mundöffnung ist in der Regel von *Armen* umstellt, deren zahlreiche *Nesselkapseln* dem Nahrungserwerb und der Abwehr dienen (*Nesseltiere*).

Die **Körperzellen** sind verschiedenen Aufgaben angepaßt, aber noch nicht zu Organen zusammengeschlossen. Sowohl die innere wie die äußere Hautschicht enthält *Hautmuskelzellen*. Im Ektoderm finden sich außerdem *Nesselzellen* und *Sinneszellen*. Das Entoderm besteht vor allem aus *Drüsenzellen* und *Freßzellen*. Die *Fortpflanzungszellen* können an verschiedenen Stellen des Körpers gebildet werden. Nur die Nervenzellen, die zwischen den beiden Hautschichten liegen, hängen ihrer Aufgabe entsprechend zusammen. Sie bilden ein über den ganzen Körper ausgebreitetes *Nervenzellennetz*.

Vermehrung. Die polypenförmigen Hohltiere können sich fast alle *ungeschlechtlich* durch Knospung vermehren. Bleiben dabei die Nachkommen mit dem Muttertier und unter sich im Zusammenhang, so entstehen *Tierstöcke* oder Kolonien. Diese werden oft von Chitinhüllen oder von Kalkskeletten gestützt.

Außerdem pflanzen sich die Hohltiere *geschlechtlich* fort. Aus den befruchteten Eiern gehen bewimperte Larven hervor, die eine Zeitlang durch das Wasser schwärmen und sich später zu Polypen oder Quallen umbilden. Vielfach ist ein *Generationswechsel* zu beobachten.

Schwämme

Der Süßwasserschwamm

Süßwasserschwämme finden sich häufig in unsern Binnengewässern, fallen aber wenig auf. Sie sitzen als schmutzigweiße, gelbliche, graue, braune oder grüne Krusten oder Klumpen an Holzwerk, Steinen, Schilfstengeln usw. und sind vielfach baum- oder geweihartig verzweigt.

Diese anscheinend leblosen Gebilde sind Tiere von sehr einfachem Körperbau. Bringen wir einen Schwamm in ein Gefäß mit Wasser, so ist an ihm zunächst kein Lebenszeichen wahrzunehmen. Geben wir aber etwas Graphitstaub in das Wasser, so sehen wir, daß die Körnchen vom Schwamm an seiner Oberfläche aufgesogen werden und kurz darauf aus mehreren Öffnungen wieder hervortreten. Der Schwamm wird also von einem Wasserstrom durchflossen, der ihm Atemwasser sowie feinstes Plankton und verwesende Stoffe als Nahrung zuführt. Das Wasser tritt durch zahlreiche *Poren* in den Schwammkörper ein, durchströmt ihn in engen *Kanälen*, gelangt dann in größere Hohlräume und verläßt den Körper durch die erwähnten *Ausfuhröffnungen* wieder. Der Strom wird durch die schwingenden Geißeln von Kragengeißelzellen (vgl. S. 303) erzeugt. Diese kleiden kleine Hohlräume aus, die den Kanälen eingefügt sind und *Geißelkammern* genannt werden.

Süßwasserschwamm an einem Schilfstengel

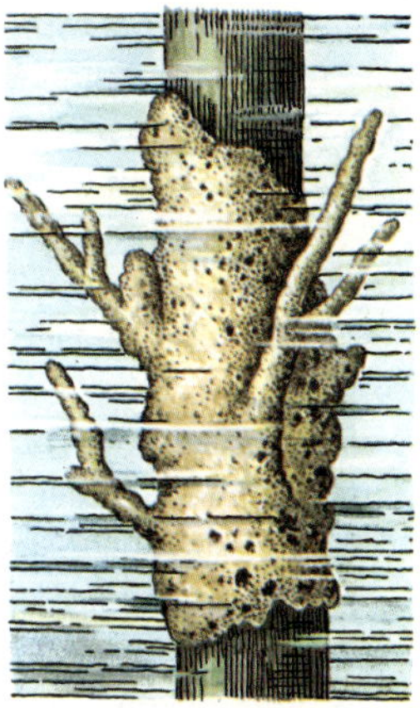

Die Geißelkammern entsprechen dem Entoderm der Hohltiere. Das Ektoderm an der Körperoberfläche besteht aus flachen Deckzellen. Der Raum zwischen Ektoderm und Entoderm ist durch eine gallertige Mittelschicht ausgefüllt. Diese enthält Wanderzellen, Geschlechtszellen und skelettbildende Zellen. Letztere erzeugen zweispitzige *Kieselnadeln*, die untereinander durch eine hornartige Kittsubstanz, das Spongin, verbunden sind. Sie geben den Weichteilen Halt und Stütze und sind zugleich ein wirksames Schutzmittel gegen das Gefressenwerden. Die herbeigestrudelte feine Planktonnahrung wird von den Geißelzellen aufgenommen und zum Teil verdaut, zum Teil aber den *Wanderzellen* weitergegeben, die sie ihrerseits verdauen und an den ganzen übrigen Schwammkörper verteilen. Auch die Ausscheidung der unverdaulichen Reste wird von den Wanderzellen besorgt.

Bau eines Schwammes (Schema)

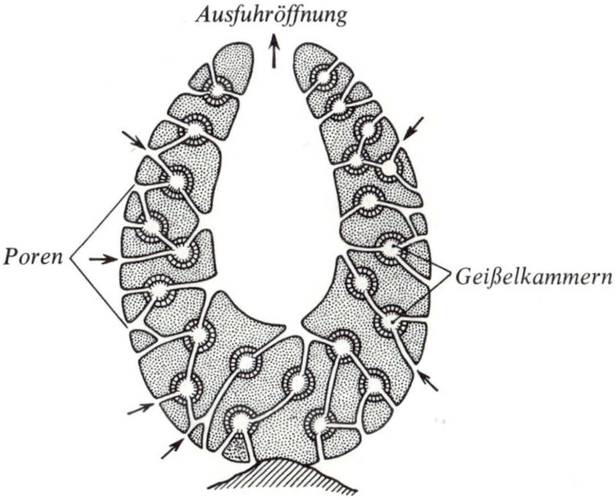

Feinbau eines Schwammes

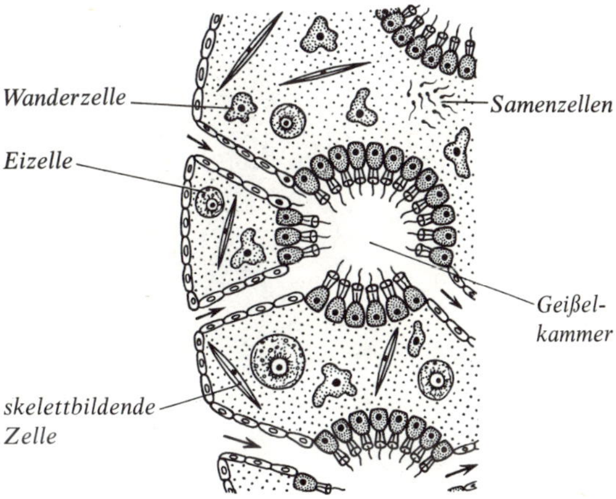

Der Süßwasserschwamm ist *zwitterig*, erzeugt also männliche und weibliche Geschlechtszellen, jedoch zu verschiedenen Zeiten, so daß es nicht zu Selbstbefruchtung kommen kann. Die Samenzellen verlassen den Schwammkörper, um mit dem Nahrungsstrom in einen andern Schwamm einzudringen und dort die Eizellen zu befruchten. Diese entwickeln sich im Innern des Mutterkörpers zu bewimperten Larven. Wenn diese ausgestoßen werden, schwimmen sie eine Zeitlang umher, setzen sich dann an einem Gegenstande fest und bilden sich zu jungen Schwämmen um. Der junge Schwamm hat nur eine einzige Ausfuhröffnung. Erst wenn an ihm durch Knospung neue Schwämme entstanden sind, die alle miteinander verbunden bleiben, zeigen sich mehrere dieser Öffnungen. Ein älterer Schwamm ist also ein *Tierstock*.

Andere Schwämme

Weit mehr Schwämme als das Süßwasser beherbergt das Meer. Sie weisen sehr verschiedene Größe, Form und Färbung auf. Alle sind festsitzende, meist Stöcke bildende Tiere, deren weicher Leib durch ein Kiesel-, Kalk- oder Horngerüst gestützt wird.
Zu den „Hornschwämmen" zählt der *Echte Badeschwamm*, der das Mittelmeer bewohnt. Er bildet gelbe bis schwarze Klumpen, die in flachem Wasser mit Hilfe langer Gabeln losgelöst, aus größeren Tiefen durch Taucher oder Schleppnetze heraufgeholt werden. Nachdem man die Weichteile an Land hat faulen lassen, bringt man die gereinigten Hornskelette als „Badeschwämme" in den Handel. – Die großen, groben Schwämme mit den weiten Öffnungen stammen vom *Pferdeschwamm* der afrikanischen Mittelmeerküste.
Versteinerte Schwämme kommen unter anderem in den Riffkalken des Weißen Jura in großer Zahl und in den verschiedensten Formen und Größen vor.

Zusammenfassung über die Schwämme

Die *Schwämme* bewohnen das Wasser, wo sie auf Gegenständen oder dem Untergrunde festgewachsen sind. Weitaus die meisten der etwa 5000 Arten sind Meerestiere. Sie bilden, völlig entwickelt, in der Regel *Tierstöcke*. Ihr Körper ist von einem Hohlraumsystem durchzogen, das mit *Poren* an der Körperoberfläche beginnt, in größeren *Ausfuhröffnungen* endigt und ständig von einem *Wasserstrom* durchflossen wird. Erzeugt wird dieser von Geißelzellen, die meist die Innenwand von *Geißelkammern* auskleiden. Der sehr weiche Körper ist von einem *Kiesel-*, *Kalk-* oder *Hornskelett* gestützt. Außer durch *Eier* vermehren sich die Schwämme auch durch *Knospung*.

Badeschwamm (verkleinert) *Lebendes Tier* *Hornskelett. Die Weichteile sind verfault, so daß nur das Skelett übriggeblieben ist*

Urtierchen oder Einzeller

Wurzelfüßler

Die Schlammamöbe

Die 0,2 mm große Schlammamöbe lebt im Schlamm stehender Gewässer. Am Grund von Aquarien ist sie mitunter als weißes Pünktchen mit bloßem Auge gerade noch zu erkennen.
Unter dem Mikroskop gleicht die Amöbe zunächst einem farblosen Schleimklümpchen. Bald aber nimmt sie die Form einer unregelmäßigen Scheibe an. Ihr Körper besteht aus zähflüssigem, außen fast wasserklarem, innen dagegen gekörnelt erscheinendem *Zellplasma*, das einen runden, durch ein feines Häutchen abgegrenzten *Zellkern* umschließt. Die Amöbe stellt also eine einzige Zelle dar; sie ist – wie alle Urtiere – ein einzelliges Wesen oder ein *Einzeller*, während alle bisher betrachteten Tiere aus vielen Zellen bestehen, also Vielzeller sind.
Beunruhigen wir das Tierchen nicht, so streckt es bald einen Teil seines Protoplasmas wie einen wurzelartigen Fortsatz aus (*Wurzelfüßler*). Folgt diesem das übrige Plasma nach, so kriecht die Amöbe auf der Unterlage langsam dahin. Solche Fortsätze, die man als *Scheinfüßchen* bezeichnet, können an allen Stellen des Körpers entstehen und wieder eingezogen werden, ein Zeichen, daß die Oberfläche nicht verdichtet ist. Durch das Auftreten und Verschwinden der Scheinfüßchen ändert sich das Aussehen des kleinen Wesens fast ständig. Man nennt die Amöben deshalb auch *Wechseltierchen*.

Kommt ein Scheinfüßchen mit Bakterien, faulenden Pflanzenteilchen oder einzelligen Algen in Berührung, dann umfließt es diese so, daß sie als Nahrung in den weichen Leib gelangen. Hier werden sie von einem Flüssigkeitstropfen umgeben: es bilden sich *Nahrungsbläschen*, die langsam durch das Plasma wandern. In ihnen wird die Nahrung verdaut. Die verdaulichen Stoffe gehen in das Plasma über, die unverdaulichen Reste werden ausgestoßen. Da das Plasma außen keine Verdichtung aufweist, kann sowohl die Nahrungsaufnahme als auch die Abscheidung an jeder Stelle der Körperoberfläche stattfinden. Unverdauliche Teilchen umfließt die Amöbe nicht. Sie vermag sie also von verdaulichen zu unterscheiden.
Das Wasser, das von außen in den Körper eindringt, sammelt sich nach und nach an einer Stelle. So entsteht im Plasma ein mit Wasser gefülltes Bläschen. Nach einiger Zeit wird das Wasser nach außen entleert: das Bläschen verschwindet. Bald aber bildet es sich von neuem, und der Vorgang wiederholt sich. Man bezeichnet daher das Bläschen als *pulsierendes Bläschen*.
Mitunter findet man Wechseltierchen, deren Kern sich in die Länge streckt und in der Mitte durchschnürt. Der *Teilung* des Kerns folgt die des Zellplasmas: aus einem Tier sind zwei entstanden, die rasch zur normalen Größe heranwachsen (Abb.).

Wechseltierchen.
Schlammamöbe (etwa 200mal vergr.).
Die Scheinfüßchen rechts umfließen eine einzellige Alge. Andere Algen sind bereits ganz oder zum Teil in den Körper aufgenommen.

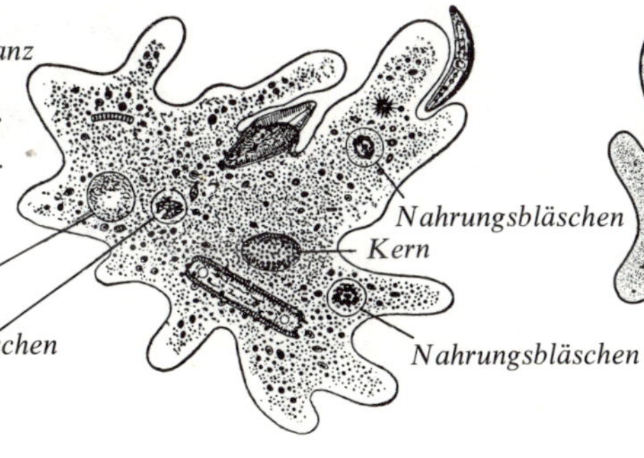

Teilung einer Amöbe

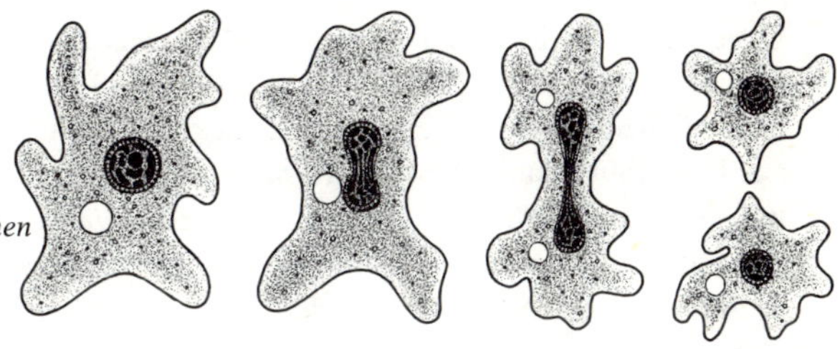

Wurzelfüßler des Süßwassers.
1 Schlammamöbe, 2 Sandhäuschen, 3 Uhrgläschen, 4 Sonnentierchen

Da sich der Vorgang bei günstigen Lebensbedingungen oft wiederholt, vermehren sich die Amöben außerordentlich schnell.

Trocknet das Wohngewässer aus, so umgeben sich die Tierchen mit einer dicken, höckerigen *Kapsel.* Gelangen sie, etwa mit dem Staub verweht, wieder in Wasser, so kriechen die Amöben aus den Kapseln hervor und setzen das unterbrochene Leben fort (Abb.).

Übergießen wir in einem offenen Gefäß etwas Heu oder Stroh mit Wasser, so bedeckt sich der „Aufguß" nach einigen Tagen mit einer Haut, die vorwiegend aus Bakterien besteht. Unter dem Mikroskop finden wir in dieser „Kahmhaut" meist auch *Heuamöben.* Sie sind nur 0,01 mm groß, stimmen aber im übrigen in Bau und Lebensweise mit der Schlammamöbe überein.

Die *Amöbe* ist das einfachste tierische Lebewesen. Obgleich sie nur eine einzelne Zelle darstellt, vermag sie doch schon alle tierischen Lebensleistungen zu vollbringen, nämlich Bewegung, Reizbeantwortung, Nahrungsaufnahme, Verdauung, Ausscheidung und Fortpflanzung.

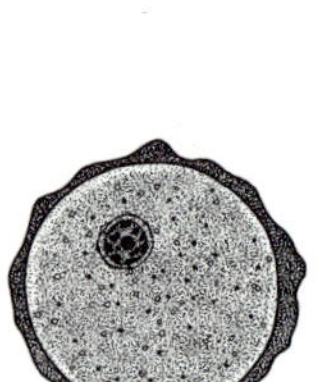

Eingekapselte Heuamöbe (etwa 1000mal vergrößert)

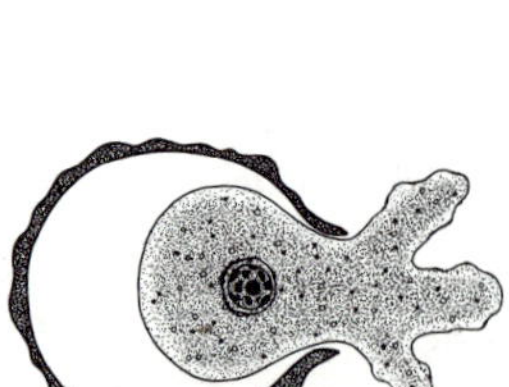

Amöbe aus der Kapsel auskriechend

Andere Wurzelfüßler

Amöben oder Wechseltierchen. Im Süßwasser finden sich außer der nackten Schlammamöbe häufig zwei Arten, die ihren weichen Leib mit Gehäusen umgeben und die lappenförmigen Scheinfüßchen aus einer Öffnung der Hülle hervorstrecken. Das eine dieser kleinen Wesen, das *Uhrgläschen* (Arcélla; Abb. S. 300), baut seine uhrglasartige Schale aus einem chitinähnlichen Stoff. Das andere dagegen, das *Sandhäuschen* (Difflúgia), fügt der ausgeschiedenen Hülle zahlreiche Sandkörnchen oder andere Fremdkörper ein. – Neben den freilebenden Amöben gibt es auch Arten, die im Körper höherer Tiere oder des Menschen schmarotzen. Einer dieser Parasiten erzeugt in tropischen und subtropischen Gegenden die Amöbenruhr oder Tropen-Dysenterie des Menschen. Die *Ruhramöben* dringen in die Darmwand ein und verursachen dort Entzündungen und Geschwüre, was schwere Durchfälle und nicht selten den Tod zur Folge hat.

Sonnentierchen (Heliozóa). In stehenden Gewässern des Binnenlandes findet sich häufig ein Urtierchen von der Größe eines Stecknadelkopfes, von dessen Körper Scheinfüßchen nach allen Seiten ausstrahlen. Es schwebt frei im Wasser und wird *Sonnentierchen* (Actinosphàerium) genannt.

Lochschalentierchen (Foraminifera). Die Wurzelfüßler dieser artenreichen Gruppe bewohnen das Meer und umhüllen ihren Plasmaleib mit einem Kalkgehäuse. Die zierlichen Gehäuse sind meist gekammert und haben eine kugelige, flaschen-, stab-, zopf- oder schneckenförmige Gestalt oder auch die eines Füllhorns. Aus der Mündung und meist auch aus vielen feinen Poren der Schale (Name!) treten die fadenförmigen Scheinfüßchen hervor. Die meisten Lochschalentierchen leben am Meeresboden. Nur wenige Arten kommen in den oberen Wasserschichten vor, aber in solch ungeheuren Massen, daß die niedergesunkenen Schalen der abgestorbenen Tierchen auf dem Meeresgrund oft mächtige Schichten bilden. So bedecken z. B. die Gehäuse des *Kugeltierchens* (Globigerína) weite Flächen des Meeresbodens (Globigerinenschlamm). Aus entsprechenden Ablagerungen früherer Erdzeitalter sind die Schreibkreide und andere Gesteinsschichten entstanden.

Strahlentierchen (Radiolária). Bei den Wurzelfüßlern dieser Gruppe, die gleichfalls Meeresbewohner sind, ist der innerste Teil des Plasmaleibes von einer durchlöcherten Kapsel umgeben, während sich der andere außerhalb derselben befindet. Der Weichkörper wird durch ein Kieselskelett gestützt, das eine große Formenmannigfaltigkeit aufweist. Alle Strahlentierchen schweben im freien Wasser. Abgestorben sinken

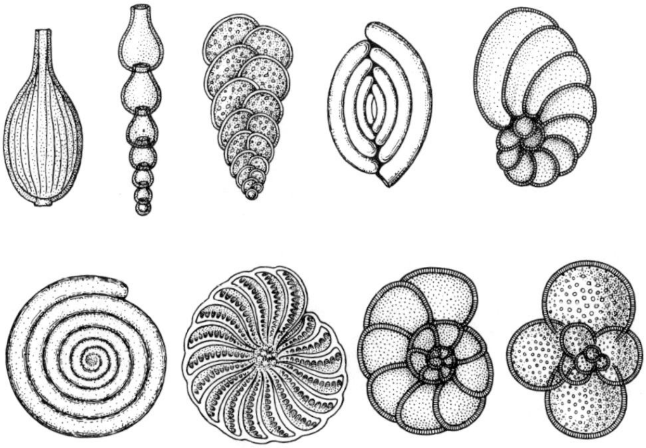

Gehäuse von Lochschalentierchen (70mal vergrößert)

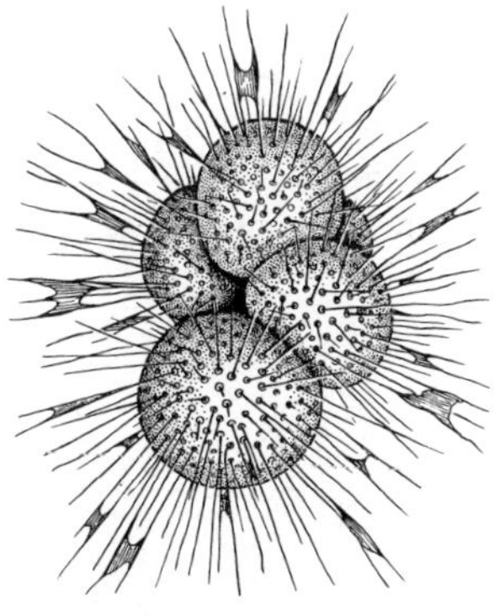

Kugeltierchen (vergrößert)

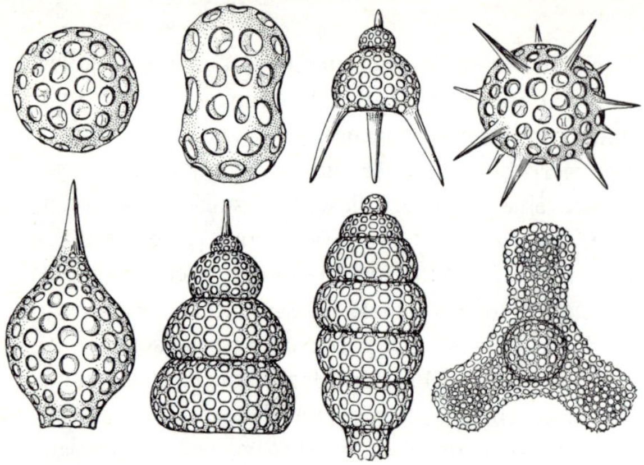

Skelett von Strahlentierchen (etwa 70mal vergrößert)

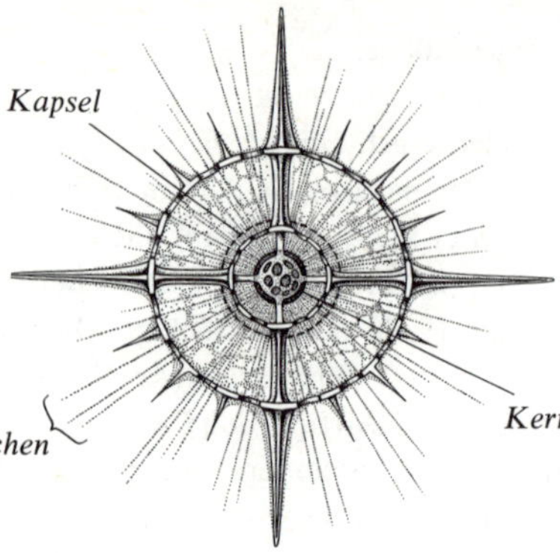

Strahlentierchen (Schnitt)

auch sie auf den Meeresgrund, wo ihre Skelette gleichfalls riesige Ablagerungen bilden können. Auch sie sind an der Entstehung gewisser Gesteinsarten beteiligt.

Die *Wurzelfüßler* senden Scheinfüßchen aus und bilden vielfach Schalen oder Skelette.

Sporentierchen

Der **Malariaerreger,** der das gefährliche Sumpf- oder Wechselfieber (die Malaria) hervorruft, ist der bekannteste Vertreter dieser artenreichen Klasse. Die sporenähnlichen Keime des Schmarotzers gelangen durch den Stich der Fiebermücke (S. 233) in das Blut des Menschen und dringen dort in je ein rotes Blutkörperchen ein. Hier entsteht aus jedem Keim ein Urtierchen, das die Gestalt eines Wechseltierchens annimmt und bald in eine Anzahl Sporen zerfällt. Diese sprengen durch ihr Wachstum schließlich das Blutkörperchen und wandern in andere Blutkörperchen ein, um sich hier in der gleichen Weise zu vermehren. Die Zerstörung zahlloser Blutkörperchen und die starke Durchsetzung des Blutes mit den giftigen Abfallstoffen des Parasiten rufen dabei jeweils einen schweren Fieberanfall hervor. Dieser erfolgt bei einer Art an jedem dritten, bei einer andern an jedem vierten Tag. Es gibt demnach ein dreitägiges und ein viertägiges „Wechselfieber". Saugt eine Fiebermücke das Blut eines Erkrankten, so gehen zahlreiche der winzigen Schmarotzer in deren Darm über, wo sie eine lange Entwicklung durchmachen und schließlich viele langgestreckte Keime hervorbringen, die in die Speicheldrüsen der Mücke einwandern. Mit dem Speichel werden sie durch den Stich der Mücke wieder auf den Menschen übertragen. Das Chinin ist ein wirksames Heilmittel gegen die Malaria. In Indien und andern Tropenländern aber fallen alljährlich noch Millionen Menschen der Krankheit zum Opfer.

Wie die Malariaerreger sind alle *Sporentierchen* Schmarotzer. Sie vermehren sich durch sporenähnliche Körper.

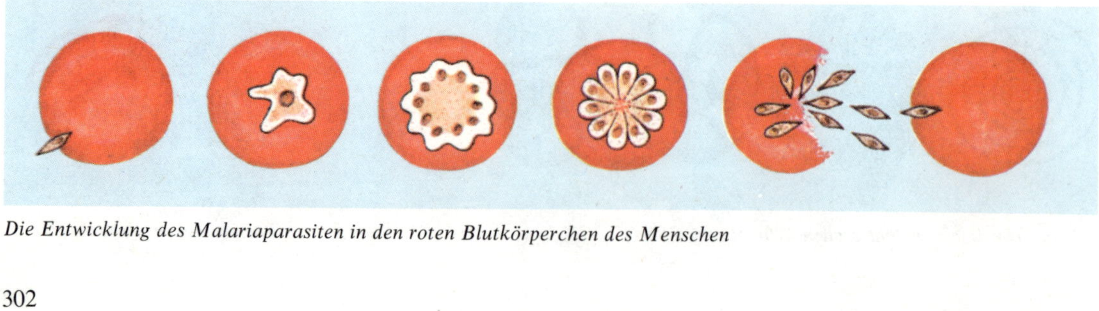

Die Entwicklung des Malariaparasiten in den roten Blutkörperchen des Menschen

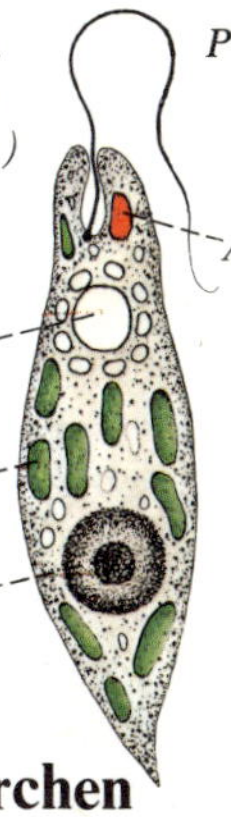

Geißeltierchen. Augentierchen (600mal vergr.)

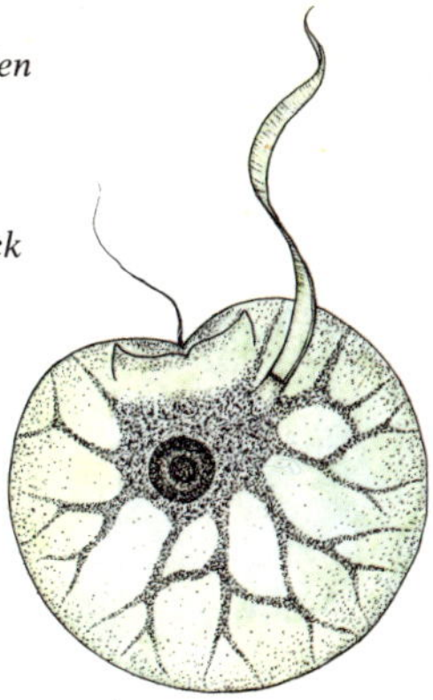

Leuchttierchen (30mal vergr.)

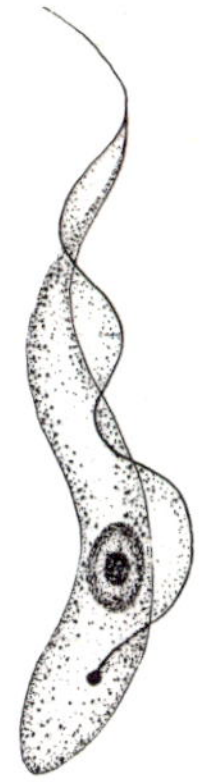

Trypanosoma (300mal vergr.)

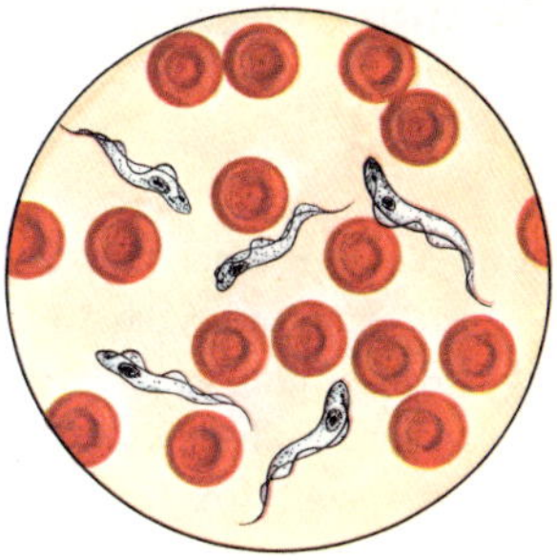

Trypanosomen im Blut eines von der Schlafkrankheit befallenen Menschen

Geißeltierchen

Das **Augentierchen** (*Eugléna viridis*), das eine Länge von 0,05 mm erreicht, findet sich in schlammigen, besonders in jauchehaltigen Gräben und Tümpeln oft in solchen Mengen, daß das Wasser ein grünes Aussehen erhält. Da sein Körper (wie der seiner näheren Verwandten) von einer *Zellhaut* umschlossen ist, hat es im Gegensatz zum Wechseltierchen eine bestimmte Gestalt, nämlich die einer Spindel, die sich allerdings vorübergehend stark ändern kann. Es weist wie das Wechseltierchen einen Kern und ein pulsierendes Bläschen auf, trägt aber an seinem Vorderende einen langen Plasmafaden. Diese *Geißel* vermag durch schraubende Bewegungen den Körper vorwärts zu ziehen. Neben dem Bläschen ist ein *roter Augenfleck* (Name!) sichtbar, mit dessen Hilfe das Tierchen hell und dunkel zu unterscheiden vermag. Außerdem finden sich im Protoplasma zahlreiche *Blattgrünkörner*, so daß das Tierchen assimilieren kann wie eine grüne Pflanze.

Viele Gattungen der Geißeltierchen oder *Flagellaten* (z. B. Chlamydomónas, Gónium, Pandorína, Volvox, Cerátium) zeigen noch stärker als Euglena pflanzlichen Charakter und werden darum mehr den Pflanzen (Algen) als den Tieren zugerechnet. Eine scharfe Grenze zwischen Pflanzenreich und Tierreich besteht also nicht. Viele dieser *Pflanzenflagellaten* bilden Kolonien und verkörpern dabei deutliche Übergänge von den Einzellern zu den Vielzellern. – Die *Kragengeißeltierchen* gleichen den Kragengeißelzellen der Schwämme; ihre Kolonien gelten deshalb als Übergangsformen zu diesem Tierstamm. Die Tierchen besitzen außer der Geißel einen Plasmakragen, an dem die durch die Geißel herbeigestrudelten Nahrungsteilchen kleben bleiben und dann durch Plasmaströmung der Zelle zugeführt werden.

Von dem kugelförmigen *Leuchttierchen* (Noctilúca miliáris) wird in erster Linie die Erscheinung des Meerleuchtens hervorgerufen. – Zahlreiche Geißeltierchen, die vielfach den Eindruck winziger Würmchen vortäuschen, leben als Schmarotzer im Körper des Menschen und der höheren Tiere. Zu ihnen zählen die *Erreger der Tsetseseuchen* (Trypanosóma), die durch die Tsetsefliegen (S. 231) verbreitet werden. Einer dieser Blutparasiten ruft bei den Haustieren die berüchtigte Naganaseuche hervor und macht dadurch in weiten Gebieten Afrikas die Viehzucht unmöglich; ein anderer verursacht beim Menschen die früher meist tödlich verlaufende *Schlafkrankheit*, die seit 1922 durch das in Deutschland hergestellte Heilmittel „Germanin“ erfolgreich bekämpft wird.

Die *Geißeltierchen* oder *Flagellaten* zeichnen sich durch den Besitz einer oder mehrerer Plasmageißeln aus. Viele von ihnen stehen auf der *Grenze von Pflanzen- und Tierreich*. Andere verkörpern den *Übergang von den Einzellern zu den Vielzellern.*

Kragengeißeltierchen (500mal vergr.)

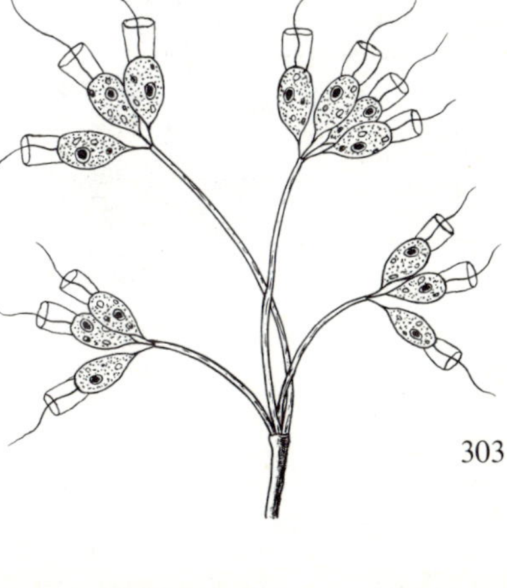

Wimpertierchen

Das Pantoffeltierchen

Bringen wir einen Tropfen aus einem Heu- oder Strohaufguß unter das Mikroskop, so können wir in der Regel längliche, farblose, etwa 0,3 mm große Tierchen durch das Gesichtsfeld huschen sehen. Sie werden nach ihrer Gestalt Pantoffeltierchen genannt und sind gleichfalls Urtierchen, weichen aber in Bau und Lebensweise von den Amöben wesentlich ab. So ist wie bei den Geißeltierchen das Protoplasma außen zu einer elastischen Oberflächenschicht verdichtet. Daher haben sie wie diese dauernd eine bestimmte *Gestalt*. Ferner ist ihre gesamte Oberfläche dicht mit fadenförmigen Plasmafortsätzen bedeckt. Schlagen diese *Wimpern* nach hinten, so bewegen sich die Tierchen vorwärts, ähnlich wie ein Boot, das durch zahlreiche Ruder getrieben wird.

Die dichte Oberflächenschicht verhindert, daß die Nahrung, die wie die der Amöben aus kleinsten Lebewesen und verwesenden Stoffen besteht, an jeder Stelle der Oberfläche in das Plasma eintreten kann. Es ist deshalb eine Eingangsöffnung für sie vorhanden, der *Zellmund*. Dieser liegt im Grund einer flachen Grube, der Mundbucht, und setzt sich in einen kleinen Kanal, den Zellschlund, fort. Die Nahrungsteilchen werden mit Hilfe schwingender Wimpern durch die Mundbucht, den Mund und den Schlund in den Körper getrieben. Hier werden sie von einem Flüssigkeitstropfen umgeben und wandern so wie bei den Amöben als Nahrungsbläschen durch das Plasma. Die unverdaulichen Reste werden durch einen in der Nähe des Hinterendes sich bildenden Spalt, den Zellafter, ausgestoßen.

Im Gegensatz zu den Amöben haben Pantoffeltierchen zwei pulsierende Bläschen, die durch sternförmig angeordnete Kanäle gefüllt werden, sowie einen großen und einen kleinen Kern.

Die Vermehrung erfolgt wie bei den Amöben durch Zweiteilung, wobei von jedem Kern eine Hälfte in die Teilstücke einwandert. Nachdem sich die beiden fehlenden pulsierenden Bläschen und der zweite Mund gebildet haben, trennen sich die Stücke als nunmehr selbständige Tierchen voneinander.

Zwischen diese ungeschlechtlichen Vermehrungen durch Teilung wird beim Pantoffeltierchen – und vielen anderen Einzellern – hin und wieder ein geschlechtlicher Vorgang eingeschaltet, den man als *Konjugation* bezeichnet. Zwei Pantoffeltierchen legen sich dabei mit der Mundseite aneinander, verschmelzen in der Körpermitte miteinander, tauschen Teilstücke ihrer kleinen Kerne aus und trennen sich dann wieder. Vermutlich ist dieser Austausch von Kernsubstanz für die Erhaltung der Art von Bedeutung.

Pantoffeltierchen (etwa 200mal vergr.)

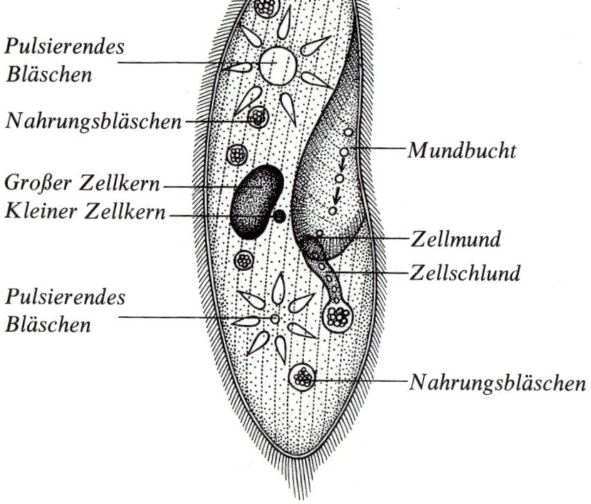

Teilung eines Pantoffeltierchens

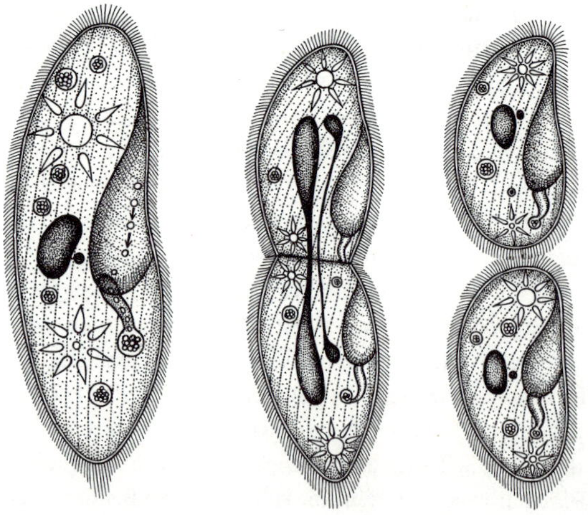

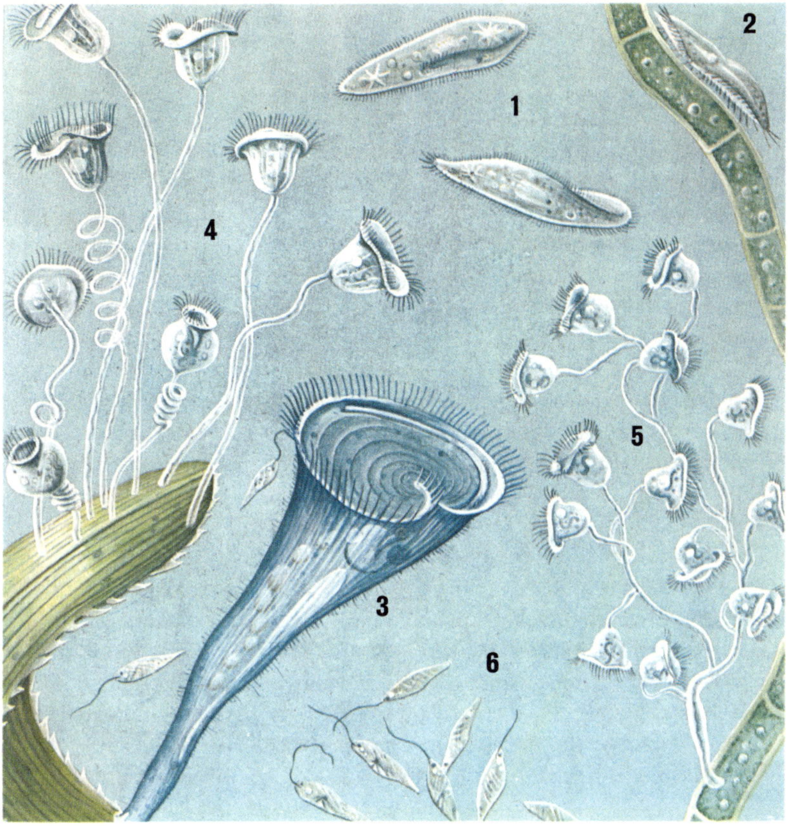

Wimper- und Geißeltierchen des Süßwassers.

1 Pantoffeltierchen
2 Muscheltierchen
3 Trompetentierchen
4 Glockentierchen
5 Maiblumentierchen
6 Augentierchen

Haben die Pantoffeltierchen stark unter Nahrungsmangel zu leiden, gefriert oder verdunstet das Wasser, so kapseln sie sich wie die Amöben ein. Bei Benetzung mit Wasser erwachen sie zu neuem Leben.

Eingekapseltes und wieder auskriechendes Pantoffeltierchen

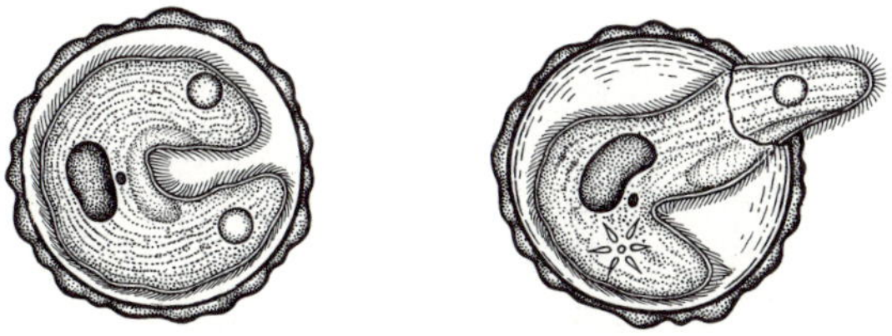

Verwandte des Pantoffeltierchens sind in allen Gewässern anzutreffen. An Pflanzen, Steinen und dergleichen bildet das *Glockentierchen* (Vorticélla; Abb. s.o., 4) oft große Gesellschaften, die mitunter als feiner, weißer Flaum auch an den Wänden der Aquarien zu beobachten sind. Die zierlichen Geschöpfe gleichen einer kleinen Glocke mit einem langen Stiel, der an der Unterlage haftet und sich schnell spiralig zusammenziehen kann. Der Mund der Glocke ist von Wimpern umstellt, die Nahrung herbeistrudeln. Die Glocke kann sich auch vom Stiel loslösen und mit Hilfe des Wimperkranzes umherschwimmen. – Einen ähnlichen Wimperkranz besitzt das *Trompetentierchen* (Stentor), das zwar geschickt schwimmt, meist aber an Gegenständen festsitzt. – Bleiben die durch Teilung entstehenden Aufgußtierchen untereinander im Zusammenhang, so entstehen, wie in allen ähnlichen Fällen, Kolonien; so z. B. beim *Maiblumentierchen* (Carchésium). – Untersucht man Algenfäden, so sieht man häufig, wie an ihnen *Muscheltierchen* (Stylonýchia) dahinkriechen. Sie bewegen sich mittels kräftiger Borsten, die wie Beinchen benutzt werden.

Der Körper der *Wimpertierchen* (Ciliaten) ist ganz oder teilweise mit Wimpern besetzt, die bald zur Fortbewegung, bald zum Herbeistrudeln der Nahrung dienen.

Zusammenfassung über die Urtierchen

Einzelligkeit. Die Urtierchen (Protozoen), von denen man etwa 20000 Arten kennt, sind einzellige und daher mikroskopisch kleine Wesen. Da sie gegen Verdunstung ungeschützt sind, können sie nur im Wasser, in anderen Flüssigkeiten (z. B. im Blut) oder an feuchten Orten leben. Zahlreiche Arten sind jedoch imstande, *eingekapselt* lange Zeit der Trockenheit zu widerstehen.

Arbeitsteilung. Den Urtierchen fehlen Organe, wie sie die vielzelligen Tiere besitzen. Da aber die Lebenstätigkeiten vielfach an bestimmte Teile der Zelle gebunden sind, läßt sich in ihrem Körper doch eine gewisse Arbeitsteilung beobachten, die bei den Wimpertierchen am höchsten ausgebildet ist.

Oberfläche. Bei den Wurzelfüßlern und vielen Sporentierchen ist die Oberfläche des Protoplasmas nicht verdichtet. Geißeltierchen und Wimpertierchen dagegen besitzen eine zu einer Zellhaut verdichtete Oberflächenschicht. Bei zahlreichen Arten sind zierliche *Schalen* oder *Skelette* anzutreffen.

Fortbewegung. Sie geschieht, wenn die Oberfläche nicht verdichtet ist, durch *Scheinfüßchen*, sonst aber durch schwingende *Geißeln* oder schlagende *Wimpern*. Zahlreiche Arten sitzen auf Gegenständen fest.

Ernährung. Die schmarotzenden Urtierchen, die sich von flüssigen Stoffen ernähren, nehmen diese mit der ganzen Oberfläche des Körpers auf. Auch bei den Wurzelfüßlern können feste Nahrungsteilchen an jeder Stelle in das Plasma eintreten. Bei den übrigen Arten dagegen ist ein *Zellmund* vorhanden. Ebenso werden bei ihnen die unverdaulichen Reste der Nahrung an einer bestimmten Stelle, dem Zellafter, ausgestoßen. Das in den Körper eintretende Wasser und die flüssigen Produkte des Stoffwechsels werden vielfach durch *pulsierende Bläschen* entfernt.

Vermehrung. Die Vermehrung erfolgt durch *Zweiteilung*, Knospung oder Sporenbildung. Bleiben die durch Teilung oder Knospung entstandenen Einzelwesen miteinander vereinigt, so bilden sich Kolonien. – Neben diesen Formen ungeschlechtlicher Vermehrung kommen auch geschlechtliche Vorgänge vor, so z.B. die *Konjugation*, bei der zwei Urtierchen vorübergehend verschmelzen, um Kernbestandteile auszutauschen.

Aus der Allgemeinen Tierkunde

Vom Verhalten der Tiere

Bei unserem Gang durch das Tierreich erfuhren wir, auf welch verschiedene Weise die Tiere sich ihre Nahrung verschaffen, sich vor ihren Feinden schützen, für ihre Nachkommen sorgen, sich untereinander verständigen usw. Wir sahen, daß sich manche Wohnhöhlen oder kunstvolle Nester bauen, daß manche Vorräte sammeln, andere als Schmarotzer ihr Leben fristen. Die meisten leben einzeln, andere in kleineren oder größeren Gesellschaften oder gar in „Staaten“. Viele bewohnen ein bestimmtes Revier, nicht wenige machen weite Wanderungen usf. Alle diese Lebensäußerungen der Tiere bezeichnet man als ihr *Verhalten*. Uns drängt sich dabei die Frage auf: Was veranlaßt und was befähigt die Tiere zu ihrem Tun und Treiben?

Reflexhandlungen. Die einfachsten Lebensäußerungen tierischer Lebewesen sind die *Reflexe*. Sie werden auf einen bestimmten Reiz hin vom Nervensystem oder – bei Einzellern zum Beispiel – von der Zelle selbst in Tätigkeit gesetzt. Sie sind wie die körperlichen Merkmale angeboren und spielen sich deshalb bei allen Angehörigen einer Art stets in genau der gleichen Weise ab. Das Glockentierchen zuckt bei Berührung durch Zusammenziehen seines Stieles zurück; die Hydra zieht sich, wenn sie beunruhigt wird, zu einem Klümpchen zusammen; ihre Nesselzellen schleudern, sobald das Sinnesstiftchen berührt wird, die Nesselfäden aus; die Schnecke zieht sich bei Gefahr in ihr Haus zurück, die Muschel schließt ihre Schalen, die Assel rollt sich zusammen, das Marienkäferchen „stellt sich tot“ usw. Daß Reflexe ablaufen können, ohne zum Bewußtsein zu kommen, lassen manche Reflexe unseres eigenen Körpers erkennen, so z. B. die Veränderung der Pupillen bei wechselnder Helligkeit. Auch Husten, Niesen, die Absonderung des Speichels, des Magensafts und der Galle, das Öffnen und Schließen des Magenpförtners, das Rot- und Blaßwerden (infolge stärkerer oder schwächerer Durchblutung der Haut) usw. sind Reflexe. Ein Wesensunterschied zwischen diesen Reflexen des Körperinnern und den Reflexen im äußeren Verhalten der Tiere besteht nicht: alle Reflexe sind angeborene unwillkürliche Körperfunktionen. Das Verhalten der niedersten Tiere beruht fast ganz auf Reflexen; bei den höheren Tieren nehmen sie neben anderen Vorgängen einen breiten Raum im Lebensgeschehen ein. Oft folgen reflexähnliche Vorgänge in rhythmischer Folge aufeinander und bewirken so andauernde Bewegungsvorgänge. Solche *Automatismen* sind z. B. das Schwimmen der Quallen, die Kriechbewegung des Regenwurms und der Raupen, das Schlängeln der Schlangen, der Flügelschlag der Vögel und Insekten, das Gehen und Laufen der Vierfüßler usw.

Instinkthandlungen. Wesentlich umfangreichere und verwickeltere Vorgänge als die Reflexe sind die *Instinkthandlungen*. Sie machen meist den Eindruck eines überlegten, einsichtigen Tuns, sind aber wie die Reflexe angeboren und damit artgebunden. Das Tier braucht sie nicht zu erlernen und hat, wie viele Beobachtungen zeigen, dabei keine Einsicht in sein Tun. Beispiele dafür wurden u.a. auf Seite 255 beschrieben. Während Reflexe jederzeit durch den entsprechenden Reiz ausgelöst werden, ist für den Ablauf einer Instinkthandlung eine bestimmte innere Verfassung oder *Stimmung* des Tieres Voraussetzung. Diese Stimmung (Hunger, Durst, Paarungsbereitschaft, Kampfbereitschaft, Wanderstimmung usw.) wird durch körperliche Zustände (Nahrungsmangel, Wassermangel, Reifen der Ei- bzw. Samenzellen usw.) verursacht und äußert sich in entsprechenden *Trieben* (Ernährungstrieb, Nestbautrieb, Paarungstrieb, Brutpflegetrieb, Kampftrieb usw.). Der Trieb veranlaßt das Tier zum *Suchverhalten*. Das vom Hunger getriebene Tier kriecht, geht, fliegt oder schwimmt umher, bis es auf eine passende Nahrung stößt. Diese wirkt nun als „*Auslöser*“ oder „*Schlüsselreiz*“, der die Instinkthandlung (Verfolgen, Erbeuten, Fressen) auslöst. Das durch seine Stimmung getriebene Tier gleicht einer gespannten Feder, die durch einen bestimmten Schlüssel (Auslöser) zur Auswirkung (Instinkthandlung) gebracht wird.

Stichling greift Attrappe an

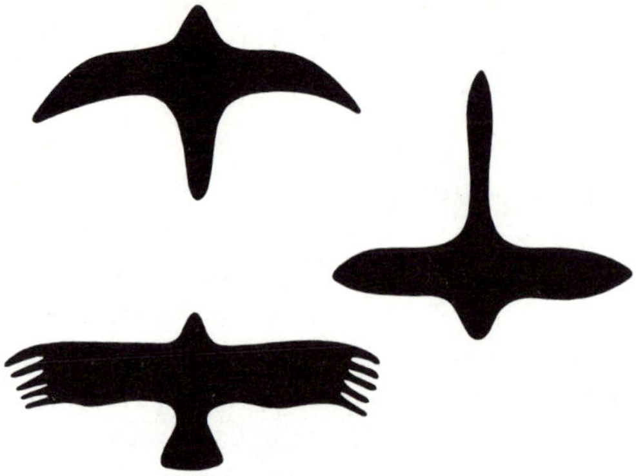

Attrappen von Raubvögeln und Wildente

Die Erschütterung des Nestes durch die anfliegenden Eltern ist der Auslöser für das „Sperren" der noch blinden Nestjungen; das Sperren der Jungen ist der Auslöser für das Füttern der Eltern. Anfliegende Raubvögel veranlassen Jungvögel, regungslos in Deckung zu verharren. Rotbäuchige Stichlingsmännchen lösen während der Nestbauzeit bei ihren männlichen Artgenossen innerhalb deren Revier Kampfverhalten aus. Daß es immer ein ganz bestimmter Reiz ist, der als Auslöser wirkt, beweisen Attrappenversuche. Naturgetreue Nachbildungen von Stichlingsmännchen ohne roten Bauch werden z. B. von dem kampfbereiten Artgenossen nicht beachtet, unförmige Attrappen mit rotem Bauch werden dagegen heftig angegriffen. Jungvögel gehen vor Raubvögel-Pappeattrappen in Deckung, nicht aber vor Attrappen von Störchen, Wildenten, Gänsen usw. Fehlt jedoch die nötige Stimmung, so kann die Instinkthandlung nicht ausgelöst werden. Außerhalb der Nestbauzeit reagiert z. B. das Stichlingsmännchen nicht auf rotbäuchige Rivalen.

Wir sahen, daß Reflexe ablaufen können, ohne zum Bewußtsein zu kommen (Pupillenreflex, Magenpförtnerreflex). Eine Stimmung oder ein Trieb ist aber ohne *Empfindung* nicht vorstellbar. Wie es sich damit bei den Tieren, insbesondere den niederen Tieren, verhält, können wir nicht wissen.

Erfahrungshandlungen. Die Lebensführung der Tiere, insbesondere der höheren Tiere, wird aber nicht allein durch Reflexe, Automatismen und Instinkthandlungen bestimmt. Sie wird vielmehr noch durch eine völlig andersartige Fähigkeit bereichert, eine Fähigkeit, die die Tiere mehr oder weniger über die Starrheit der angeborenen Verhaltensweisen hinaushebt und ihnen einen gewissen Grad von Handlungsfreiheit gibt. Es ist dies die Fähigkeit, etwas im *Gedächtnis* zu behalten und somit Erfahrungen zu sammeln und auszuwerten. Bei niederen Tieren ist diese Fähigkeit zu lernen nur in schwachen Ansätzen zu beobachten, im Leben der höheren Tiere aber spielen die *Erfahrungshandlungen* eine entscheidende Rolle. Die Säugetiere kann man geradezu als „Lerntiere" bezeichnen.

Schon der Regenwurm kann etwas lernen. Läßt man ihn durch ein T-Rohr kriechen, in dessen einem Ast er einen elektrischen Schlag erhält, so lernt er, nach einer Reihe von Versuchen an der Wegegabel nach der ungefährlichen Seite zu kriechen. Einsiedlerkrebse lernten innerhalb weniger Tage, ihr Futter an einer bestimmten Stelle des Aquariums aufzusuchen. Bienen lassen sich auf bestimmte Farben und Düfte dressieren. Fische und andere niedere Wirbeltiere lernen, auf bestimmte Töne, Lichtsignale oder andere Zeichen hin zum Futterplatz zu kommen. Frösche, Eidechsen, Schildkröten u. a. lernten durch häufige Wiederholung, aus hindernisreichen Käfigen sicher den Aus-

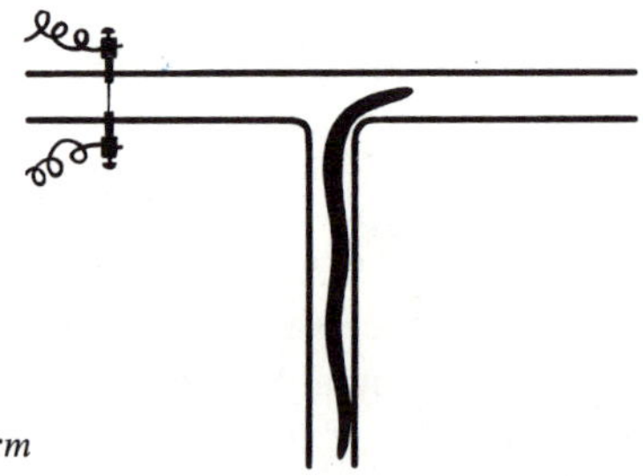

Lernversuch mit dem Regenwurm

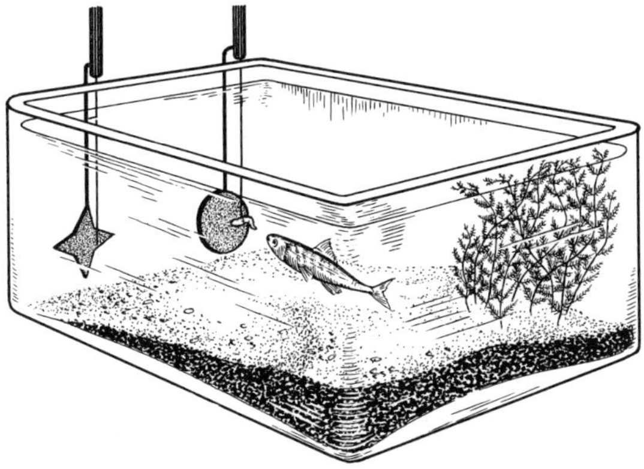

Lernversuch mit einer Elritze.
Der Fisch erhält eine Zeitlang seine Nahrung an einem Draht vor der Scheibe gereicht. Er schwimmt nunmehr beim Füttern auch dann auf die Scheibe zu, wenn sich vor dieser kein Futter befindet. Auch wenn Scheibe und Stern vertauscht werden, sucht er nur die Scheibe auf. Er hat also Scheibe und Stern unterscheiden gelernt.

gang zu finden. Vögel können sich rasch unter mehreren Futterkästchen das „richtige" (mit Futter beschickte) merken. Elefanten konnten bei 13 Paaren verschieden gekennzeichneter Futterkisten von jedem Paar behalten, welche Kiste das Futter enthielt, konnten also 26 Zeichen auseinanderhalten und wußten dies auch nach einjähriger Pause noch.

Auch in der freien Natur lernen die Tiere vieles. Die vielseitige Tätigkeit der Honigbiene beruht auf einer großen Zahl von Gedächtnisleistungen. Bei ihren ersten Ausflügen prägen sich die Bienen ihren Stock und dessen Umgebung ein, sonst könnten sie von ihren Ausflügen nicht wieder heimfinden. Beim Sammeln finden sie „ihre" Blüten (Blumenstetigkeit!) mittels deren Farbe, Form und Duft, die sie sich jeweils eingeprägt haben müssen. Fast unbegreiflich ist ihre Gedächtnisleistung bei der Wegorientierung nach der Sonne und bei der Erfassung der Futterquellenentfernung, die sie ihren Stockgenossinnen „mitteilen" (S. 220). Küken picken zunächst alles auf, was sie mit ihrem Schnabel fassen können; bald aber lernen sie Genießbares von Ungenießbarem unterscheiden. Raben, Reiher u. a. tragen zuerst alles Mögliche zum Nestbau heran, selbst Steinbrocken; bald jedoch lernen sie, nur taugliches Nistmaterial auszusuchen. Manche Jungvögel erbeuten zunächst auch Wespen oder giftig behaarte Bärenraupen, lassen aber nach einer oder wenigen schlechten Erfahrungen für immer von ihnen ab. Gluckhennen haben an sich den Instinkt, mit ihren Küken das Wasser zu meiden. Hat eine Gluckhenne aber einige Male junge Enten geführt, so hat sie gelernt, daß die Jungen das Wasser aufsuchen. Zieht sie nun wieder Hühnerküken auf, so führt sie auch diese zum Wasser und versucht sie hineinzutreiben. Möwen und Gänse erkennen unter vielen Artgenossen ihren „Gatten" auf den ersten Blick und lernen in wenigen Tagen, ihre eigenen Jungen von andern zu unterscheiden. Die Rangordnung bei Rindern, Wölfen, Hühnern, Dohlen u.v.a. wäre nicht möglich, wenn die Einzeltiere sich nicht gegenseitig kennen würden. Säugetiere kennen die einzelnen Örtlichkeiten und Wege ihres Reviers genau (S. 65), so wie sich auch Hund und Katze in Haus und Hof bestens auskennen.

Das *Gesamtverhalten* der meisten Tiere ist ein Geflecht ineinander verwobener Instinkt- und Erfahrungshandlungen. Dabei überwiegen bei den *„Instinkttieren"*, z. B. den Insekten, bei weitem die Instinkte, bei den *„Lerntieren"*, besonders den Säugetieren, die Erfahrungshandlungen. Wohl geht der Fuchs vom Hunger getrieben auf die Nahrungssuche und fängt die Mäuse, die er findet, im instinktmäßig angeborenen Sprung. Sein Gedächtnis aber sagt ihm, wo die ergiebigsten Jagdgründe sind und wo etwa der Einschlupf in den Bauernhof und Hühnerstall ist, aus dem er schon einmal ein Huhn wegholte.

Einsichtiges Handeln. Die höchste Stufe des tierischen Verhaltens ist das *einsichtige Handeln.* Es beruht auf Überlegung, zeugt also von einer gewissen *Denkfähigkeit*, von Intelligenz. Ansätze dazu zeigen sich bei manchen Säugetieren (Elefanten, Hunden u. a.), wohl auch bei einigen Vögeln. Deutlich nachweisbar ist einsichtiges Tun bei den Menschenaffen. Kann z. B. ein Schimpanse eine vor seinem Käfig liegende Banane nicht erreichen, so zieht er sie mittels eines

Schimpanse benützt Kisten zum Hochsteigen

zufällig daliegenden Stockes heran. Ist ein im Käfig liegender Bambusstab dafür zu kurz, so steckt er zwei solche zusammen. Dabei benagt er, wenn nötig, das Ende des einen, um es in den andern einstecken zu können. Hängt eine Banane hoch über ihm, so stellt er einen Bambusstab senkrecht auf, klettert, ehe dieser umfällt, schnell daran hoch und ergreift die Frucht. Stehen einige Kisten in der Nähe, so holt er sie herbei und stellt sie aufeinander, um so an die Frucht zu gelangen. Oft arbeiten bei solchen Leistungen mehrere Tiere sinnvoll zusammen.

Das Denken dieser Tiere ist aber viel beschränkter als das des Menschen. Stellt man z. B. den Stab, mit dem der Schimpanse seine Banane erlangt hat, vor dessen Augen als Zaunstab zwischen andere Stäbe, so existiert der Stab als solcher für den Schimpansen nicht mehr. Oder liegt in der Kiste, die er gestern zum Hinaufsteigen benützt hat, heute sein Kamerad, so erkennt er die Kiste nicht mehr als ein Ding zum Hinaufsteigen. Der Affe kann also nur im Hinblick auf die jeweils vorliegende Situation überlegen. Er kann nicht wie der Mensch von ihr absehen und sich einen allgemein gültigen Begriff von den Dingen machen; er kann nicht „umdenken".

Wir haben von den Einzellern bis zu den Menschenaffen eine ganze *Stufenleiter* verschiedener Verhaltensmöglichkeiten kennengelernt (*Automatismus – Reflex – Instinkthandlung – Erfahrungshandlung – Einsichtshandlung*). Die primitivsten verlaufen wahrscheinlich *unbewußt*, die höchsten sind zweifellos *bewußt*. Die beiden beherrschenden Verhaltensformen der Tiere sind die Instinkthandlungen und die Erfahrungshandlungen, wobei bei den höheren Tieren die Erfahrungshandlungen die Instinkthandlungen in immer stärkerem Maße ergänzen und bei den höchsten Tieren immer mehr zurückdrängen.

Die geographische Verbreitung der Tiere

Die Verbreitung der Tiere im Meer

Da die Meere untereinander in Verbindung stehen, ist die Zusammensetzung ihrer Tierwelt weithin einheitlich. Immerhin sind Unterschiede zu beobachten, etwa da, wo Ozeane durch Festländer voneinander getrennt sind (wie z. B. der Stille und der Atlantische Ozean durch den amerikanischen Kontinent), oder wo in Randmeeren, wie z. B. der Ostsee, abweichende Bedingungen herrschen. Sehr wesentliche Unterschiede hinsichtlich ihrer Tierwelt weisen aber die verschiedenen Meerestiefen auf:

Der Küstenbezirk, der oft nur einige hundert Meter breit ist, beherbergt weitaus das reichste Tierleben. Der Planktongehalt des Wassers ist hier sehr hoch (oft Hunderttausende, ja mehrere Millionen Zellen in 1 Liter; vgl. S. 179). Bodentiere aller Art, Schwämme, Polypen, Seerosen, Seeigel, Seesterne, Würmer, Muscheln, Schnecken, Krebse u. a., kommen neben zahlreichen Fischarten oft in erstaunlicher Fülle vor. Auch die Korallenriffe, die vielfach den tropischen Küsten vorgelagert sind, zeigen ein vielgestaltiges, oft farbenprächtiges Tierleben. Entsprechend dem reichen Leben der Küstenbezirke finden sich die ergiebigen Fischgründe durchweg im küstennahen Meer (Nord-

Tiere der Tiefsee.

1 Vier Beilfische (2,5 cm lang)
2 Tiefsee-Teufelsfisch (4 cm lang)
3 Rote Tiefseegarnele
4 Leuchtmaulfisch (20 cm lang)
5 Tiefseetintenfisch
6 Dickbauchtiefseefisch (5 cm lang)

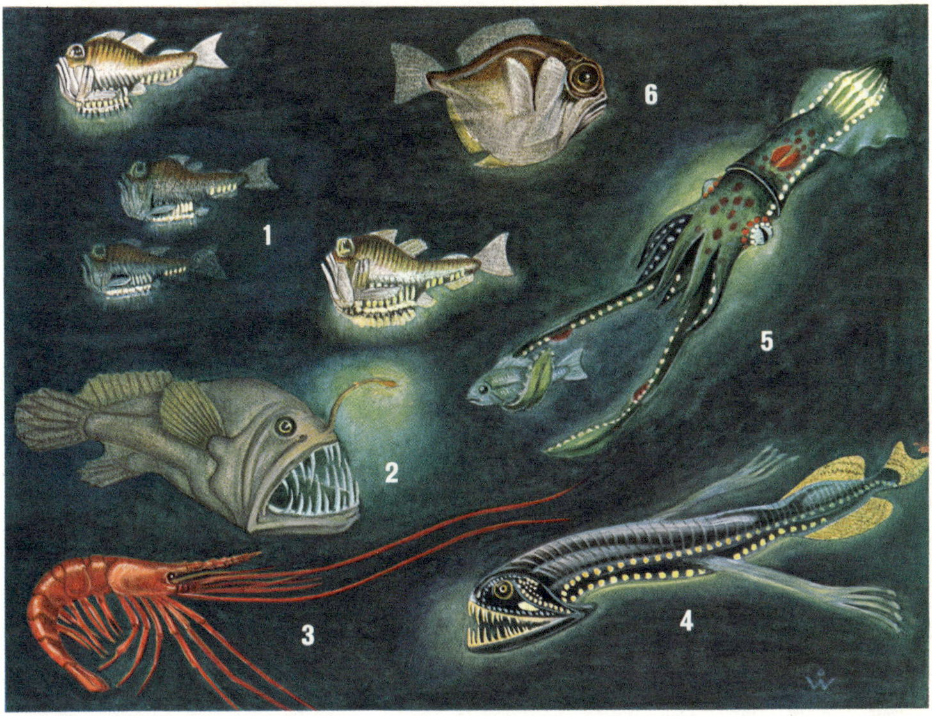

see, Küstengewässer von Norwegen, Island und Japan, Neufundlandbank u. a.).

Die Hochsee ist, besonders in warmen Meeresgebieten, weit ärmer an tierischem Leben. Das Plankton ist hier viel spärlicher vertreten als in den Küstengewässern. Es setzt sich – abgesehen von den einzelligen Algen, die auch hier die Hauptmasse ausmachen – aus überaus zarten und meist glasartig durchsichtigen Wesen zusammen, unter denen besonders Urtierchen, Quallen, niedere Krebse und Flügelschnecken vorherrschen. Wegen ihres geringeren Planktongehaltes ist die Hochsee auch an Fischen weit ärmer als das küstennahe Meer.

Die Tiefsee. Nach der Tiefe zu nimmt der Planktongehalt rasch ab. In etwa 100 m Tiefe hört das Pflanzenplankton auf, da in diese Gründe kein Sonnenstrahl hinabdringt. Vom Pflanzenplankton des Oberflächenwassers leben die tierischen Planktonwesen, von diesen die nächstgrößeren, wie Garnelen, Flügelschnecken und die Fischbrut, aber auch große Friedfische, und von diesen schließlich die großen Raubfische (vgl. S. 179). Die Leichen all der kleinen und großen Meerestiere sinken wohl in die Tiefe; dabei aber werden sie von einem Heer von Bakterien zersetzt, so daß der Regen der herabrieselnden Nahrung immer dünner und dünner wird, und nur noch ein winziger Bruchteil davon die großen Meerestiefen erreicht. Die Tiefsee ist also arm an Nahrung. So ist es verständlich, daß zwar in 1000 – 3000 m Tiefe noch ein reges Tierleben herrscht, die tiefsten Meeresgründe aber sehr arm an Leben sind. Doch hat man selbst aus 10000 m Tiefe noch Schwämme, Seeanemonen und Seelilien heraufgeholt.

Die Tiefseetiere sind an die ungewöhnlichen Verhältnisse ihres Lebensraumes so sehr angepaßt, daß viele von ihnen geradezu abenteuerliche Gestalten darstellen. Dem Mangel an Nahrung entsprechend sind die meisten klein. Tiefseefische z. B. sind meist nur zwischen 5 und 20 cm lang. Dabei haben sie gewaltige, mit riesigen Fangzähnen bewehrte Mäuler und unglaublich erweiterungsfähige Mägen. Nicht selten werden Beutetiere verschlungen, die größer sind als der Räuber selbst. In der ewigen Finsternis finden sich viele Tiefseetiere mit Hilfe von Leuchtorganen zurecht, mit denen sie ihre Umgebung erhellen. Neun Zehntel aller bekannt gewordenen Tiefseefische kön-

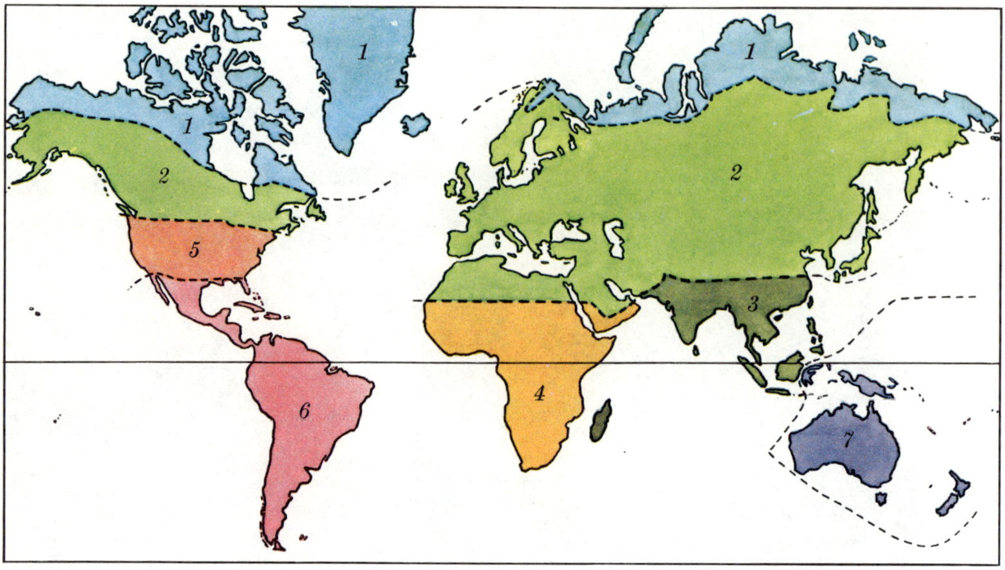

Karte zur Verbreitung der Tiere.
Nordreich: 1 Arktisches Gebiet, 2 Gebiet der nördlichen gemäßigten Zone, 3 indisches Gebiet, 4 afrikanisches Gebiet.
Südwestreich: 5 Gebiet des südlichen Nordamerikas, 6 Mittel- und Südamerika.
Südostreich: 7 Australien und die australische Inselwelt.

nen leuchten. Auch in fast allen andern Tiergruppen der Tiefsee finden sich leuchtende Vertreter, so besonders bei den Tintenfischen und den Krebsen. In allen Farben erstrahlen die Leuchtorgane. Manche Tiere können sie ein- und ausschalten, andere durch eine lidartige Hautfalte verschließen und öffnen. Einige haben Vorsatzlinsen davor und können ihre Lichtstrahlen hin- und herbewegen. Bei den Anglerfischen ist der selbständig gewordene erste Strahl der Rückenflosse nach vorn gerichtet und trägt an seinem Ende eine leuchtende Laterne, die mit ihren zuckenden Bewegungen Beutetiere anlockt. Nichtleuchtende Tiere sind meist blind, haben aber riesig verlängerte Tastfäden, die sie über den Meeresboden schleifen, um so ihre Nahrung zu ertasten. Diese Tastorgane sind bei den Fischen enorm verlängerte Bartfäden oder umgewandelte Flossenstrahlen, bei den Krebsen verlängerte Fühler oder Beine. Meist beträgt die Länge der Tastfäden ein Vielfaches der Körperlänge.

So ist die Tiefsee – wie die Wüste und das Hochgebirge – ein Beispiel dafür, wie sich das Leben selbst noch an die ungewöhnlichsten Umweltverhältnisse anzupassen vermag.

Die Verbreitung der Tiere auf dem Lande

Die Tierreiche

Die ungleiche Verbreitung der Tiere über die Erde ist in erster Linie durch die Verteilung von Land und Meer bedingt.

Es ist äußerst wahrscheinlich, daß die heutigen Kontinente einst einen einheitlichen *Urkontinent* bildeten, von dem sich erst im Erdmittelalter und in der Erdneuzeit die einzelnen Festländer allmählich abtrennten. Dementsprechend finden wir über die ganze Erde hin eine im Grunde einheitliche Tierwelt, d. h. wir sehen überall Vertreter derselben großen Tierstämme. Nach der Trennung aber vollzog sich in den einzelnen Erdteilen die Entwicklung der Lebewesen selbständig und führte so in jedem Kontinent zu einer Tier- (und Pflanzen-)welt eigener Prägung.

Am frühesten wurden die beiden Südkontinente *Australien* und *Südamerika* von der Urkontinentalmasse abgetrennt. Ihre Faunen sind darum die „eigenartigsten“. Auf der nördlichen Erdhälfte bestand dagegen bis in die Eiszeit hinein ein Zusammenhang

zwischen *Eurasien und Nordamerika*, und so zeigt sich hier eine weitgehende Übereinstimmung der Tierwelt. Während Nordafrika eng mit Südeuropa zusammenhängt, trennt der große Wüstengürtel das südliche *Afrika* völlig vom Norden ab. Die Sahara ist für die Tierwelt eine viel wirksamere Schranke als das Mittelmeer. Ebenso ist Indien durch die gewaltigen Gebirge im Norden vom übrigen Asien abgeschlossen und bildet somit ebenfalls ein selbständiges tiergeographisches Gebiet. – *Mittelamerika* war bis in die Tertiärzeit vom Meer bedeckt, trennte also Nord- und Südamerika völlig. Erst seit Ende der Tertiärzeit konnte über eine Landbrücke zwischen Süd und Nord ein gewisser Austausch stattfinden.
Auf Grund dieser erdgeschichtlichen und geographischen Verhältnisse haben sich im Laufe langer Zeiten drei große Tierreiche herausgebildet, die sich teilweise wieder in mehrere Gebiete gliedern.

Nordreich. Zum Nordreich gehört außer Asien, Europa und dem nördlichen Teil von Nordamerika auch Afrika. Man unterscheidet darin vier verschiedene Gebiete:

1. *Das arktische Gebiet* umfaßt die Länder um den Nordpol bis zur Baumgrenze. Hier leben Eisfuchs, Eisbär, Vielfraß, Rentier, Moschusochse, Lemming, Schneehase und andere Säuger. Auch das Schneehuhn ist ein bezeichnender Bewohner dieses Gebietes.

2. *Das Gebiet der nördlichen gemäßigten Zone* erstreckt sich von der nördlichen Baumgrenze bis zum Himalaja, zur Sahara und etwas über die Kanadischen Seen hinaus. Es umfaßt den größten Teil der Erde und wird durch den Atlantischen und den Stillen Ozean in einen altweltlichen und einen neuweltlichen Bezirk geschieden. Infolge des bis in die Eiszeit währenden Zusammenhanges ist, wie wir sahen, seine Tierwelt weithin gleich. Hier wie dort finden sich Bären, Wölfe, Luchse, Füchse, Rinder, Schafe, Ziegen, Hirsche usw. sowie zahlreiche Insektenfresser und Nager derselben Gattungen. Dabei sind kleine Artunterschiede bezeichnend, so zwischen Wisent und Bison, europäischem und kanadischem Elch, Braunbär und Grizzlybär, Rothirsch und Wapiti, europäischem und Kanadabiber usw. Auch die Vögel, Kriechtiere, Lurche, Fische sowie das Heer der Wirbellosen sind in dem Gebiet weitgehend durch die gleichen oder doch ganz ähnliche Arten vertreten.

Webervögel von Sumatra. Nester im Geäst eines Baumes

Innerhalb des riesigen, erdumspannenden Gebietes weisen aber einzelne Gegenden ihrerseits Besonderheiten auf. So finden sich z. B. in den Ländern um das Mittelmeer: Schakal, Gestreifte Hyäne, Damhirsch, Mufflon, Dromedar, Stachelschwein und Geier. Innerasien dagegen ist durch das Vorkommen von Trampeltier, Wildpferd und Jak gekennzeichnet.

3. *Das indische Gebiet* umschließt Asien südlich des Himalaja und die indische Inselwelt. In diesen feuchtheißen Ländern leben: Orang-Utan, Gibbon und zahlreiche andere Affen, Tiger und Leopard, Indischer Elefant, Indisches Nashorn, Indischer Tapir, Wildschweine, Büffel und Zebu, kleine Hirsche, früchtefressende Fledermäuse, Schuppentiere und andere Säuger. Die Vogelwelt zeigt gleichfalls eine große Mannigfaltigkeit. Es seien nur Pfauen, Fasanen und Honigvögel genannt sowie die Webervögel, die kunstvolle beutelförmige Nester herstellen.

4. *Das afrikanische Gebiet* südlich der Sahara ist ausgezeichnet durch seinen Reichtum an Huftieren:

Nilpferd, Kaffernbüffel, zahlreiche Antilopen, Giraffe, Okapi, Zebra und Afrikanisches Nashorn. Dazu kommen der Afrikanische Elefant sowie Löwe, Gepard, Leopard und Gefleckte Hyäne. Von den Affen sind hier Gorilla, Schimpanse, Paviane und zahlreiche Meerkatzen beheimatet. Von den Vögeln seien erwähnt: der Afrikanische Strauß, die Geier, das Perlhuhn und die Nashornvögel, deren große Schnäbel einen hornartigen Aufsatz tragen.

Südwestreich. Dieses riesige Gebiet erstreckt sich südlich von den Kanadischen Seen – genauer etwa vom 40. Breitengrad ab – über ganz Amerika. Es gliedert sich, wie wir sahen, in zwei Gebiete:

5. *Das Gebiet des südlichen Nordamerikas* reicht bis zu den Wüsten von Mexiko. Von den hier lebenden Tieren seien der Waschbär, das Opossum, die Klapperschlange und der Axolotl genannt. Das Gebiet ist auch die Heimat des Truthuhnes. Ebenso werden hier, wie in fast allen Teilen von Mittel- und Südamerika, Puma und Jaguar angetroffen.

6. *Für das Gebiet von Mittel- und Südamerika* sind bezeichnend: Breitnasige Affen, Gürteltiere, Faultiere, Ameisenbären, Vampir, Waschbär, Meerschweinchen, Lamas, der Kondor, der Dreizehige Strauß (Nandu), zahlreiche Papageien und Kolibris sowie die Pfefferfresser oder Tukane, die mit ihren gewaltigen Schnäbeln überaus merkwürdige Vogelgestalten sind, und die Leguane. Die Flüsse werden u. a. von zahlreichen Welsen, vom Zitteraal und einem Lungenfisch bewohnt. Ein großer Teil der Süßwasserfische gehört zu der nur hier vorkommenden Gruppe der Characinen, von denen einige Arten durch ihr messerscharfes Gebiß berüchtigt sind (so die Pirañas; vgl. S. 173). Unter den Insekten, besonders den Schmetterlingen, finden sich viele prächtige Arten.

Leierschwanz, Australien

Riesentukan, Südamerika

Südostreich. 7. *Das Südostreich* umfaßt Australien, die australische Inselflur und Celebes. Es weist eine sehr altertümliche Tierwelt auf, deren wichtigste Glieder die Schnabel- und die Beuteltiere sind. Von anderen Säugetieren waren, als die Europäer das Gebiet betraten, nur anzutreffen: der Dingo, eine halbwilde Hundeart, die wahrscheinlich vom Menschen vor langer Zeit von Asien her eingeführt worden ist, ferner Fledermäuse, die mit asiatischen Formen nahe verwandt sind und das trennende Meer überfliegen konnten, und endlich Mäuse, die vielleicht durch Treibholz eingeschleppt wurden. Die Vogelwelt ist ausgezeichnet durch zahlreiche Kakaduarten, Kasuare und viele prächtige Tauben, durch den Leierschwanz, den Neuholländischen Strauß (Emu), den Neuseeländischen Kiwi oder Schnepfenstrauß, die Paradiesvögel Neuguineas u. a. Bemerkenswert sind auch der australische Lungenfisch und die altertümliche Brükkenechse Neuseelands.

Die Lebensgemeinschaften

Außer der Verteilung von Land und Meer gibt es noch einen zweiten Grund für die unterschiedliche Verbreitung der Tiere auf der Erde: die Verschiedenheit der Lebensbedingungen innerhalb der Kontinente. Sie bewirken die Verteilung der Tierwelt innerhalb der tiergeographischen Reiche und Gebiete.

Die meisten Tierarten sind auf einen bestimmten *Lebensraum* angewiesen. Niemand wird einen Specht am Meeresstrand, eine Möwe im Wald, eine Schlange im arktischen Eis vermuten. Entscheidend ist in erster Linie das Vorhandensein geeigneter *Nahrung*. Der Fichtenkreuzschnabel kann nur in Fichtenwäldern, der Fischotter nur an fischreichen Gewässern, der Hamster nur in Steppen und Feldern leben. Wichtig sind ferner für viele Tiere geeignete *Wohn-* oder *Nistmöglichkeiten* (Biber, Specht, Rohrsänger, Uferschwalbe); andere brauchen die Geborgenheit vor Feinden (Reh, Nagetiere, Wasservögel). Eine große Rolle spielen die *Klimaverhältnisse*, also Hitze und Kälte (Kamel – Eisbär), Feuchtigkeit und Trockenheit (Molch – Eidechse). Wohl gibt es auch Tiere, die nicht streng an einen Lebensraum gebunden sind (Wolf, Hase, Wanderratte, Wanderfalk, Rabe); aber weitaus die meisten sind es oder bevorzugen doch normalerweise einen bestimmten Lebensraum.

Entsprechendes gilt für die Pflanzen. Sie können nur gedeihen, wo Klima und Boden es zulassen. Da nun jeweils viele Tier- und Pflanzenarten die gleichen Ansprüche an den Standort stellen, finden wir in einem bestimmten Lebensraum immer eine ganz bestimmte *Lebensgemeinschaft*. Ihr Grundcharakter wird stets durch die Pflanzen bestimmt; sie machen zunächst den Wald, das Moor, die Steppe, die Tundra usw. aus. Von ihnen sind dann weithin die tierischen Bewohner abhängig. Aber auch die Tiere einer Lebensgemeinschaft sind vielfach aufeinander angewiesen; so hängt z. B. das Leben aller Fleischfresser vom Vorhandensein entsprechender Beutetiere ab.

Im folgenden sollen einige der größten und bezeichnendsten Lebensgemeinschaften der Erde kurz betrachtet werden.

Die Tundra

Die arktische Tundra bildet den mehrere hundert Kilometer breiten nördlichen Randsaum von Asien, Europa und Amerika. Sie ist zugleich der südlichste Randsaum des arktischen Gebietes. Drei Viertel des Jahres hindurch herrscht hier strenge winterliche Kälte. Erst im Juni wird es so warm, daß das Pflanzenleben wieder erwacht. Sommerlich ist es nur im Juli und August; schon im September kann wieder Schnee fallen. Der Boden taut in dem kurzen Sommer nur oberflächlich auf, in der Tiefe nie. Bäume können deshalb nicht gedeihen. Die Pflanzenwelt besteht aus Zwergsträuchern, Gräsern, Kräutern, Flechten und Moosen. Grasheiden, Zwergstrauchheiden und Moore bilden zusammen mit Schneeflächen, Geröllhalden und offenen Wasserflächen die nordische Tundra.

In kaum einer andern Landschaft ist die gegenseitige Verflechtung der Lebensgemeinschaft so offenkundig wie in der kargen, lebensfeindlichen und darum artenarmen Tundra.

Tundra im Winter. Oben Moschusochsen, links Schneehasen, rechts Polarfuchs

Schneehühner und Schnee-Eule in der sommerlichen Tundra

Die Insekten bilden auch hier die artenreichste Tiergruppe. Besonders massenhaft treten die *Stechmücken* auf. Sie legen im Sommer in den feuchten Bodensenken ihre Eier ab, die im Winter ohne Schaden einfrieren können. Im Frühjahr, wenn sich bei der Schneeschmelze die Niederungen in Tümpel und Seen verwandeln, schlüpfen die Mückenlarven. Im Juni entsteigen dem Wasser unermeßliche Mükkenschwärme, die nun die Hauptnahrung für die insektenfressenden Vögel und deren Brut bilden. Die Stechmückenweibchen sind ihrerseits von den wenigen Säugetierarten abhängig, an denen sie Blut saugen.

Die *Vögel* bilden nach den Insekten die artenreichste Tiergruppe der Tundra. Viele leben, wie erwähnt, in der kurzen Sommerzeit von den riesigen Mückenschwärmen. Enten, Schnepfen, Regenpfeifer, Möwen u. a. nähren sich von den Kleintieren der zahlreichen Sümpfe. Gänse, Moor- und *Schneehühner* leben von kärglicher Pflanzennahrung; Wanderfalk, Rauhfußbussard, *Schnee-Eule*, Sumpfohreule und Raubmöwen aber von dem großen Heer der Nagetiere.

Die *Nagetiere*, vor allem vertreten durch ungeheure Massen von *Lemmingen* (hamsterähnlichen Nagern), Wühlmäusen und *Schneehasen*, ernähren sich von der spärlichen Pflanzenwelt. Für das *Rentier* und den *Moschusochsen* ist die Rentierflechte von besonderer Bedeutung. Die Lemminge und Wühlmäuse bilden ihrerseits die Nahrungsgrundlage nicht nur der genannten Raubvögel, sondern auch der Raubtiere *Wolf*, *Polarfuchs* und *Hermelin*. Wolf und Fuchs erbeuten freilich mitunter auch Schneehasen, Schneehühner und junge Rentierkälbchen. An den Küsten und in den angrenzenden vereisten Meeren leben *Seehund* und *Eisbär*.

Im *Tundrasommer* kommen Waldtiere, wie Bär, Luchs, Fuchs, Vielfraß, Krähen, Elstern und Häher, aus der im Süden angrenzenden Waldzone (Taiga) in die Tundra, um sich an dem jetzt reichgedeckten Tisch zu sättigen. So entfaltet sich in dem kurzen Sommer in der Tundra vorübergehend ein verhältnismäßig reiches Tierleben.

Ganz anders ist es in dem langen, harten *Winter*. Die Vögel weichen fast alle dem arktischen Winter aus,

Lemminge

Schneehühner und Schnee-Eule in der winterlichen Tundra

indem sie nach Süden ziehen. Auch die Rentiere wandern bei Beginn des Winters nach Süden in die Taiga. Die Insekten verfallen in Winterstarre und überstehen unter der schützenden Schneedecke selbst die kältesten Winter. Die wenigen überwinternden Großtiere sind gegen die grimmige Kälte ganz besonders geschützt. Während des nahrungsreichen Sommers legen sie sich eine dicke Fettschicht zu, und im übrigen schützt sie ein ungewöhnlich dichtes Fell. Selbst die Fußsohlen von Polarfuchs und Schneehase sind im Winter behaart, die des Eisbären immer. Die Läufe und Zehen des Schneehuhns und der Schnee-Eule sind winters befiedert. Winterschläfer gibt es in der Tundra nicht, denn ein Eingraben nach Art der Murmeltiere ist in dem gefrorenen Boden nicht möglich. Die Ernährung der wenigen standorttreuen Tiere ist im Winter nur dadurch möglich, daß die Pflanzennahrung noch in völlig frischem Zustand vom ersten Schnee bedeckt wird und sich so unter der Schneedecke erhält. Lemminge, Wühlmäuse, Schneehasen und Schneehühner finden deshalb den ganzen Winter über grünes Futter, und sie dienen wiederum den Polarfüchsen, Hermelinen und Schnee-Eulen zur Nahrung.

Im einzelnen weist die Tundra in Sibirien, Lappland, Spitzbergen, Grönland und Nordkanada Unterschiede auf. Im wesentlichen aber stimmen diese Lebensgemeinschaften wegen der im Grunde gleichartigen Lebensbedingungen überein.

Die Steppe

Wo, außerhalb der Arktis, die Niederschläge für einen Baumwuchs nicht ausreichen, findet sich Steppe oder Wüste. Die Steppe ist in ihrer ausgeprägtesten Form Grassteppe: ungarische Pußta, russisch-mongolische Steppe, weite Gebiete Afrikas und Australiens, die Prärien Nordamerikas, die Pampas Argentiniens.

Der Steppencharakter ist dadurch bedingt, daß in den betreffenden Gebieten die Hauptregenmenge in einer bestimmten Jahreszeit, meist Frühjahr und Vorsommer, fällt, und auf diese Regenzeit eine längere Trockenzeit folgt. Somit können in der Steppe nur Pflanzen gedeihen, die in der feuchten Jahreszeit rasch ihre ganze Entwicklung vom Austreiben bis zum Fruchten durchlaufen und dann die lange Trockenzeit mit irgendwelchen Speichervorrichtungen überdauern können. Das sind vor allem harte Gräser und Stauden, die oft metertief wurzeln, ferner Pflanzen mit Knollen, Zwiebeln oder Wurzelstöcken, wie Tulpen, Traubenhyazinthen, Iris, aber auch viele Schmetterlingsblütler, Korbblütler u. a.

Diese scharf ausgeprägte Eigenart der Pflanzenwelt hat eine ganz bestimmte Zusammensetzung der Tierwelt zur Folge. In der Steppe können nur Tiere leben, die sich von Steppenpflanzen nähren können – oder von andern Steppentieren. Von den pflanzlichen Speicherorganen ernährt sich vor allem das große Heer der *Nagetiere*, wie Hamster, Ziesel, Feldmäuse,

Gnu-Zebra-Herde in einer afrikanischen Savanne

Springmäuse, Hasen, Kaninchen und Präriehunde (Verwandte unserer Murmeltiere; Abb. S. 157). Von den Samen der Steppenpflanzen leben körnerfressende *Vögel*, wie Steppenhühner, Feldhühner, Steinhühner, Sperlinge und Lerchen. Die Gräser und Kräuter selbst aber dienen zu gegebener Zeit den *Huftieren* der Steppe, den Büffeln, Zebras, Antilopen, Wildpferden, Wildeseln u.a., zur Nahrung. Zu den Tieren, die sich unmittelbar von der Steppe ernähren, kommen noch die *Raubtiere* hinzu, die den Pflanzenfressern der Steppe nachstellen. Dies sind Löwen, Geparde, Hyänen, Schakale, Präriewölfe und Steppenhunde.

Die Steppentiere sind den besonderen Verhältnissen ihres Lebensraumes in verschiedener Weise angepaßt. Mangels anderer Verstecke suchen viele Schutz im Boden. Hier sind sie vor der sengenden Hitze des Tages geborgen. Die meisten führen dementsprechend eine *nächtliche Lebensweise*. Auch gegen den Sturm, gegen die Kälte und gegen Feinde bietet nur der Boden Schutz. Vor allem die vielen Nagetiere der Steppe leben *unterirdisch*. Aber auch Warane, Schlangen, Schildkröten und andere Kriechtiere graben sich ein. Die Prärieeule und einige andere Vogelarten benützen Nagetierhöhlen als Wohnung.

Die Großtiere der Steppe gehören zu den schnellsten Tieren. Sie sind ausnahmslos schnelle Renner (Gazellen, Antilopen, Zebras, Strauße – Wölfe, Wildhunde, Geparde) oder Springer (Känguruhs, Springmäuse, Springhasen[1]). Langsame Tiere wären in der schutzlosen, nahrungs- und wasserarmen Steppe rettungslos verloren.

Bezeichnend für die Bewohner der offenen, weiträumigen Steppe ist die Neigung, *Herden* zu bilden:

[1] Springhasen sind eichhörnchenähnliche Nager der afrikanischen Steppe mit winzigen Vorder- und sehr starken Hinterbeinen; sie fliegen in 3–4 m, auf der Flucht in 6–10 m weiten Sprüngen geradezu durch die Luft. – Entsprechendes gilt für die wesentlich kleineren Springmäuse (Abb. S. 320).

Büffel, viele Antilopenarten, Zebras, Wildpferde, Wildesel, Guanakos, Strauße; selbst der Löwe lebt – als einzige Raubkatze – hier in Rudeln[2].

Da Pflanzennahrung und Wasser in einer Gegend jeweils nur eine Zeitlang zur Verfügung stehen, sind die Steppentiere immer wieder zu weiten *Wanderungen* gezwungen, um neue Weidegründe und Wasserstellen zu suchen. So kommt es zu den Wanderungen der riesigen Huftierherden, zu den Überlandflügen der Steppenhühner und zu den gewaltigen und gefürchteten Zügen der Wanderheuschrecken.

Die **Savanne,** die Charakterlandschaft Afrikas[3], ist eine Sonderform der Steppe. Die Trockenzeit dauert hier nur etwa von Dezember bis Februar. Deshalb können hier wenigstens noch Dornbüsche, Akazien, Affenbrotbäume und ähnliche Sträucher und Bäume gedeihen. Sie stehen vereinzelt oder in losen Gruppen in der weiten Graslandschaft und verleihen ihr so ein parkähnliches Aussehen. Die Tierwelt ist weithin dieselbe wie die der afrikanischen Grassteppe, doch kommen zu den Büffeln, Zebras, den vielen Antilopenarten usw. noch als charakteristische Arten hinzu: *Giraffe, Elefant, Nashorn, Löwe, Warzenschwein, Erdferkel* u. a. Das wildschweingroße *Erdferkel,* ein Vertreter der Zahnarmen, ist ein besonders bezeichnender Steppenbewohner. Mit seinen starken, mit mächtigen Grabklauen ausgestatteten Grabbeinen gräbt es große, tiefe Erdhöhlen, ähnlich wie unser Murmeltier. Hier verschläft es den heißen Tag, um nachts viele Kilometer weit umherzustreifen; dabei sucht es besonders nach Termitenbauten, die es mit seinen Grabkrallen aufreißt. Es wechselt seine Wohnung öfters, und seine verlassenen Bauten werden von Nagetieren, Fledermäusen und vor allem vom Warzenschwein bewohnt. In ähnlicher Weise suchen in den Ameisen- und *Termitenbauten* Eidechsen, Schlangen, kleine Nager u. a. Schutz vor der Tageshitze.

Auch die meisten Großtiere der Savanne leben vorwiegend *nächtlich;* die heißeste Tageszeit verbringen sie im Schatten der Bäume und Sträucher. Und auch in der Savanne unternehmen die Pflanzenfresser, u. a. auch der Elefant, jahreszeitlich bedingte, meist genau festgelegte *Wanderungen,* die sie in die jeweils günstigste, d.h. Nahrung und Wasser bietende Gegend führen.

[2] Der Löwe bewohnt vornehmlich die Savanne, kommt aber auch in Gras- und Buschsteppen vor.

[3] Vgl. die Abbildungen S. 318, 47 und 49.

Die Wüste

Von der Steppe gibt es alle erdenklichen Übergänge zur Wüste. Diese entsteht dort, wo die Niederschläge so gering sind, daß eine geschlossene Pflanzendecke nicht mehr gedeihen kann: Sahara, Arabien, Namib, Kalahari, Gobi, Inneraustralien, Atacama usw. Das Fehlen der Pflanzendecke und der stets klare Himmel bedingen eine ungehinderte Ein- und Ausstrahlung der Wärme und damit stärkste tägliche und jährliche *Temperaturschwankungen.* Regenfälle sind äußerst selten und unregelmäßig; in manchen Wüsten fällt oft mehrere Jahre kein Tropfen *Wasser.* So sind die Wüsten, abgesehen von den polaren Eisregionen, die lebensfeindlichsten Gebiete der Erde. Sie bedecken etwa ein Fünftel der Erdoberfläche.

Trotz der ungünstigen Klimaverhältnisse findet sich in manchen Wüsten da und dort noch ein spärlicher Pflanzenwuchs. Diese *Wüstenpflanzen* sind auf die verschiedenste Weise an die Wasserarmut angepaßt. Die Wurzeln der Tamarisken und Dattelpalmen dringen oft über 30 m tief in den Boden ein. Agaven speichern in ihren verdickten Blättern, Kakteen und kakteenähnliche Wolfsmilchgewächse in ihren fleischigen Stämmen und Zweigen große Wassermengen (Saftpflanzen, Sukkulenten); ein 15 m hoher Riesenkaktus z. B. enthält 2000 – 3000 l Wasser. Alle Wüstenpflanzen haben eine lederartig verdickte Oberhaut, die meist noch mit einer Wachsschicht überzogen oder von Woll- oder Schuppenhaaren bedeckt ist. Viele überdauern die Trockenzeit mit unterirdischen Knollen oder Zwiebeln, die einjährigen Pflanzen mit ihren Samen, um sich dann nach einem der seltenen Regenfälle mit größter Geschwindigkeit zu entfalten, zu blühen und zu fruchten.

Diese Pflanzen bilden die schmale Lebensgrundlage einer spärlichen *Tierwelt,* die gleichfalls dem Wassermangel und der Hitze angepaßt ist.

Manche Wüstentiere kommen ganz ohne Trinkwasser aus, so gewisse Reptilien, Nager und sogar Gazellen. Viele können es Wochen, ja Monate lang entbehren. Ihnen genügt der Wassergehalt der Pflanzensamen, Zwiebeln, Knollen, Wurzeln und der Saftpflanzen. Viele Wüstentiere können rasch weite Strecken durcheilen, um an Wasserstellen zu kommen, so die Wüstenantilopen und Kamele, die Renn- und Springmäuse und die Flughühner. Die letzteren lassen

In der Sahara.

1 Puffotter,
2 Skorpion,
3 Wüstenspringmäuse,
4 Wüstenfüchse (Fenneks)

sich dabei oft das Brustgefieder mit Wasser vollsaugen, um es ihren Jungen zu bringen.

Der mörderischen *Hitze* entziehen sich die Großtiere, besonders Säuger und Vögel, dadurch, daß sie tagsüber den Schatten von Felsen, Sträuchern und Bäumen aufsuchen. Kleintiere, wie Skorpione, Tausendfüßler, Spinnen, Käfer u. a., auch manche Eidechsen und Schlangen, verstecken sich unter Steinen. Viele Wüstentiere aber suchen wie die Steppentiere im Boden Schutz vor der Hitze. Manche Eidechsen, Schlangen, Agamen u. a. wühlen sich einfach in den losen Sand ein; andere, so die meisten Nagetiere der Wüste und viele Reptilien, graben sich *Höhlen*, in denen sie den heißen Tag verbringen. Einige der Nager verstopfen dabei den Höhleneingang, um die Hitze abzuhalten. Sie alle führen eine überwiegend *nächtliche Lebensweise*. Würden sie tagsüber nur für kurze Zeit ihres Sonnenschutzes beraubt, würde das für die meisten den Tod durch Überhitzung bedeuten. Bezeichnend für die Säugetiere der Wüste ist ihre fahlgelbe *Wüstenfärbung* sowie die vorzügliche Ausbildung des *Gehörsinnes*, die z. B. bei den Wüstenfüchsen und manchen Springmäusen in ungewöhnlich großen Ohrmuscheln zum Ausdruck kommt. Sie ist für die nächtliche Lebensweise der Tiere von großer Bedeutung.

Wie *spärlich* die Tierwelt der Wüste ist, sei am Beispiel der Sahara gezeigt. Dort leben nur 23 Säugetierarten als ausschließliche Wüstenbewohner, nämlich 2 Antilopenarten, die Saharawildkatze, 2 Igelarten und 18 Nager. In den südlichen Randgebieten, die in die Savannen Mittelafrikas übergehen, kommen noch etwa 30 weitere Arten dazu. Dabei ist bezeichnend, daß Antilopenarten, die in den Savannen in Herden von vielen Hundert, ja Tausend Stück vorkommen, in der Wüste nur in kleinen Trupps von etwa 10 bis 20 Tieren leben. Der geringen Zahl von Beutetieren entspricht die Seltenheit von Wüsten-Raubtieren. In den Wüsten Afrikas finden wir nur den Wüstenfuchs (Fennek), den Wüstenluchs (Karakal) und die Saharawildkatze, in Amerika den Koyoten (Steppenwolf), den Rotluchs und den peruanischen Wüstenfuchs.

Der tropische Regenwald

Der tropische Regenwald ist das vollkommene Gegenteil der Wüste. Er kommt nur im Bereich der Äquatorialregen vor, wo das ganze Jahr hindurch reichliche Niederschläge fallen und die Temperatur hoch und sehr gleichmäßig ist. Der ununterbrochene Fortgang der Assimilation während des ganzen Jahres hat eine überaus *üppige Pflanzenwelt* zur Folge. Tropischer Regenwald findet sich im Amazonasgebiet, in Äquatorialafrika (Kamerun, Kongo), in Vorder- und Hinterindien sowie in Indonesien.

Die Zahl der *Baumarten* beträgt in Kamerun etwa 700, in Ceylon 1500, im Amazonasurwald 2500 gegenüber 10 – 20 in unseren mitteleuropäischen Wäldern. Die Stämme werden 60 – 80 m hoch. Schlingpflanzen, Luftwurzeln und baumbewohnende Überpflanzen bilden zusammen mit den Baumkronen ein dichtes, undurchdringliches Pflanzengewirr.

Dank seiner unübertrefflich günstigen Lebensbedingungen ist der tropische Urwald der an *Tierarten* weitaus reichste Lebensraum des Festlandes. Auch die Zahl der Einzeltiere ist oft riesig.

Am tierärmsten ist im tropischen Urwald der Waldboden wegen der hier herrschenden Lichtarmut. Das Leben hat sich in die oberen Stockwerke verlagert, insbesondere in die *Baumkronen*. Neben dem Heer der Vögel finden hier Affen, Eichhörnchen, Baumratten, Faultiere, Stachelschweine, ja im afrikanischen Urwald sogar ein kleines Huftier, der Baumschliefer, Versteck und reiche Nahrung. Im Gewirr der Äste leben ferner Baumschlangen, Baumwarane, Leguane, Chamäleons, Geckos, Frösche und Kröten. Nester von Termiten, Ameisen und Wespen hängen im Gezweig; Heuschrecken, Pracht-, Bock- und Blatthornkäfer kommen in großer Zahl vor; ja selbst Laufkäfer, die sonst nur am Boden leben, hausen hier in den Baumkronen. In Baumlöchern und in großen Blattachseln vieler Pflanzen halten sich bei dem täglichen Regen dauernde Wasseransammlungen, in denen hoch über dem Boden Hydren, Egel, Kleinkrebse, Libellen-, Fliegen- und Schnakenlarven und viele andere Wasserkleintiere gedeihen und wo die Kaulquappen der Baumfrösche und -kröten sich entwickeln. Flughörnchen, Flugbeutler, Flugdrachen (fliegende Eidechsen der Sundainseln), Flugfrösche u. a. schweben im Gleitflug von Baum zu Baum. Am *Boden* aber durchbrechen die Waldelefanten, das indische Nashorn, Waldbüffel und Tapire mit der Wucht ihrer massigen Körper das Dickicht.

Nahrung bietet der Urwald mit seinen Blättern und Früchten den Tieren in überreicher Fülle, was u. a. im Riesenwuchs vieler Schlangen, Echsen, Frösche, Insekten, Tausendfüßler, Spinnen u. a. zum Ausdruck kommt. Den pflanzenfressenden *Insekten*, vor allem Käfern und Raupen, fällt schätzungsweise ein Viertel der gesamten Blättermasse zum Opfer. Die Gefahr, daß sie überhandnehmen und durch Kahlfraß die gesamte Lebensgemeinschaft gefährden könnten, besteht nicht, denn ein Heer von *Insektenfressern* (Vögel, Kriechtiere, Frösche und Kröten, Skorpione, Spinnen, Ameisen, Fangheuschrecken u. v. a.) hält sie im Schach und wahrt das biologische Gleichgewicht. Zu der großen Zahl der *Früchtefresser* zählen u. a. Affen, Großfledermäuse, Nagetiere, Papageien, Tauben, Nashornvögel, Tukane usw. Von Nektar nähren sich viele Falter und andere Insekten, aber auch Kolibris, Pinselzünglerpapageien, die kleinen Zuckervögel und sogar einige Fledermausarten.

Außer den Insekten gehören auch die meisten *Säuger* des Urwalds zu den Blattfressern, so die Elefanten, Nashörner, Waldbüffel, Tapire, Faultiere, Nagetiere, Zwergantilopen und das Okapi. Aber auch sie werden durch Feinde im Zaum gehalten, die Nager z. B. durch Raubvögel, andere durch die wenigen *Raubtiere* des Urwaldes, z. B. den Panther und den Jaguar.

Die Entwicklung des Tierreichs

In den Ablagerungen der Erdrinde finden sich häufig versteinerte Überreste von Tieren und Pflanzen. Diese *Versteinerungen* oder *Fossilien* sind oft vorzüglich erhalten und zeigen, daß in der Vorzeit andersartige Tiere und Pflanzen lebten als heute.

In den Gesteinsschichten der *Urzeit* und des *Kambriums* finden sich Reste von Einzellern, Schwämmen,

Zunehmende Einrollung der Schale bei Kopffüßlern des Erdaltertums

Korallen, Stachelhäutern (besonders Seelilien), von einfachsten Napfschnecken, Muscheln und winzigen Kopffüßlern mit gerader Schale. Auch Abdrücke von Quallen und Würmern haben sich erhalten. Reste von Insekten und Wirbeltieren aber sucht man hier vergeblich. Diese gab es damals noch nicht.

Als erste *Wirbeltiere* treten im *Silur* 5–10 cm lange *Urfische* auf, die noch keine paarigen Flossen und noch kein festes Skelett haben (Agnatha, Kieferlose). Im Devon entfalten sich die seltsamen Panzerfische, die Haifische, dann luftatmende Lungenfische und Quastenflosser sowie die *Schmelzschupper* (S. 183). Diese bildeten vom Karbon bis zum Jura die weitaus vorherrschende Fischgruppe, wurden aber dann in der Kreidezeit mehr und mehr von den *Knochenfischen* abgelöst, mit denen sie durch viele Übergangsformen verbunden sind. Die *Quastenflosser*, von denen heute noch die Art Latimeria im Meer lebt, sind die Vorläufer der Vierfüßler. Die devonischen Quastenflosser atmeten wie die nahverwandten Lungenfische durch die zur Lunge umgewandelte Schwimmblase, und ihre sehr muskulösen quastenförmigen Brust- und Bauchflossen enthielten ein Skelett, das dem der Vierfüßlergliedmaßen schon sehr ähnlich ist. So waren die Tiere imstande, ihre gelegentlich austrocknenden Wohngewässer (Flüsse, Tümpel) zu verlassen und, über Land kriechend, andere Wasserstellen aufzusuchen. Auf diese Weise bahnte sich damals der Übergang zum Landtier an. Um die Wende Devon/Karbon erscheinen als erste Landtiere molchähnliche *Lurche*, so der Molchfisch Ichthyostega, der mit seinem Fischschwanz und

Übersicht über die Entwicklung der Tiere und des Menschen.
Die Striche zeigen, in welchen Zeiträumen die einzelnen Tiergruppen auftraten und (durch ihre verschiedene Stärke) wie groß vergleichsweise etwa ihre Artenzahl war. Der letzte Strich bezieht sich auf die Entwicklung des Menschen.

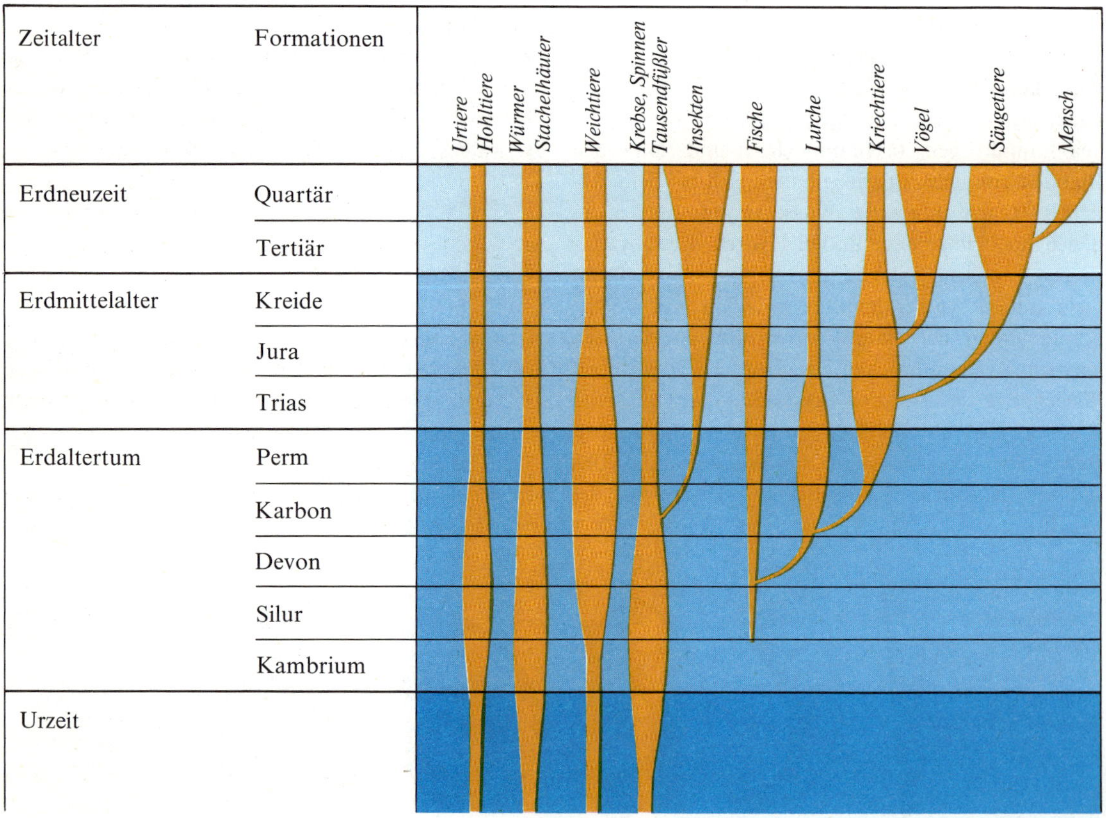

Formenreihe der Schneckengattung Paludina.
Die einzelnen Formen treten der Reihe nach in aufeinanderfolgenden Schichten des Tertiärs auf

seinen Gehbeinen halb Fisch, halb Molch ist, und die vielgestaltigen Dachschädler. Auf sie folgen im Oberkarbon die *Saurier*, die in der Permzeit noch als plumpe Tiere von molchähnlicher Gestalt und höchstens 3 m Länge auftreten. Im Erdmittelalter aber entfalten sie sich, wie wir sahen (S. 161), zu einer Fülle vielgestaltiger Formen von zum Teil gewaltiger Größe. *Vögel* gibt es seit Ende der Jurazeit, und die *Säuger* erscheinen mit kleinen, spitzmaus- und rattengroßen Vorläufern im Erdmittelalter, entfalten sich aber zu ihrem ganzen Formenreichtum erst in der Erdneuzeit.

Vom Fisch zum Lurch

Dachschädler (Übergangsform zwischen Lurch und Reptil), Karbon bis Trias

Molchfisch Ichthyostega des Oberdevons

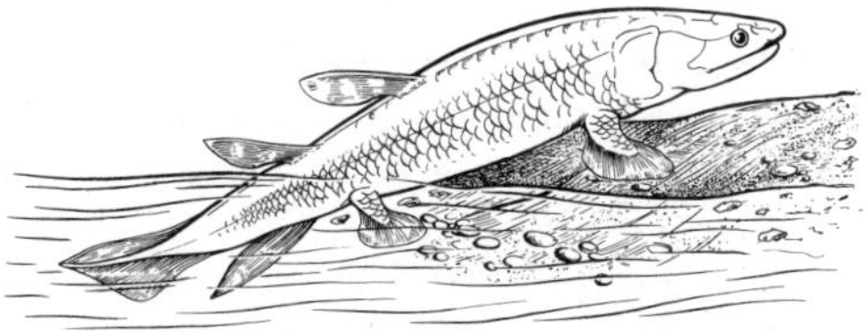

Späterer, lungenatmender Quastenflosser des Oberdevons, an Land gehend

Ursprünglicher Quastenflosser des Devons

Zuerst treten also im Laufe der Erdgeschichte die niedersten Wirbeltiere, die Fische, auf; die übrigen folgen – im Laufe von 400 Millionen Jahren – ihrer Organisationshöhe entsprechend nacheinander. Dasselbe zeigt sich bei den andern Tierstämmen. Innerhalb der einzelnen Gruppen sind dabei häufig *Stufenreihen* zu beobachten, wie das die hier dargestellten Beispiele zeigen. Auch *Bindeglieder* zwischen den großen Gruppen sind vielfach bekannt, so der erwähnte Molchfisch Ichthyostega, der Urvogel Archaeopteryx (S. 145), der zwischen Reptil und Vogel steht, die Säugerechsen zwischen Sauriern und Säugern u. a.

Diese und viele andere Ergebnisse der *Versteinerungskunde* lassen erkennen, daß sich die Tierwelt im Laufe der viele hundert Millionen Jahre währenden *Geschichte des Lebens* allmählich entwickelt hat, wobei diese *Entwicklung* sowohl im ganzen wie auch innerhalb der einzelnen Gruppen (Stämme, Klassen, Ordnungen) von einfachen zu immer höheren Formen führte.

Man kann diesen Entwicklungsvorgang natürlich nicht unmittelbar beobachten. Zahllose Tatsachen aus allen Gebieten des Tier- (und Pflanzen-)lebens beweisen ihn aber – über die Zeugnisse der Versteinerungskunde hinaus – unmißverständlich. Einige seien im folgenden kurz angeführt:

Gemeinsamer Bauplan. Alle zu einer Tiergruppe gehörenden Tiere zeigen einen gemeinsamen Bauplan (s. Hohltiere, Stachelhäuter, Weichtiere, Gliederfüßler, Wirbeltiere). Das Skelett der *Wirbeltiergliedmaßen* z. B. weist, wie wir sahen, stets denselben Grundbauplan auf, wie verschieden auch die Gliedmaßen äußerlich gestaltet sein mögen (S. 187). Dasselbe gilt für die Mundwerkzeuge und für die Gliedmaßen der Insekten (Abb. S. 241) u. a. Diese Übereinstimmung

Entwicklungsreihe von Rüsseltieren von der frühen Tertiärzeit bis zur Gegenwart

im Grundbauplan läßt sich auf natürliche Weise nur aus der gemeinsamen Abstammung der betreffenden Tiere erklären. Das Festhalten an dem von den Vorfahren ererbten Grundbauplan bewirkte im Laufe der Weiterentwicklung oft Zustände, die uns ohne Kenntnis der Abstammungsverhältnisse unverständlich erscheinen müßten. So ist z.B. die Lungen- oder Tracheenatmung mancher Wassertiere (Wale, Seeschildkröten, Süßwasserschnecken, Wasserkäfer, Wasserspinnen u. a.) nur als Erbstück ihrer einst auf dem Land lebenden Vorfahren erklärlich.

Rudimente. Viele Tiere weisen Reste mehr oder weniger verkümmerter Organe auf. Solche Rudimente sind z.B. die Beckenreste der Wale (Abb. S. 69), der Seekühe und der Riesenschlangen, die Griffelbeine der Pferde, die Afterzehen vieler Paarzeher, das Wadenbein der Vögel, die winzigen Lückenzähne vieler Raubtiere (z.B. Bär; Abb. S. 63), die Schwanzstummel der Hasen, Hirsche, Bären u. a., die Augenreste des Olms, die verkümmerten Flügel der Strauße, die Flügelstummel der weiblichen Frostspanner, Schaben und Glühwürmchen, die augenlosen Augenstiele mancher Tiefseekrebse, die winzigen Kiefertaster der Honigbiene u. v. a. Auch sie sind nur aus der Stammesgeschichte der betreffenden Tiere zu erklären: Manche Tiergruppen gingen im Laufe ihrer Entwicklung aus ihrem ursprünglichen Lebensraum in einen andern (Wasser, Luft, Höhlen, Tiefsee) über, andere änderten ihre Ernährungsweise oder ihre Fortbewegungsart. Dabei wurden häufig Organe überflüssig (vgl. die erwähnten Beispiele!) und verkümmerten dann im Laufe der weiteren Entwicklung mehr und mehr. Die Rudimente sind ihre letzten, noch nicht ganz abgebauten Reste.

Fortschrittsreihen. Daß im ganzen die Entwicklung des Tierreiches eine Höherentwicklung war, kommt zunächst in der verschieden hohen Ausbildung der Tierkreise zum Ausdruck (vgl. z. B. Urtiere, Hohltiere, Weichtiere, Wirbeltiere). Innerhalb der einzelnen Kreise können wir den Aufstieg vom Einfachen zum Höheren an der Ausbildungsweise einzelner Organe verfolgen. Klare Fortschrittsreihen finden wir z. B. für das Herz und den Kreislauf (Abb. S. 189), die Lungen (S. 188), die Nieren, das Gehirn und das Ohr der Wirbeltiere. Sie alle zeigen von den Fischen zu den Säugern eine zunehmende Ausgestaltung und Verfeinerung. Entsprechendes ist in allen Tierkreisen zu beobachten.

Verwandtschaft. Wegen der Ähnlichkeit ihres äußeren und inneren Körperbaues bezeichnen wir die An-

Vorderfüße von Pferdevorfahren aus der frühen, mittleren und späteren Tertiärzeit

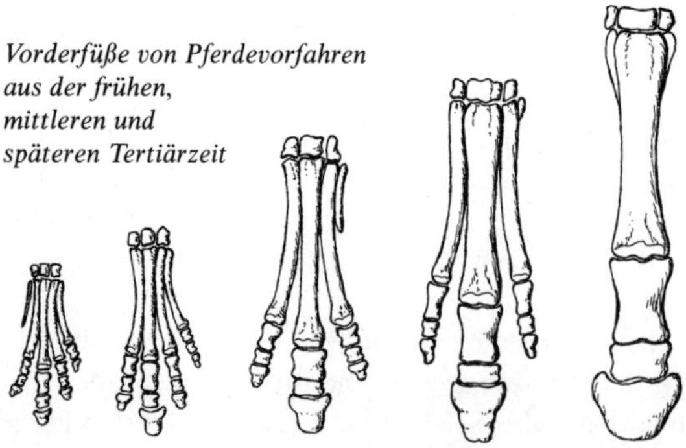

Frostspanner, links Männchen, daneben Weibchen des Großen und des Kleinen Frostspanners

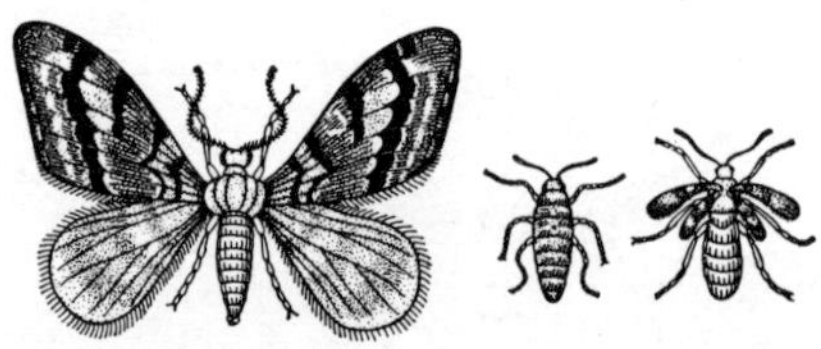

Larve des Alpensalamanders mit Kiemen

gehörigen einer Gattung, einer Familie, einer Ordnung usw. als verwandt. Diese Verwandtschaft läßt sich wie jede Verwandtschaft nicht anders erklären als durch Abstammung von gemeinsamen Vorfahren. Alle Bärenarten gehen auf eine gemeinsame Stammform zurück, ebenso alle Hundeartigen, alle Katzenartigen, alle Marderartigen, und diese Stammformen entsprangen der gemeinsamen Stammgruppe der *Urraubtiere*, die zu Beginn der Tertiärzeit neben den *Urhuftieren*, *Urnagetieren* usw. lebten und in großer Zahl versteinert erhalten sind. Diese Säugetierstammgruppen sind ihrerseits wieder aus einer gemeinsamen Wurzel hervorgegangen usf. Das *System* der Tierwelt entspricht also ihrem Stammbaum, wobei im einzelnen freilich manche verwandtschaftlichen Beziehungen noch ungeklärt sind; denn nur ein Bruchteil der einstigen Tierwelt ist versteinert erhalten geblieben und aufgefunden worden.

Die Keimesentwicklung der einzelnen Tierarten wirft oft ein deutliches Licht auf ihre Abstammung.

Die ersten Schritte der tierischen Keimesentwicklung verlaufen bei allen Vielzellern grundsätzlich in derselben Weise. Sie gehen alle aus einer einzigen Zelle, der *Eizelle*, hervor. Nach der Befruchtung durch eine Samenzelle entstehen durch viele aufeinanderfolgende Teilungen 2, dann 4, 8, 16, 32 usw. Zellen, die aber alle miteinander verbunden bleiben. Die Zellgrenzen sind an der Oberfläche des so entstehenden „Maulbeerkeimes", der *Morula*, als Furchen erkennbar; man spricht deshalb von *Furchung*. Der kugelige Zellhaufen entwickelt sich zu einer Hohlkugel, dem Blasenkeim (Blastula). Bald darauf stülpt sich die Blastula an einer bestimmten Stelle ein: es bildet sich der Becherkeim (die *Gastrula*) aus. Ihre äußere Zellschicht wird als *Ektoderm*, die innere als *Entoderm* bezeichnet – wie im Grundbauplan der Hohltiere! Je nach dem Dottergehalt der Eier zeigen diese ursprünglichen Keimesformen verschiedene äußere Gestalt. Im Grunde aber stimmen sie bei allen vielzelligen Tieren überein, was auf deren gemeinsamen stammesgeschichtlichen Ursprung hindeutet.

Bei vielen Tieren weist die Keimesentwicklung in ihrem weiteren Verlauf merkwürdige *Umwege* auf. So durchlaufen die jungen Plattfische, ehe sie ihre eigentümliche Körpergestalt annehmen, ein normales Fischstadium (Abb. S. 178); ebenso ist es bei den Aalen (Abb. S. 176). Die Lurche entwickeln sich über

Furchung und Gastrulation beim Lanzettfischchen

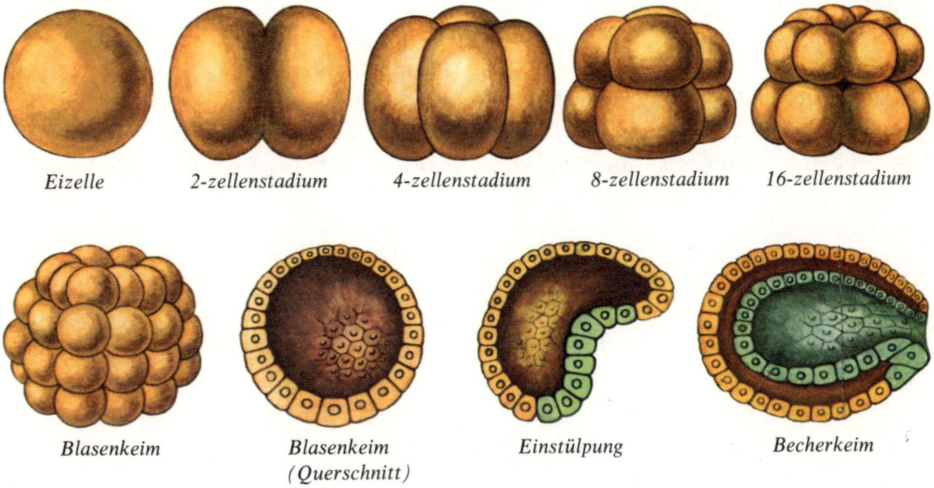

Kopf eines Hühnchenembryos mit Kiemspalten (1) und Kiemenbogengefäßen (2). Zum Vergleich die Kiemengefäße eines Fisches (3). Durch teilweise Entfernung der Körperwand sind die Blutgefäße freigelegt.

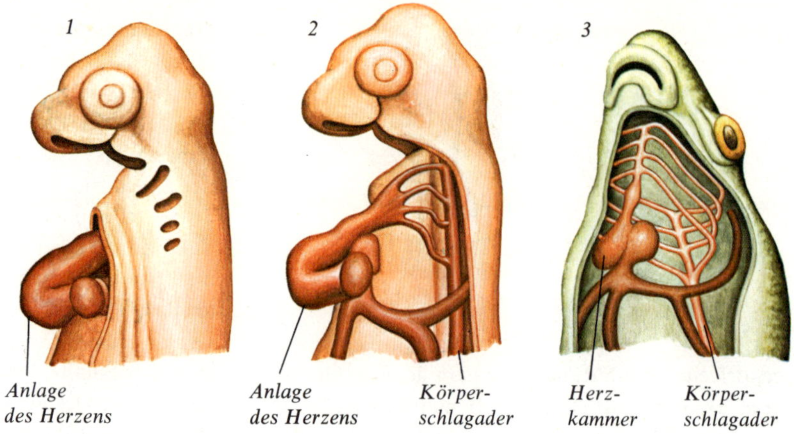

fischähnliche, die meisten Insekten über wurmförmige Larven, und die Krebsnatur der Seepocken und der Entenmuscheln erkannte man erst daran, daß in ihrer Entwicklung Naupliuslarven auftreten. Im einzelnen werden in der Keimesentwicklung oft längst überflüssig gewordene „*Vorfahrenorgane*" angelegt und wieder zurückgebildet. So haben z. B. die Larven des Alpensalamanders, die ihre Entwicklung ganz im Mutterleib durchmachen, große, büschelförmige Kiemen und einen Ruderschwanz. Im Oberkiefer der Rinderembryonen werden Schneidezähne angelegt wie im Unterkiefer, werden aber während der Entwicklung im Mutterleib wieder zurückgebildet. Die Embryonen der Bartenwale bilden Anlagen zu Hinterbeinen, zu Zähnen, Speicheldrüsen, Nasenmuscheln, Mittelohren und zu einem Haarkleid aus, die alle vor der Geburt wieder zurückgebildet werden, und die Embryonen aller Landwirbeltiere haben zeitweilig vier Kiemenspalten und vier Kiemenbogengefäße wie die Fische.

Alle diese Erscheinungen sind – wie die rudimentären Organe – nur verständlich als noch nicht ganz ausgemerzte Überbleibsel der Stammesentwicklung. Die Tiere wiederholen in ihrer Keimesentwicklung andeutungsweise die Entwicklung, die ihre Vorfahren im Laufe der Erdgeschichte durchgemacht haben.

Die Verbreitung der Tiere über die Erde läßt sich weithin nur abstammungsgeschichtlich verstehen. Wie wir sahen, sind auch unter klimatisch gleichen Verhältnissen die Faunen voneinander getrennter Gebiete meist sehr verschieden. Während z. B. die bis in die jüngste geologische Vergangenheit miteinander zusammenhängenden Nordkontinente eine einheitliche Tierwelt aufweisen, haben die seit langem getrennten *Südkontinente* (einschließlich Indiens) völlig verschiedene Faunen. Dies wird nur durch die Annahme verständlich, daß jede dieser Faunen in ihrem abgetrennten Gebiet ihre eigene Entwicklung genommen hat. Dasselbe gilt für die Tierwelt weit abgelegener *Inseln.*

Tierzüchtung. Daß die Tierarten tatsächlich im Laufe langer Zeiträume umbildungsfähig sind, zeigen die vielgestaltigen Rassen unserer *Haustiere*, die sich bei der Züchtung durch den Menschen bereits in wenigen tausend Jahren herausgebildet haben.

Versteinerungen (Fossilien) des Erdmittelalters.

1. *Seelilie Encrinus liliiformis aus dem Muschelkalk (Jagsttal, Württ.)*
2. *Dreiecksmuschel Trigonia aus dem Braunen Jura der Schwäbischen Alb*
3. *Seeigel Cidaris coronata aus dem Weißen Jura der Schwäbischen Alb*
4. *Seestern Asterias aus dem Weißen Jura der Schwäbischen Alb*

Vereinfachte Übersicht über das System der Tiere

Stamm	Klasse	Ordnung	Familie	Art
Urtiere *(Protozoa) (etwa 20000 Arten)*	*Geißeltierchen (Flagellata)*			*Augentierchen (Euglena); Leuchttierchen (Noctiluca); Kragengeißeltierchen. Erreger der Schlafkrankheit und der Nagana-Viehseuche (Trypanosoma).*
	Wurzelfüßler	*Amöben*		*Schlammamöbe, Heuamöbe, Sandhäuschen, Uhrgläschen, Ruhramöbe*
		Sonnentierchen (Heliozoa)		*Sonnentierchen*
		Lochschalentierchen (Foraminifera)		*Globigerina, Textularia*
		Strahlentierchen (Radiolaria)		
	Sporentierchen			*Malariaerreger*
	Wimpertierchen (Ciliata)			*Pantoffeltierchen, Glockentierchen, Trompetentierchen, Maiblumentierchen, Muscheltierchen*
Schwämme *(Porifera, Spongiae) (etwa 5000 Arten)*		*Kalkschwämme*		
		Kieselschwämme		
		Hornschwämme		*Süßwasserschwamm; Badeschwamm, Pferdeschwamm*
Hohltiere *(Coelenterata) (etwa 9000 Arten)*	*Hydratiere (Hydrozoa) oder Quallenpolypen (gegen 3000 Arten)*		*Süßwasserpolypen* *Polypenstöcke* *Staatsquallen*	*Hydra* *Glockenpolyp, Seemoos*
	Schirmquallen (Echte Quallen, Einzelquallen) (200 Arten)			*Ohrenqualle, Kompaßqualle, Nesselqualle*
	Blumentiere (Anthozoa) (6000 Arten)	*Seerosen*		*Seerosen, Seenelken, Seeanemonen*
		Steinkorallen		*Pilzkorallen, Sternkorallen, Mäanderkorallen; Edelkoralle*
Plattwürmer *(Plathelminthes) (5500 Arten)*	*Strudelwürmer*			*Süßwasser- und Meeres-Planarien*
	Saugwürmer			*Leberegel*
	Bandwürmer			*Rinderbandwurm, Schweinebandwurm, Fischbandwurm des Menschen; Quesenbandwurm, Hülsenbandwurm des Hundes*

Rundwürmer *(Nemathelminthes) (7500 Arten)*	*Fadenwürmer (5000 Arten)*		*Trichine, Spulwurm, Madenwurm; Weizenälchen, Rübenälchen, Kartoffelälchen*
Gliedertiere *(Articulata)* Unterstamm: *Ringelwürmer (Annelida) (8500 Arten)*	*Vielborster*		*Seeringelwurm (Nereis), Sandwurm (Pier), Röhrenwürmer*
	Gürtelwürmer (mit Sattel)	*Wenigborster*	*Regenwurm*
		Blutegel	*Blutegel, Pferdeegel, Fischegel*
Unterstamm: *Gliederfüßler (Arthropoda) (über 800000 Arten)*	*Krebstiere (28000 Arten)* Unterklasse: *Kleinkrebse (Niedere Krebse)*	*Blattfußkrebse*	*Wasserfloh*
		Ruderfußkrebse	*Hüpferling*
		Rankenfüßler	*Seepocken, Entenmuscheln*
	Unterklasse: *Ringelkrebse*	*Asseln*	*Kellerassel, Mauerassel, Rollassel, Wasserassel*
		Flohkrebse	*Bachflohkrebs*
	Unterklasse: *Höhere Krebse*	*Zehnfüßige Krebse*	*Flußkrebs, Hummer, Languste, Einsiedlerkrebs, Garnelen, Strandkrabbe, Taschenkrebs, Wollhandkrabbe*
	Spinnentiere (30000 Arten)	*Skorpione*	*Hausskorpion*
		Milben	*Wassermilben, Käfermilben, Vogelmilben; Zecken*
		Spinnen	*Kreuzspinne, Hausspinne, Wolfsspinne, Wasserspinne, Vogelspinne*
	Tausendfüßler (8000 Arten)	*Einpaarfüßler*	*Steinkriecher; Skolopender*
		Zweipaarfüßler	*Gemeiner Tausendfuß, Kugeltausendfuß*
	Insekten	*Libellen*	*Blaue Wasserjungfer, Schlankjungfern*
		Termiten	
		Geradflügler	*Laubheuschrecken, Feldheuschrecken, Wanderheuschrecken, Schaben, Feldgrille, Heimchen, Maulwurfsgrille; Ohrwurm*
		Tierläuse	*Kopflaus, Kleiderlaus*
		Schnabelkerfe	*Bettwanze, Beerenwanze; Rückenschwimmer, Wasserskorpion; Schaumzikade; Rosenblattlaus, Reblaus; Schildläuse*
		Köcherfliegen	

Stamm	Klasse	Ordnung	Familie	Art
		Netzflügler		*Ameisenjungfer, Florfliege*
		Flöhe		*Menschenfloh, Hundefloh, Rattenfloh*
		Zweiflügler	*Fliegen*	*Stubenfliege, Stechfliege, Tsetsefliegen, Bremsen, Schmeißfliegen, Schwebfliegen, Fruchtfliegen, Raupenfliegen*
			Mücken	*Stechmücke (Schnake), Fiebermücken*
		Hautflügler	*Blattwespen*	*Kiefernblattwespe, Stachelbeerblattwespe*
			Holzwespen	*Riesenholzwespe*
			Gallwespe	*Eichengallwespe, Rosengallwespe*
			Schlupfwespen	*Kohlraupenschlupfwespe, Holzwespenschlupfwespe*
			Ameisen	*Rote Waldameise, Schwarze Wegameise, Honigameisen, Weberameisen, Blattschneiderameisen*
			Grabwespen	*Sandwespe*
			Lehmwespen	*Pillenwespe*
			Wespen	*Deutsche Wespe, Hornisse*
			Hummeln	*Erdhummel, Steinhummel*
			Bienen	*Erdbienen, Blattschneiderbienen, Honigbiene, Schmarotzerbienen*
		Käfer (300 000 Arten)	*Laufkäfer*	*Goldlaufkäfer, Puppenräuber, Sandlaufkäfer*
			Schwimmkäfer	*Gelbrandkäfer, Taumelkäfer*
			Wasserkäfer	*Kolbenwasserkäfer*
			Weichkäfer	*Leuchtkäfer (Glühwürmchen)*
			Ölkäfer	*Ölkäfer oder Maiwurm*
			Schwarzkäfer	*Mehlkäfer*
			Klopfkäfer	
			Freßkäfer	*Speckkäfer, Pelzkäfer, Messingkäfer*
			Samenkäfer	*Erbsenkäfer, Bohnenkäfer, Linsenkäfer*
			Marienkäfer	
			Blattkäfer	*Kartoffelkäfer, Pappelblattkäfer; Erdflöhe*
			Borkenkäfer	*Buchdrucker*
			Rüsselkäfer	*Apfelblütenstecher, Fichtenrüsselkäfer, Haselnußbohrer, Kornkäfer, Rebenstecher, Trichterwickler*
			Schnellkäfer	*Saatschnellkäfer*
			Aaskäfer	*Gemeiner und Großer Totengräber, Schwarzer Aaskäfer*
			Bockkäfer	*Eichen- oder Heldbock, Pappelbock, Moschusbock, Hausbock*
			Blatthornkäfer	*Maikäfer, Junikäfer, Rosenkäfer, Mistkäfer, Nashornkäfer, Hirschkäfer, Heiliger Pillendreher*

		Schmetterlinge (100 000 Arten)		
		Unterordnung: Kleinschmetterlinge	*Motten*	*Kleidermotte, Pelzmotte, Mehlmotte*
			Wickler	*Apfelwickler, Pflaumenwickler, Traubenwickler*
		Unterordnung: Großschmetterlinge	*Eulen*	*Kieferneule, Rotes und Blaues Ordensband*
			Spanner	*Frostspanner, Kiefernspanner, Stachelbeerspanner*
			Bärenspinner	*Brauner Bär*
			Spinner	*Seidenspinner, Prozessionsspinner, Schwammspinner, Ringelspinner*
			Schwärmer	*Wolfsmilchschwärmer, Windenschwärmer, Ligusterschwärmer, Kiefernschwärmer, Taubenschwanz, Totenkopf, Abendpfauenauge*
			Tagfalter	*Kohlweißling, Baumweißling, Zitronenfalter; Schwalbenschwanz, Segelfalter, Apollo; Tagpfauenauge, Admiral, Trauermantel, Distelfalter, Perlmutterfalter, Großer und Kleiner Fuchs; Bläulinge*
Weichtiere *(Mollusca) (über 100 000 Arten)*	*Schnecken (etwa 90 000 Arten)*			
	Unterklasse: Kiemenschnecken			*Wellhornschnecke, Porzellanschnecken, Napfschnecken, Kegelschnecken, Turmschnecken, Stachelpurpurschnecke, Kaurischnecken, Meerohr; Sumpfdeckelschnecke*
	Unterklasse: Lungenschnecken	*Landlungenschnecken*		*Weinbergschnecke, Gartenschnecke, Hainschnecke, Baumschnecke, Wegschnecken, Ackerschnecke*
		Wasserlungenschnecken		*Schlammschnecke, Teller- oder Posthornschnecke*
	Muscheln (25 000 Arten)			*Flußmuschel, Teichmuschel, Flußperlmuschel; Miesmuschel, Klaffmuschel, Herzmuschel, Kammuschel, Auster, Meerperlmuschel, Schiffsbohrwurm, Riesenmuschel*
	Kopffüßler (600 Arten)			
	Unterklasse: Vierkiemer			*Schiffsboot (Nautilus). Ammoniten*
	Unterklasse: Zweikiemer	*Zehnarmige Tintenfische*		*Gemeiner Tintenfisch, Riesentintenfisch, Kalmare*
		Achtarmige Tintenfische		*Krake (Seepolyp, Oktopus). Belemniten*

Stamm	Klasse	Ordnung	Familie	Art
Stachelhäuter *(Echinodermata)* *(4500 Arten)*	*Haarsterne oder Seelilien (630 Arten)*			*Mittelmeerhaarstern*
	Seewalzen oder Seegurken (600 Arten)			*Röhrenseewalze*
	Seesterne (1100 Arten)			*Gemeiner Seestern, Sonnenseestern*
	Schlangensterne (1500 Arten)			
	Seeigel (700 Arten)			*Gemeiner Seeigel, Steinseeigel*
Wirbeltiere *(Vertebrata)* *(etwa 60 000 Arten)*	*Fische, Amphibien, Reptilien, Vögel und Säugetiere: vgl. S. 190*			

Die Zusammensetzung der heutigen Tierwelt.
Die Größe der Kreisausschnitte entspricht jeweils der Artenzahl der betreffenden Tiergruppe

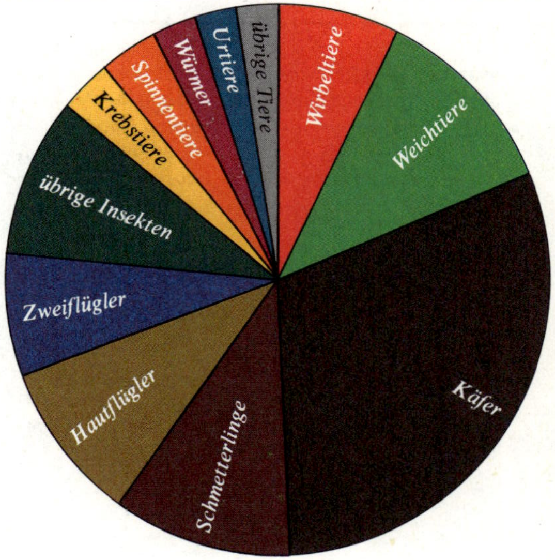

Verzeichnis der wissenschaftlichen Tiernamen

Aal *Anguilla anguilla*
Aaskäfer, Schwarzer *Silpha obscura*
Abendpfauenauge *Smerinthus ocellata*
Abgottschlange *Boa constrictor*
Ackerschnecke *Deroceras reticulatum*
Adler *Aquila*
Admiral *Vanessa atalanta*
Affen *Anthropoidea*
Albatros *Diomedea*
Alke *Alcidae*
Alligatoren *Alligatoridae*
Alpenbock *Rosalia alpina*
Alpendohle *Phyrrocorax graculus*
Alpensalamander *Salamandra atra*
Alpensteinbock *Capra ibex*
Altweltaffen *Catarrhina*
Ameisen *Formicidae*
Ameisenbär *Myrmecophaga tridactyla*
Ameisenigel *Tachyglossus* (*Echidna*)
Ameisenjungfer *Myrmeleon formicarius*
Amöben *Amoebina*
Amsel *Turdus merula*
Anakonda *Eunectes murinus*
Anglerfisch *Lophius piscatorius*
Apfelblütenstecher *Anthonomus pomorum*
Apfelwickler *Carpocapsa pomonella*
Apollo *Parnassius apollo*
Asseln *Isopoda*
Auerhuhn *Tetrao urogallus*
Auerochs *Bos primigenius*
Augentierchen *Euglena viridis*
Auster *Ostrea edulis*
Austernfischer *Haematopus ostralegus*
Axolotl *Amblystoma mexicanum*

Bachflohkrebs *Gammarus pulex*
Bachforelle *Salmo trutta fario*
Bachneunauge *Lampetra planeri*
Bachstelze *Motacilla alba*
Badeschwamm *Euspongia offcinalis*
Bandwürmer *Cestodes*
Bankivahuhn *Gallus gallus*
Bären *Ursidae*
Barsch *Perca fluviatilis*
Bartenwale *Mysticei*
Bartgeier *Gypaëtus barbatus*
Baumlerche *Lullula arborea*
Baummarder *Martes martes*
Baumschläfer *Dryomys nitedula*
Baumschliefer *Dendrohyrax dorsalis*
Baumschnecke *Arianta arbustorum*
Baumweißling *Aporia crataegi*
Beerenwanze *Dolycoris baccarum*
Bekassine *Capella gallinago*
Belchen *Fulica atra*
Bergeidechse *Lacerta vivipara*
Bergmolch *Triturus alpestris*
Bergunke *Bombina variegata*
Bettwanze *Cimex lectularius*
Beuteldachse *Peramelidae*
Beutelmarder *Dasyuridae*
Beutelmull *Nyctoryctes typhlops*
Beutelratten *Didelphyidae*
Beuteltiere *Marsupialia*
Beutelwolf *Thylacinus cynocephalus*
Biber *Castor fiber*
Bienen *Apidae*
Bilche s. Schlafmäuse
Birkhuhn *Lyrurus tetrix*
Birkenblattroller s. Trichterwickler
Bitterling *Rhodeus amarus*
Bläßhuhn *Fulica atra*
Blatthornkäfer *Lamellicornia*
Blattkäfer *Chrysomelidae*
Blattläuse *Aphidina*
Blattschmetterlinge *Kallima*
Blattschneiderameisen *Attini*
Blattschneiderbiene *Megachile*
Blattwespen *Tenthredinidae*
Blaufelchen *Coregonus wartmanni*
Blauhai *Carcharias glaucus*
Bläulinge *Lycaena*
Blaumeise *Parus caeruleus*
Blauracke *Coracias garrulus*
Blauwal *Balaenoptera musculus*
Blei *Abramis brama*
Blindschleiche *Anguis fragilis*
Blumentiere *Anthozoa*
Blutegel *Hirudo medicinalis*
Blutlaus *Eriosoma lanigerum*
Blutströpfchen *Zygaena*
Bockkäfer *Cerambycidae*
Bohnenkäfer *Acanthoscelides obtectus*
Bohrmuscheln *Pholas*
Bohrwurm *Teredo navalis*
Borkenkäfer *Ipidae*
Borstenwürmer *Chaetopoda*
Brachsen *Abramis brama*
Brachvogel *Numenius arquata*
Brauner Bär *Ursus arctos*
Braunfisch *Phocaena communis*
Breitnasen *Platyrrhina*
Bremsen *Tabanidae*
Brillenschlange *Naja naja*
Brückenechse *Hatteria punctata*
Brüllaffen *Alouatta*
Buchdrucker *Ips typographus*
Buchenprachtkäfer *Agrilus viridis*
Buchfink *Fringilla coeleps*
Buckelochse *Bos indicus*
Buckelwal *Megaptera nodosa*
Buntspecht *Dendrocopus*
Bussard *Buteo buteo*

Chamäleon *Chamaeleo chamaeleon*

Dachs *Meles meles*
Dachschädler *Stegocephalia*
Damhirsch *Dama dama*
Delphine *Delphinidae*
Dingo *Canis familiaris dingo*
Distelfink *Carduelis carduelis*
Dohle *Coloeus monedula*
Dompfaff *Pyrrhula pyrrhula*
Dorkasgazelle *Gazella dorcas*
Dorndreher *Lanius collurio*
Dornhai *Squalus acanthias*
Dorsch *Gadus morrhua*
Drehkäfer *Gyrinus*
Dromedar *Camelus dromedarius*
Drosseln *Turdidae*
Drosselrohrsänger *Arocephalus arundinaceus*

Echsen *Lacertilia*
Edelhirsch *Cervus elaphus*
Edelkoralle *Corallium rubrum*
Edelmarder *Martes martes*
Egel *Hirudinea*
Eichelhäher *Garrulus glandarius*
Eichenblattrollkäfer *Attelabus nitens*
Eichenbockkäfer *Cerambyx cerdo*
Eichengallwespe *Cynips quercusfolii*
Eichhörnchen *Sciurus vulgaris*
Eidechsen *Lacertidae*
Eiderente *Somateria mollissima*
Einpaarfüßler *Chilopoda*
Einsiedlerkrebs *Pagurus*
Eintagsfliegen *Ephemera*
Einzeller *Protozoa*
Eisbär *Urus maritimus*
Eisfuchs *Alopex lagopus*
Eisvogel *Alcedo atthis*
Elch *Alces alces*
Elefanten *Elephantidae*
Elefantenschildkröte *Testudo elephantopus*
Elritze *Phoxinus phoxinus*
Emu *Dromaius novaehollandiae*
Entenmuscheln *Lepas*
Entenvögel *Lamellirostres*
Erbsenkäfer *Bruchus pisorum*
Erdbienen *Andrena*
Erdferkel *Orycteropus afer*
Erdflöhe *Haltica*
Erdfrosch *Rana temporaria*
Erdhummel *Bombus terrestris*
Erdkröte *Bufo bufo*
Erdschnaken *Tipula*
Esel *Equus asinus*
Eulen *Striges*
Eulen (Schmett.) *Noctuidae*

Fadenwürmer *Nematodes*
Falbkatze *Felis silvestris libyca*
Falken *Falconidae*
Fasan *Phasianus colchicus*
Faultiere *Bradypodidae*
Feldgrille *Liogryllus campestris*
Feldhase *Lepus europaeus*
Feldheuschrecken *Oedipoda*
Feldlerche *Alauda arvensis*
Feldmaus *Microtus arvalis*
Feldsandkäfer s. Sandlaufkäfer
Feldsperling *Passer montanus*
Feldspitzmaus *Crocidura leucodon*
Felsentaube *Columba livia*
Fennek *Vulpes zerda*
Feuersalamander *Salamandra salamandra*
Fichtenkreuzschnabel *Loxia curvirostra*
Fichtenrüsselkäfer *Hylobius abietis*
Fiebermücken *Anopheles*
Finken *Fringillidae*
Finnwal *Balaenoptera physalus*
Fischadler *Pandion haliaëtus*
Fischbandwurm *Diphyllobothrium latum*
Fische *Pisces*
Fischegel *Pisciola geometra*
Fischotter *Lutra lutra*
Fischreiher *Ardea cinerea*
Flamingo *Phoenicopterus ruber*
Flattertiere *Chiroptera*
Fledermäuse *Chiroptera*
Fleischfliege *Sarcophaga carnaria*
Fliegen *Brachycera*
Fliegender Hund *Pteropus edulis*
Flöhe *Aphaniptera*
Flohkrebse *Amphipoda*
Florfliege *Chrysopa vulgaris*
Flugdrache *Draco volans*
Flügelschnecken *Pteropoda*
Flugfrösche *Polypedatidae*
Flughörnchen *Pterodus volans*
Flunder *Pleuronectes flesus*
Flußaal *Anguilla anguilla*
Flußbarsch *Perca fluviatilis*
Flußkrebs *Astacus fluviatilis*
Flußmuschel *Unio pictorum*
Flußneunauge *Petromyzon fluviatilis*
Flußperlmuschel *Margaritana margaritifera*
Flußpferd *Hippopotamus amphibius*
Frösche *Ranidae*
Froschlurche *Anures*
Frostspanner *Operophthera bumata*
Fruchtfliege *Drosophila melanogaster*
Fuchs *Vulpes vulpes*
Fuchs, Großer *Nympholis polychloros*

Gabelweih *Milvus milvus*
Gallwespen *Cypnipidae*
Gänsegeier *Gyps fulvus*
Gänsevögel *Anatidae*
Garnelen *Crangon*
Gartengrasmücke *Sylvia borin*
Gartenrotschwanz *Phoenicurus phoenicurus*
Gartenschläfer *Eliomys quercinus*
Gartenschnecke *Cepaea hortensis*
Gaviale *Gavialidae*
Gazelle *Gazella dorcas*
Geburtshelferkröte *Alytes obstetricans*
Geier *Vulturidae*
Geißeltierchen *Flagellata*
Gelbrandkäfer *Dytiscus marginalis*

Gelbspötter *Hippolais icterina*
Gemse *Rupicapra rupicapra*
Gepard *Acinonyx jubatus*
Geradflügler *Orthopteroidea*
Geweihtiere s. Hirsche
Gibbons *Hylobatidae*
Gimpel *Pyrrhula pyrrhula*
Giraffe *Giraffa camelopardalis*
Glattnatter *Coronella austriaca*
Gliederfüßler *Arthropoda*
Glockentierchen *Vorticella*
Glühwürmchen *Phausis splendidula*
Goldafter *Euproctis chrysorrhoea*
Goldammer *Emberiza citrinella*
Goldbarsch s. Rotbarsch
Goldbutt s. Scholle
Goldhähnchen *Regulus*
Goldhamster *Mesocrycetus auratus*
Goldlaufkäfer *Carabus auratus*
Goliathkäfer *Goliathus*
Gorilla *Gorilla gorilla*
Grabwespen *Fossores*
Grasfrosch *Rana temporaria*
Grasmücken *Sylviidae*
Graubär s. Grizzlybär
Graugans *Anser anser*
Grauspecht *Picus canus*
Greifvögel s. Raubvögel
Grille *Liogryllus campestris*
Grillen *Gryllidae*
Grizzlybär *Ursus arctos horribilis*
Grönlandwal *Balaena mysticetus*
Grünfink *Carduelis chloris*
Grünspecht *Picus viridis*
Grunzochse *Bos grunniens*
Gürteltier *Dasypus*

Haarsterne *Crinoidea*
Habicht *Accipiter gentilis*
Haie, Haifische *Selachii*
Hainschnecke *Cepaea nemoralis*
Halsbandregenpfeifer *Charadrius hiaticula*
Hammerhai *Cygaena malleus*
Hamster *Cricetus cricetus*
Hänfling *Carduelis canabina*
Haselmaus *Muscardinus avellanarius*
Haselnußbohrer *Balaninus nucum*
Hasen *Leporidae*
Hasenartige *Lagomorpha*
Haubenlerche *Galerida cristata*
Haubenmeise *Parus cristatus*
Haubentaucher *Podiceps cristatus*
Hausbockkäfer *Hylotrupes bajulus*
Hausen *Acipenser huso*
Hausente *Anas domestica*
Hausgans *Anser domesticus*
Hausgrille *Gryllus domesticus*
Haushuhn *Gallus domesticus*
Haushund *Canis familiaris*
Hauskaninchen *Oryctolagus cuniculus domesticus*
Hauskatze *Felis domesticus*
Hausmarder *Martes foina*
Hausmaus *Mus musculus*
Hausratte *Rattus rattus*
Hausrind *Bos taurus*
Hausrotschwanz *Phoenicurus ochruros*
Hausschaf *Ovis aries*
Hausschwalbe *Delichon urbica*
Hausschwein *Sus scrofa domesticus*
Hausskorpion *Euscorpius italicus*
Haussperling *Passer domesticus*
Hausspinne *Tegenaria domestica*
Haustaube *Columba livia*
Hausziege *Capra hircus*
Hautflügler *Hymenoptera*
Hecht *Esox lucius*
Heidelerche *Lullula arborea*
Heilbutt *Hippoglossus vulgaris*
Heimchen *Gryllus domesticus*
Heldbock *Cerambyx cerdo*
Hering *Clupea harengus*
Heringshai *Lamna cornubica*
Heringsmöve *Larus fuscus*
Herkuleskäfer *Dynastes hercules*
Hermelin *Mustela erminea*
Herzmuschel *Cardium edule*
Heuamöbe *Amoeba limax*
Heuschrecken *Saltatoria*
Hirsche *Cervidae*
Hirschkäfer *Lucanus cervus*
Höckerschwan *Cygnus olor*
Hohltaube *Columba oenas*
Hohltiere *Coelenterata*
Holzwespen *Cirecidae*
Holzwespen-Schlupfwespe *Rhyssa persuasoria*
Honigameisen *Myrmecocystis*
Honigbiene *Apis mellifica*
Hornisse *Vespa crabro*
Horntiere, Hornträger *Bovidae*
Huftiere *Ungulata*
Hühnerhabicht *Accipiter gentilis*
Hühnervögel *Galli*
Hülsenbandwurm *Echinococcus granulosus*
Hummeln *Bombidae*
Hummer *Homarus vulgaris*
Hunde *Canidae*
Hundsaffen *Cercopithecidae*
Hüpferlinge *Cyclops*
Hyänen *Hyaenidae*

Igel *Erinaceus europaeus*
Iltis *Putorius putorius*
Insekten *Insecta, Hexapoda*
Insektenfresser *Insectivora*

Jagdfasan *Phasianus colchicus*
Jaguar *Panthera onca*
Jak *Bos grunniens*
Jako *Psittacus erithacus*
Johanniswürmchen *Phausis splendidula*
Junikäfer *Amphimallus solstitialis*

Kabeljau *Gadus morrhua*
Käfer *Coleoptera*
Käfermilbe *Parasitus coleoptratorum*
Kaffernbüffel *Bubalus caffer*
Kaiman *Caiman*
Kaiserpinguin *Aptenodytes forsteri*
Kakadus *Cacatuidae*
Kalmar, Gem. *Loligo vulgaris*
Kamel *Camelus dromedarius*
Kammuschel *Pecten*
Kampfläufer *Philomachus pugnax*
Kanarienvogel *Serinus canarius*
Känguruhs *Macropodidae*
Kaninchen *Oryctolagus cuniculus*
Kapuzineräffchen *Cebus capucinus*
Karausche *Carassius carassius*
Karettschildkröte *Chelone imbricata*
Karpfen *Cyprinus carpio*
Kartoffelälchen *Heterodera rostochiensis*
Kartoffelkäfer *Cyprea moneta*
Katzenartige Raubtiere *Felidae*
Katzenhai *Scylliorhinus canicula*
Kaurischnecke *Cypraea moneta*
Kegelschnecke *Conus mediterraneus*
Kegelschnecken *Conidae*
Kegelrobbe *Halichoerus grypus*
Kellerassel *Porcellio scaber*
Kernbeißer *Coccothraustes coccothraustes*
Kiebitz *Vanellus vanellus*
Kieferlose *Agnatha*
Kiefernblattwespe *Lophyrus pini*
Kieferneule *Panolis griseo-variegata*
Kiefernschwärmer *Sphinx pinastri*
Kiefernspanner *Bupalus piniarius*
Kiefernspinner *Dendrolimus pini*
Kirschfliege *Rhagoletis cerais*
Kiwi *Apteryx*
Klaffmuschel *Mya arenaria*
Klammeraffen *Ateles*
Klapperschlange *Crotalus*
Kleiber *Sitta europaea*
Kleiderlaus *Pediculus humanus corporis*
Kleidermotte *Tineola biselliella*
Kleinkrebse *Entomostraca*
Klopfkäfer *Anobium*
Knochenfische *Teleostei*
Kobra *Naja naja*
Köcherfliegen *Trichoptera*
Köhler *Gadus virens*
Kofferfisch *Tetrosomus gibbosus*
Kohlmeise *Parus major*
Kohlraupenschlupfwespe *Apanteles glomeratus*
Kohlschnake *Tipula oleracea*
Kohlweißling *Pieris brassicae*
Kolbenwasserkäfer *Hydrophilus piceus*
Kolibris *Trochilidae*
Kolkrabe *Corvus corax*
Komodowaran *Varanus comodoensis*
Kompaßqualle *Chrysaora hysocella*
Kondor *Vultur gryphus*
Kopffüßler *Cephalopoda*
Kopflaus *Pediculus humanus capitis*
Korallentiere *Anthozoa*
Korkpolyp *Alcyonium palmatum*
Kormoran *Phalacrocorax carqo*
Kornkäfer *Calandra granaria*
Koyote s. Präriewolf
Krabben *Carcinus*
Kragengeißeltierchen *Choanoflagellata*
Krake *Octopus vulgaris*
Kranich *Grus grus*
Krebstiere *Crustacea*
Kreuzotter *Vipera berus*
Kreuzspinne *Aranea diademata*
Kriechtiere *Reptilia*
Krokodile *Crocodylidae*
Küchenschabe *Blatta orientalis*
Kuckuck *Cuculus canorus*
Kuckucksvögel *Cuculi*
Kudu *Strepsiceros strepsiceros*
Kugeltausendfuß *Glomeris*
Kugeltierchen *Globigerina*
Kuhreiher *Ardeola ibis*

Lachmöve *Larus ridibundus*
Lachs *Salmo salar*
Lama *Lama glama*
Lämmergeier *Gypaëtus barbatus*
Landschildkröten *Testudinidae*
Languste *Palinurus vulgaris*
Lanzettfischchen *Branchiostoma lanceolatum*
Laubfrosch *Hyla arborea*
Laubheuschrecken *Locustidae*
Laufkäfer *Carabidae*
Laufvögel *Cursores*
Läuse *Phthiraptera*
Leberegel *Fasciola hepatica*
Lederschildkröte *Dermocelis coriacea*
Leguane *Iguanidae*
Lehmwespen *Eumeninae*
Lemming *Lemmus*
Leopard *Panthera pardus*
Lerchen *Alaudidae*
Leuchtkäfer *Lamprys noctiluca*
Leuchttierchen *Noctiluca miliaris*
Libellen *Odonata*
Ligusterschwärmer *Sphinx ligustri*
Lochschalentierchen *Foraminifera*
Löwe *Panthera leo*
Luchs *Lynx lynx*
Lummen *Uria*
Lungenfische *Dipnoi*
Lungenschnecken *Pulmonata*
Lurche *Amphibia*

Madenhacker *Buphagus erythrorynchus*
Madenwurm *Enterobius vermicularis*
Maiblumentierchen *Carchesium*
Maikäfer *Melolontha melolontha*
Maiwurm *Meloë proscarabaeus*
Makaken *Macaca*
Malariaerreger *Plasmodium malariae*
Mantelmöwe *Larus marinus*
Mantelpavian *Papio hamadryas*
Marderartige *Mustelidae*
Marienkäfer *Coccinella septempunctata*
Mauerassel *Oniscus asellus*
Mauereidechse *Lacerta muralis*

Mauergecko *Tarentola mauritanica*
Mauersegler *Apus apus*
Maulwurf *Talpa europaea*
Maulwurfsgrille *Gryllotalpa vulgaris*
Mäuse *Muridae*
Mäusebussard *Buteo buteo*
Mausohr *Myotis myotis*
Meerkatzen *Cercopithecinae*
Meerneunauge *Petromyzon marinus*
Meerohr *Haliotis tuberculata*
Meerperlmuschel *Meleagrina margaritifera*
Meerschweinchen *Cavia cobaya*
Mehlkäfer *Tenebrio molitor*
Mehlmotte *Ephestia kuehniella*
Mehlschwalbe *Delichon urbica*
Meisen *Paridae*
Menschenaffen *Pongidae*
Menschenfloh *Pulex irritans*
Messingkäfer *Niptus hololeucus*
Miesmuschel *Mytilus edulis*
Milane *Milvus*
Milben *Ascari*
Mistkäfer *Geotrupes silvaticus*
Mönchsgrasmücke *Sylvia atricapilla*
Moorhuhn *Lagopus lagopus*
Moschusbock *Aromia moschata*
Moschusochse *Ovibos moschatus*
Motten *Tineidae*
Möwen *Laridae*
Mücken *Nematocera*
Mufflon *Ovis musimon*
Murmeltier *Marmota marmota*
Muscheln *Bivalvia*
Muscheltierchen *Stylonychia mytilus*

Nachtigall *Luscinia megarhynchos*
Nachtpfauenauge *Saturnia pyri*
Nachtraubvögel s. Eulen
Nagelrochen *Raja clavata*
Nagetiere *Rodentia*
Nandu *Rhea americana*
Narwal *Monodon monoceras*
Nashörner *Rhinocerotidae*
Nashornkäfer *Oryctes nasicornis*
Nashornvögel *Bucerotidae*
Nebelkrähe *Corvus cornix*
Nerz *Lutreola lutreola*
Nesseltiere *Cnidaria*
Nesselqualle *Cyanea*
Netzflügler *Neuroptera*
Neunaugen s. Rundmäuler
Neuntöter *Lanius collurio*
Neuweltaffen s. Breitnasen
Niedere Krebse s. Kleinkrebse
Nilkrokodil *Crocodilus niloticus*
Nilpferd *Hippopotamus amphibius*
Nonne *Lymantria monacha*

Obstfliege *Drosophila melanogaster*
Ochsenfrosch *Rana catesbyana*
Ohrenqualle *Aurelia aurita*
Ohrenrobben *Otariidae*
Ohrwurm *Forficula auricularia*
Okapi *Okapia johnstoni*
Ölkäfer *Meloe proscarabaeus*
Olm *Proteus anguineus*
Orang-Utan *Pongo pygmaeus*
Ordensband *Catocala*

Paarzeher *Artiodactyla*
Panther *Panthera pardus*
Pantoffeltierchen *Paramaecium caudatum*
Pappelblattkäfer *Melasoma populi*
Pappelbock *Saperda carcharias*
Paradiesvögel *Paradiesaeidae*
Paviane *Papio*
Pechschwarzer Kolbenwasserkäfer *Hydrous piceus*
Pelikan *Pelecanus onocrotalus*
Pelzmotte *Tinea pellionella*
Perlhuhn *Numida meleagris*
Perlmutterfalter *Argynnis*
Pfahlwurm *Teredo navalis*
Pfau *Pavo cristatus*
Pferd *Equus caballus*
Pferdebiesfliege *Gastrophilus equi*
Pferdeegel *Haemopis sanguisuga*
Pferdeschwamm *Hippospongia equina*
Pflaumenwickler *Grapholitha funebrana*
Pier *Arenicola marina*
Pilgermuschel *Pecten*
Pillenwespe *Eumenes pedunculata*
Pinguine *Sphenisci*
Piraña *Rooseveltiella nattereri*
Pirol *Oriolus oriolus*
Plattfische *Pleuronectidae*
Plattwürmer *Plathelminthes*
Plötze *Leuciscus rutilus*
Polarfuchs *Alopex lagopus*
Porzellanschnecken *Cypraea*
Posthörnchen *Planorbis corneus*
Pottwal *Physeter macrocephalus*
Prärieeule *Speotyto hypogaea*
Präriehund *Cynomys ludovicianus*
Präriewolf *Canis latrans*
Prozessionsspinner *Thaumatopoea*
Puma *Panthera concolor*
Puppenräuber *Calosoma sycophanta*

Quallenpolypen *Hydrozoa*
Quastenflosser *Crossopterygii*
Quesenbandwurm *Multiceps multiceps*

Rabenkrähe *Corvus corone*
Rabenvögel *Corvidae*
Rackenvögel *Insessores*
Rallen *Rallidae*
Rankenfüßler *Cirripedia*
Ratte *Rattus*
Rattenfloh *Xenopsylla cheopis*
Raubtiere *Carnivora*
Raubvögel *Accipitres*
Raubwürger *Lanius excubitor*
Rauchschwalbe *Hirundo rustica*
Rauhhai *Rhinodon typicus*
Rauhhai s. Walhai
Raupenfliegen *Tachinidae*
Rebenstecher *Byctiscus betulae*
Rebhuhn *Perdix perdix*
Reblaus *Dactylosphaera vitifolii*
Regenbogenforelle *Salmo irideus*
Regenpfeifer *Charadriidae*
Regenwurm *Lumbricus terrestris*
Reh *Capreolus capreolus*
Reiher *Ardea cinerea*
Rentier *Rangifer tarandus*
Reptilien *Reptilia*
Rhesusaffe *Macacus rhesus*
Riesenhai *Cetorhinus maximus*
Riesenholzwespe *Sirex gigas*
Riesenkänguruh *Macropus rufus*
Riesenkröte *Aga aga*
Riesenmuschel *Tridacna gigas*
Riesenschildkröte *Testudo elephantopus*
Riesentintenfisch *Architeuthis*
Riesentukan *Ramphastos toko*
Rinder *Bovidae*
Rinderbandwurm *Taenia saginata*
Rinderbiesfliege *Hypoderma bovis*
Rinderbremse *Tabanus bovinus*
Ringelkrebse *Arthrostraca*
Ringelnatter *Natrix natrix*
Ringelspinner *Malacosoma neustria*
Ringeltaube *Columba palumbus*
Ringelwürmer *Annelida*
Robben *Pinnipedia*
Rochen *Batoidea*
Rohrdommel *Botaurus stellaris*
Röhrenquallen *Siphonophora*
Röhrenwürmer *Serpula* u. a.
Rohrweihe *Circus aeruginosus*
Rollassel *Armadillidium vulgare*
Rosenblattlaus *Macrosiphon rosae*
Rosengallwespe *Rhodites rosae*
Rosenkäfer *Cetonia aurata*
Rotauge *Leuciscus rutilus*
Rotbarsch *Sebastes marinus*
Rotfeder *Scardinius erythrophthalmus*
Rothirsch *Cervus elaphus*
Rotkehlchen *Erithacus rubecula*
Rotluchs *Lynx rufa*
Rübenälchen *Heterodea schachtii*
Rückenschwimmer *Notonecta glauca*
Ruderfüßler *Steganopodes*
Ruhramöbe *Entamoeba histolytica*
Rundmäuler *Cyclostomata, Agnatha*
Rüsselkäfer *Curculionidae*
Rüsseltiere *Proboscidea*

Saatkrähe *Corvus frugilegus*
Saatschnellkäfer *Agriotes lineatus*
Sägefisch *Bristis bristis*
Samtmilbe *Trombidium holosericeum*
Sandbienen *Andrena*
Sandhäuschen *Difflugia*
Sandlaufkäfer *Cicindela campestris*
Sandregenpfeifer s. Halsbandregenpfeifer
Sandwespe *Ammophila sabulosa*
Sandwurm *Arenicola marina*
Sänger *Sylviidae*
Sardelle *Engraulis engrasicholus*
Sardine *Clupea pilchardus*
Säugetiere *Mammalia*
Saugwürmer *Trematodes*
Schaben *Blattidae*
Schädellose *Acrania*
Schafstelze *Motacilla flava*
Schakal *Canis aureus*
Schaumzikade *Philaenus spumarius*
Schellfisch *Gadus aeglefinus*
Schermaus *Arvicola terrestris*
Schiffsboot *Nautilus*
Schildkröten *Testudines*
Schildläuse *Coccina*
Schimpanse *Pan troglodytes*
Schirmquallen *Acalepha*
Schlafmäuse (Bilche) *Gliridae*
Schlammamöbe *Amoeba proteus*
Schlammfliege *Eristalis tenax*
Schlammpeitzger *Misgurnus fossilis*
Schlammschnecke *Limnaea stagnalis*
Schlammwurm *Tubifex*
Schlangen *Serpentes*
Schlangenechsen *Plesiosaurus*
Schlangensterne *Ophiuroidea*
Schlankjungfer *Agrion*
Schleie *Tinca tinca*
Schleiereule *Tyto alba*
Schlingnatter *Coronella austriaca*
Schlupfwespen *Ichneumonidae*
Schmalnasen *Catarrhina*
Schmeißfliegen *Calliphora*
Schmelzschupper *Holostei*
Schmetterlinge *Lepidoptera*
Schnabelkerfe *Rhynchota*
Schnabeltiere *Monotremata*
Schnake *Culex pipiens*
Schnecken *Gastropoda*
Schnee-Eule *Nyctea scandiaca*
Schneehase *Lepus timidus*
Schneehuhn *Lagopus mutus*
Schnellkäfer *Elateridae*
Schnepfen *Scolopacidae*
Scholle *Pleuronectes platessa*
Schuppentiere *Pholidota*
Schwalben *Hirudinidae*
Schwalbenschwanz *Papilio machaon*
Schwämme *Porifera*
Schwammspinner *Lymantria dispar*
Schwäne *Cygneae*
Schwanzlurche *Urodeles*
Schwanzmeise *Aegithalos caudatus*
Schwärmer *Sphingidae*
Schwarzdrossel *Turdus merula*
Schwarzer Storch *Ciconia nigra*
Schwarzspecht *Dryocopus martius*
Schwebfliegen *Syrphus*
Schweinebandwurm *Taenia solium*
Schwertwal *Orcinus orca*
Schwimmkäfer *Dytiscidae*
Seeanemone *Anemone sulcata*
Seebär *Callorhinus ursinus*
See-Elefant *Mirounga*
Seefeder *Pennatula phosphorea*
Seegurken *Holothurioidea*
Seehund *Phoca vitulina*

Seeigel *Echinoidea*
Seelachs *Gadus virens*
Seelilien *Crinoidea*
Seelöwe *Eumetopias*
Seemoos *Sertularia cupressina*
Seenelke, Gem. *Metridium dianthus*
Seeotter *Latax lutris*
Seepocken *Balanidae*
Seepolyp *Octopus vulgaris*
Seerosen *Actinaria*
Seeschildkröten *Chelonidae*
Seeschwalben *Sterna*
Seesterne *Asteroidea*
Seewalzen *Holothurioidea*
Seezunge *Solea solea*
Segler *Apodidae*
Seglerartige *Macrochires*
Seidenspinner *Bombyx mori*
Siebenschläfer *Glis glis*
Silberlöwe *Panthera concolor*
Silbermöwe *Larus argentatus*
Singdrossel *Turdus philomelos*
Singvögel *Oscines*
Skolopender *Scolopendra cingulata*
Skorpione *Scorpiones*
Skunk *Mephitis mephitis*
Smaragdeidechse *Lacerta viridis*
Sonnentierchen *Heliozoa*
Spanner *Geometridae*
Spechte *Pici*
Speckkäfer *Dermestes lardarius*
Sperber *Accipiter nisus*
Spinnen *Araneae*
Spinnentiere *Arachnida*
Spinner *Bombycidae*
Spitzmäuse *Soricidae*
Sporentierchen *Sporozoa*
Springbock *Antidorcas marsupialis*
Springhasen *Pedetidae*
Springmäuse *Dipodidae*
Sprotte *Clupea sprattus*
Spulwurm *Ascaris lumbricoides*
Staatsquallen *Siphonophora*
Stachelbeerblattwespe *Pteronus ribesii*
Stachelbeerspanner *Abraxas grossulariata*
Stachelhäuter *Echinodermata*
Stachelpurpurschnecke *Murex brandaris*
Stachelschwein *Hystrix cristata*
Star *Sturnus vulgaris*
Stechfliege *Stomoxys calcitrans*
Stechmücke *Culex pipiens*
Steinadler *Aquila chrysaëtos*
Steinbock *Capra ibex*
Steinbutt *Rhombus maximus*
Steinhuhn *Alectoris graeca*
Steinhummel *Bombus lapidarius*
Steinkauz *Athene noctua*
Steinkorallen *Madreporaria*
Steinkriecher *Lithobius forficatus*
Steinmarder *Martes foina*
Steinwälzer *Arenaria interpres*
Stellers Seekuh *Hydrodamalis stelleri*
Stelzvögel *Gressores*
Steppenhuhn *Syrrhaptes paradoxus*
Steppenwolf s. Präriewolf
Stichling *Gasterosteus aculeatus*
Stieglitz *Carduelis carduelis*
Stockente *Anas platyrhynchos*
Storch *Ciconia ciconia*
Stör *Acipenser sturio*
Strahlentierchen *Radiolaria*
Strandkrabbe *Carcinus maenas*
Strandläufer *Calidris*
Strauß *Struthio camelus*
Strudelwürmer *Turbellaria*
Stubenfliege *Musca domestica*
Sturmvögel *Procellariae*
Sumpfdeckelschnecke *Viviparus viviparus*
Sumpfmeise *Parus palustris*
Sumpfohreule *Asio flammeus*
Sumpfschildkröte *Emys orbicularis*
Sumpfschnepfe *Capella gallinago*
Suppenschildkröte *Chelone mydas*
Süßwasserpolyp *Hydra*
Süßwasserschwamm *Spongilla lacustris*

Tagfalter *Papilionidae*
Tagpfauenauge *Inachis io*
Tannenmeise *Parus ater*
Tapire *Tapiridae*
Taschenkrebs *Cancer pagurus*
Tauben *Columbae*
Taubenschwanz *Macroglossa stellatarum*
Taufliege *Drosophila melanogaster*
Taumelkäfer *Gyrinus*
Tausendfüßler *Myriopoda*
Teichhuhn *Gallinula chloropus*
Teichmolch, Großer *Triturus cristatus*
Teichmolch, Kleiner *Triturus vulgaris*
Teichmuschel *Anodonta*
Teichrohrsänger *Acrocephalus scirpaceus*
Teichschildkröte s. Sumpfschildkröte
Tellerschnecke *Planorbis*
Termiten *Isoptera*
Teufelsrochen *Dicerobatis*
Thunfisch *Thunnus thynnus*
Tieflandunke *Bombina bombina*
Tierläuse *Phthiraptera*
Tiger *Panthera tigris*
Tigerhai *Galeocerdo cuvieri*
Tigerschlange *Python molurus*
Tintenfische s. Kopffüßler
Tölpel *Sulidae*
Totengräber *Necrophorus vespillo*
Totenkopf *Acherontia atropos*
Trampeltier *Camelus bactrianus*
Traubenwickler *Cochylis ambiguella* und *Polychrosis botrana*
Trauermantel *Nymphalis antiopa*
Trichine *Trichinella spiralis*
Trichterwickler *Deporaus betulae*
Trompetentierchen *Stentor polymorphus*
Truthahn *Meleagris gallopavo*
Tsetsefliege *Glossina*
Tümmler *Phocaena communis*
Türkentaube *Streptopelia decaocto*
Turmfalke *Falco tinnunculus*
Turmschnecke, Gem. *Turritella terebra*
Turteltaube *Streptopelia turtur*

Uferschwalbe *Riparia riparia*
Uhrgläschen *Arcella*
Uhu *Bubo bubo*
Unken *Discoglossidae*
Unpaarzeher *Perissodactyla*
Ur *Bos primigenius*
Urhuftiere *Protungulata*
Urraubtiere *Creodontia*
Urtierchen *Protozoa*

Vielfraß *Gulo gulo*
Viper *Vipera aspis*
Vögel *Aves*
Vogelmilbe *Dermanyssus avium*
Vogelspinne *Avicularia*

Wacholderdrossel *Turdus pilaris*
Wachtel *Coturnix coturnix*
Wadenstecher *Stomoxys calcitrans*
Waldameise *Formica rufa*
Waldkauz *Strix aluco*
Waldmaus *Apodemus sylvaticus*
Waldohreule *Asio otus*
Waldschnepfe *Scolopax rusticola*
Waldspitzmaus *Sorex araneus*
Waldstorch *Ciconia nigra*
Wale *Cetacea*
Walhai *Rhinodon typicus*
Walroß *Odobaenus rosmarus*
Wanderfalke *Falco peregrinus*
Wanderheuschrecken *Dociostaurus* u. a.
Wanderratte *Rattus norvegicus*
Wandertaube *Ectopistes migratorius*
Wanzen *Heteroptera*
Warane *Varanidae*
Warzenschwein *Phacochoerus aethiopicus*
Waschbär *Procyon lotor*
Wasserassel *Asellus aquaticus*
Wasserböcke *Kobus defassa* u. a.
Wasserbüffel *Bubalus bubalis*
Wasserfloh *Daphnia*
Wasserfrosch *Rana exculenta*
Wasserjungfer *Aeschna cyanea*
Wasserläufer *Gerris*
Wassermilben *Hydrachna* u. a.
Wasserratte *Arvicola terrestris*
Wasserraubtiere s. Robben
Wasserskorpion *Nepa cinerea*
Wasserspinne *Argyroneta aquatica*
Wasserspitzmaus *Crossopus fodiens*
Wasserwanzen *Cryptocerata*
Weberameisen *Oecophylla*
Weberknecht *Phalangium cornutum*
Webervögel *Ploceidae*
Wechseltierchen *Amoeba*
Wegameise *Lasius niger*
Wegschnecke *Arion empiricorum*
Wegwespe *Psammochares fuscus*
Weichtiere *Mollusca*
Weidenlaubsänger *Phylloscopus collybita*
Weidenmeise *Parus atricapillus*
Weinbergschnecke *Helix pomatia*
Weinschwärmer *Chaerocampa elpenor*
Weißfische *Leuciscus*
Weißhai *Galleocerdo cuvieri*
Weißkopfgeier *Gyps fulvus*
Weizenälchen *Anguillulina tritici*
Wellensittich *Melopsittacus undulatus*
Wellhornschnecke *Buccinum undatum*
Wels *Silurus glanis*
Werre *Gryllotalpa vulgaris*
Wespen *Vespoidea* u. a.
Wickelbär *Potos flavus*
Wickler *Torticidae*
Wiedehopf *Upupa epops*
Wiederkäuer *Ruminantia*
Wiesel, Großes *Mustela erminea*
Wiesel, Kleines *Mustela nivalis*
Wildesel *Equus asinus africanus* und *Equus asinus somaliensis*
Wildkaninchen *Oryctolagus cuniculus*
Wildkatze *Felis silvestris*
Wildschwein *Sus scrofa*
Wimperspitzmäuse *Crocidura*
Wimpertierchen *Ciliata*
Windenschwärmer *Herse convolvuli*
Wirbeltiere *Vertebrata*
Wisent *Bison bonasus*
Wolf *Canis lupus*
Wolfsmilchschwärmer *Deilephila euphorbiae*
Wolfsspinnen *Lycosidae*
Wollhandkrabbe *Eriocheir sinensis*
Wühlmaus *Arvicola terrestris*
Würger *Lanius collurio*
Würmer *Vermes*
Wurzelfüßler *Rhizopoda*
Wüstenfuchs *Vulpes zerda*
Wüstenluchs *Caracal caracal*

Zahnarme *Edendata*
Zahnwale *Odontoveti*
Zander *Lucioperca lucioperca*
Zauneidechse *Lacerta agilis*
Zaunkönig *Troglodytes troglodytes*
Zebra *Equus zebra*
Zebu *Bos indicus*
Zecken *Ixodidae*
Zehnfußkrebse *Decapoda*
Zeisig *Carduelis spinus*
Ziege *Capra hircus*
Ziesel *Citellus*
Zikaden *Cicadina*
Zitronenfalter *Gonepteryx rhamni*
Zitteraal *Gymnotus electricus*
Zitterrochen *Torpedo*
Zitterwels *Malapterurus electricus*
Zobel *Martes zibellina*
Zweiflügler *Diptera*
Zweipaarfüßler *Diplopoda*
Zwergmaus *Micromys minutus*
Zwergrohrdommel *Ixobrychus minutus*
Zwergspitzmaus *Sorex minutus*
Zwergtaucher *Podiceps ruficollis*

Namen- und Sachverzeichnis

NORD-
AMERIKA
SÜD-
AMERIKA
PAZIFISCHER
OZEAN
ATLANTISCHER
OZEAN
Küstenseeschwalbe
Küstenseeschwalbe
Rauchschwalbe
Schmarotzer-
Raubmöve
Goldregenpfeifer